住房城乡建设部土建类学科专业“十三五”规划教材
高等学校城乡规划学科专业指导委员会规划推荐教材
高校建筑学专业指导委员会规划推荐教材
高校风景园林专业指导委员会规划推荐教材

城市园林绿地规划设计原理

（第三版）

Principles of Urban Landscape and Green Space Planning and Design

(3th Edition)

同济大学　李铮生　金云峰　主编

中国建筑工业出版社

图书在版编目（CIP）数据

城市园林绿地规划设计原理／同济大学　李铮生，金云峰主编.
—3版. 北京：中国建筑工业出版社，2015. 12（2023.3重印）
住房城乡建设部土建类学科专业“十三五”规划教材
高等学校城乡规划学科专业指导委员会规划推荐教材
高校建筑学专业指导委员会规划推荐教材
高校风景园林专业指导委员会规划推荐教材
ISBN 978-7-112-19036-2

Ⅰ.①城…　Ⅱ.①同…②李…③金…　Ⅲ.①城市规划-绿化规划-高等学校-教材　Ⅳ.①TU985

中国版本图书馆CIP数据核字（2016）第012309号

本教材主要包括：城市园林绿地的功能与效益，城市绿地系统规划，园林的组成要素，园林的结构，园林的基本构图和意境，公园绿地规划设计，防护与防灾绿地规划设计，附属绿地及特殊地段绿化规划设计，风景名胜区、自然保护区和森林公园规划，计算机辅助城市园林绿地规划与设计等内容，适用于高校城乡规划、建筑学、风景园林等专业的师生。

为更好地支持本课程的教学，我们向使用本书的教师免费提供教学课件，有需要者请与出版社联系，邮箱：jgcabpbeijing@163. com。

责任编辑：杨　虹　王玉容
责任校对：陈晶晶　王雪竹

住房城乡建设部土建类学科专业“十三五”规划教材
高等学校城乡规划学科专业指导委员会规划推荐教材
高校建筑学专业指导委员会规划推荐教材
高校风景园林专业指导委员会规划推荐教材
城市国林绿地规划设计原理（第三版）
Principles of Urban Landscape and Green Space Planning and Design（3th Edition）
同济大学　李铮生　金云峰　主编
*
中国建筑工业出版社出版、发行（北京海淀三里河路9号）
各地新华书店、建筑书店经销
北京鸿文瀚海文化传媒有限公司
北京建筑工业印刷厂印刷
*
开本：787×1092毫米　1/16　印张：27　字数：638千字
2019年5月第三版　2023年3月第四十次印刷
定价：**56.00**元（赠教师课件）
ISBN 978-7-112-19036-2
（28236）

第三版前言

《城市园林绿地规划设计原理》自问世以来，受到了广大读者的欢迎，中国建筑工业出版社累计发行了十五余万册。2006年出版的《城市园林绿地规划与设计》(第二版)是在原《城市园林绿地规划》1982年版的基础上改写的。本次教材在原《城市园林绿地规划与设计》(第二版)2006年版的基础上进行了一些适当的修改，根据学科发展的趋势与要求，删除了第二版的第五章，新增了第十章“计算机辅助城市园林绿地规划与设计”，同时其他章节内容也作了相应的调整，并同出版社商量决定，现由同济大学李铮生教授担任主编，并指派同济大学景观学系的金云峰教授担任第二主编，主要编写人员有同济大学建筑与城市规划学院景观学系的吴伟教授及周向频、戴代新、胡玎、骆天庆、刘立立等，并邀请了苏州科技大学的雍振华教师参加编写，具体分工如下：

李铮生：绪论、第一章、第八章的第二节、第四节

金云峰：第六章的第一节至第七节

金云峰、戴代新：第六章的第八节

吴伟、尹仕美：第二章、第九章

周向频：第四章、第五章

雍振华：第三章、第七章

胡玎：第八章的第三节

骆天庆：第十章

刘立立：第八章的第一节

参加该书工作的还有：张悦文、陈思、陈光等。

编写组

第二版前言

《城市园林绿地规划与设计》系列入国家“十五”规划教材之中的项目。本教材反映了现代生态学、环境学的发展，体现了“人类呼唤自然，城市渴望绿色”的思潮的要求，反映了国内改革开放二十年来，城市化迅速发展所导致的在经济发展与生态环境的矛盾中，城市园林绿地所产生的积极作用，提供了相应的技术资料与理论指导。

本教材是在原《城市园林绿地规划》1982年版的基础上改写的。该书原由同济大学、重庆建筑工程学院、武汉城建学院组成的编写组编写的。由于近二十年来，该学科发展很快，加之原有参编的教师情况变化很大，经过同中国建筑工业出版社商量决定，现由同济大学原建筑学科指导委员会风景园林指导小组组长李铮生教授担任主编，主要编写人员由同济大学风景园林规划与设计教研组的吴人韦、金云峰、周向频、李岚、刘立立等教师参加，并邀请了苏州科技大学园林教研室主任雍振华老师参加，具体分工如下：

李铮生　绪论、第一章、第三章、第十章的第二节、第三节

吴人韦，尹仕姜，陈勇　第二章、第十一章

金云峰　第八章

周向频　第六章、第七章

雍振华　第四章、第九章

李　岚　第五章

刘立立　第十章的第一节

参加该书编书工作的还有：胡玎、胡蔡清、陈蓓、朱黎霞、徐玮、陈勇、尹仕美、王先东、张云彬等同志。

该书由同济大学刘立立老师整理并核校。

该书参加人员众多，虽然由主编进行统稿，但仍然难免有重复和疏漏，如有不到之处，敬请批评指正，在此特表示感谢。

该书得到了同济大学教材、学术著作出版基金委员会资助。

编写组

目　　录

绪　论

据说人类居住的地球已存在46亿年以上。10亿年前出现了原始生物；4亿年前在海洋里出现了鱼类；2亿年前出现了爬行类，同时陆地上出现了大量的森林；1亿年前出现了哺乳动物；400万年前产生了猿人；4万年前产生了早期人类。人类祖先的发生和发展完全是地球上这一动态系统长期进化的结果。其中光合作用和绿色植物起了决定性的作用，其既为人类提供了食物、氧气和能源，同时又分解和回收生物残体和二氧化碳等废物。这样人类在这个进化的过程中形成了依赖森林生存的生物学基础，构成了人类的遗传特征。

一、人与自然的关系

绿色是生命的源泉，水是生命之本，土是人类赖以生存的基础，这些命题和说法都说明了人虽为万物之灵，但人类也像其他动物一样，必须依赖生物圈中的自然系统才能得以生存，是离不开绿色、水和土的。人是自然的产物，人是从森林中“走出来”的，因此人与大自然有着不可分割的姻缘，是大自然的一个组成部分。人需要经常置身于大自然的怀抱之中，才能获得其所需要的各种物质和相应的生存条件及其生命活力的源泉，从大自然中获得精神的抚慰，并产生相应的灵感。

人类通过劳动作用于自然界，引起了自然界的变化，因此也引起了人与自然环境空间关系的变化。从人类的历史长河来看，大体可以分为以下五个阶段。

（一）人类依附于自然（原始氏族社会及聚落时代）

“人是由古猿发展而来的。它与猿的区别是能够站立，并且有意识地制造工具”（恩格斯《从猿到人》）。

人类在远古时期，主要靠采集和狩猎生活，使用的原始工具主要作为渔猎之用。当时，主要栖息于山溪旁的森林地区，有水可饮，有果可食，并有洞可居，以叶覆身，完全依附于原始自然。风雪雷电，洪水猛兽，都对人们的生活和生命造成直接威胁。人类在聚集和游牧过程中，逐渐依水草而居，对于自然的影响能力极其微弱，处于被自然所奴役的阶段，对于自然的一切均诉之于“神”。

（二）人类依赖于自然（渔猎时代由聚群而定居）

随着生产工具的进步，人类经历石器时代（约7000年前）。人们在集聚的生活中感到聚落生活极其不稳定，从而走向定居的生活方式。定居方式的出现，意味着人与自然的关系发生了重大的改变，人类初步具备了改变自然的能力，农业种植和动物驯养的产生和发展使人类（基本上以群居为主）的食物有了比较充分的保证。随着种植耕田的扩大，畜牧技术的发展，人对自然有了一定程度的破坏，但是由于其规模还很小，处于自给自足的年代，人类的生产力还很低下，所以人类主要依靠自然的恩赐，人与自然仍处于亲和的关系中。

（三）人类开始离开自然（农耕时代及城邑的建立）

随着经济的发展，手工业的出现，有了奴隶主和封建主的城邑，人们居住的城邑范围也不断扩大，出现了种植场地和畜牧的专用地。通过人们对自然规律的认识，耕地不断扩大，自发地改造自然，一些林地伐木而改为农田，并建立了水利灌溉系统。一部分人日出而作、日落而息地从事耕耘生活，一部分人则居住在城镇中，开始了远离自然的生活。随着城邑的逐步扩大，人与自然越来越远了。但当时的城镇规模还不大，还处于自然山水和田野的环抱之中，人对自然的破坏处于能够恢复的状态（如污水的自然净化），人与自然仍处于一个相应的平衡关系。

（四）人类破坏自然（工业化时代及大规模的建设）

18世纪，近代的工业革命，逐渐使人产生了一种改变自然的强大能力，并从大自然中获得了前所未有的财富，这种效果导致了自然环境的严重破坏，带来了人口的高度集中、城市的扩大、工厂的密布、烟囱的林立，加上汽车的产生和发展、高速道路的出现、高楼的大量建设，森林被破坏了，空气被污染了，水体被填埋了，使人们生活在混凝土的灰色森林中，生活在大厦的牢笼里。人们远离了自然，绿色匮乏，失去了明媚的阳光、洁净的空气、清澈的水体，听不到鸟鸣。总之，失去了自然所赐予人类的恩惠。城市的不断扩大使人们距离自然越来越远。现代化的工业物质文明伴随着产生了对自然资源过度的消耗，从而带来了生态的不平衡，加之一些人意识形态上的错误，如“征服自然”和“人定胜天”等，人们对自然的掠夺性开发导致对自然环境的严重破坏。其结果是“当人们炫耀获得巨大成就之时，却遭到自然所给予的惩罚……”（见《马恩全集》514页）。人与自然的关系由原来亲和的关系变为对立、排斥的关系。

正是在这样的状态下，有识之士提出了种种改良的学说，试图来缓解人与自然的矛盾。其中就包括自然保护的对策和城市园林方面的探索。

（五）人与自然的和谐相处（后工业化及信息化时代）

20 世纪 60 年代以来，随着现代科学技术的发展，人类进入了信息时代。特别是环境科学、生态学科及体系的形成和发展，使人们逐步认识到，保护环境就是保护人类生存的基本道理。而在保护环境中，自然资源和环境保护则是其根本。另者，人们也认识到在有物质生活的同时，人也永远脱离不了自然的抚育，希望生活在一个既有现代化物质享受的人工环境之中，又有洁净的空气、蓝天白云、清净的水体、鸟语花香的自然天地，也就是生活在人工和自然同存共荣的环境中。这一希望是人类现代生活的理想，另一方面也是科学技术发展的结果。人们可以通过新的技术和新的方法来治理工业所产生的污染，并且信息技术的发展能使污染源得以根治（图 0–1）。

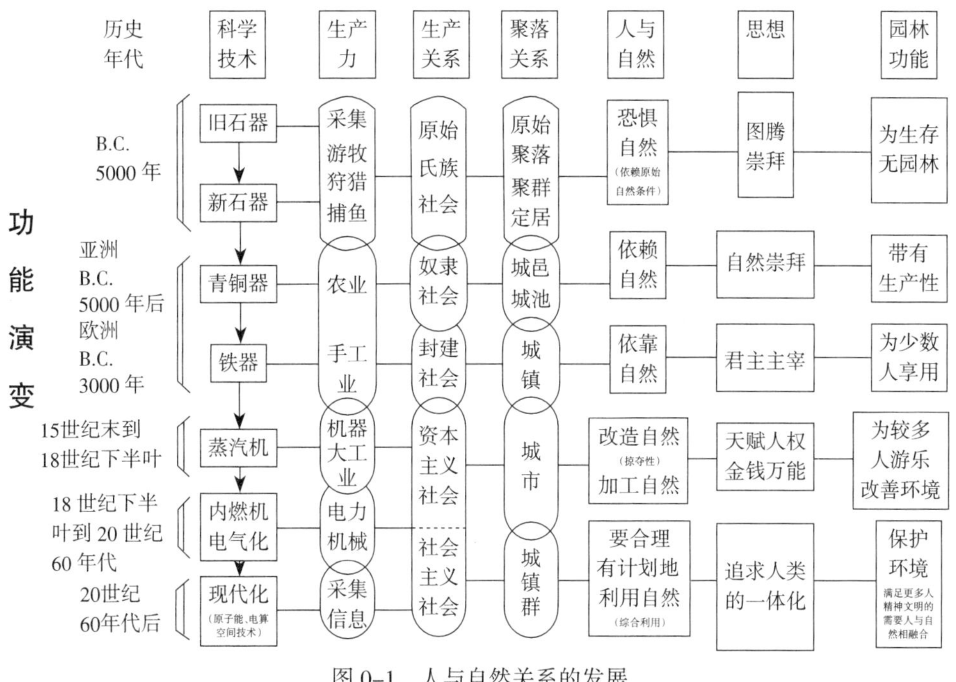

图 0–1　人与自然关系的发展

二、城市与园林的关系

城市是人类文明的产物，也是人们按照一定的规律，利用自然物质而创造出的一种“人工环境”。正如前述，人们的聚居由群落到村镇到城市逐步地离开了自然，也可以说城市化的过程是一个把人和自然分隔的过程，从某种意义上说，是对自然环境破坏的过程。而城市园林绿地则可以认为是在被破坏的自然环境中通过人们的智慧所创造的“第二自然”。随着人类的发展，一方面促使人工环境的扩大和物质生产的提高，另一方面促进了人对自然精神和环境的追求，因此经济的发展、社会的进步是园林发展的基础。历代的帝王将相、文人、雅士，有了权势和钱财以后，不仅是追求其豪华的物质享受，同时也纷纷进行造园活动。从历史上看，无论是公元前5000年的古巴比伦甲布尼二世的空中花园，16世纪意大利美狄奇在沃利的别墅，17世纪法国路易十四的凡尔赛宫苑，还是中国秦始皇的太液池，清王朝的圆明园和颐和园都反映了这一追求和愿望。19世纪以来，公园运动的兴起，20世纪初花园别墅的发展，以及现代绿地系统的规划和建设，则更广泛地反映了社会民众的需要。在城市建设中，无论是西方的巴黎、威尼斯，还是中国的北京（图0–2）、杭州和苏州，在建城之初都考虑了城市与自然的关系，反映了人们在城市建设中利用自然、保护自然、再现自然和人化自然的思想和做法。这些城市具有持久的生命力，至今为人们所赞扬。至今，人们仍可以在欧洲或亚洲找到一些人工建筑和自然环境极其协调的城镇。

北京城自元大都（1627年），经明、清皇朝的兴建，直至1949年定为中华人民共和国首都，至今300多年来，多次改建、发展、扩大，但对城市中的园林一直予以极大的关注，而使古城不断焕发出青春的活力。

随着工业的发展，科学技术的进步，人们掌握了强有力的手段对自然资源采取了掠夺性的开发和利用，破坏了人类赖以生存的生态环境，使人们重新审视人与自然的关系。“生态学”、“环境学”则从理性上确定了人与自然应建立一种人工与自然相平衡，城市与园林相协调的发展理念，逐步成为大家的共识。

近一个多世纪来，随着工业的发展，人口的集聚，城市的不断增加，人工环境的不断扩大和自然环境的衰退，带来了一系列的城市弊病，引起了一些有识之士的担忧。越来越多的人认识到，人类要有更高的物质生活和社会生活，永远也离不开自然的抚育。人们希望在令人窒息的城市中寻得“自然的窗口”，在人工沙漠中建立起“人工的绿洲”。为了这一目的，人们一直在探求解决城市的有关问题，提出了各种规划理论、学说和建设模式，进行了不懈的努力，试图在城市建设中能够实现他们“绿色的理想”。这里选择一些有代表性的规划思想述之于下。

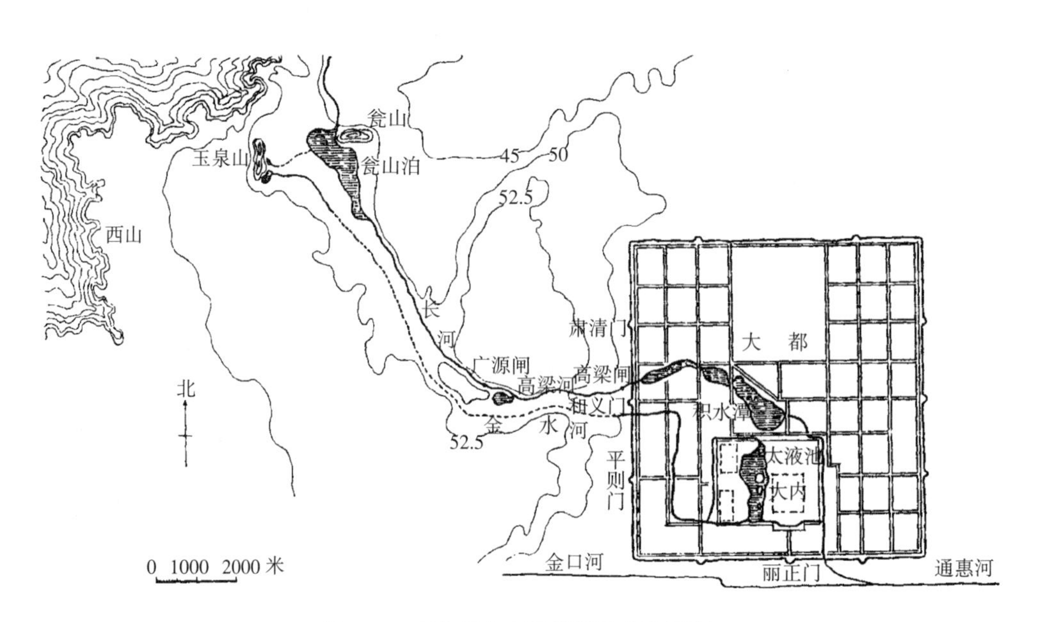

图0–2　元大都北京及其西北郊平面图

（一）城市公园运动（The City Park Movement）

在 19 世纪初，工业发达的欧洲已产生了各种问题。而当时在新兴的美国，已有一批仁人志士呼吁避免重蹈工业化所产生的污染及城乡对立等问题的覆辙，并且在思考如何保护大自然和充分利用土地资源等问题的背景下，1858 年，园林师奥姆斯特德（F.L.Olmsted）主持的纽约中央公园设计方案通过。即在纽约市中心划定了一块 3.4km^2 的土地开辟公园（图 0–3）。纽约中央公园的建设成就，受到了高度的赞扬。人们普遍认为，该公园不仅在人工环境中建立了一块绿洲，并且改善了城市的经济、社会和美学价值，提高了城市土地利用的税金收入，十分成功，随即纷纷效仿，在全美掀起了一场保护自然、建设公园的“城市公园运动”。

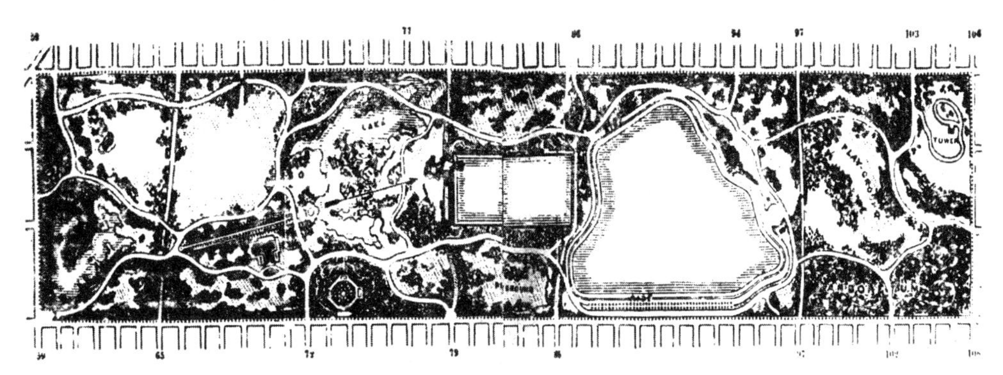

图 0–3　纽约中央公园

此后，奥姆斯特德等人又陆续设计了旧金山、布法罗、底特律、芝加哥、波士顿（见图 2–1）、蒙特利尔等城市的主要公园。1870 年，他写了《城市与公园扩建》一书，提出城市要有足够的呼吸空间，要为后人考虑，城市要不断更新和为全体居民服务。奥姆斯特德的这些思想，对美国及欧洲近现代城市公共绿地的规划、建设活动产生了很大的影响。

（二）田园城市的构思（The Garden City）

1898 年由英国社会活动家霍华德（Ebnezer Howard）发表了其著作：《明天：通往真正改革的和平之路》。提出了田园城市的模式，其基本构思立足于建设城乡结合、环境优美的新型城市，“把积极城市生活的一切优点同乡村的美丽和一切福利结合在一起”。

在霍华德设想的田园城市里（图 0–4），规划用宽阔的农田地带环抱城市，把每个城市的人口限制在 3 万人左右。他认为，城乡结合首先是城市本身为农业土地所包围，农田的面积比城市大 5 倍。霍华德确定田园城市的直径约在 2km 左右。在这种条件下，全部外围绿化带步行可达，便于老人和小孩进行日常散步。他在城市平面示意图上规划了很大面积的公共绿地，用作中央公园的土地面积多达 60hm^2。除外围森林公园带以外，城市里也充满了花木茂密的绿地。市区有宽阔的林荫环道、住宅庭园、菜园和沿放射形街道布置的林间小径等。霍华德规划每个城市居民的公共绿地面积要超过 35m^2。

在霍华德的倡导下，1904 年在离伦敦 35mi 的莱奇沃斯（Letchworth）建设了第一

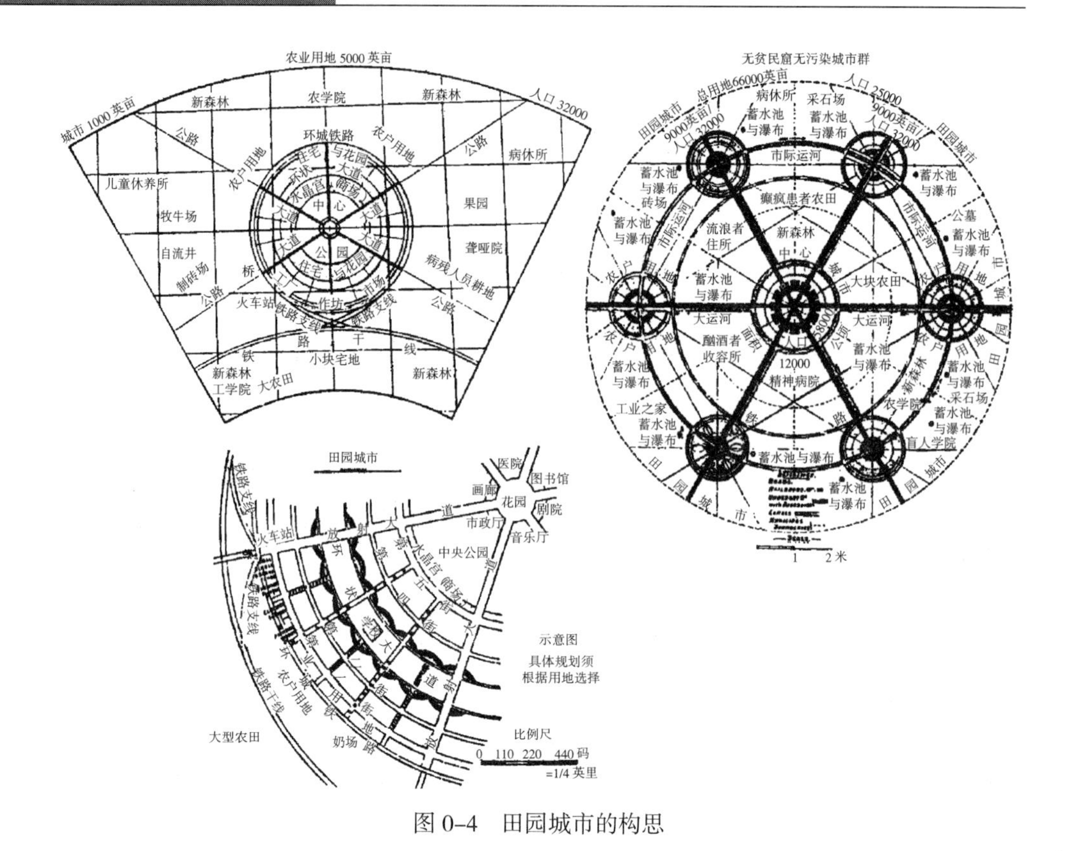

图 0–4　田园城市的构思

个田园城市；1919 年在离伦敦很近的韦林（Welwyn）又建设了第二个田园城市。霍华德有关“田园城市”的理论和实践，给 20 世纪全球的城市规划与建设历史，写下了影响深远的崭新一页。

（三）雅典宪章（1933 年）

第一次世界大战后，世界经济迅速恢复和发展。

人口更加集中，城市越来越大，矛盾也日益增多。人们感到只是建造房屋，扩大城市并不能满足人们生活多层面的需要。国际现代建筑协会在雅典的帕提农神庙下签署了《雅典宪章》。指出现代建筑的特征就是要与城市规划结合起来，而现代城市要解决居住、工作、游憩和交通四大功能的问题，并明确提出要在城市中建造公园、运动场和儿童游戏场等户外空间，并要求把城市附近的河流、海滩、森林和湖泊等自然景观优美之地段开辟为大众使用的公共绿地。反映了当时人们已经认识到自然环境在城市生活中的积极作用，是城市游憩功能中的主要组成部分。在城市规划和建设中得到相应的重视。同时绿地在城市中占有一定的比重，并得以落实。但是由于第二次世界大战的爆发，使以人为本的功能主义思想未能得到充分的体现，而在第二次世界大战以后的数十年则成为城市发展的主流（图 0–5）。

（四）马丘比丘宪章（1977 年）

第二次世界大战以后，科学技术、经济文化得到飞跃发展，也带动了城市建设的大发展，人口的高度集中，高楼大厦大量的出现，高速道路的延伸，城市无节制的扩展，以及三废污染，绿色的消失，生态系统的破坏，危及人们自身生存的环境，引起了人们的反思。随着环境科学、生态科学的形成、《寂静的春天》的出版，以及1972年《人类环境宣言》发表"只有一个地球"的宣言，使人们对自然的认识有了进一步的提高。如对城市衡量的标准由"技术、工业和现代建筑"转向"文化、绿化和传统建筑"。人们不再满足于物质生活的提高，炫耀人工环境的高超，而更深刻地要求保护我们赖以生存的自然环境，要求在人工环境中再现自然天地，把绿色植物引入建筑，室内外融于一体。建筑庭园化、城市园林化，成为大家争取的方向。园林绿地受到重视和提倡，园林不仅是人们休憩的空间，而且是人们获取自然信息和孕育生机的地域。在这些理论的引导之下，1977年，一批建筑和规划的有识之士聚集在秘鲁古代文化的遗址——马丘比丘，发表了《马丘比丘宪章》。自雅典宪章以来，近半个世纪的经验教训指出，城市规划与建设应适应新形势的发展和变化，并指出"建筑—城市规划—园林的再统一"，也就是人工环境与自然环境的统一。统一在"环境"之中，反映了人们对园林有了新的认识和理解。把园林作为自然环境的代表而成为人类环境中的一个主要组成部分，是人类社会生活中不可缺少的。

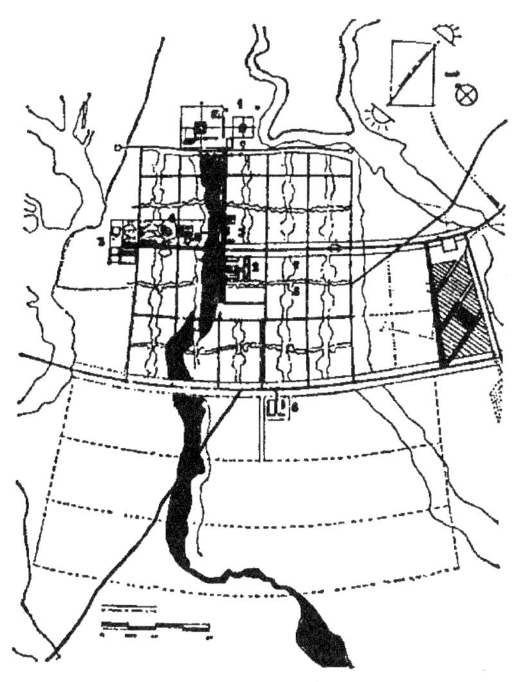

图0–5　印度昌迪加尔的总体规划

（五）世界环境宣言（1992年）

1992年6月在巴西的里约热内卢，有100多个国家首脑参加的联合国环境发展大会上，通过了《里约环境与发展宣言》、《21世纪议程》、《关于森林原则声明》等重要文件，并签署了联合国《气候变化框架》、《生物多样性公约》等，充分体现了各国在认识与发展自然上的共识与合作，这种最高级的政治承诺，促进了可持续发展从理论研究到行动措施范围的改革及展开。

20世纪60年代以后，一方面是人类利用环境和资源创造了高度的物质文明，另一方面同样因为环境和资源的危机威胁着人类的进步和发展。环境问题不仅是局部污染的问题，而且是涉及全球污染的扩散、导致物种的减少、生态的破坏、人类生活环境恶化等的重大问题。可持续发展的理念正是在这样的背景下提出来的，其定义为"既满足当代人的需要，又不妨碍后代满足其发展的需要"。而其本质就是"环境与经济的协调发展，追求人和自然的和谐"，也就是要保护好生态环境、优化生态环境、建立生态价值观。而在城市中唯有园林绿化这个"第二自然"才能够为形成青山绿水、蓝天白云的效果而达到人增寿和给子孙后代留下一片乐土的目的起着不可替代的作用（图0–6）。

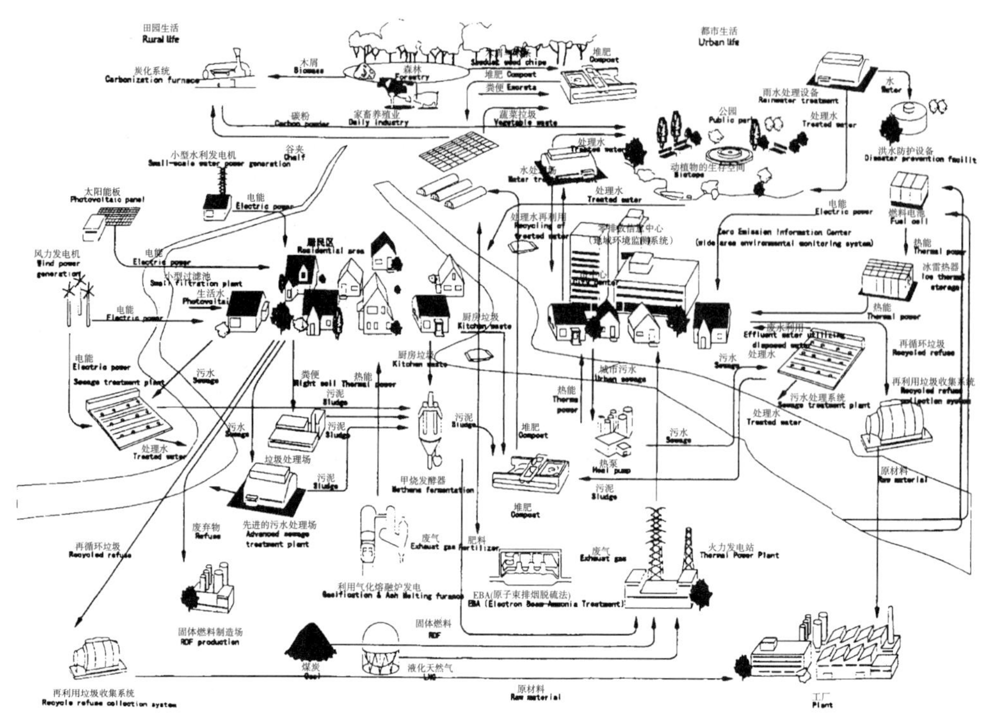

图 0–6　零排放的构思

三、中国传统园林的历史发展和特色

中国园林在世界园林中是起源最早的园林之一，距今已有三千年的历史。中国园林艺术是中华艺术宝库中的精品，是人类文化中的一簇绚丽之花。中国园林在华夏大地上经历了漫长的发展过程而形成了自己特有的风格，成为世界公认的东方园林之源之根，获得世人赞赏。

（一）中国传统园林发展的历史轨迹（从“囿”到颐和园）

中国园林历史悠久，源远流长，形成了一个独立的园林体系。根据已有的资料，中国园林的发展大体分以下几个阶段。

1. 古典园林的萌芽——“囿”

最早见于史载的园林形式为周文王的“灵囿”。囿为四周有墙垣相围的一块较大的地方，饲养禽兽供帝王狩猎活动；开凿池沼作养殖灌溉之用；筑高台供祭祀之需；并建有简单的建筑，为休息观赏之备。故“囿”已具有狩猎、通神、生产和游赏取乐之功能，可谓是园林的雏形。

2. 皇家园林的形成——秦汉宫苑

公元前 221 年秦始皇统一天下，建立了中央集权的封建大帝国，开始大规模地兴建离宫别馆，在短短的 12 年中就建离宫别馆达五六百处之多，在上林苑的兰池宫挖池筑岛，模拟海上仙山，为皇家园林的功能又增添了一个求仙的目的。

汉代国力兴盛，特别是在汉武帝时期（公元前 140~ 前 87 年），在政治、经济和思想意识上构成一个封建帝国的强盛和稳定的局面，在经济繁荣、强大国力和汉武帝本人的好大喜功的情况下，皇家造园活动出现空前兴盛的局面。在众多的宫苑中尤以上林苑、未央宫、建章宫和甘泉宫为盛。这些宫苑其时空的高大与无限，对自然的模拟和再现，均反映了帝王的权势和风貌（图 0-7、图 0-8）。

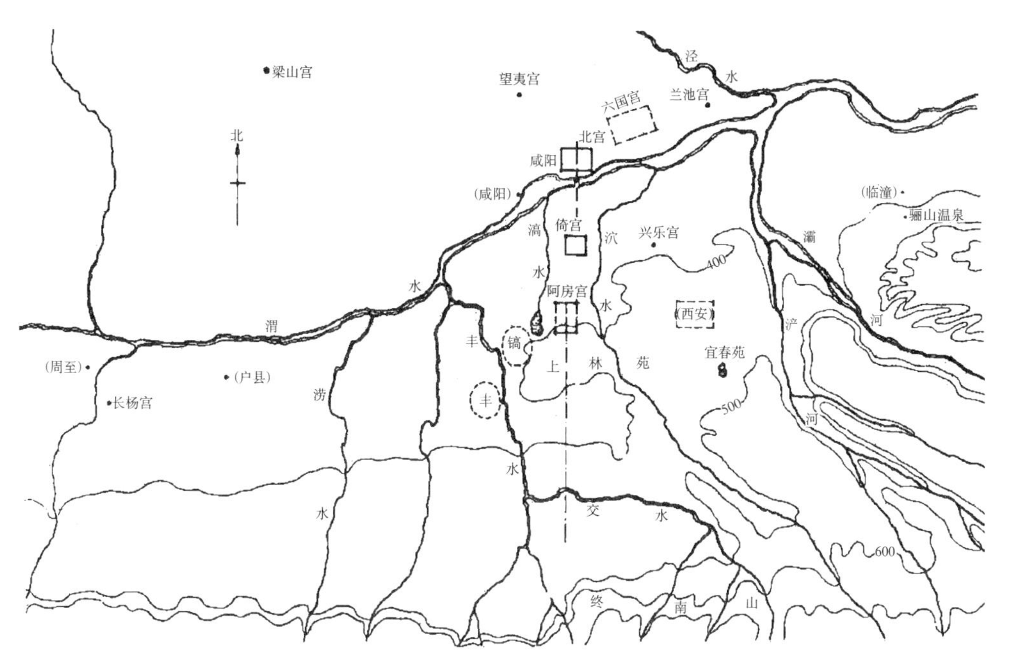

图 0-7　秦咸阳主要宫苑分布图

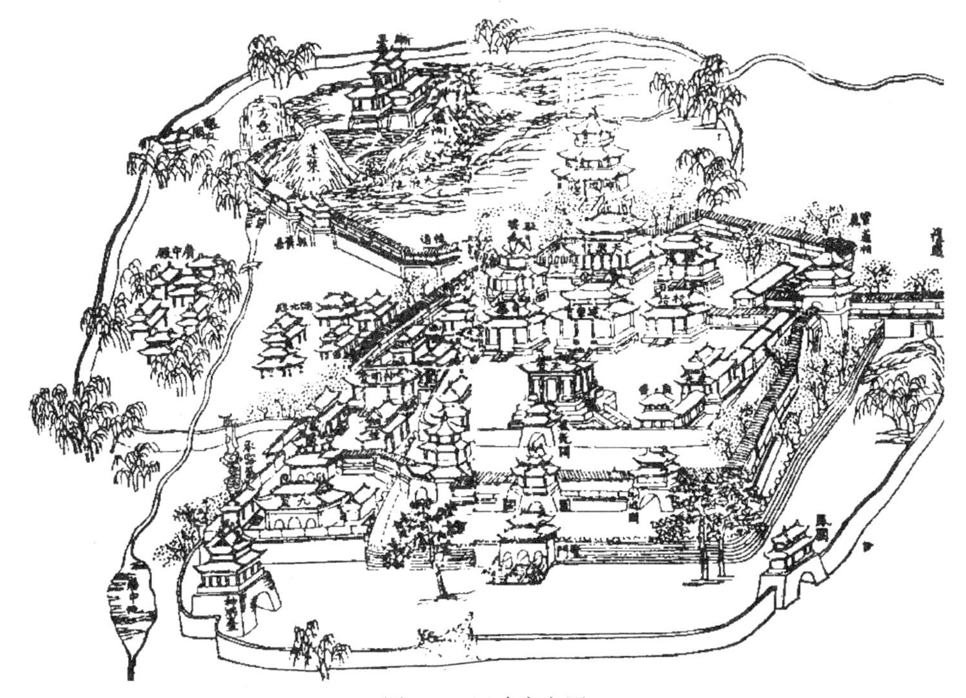

图 0-8　汉建章宫图

3. 自然山水园的兴起——魏晋南北朝的园林

魏晋南北朝 300 多年政治上的动乱和社会的动荡，导致人们有朝不保夕之感，文人谈玄论道成风。传统的礼教随着帝王权势而兴衰，自给自足的庄园经济、世代相袭的政治特权，使人们逃避现实社会而转向自然。名士们更是寄情山水，雅好自然，对人性人情的顺应和追求，促使了山水诗、山水画及山水园的兴起和发展。以山水自然为造园的主体，可观、可居、可游的山居、宅园、寺园比比皆是。原造园活动中的狩猎、通神、求仙功能已逐渐削弱，而游赏，追求视觉美的享受，并升华到艺术创作的境界成为主导。私家园林和寺庙园林成为魏晋南北朝时期造园的主流（图 0–9）。

4. 自然山水园的发展——唐宋园林

经过长期分裂和战乱的南北朝以后是隋唐的统一和较长时间的和平与稳定。在隋炀帝大业元年（605 年）修造的洛阳西苑，是继汉武帝上林苑以来最豪华壮丽的一座皇家园林。据史载：西苑“周二百里，其内造十六院，屈曲周绕龙鳞渠”。渠上跨桥，杨柳修竹，名花美草，隐映轩阶，造山为海，穿池养鱼，种瓜植果。宫、殿、亭、台结构精美。游赏方式多样，虽是皇家园林但颇有生活气息。园中以水景为主，出现了水渠桥的苑中院、园中园的园林形式。西苑既继承了秦汉宫苑壮丽的气势，又更多地吸收了南北朝时期文人崇尚自然的情趣。既重视山水花木等自然因素，又强化生活与技术的有机结合，促进了园林向着自然山水园的方向快速发展。特别是唐代，政治统一，社会安定，疆域扩大，国力强盛。思想文化上儒、释、道合流，在文化上诗词兴盛。

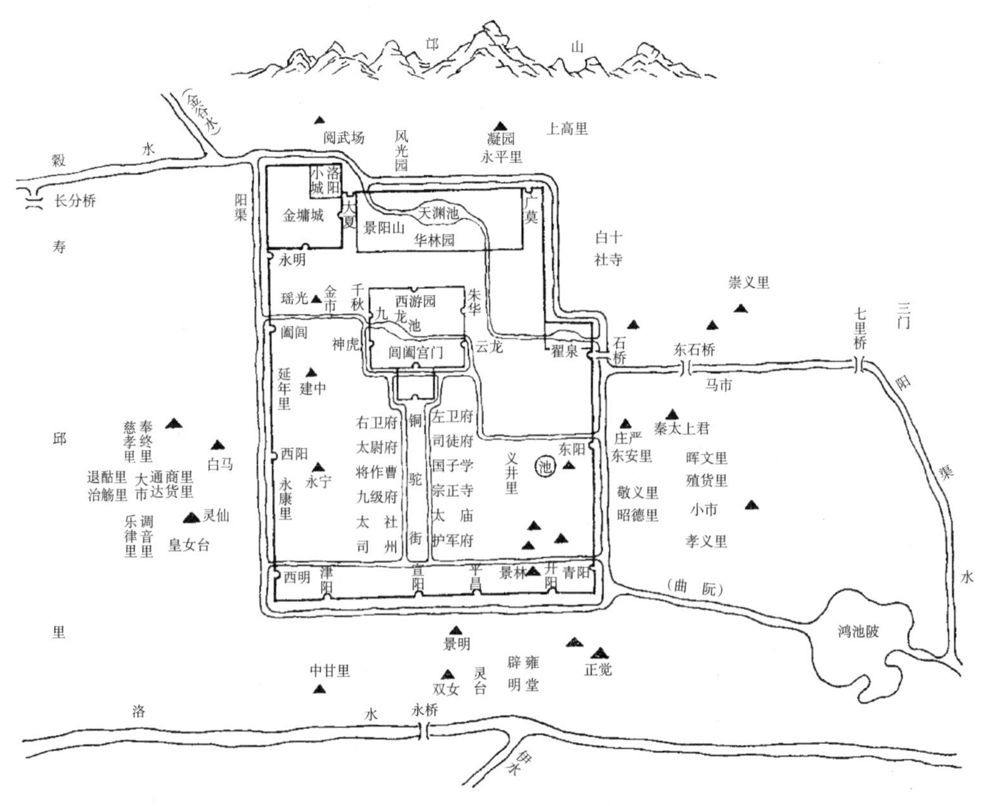

图 0–9　北魏洛阳苑囿和寺庙平面

图 0–10　宋画金明池竞标图

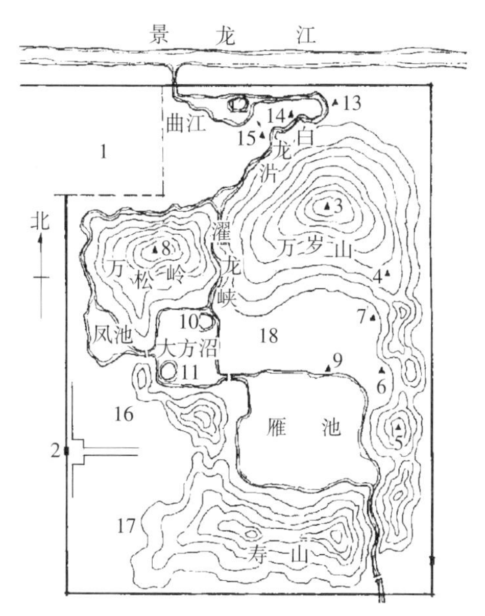

图 0–11　宋艮岳平面设想图

1– 上清宝篆宫；2– 华阳门；3– 介亭；4– 箫森亭；5– 极目亭；6– 书馆；7– 萼绿华堂；8– 紫云亭；9– 绛霄楼；10– 芦渚；11– 梅渚；12– 蓬壶；13– 消闲馆；14– 激玉轩；15– 高阳酒肆；16– 西庄；17– 药寮；18– 射圃

该时私家园林和寺庙园林也初步形成，皇家宫苑园林为主要代表。但中唐以后，特别是“安史之乱”以后，国势逐渐衰落，文人仕途坎坷，退隐园林的情况明显。由于诗人、画家等文人亲自参与造园，故而园林成了诗的化身，画的再现。后至宋代则更重生活环境的优化，上至帝王，下至百姓都热衷于园林。宋徽宗建艮岳，文人造宅园，君王与百姓同游西湖，徜徉于自然山水或人工美景之中，赏花、游园成为社会时尚。宋代山水画、花鸟画兴盛，诗词入画，都直接影响了园林的风格（图 0–10、图 0–11）。

5. 古典园林的辉煌时期——明清园林

随着社会的发展，明清时的江南已成为国内经济的中心，又是诗人、画家、官僚、商贾集居之地，加之江南的自然条件优越，故在江南一带建造了众多的私家园林。明末吴江人计成写了《园冶》一书，从理论上总结了江南私家造园的技法。而北京地区是明清的政治中心，皇亲国戚、官僚文人的造园活动也不少。避暑山庄、圆明园、清漪园（颐和园）是中国古典园林集大成的作品，充分体现了中国古典园林精湛的艺术水平，确立了中国园林史上特殊的地位。目前，国内现存的园林大多为明清的遗物，是研究古典园林最好的教材（图 0–12、图 0–13）。

随着社会的发展，封建社会日趋没落，古典园林走向衰退：在技巧上过分追求小中见大、曲折变化，建筑比重不断增大，景物设置也失去了得体与自然协调的原则，并过分讲究形式技巧和人工的雕琢，失去了活力，而逐渐走向没落。

（二）中国园林的分类

园林是人化的自然，是政治、经济、文化发展的产物。由于各个历史时期社会经济状况的不同，所处地理条件的不同以及文化艺术的差异，致使中国古典园林在不同的历史时期呈现出不尽相同的势态。就园林形式来看，虽然品类繁多，但大致可归于三类：即皇家宫苑、私家园林和寺庙园林。

1. 皇家宫苑——壮丽精巧

皇家宫苑即皇家园林，为一国之主居住和游玩的场所，是皇权的象征。它的渊源可以上溯到周文王的灵囿。皇家园林的兴衰基本上是与封建国家的历史进程同步的。秦代开创和确立了皇家园林、宫苑结合的园林样式和气势恢弘壮丽的美学品格。汉王朝在秦的基础上，完善地充实了封建帝国的特质和气势，并显示出皇帝对宇宙的占有、天子的威严、国力之强大、帝王的自信。秦汉宫苑奠定了中国古代皇家园林的基本模

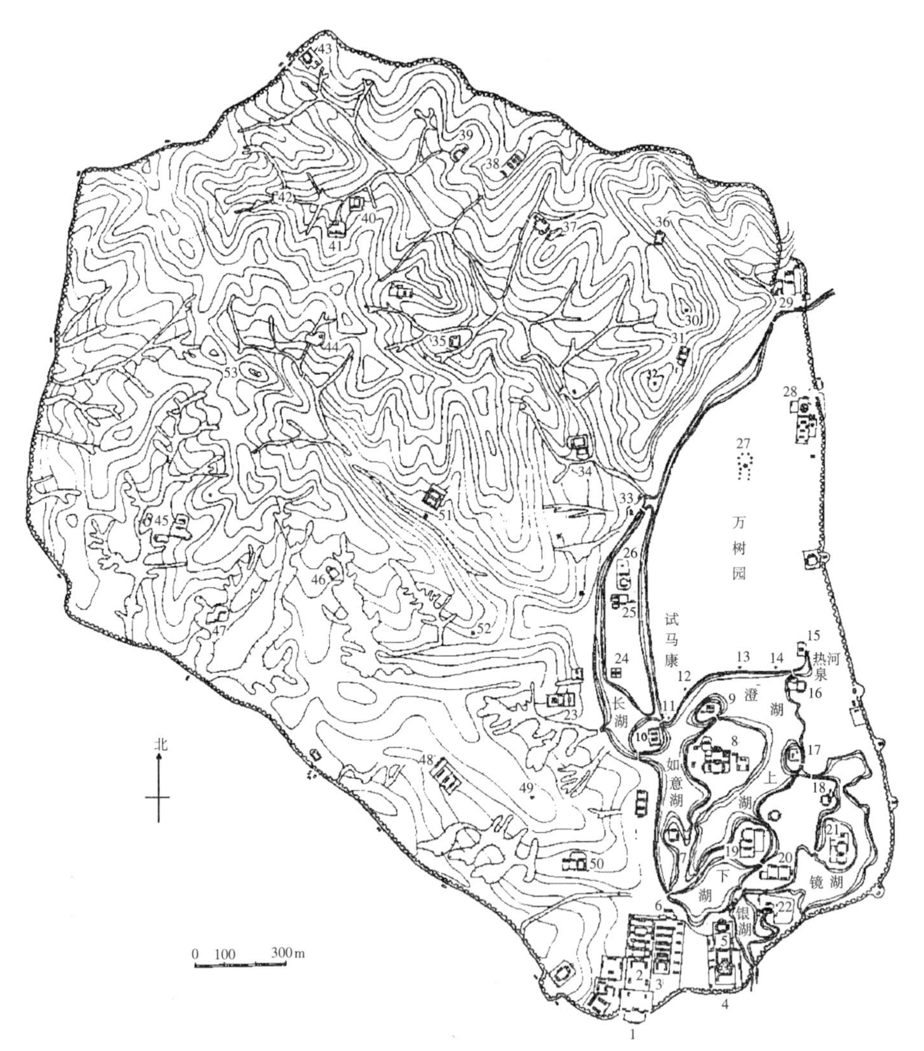

图 0–12　清承德避暑山庄平面图

1– 丽正门；2– 正宫；3– 松鹤斋；4– 德汇门；5– 东宫；6– 万壑松风；7– 芝径云堤；8– 如意洲；9– 烟雨楼；10– 临芳墅；11– 水流云在；12– 濠濮间想；13– 莺啭乔木；14– 莆田丛樾；15– 苹香；16– 香远益清；17– 金山亭；18– 花神庙；19– 月色江声；20– 清舒山馆；21– 戒得堂；22– 文园狮子林；23– 殊源寺；24– 远近泉声；25– 千尺雪；26– 文津阁；27– 蒙古包；28– 永佑寺；29– 澄观斋；30– 北枕双峰；31– 青枫绿屿；32– 南山积雪；33– 云容水态；34– 清溪远流；35– 水月庵；36– 斗老阁；37– 山近轩；38– 广元宫；39– 敞晴斋；40– 含青斋；41– 碧静堂；42– 玉岑精舍；43– 宜照斋；44– 创得斋；45– 秀起堂；46– 食蔗居；47– 有真意轩；48– 碧峰寺；49– 锤峰落照；50– 松鹤清越；51– 梨花伴月；52– 观瀑亭；53– 四面云山

式，而后又为隋唐所延续，后至北宋的艮岳，则受到文人画的影响，崇尚精巧雅致，而这种崇高与优美、壮丽与精巧的统一在清圆明园中得到最大的体现。圆明园面积达 350hm^2，人工堆筑的假山和岛堤约 300 多处，建有 100 余座桥，奇花异木、珍禽灵兽、

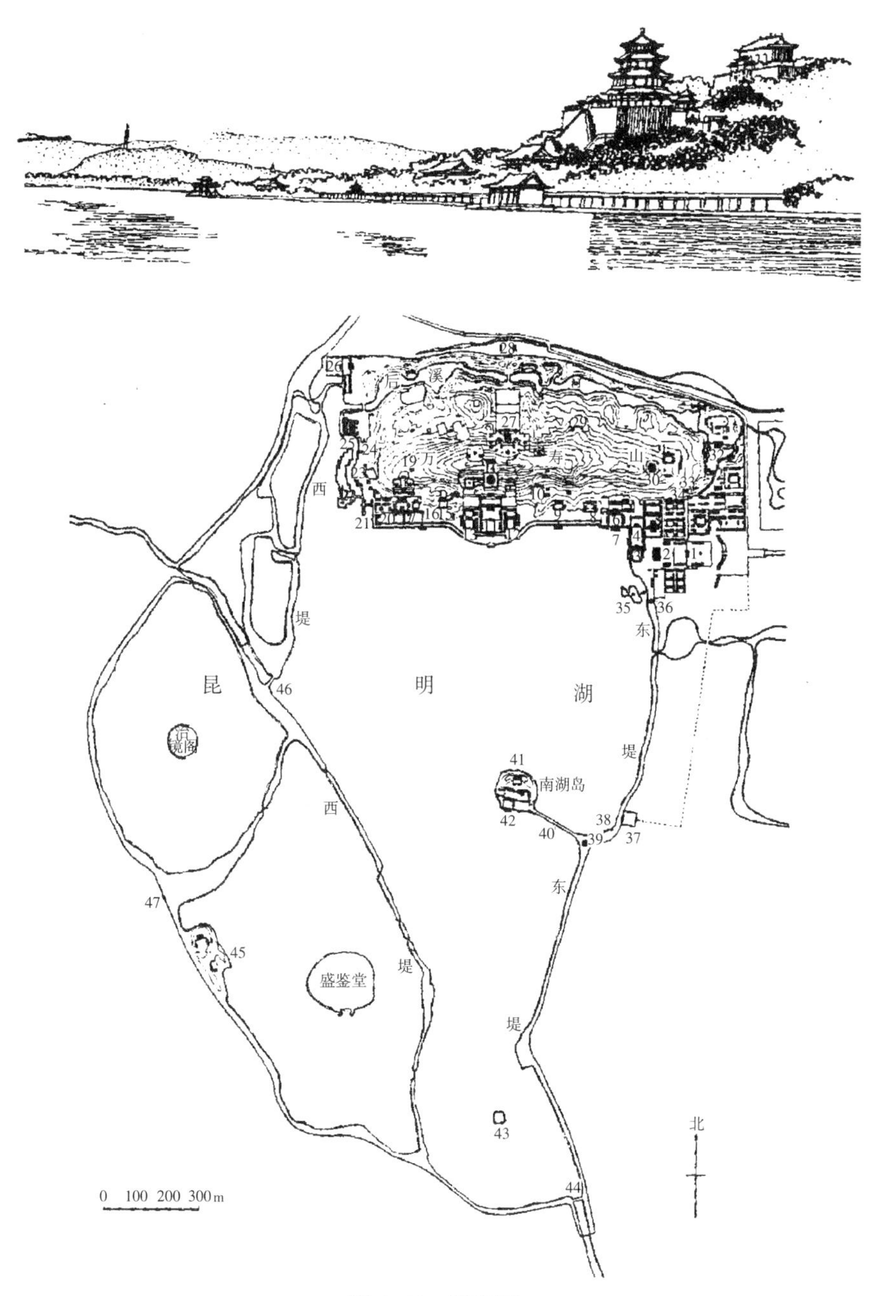

图 0-13 颐和园

1- 东宫门；2- 仁寿殿；3- 玉澜堂；4- 宜芸馆；5- 德和园；6- 乐寿堂；7- 水木自亲；8- 养云轩；9- 无尽意轩；10- 写秋轩；11- 排云殿；12- 介寿堂；13- 清华轩；14- 佛香阁；15- 云松巢；16- 山色湖光共一楼；17- 听鹂馆；18- 画中游；19- 湖山真意；20- 石丈亭；21- 石舫；22- 小西泠；23- 延清赏；24- 贝阙；25- 大船坞；26- 西北门；27- 须弥灵境；28- 北宫门；29- 花承阁；30- 景福阁；31- 益寿堂；32- 谐趣园；33- 赤城霞起；34- 东八所；35- 知春亭；36- 文昌阁；37- 新宫门；38- 铜牛；39- 廓如亭；40- 十七孔长桥；41- 涵虚堂；42- 鉴远堂；43- 凤凰礅；44- 绣绮桥；45- 畅观堂；46- 玉带桥；47- 西宫门

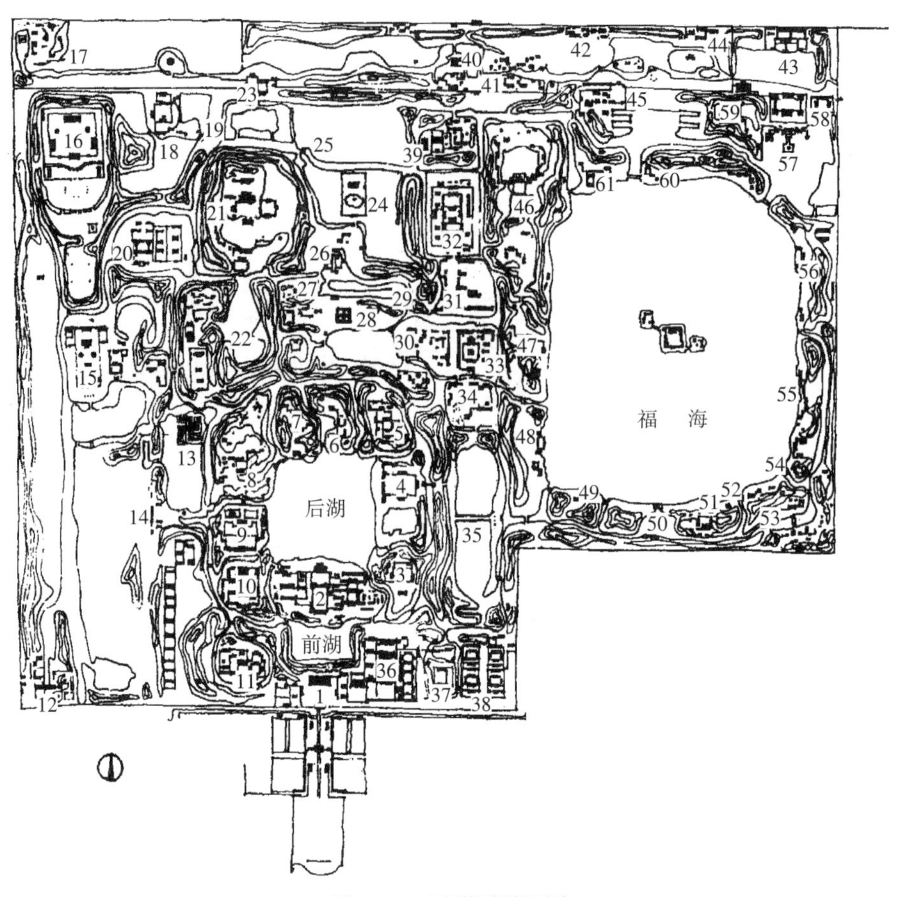

图 0–14　圆明园平面图

1– 正大光明；2– 九洲清晏；3– 镂月开云；4– 天然图画；5– 碧桐书院；6– 慈云普护；7– 上下天光；8– 杏花春馆；9– 坦坦荡荡；10– 茹古涵今；11– 长寿仙馆；12– 藻园；13– 万方安和；14– 山高水长；15– 月地云居；16– 鸿慈永祜；17– 紫碧山房；18– 汇芳书院；19– 断桥残雪；20– 日天琳宇；21– 渔溪乐处；22– 武陵春色；23– 多稼如云；24– 文源阁；25– 柳浪闻莺；26– 水木明瑟；27– 映水兰香；28– 澹泊宁静；29– 兰亭；30– 坐石临流；31– 买卖街；32– 舍卫城；33– 同乐园；34– 曲院风荷；35– 九孔桥；36– 勤政亲贤；37– 前垂天贶；38– 洞天深处；39– 西峰秀色；40– 鱼跃鸢飞；41– 北远山村；42– 若帆之阁；43– 天宇空明；44– 青旷斋；45– 大船；46– 廓然大公；47– 深柳读书堂；48– 澡身裕德；49– 一碧万顷；50– 夹镜鸣琴；51– 广育宫；52– 南屏晚钟；53– 别有洞天；54– 观鱼跃；55– 接秀山房；56– 涵虚朗鉴；57– 方壶胜境；58– 蕊珠宫；59– 三潭印月；60– 君子轩；61– 平湖秋月

殿馆楼阁不胜枚举，真所谓:“天宝地灵之区，帝王豫游之地，无以逾比”，而无愧为“园中之王”（图 0–14）。

既然封建帝王以“君权天授”自居，是上天的代表，而天是浩瀚无垠的，只有建造广阔的地域才能显示其人（帝王）与天的合一，人与自然的亲和关系，故皇家宫苑以广阔的地域、丰富的建筑造型、艳丽的色彩、精美的装饰为其特色，并形成了一种帝王气氛，即宫、馆、苑相结合的园林。

由于中国历代封建王朝大都建都在北方地区，其皇家宫苑亦受到地理环境和气候的影响，而有“北方宫苑”之称。

2. 私家园林——简朴淡雅

按照中国封建的礼制，私家园林的园主，无论其地位如何显赫，财力如何富有，但在园林的建造上都是不能与皇家园林相比的。皇家园林还带有较多的伦理天命的色彩，而私家园林纯以人的舒适、愉悦为宗旨，追求天趣、诗情画意、诗的世界、人的乐园，故更具有生命力和创造力，在中国古典园林中占有更重要的地位。

私家园林在魏晋南北朝时兴盛起来，受当时老庄哲理、佛教精义、名仕风流以及诗文趣味的影响,形成了一种以“简朴”和“淡雅”为特色的文人园林。陶渊明的“采菊东篱下，悠然见南山”至今仍为人们追求田园生活的境界。唐代的私家园林更盛，唐代文人喜在城郊或山岳名胜之地修筑山居和别业。著名诗人王维隐居的“辋川别业”将其淡漫空灵的诗情画意、佛理禅趣融于其中。至宋代文人园林已成为私家造园活动的主流。该时文人的“画论”可作为指导园林创作中的“园论”，将诗词、画意作为画家的依据，促进园林艺术在日益狭小的空间中纳入更多的内涵，开拓出更高、更深的意境。李格非的《洛阳名园记》至今成为记载园林的杰作。

明清私家园林多集中在苏州、扬州、南京、上海等地。特别是苏州，据《苏州府志》载，有大小园林 200 余处。苏州现存大小古典园林六七十处，其中以拙政园、狮子林、网师园（图 0–15）、留园、沧浪亭、艺圃等较为有名。

私家园林是以充满人文气息的自然山水作为摹本，以达到人与自然的和谐和统一。私家园林尤其是以疏朗、简朴、淡雅的文人园为其主流，故而私家园林应以文人园作为代表。这些园林是文人居住、安身的自然环境，也是他们游玩、愉悦怡性的场所。文人园色彩典雅，空间尺度适合，花木栽植和园林布置均强调诗情画意，景中有诗，景色如画，含意至深，韵味无穷，从而使文人园成为中国园林独特风格的代表。根据地理条件的差别，私家园林又可以分为北方园林、江南园林和岭南园林。江南园林则是私家园林特有的集中代表，而苏州园林又是江南园林的集中表现，成为世界上享有盛名的特色园林。苏州园林在 1997 年被联合国教科文组织列入世界文化遗产名录。

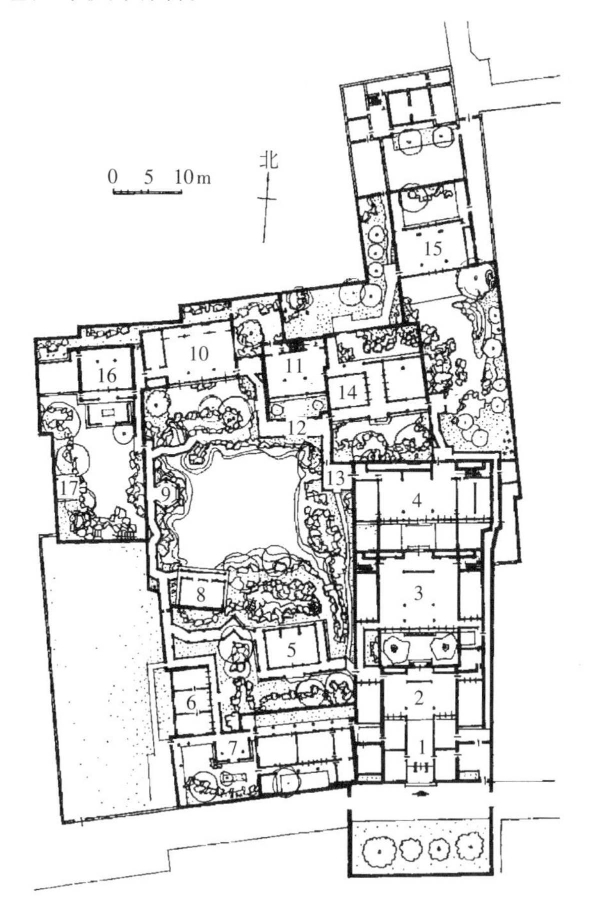

图 0–15　网师园平面图

1– 宅门；2– 轿厅；3– 大厅；4– 撷秀楼；5– 小山丛桂轩；6– 蹈和馆；7– 琴室；8– 濯缨水阁；9– 月到风来亭；10– 看松读画轩；11– 集虚斋；12– 竹外一枝轩；13– 射鸭廊；14– 五峰书屋；15– 梯云室；16– 殿春；17– 冷泉亭

3. 寺庙园林——天然幽致

自魏晋南北朝始，佛道盛行，不仅在城市及郊区出现了颇多的寺庙建筑，且有更多的寺庙建造在自然环境优美的地区，特别是山岳之

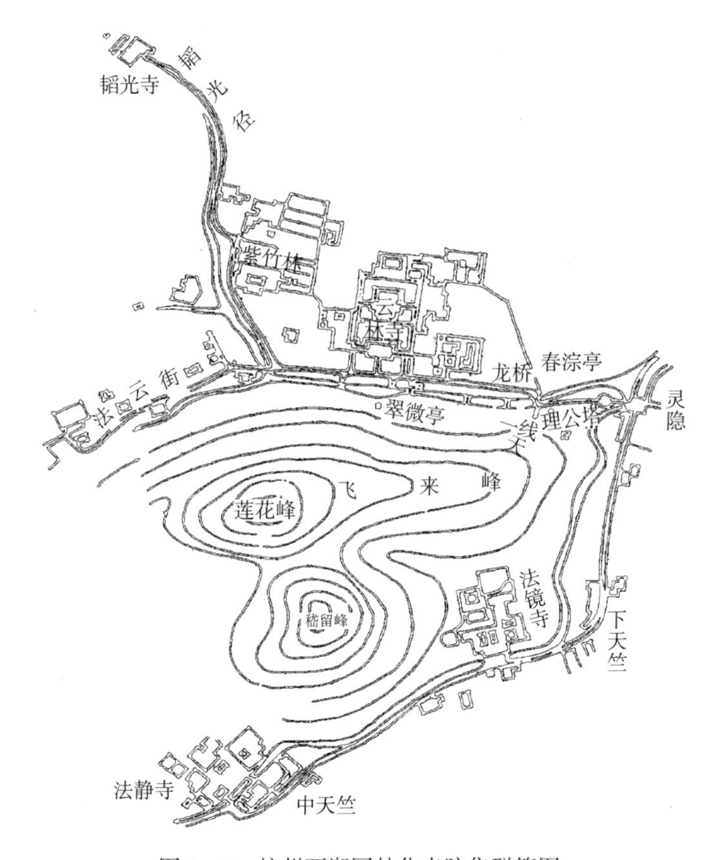

图 0–16 杭州西湖园林化寺院集群简图

中，故有“南朝四百八十寺，多少楼台烟雨中”的诗句。至唐时，各处名山几乎都建有寺庙和道观，逐步形成大小名山、洞天福地、五岳神山等，“天下名山僧占多”即是当时的写照。宋时，禅儒道士与文人的结合更将寺庙建筑及其园林推向文雅和精致的方向，如杭州的西湖（图 0–16）。

（三）中国传统园林的特色

1.“中国园”的解说

“园林”一词由来已久，按中国文字的解说可以分解为：

园—圃—	土	—屋宇	—人工	自然 + 人工
	口	—池	—自然	
	𧘇	—似树似石	—自然或人工	
	囗	—墙垣	—人工	

如果我们将中国传统的园林加以分析，中国传统园林均有水池、树木、花草和堆石，由自然的园子和人工的屋舍共同组成。传统园林最初的平面几乎都是居室前有一水池，配有树木、花卉、假山，并以墙垣相围合（图 0–17），也可以说“园”已概括了自然的因子和人工的要素。

2. 中国传统园林中的私家园林均可观、可游、可居。当人处在自然地域中或人工环境中，不仅是为了生存功能的需要，而在其中建屋、通路、种树、养鱼、畜兽的时候，就反映了人们对美好生活环境的追求。在当时的条件下，人们对审美观的要求，有政治、经济、文化以及自然条件的反映。囿、苑、园、山居、宅园、山庄、别业、寺院虽形式各不相同，但其本质均为人工塑造的建筑，小水池、假山石、植物、豢养禽兽等的空间环境。

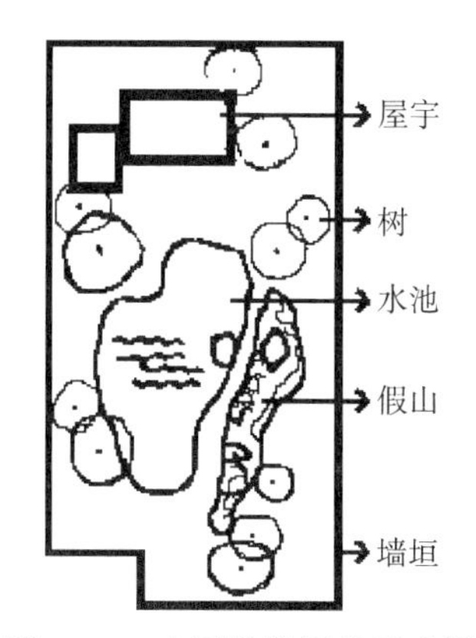

图 0–17　中国传统园林示意图

3. 从现代环境角度来看，中国传统的“园”是人们物化的产物，是人与自然协调的一个地域，也是人们对自然需求的一种本能。它既有满足人的生活需要的建筑、道路、活动场地等人工场所，又有满足人的精神需要的自然的山石水体、植物、动物等自然景观，是一个“人工与自然相协调的环境”。因此，中国古典的“园”已反映了人最根本的要求，而中国的“天人合一”的自然观即为中国园林现象的基础，即当代最有价值的理念。

4. 中国传统园林的特点

效法自然的布局：中国园林以自然山水为风尚，有山水者加以利用，无地利者，常叠山引水，而将厅、堂、亭等建筑与山、池、树、石融为一体，成为“虽由人作，宛自天开”的自然山水。

诗情画意的构思：中国古典园林与传统诗词、书画等文化艺术有密切的关系。园林中的“景”，不是自然景象的简单再现，而是赋予情意境界，寓情于景，情景交融；寓意于景，联想生意。组景贵在“立意”，创造意境。

园中有园的手法：在园林空间组织手法上，常将园林划分为景点、景区，使景与景间既有分隔又有联系，从而形成若干忽高忽低、时敞时闭、层次丰富、曲折多变的“园中院”和“院中园”。明清私家园林便创造了“咫尺山林”中开拓空间的优异效果。

建筑为主的组景：园林由山水、树木等自然因子和园路、建筑等人工因子组成，而中国古典园林，大都是可居可游的活动空间，建筑不仅占地多（据调查占15%~50%），而且常以园林建筑作为艺术构图的中心，成为整个园林的主景。即便在各景区均应有相应的建筑成为该景区的主景。

因地制宜的处理：自南北朝以来，中国园林即根据南北自然条件不同而有南宗、北宗之说，又自秦汉始即根据宫苑和私家园林条件及要求不同而各自发挥其胜。至今中国园林已有北方宫苑、江南园林、岭南园林等不同风格的园林。各个园均有其特色，或以山著称，以水得名；或以花取胜，以竹引人，构成了丰富多彩的园林景观。

中国古典园林是我国劳动人民的创造和宝贵的文化艺术遗产，但又是封建社会条件下物质和精神的产物。因此在学习时，必须按现今的社会时代要求：“去其糟粕，取其精华”，“古为今用”的态度来对待，用与时俱进的要求来对待。

四、国外的园林历史发展与特色

一般认为世界园林有三大体系：①东方园林体系。以中国为主为根，包括日本、朝鲜（韩国）等国。②欧洲园林体系。经历了不同阶段的发展逐渐成熟起来，文艺复兴时期的意大利台地园林—17 世纪的法国古典园林—18 世纪的英国风景园。③西亚园林体系（伊斯兰体系）。以伊斯兰宗教为主，包括中世纪的西班牙、印度及印度尼西亚并发展到墨西哥等国家。以下就几个主要国家的园林简单叙述。

（一）日本庭园

日本园林在其古代一开始就受到中国文化尤其是唐宋山水园的影响，传入后经其吸收融化发展成为日本民族所特有的园林风格。在一块不大的庭地上表现一幅自然的风景园，不仅是自然的再现，而且注以感情和哲学的含义，既有自然主义的写实，又有象征主义的写意。

日本庭园的意匠总是再现自然。日本是一个岛国，山多而不险，海近且辽阔；雨量丰富，溪短湍急，川浅迂回；气候温和而季节明显；森林茂密，植被丰富，又多佳石。这些自然条件构成了日本多彩的景色，也给日本园林提供了无穷的源泉。日本民族对自然的热爱、本原的追求、变异的敏感构成了他们的特点。尤其是喜爱海洋和岛屿，瀑布和叠山，置石的溪流和湖池以及沙洲的再现。

从 8~19 世纪日本社会经历了多次时代的变迁，园林的形式也随着经济条件和社会的发展由苑园→舟游式→回游式→茶庭→回游式 + 茶庭而不断变化，但差别不是很大，在艺术构思上是连贯的，形式上是一脉相承的。故而几个世纪的经历形成了一套比较系统完整的园林体系。可以回溯到最早的《作庭记》，一个大的水池，一个小瀑布或一泓溪水，几组叠石和别致的树木栽植，构成一个山水园。15 世纪以后的造园大都以《嵯峨流庭石古法秘传书》中的“庭坪地形取图”的图式作为筑山庭的基本原则。

根据庭地的类别主要分为筑山庭和平庭两种形式。筑山庭有山有水，表现山、海、河的景观，因此一般要求有大的面积（图 0–18）。平庭主要是再现某种原野的风致。除此以外还有一种抽象的形式，称作“枯山庭”。布置“枯山庭”如筑山庭，有泻瀑的石，有弯曲的溪和池等，但并没有水，而是用卵石、沙，甚至青苔布在床、谷床里拟想为水。京都龙安寺的方丈庭园，即枯山水的艺术的高度体验。在 330m^2 的庭园里全部以白沙铺地并耙成波浪，并置五组石组象征自然岛群，而使人感觉有如波涛拍打冲击着岛屿。这种通过禅宗面壁沉思对自然的感悟而能与宇宙对话的方法，就是一种高超的艺术手法（图 0–19）。

16 世纪茶庭的出现，形成了另一种独特的类型。茶庭面积虽小但要表现自然片断、寸地而有深山野谷幽静的气氛，能引人沉思默想，好似远离尘世一般。要体现“青苔日益地厚但无一粒尘土”的境界和“淡淡的明月，一小片海从树丛中透过……”的孤寂意境。庭中主要是常绿树，忌用花木，草地上铺设石径、散置山石并配以石灯和几株姿态虬曲的小树。茶室前设石水钵，供客人净手之用。这些石水钵、石灯笼后来成为日本庭园的小品点缀。

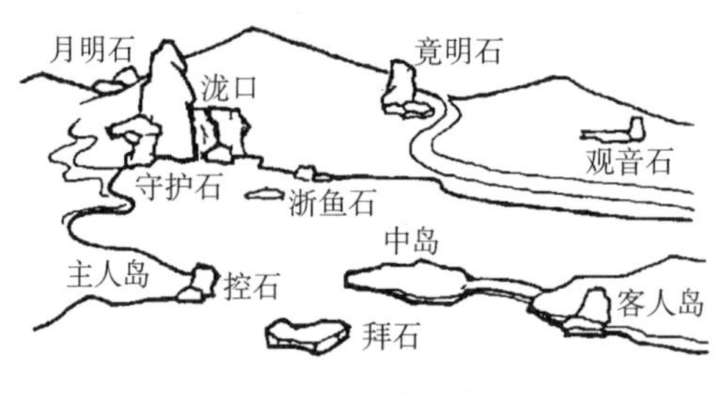

图 0–18　日本筑山庭典型各式

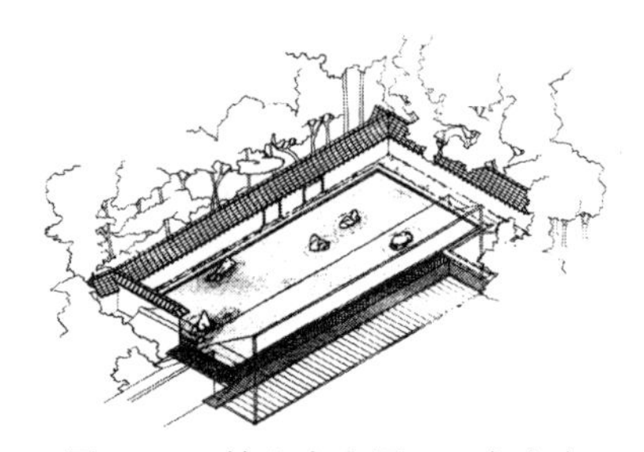
图 0–19　枯山水庭园——龙安寺

17~19世纪初叶的德川幕府政权维持了将近250年的承平时期，园林建设也有很大的发展，建成好几座大型的皇家园林，著名的京都桂离宫就是其中之一（图0–20）。这座园林以大水池为中心，池中布列着一个大岛和两个小岛，显然受中国“一池三山”的影响。池周围水道萦回，间以起伏的土山。桂离宫是日本“回游式”风景园的代表作品，其整体是对自然风致的写实模拟，但就局部而言则又以写意的手法为主，这对近代日本园林的发展有很大的影响。

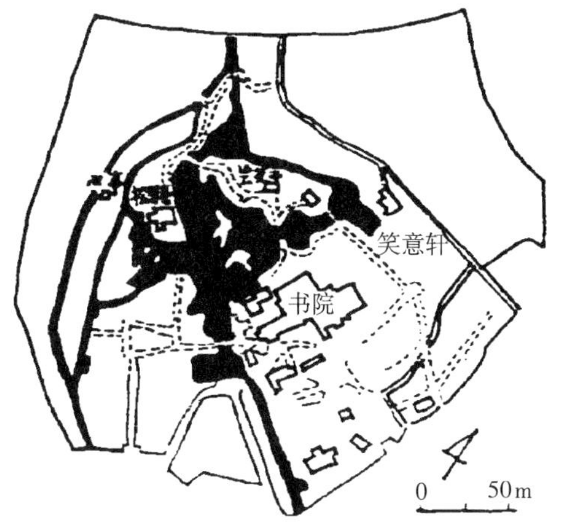

图0–20　京都桂离宫

与日本的书法、绘画、花艺一样，不论是筑山庭、平庭或茶庭均有真（楷）、行、草三种格式(图0–21)。日本庭园的真、行、草的区别主要是精致程度上的差别。“真”要求在处理上最严谨，“行”比较简化，“草”就更自由。这不仅反映在庭园建筑上，并且在铺地、布石、种植上亦如此。

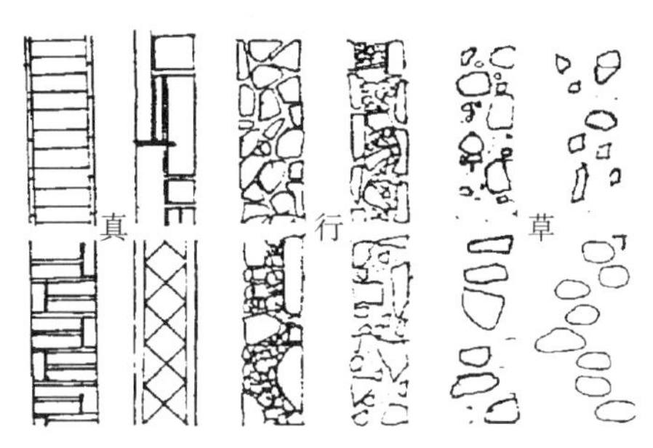

图0–21　日本庭园道路铺面形式

19世纪明治维新以后，日本大量吸收西方文化，也输入了欧洲园林。但欧洲的影响只限于城市公园和少数“洋风”住宅的宅园，私家园林的日本传统仍然是主流，而且作为一种独特风格的园林形式传播到欧美各地。

（二）西亚园林的特色

公元7世纪，阿拉伯人征服了东起印度河，西到伊比利亚半岛的广大地域，建立了一个横跨亚、非、欧三大洲的伊斯兰大帝国。尽管后来分裂为许多小国，但由于伊斯兰教教义的约束，在这个广大的地区内仍然保持着伊斯兰文化的共同特点。

阿拉伯处于干旱地区，对水极为珍惜、敬仰甚至神化。因此，在伊斯兰庭园中对水的利用煞费心机，尽可能把水聚集成池，并以十字形水渠象征天堂，中间有酒河、乳河、水河、蜜河四条河流，用来代替比逊河、基训河、希底结河、伯拉河。池水作为洗沐之用，将水穿过地道或明渠伸延到房内，引至每株植物。

公元8世纪初，信奉伊斯兰教的阿拉伯人占领了比利牛斯半岛，他们丰富了西班牙的文化，并进行了大量的建设活动。10世纪后，比利牛斯的伊斯兰国家又逐个被西班牙天主教徒消灭，但伊斯兰的建筑和庭园则对西班牙产生了深远的影响。

当阿拉伯人统治西班牙的时期，建造的许多宫殿及宫邸，结合伊斯兰的生活方式和比利牛斯的气候特点，常采用院落式的布局，设有中庭、整形的人工水池和喷泉，以及引来各种植物。这类庭园，至今仍有留存完好者。

阿尔罕布拉宫（Albambra）是公元14世纪前后兴造的，它位于一个地势险要的小山上，有一圈3500m长的红石墙蜿蜒于郁林浓荫之中，沿墙耸立着高低错落的方

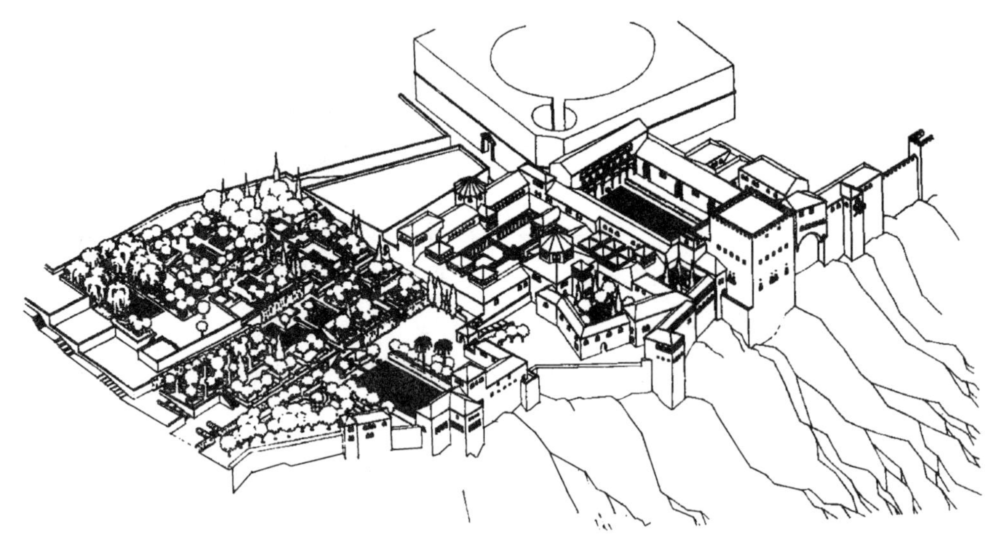

图 0–22　阿尔罕布拉宫

塔，全部由六个庭院和七个厅堂组成（图 0–22），而以其中两个院子著称。一个是 36m × 23m 的石榴院，以朝觐仪式为主。院中有一长条形水池，原作沐浴仪式之用。池水晶莹澄澈，可以使院子柔和明亮，也活泼些。池的两端有大理石的喷水盘，院的两侧是光洁的墙，两端是券廊，布局工整严谨，具有幽闲肃穆、凛然不可犯的气氛。另一个是 28m × 16m 的狮子院，是后妃们居住的地方，比较奢华，周围有一券形回廊，院北侧是后妃的卧室，后有小花园。从山上引来的泉水分成几路淙淙流经各个卧室，以降低炎夏的蒸热。然后，再在院中央形成一个十字形水渠象征天堂。池中央有一喷水盘，有 12 头雄狮托住，水从狮口喷出，流向周围浅沟，由此以狮子院命名（图 0–23）。

西班牙接受了阿拉伯伊斯兰的造园技术，而在 18 世纪随着西班牙势力的扩张，又把这种造园格局传到墨西哥、巴西等地。

公元 14 世纪是伊斯兰园林的极盛时期。此后，在东方演变为印度莫卧尔园林。典型实例是著名的泰姬陵（Taj Mahal），水渠、草地、树林、花坛和花池、道路均按几何对位的关系来安排，突出建筑的形象，中央为殿堂，围墙的四角有角楼，中间有一长方形的水池（图 0–24）。

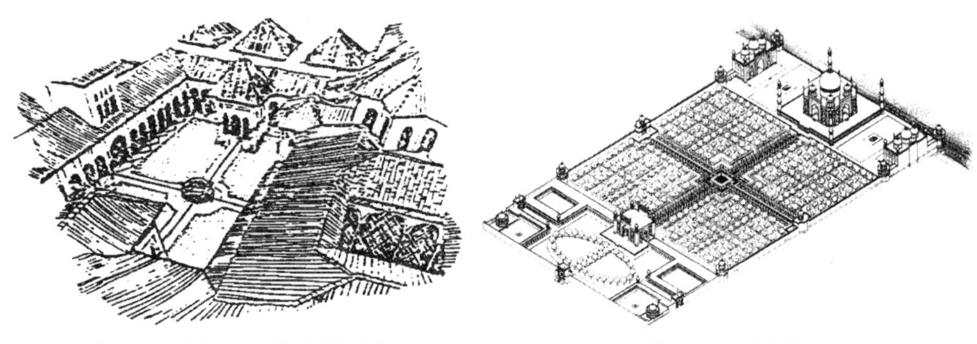

图 0–23　阿尔罕布拉宫狮子院　　图 0–24　泰姬陵

（三）文艺复兴时期的意大利台地园特色

文艺复兴时期的意大利园林继承了古罗马庄园的传统而注入了新的内容。一些新兴的资产阶级以其剥削所获，一些宗教贵族以搜刮所得过着奢华的生活。除了城市有其为了工作而建的府邸以外，大多在郊区建有生活休息的别墅，而这些别墅则成为园林创作的对象。由于社会的基础和其上层建筑思想意识形态的要求，使他们醉心于古罗马的一切，古典主义成为艺术创作的中心。一切艺术形式来源于生活，意大利台地园的艺术形式是与意大利的自然条件和文艺复兴的社会意识以及意大利的生活方式密切相关的。

意大利国土位于欧洲南端，突出在亚得里亚海的一个半岛上，国内山陵起伏，北部地区的气候，冬季有从阿尔卑斯山吹来的寒风，夏季在谷地或平原则闷热潮湿，不适合居住。而在山丘上，即使只要高出几十米，白天就可以得到海风的吹拂，晚间也有来自山间的凉风，这种地理气候的特征，正是为什么意大利别墅大都修筑在面海的高亢坡地上的原因。

由于建造在山坡上，恰当地运用地形辟出台地，就产生了在结构上称作台地园的形式（图 0–25）。为了巧妙地借园外之景，而把府邸安排在中层或最高层的台地上，并有既遮荫又便于眺望远景的拱廊，新鲜的空气，明朗的阳光，凉爽的微风，对于性格豪放爱好户外生活的意大利人来说，较之室内更为适宜。也正由于此，他们把园地看做室外活动的起坐间，当做建筑的延伸，在布置上也就采用整齐的格局和建筑设计的原则。

各个台地内部形式的规划，大抵采用方与圆的结合，下层台地则多用绿丛植物，以表现图案的美。

由于气候闷热和地理的特点（北部山地泉水丰富），台地园的设计十分珍视水的运用，既可增加凉爽又可使园景生动。在理水的技巧上尽可能把可以利用的水源汇聚起来使水量充沛，然后结合地形来组织形成多种理水形式。通常在最高处有汇集众水的储水池（或在洞室内），再顺地势而下，在地势陡峭、高差大的地段可以有瀑布；在台地分层为界的地方，可以用溢流的方式；坡度倾斜而又长的地段，可以有承流或急湍的设施（或水扶梯）；在下层台地部分，可以利用高低水位差，而有喷泉的设施；在最低层台地，又可把众水汇成水池；顺着等高线可以辟小水渠等。这种理水的方式，又可以各自有众多的变化式样，从而使格局整齐的台地园的景色变化

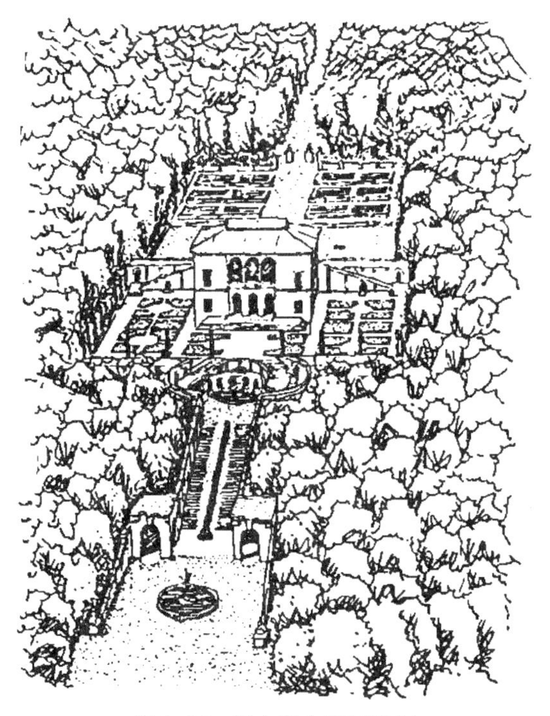

图 0–25　意大利台地园透视

丰富，同时在变化中又能求得同一性的表现。至于容水物的结构物本身，在外形装饰安置上常是优美的艺术创作；作为池或泉的中心雕像，常是优美的艺术作品。运用水的光影和水的乐音更成为台地园的一个特色。如埃斯特别墅各种水的声音，天籁繁奏，最高层急流奔腾，有着强有力的音响，接下来缓流和急瀑结合，最低层台地的平静的水池里倒映其美丽的景色。

植物的处理上，因为阳光强烈，所以在台地园的布局中突出“处处绿荫”的要求，在园路的两旁常用丝杉或其他绿树成行配置，不仅是构成风景视线或整形的要求，同时也有绿荫的目的。有的庄园，从一个地点到另一地点，回绕全园，几乎完全可以在绿荫下行走，方畦树丛不仅增加绿荫，同时也使格局整齐的严肃性得以缓和而感到舒畅，用方畦树丛来代替行列树或植篱，可使局部有舒畅开朗之感。

整齐格局的模样绿丛是由矮篱式的黄杨等构成各式各样的几何图案，但均为平面形象。这种图案只有从高处俯望时才能呈现出来，所以模样绿丛植坛可说是台地园的产物。意大利阳光较强，极少用刺目的彩色明亮的花卉，而以大多的绿色植物给人以舒适悦目而又凉爽宁静的感受。

园里处处绿树如荫，同一色调，容易产生单调之感，因此在意大利庄园内对于运用明暗浓淡不同的绿色配置十分重视。园内的建筑及一些台阶、栏杆、水池等常用灰白或棕褐色，与绿色植物形成对比而表现出层次景深。浓暗的丝杉通过黄杨、冬青、女贞而逐步过渡到淡绿色的柠檬，就形成由暗至明、由深至浅的色调变化，产生既统一又变化的层次效果。

意大利别墅大多位于郊野的山丘上，属于自然环境里的庭园（图 0–26）。但在台地园的规划上，又采取了整齐格局的式样，这就产生了整齐格局的花园与自然风景园林相互协调的问题。其手法之一是运用大小比例的不同所引起的对规则布局感的消失。一般处理上，先引到有着严正格局的台地部分，然后踏上磴道升到半高层或最高层台地眺望远景，感觉仿佛置身在大自然的怀抱之中。另一方面，把花园作为建筑和林园之间的过渡：从人工的建筑物到人工种植的花园，再扩展到天然树木的林园，就如同水滴一样从中心外扩逐渐消散于无形之中。这就是把人工的台地园逐渐融入周围大自然里的手法，或者相反，把周围的大自然引领到庄园里面。例如，把激昂的山泉从林地引入，流到最高台地，然后顺着人工的渠道、瀑布或激流最后流入最低层的水池中。

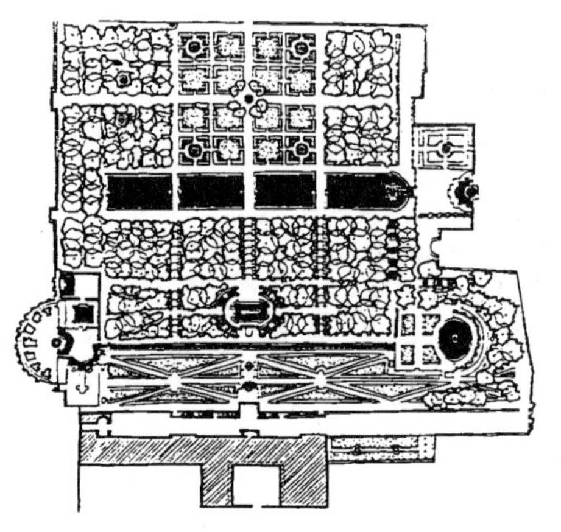

图 0–26　埃斯特别墅平面图

（四）法国古典园林的形成及特色

法王路易十四（1643~1715 年）建立了君主专制政体，君主集权达到了顶峰。整个封建贵族阶级，等级森严，国王的意志就是法律。路易十四不仅是法国本土的绝对权威，并且由于法国的对外扩张，掠夺了大量殖民地（如加拿大）并征服了许多地区，成为烜赫于世的君王。由于政治和军事的强盛，法国商人以商品和奴隶进行海外贸易，经济上盛极一时。在文化艺术方面也得到欣欣向荣的成长和发展。在当时，绝对君权制是新兴资产阶级同封建贵族双方暂时妥协的产物。

在这种情况下，法国文化中形成了古典主义潮流。它在哲学上反映着由于实证科学的进步而产生的唯理主义的世界观，在政治上反映着绝对君权制度。古典主义者力求在文学、艺术、戏剧等一切文化领域里建立符合理性原则的格律规范，却又盲目地崇奉它们为神圣权威，不可违犯。文学、艺术、戏剧等都以颂赞君主为其主要内容，建筑和园林当然也是这样。

唯理主义哲学家笛卡儿（1596~1650年）说：美和经验、情感、习惯都没有关系，它是先验的；艺术中最重要的是结构要像数学——清晰、明确，不应该有想象力，也不能把自然当做艺术创作的对象。唯理主义哲学家吹捧君主集权制是社会理性的最高体现，说它是最秩序的、最有组织的、永恒的。相应的古典主义建筑的构图原则是平面和立面都要突出中轴线，使它统率全局，其余部分都要从属于严格的对称和规则的几何构图。古典主义的建筑物，简直成了以国王为首的整个封建等级体系的形象表现。园林建造也要服从于这样的规律规范。

就在法国的极盛时代，路易十四为了满足他的虚荣，表示他的至尊和权威，建造了宏伟的凡尔赛宫苑（Versailles），在西方造园史上揭开了辉煌崭新的一页。这个宫苑是由法国最杰出的造园大师勒·诺特（Le Notre）设计和主持建造的。勒·诺特（1613~1700年）：生于巴黎，年青时代初学绘画，再攻建筑，后又致力于园林。曾去罗马研究文艺复兴风格，40岁返国后，专事造园设计。起初，曾好用意大利台地园的形式，但根据法国的地形条件和生活风尚，乃将瀑布跌水改为水池河渠，高瞻远景变为前景的平眺。正由于他一方面继承了法兰西园林民族形式的传统，另一方面批判地吸收了外来园林艺术的优秀成就，并结合法国的自然条件才创作出了符合新内容要求的新形式——法国古典园林。

勒·诺特在法国从事园林创作和旧园改建工作近50年，为法国贵族营造了近百所私园，有很多优秀之作。“孚园”、“凡尔赛宫苑”（图0-27）即为其代表作。他在继承自己祖国优秀传统的基础上，又批判地吸收了外国的园林艺术（意大利文艺复兴式）的优秀成就，结合不同的风土条件，创造了符合当时帝王和权贵们在使用上及精神上的要求的园林风格。通常也把法国古典园林称之为勒·诺特式（Le Notre Style）。

他善于把园林与建筑结为一体，成为建筑的引申和扩大，并采用统一的手法来处理，既严正又丰富，既规则又变化，结合不同的要求和不同的地点、不同的条件进行创作，并成功地反映主人性格。

他在丛林设计中根据不同的活动内容划分成若干个单位，而且在丛林中辟出视景线，构成风景线的原理。

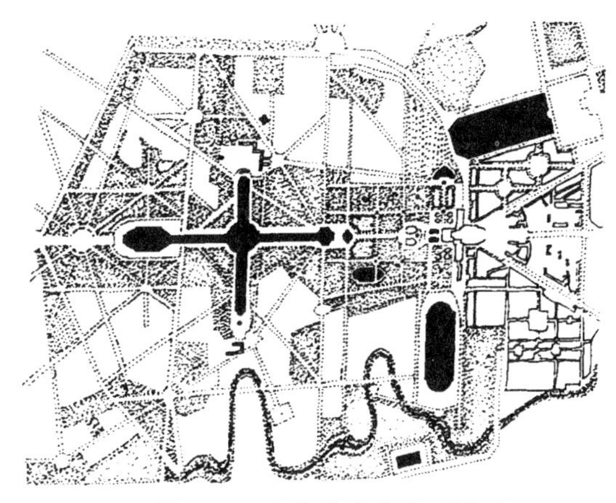

图0-27　凡尔赛宫苑平面图

他在丛林的树丛中间辟出各个视景线，并把它们贯穿起来犹如一串珍珠项链。当你从轴线上的某个视点出发，也许是一个喷泉或水池或雕像，向前眺望就可看到另一个视景焦点，到了那个视点所在又眺望到另一个视景焦点。这样连续地四面八方展望和前进，视景一个接着一个，好似扩展延伸到无穷无尽一般，相应连贯形成风景系统。另一方面，各个视景的范围不尽相同，就不会感到单调，而有错综变化的感觉。在平坦的法兰西原野上，由于采用了这种在丛林中辟出视景线的方法，而组成了丰富的景象。

在平原地区，要创造瀑布的形式是困难的，要设置许多宏大的喷泉群，不仅建造费用和维持费用浩大，并且就当时的技术条件来说也是较困难的。因此他巧妙地运用水池和河渠的方式，这本是原野上自然的水体形式。凡尔赛宫苑中，理水的风景效果最为优美的是在宫殿建筑下的水景植坛区部分，把周围的丽景倒映在池水里，增进了景致，并且使之变得柔和起来。另一优美的设计是十字架式的河渠水面，放舟荡漾于其中，两岸丛林森森，景色引人。

此外，各个构图中心的苑路交叉点上或视景线焦点上的喷泉，形体虽小却也显出理水的高超技巧。这些喷泉、水池，在有水喷射时固然动人，就是不喷水时也因设置的雕塑作品本身的艺术价值而使人同样得到美的感受（图 0–28）。

图 0–28　有雕塑的喷泉

法国平原上，阔叶、落叶树种丰富，勒・诺特就充分运用乡土树种构成天幕式的树林，或作为视景线的范围物，或作为包围着模样绿丛植坛外围的绿篱屏障，或作为喷泉水池的背景。至于黄杨、紫杉之类宜于作植篱的树木在法国也有分布，因此模样绿丛植坛，在合适地点，即低下的台地上，也得到运用。

由于勒・诺特在造园方面的杰出成就，因而受到了路易十四的赏识而博得“王之园师，园师之王”的美称。法国古典园林风靡欧洲，各国竞相仿效，特别是一些帝王贵族尽力模拟凡尔赛宫苑，不甘示弱。如德国波茨坦的无忧宫、维也纳的绚波轮宫、沙俄的彼得堡的夏宫，甚至北京长春园的“西洋楼”都有凡尔赛的缩影。可以说，当时整个欧洲都在模仿勒・诺特式的造园，但是所有的设计大都是崇拜模仿，不顾具体的地点条件，而显得不伦不类。这些没有创造只求形式的趋向和风气曾在欧洲弥漫，并且经过一些人的倡导，使各种几何形图案的绿丛种植更进一步发展成为锦绣植坛，把植物整形修剪成各种形象的绿色物体并结合起来，其手法也更发达，成为造园设计的主题。这种追求奇特趋于极端人为的意味，华而不实的风格，在当时称作洛可可式（Rococo Style）。

（五）英国自然风景园林特色

英伦三岛多起伏的丘陵，17~18 世纪时由于毛纺工业的发展而开辟了许多牧羊的草场。如茵的草地、森林、树丛与丘陵地貌相结合，构成英国天然风致的特殊景观（图 0–29）。这种优美的自然景观促进了风景画和田园诗的兴盛。而风景画和浪漫派诗人对大自然的纵情讴歌又使得英国人对天然风致之美产生了深厚的感情。这种思潮当然波及园林艺术，于是封闭的“城堡园林”和规整严谨的“勒·诺特式”园林逐渐为人们所厌弃而促使他们去探索另外一种近乎自然、返璞归真的新的园林风格——风景式园林。

英国的风景式园林兴起于18世纪初期。受到培根理论的影响，“经历即是一种感觉经验”。它否定了纹样植坛、笔直的林荫道、方整的水池、整形的树木，扬弃了一切几何形状和对称均齐的布局，代之以弯曲的道路、自然式的树丛和草地、蜿蜒的河流，讲究借景和与园外的自然环境相融合。为了彻底消除园内外景观的界限，18世纪中叶，英国人想出一个办法，把园墙修筑在深沟之中，即所谓“沉墙”（ha—ha）。当这种造园风格最盛行的时候，对于英国过去的许多出色的文艺复兴和勒·诺特式园林都被平毁而改造成为风景式的园林。

风景式园林比起规整式园林，在园林与天然风致相结合、突出自然景观方面有其独特的成就。但物极必反，风景式园林又逐渐走向另一个极端，即完全以自然风景或者风景画作为抄袭的蓝本，以至于经营园林虽然耗费了大量人力和资金，而所得到的效果与原始的天然风致并没有什么区别。看不到多少人为加工的点染，虽本于自然但未必高于自然，这种情况也引起了人们的反感。因此，从18世纪开始又使用台地、绿篱、人工理水、植物整形修剪以及日晷、鸟舍、雕像等的建筑小品，特别注意树的外形与建筑形象的配合衬托以及虚实、色彩、明暗的比例关系，甚至于在园林中故意设置废墟、残碑、断碣、朽桥、枯树以渲染一种浪漫的情调，这就是所谓的“浪漫派”园林。

图0–29 英国自然式风景

图0–30 1750年布朗改造前后的WENT WORTH园

这时候，英国皇家建筑师钱伯斯（William Chambers）把以圆明园为代表的中国园林艺术介绍到欧洲。他曾两度游历中国，归来后著文盛谈中国园林并在他所设计的丘园（Kew Garden）中首次运用所谓“中国式”的手法，虽然不过是一些肤浅和不伦不类的点缀，终于也形成一个流派，法国人称之为“英华式”园林（Le Jardin Anglo–Chinois），在欧洲曾经风行一时。

自18世纪开始，英国式的风景园作为勒·诺特风格的一种对立面，不仅盛行于欧洲，还随着英国殖民主义势力的扩张而远播于世界各地（图0–30、图0–31）。

图0–31 英国邱园中的中国塔

图 0–32　德国慕尼黑的“英国园”

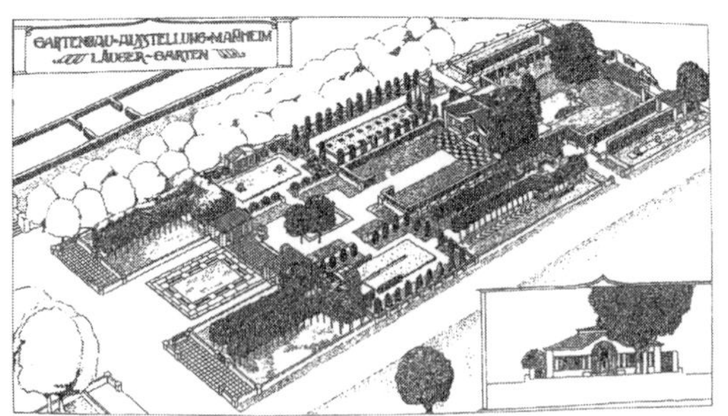

图 0–33　在曼海姆园艺展上莱乌设计的花园

（六）西方近现代园林的发展

随着产业革命、生产和生活的影响，在 18 世纪中期英国的皇家园林向大众开放，也导致了欧洲一些国家建设了开放性的公园。其中，德国慕尼黑的“英国园”是最早的实例（1804 年，360hm^2）（图 0–32）。在美国自 1850 年开始，由于城市人口膨胀，城市环境越来越差，且有恶化的情况。作为城市卫生的重要措施而制定了大纲《城市公园》，形成了城市公园绿带，纽约的“中央公园”就是其中之一。在 19 世纪，园林内涵方面有了很大变化，但形式方面仍旧是“英国风景园”的形式以及几何式的古典园林形式。

20 世纪初，人们开始受到现代造园雕塑及现代工业化的影响，开始出现了一些新的思路。工艺美术思想的应用出现了曲线形和直线形的园林（图 0–33）。

20 世纪 20~60 年代，现代园林经历了从产生、发展到壮大的过程，但是它并没有表现为单一的模式，各个国家的景观设计师们结合本国的传统和现实，形成了不同的流派和风格。

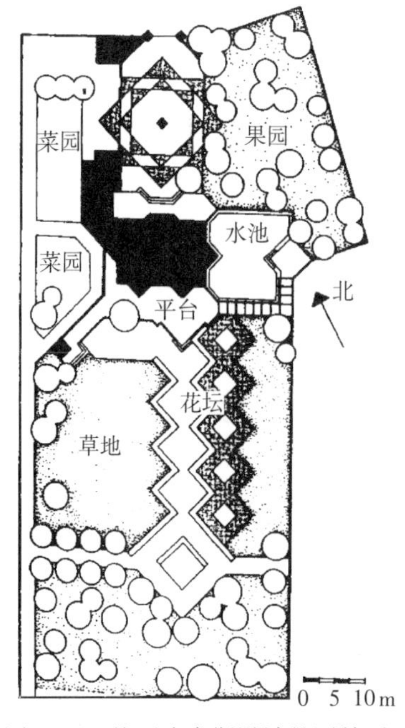

图 0–34　格罗皮乌斯设计的园林平面

直到第二次世界大战之后，才出现了全盛时期。特别在美国，出现了大量新式的园林绿地，并得到实践。在欧洲新的园林也得到了广泛的实践（图 0–34）。

首先，现代园林不是“意大利式”、“法国式”、“英国式”或“折中式”，这些表达了从前岁月的生活和文化，既不属于现代社会，也不代表现代美学的主体。虽然一些设计师在实践中也使用了一些传统的要素，但已完全不是对历史样本的抄袭，而是在现代主义的道路上对历史的一种借鉴。现代园林设计是对由工业社会、场所和内容所创造的整体环境的理性追求。

其次，现代园林设计追求的是空间，而不是图案和式样。构成现代主义探索的基础的，正是对于寻找一种新的空间形式的兴趣。

第三，现代园林是为了人的使用，这是它的功能主义目标。虽然为各种各样的目的而设计，但景观设计最终关系到为了人类的使用而创造室外场所（图 0–35）。

第四，构图原则多样化。现代园林开创了新的构图原则，将现代艺术的抽象几何构图和流畅的有机曲线运用到园林设计中，发展了传统的规则式和自然式的内涵。现代园林设计是多方面和全方位的。

第五，建筑和景观的融合。设计师在设计中不再局限于景观本身，而将室外空间作为建筑空间的延伸。建筑师和景观师双方的努力促使了室内外空间的流动和融合。

20 世纪 60 年代以后，艺术、建筑和景观都进入了一个“现代主义”之后的时期，一个对现代主义进行反思和重新认识的时期，一些被现代主义忽略的价值被重新认识，现代园林在原有的基础上不断地进行调整、修正、补充和更新。功能至上的思想受到质疑，艺术、装饰、形式又得到重视。传统园林的价值重新得到尊重，古典的风格也可以被接受。其他学科的介入使其知识领域更为广阔，现代园林变得更有包容性。现代西方园林进入了多元化发展的时期。

其中，在法国建造的“拉·维莱特”公园，受到了大家的好评，该公园为 20 世纪 80 年代的作品，是为了纪念巴黎革命 200 周年而建的公园，也是巴黎市内最大的城市公园。该公园的总设计师把公园解析成点、线、面三个分离的体系。点的体系是方格网布置，线的体系构成了全园的交通骨架，是由两条长廊、几条笔直的林荫道、两条城市运河和一条称为“电影式散步道”的流线型园路组成，并把 10 个象征电影片断的主题花园联系起来，以满足游人自由活动的需要。

图 0–35　丘奇设计的模仿自然池塘的游泳池

其设计包括了现代解构主义的手法，考虑了周围环境和文脉。这种用解构主义的分解、片断、不完整、无中心、持续的变化，既满足了人们身体上和精神上的需要，同时也是体育运动、娱乐、自然生态、工程技术、科学文化与艺术等诸多方面相结合的开放性的绿地，并成为世界各地游人交流的场所。

拉·维莱特公园是作为城市公共活动空间和城市文化设施来建造的。它是“城中花园，园中有城”的新型城市公园，被看做是 20 世纪末为迎接 21 世纪的到来而进行的一次大胆而成功的探索（图 0–36~ 图 0–38）。又如，美国加利福尼亚州克莫斯的城堡广场（图 0–39）原为橡

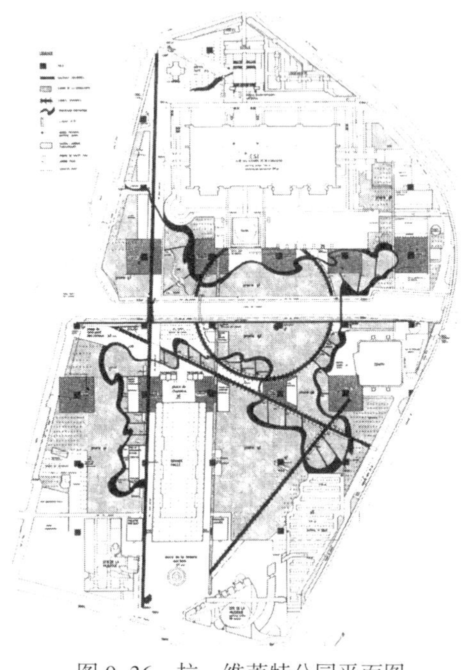

图 0–36　拉·维莱特公园平面图

图 0–37　拉·维莱特公园模型

图 0–38　拉·维莱特公园中流线形的游览路和波形长廊

胶和汽车轮胎厂。该广场用 250 株椰枣种植在由草地、灰色和橙色的混凝土砖铺装的矩形网格地坪上，形成壮丽的林荫道。每一株树都被套在预制的白色混凝土轮胎状树池中，并可作为休息的座椅，同时使人追忆地区的历史。

图 0–39　极简主义的造园

五、中国近现代园林发展概述

（一）近代公园的产生与发展

1840 年鸦片战争以后，中国逐渐沦为半封建半殖民地国家。园林也如政治、经济、文化艺术一样带有这种社会的特征。帝国主义在上海租界陆续兴建了“公花园”（现外滩绿地的北部）、“法国花园”（现复兴公园）及“极斯非尔公园”（现中山公园）等，使我国开始出现了“公园”这种园林形态。辛亥革命后，在孙中山先生等一批民主主义者创导下，在一些城市里也相继出现了一批公园（如广州的越秀公园、汉口的市政公园、南京的玄武湖公园等）。伴随着西方公园形态的引入，也带来了法国规则式以及英国自然风景式的布局形式。有些官僚买办的私家花园，设计上或袭用了一些传统的古典形式，或借用了一些西方园林的皮毛和片断，而形成了若干不伦不类并带有半殖民地半封建色彩的产物。由于当时政治上的动乱、经济上的落后、思想上的崇洋，因此园林事业处于停滞、朦胧、幼稚的阶段。

由于中国政治和经济上曾长期处于滞后的状态，作为反映社会经济、文化的园林艺术也就处于保守固封的停滞状态。

（二）新中国成立后园林的发展

新中国成立不久，随着第一个五年计划经济建设和城市建设的开展，城市园林和风景区的建设也逐步获得了相应的发展。在 20 世纪 50 年代后期，我国在向苏联学习的思想指导下，接受了苏联城市建设和园林建设的经验，引进了苏联城市绿化和园林艺术的理论，在城市规划和建设的同时，对城市园林绿地均作了相应的考虑，产生了积极的影响。如按城市规模确定公共绿地面积，设置公园、林荫道、滨河路，在一些大城市还建造了植物园、动物园、儿童公园等。如北京的陶然亭公园、什刹海公园，上海的杨浦公园、西郊动物园，广州的流花湖公园，武汉的解放公园等。在一些新建的居住区配置了一定的绿地面积，在工业区设置了相应的防护林带。

在此同时，对一些有代表性的古典园林加以修复和改造，将那些原为帝王所据有的皇家园林（如颐和园等）和私家专用的园林（如拙政园等）向广大公众开放，使那些传统园林的艺术能为大众所共享。

对一些著名的风景游览地也做了大量的工作。如在杭州，对西湖周围的群山进行了全面绿化，将一些历史文物和风景点修饰一新，并加以扩大，以满足广大群众游览观光的需要。又如桂林，结合城市建设对著名的山水景点作了统盘考虑，为其成为一个有特色的风景旅游城市打下了良好的基础。配合职工疗养的需要，在一些自然景色优美的地方建造了休养所、疗养院和接待旅客的宾舍，如在广东从化温泉、江西庐山、河北北戴河等地都有一些建造活动。

至 20 世纪 60 年代初，在实践中感到按照苏联文化休息公园理论来建造的新公园，超出了我国当时的经济能力，也不适合中国人对园林文化艺术的习尚；另一方面也深感原来为少数人服务的古典园林在内容上和形式上均难以适应广大群众的需要和喜爱。在这样的情况下，建筑界和园林界对中国传统园林艺术展开了研究，积极探讨继承优秀传统和在社会主义条件下创建适合于现代大众生活需要的并具有中国特色的新园林。在 20 世纪 60 年代中期，首先在广州出现了以白云山山庄庭园、矿泉别墅庭园、西苑庭园等为代表的新型的岭南园林风格，在改革传统园林的发展上获得了有益的成效，对全国园林界产生了积极的影响。

“文化大革命”的浩劫使被称为“封资修”的园林事业遭受了严重的摧残，不仅园林建设处于停顿，并且许多绿地被侵占，有的被改为农田，有的园林建筑被改作他用，许多花园和盆景被砸毁，使脆弱的园林成为政治上的受害者。

（三）改革开放以后园林的发展

全国各城市的园林绿地重新起步，扩大面积，提高质量，加快速度。一方面对古典园林进行了更好的保护和修复，另一方面营建了多种类型、性质不同、规模不一的园林绿地，在总体规划、园林布局、空间组合、植物配置等方面，推陈出新，取得了丰硕成果。

尤其是 1992 年，世界环境发展大会中我国政府签署了关于保护世界环境的多项公约，承诺以人类和社会可持续性作为发展战略。同年，国务院颁布了《城市绿化条例》，规范指导各城市的绿化工作；建设部颁布了城市园林绿化产业政策的实施办法，在全国范围内开始了“园林城市”的评选。在此基础上，1997 年“十五大”召开后，国家相继颁布一系列政策法规，投资力度进一步加大，城市绿化进入持续快速发展的“黄金时期”。从 1997 年到 2000 年，国家每年投入城市绿化的资金都在 100 亿元以上（约占城市建设资金的 10%）。城市绿化覆盖率平均每年以一个百分点的速度递增。到 2000 年，全国城市人均公共绿地面积达 6.8m^2，绿化覆盖率达 28.1%，全国公园总数由 20 世纪 80 年代的将近 1000 个发展到 2000 年的 4000 多个。

以上海为例，新中国时人均公共绿地仅为 0.15m^2（相当于一双鞋的面积），而 1984 年人均公共绿地达到 0.84m^2（相当于一张报纸的面积），到了 1997 年达到了 3m^2（相当于一张床的面积），而到了 2002 年已达到了 6m^2（相当于一间房间的面积），绿化覆盖率达到了30%，进入了园林城市的行列。人均公共绿地面积从一双鞋到一张报纸再到一张床再到一间房，这期间的变化正说明了上海城市绿地发展变化的情况，也反映了我国城市园林绿地飞速发展的实际情况。

这一方面是由于经济水平提高，另一方面则是城市建设决策者和广大人民群众对环境意识的提高。对于现在的人们来说，城市绿化已不是简单的"种花植树"，而是占城市空间很大比例的实体，是城市具有生命力的基础设施，是城市正常运转不可缺少的社会服务体系和社会保障体系。

其中，城市绿化环境的发展和创新成果以及在城市绿地系统规划指导下进行的城市绿化建设堪称是中国城市20世纪的一项伟大工程，其理论和实践对城市环境建设具有重大的指导意义。它将城市中各类公园系统、绿地分类系统、城郊一体化系统和城镇环境体系等构成有机的整体，使其成为改善城市生态的主体、城市休闲活动的主要载体和城市风貌特色的主导因素。

总之，随着经济的发展和人们物质文化生活水平的提高，全面建设小康水平的社会，将进一步促使绿化快速、健康和持续的发展。

六、园林的含义及学科发展

（一）园林的含义

园林（Landscape Architecture）的含义至今尚有不同的看法，暂不进行评论。《中国大百科全书》明确定义为："在一定的地域内运用工程技术和艺术手段，通过改造地形（或进一步筑山、叠石、理水）、种植树木花草、营造建筑和布置园路等途径创作而成的美的自然环境和游憩区域。"而根据我们的看法，可以简单定义为：园林是由植物、土地、山石、水体等自然要素和道路、建筑及小品等人工设施综合组成的地域空间，以物质形态存在于人们的生活中，它又包含了人们思想意识的要求和艺术心理上的内容，给人以精神的感染。因此，它具有物质和精神的双重作用。

中国传统的看法，亦如前说。而"园"在欧美人的意识中则意味着"理想的天国"。基督教的《圣经》中说："人类始居于'伊甸园'（Garden of Eden），各种树木从地里长出来，悦人眼目，树上有果可食，有河水流经，滋润土地……称为'天国乐园'（Paradise）"，这种思想对西方人有很大的影响。在众多外国人心目中常把"园"视为一种欢乐美好的自然天地。由此可见，园林是由自然和人工结合而成的地域。园林既要以自然的水、石、植物和动物等为主要元素，但也少不了人工设施。中国传统的园林中人工的比重往往过多，而上帝安排的亚当和夏娃生活的伊甸乐土，也总得有路吧，"路"是人走出来的，是人行为的痕迹。作为供大众游览观赏使用的园林又怎么少得了人工的内容呢？因此，园林应是以自然素材为主，兼有人为设施，按照科学的规律和艺术的原则，组织供人们享用的优美空间地域。由于是美好的空间地域，也就成为人们向往的地域。

正如前述，园林的发展是与人类历史的发展紧密联系的，是人与自然关系的反映。随着社会的发展，城邑的出现，更多人们离开了他们长期生活的山川进入了城镇，但在封建王朝的统治下，只有那些帝王、贵族、商贾才有权势和财力来建造带有园林的宫苑、府邸和山庄，供其享乐，也反映了他们对自然的需要和追求。在欧洲，15世纪所产生的意大利台地园，17世纪的法国古典园林和18世纪所形成的英国自然风景园都曾风行一时，都是当时一定社会条件的产物。近代公园的兴起、屋顶花园的出现、抽象园林的产生也都反映了园林形态是随着社会的发展而变化的。由少数人占有和使用的帝王宫苑、显贵府邸、资本家的花园，发展到为广大群众共享的公共绿地，从居住的宅园到为旅游服务的风景名胜区（国家公园），园林从属于少数人统治和使用的专用地域转变为为广大群众享用的社会空间。随着人们对物质文明、精神文明要求的提高，以及对环境效益要求的提高，人们更加认识到园林的重要。

（二）园林认识的发展

"园林是一门艺术"、"园林是室外的休息空间"、"园林是自然的再现"……人们从不同角度对园林的认识，反映了园林学科的多维性。

园林的形成和发展是与人类社会的发展相联系的。其含义、内容和形式随着时代的发展也有所变化。历史上的园林大多是一些有权势钱财的上层人物所建，记录了他们的需要和爱好，反映了他们对自然的态度。如法国的凡尔赛宫苑，即体现了路易十四"朕即国家"的思想，他不仅对人民实行暴力的统治，对待花草、树木、流水也采取强制的态度。我国封建士大夫的私家宅园则侧重于诗情画意，聚山林之趣于咫尺之间，形式上虽迥然不同，但都反映了当事人把园林看做思想意识偏重于装饰美化的作用、艺术和意趣的效果，园林艺术占有主要地位。

随着历史的发展，更多的人获得了享受园林的权利，建立了各类公园供更多的人游憩享用。1933 年《雅典宪章》明确提出了建造公园、运动场及儿童游戏场等内容，并要求把城市附近的河流、海滩、森林、湖泊等自然风景优美之区供广大群众使用。后逐步形成了一套从功能出发考虑的公园体系。休闲娱乐成为园林的主要功能。

20 世纪 60 年代以来，随着环境学的形成和发展，园林又有了更广泛的含义。即认识到园林绿化有吸收二氧化碳，放出氧气，降低尘埃，净化大气，降温减湿，改善小气候，减弱噪声，控制通风，减轻自然灾害等效用外，还有保护生物多样性，保护环境、水源、资源等多方面的作用。

园林绿地已成为城市中再现自然的进程，保护自然环境的卫士。它是城市中具有生命的基础设施，有着不可替代的生态作用，也是现代城市可持续发展的基础。

从历史来看，园林从以观赏视觉为主的单个园林，发展到以感觉为主的大众园林，再发展到可以无界限感受的自然天地。从近代人们对园林认识的发展来看，可以简要地概括为艺术观—功能观—环境观三个阶段。这是社会发展、科学技术进步的结果，也是人们对园林这一学科认识不断深化的结果。园林的环境观包含了人们对园林绿地的使用要求，也包括了人们精神的因素和美学感受，还包括了人的直观及直感所未能接触的环境效应，如生理反应、生态平衡等，以及从宏观和微观的角度来理解园林的效益。因此，它既包括了"艺术观"和"功能观"的合理内涵，还有更新、更广泛、更丰富的内容。

法国哲学家丹纳说过"自然界有它的气候，气候的变化决定这种那种植物的出现；精神方面有它的气候，气候的变化决定这种那种艺术的出现"。在过去的社会里，园林属私人所有，并且按其主人的情趣和当时的艺术风尚来布局，而现在的园林要为广大群众所享用，因此在艺术情趣上要符合现代人的需要，也就理所当然的了。

园林是一门涉及天文地理、历史文学、文化艺术、园艺科学、生物科学和工程

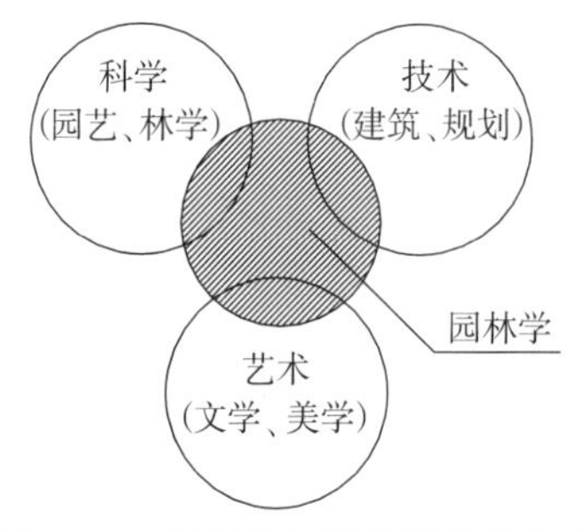

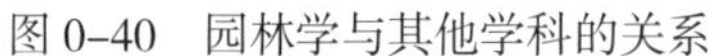

图 0-40　园林学与其他学科的关系

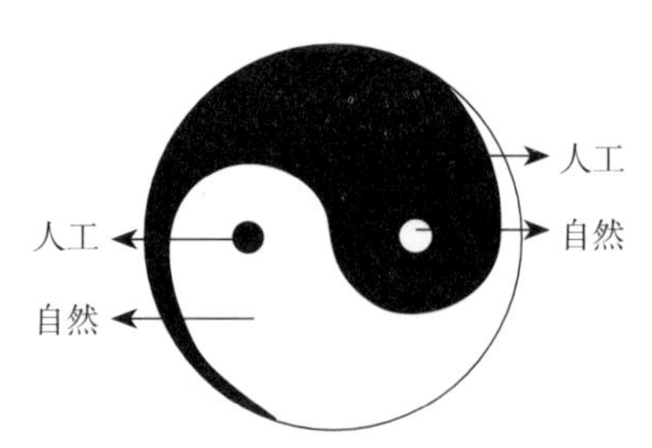

图 0-41　中国的太极图

技术等多种学科的综合性的学科，是科学、技术和艺术的综合。它不仅有自己的学科体系，并且与其他学科相互渗透，而其内容和要求会随着不同的要求而有所变化，可以用下面的图示来表示（图 0-40），随着条件的要求可以偏重于科学，也可以偏重于技术，也可能偏重于艺术。因地点类型要求的差异而在摆动，如一个植物园，则以园艺为主；如街头广场、游乐园，可能技术的要求高些；如为盆景园、宅园，则艺术布局更重要。

在教学上，在农林学院则园艺植物会偏重一些；而在工学院，工程技术会偏重些；如在艺术学院，则美学的要求更高些。

园林即是人工环境与自然环境的一种融洽关系，如"太极图"（图 0-41）所示。太极是阴与阳的融合，亦即是园林所具有的含义。即反映了人工中有自然，自然中有人工，取得协调和平衡。

太极图表现了一种对立统一的规律，具有深刻的哲理内涵，它既包含了天地阴阳的关系，也概括了物质与精神、人工与自然、城市与园林的关系。当人们生活在人工与自然共荣，城市与园林相协调的环境中，既拥有丰富的物质文明，又享有自然的哺育，在这样的环境中可获得一种谐和的感应，激发出更高的效率，从而创造出更高的效益。

21 世纪，我们规划和建设城市应遵循这一模式，使人工与自然，城市与园林和谐融合，结成一体，同存共荣。中国古老的"天人合一"理念，将会给人类带来新的活力。

（三）园林学科及其发展

园林学是研究人类与自然（或自然要素）在相互依存的关系下，怎样创作人类居住、劳动和游憩的合理的、优美的生活境域（园林），以及在更大范围的城市和国土为了生态系统的平衡，改善环境质量和保护大地景物而进行的绿化、美化的一门学科。

从环境学的观点来看，人类生活的地域可以分为人工环境和自然环境两部分。而园林就是有自然环境和人工环境相交接的那一部分地域，按照现代科学的说法，其边缘的接触部分是最活跃的和最有发展前途的组成部分（图 0-42）。

从另一个角度来看，人的生活环境也是属于自然环境和人工环境的统一体之中。人们生活的环境即是由几分人工和几分自然所组成。如宅园中人工：自然为 9 ：1；花园别墅中人工：自然为 1 ：3~1 ：7；公园中人工：自然为 1 ：8~1 ：10；自然风景区中人工：自然不得大于 1 ：50。

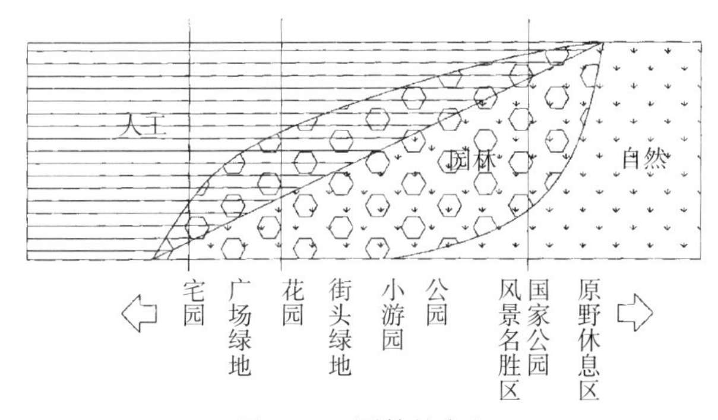

图 0-42　园林的含义

从这个观点来看，小到桌上的一盆花、窗前的一棵树，大到自然公园，在人们的生活环境中到处出现园林的内容，享受到自然的赐予，处处领略到自然的信息。

一般认为园林是指庭园、宅园、花园、公园等内容，如加以延伸，则包含了绿地的形态，如街道绿地、滨河绿带、专用绿地、防护林带等形态。如果与建筑结合起来考虑，则产生了室内花园、屋顶花园、广场、步行街等以建筑为主的园林形态；如果向自然方面延伸，则包括森林公园、自然公园、风景区、原野休息区、自然保护区等园林形态。而现在，这些都归于 Landscape Architecture 的含义，但随着时代的发展，领域的扩大，其内涵和外延也在变化着，如出现了城市景观（Townscape）、大地景观（Earthscape）和生态景观（Ecologyscape）等。景观的概念，从其设计范围来看，涉及单体设计、城市详细规划、城市设计、城市总体规划、市域规划、区域规划和国土规划中的各个领域。

因此，园林绿地规划设计者应参与到各个阶段的规划设计中去，同时将绿地修建到各个领域、各个地块、各个角落中去。因为，只有这样才能使人们生活在一个由人工和自然相互交融的环境中，处处能够感受到自然的哺育，获得自然的信息。

对于一个风景区来讲，除了城市环境、风景园林，还会涉及地质地貌、植物生态、环境工程和旅游经济。要进行一个大的风景名胜区规划，除了通常的园林规划、园林绿化方面的人才以外，还需要地质地貌、生物生态、环境工程、旅游经济、文物保护以及交通等方面的人才，组成一个适合的团队协作才能完成。作为一个专业来讲，特别是某个人来讲，仅能从事其中部分工作而已。必须组成团队开展工作，并应该有一个团队的工作精神才行。这是一项为了使人们生活得更美好的工作，所以希望每个人都能尽自己的一份力量。

思考题

1. 简述“人是自然的产物”的看法和意见。
2. 中国的“园”、“天人合一”的思想对现代景观设计有何影响？
3. 试比较中国园林与西方园林的异同。
4. 如何在城市环境中既能享受到城市物质文明又能享受到大自然的精神生活？
5. 作为一个学生如何将园林的学习贯彻到今后的工作中？

第一章　城市园林绿地的功能与效益

城市园林绿地具有多种功能。过去人们主要从美化环境、文化休息的观点去理解和认识城市园林绿地的功能。而今，随着科学、技术的发展，人们可以从环境学、生态学、生物学、医学等学科研究的成果中更深刻地认识和评估园林绿地对城市生活的重要意义。

这些多种综合的功能可以包括园林绿地作为巨大的城市生物群体，其大量的乔灌木及草本植物所产生的复杂的生物及物理作用，即生态的作用，以及园林绿地的地域空间，为城市居民创造了有利生产、适于生活、有益健康和安全的物质环境。而园林绿地的丰富多彩的自然景观，不仅美化了城市，而且巧妙地将城市环境与自然环境交织融合在一起，从而满足了人们对自然的接近和爱好、对园林艺术的审美要求等，在心理上、精神上给人以滋养、孕育、启发、激励，并产生有利于人类思想活动的各种作用以及经济方面的各种作用。图 1–1 有助于我们进一步了解这种功能所包括的内容。试将图中的内容摘要进一步阐述。

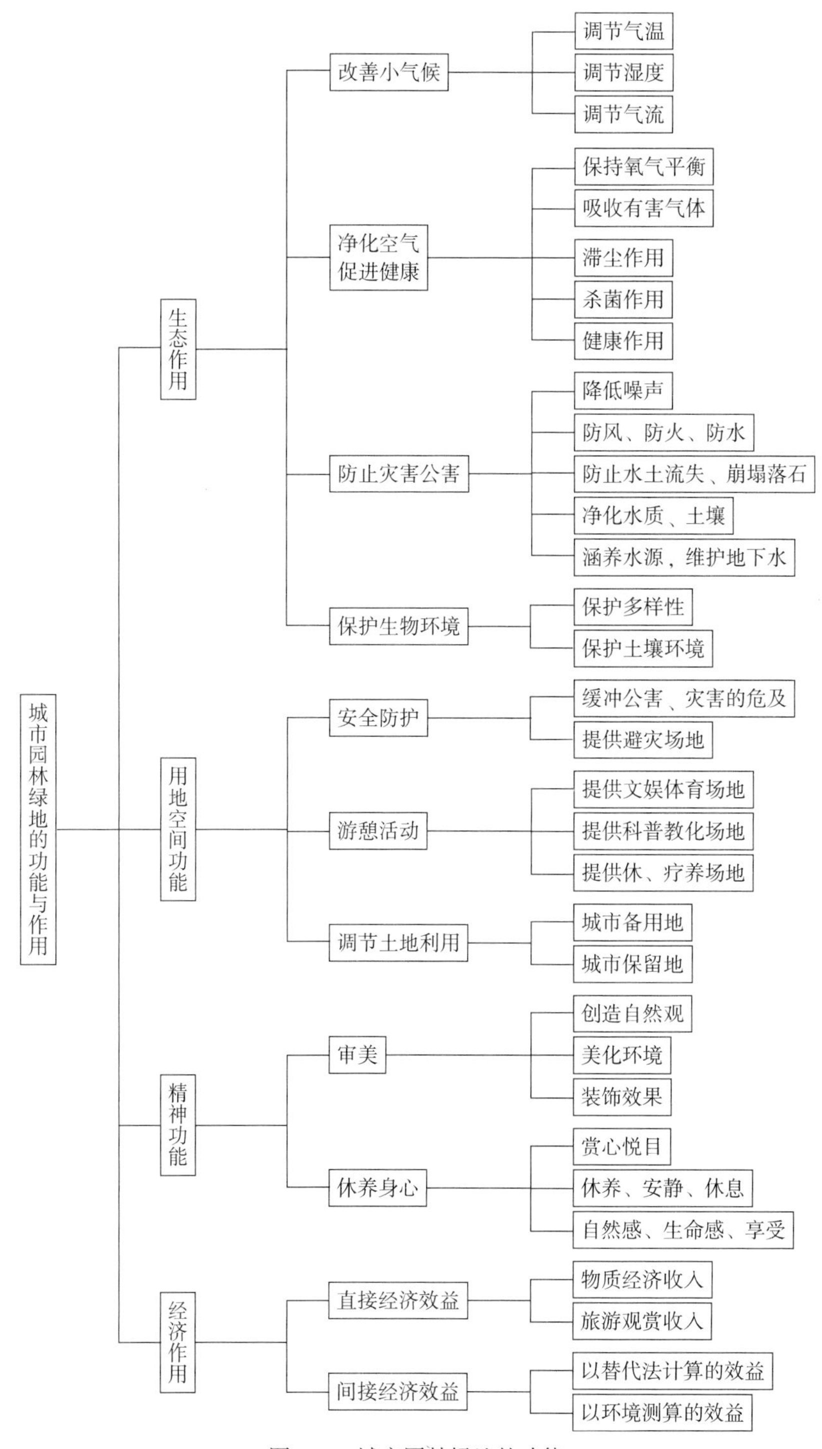

图 1-1　城市园林绿地的功能

第一节　园林绿地的生态功能

一、改善小气候

城市的气候与城市周围郊区的气候有所差别。如城市气温一般比郊区高，云雾、降雨比郊区多；大风时城内的风速比郊区小，但小风时反比郊区大；城市上空的悬浮尘埃比郊区多，因此能见度比较低，所接受到的太阳辐射量也小。

尘埃多、日照少、能见度低等不利影响，是由于城市人口密集，工业生产集中，城市中大部分地面被建筑物和道路所覆盖，绿地面积很少所造成的。城市上空的空气中含有城市活动排放的各种污染物质，这些物质不仅使到达地面的太阳热能减少，也使热量的外散受到阻挡。加之城市本身是个大热源，工厂和川流不息的汽车，生活用煤的燃烧，建筑墙面、路面、建筑铺装物所散发的辐射热，都是使城市增温的热源。

城市气候不仅与郊区有明显差别，而且在城市范围内也会因建筑密度不同，城市土地利用和功能分区的不同而引起不同地区的差异。如工业区以及人流、车流集中的市中心区气温就高一些，绿地面积大的地区气温就低一些。树木花草叶面的蒸腾作用能降低气温，调节湿度，吸收太阳辐射热，对改善城市小气候有积极的作用。城市地区或周围大面积的绿化种植，以及道路浓密的行道树和建筑前后的树丛都可以对城市、局部地区、个别地域空间的温度、湿度、通风产生良好的调节效果。

（一）调节气温的作用

影响城市小气候最突出的有物体表面温度、气温和太阳辐射温度，而气温对于人体的影响是最主要的。其原因主要是太阳辐射的 60%~80% 被成荫的树木及覆盖了地面的植被所吸收，而其中 90% 的热能为植物的蒸腾作用所消耗，这样就大大削弱了由太阳辐射造成的地表散热而减少了空气升温的热源。此外，植物含水根系部吸热和树叶摇拂飘动蒸发的机械驱热及散热作用及树荫对人工覆盖层、建筑屋面、墙体热状况的改善，也都是降低气温的因素。

冬季由于树干、树叶吸收的太阳热量缓慢散热的原因，而使绿地气温可能比非绿地为高，如铺有草坪的足球场表面温度就比无草地的足球场要高 4℃。

夏季时，人在树荫下和在直射阳光下的感觉差异是很大的。这种温度感觉的差异不仅仅是 3~5℃的气温差，而主要是太阳辐射温度所决定的。经辐射温度计测定，夏季树荫下与阳光直射的辐射温度可相差 3~4℃之多，这才是使人们感受到降温作用明显的真正原因（图 1–2）。

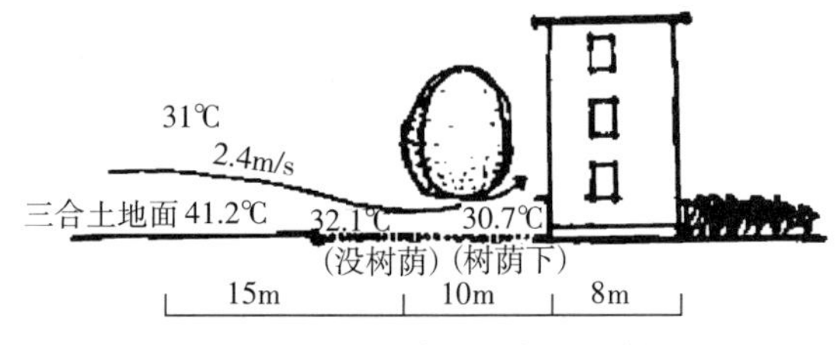

图 1–2　绿化环境中的气温比较图

除了局部绿化所产生的不同气温、表面温度和辐射温度的差别外，大面积的绿地覆盖对气温的调节则更加明显（表 1–1）。

不同类型绿地降温作用比较（北京地区 8 月 1 日测定）　　表 1–1

绿地类型	面积（hm^2）	平均气温（℃）
大型公园	32.4	25.6
中型公园	19.5	25.9
小型公园	4.9	26.2
城市空旷地	—	27.2

大片绿地和水面对改善城市气温有明显的作用，如杭州西湖、南京玄武湖、武汉东湖等，其夏季气温要比市区低 2~4℃。如上海市中心的黄浦、卢湾及静安三区是“热岛效应”的中心之一，在建立了延安绿地以后，其温差为 0.6℃，影响范围达 4.5km。因此，在城市地区及其周围设置大面积绿地，特别是在炎热地区，更应该大量种树，提高绿化覆盖率，将全部裸土用绿色植物覆盖起来，并尽量考虑建筑的屋顶绿化和墙面的垂直绿化，对于改善城市的气温是有积极作用的。

（二）调节湿度

空气湿度过高，易使人厌倦疲乏，过低则感干燥、烦躁。一般认为最适宜的相对湿度为 30%~60%。

城市空气的湿度较郊区和农村为低。城市大部分面积被建筑和道路所覆盖，这样，大部分降雨成为径流流入排水系统，蒸发部分的比例很少，而农村地区的降雨大部分涵蓄于土地和植物中，通过地区蒸发和植物的蒸腾作用回到大气中。

绿化植物叶片蒸发表面大，故能大量蒸发水分，一般占从根部吸进水分的 99.8%，特别在夏季，据北京园林局测算，一公顷的阔叶林，在一个夏季能蒸腾 2500t 水，比同等面积的裸露土地蒸发量高 20 倍，相当于同等面积的水库蒸发量。又从试验得知，树木在生长过程中，要形成 1kg 的干物质，大约需要蒸腾 300~400kg 的水。每公顷油松林每日蒸腾量为 43.6~50.2t，加拿大白杨林每日蒸腾量为 57.2t。由于绿化植物具有如此强大的蒸腾水分的能力，不断地向空气中输送水蒸气，故可提高空气湿度。一般森林的湿度比城市高 36%，公园的湿度比城市其他地区高 27%，即使在树木蒸发量较少的冬季，因为绿地里的风速较小，气流交换较弱，土壤和树木蒸发水分不易扩散，所以绿地的相对湿度也比非绿化区高 10%~20%。另外，行道树也能提高相对湿度 10%~20%。

近年来，城市除了受到“热岛”的困扰，“干岛”问题也日益突出。杭州植物园经过两年观测研究，在 2003 年提出杭州的干岛效应明显存在，其中风景区和城郊的相对湿度显著地高于城区。城区公园比城区相对湿度也大约要大 2%。因此，发挥绿地调节湿度的作用对于解决该问题具有重要的作用。

（三）调节气流

绿地对气流的影响表现在两个方面，一方面在静风时，绿地有利于促进城市空气的气流交换，产生微风并改善市区的空气卫生条件，特别在夏季，通过带状绿化引导气流和季风，对城市通风降温效果明显；另一方面在冬季及暴风袭击时，绿地中的林带则能

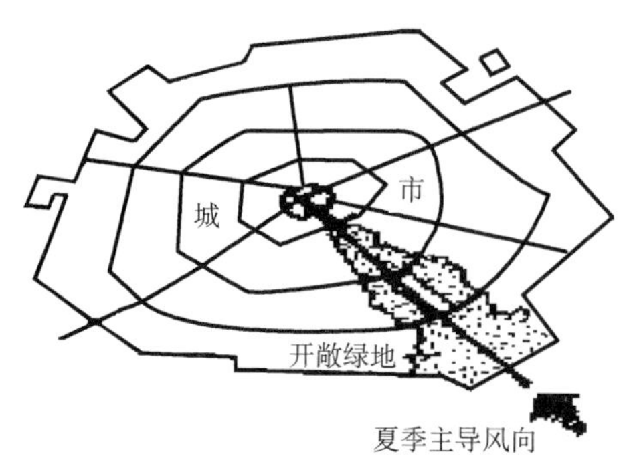

图 1-3 城市绿地的通风作用

降低风速，保护城市免受寒风和风沙之害。

由于市区的温度高，热空气上升并向外扩散，郊区的地面气团向中心移动，产生城市内的地面风。而郊区大面积的绿地使城市中扩散出来的热气团降温下沉，从而形成循环往复的环状气流。这种环状气流加速了市区受污染空气的扩散和稀释，并引入了郊区新鲜的空气。此外，在市区内的绿地和非绿地之间，也因为存在较大的温差，产生了局部地段的环状气流。

城市带状绿化包括城市道路与滨水绿地，它们都是城市绿色的通风渠道，特别是带状绿地的方向与该地的夏季主导风向一致的情况下，可以将城市郊区的气流随着风势引入城市中心地区，为炎夏城市的通风创造良好条件。因此，在城市周围部署大片楔形绿地，引入城市，对于调节城市小气候，改善环境有积极的作用（图 1-3）。

城市的气温高，如同一个“热岛”，随着热空气的上升，四周大面积田野森林的冷空气就会不断地向城市建筑地区流动，形成区域性的气体环流，这种气体交换促进了市区污染气体的扩散和稀释，并输入了周围的新鲜空气，改善了通风条件。特别是在夏季这种由温差而产生的空气流动，在静风时其作用尤感突出（图 1-4）。

而在冬季和暴风时，绿地能发挥防风作用。绿地能降低风速，是因为当风穿越树林时，树木枝叶摇曳以及气流和枝叶间的摩擦可以消耗部分风能，并且将风分割成很多小涡流，这些方向不一的小涡流彼此干扰又消耗了大量的能量，从而降低了风速（图 1-5）。

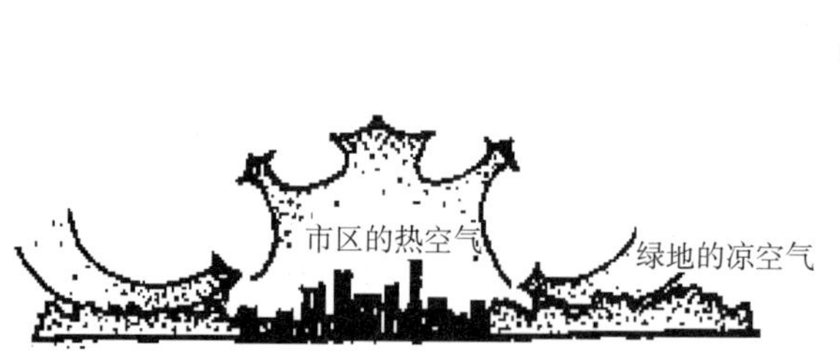

图 1-4 城市建筑地区与绿地之间的气体环流示意

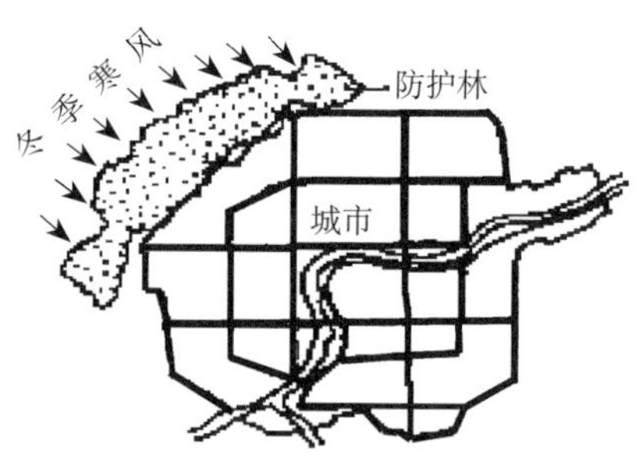

图 1-5 城市绿地的防风功能

因此，在垂直于冬季的寒风方向种植防风林带，可以降低风速，减少风沙，改善气候。近年来，北京就构筑了山区、郊区平原、城市绿化隔离地区三道绿色生态屏障，形成了一个以点线面相结合、网带片线协调的绿色防护林体系，抵御沙尘和北风的侵袭，从而明显改善了北京的城市环境。

二、净化空气的功能

随着工业的发展，人口的集中，城市环境污染的情况也日益严重。这些污染包括空气污染、土壤污染、水污染、噪声污染等，对人们的生活和健康造成了直接的危害，而且对自然生态环境所产生的破坏，导致了自然生态环境潜在的灾害危机，已经开始引起人们的注意和重视。许多国家都制定了有关的法律，我国在 1989 年 12 月也颁布了《环境保护法》。

要改善和保护城市环境，一方面要想方设法控制污染源，另一方面要作防治处理。科学实践证明，森林绿地（城市郊区的森林和城市园林绿地）具有多种防护功能和改善环境质量的机能，对污染环境具有稀释、自净、调节、转化的作用，并且由于森林绿地是一个生长周期长和结构稳定的生物群体，因此其作用也持续稳定。

园林绿地对城市环境的作用，对人体健康的效应有很多方面，有的已经作了些计量的测定，有的目前尚难做到计量化，但其实际的效果则又是大家所公认无疑的。

（一）增加氧气含量

氧气是人类生存所必不可少的物质。人们在呼吸和物品燃烧的过程中会排出大量二氧化碳。通常情况下，大气中的二氧化碳含量为 0.003% 左右。在城市，工业集中、人口密集，因此产生的二氧化碳含量特别高，人的呼吸就感不适；到 0.2% 时，就会感到头昏耳鸣，心悸，血压升高；达到 10% 时，就会迅速丧失意识，停止呼吸，甚至死亡。大气中氧的含量通常为 21%，当其含量减至 10% 时，人就会恶心呕吐。

随着工业的发展，人口的增加，二氧化碳的排放量日益增加。据研究表明，19 世纪末空气中二氧化碳含量为 0.029%，20 世纪末已达到 0.032%，预计 2010 年将继续增加。大气圈二氧化碳比例的增加，将引发一系列的问题，这些已经引起了许多科学家的忧虑。

在大城市里不仅二氧化碳含量大，而且二氧化碳的相对密度较大，多沉于近地面的空气层中，所以在接近地表的某些地面，其浓度有时达到 0.05%~0.07%，甚至高达 0.2%~0.6%，对人体健康危害很大。

$$6H_2O+6CO_2+674\text{（大卡）}\xrightarrow[\text{光合作用}]{\text{叶绿素}}C_6H_{12}O_6+O_2\uparrow$$

从化学式中可以看到，通过绿色植物可以产生氧气，吸收二氧化碳，因此大面积的森林绿地能成为天然的二氧化碳的消费者和氧气的制造者。当然，植物在呼吸过程中也要吸收氧气和释放二氧化碳，但是，光合作用所吸收的二氧化碳要比呼吸作用排出的二氧化碳多 20 倍，因此，总的是消耗了空气中的二氧化碳和增加了空气中的氧。据测算，地球上植物每年吸收的二氧化碳为 936 亿 t，而自然界生产的氧气量为 1900 亿 t，其中 66% 是陆地上的植物制造的。从这个意义上来看，绿色植物的生长和人类活动保持着生态平衡的关系。

据有关资料表明，每公顷阔叶林在生长季节每天可吸收 1000kg 二氧化碳和释放出 750kg 氧气。而每公顷绿地每天能吸收 900kg 二氧化碳，产生 600kg 氧气，每公顷生长良好的草坪每小时可吸收二氧化碳 15kg，而每人每小时呼出的二氧化碳约为 38kg，所以在白天若有 25m^2 的草坪，就可以把一个人呼出的二氧化碳全部吸收，可见，城市的人均绿地面积若达到了相应的指标，就能自动调节空气中的二氧化碳与氧气的比例平衡，使空气新鲜。那么，每人有 10~15m^2 的树林地或 25~30m^2 的草地面积就能供给所需要的氧气并吸掉呼出的二氧化碳。有人认为再加上生活燃烧等的影响，每个城市居民需要有 30~40m^2 的绿地面积，就可以达到二氧化碳与氧气的自然平衡。如果说热带雨林是地球之肺的话，绿地便是城市之肺，是每一个都市人赖以生存的“天然制氧机”。

（二）吸收有害气体

污染空气的有害气体种类很多，最主要的有二氧化碳、二氧化硫、氯气、氟化氢、氨以及汞、铅蒸气等。这些有害气体虽然对园林植物生长不利，但是在一定浓度条件下，有许多植物种类对它们分别具有吸收能力和净化的作用。

1. 二氧化硫

在这些有害气体中，以二氧化硫的数量较多，分布较广，危害较大。当二氧化硫浓度超过百万分之六时，人就感到不适，达到百万分之十时人就无法持续工作，达到百万分之四百时，人就会死亡。由于在燃烧煤、石油的过程中都要排出二氧化硫，所以工业城市、以燃煤为主要热源的北方城市的上空，二氧化硫的含量，通常是比较高的。

人们对植物吸收二氧化硫的能力进行了许多研究工作，发现空气中的二氧化硫主要是被各种物体表面所吸收，而植物叶片的表面吸收二氧化硫的能力最强。硫是植物必需的元素之一，所以正常植物中都含有一定量的硫。而且，只要在植物可以忍受的限度内，空气中的二氧化硫浓度越高，植物的吸收量也越大，其含硫量可为正常含量的5~10倍。随着植物叶片的衰老凋落，它所吸收的二氧化硫也一同落下，树木长叶落叶，二氧化硫也就不断地被吸收。

研究表明：绿地上的空气中二氧化硫的浓度低于未绿化地区的上空。污染区树木叶片的含硫量高于清洁区许多倍。煤烟经绿地后其中60%的二氧化硫被阻留。松林每天可从1m^{3}的空气中吸收20mg二氧化硫。每公顷柳杉林每天能吸收60kg二氧化硫。此外，研究还表明，对二氧化硫抗性越强的植物，一般吸收二氧化硫的量也越多。阔叶树对二氧化硫的抗性一般比针叶树要强，叶片角质和蜡质层厚的树一般比角质和蜡质层薄的树要强。

根据上海市园林局的测定，发现臭椿和夹竹桃不仅抗二氧化硫能力强，并且吸收二氧化硫的能力也很强。臭椿在二氧化硫污染的情况下，叶片含硫量可达正常含硫量的29.8倍，夹竹桃可达8倍。其他如珊瑚树、紫薇、石榴、厚皮香、广玉兰、棕榈、胡颓子、银杏、桧柏、粗榧等也有较强的对二氧化硫的抵抗能力。

2. 对其他有害气体的作用

从另一些实验中也证明不少园林植物对于氟化氢、氯以及汞、铅蒸气等有害气体也分别具有相应的吸收和抵抗能力。根据上海市园林局的测定，女贞、泡桐、梧桐、刺槐、大叶黄杨等有较强的吸氟能力，其中女贞的吸氟能力尤为突出，比一般树木高100倍以上。构树、合欢、紫荆、木槿、杨树、紫藤、紫穗槐等都具有较强的抗氯和吸氯能力；喜树、梓树、接骨木等树种具有吸苯能力；银杏、柳杉、樟树、海桐、青冈栎、女贞、夹竹桃、刺槐、悬铃木、连翘等具有良好的吸臭氧能力；紫薇、夹竹桃、棕榈、桑树等能在汞蒸气的环境下生长良好，不受危害；而大叶黄杨、女贞、悬铃木、榆树、石榴等则能吸收铅等。

因此，在散发有害气体的污染源附近，选择与其相应的具有吸收和抗性强的树种进行绿化，对于防治污染、净化空气是有益的。

3. 吸滞烟灰和粉尘

城市空气中含有大量尘埃、油烟、炭粒等。有些微颗粒虽小，但其在大气中的总重量却很惊人。据统计，每烧煤 1t，就产生 11kg 的煤粉尘，许多工业城市每年每平方公里降尘量平均 500t 左右，有的城市甚至高达 1000t 以上。这些烟灰和粉尘一方面降低了太阳的照明度和辐射强度，削弱了紫外线，对人体的健康不利；另一方面，人呼吸时，飘尘进入肺部，有的会附着于肺细胞上，容易诱发气管炎、支气管炎、尘肺、矽肺等疾病。对于有粉尘作业的企事业单位，1987 年国务院发布《中华人民共和国尘肺病防治条例》，就是为了保护职工的健康，消除粉尘危害。而我国有些城市飘尘大大超过了卫生标准。特别是近年来城市建设全面铺开，加大了粉尘污染的威胁，不利于人民的健康。

（1）植物，特别是树木，对烟灰和粉尘有明显的阻挡、过滤和吸附的作用。一方面由于枝冠茂密，具有强大的降低风速的作用，随着风速的降低，一些大粒尘下降；另一方面则由于叶子表面不平，有茸毛，有的还分泌黏性的油脂或汁浆，空气中的尘埃经过树林时，便附着于叶面及枝干的下凹部分等。蒙尘的植物经雨水冲洗，又能恢复其吸尘的能力。

由于绿色植物的叶面积远远大于它的树冠的占地面积，如森林叶面积的总和是其占地面积的六七十倍，生长茂盛的草皮也有二三十倍，因此其吸滞烟尘的能力是很强的。

（2）据报道，某工矿区直径大于 10μm 的粉尘降尘量为 1.52g/m^2，而附近公园里只有 0.22g/m^2，减少近 6 倍。而一般工业区空气中的飘尘（直径小于 10μm 的粉尘）浓度，绿化区比未绿化的对照区少 10%~50%。绿地中的含尘量比街道少 1/3~2/3。铺草坪的足球场比未铺草坪的足球场，其上空含尘量减少 2/3~5/6。又如，对某水泥厂附近绿化植物吸滞粉尘效应进行的测定表明，有绿化林带阻挡的地段，要比无树的空旷地带减少降尘量 23.4%~51.7%，减少飘尘量 37.1%~60%。

（3）树木的滞尘能力与树冠高低、总的叶片面积、叶片大小、着生角度、表面粗糙程度等条件有关，根据这些因素，刺楸、榆树、朴树、重阳木、刺槐、臭椿、悬铃木、女贞、泡桐等树种对防尘的效果较好。草地的茎叶植物，其茎叶可以滞留大量灰尘，且根系与表土牢固结合，能有效地防止风吹尘扬造成的多次污染。

由此可见，在城市工业区与生活区之间营造卫生防护林，扩大绿地面积，种植树木，铺设草坪，是减轻尘埃污染的有效措施。

4. 减少含菌量的效果

城市空气中悬浮着各种细菌，达百种之多，其中许多是病原菌。

据调查，在城市各地区中，以公共场所如火车站、百货商店、电影院等处空气含菌量最高，街道次之，公园又次之，城郊绿地最少，相差几倍至几十倍。空气含菌量除与人车密度密切相关外，绿化的情况也有影响。如同属人多、车多的街道，有浓密行道树的与无街道绿化的，其含菌量就有差别。其原因即由于细菌系依附于人体或附着于灰尘而进行传播的，一般人多、车多的地方尘土也多，其含菌量也高；而如有绿化，就可以减少尘埃，减少含菌量。

另外，有些树木和植物还能分泌具有杀菌能力的杀菌素，也是使空气含菌量减少的重要原因。如百里香油、丁香酚、天竺葵油、肉桂油、柠檬油等，已早为医药学所知晓。

城市绿化树种中有很多杀菌能力很强的树种，如柠檬桉、悬铃木、紫薇、桧柏属、橙、白皮松、柳杉、雪松等杀菌力较强，其他如臭椿、楝树、马尾松、杉木、侧柏、樟树、枫香等也具有一定的杀菌能力。

各类林地和草地的减菌作用有差别。松树林、柏树林及樟树林的减菌能力较强，是与它们的叶子能散发某些挥发性物质有关的。草地上空的含菌量很低，显然是因为草坪上空尘埃少，从而减少了细菌的扩散。

据法国测定，在百货商店每立方米空气含菌量高达400万个，林荫道为58万个，公园内为1000个，而林区只有55个。森林、公园、草地及其他绿地中空气中含菌量减少的事实，具有重要的卫生疗养意义。为了营造有益于人们居住的健康环境，应该拥有足够的面积和分布均匀的绿地。对于医疗机构、疗养院、休养所等单位不仅应有大量的绿化，并且应该注意选用具有杀菌效用的树种。

5. 健康作用

（1）负离子的作用

绿色植物进行光合作用的同时，产生具有生命活力的空气负离子氧——空气维生素。负离子氧被吸入人体后，增加神经系统功能，使大脑皮层抑制过程加强，起到镇静、催眠、降低血压的作用，使电负荷影响人体的电代谢，令人精神焕发，对哮喘、慢性气管炎、神经性皮炎、神经性官能症、失眠、忧郁症等许多疾病有良好的治疗作用。

据有关部门测定，森林、园林绿地和公园都有较多的负离子氧含量，这是由于一些尖锥形的树冠具有尖端放电的功能，加之一些山泉、溪流、瀑布等地带，由于水分子激烈而产生负离子氧，在这些地带具有几万个负离子氧，在一般地区负离子氧只有几十个。

（2）芳香草对人体的影响

芳香型植物的活性发挥物可以随着病人的吸气进入终末支气管，有利于对呼吸道病变的治疗，也有利于通过肺部吸收来增强药物的全身性效应。如辛夷对过敏性鼻炎有一定疗效，玫瑰花含0.03%的玫瑰油，对促进胆汁分泌有作用，玫瑰花香气具有清而不浊、和而不猛、柔目干胆、流气活血、宣通窒滞而绝无辛猛刚燥之弊，是气药中最有捷效又最为驯良者。

（3）绿色植物对人体神经的作用

根据医学测定，在绿地环境中，人的脉搏次数下降，呼吸平缓，皮肤温度降低，精神状态安详、轻松。绿色对人眼睛的刺激最小，能使眼睛疲劳减轻或消失。绿色在心理上给人以活力和希望，静谧和安宁，丰足和饱满的感觉。

因此，人们喜欢在园林绿地中进行锻炼，既可以吸收负离子氧又可使人增加活力，在松、柏、樟树的芬香之中锻炼也会收到较好的疗效。

三、防止公害、灾害

（一）降低噪声的作用

现代城市中的汽车、火车、船舶和飞机所产生的噪声，工业生产、工程建设过程中的噪声，以及社会活动和日常生活中带来的噪声，有日趋严重之势。城市居民每时每刻都会受到这些噪声的干扰和袭击，对身体健康危害很大。轻的使人疲劳，降低效率，重的则可引起心血管或中枢神经系统方面的疾病。为此，人们采用多种方法来降低或隔绝噪声，应用造林绿化来降低噪声的危害，也是探索的方向之一。

一些研究材料表明，声音经过 30m 宽的林带可以降低 6~8dB（扣除自然衰减），40m 宽的林带可以降低 10~15dB。在公路两旁设有乔灌木搭配的 15m 宽的林带，可以降低噪声一半。高 1.7m、宽 1.8m 的海桐“绿坪”能降低噪声 5~6dB。这些测定，都说明绿化，特别是组合密实的绿化带对减弱噪声有积极的作用（图 1–6）。

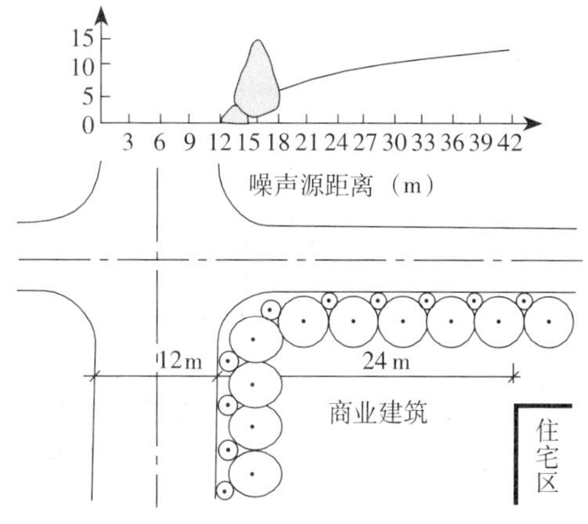

图 1–6　行道树的减噪作用

树木能降低噪声，是因为声能投射到树叶上被反射到各个方向，造成树叶微振而使声能消耗而削弱。因此，树木减噪的主要部位是树冠层，枝叶茂密的减噪效果好，而落叶树在落叶季节的减噪效能就降低，植物配置方式对减噪效果影响也很大，自然式种植的树群比行列式的树群效果好，矮树冠比高树冠为好，灌木更好。对于林带来说，结构比宽度更重要，并且一条完整的宽林带，其效果不及总宽相同的几条较窄的林带。

在城市中常因用地紧张，不宜有宽的林带，因此要对树木的高度、位置、配置方式及树木种类等进行分析，以便能获得最有利的减噪效能。

（二）净化水体和土壤的作用

城市和郊区的水体常受到工业废水和居民生活污水的污染，使水质变差，影响环境卫生和人民健康。对有些水体污染不是很严重的，绿化植物具有一定的净化污水的能力，形成水体自净的作用。

许多水生植物和沼生植物对污水有明显的净化作用。如芦苇能吸收酚及其他二十多种化合物，每平方米土地生长的芦苇一年内可积聚 6kg 的污染物质，还可以消除水中的大肠杆菌。在种有芦苇的水池中，其水的悬浮物要减少 30%、氯化物减少 90%、有机氮减少 60%、磷酸盐减少 20%、氨减少 66%、总硬度减少 33%，所以，有的国家把芦苇作为污水处理的一个阶段。又如，在栽有水葱的污水池中，许多有机化合物均被水葱所吸收。风眼莲也具有吸收水中的重金属和有机化合物的能力，如成都的活水园公园和上海梦清园是利用水生植物处理的实例。

据测定，树木可以吸收水中的溶解质，减少水中的细菌数量。如在通过 30~40m 宽的林带后，由于树木根系和土壤的作用，一升水中所含的细菌数量可减少 1/2。

某些植物的根系及其分泌物有杀菌作用，能使进入土壤的大肠杆菌死亡。在有植物根系的土壤中，好氧细菌活跃，比没有根系的土壤要多几百倍，甚至几千倍，这样就有利于增加土壤中的有机物、无机物，使土壤净化和提高土壤肥力。利用市郊森林生态系统及湿地系统进行污水处理，不仅可以节省污水处理的费用，并且该森林地区的树木生长更好，湿地生物更加丰富，周围动物更加繁盛起来。因此，城市中一切裸露的土地，加以绿化后，不仅可以改善地上的环境卫生，而且也能改善地下的土壤卫生。

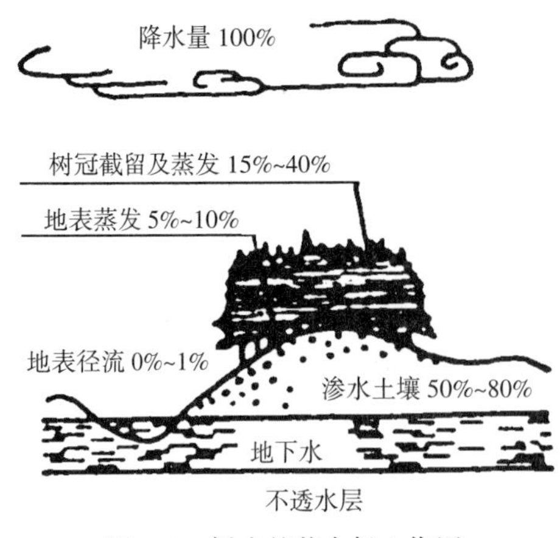

图 1-7　树木的蓄水保土作用

（三）涵蓄水源及保护地下水

树木下的枯枝落叶可吸收 1~2.5kg 的水分，腐殖质能吸收比本身含量大 25 倍的水，1m^2 面积，每小时能渗入土壤中的水分约 50kg。1hm^2 林木每年可蒸发 4500~7500t 水，一片 5 万亩的林地相当于 100 万 m^3 的小型水库。在绿地的降水有 10%~23% 可能被树冠截留，然后蒸发至空中，70%~80% 渗入地下，变成地下径流，这种水经过土壤、岩层的不断过滤，流向下坡或泉池溪涧，就成为许多山林名胜，如黄山、庐山、雁荡山瀑布直泻、水源长流以及杭州虎跑、无锡二泉等泉池涓涓、经年不竭的原因之一（图 1-7）。

四、保护生物环境

（一）保护生物多样性

由于植物的多样性的存在才有了多种微生物及昆虫类的繁荣，而生物的多样性即是生态可持续发展的基础，故而园林中种植有多种植物时，会对保护生物环境起到积极的作用。

（二）保护土壤环境

蓄水保土对保护自然景观，建设水库，防止山塌岸毁，水道淤浅，以及泥石流等都有着极大的意义。园林绿地对水土保持有显著的功能。树叶防止暴雨直接冲击土壤，草地覆盖地表阻挡了流水冲刷，植物的根系能紧固土壤，所以可以固定沙土石砾，防止水土流失。

第二节　园林绿地在空间上的功能

一、安全防护作用

城市也会有天灾人祸所引起的破坏，如台风、火灾、多雨山区城市的山崩、泥石流，濒水城市的岸毁，以及地震的破坏性灾害。而园林绿地则具有防震防火、蓄水保土、备战防空的作用。

（一）避震防火的作用

1923 年日本关东发生大地震，同时引起大火灾，城市的公园绿地不仅起到了隔断和停息大火延烧的作用，而且成为城市居民避难的场所，自此以后，公园绿地被认为是保护城市居民生命财产的有效公共设施。1976 年唐山大地震波及北京，市民纷纷疏散到公园、绿地、广场等开放空间，并搭满了防震棚，这些地方成为安全避震区。据调查当时北京市内 15 处公园绿地，总面积 400hm^2，疏散居民 20 多万人。

许多绿化植物，枝叶含有大量水分，一旦发生火灾，可以阻止蔓延，隔离火花飞散，如珊瑚树，即使叶片全部烧焦，也不会发生火焰；银杏在夏天即使叶片全部燃烧，仍然会萌芽再生。其他如厚皮香、山茶、海桐、白杨等都是很好的防火树种。因此，在城市规划中应该把绿化作为防止火灾延烧的隔断和居民避难所来考虑。我国有许多城市位于地震区内，因此应该把城市公园、体育场、广场、停车场、水体、街坊绿地等统一规划，合理布局，构成一个避灾的绿地空间系统，符合避震、疏散、搭棚的要求。有的国家已规定避灾公园的定额为每人 $1m^2$。而日本提出公园面积必须大于 $10hm^2$，才能起到避灾防火的作用。

（二）备战防空、防放射性污染

绿化植物能过滤、吸收和阻碍放射性物质，降低光辐射的传播和冲击波的杀伤力，阻碍弹片的飞散，并对重要建筑、军事设备、保密设施等起遮蔽的作用。其中，密林更为有效。例如，第二次世界大战时，欧洲某些城市遭到轰炸，凡是树木浓密的地方所受损失要轻得多，所以绿地也是备战防空和防放射性污染的一种技术措施。

为了备战，保证城市供水，在城市中心应有一个供水充足的人工水库或蓄水池，平时作为游憩用，战时供消防和消除放射性污染使用。在远郊地带也要修建必要的、简易的、食宿及水、电、路等设施，平时作为居民游览的场所，战时可作为安置城市居民疏散的场所，这样就可以使游憩绿地在战时起到备战疏散，防空、防辐射的作用。

二、提供游憩度假的条件

园林绿地在历史上就具有游憩的使用功能。我国古代的苑囿是帝王游乐的地方，一些皇家园林和私家园林则是皇家、官绅、士大夫的游憩场所，1949 年前中国的一些城市公园是给殖民主义者和“高等华人”所享用的，只有 1949 年后的公园才真正成为广大人民群众游憩娱乐的园地。

根据全面实现小康社会的要求，人们的劳逸时间有了新的变化，在休闲时间方面将不断增加，形成了 3 个层次：①在工作日 8h 工作时间以外的时间；②每周两天的休假日；③每年 2~3 次的长假时间。这是时代发展的必然，应顺应这一趋势作出相应的安排，也就是要在园林绿地的游憩功能上作出相应的措施。第一，首先要建设好居民区周围的绿地环境，使居民能住在一个清洁、优美、舒适的环境中，满足居民第一层次的需求。第二，利用一些大的公园或专业公园及郊区的度假区或风景名胜区的绿化满足人们周末度假休闲的需要。第三，要满足人们对朝霞晨露、夕阳暮雾、鸟语花香、星光月影这种浓郁的大自然风景百赏不厌的要求，这些正是人们在长假期间亲近大自然、放松心情的好去处，因此要做好集中的假日服务的安排，满足人们游赏观光和食宿的要求。

人们在紧张繁忙的劳动以后，需要游憩，这是生理的需要。这些游憩活动可以包括安静休息、文化娱乐、体育锻炼、郊野度假等。这些活动对于体力劳动者可消除疲劳，恢复体力；对于脑力劳动者可以调剂生活，振奋精神，提高效率；对于儿童，可以培养勇敢、活泼、伶俐的素质，有利于健康成长；对于老年人，则可享受阳光、空气，增进生机，延年益寿；对于残疾人，兴建专门的设施可以使他们更好地享受生活，热爱生活。这些活动对工作、生活都起了积极的作用，产生了广泛的社会效益。因此，游憩逐步由个人自身的需要发展成社会的需要，越来越受到人们和社会的重视，而成为社会系统的一部分，而游憩空间的组织则是现代城市规划中不可缺少的组成部分。

（一）日常户外活动

城市人口的增加和密集，人工环境的扩大和强化，带给人们一种“自然匮乏”的感觉，在生理上和心理上受到损害。人们在工作之余，希望到户外进行活动，其中包括散步、坐息、茗茶、交谈、阅读、赏景等安静的活动，也包括各类体育锻炼活动，希望在阳光明媚、空气清新、树木葱绿、水体清净、景色优美的环境里进行这些活动。因此，城市中的游园，居住区中的各类绿地，首先要满足人们日常对自然的需求，使人在精神上得到调剂，在生理上得到享受，为人们获得自然信息提供方便条件。当然，还需要有相应的设施以满足人们的作息、娱乐、锻炼、社交等各类活动的要求。

现代教育的研究证明，少年儿童的户外活动对他们的体育、智育、德育的成长有很积极的作用，因此很多经济发达的国家对儿童的户外活动颇为重视，一方面创造就近方便的条件，一方面设置有益的设施，把建造儿童游戏场体系作为居住区设计和园林绿地系统的组成部分。

（二）文化宣传、科普教育

园林绿地是城市居民接触自然的窗口，通过接触，人们可以获得许多自然学科的知识，从各类植物的生长、生态形态到季节的变化，群落的依存，动植物多样化的关系等，有的还设有专业的植物园、动物园、地质馆、水族馆等内容来作系统的、专门性的介绍，使人得到科学普及的知识和自然辩证法的教育。除了对自然科学的传播外，还有人文、历史、艺术方面的宣传，如历史名胜公园、革命烈士陵园等都可以通过具体的资料形象进行爱国主义教育，增添文化历史的知识，从而得到精神上的营养。运用公园这个阵地进行文化宣传、科普教育，由于人们是在对自然的接触中、游憩中、娱乐中而得到教育，寓教于乐，寓教于学，形象生动，效果显著，所以园林绿地越来越受到社会的重视。它作为人们认识自然，学习历史，普及科学的重要场所，还不断增添了新的内容，如反映原始人、古代人生活方式、生活环境的“历史公园”；介绍海洋资源，激发人们去开拓的“海洋公园”；介绍科学技术发展历史，引导人们去探索未来的“科学公园”等。这些无疑会帮助人们克服愚昧、无知、迷信、落后的思想，对提高人们的文化科学水平有积极的作用。

（三）旅游度假

第二次世界大战后，世界旅游事业蓬勃发展，其原因是多方面的。其中很重要的一个因素就是人们希望投身到大自然的怀抱中，弥补其长期生活在城市中所造成的“自然匮乏”，从而锻炼身体，增长知识，修复疲劳，充实生活，获得生机。由于经济和文化生活的提高，休假时间的增加，人们已不满足于在市区内园林绿地的活动，而希望离开城市，到郊区、到更远的风景名胜区甚至国外去旅游度假，领受特有的情趣。

我国幅员辽阔，风景资源丰富，历史悠久，文物古迹众多，园林艺术享有盛誉，加之社会主义建设日新月异，这些都是发展旅游事业的优越条件。近几年来，随着旅游度假活动的开展，国内的游人大幅度地增加，一些园林名胜地的开发，如桂林山水、黄山奇峰、泰山胜境、峨眉云雾、庐山避暑、西湖美景、九寨风光等都成为旅游者向往之地，对旅游事业的发展起了积极的作用，获得了巨大的经济效益和社会效益。

（四）度假及休闲疗养的基地

自然风景区景色优美，气候宜人，可为人们提供度假疗养的良好环境。许多国家从区域规划角度安排度假、休疗养基地，充分利用某些地理特有的自然条件，如海滨、高山气候、矿泉作为较长期的度假及休疗养之用，使度假、疗养者经过一段时间的生活和治疗，增进了健康，消除了疾病，恢复了生机，重新回到工作岗位发挥作用。我国有许多自然风景区中开辟了度假疗养地，如河北的北戴河、青岛的崂山、江西的庐山、重庆的温泉、海南的三亚等均设有附属的服务设施。

从城市规划角度来看，主要利用城市郊区的森林、水域、风景优美的园林绿地来安排为居民服务的度假及休疗养地，特别是休假活动基地，有时也与体育娱乐活动结合起来安排。

第三节　园林绿地在精神上的功能

园林绿化，作为精神文明建设的一项内容，要为人们安排健康、文明、生动活泼、丰富多彩的欣赏和娱乐活动。它应该负担思想教育的任务，要具有爱国主义和集体主义的思想内容，能够提高人民的精神境界和道德情操，增强人民的意志和为创建和谐社会服务的精神；应该为满足人民正当娱乐和健康的艺术审美要求服务，使之能得到有益身心的美的享受和奋发向上的鼓舞力量，以利于陶冶情操、振奋精神。所以，环境绿化和园林绿地对人们精神的多层次的要求的满足，说明了它具有精神上的社会属性。

自然美、环境美、艺术美的感应与享受，是通过视觉等人们的感官来获取的。

一、美化城市、装饰环境

城市中各类园林绿地充分利用自然地形地貌的条件，为人为的环境引进自然的景色，使城市景观交织融合在一起，使城市园林化，使人们身居城市仍得自然的孕育。国内外许多城市都具有良好的园林绿化环境，如北京、杭州、青岛、桂林、南京等均具有园林绿地与城市建筑群有机联系的特点。鸟瞰全城，郁郁葱葱，建筑处于绿色包围之中，山水绿地把城市与大自然紧密联系在一起。美国的华盛顿、法国的巴黎、瑞士的日内瓦、德国的波恩、波兰的华沙、澳大利亚的堪培拉等则更为大家所称颂。

利用自然山水绿化丰富城市景观，可以形成独特的城市景色，如青岛海滨，红瓦黄墙的建筑群，高低错落地散布在山丘上，掩映在绿树中，再衬托蓝天白云和青山的轮廓而创造了青岛城市的特有景色。又如历史名城丽江，古城的传统建筑依玉河的自然流向排列，形成优美的街景，终年积雪的玉龙雪山则作为古城的背景，形成丽江古朴自然的风貌。上海的东外滩，在滨江地段开辟了滨江绿带，进行绿化装扮，既美化了环境又使高耸的建筑群有了衬景，增添了生气。

城市道路广场的绿化对市容面貌影响很大，街道绿化得好，人们虽置身于闹市中，却犹如生活在绿色走廊里，避开了一些杂乱形式的干扰。

绿化的形式丰富多样，可以成为各类建筑的衬托和装饰，运用形体、线条、色彩等效果与建筑相辅相成取得更好的艺术效果，使人得到美的享受。如北京的天坛依靠密植的古柏而衬托了祈年殿；肃穆壮观的毛主席纪念堂用常青的大片油松来烘托“永垂不朽”的气氛；苏州古典园林常用粉墙花影、芭蕉、南天竹、兰花等来表现它的幽雅清静。

园林绿化还可以遮挡有碍观瞻的景象，使城市面貌整洁、生动、活泼，并可以用园林植物的不同形态、色彩和风格来达到城市环境的统一性和多样性，增加艺术效果。

城市的环境美可以激发人的思想情操，提高人的生活情趣，使人对未来充满理想，优美的城市绿化是现代化城市不可缺的一部分。

二、自然美、艺术美和创造性

1. 植物的自然特性，给人以视觉、听觉、嗅觉的美感

例如“雨打芭蕉”、“留得残荷听雨声”等，指的就是雨打在叶子上发出声响给人以享受。许多植物还能散发芬芳的气味，如梅花、桂花、含笑、茉莉、蔷薇、米兰、九里香、腊梅等，香气袭人，令人陶醉。视觉的美感最为普遍，青翠欲滴的叶子、五色绚烂的花朵、舒展优美的树形无不给人以视觉上的享受。

2. 满足人的情感生活的追求、道德修养的追求和人际交往的追求

当植物被人们倾注以情感之后，它就不再仅仅是一种纯自然的存在了，而是部分地象征了人们的情感、价值观乃至世界观，甚至成为人们精神世界的物化存在。传统民俗文化中更是赋予植物吉祥的意义，例如“玉堂富贵”，为玉兰、海棠、牡丹、桂花四种花木组合；“早生贵子”，以石榴多籽象征子孙满堂；“四君子”——梅、兰、竹、菊合称，因梅优雅、兰清幽、菊闲逸、竹刚直而得名；“岁寒三友”——松、竹、梅，因松持节操，竹刚直不阿，梅傲风雪；又如日本的樱花季节，人们倾城出动，追寻樱花的踪迹，对自然美的追求和敏感令人唏嘘不已。而以各种花草象征各种祝福送给友人，以小草的顽强生长作为自勉的榜样，无不体现了园林植物的文化功能。

3. 要满足人们创造的需求，精神世界的发展，需要知识作为武器

园林植物有时候也会激发人的创造性，就如牛顿从树上落下的苹果得到启发，从而发现了万有引力；许多仿生学方面的发明创造即来自于园林植物的启发；人们甚至从植物生态学的角度出发，引申出经济生态学、城市生态学等，进一步扩展了生态平衡的研究领域。

第四节　园林绿地的经济效益

城市园林绿地及风景名胜区的绿化除了生态效益、环境效益和社会效益外，还有经济效益。一种是直接获得货币效益，一种是间接获得经济效益，间接的经济效益是通过环境的资源潜力所反映出来的，并且这个数量很大。

一、直接经济效益

（一）物质经济收入

早期的园林曾出现过菜园、果园、药草园等生产性的园圃，但随着社会的发展，这些都有了专门性的生产园地，不再属于城市园林的范畴。但在城市园林绿地发挥其环保效益、文化效益以及美化环境的条件下也是可以结合生产，增加经济效益的。如结合观赏种植一些有经济价值的植物，如果树、香料植物、油料植物、药用植物、花卉植物等，也可以制作一些盆景、盆花，培养金鱼，笼养鸣禽等，既可出售又可丰富人民生活。

（二）旅游观赏收入

该项收入不是以商品交换的形式来体现的，而是通过利用资源而获得的。随着旅

游事业的发展，我国的风景旅游资源成为国内外游客的向往之处。1996年，国内旅游人次达到6.5亿人，国外旅游者达到5120万人，旅游外汇收入达102亿美元，加上国内旅游收入，总共达到2500亿元人民币。这些钱将投入到城市建设、交通运输、轻工业、商业、手工业和旅游业等各方面的发展中。在有些贫困地区，如张家界每年的游客达100万人，如果每人消费500元，就有5亿元的收入，使当地居民获得了较大利益。所以，这部分的经济效益也是很可观的。

二、间接经济效益（隐性收入）

园林绿地的经济功能除了可以以货币作为商品的价值来表现外，有些无法直接以货币来衡量，但却又是实际存在的。故可以通过折算的方式来加以表现，举例来说：

1. 一棵树的价值。人对森林的利用经历了初级利用、中级利用和高级利用三个阶段。根据一位农学家的分析，一棵生长了50年的树，其初级利用价值是300美元，而其环境价值（高级利用）达20万美元，即发挥这方面的功能产生的效果。这是根据其在生态方面的改善气候、制造氧气、吸收有害气体和水土保持所产生的效益以及提供人们休息锻炼、社会交往、观赏自然的场所而带来的综合环境效益所估算出来的。

2. 上海宝山钢铁厂是全国著名的花园单位，绿化面积达933hm^2，其自1984~2000年绿化建设及养护共计投资5.17亿元，种植了365万棵乔木、2900万棵灌木和112万m^2的草地，所获取的现有价值11.95亿元；而同时发生的生态环境效益则产生了60亿元的价值，环境效益包括制氧、吸收二氧化碳、净化空气、涵养水源、防止噪声、降温、增湿等。其直接和间接效益合计价值72亿元，是总投资的13.58倍，体现了园林绿地巨大的经济效益。

3. 日本以替代法计算其森林的公益效益。1972年为128200亿日元；1991年为392000亿日元;2000年为749900亿日元,即相当于1998年日本国家预算总额（750000亿日元）。其中，保存降水功能的价值达87400亿日元，缓和洪水功能价值55700亿日元，净化水质功能价值128100亿日元，防止泥沙流失功能价值282600亿日元，防止塌方功能价值84400亿日元，保健休闲功能价值22500亿日元，野生动物保护功能价值39000亿日元。

4. 据报道，天津开发区建在渤海之滨原来的盐场卤化池上，土壤贫瘠，寸草不生，在那里辟建绿地170hm^2，总投资1.425亿元，十年后计算：树木增值180.3万元/年，释放氧气、滞尘降尘、落水保堤、增湿降温等环境效益5771万元/年，两者合计5951.3万元/年，其投资年回报率为41.8%，而且其效益将随着树木的生长逐年递增。

综上可见，园林绿地的价值远远超出其本身的价值，结合其生态环境效益来计算，其价值是巨大的，并且随着时间的推移而增加，所以是“留得青山在，不怕没柴烧”。

5. 园林绿地能创造良好的投资环境，能吸引大量资本和高素质的人口。城市环境的好坏对投资带来了很大的影响，环境良好的地区房地产价格一般较高。就上海来说，在几个大型绿地周围的房产价格同比高出1000~1500元/m^2，带来巨大的商业利润。

以上说明了城市园林绿地的发展对城市带来的巨大经济效益。

思考题

1. 试从城市园林绿地的生态作用来说明其成为城市消毒剂和制氧剂的原因。
2. 城市园林绿地如何来适应全面进入小康社会后人们的休闲娱乐要求？
3. 什么是美？风景园林有哪些美的品质会影响到人们的生活？
4. 从园林的无形价值来谈谈园林的经济效益。

第二章　城市绿地系统规划

城市绿地系统是城市中各类绿地通过有机联系形成的整体，用以保护生态环境、改善人居环境、促进城市的可持续发展。作为城市自然生产力主体，绿地系统是城市中唯一有生命的基础设施，是现代城市的必备条件。

第一节　城市绿地系统的发展

一、国外城市绿地系统的发展

旧约全书中的“伊甸园”，巴比伦的空中花园（Hanging Gardens），古希腊古罗马城市中的集市、墓园和军事营地，中世纪欧洲城市的教堂广场、市场街道等，是城市游憩活动和绿地的雏形。直到文艺复兴时期，欧洲各国的一些皇家园林开始定期向公众开放，如伦敦的皇家花园（Royal Park）、巴黎的蒙克花园（Parc Monceau）等。1810年，伦敦的皇家摄政公园（Regent Park）一部分投入房地产开发，其余部分正式向公众开放。

工业革命和社会化大生产引起城市人口急剧增加，导致城市的卫生与健康环境严重恶化。1833 年以后，英国议会颁布了一系列法案，开始准许动用税收建造城市公园和其他城市基础设施。1843 年，英国利物浦市动用税收建造了公众可免费使用的伯肯海德公园（Birkinhead Park，125 英亩），标志着世界上第一个城市公园的正式诞生。

这一时期，巴黎的奥斯曼（Baron Haussman）改建计划也已基本成型，该计划在大刀阔斧改建巴黎城区的同时，也开辟出了供市民使用的绿色空间。美国的第一个城市公园——纽约中央公园（Central Park of New York）于 1858 年在曼哈顿岛诞生。19 世纪下半叶，欧洲、北美掀起了城市公园建设的第一次高潮，称之为“公园运动”（Park Movement）。据有关研究显示，1880 年时的美国 210 个城市，九成以上已经记载建有城市公园，其中 20 个主要城市的公园尺度在 150~4000 英亩之间。在“公园运动”时期，西方各国普遍认为城市公园具有五个方面的价值，即：保障公众健康、滋养道德精神、体现浪漫主义（社会思潮）、提高劳动者工作效率、促使城市地价增值。

“公园运动”为城市居民带来了出入便利、安全清新的集中绿地。然而，它们还只是由建筑群密集包围着的一块块十分脆弱的“沙漠绿洲”。1880 年，美国园林设计师奥姆斯特德（F.L.Olmsted）等人设计的波士顿公园体系，突破了美国城市方格网格局的限制。该公园体系以河流、泥滩、荒草地所限定的自然空间为定界依据，利用 200~1500ft 宽的带状绿化，将数个公园连成一体，在波士顿中心城区形成了景观优美、环境宜人的公园体系（Park system）（图 2-1）。

波士顿公园体系的成功对城市绿地系统发展产生了深远的影响。此后，1883 年的双子城（Minneapolis，H.Cleveland）公园体系规划、1900 年的华盛顿城市规划、1903 年的西雅图城市规划等，均以城市中的河谷、台地、山脊等为依托，形成了城市绿地互为联系的自然框架体系。该规划思想后来在美国发展成为城市绿地系统规划的一项主要原则。

19 世纪末，人们对城市普遍提出了质疑，一些有识之士对城市与自然的关系开始作系统性反思，城市绿地建设从局部的城市土地用途调整转向了重塑城市的新阶段。

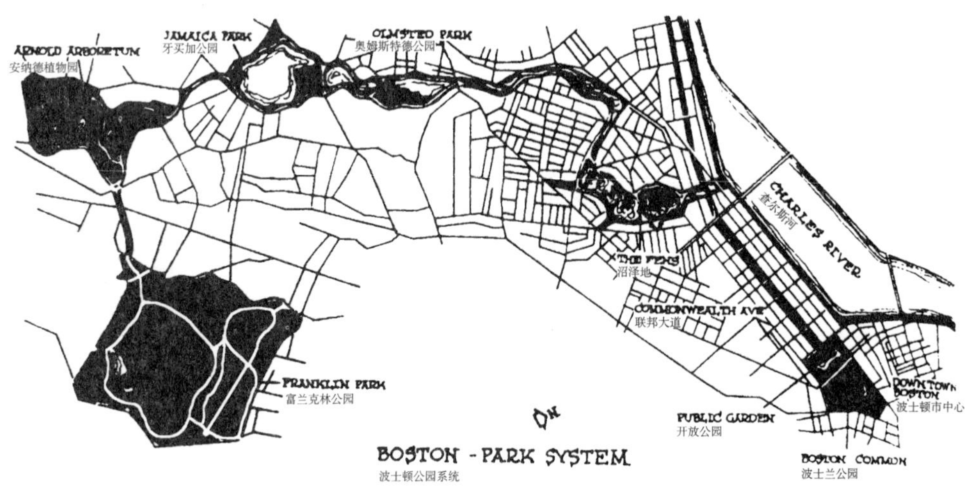

图 2-1　波士顿公园体系（1880 年）

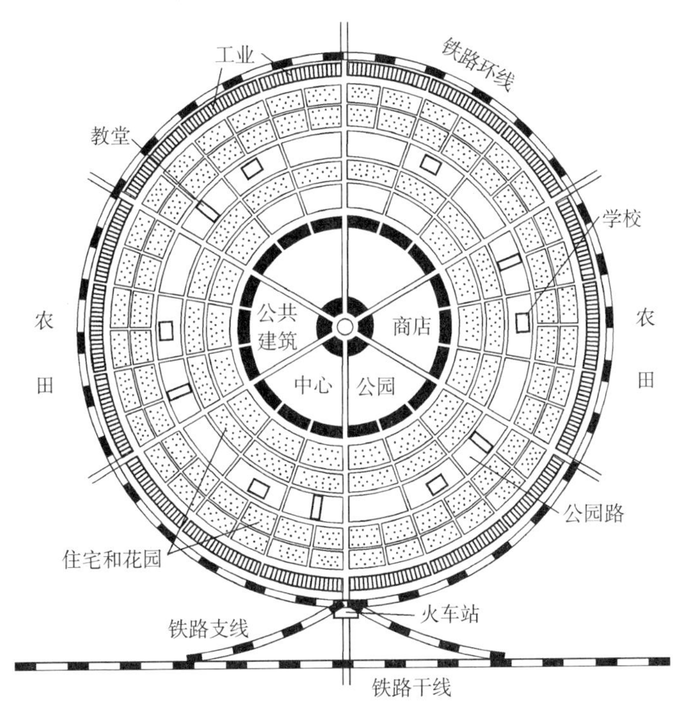

图 2-2　霍华德的“田园城市”模式（1898 年）

1898 年，霍华德出版了《明天——一条引向真正改革的和平道路》；1915 年，格迪斯出版了《进化中的城市》（Cities in Evolution，P.Geddes），写下了人类重新审视城市与自然关系的新篇章。霍华德认为大城市是远离自然、灾害肆虐的重病号，“田园城市”（Garden City）是解决这一社会问题的方法。“田园城市”直径不应超过两公里，人们可以步行到达外围绿化带和农田。城市中心是由公共建筑环抱的中央花园，外围是宽阔的林荫大道（内设学校、教堂等），加上放射状的林间小径，整个城市鲜花盛开、绿树成荫，形成一种城市与乡村田园相融的健康环境，如图 2-2 所示。在这一思想指导下，英国于 1903 年建造了第一座“田园城市”莱奇沃斯（Letchworth）（图 2-3），于 1919 年建造了第二座“田园城市”韦林（Welwyn）。

在欧洲大陆，受《进化中的城市》的影响，芬兰建筑师沙里宁（E.Saarinen）的“有机疏散”（Organic Decentralization）理论认为，城市只能发展到一定的限度。老城周围会生长出独立的新城，老城则会衰落并需要彻底改造。他在大赫尔辛基（图 2-4）规划方案中表达了这一思想。这是一种城区联合体，城市一改集中布局而变为既分散又联系的城市有机体。绿带网络提供城区间的隔离、交通通道，并为城市提供新鲜空气。“有机疏散”理论中的城市与自然的有机结合原则，对以后的城市绿化建设具有深远的影响。

1938 年，英国议会通过了绿带法案（Green Belt Act）；1944 年的大伦敦规划，环绕伦敦形成一条宽达 5mi 的绿带；1955 年，又将该绿带宽度增加至 6~10mi。英国“绿带政策”的主要目的是控制大城市无限蔓延、鼓励新城发展、阻止城市与城镇连体、改善大城市环境质量。

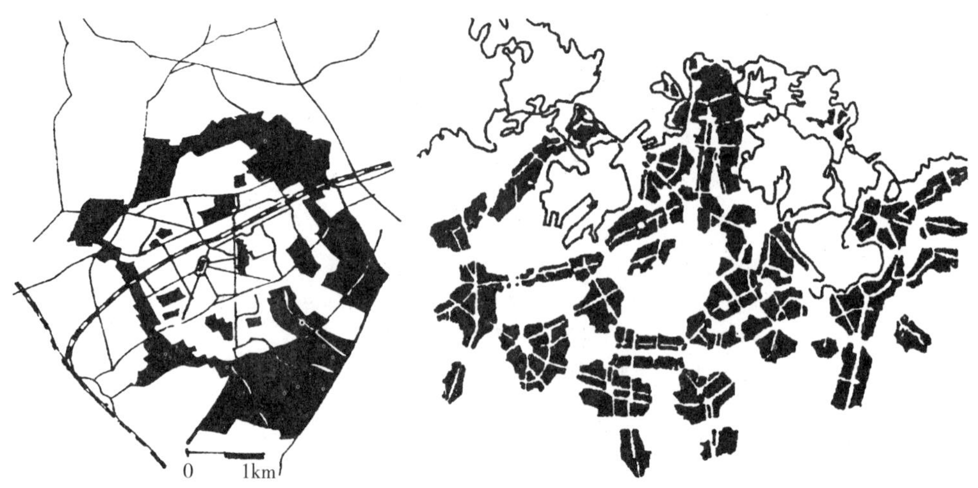

图 2-3　第一座田园城市莱奇沃斯（Letchworth，1903 年）

图 2-4　大赫尔辛基规划方案（1918 年）

第二次世界大战以后，欧、亚各国在废墟上开始重建城市家园。一方面许多城市开始在老城区内大力拓建绿地，如伦敦议会决定建造的 13 个居住小区，绿化指标由 0.2hm²/ 千人猛增到 1.4hm²/ 千人。另一方面，以英国的《新城法案》（The New Town Act，1946 年）为标志，许多国家开始采取措施疏解大城市人口、创建新城。无论是大城市还是小城市，面对空前的发展机遇，城市绿地建设迈入了继“公园运动”之后的第二次历史高潮，如莫斯科规划（图 2-5）。

从 20 世纪 70 年代起，全球兴起了保护生态环境的高潮。在日本，1970 年 6 月的一项调查表明，市民开始把城市绿化与环境视作与物价、住宅同等重要。在美国，麦克哈格出版了《设计结合自然》（Design With Nature，1971 年，I.L.Mcharg），该书提出在尊重自然规律的基础上，建造与人共享的人造生态系统的思想。在欧洲，1970 年被定为欧洲环境保护年。联合国在 1971 年 11 月召开了人类与生物圈计划（MAB）国际协调会，并于 1972 年 6 月在斯德哥尔摩召开了第一次世界环境会议，会议通过了《人类环境宣言》。同年，美国国会通过了《城市森林法》。20 世纪 70 年代以后的城市绿地建设开始呈现出新的特点。美国马里兰州的圣查理（ST.Charles，1970 年）新城，北距华盛顿 30km，规划人口 7.5 万人，由 15 个邻里组成 5 个村，每村都有自己的绿带，且相互联系形成网状绿地系统。澳大利亚墨尔本市依托优越的土地资源条件，在生态思想的影响下，以河流、湿地为骨架的“楔向网状”结构（图 2-6），建成了人与生物共荣的“自然中的城市”。

20 世纪 80 年代初，城市绿地建设进入生态园林的理论探讨与实践摸索阶段，主张遵循生态学的规律进行城市绿地系统规划、建设与维护。在英国，伦敦中心城区进行了较成功的实践，如在海德公园湖滨建立禁猎区，在摄政公园建立苍鹭栖息区等。现在，伦敦中心区有多达 40~50 种鸟类自然栖息、繁衍。澳大利亚墨尔本，于 20 世纪 80 年代初全面展开了以生态保护为重点的公园整治工作。其中雅拉河谷公园，占地 1700hm²，河流贯穿，其间有灌木丛、保护地、林地、沼泽地等生境。为保护生物

图 2-5 莫斯科规划（1945 年）

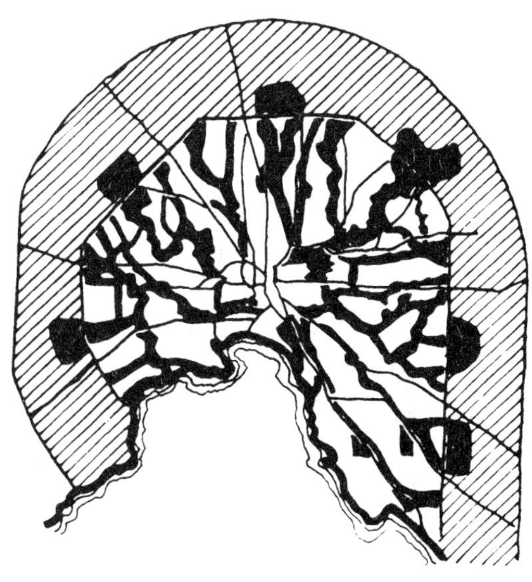
图 2-6 墨尔本规划（1976 年）

多样性、保护本地物种免受外来物种干扰，有关部门采取了一系列特殊措施。目前，该公园内至少有植物 841 种，哺乳类动物 36 种，鸟类 226 种，爬行动物 21 种，两栖动物 12 种，鱼 8 种，其中本地种质资源占 80%以上。

1992 年 6 月，世界 100 多个国家的首脑参加了联合国环境发展大会，并签署了三项国际公约，以此为标志，世界各国、社会各界和相关学术界对人类与自然关系的探索、认识与实践进入了一个新阶段。城市绿地系统被看做为人类提供生态服务的生态基础设施。

二、中国城市绿地系统的发展

中华民族“天人合一”的文化特征在城市中表现为，擅长于在将生活环境与自然环境融为一体的同时，也将人的精神文化需要与城市中的自然相交融，从而创造了举世闻名的中国园林文化。但是与西方古代一样，中国古代的城市绿化，只能为极少数人所享用。

1868 年，上海外滩出现了近代中国境内的第一个城市公园（Public Garden），该园于 1928 年对华人开放。由于经济落后和连年战争，从 1868~1949 年的 81 年中，中国一些大城市和沿海城市中只是零星出现了一些城市公园，如北平的中央公园，南京的秦淮公园，上海的华人公园（Chinese Garden）、哈同花园，广州的中央公园，汉口的市府公园，昆明的翠湖公园，沈阳的辽垣公园，厦门的中山公园等。1930 年，闽浙赣苏维埃政府在其根据地葛源镇建造了“列宁公园”。

1949 年新中国成立之时，中国城市人口密度极高，基础设施十分薄弱，城市绿地极为匮乏。如广州市有公园 4 处，总面积仅 $25hm^2$。作为西方冒险家乐园的上海，全市公园也只有 15 处，人均公共绿地仅 $0.18m^2$。城市绿地系统的规划思想主要在抗战胜利以后，由一些有识之士从西方引进中国，如金经昌（同济大学教授）主持的上海大都市规划（当时已经包括浦东），但民国上海政府无力实施。

新中国成立后的第一个五年计划（1953~1957 年）期间，一批新城市的总体规划明确提出了完整的绿地系统概念，许多城市开始了大规模的城市绿地建设。例如，北京5年内新增绿地面积达970hm^2，迅速改善了城市环境和人民生活质量。1958年，中央政府提出“大地园林化”和“绿化结合生产”的方针。

十年“文革”期间，城市绿化建设受到了严重挫折。

1976年6月国家城建总局批发了《关于加强城市园林绿化工作的意见》，规定了城市公共绿地建设的有关规划指标。1992年，国务院颁发了《城市绿化条例》，根据其中第九条的授权，1993年11月建设部在参照各地城市绿化指标现状及发展情况的基础上，制定了《城市绿化规划建设指标的规定》（城建［1993］784号文件）。其中规定了城市绿化指标：即到2000年人均公共绿地5~7m^2（视人均城市用地指标而定），城市绿化覆盖率应不少于30%，2010年人均公共绿地6~8m^2，城市绿化覆盖率不少于35%。该规定还明确说明，这是根据我国目前的实际情况，经过努力可以达到的低水平标准，离满足生态环境需要的标准还相差甚远，它“只是规定了指标的低限”，特殊城市（如省会城市、沿海开放城市、风景旅游城市、历史文化名城、新开发城市和流动人口较多的城市等）“应有较高的指标”。

改革开放以后，我国的城市绿化事业取得了长足的发展。一些沿海城市开始自发地提出创建“花园城市”、“森林城市”、“园林城市”等建设目标，国内知名学者钱学森早在1990年就提出了建设“山水城市”的倡议。1992年起，建设部在全国连续开展“国家园林城市”的评选工作，该政策有效地调动了各方面的积极性，有力地推动了我国城市绿化的建设工作，如“八五”期间（1990~1995年），全国城市人均公共绿地由3.9m^{2}增加到4.6m^2，绿化覆盖率由19.2%增加到了22.1%。经过二十几年的发展建设，截至2008年的统计数据，我国660个设市城市绿化覆盖率和绿地率平均值分别为35.29%、31.30%，其中110个国家园林城市绿化覆盖率和绿地率平均值分别为39.74%、36.84%。

国家园林城市政策有力地推动了我国城市绿化建设，建设部在此基础之上，于2004年推出了“国家生态园林城市”的政策。

第二节　城市绿地系统规划的性质与任务

一、什么是城市绿地系统规划

城市绿地的规划设计分为多个层次。具体包括如下：

城市绿地系统专业规划，是城市总体规划阶段的专业规划之一，属城市总体规划的必要组成部分，主要涉及城市绿地在城市总体规划层次上的系统化配置与统筹安排。

城市绿地系统专项规划，也称“单独编制的专业规划”，它是对城市绿地系统专业规划的深化和专业化。该规划不仅涉及城市总体规划层面，还涉及详细规划层面的绿地统筹和市域层面的统筹安排。城市绿地系统专项规划是对城市各类绿地及其物种在类型、规模、空间、时间等方面所进行的系统化配置及相关安排。

此外，还有城市绿地的控制性详细规划、城市绿地的修建性详细规划、城市绿地设计、城市绿地的扩初设计和施工图设计。

二、城市绿地系统规划的任务

城市绿地系统规划是在深入调查研究的基础上，根据城市总体规划对城市性质、发展目标、用地布局等要求，科学制定城市绿地发展目标和指标，合理安排市域大环境绿化和城市各类绿地的空间布局，统筹安排城市绿地建设的内容和行动步骤，并不断付诸实践的过程。具体包括以下内容：

1. 根据城市的自然条件、社会经济条件、城市性质、发展目标、用地布局等要求，确定城市绿化建设的目标和规划指标。

2. 结合城乡自然、文化和社会资源条件，统筹城乡空间布局，编制市域绿地系统规划。

3. 确定城市绿地系统的规划结构，合理确定各类城市绿地的总体关系。

4. 统筹安排各类城市绿地，分别确定其位置、性质、范围和发展指标。

5. 城市绿化树种规划。

6. 城市生物多样性保护与建设的目标、任务和保护建设的措施。

7. 城市古树名木的保护与现状的统筹安排。

8. 制定分期建设规划，确定近期规划的具体项目和重点项目，提出建设规模和投资匡算。

9. 从政策、法规、行政、技术经济等方面，提出城市绿地系统规划的实施管理措施。

10. 编制城市绿地系统规划的图纸和文件。

第三节　城市绿地的分类

一、几种城市绿地分类的方法

（一）国外的城市绿地分类

国际上目前尚无统一的城市绿地分类方法。各国所采用的不同分类方法，也一直在不断地调整。

德国将城市绿地分为郊外森林公园、市民公园、运动娱乐公园、广场、分区公园、交通绿地等。美国（洛杉矶市）将公园与游憩用地（Park and Recreation）分为游戏场、邻里运动场、地区运动场、体育运动中心、城市公园、区域公园、海岸、野营地、特殊公园、文化遗迹、空地、保护地等。苏联将城市绿地划分为公共绿地、专用绿地、特殊用途绿地，具体详见表 2–1。

苏联的城市绿地分类　　表 2–1

绿地类型	绿地名称
公共绿地	文化休息公园、体育公园（体育场）、植物园、动物园、散步和休息公园、儿童公园、花卉院、小游园、林荫道、街头绿地、公共设施的绿地、森林公园、禁猎禁伐区、街坊绿地
专用绿地	学校绿地、幼托园绿地、公共文化设施的绿地、科研机关绿地、医疗机关绿地、工业企业绿地、农场居住区绿地、休疗园绿地及夏令营地
特殊用途绿地	工厂企业的防护地带、防治有害因素影响的绿带、水土保护林带、防火林带、森林改良、土壤改良林带、交通绿地、墓园、苗圃和花圃

二战期间，日本东京绿地规划协会在进行东京绿地规划前，将绿地分为了三类：普通绿地、生产绿地、准绿地。其中，普通绿地是指直接以公众的休闲娱乐为目的的绿地，生产绿地是指农林渔地区，准绿地是指庭园和其他受法律保护的保存地和景园地。在此分类基础上，制定各类绿地的标准，对服务半径、面积、设施等作出详细规定。

1971 年，日本建设省制定城市绿地分类标准，将城市绿地分为四大类，1976 年增加了“城市（指街头，作者增译）绿地”、“绿道”、“国家设置的公园”三类绿地。1991 年又对之作了进一步完善，新增加“城市林地”、“广场公园”两类。至此，日本城市绿地共分为九大类。日本城市绿地分类的发展变化状况见表 2–2。

日本建设省颁布的城市绿地分类标准历次变化　　表 2–2

颁布年代				绿地类型	二级类型	备注
1991 年	1976 年	1971 年				
√	√	√	一	基干公园	居住区基干公园 城市基干公园	街区公园（平均面积 2500m^2） 邻里公园（平均面积 2hm^2） 地区公园（平均面积 4hm^2） 综合公园（平均面积 10~15hm^2） 运动公园（平均面积 15~75hm^2）
√	√	√	二	特殊公园	风景公园 动植物公园 历史公园	
√	√	√	三	大规模公园	大型公园 娱乐城	50hm^2 以上 私人投资，面积 500~1000hm^2
√	√	√	四	缓冲绿地		指防护林、防灾缓冲地等
√			五	城市林地		（林地与自然保留地）
√			六	广场公园		（商业中心、办公区室外游憩场）
√	√		七	城市绿地		（相当于中国的“街头游园”，面积要求 1000m^2 以上）
√	√		八	绿　道		（要求宽 10m 以上）
√	√		九	国家设置的城市公园		（如国家纪念园等，一般在 300hm^2 以上）

注：本表根据《都市公园制度》（日本建设省都市局、公园地行政研究会，1991 年）、《国外园林法规研究》（冯采芹，1991 年）等资料编译、整理而成。

（二）我国历史上的城市绿地分类方法

中国城市绿地的分类也经历了一个逐步发展的过程。1961 年版高等学校教材《城乡规划》中将城市绿地分为公共绿地、小区和街坊绿地、专用绿地、风景游览或休疗绿地共四类。1973 年国家建委有关文件把城市绿地分为五大类：即公共绿地、庭院绿地、行道树绿地、郊区绿地、防护林带。1981 年版高等学校试用教材《城市园林绿地规划》（同济大学主编）将城市绿地分为六大类：即公共绿地、居住绿地、附属绿地、交通绿地、风景区绿地、生产防护绿地。1990 年国标《城市用地分类与规划建设用地标准》GBJ 137—90，将城市绿地分为三类，即公共绿地 G1，生产防护绿地 G2 及居住用地绿地 R14、R24、R34、R44。

1992 年，国务院颁发的中华人民共和国成立以来第一部园林行业行政法规《城市绿化条例》,将城市绿地表述为:“公共绿地、居住区绿地、防护林绿地、生产绿地”及“风景林地、干道绿化等”,即至少六类。1993年建设部印发的《城市绿化规划建设指标的规定》(建城[1993]784号文件)中,“单位附属绿地”被列为城市绿地的重要类型之一。

二、我国现行的城市绿地分类标准

2002年建设部颁布的《城市绿地分类标准》CJJ/T 85—2002,见表2-3。该分类标准将城市绿地划分为五大类,即公园绿地G1、生产绿地G2、防护绿地G3、附属绿地G4、其他绿地G5。

公园绿地(G1)是指“向公众开放,以游憩为主要功能,兼具生态、美化、防灾等作用的绿地”,包括城市中的综合公园、社区公园、专类公园、带状公园以及街旁绿地。公园绿地与城市的居住、生活密切相关,是城市绿地的重要部分。

生产绿地(G2)主要是指为城市绿化提供苗木、花草、种子的苗圃、花圃、草圃等圃地。它是城市绿化材料的重要来源,对城市植物多样性保护有积极的作用。

防护绿地(G3)是指对城市具有卫生、隔离和安全防护功能的绿地,包括城市卫生隔离带、道路防护绿地、城市高压走廊绿带、防风林、城市组团隔离带等。

附属绿地(G4)是指城市建设用地(除G1、G2、G3之外)中的附属绿化用地。包括居住用地、公共设施用地、工业用地、仓储用地、对外交通用地、道路广场用地、市政设施用地和特殊用地中的绿地。

其他绿地(G5)是指对城市生态环境质量、居民休闲生活、城市景观和生物多样性保护有直接影响的绿地。包括风景名胜区、水源保护区、郊野公园、森林公园、自然保护区、风景林地、城市绿化隔离带、野生动植物园、湿地、垃圾填埋场恢复绿地等。

城市绿地分类标准 CJJ/T 85—2002　　表2-3

大类	中类	小类	类别名称	大类	中类	小类	类别名称
G1	G11		公园绿地	G2			生产绿地
			综合公园	G3			防护绿地
		G111	全市性公园	G4			附属绿地
		G112	区域性公园		G41		居住绿地
	G12		社区公园		G42		公共设施绿地
		G121	居住区公园		G43		工业绿地
		G122	小区游园		G44		仓储绿地
	G13		专类公园		G45		对外交通绿地
		G131	儿童公园		G46		道路绿地
		G132	动物园		G47		市政设施绿地
		G133	植物园		G48		特殊绿地
		G134	历史名园	G5			其他绿地
		G135	风景名胜公园				
		G136	游乐公园				
		G137	其他专类公园				
	G14		带状公园				
	G15		街旁绿地				

2011年颁布的国家标准《城市用地分类与规划建设用地标准》GB 50137—2011，将“城市绿地G”分为三个中类，即“公园绿地G1”、“防护绿地G2”与“广场用地G3”，其中：

公园绿地G1：向公众开放，以游憩为主要功能，兼具生态、美化、防灾等作用的绿地；

防护绿地G2：城市中具有卫生、隔离和安全防护功能的绿地，包括卫生隔离带、道路防护绿地、城市高压走廊绿带等；

广场用地G3：以硬质铺装为主的城市公共活动场地。

该新的国家标准中“公园绿地G1”不变，增加了“广场”的内涵，剥离了“生产绿地”的内涵。新增的“广场用地G3”单指城市公共活动的广场，而交通用途的广场应归为“综合交通枢纽用地”。原“生产绿地G2”以及市域范围内基础设施两侧的防护绿地G3，按照实际使用用途被纳入到城乡建设用地分类“农林用地”之中，原防护绿地G3的内涵不变但代号改为G2。

2002年颁布的行业标准《城市绿地分类标准》CJJ/T 85—2002与2011年新颁布的国家标准《城市用地分类与规划建设用地标准》GB 50137—2011，二者同属城乡规划技术标准体系中的基础标准。前者为原有行标，后者为新颁国标。在实际工作中要协调二者之间的不一致性，通常后者具有优越性，可以预计，未来会呈现出修订《城市绿地分类标准》、服从于《城市用地分类与规划建设用地标准》的趋势。

第四节　城市绿地系统规划的目标与指标

一、城市绿地系统规划的目标

城市绿地系统规划是在城市总体规划的基础上完成的，绿地系统规划目标依据总体规划的要求而确定相应的近、中（远）期规划与建设目标，并合理确定规划指标。

由于城市性质、规模和自然条件等方面各不相同，城市绿地系统规划目标的确定也存在着差异。规划目标的确定，应在依据国家有关政策及住房和城乡建设部相关标准的基础上，结合城市的特点，通过优化布局和改善结构的方式，科学合理地配置城市绿地，使其尽可能地满足城市在生态环境、居住生活、产业发展等方面的需要，最大限度地发挥其生态环境效益、经济效益和社会文化效益。

城市绿地系统规划的目标分为近期目标和远期目标。近期目标一般为近5年的目标，远期目标为规划期内所要达到或最终要实现的目标，一般为20年左右或更长规划期，最近通常定为2030年。

二、城市绿地系统的常见指标[1]

城市绿地指标是反映城市绿化建设质量和数量的量化方式。我国城市绿地规划与管理常见的指标有：绿地占城市建设用地的比例（%）、人均公园绿地面积（m^2/人）、城市绿地率（%）和城市绿化覆盖率（%）等。

[1] 城市绿地率是一个全覆盖的概念，不仅包括狭义城市绿地概念中的三种类型，还包括狭义城市绿地之外其他各类城市建设用地中的绿地（即附属绿地）之总和。

绿地占城市建设用地的比例（%），指城市和县人民政府所在地镇内的绿地面积（公园绿地、防护绿地、广场用地）之和除以城市建设用地总面积的百分比，单位为 %，统计计算公式为：

$$绿地占城市建设用地的比例=\frac{公园绿地面积+防护绿地面积+广场面积}{城市建设用地总面积}\times 100\%$$

人均公园绿地面积，指城市和县人民政府所在地镇内的公园绿地面积除以中心城区（镇区）内的常住人口数量，单位为 m^2/ 人，统计计算公式为：

$$人均公园绿地面积=\frac{公园绿地面积}{城市常住人口数量}\times 100\%$$

式中：城市常住人口数量指中心城区（镇区）内的常住人口总数；公园绿地面积指中心城区（镇区）内的公园绿地面积，包括综合公园 G11（含市级公园和区域性公园）、社区公园 G12（含居住区公园和小区游园）、专类公园 G13（如儿童公园、动物园、植物园、历史名园、风景名胜公园、游乐公园、体育公园等其他公园）、带状公园 G14 以及街旁绿地 G15 等。

绿地率（%）具有多个层次，在总体规划层次是指城市和县人民政府所在地镇内的城市绿地面积（公园绿地、防护绿地、广场用地）与各类附属绿地 G4 面积之总和，再除以城市建设用地总面积的百分比，单位为 %，统计计算公式为：

$$绿地率（\%）=\frac{城市绿地面积+附属绿地面积}{城市建设用地总面积}\times 100\%$$

式中：城市绿地面积指城市和县人民政府所在地镇内的公园绿地、防护绿地、广场用地之和；附属绿地面积（G4）指除绿地外其他城市建设用地中的附属绿化用地之和。

绿化覆盖率的理论概念指城市和县人民政府所在地镇内所有植被的垂直投影面积，除以该范围城市建设用地总面积的百分比，单位为 %，统计计算公式：

$$绿化覆盖率=\frac{所有植被的垂直投影面积}{城市建设用地总面积}\times 100\%$$

式中：所有植被的垂直投影面积在理论上应包括各类绿地的实际绿化种植垂直投影面积、屋顶绿化覆盖面积以及零散树木的覆盖面积，乔木树冠下的灌木和地被草地不重复计算。该计算在实际操作上过于复杂，且难以剔除每一块绿地内部的非绿化部分（道路广场、沙石地、屋顶、水面）面积。

绿化覆盖率作为一种理论概念，在实际工作中常以上述的绿地率指标为基数，加上行道树的树冠投影面积（时常被简化为 5%）之和。

三、国内外城市绿地指标比较

1954 年，苏联建筑科学院城市建设研究所编著的《苏联城市绿化》是较早地试订城市绿地规划的一些指标，并对城市绿地进行分类分级，以服务半径衡量绿地的均匀布局。我国园林绿地指标在 20 世纪 50 年代后的相当长一段时间内，主要引用苏联的指标，20 世纪 70 年代后开始吸收借鉴西方国家的一些标准。

世界主要城市的绿地建设水平参见表 2–4。

世界主要城市公园绿地人均面积及相关项目比较　　表 2-4

国名	首都名	市区面积（km^2）	人口（万人）	公园面积（hm^2）	面积比（%）	人均公园面积（m^2/人）	国家森林覆盖率（%）
加拿大	渥太华	102.90	29.1	740	7.2	25.4	35
美国	华盛顿	173.46	75.7	3458	19.9	45.7	33
巴西	巴西利亚	1013.00	25.0	1816	1.2	72.6	28
挪威	奥斯陆	453.44	47.7	689	1.5	14.5	27
瑞典	斯德哥尔摩	186.00	66.0	5300	28.5	80.3	57
芬兰	赫尔辛基	176.90	49.6	1360	7.7	27.4	61
丹麦	哥本哈根	120.32	80.2	1535	12.8	19.1	—
俄罗斯	莫斯科	994.00	880.0	约 15		18.0	35
英国	伦敦	1579.50	717.4	21828	13.8	30.4	9
法国	巴黎	105.00	260.8	2183	20.8	8.4	25
德国	柏林	480.10	210.0	5483	11.4	26.1	29
德国	波恩	141.27	27.9	752	5.3	26.9	
荷兰	阿姆斯特丹	1700.90	80.7	2377	14.0	29.4	6
瑞士	日内瓦	16.10	17.3	261	16.3	15.1	25
奥地利	维也纳	414.10	161.5	1188	2.9	7.4	44
意大利	罗马	1507.60	280.0	3186	2.1	11.4	20
波兰	华沙	445.9	143.2	3257	7.3	22.7	27
捷克	布拉格	289.0	108.7	4022	13.9	37.0	3.5
澳大利亚	堪培拉	243.2	16.5	1165	4.8	70.5	50
朝鲜	平壤	约 157		2200	—	14.0	69
日本	东京	595.53	858.4	1356	2.3	1.6	68

资料来源：贾建中，城市绿地规划设计，2001 年。

长期以来，我国城市绿化建设处于较被动的局面。20 世纪 80 年代后，特别是改革开放后，城市绿化建设进入新的发展阶段。从 1986~1999 年，我国城市绿化覆盖率由 16.86%提高到 27.44%，绿地率由 15%提高到 23%，人均公园绿地面积由 3.45m^2 提高到 6.52m^2。我国“国家园林城市（区）”政策有力地推动了城市绿化建设，见表 2-5。

我国部分国家园林城市绿地指标　　表 2-5

指标 城市	建成区面积（km^2）	城区人口（万人）	人均公园绿地（m^2）	绿化覆盖率（%）	统计年份
上海浦东新区（国家园林城区）	113.88	240.5	24.2	45.3	1999 年
北京	1182.3	1187	10.49	40.20	2004 年
上海	781.04	1289.1	8.47	27.29	2004 年
南京	484.27	501.23	10.98	44.46	2004 年
杭州	302.39	244.65	8.01	35.86	2004 年

续表

城市＼指标	建成区面积（km^2）	城区人口（万人）	人均公园绿地（m^2）	绿化覆盖率（%）	统计年份
深圳	551	597.55	16.01	45.00	2004年
徐州	963	118.44	8.24	37.57	2005年
泉州	86	82	11.5	39.96	2005年
石家庄	182	217.3	8.87	36.15	2007年
沈阳	310	588	12	40.65	2007年
江阴	49.23	40	15.05	43.3	2007年
义乌	73	50	9.33	41.26	2007年
铜陵	69.17	43.9	12.73	42.68	2007年
南昌	210	209	8.25	39.2	2007年
胶州	40	28	13	41.5	2007年
黄石	21.39	60	11.59	39.9	2007年
广州	608	725	7.63	36.79	2007年
贵阳	107	187	9.45	41.12	2007年
银川	107	94.91	8.39	36.63	2007年
克拉玛依	45.95	28	10.04	41.75	2007年

国家园林城市代表着我国城市绿化建设的领先水平。我国其他城市、中西部地区城市、特大城市的绿化建设指标仍然较低。

20世纪60年代德国提出：每个居民需要40m^2高质量的绿地，才能达到人类生存所需的生态平衡，近年来提出了在新建城镇人均公园绿地应达到68m^2的新标准。20世纪70年代后期，联合国生物圈生态与环境组织提出城市的最佳居住环境标准是达到每人拥有60m^2公园绿地指标。

四、城市绿地规划的指标

（一）城市用地标准

中国各类城市，特别是大城市，人均城市建设用地十分有限，2011年颁布的国家标准《城市用地分类与规划建设用地标准》GB 50137—2011，要求城市总体规划编制时，城市绿地占城市建设用地的比例宜为10.0%—15.0%，见表2-6。

规划建设用地结构　　**表2-6**

类别名称	占城市建设用地的比例（%）
居住用地	25.0 ~ 40.0
公共管理与公共服务用地	5.0 ~ 8.0
工业用地	15.0 ~ 30.0
交通设施用地	10.0 ~ 30.0
绿地	10.0 ~ 15.0

注：1. 表中的绿地是指公园绿地、防护绿地、广场用地之和；
2. 风景旅游城市、特殊城市应有其他特殊的比例。

在城市人均建设用地总量受限、各类城市建设用地相互争抢比例的条件下，我国许多城市经过不懈的努力，城市绿化建设仍然取得了可喜的成果。

（二）城市绿化规划建设指标的有关要求

1993 年，根据国务院《城市绿化条例》第九条，为加强城市绿化规划管理，提高城市绿化水平，建设部颁布了《城市绿化规划建设指标的规定》（建城［1993］784 号），提出了根据城市人均建设用地指标确定人均公共绿地面积指标（表 2–7）。

城市绿化规划建设指标（1993 年） **表 2–7**

人均建设用地（m^2/ 人）	人均公园绿地（m^2/ 人）		城市绿化覆盖率（%）		城市绿地率（%）	
	2000 年	2010 年	2000 年	2010 年	2000 年	2010 年
<75	>5	>6	>30	>35	>25	>30
75~105	>5	>7	>30	>35	>25	>30
>105	>7	>8	>30	>35	>25	>30

2011 年颁布的国家标准《城市用地分类与规划建设用地标准》GB 50137—2011 要求到 2030 年，全国城市以 8m^2/ 人，作为人均公园绿地控制的低限。风景旅游城市等特殊有条件的城市，应达到更高的指标，不设上限。

（三）“国家园林城市”指标（建城［2010］125 号）

在国家园林城市政策 18 年经验总结的基础上，2010 年《国家园林城市标准》提出城市人均公园绿地面积的指标一般要求达到 10.0m^2 以上（表 2–8）。

《国家园林城市标准》 **表 2–8**

指标		国家园林城市标准	
		基本项	提升项
建成区绿化覆盖率（%）		≥ 36%	≥ 40%
建成区绿地率（%）		≥ 31%	≥ 35%
城市人均公园绿地面积	人均建设用地小于 80m^2 的城市	≥ 7.50m^2/ 人	≥ 9.50m^2/ 人
	人均建设用地 80~100m^2 的城市	≥ 8.00m^2/ 人	≥ 10.00m^2/ 人
	人均建设用地大于 100m^2 的城市	≥ 9.00m^2/ 人	≥ 11.00m^2/ 人
城市各城区人均公园绿地面积最低值		≥ 5.00m^2/ 人	—

注：本表所列标准主要适用于单独组织编制的绿地系统专项规划。

（四）“国家生态园林城市”指标

我国《国家生态园林城市标准（暂行）》（建城［2004］98 号）中对建成区绿化覆盖率、人均公园绿地及绿地率等指标作出了有关规定，其中人均公园绿地面积指标要求达到 10.0m^2 以上（表 2–9）。

《国家生态园林城市标准（暂行）》　　表 2-9

	人口地域	100 万以上	50 万 ~100 万	50 万以下
建成区绿化覆盖率（%）	秦岭淮河以南	41	43	45
	秦岭淮河以北	39	41	43
建成区人均公园绿地（m^2）	秦岭淮河以南	10.5	11	12
	秦岭淮河以北	10	10.5	11.5
建成区绿地率（%）	秦岭淮河以南	34	36	38
	秦岭淮河以北	32	34	37

第五节　市域绿地系统规划

我国城市绿地的规划与建设管理长期以来深受城乡二元体制的影响，对于如何协调和统筹城市绿地与市域大环境内的其他非建设用地中绿地的关系，如何规划和管理市域大环境绿化，总体上仍然处在摸索阶段。

1992 年联合国环境发展大会以后，协调处理人与自然的关系、建设城乡人居环境已成为解决生态危机的主要方式之一。世界各国、我国各城市出现了各种理论和实践探索，如城乡结合部的绿色空间地带，日本的大都市绿地圈，上海的环城绿带，新加坡和广东省的绿道，杭州的西溪湿地等。2002 年，建设部《关于印发〈城市绿地系统规划编制纲要（试行）〉的通知》的文件中提出："城市绿地系统规划的主要任务是科学制定各类城市绿地的发展指标，合理安排城市各类园林绿地建设和市域大环境绿化的空间布局"。

我国人均资源短缺，人均城市建设用地指标受到严格控制，城市绿地的面积总量受到限制。在此条件下，为改善城市生态环境，建构合理的城乡一体化的市域大环境绿化，意义重大。

在编制城市市域绿地系统规划时，应综合考虑以下原则：

（1）系统整合，建构城乡融合的生态网络系统，优化城乡的结构与功能。以"开敞空间优先"的原则规划城市绿地系统，完善城市空间布局和功能，适应城市产业的空间调整和功能转变，结合区域基础设施和公用设施建设、历史文化保护、生态环境培育、郊野游憩等发展和管理。世界一些主要国家的首都，在城市近郊辟有约两倍于城市建成区面积的城郊森林地带。北京市的绿化隔离带结合城市总体规划中的"分散集团式"发展模式，在中心组团与各边缘之间规划永久性的隔离绿地，隔离带内包含森林、水体与湿地、草地、城镇与居民区、高技术工业园区、交通道路、农田、果园、苗圃等。城郊一体化的大环境绿化体系，应以植树造林为主，同时须保护耕地、森林和水域绿地，限制城市"摊大饼"式地无序蔓延和无限扩张。

（2）保护与合理利用自然资源，维护区域生态环境的平衡。我国地域辽阔，地区性强，城市之间的自然条件差异很大。规划应根据城市生态适宜性要求，结合城市周围自然环境，充分发挥城郊绿化的生态环境效益。广州的市域绿地系统规划（2001~2020 年），以"青山、名城、良田、碧海"为目标，充分保护和合理利用自然资源，建构起"山水城市”的框架，控制对传统农业、自然村落、水体、丘陵、林地和湿地的开发。

（3）保护国土资源的历史价值、文化价值和科学价值，落实历史遗产、自然遗产和生态敏感区的保护与规划控制。珠海市结合城市自然条件，确定了市域范围内的生态山体林地、城市郊野公园、生态敏感区、生态农田以及旅游景观岸线等。

（4）加强管理部门间的职能协调、行政合作和财政支持，优化和强化公共管理职能。市域绿地系统的用地属性为农用地和乡村居民点用地，其生产生活的需要与城市生态、游憩的需要并不一致，打破二元对立任重道远，政府主导是必由之路。

关于市域绿地的分类，我国尚处于摸索阶段，发展趋势是将城乡部分农林用地（耕地、园地、林地、牧草地、设施农用地、田坎、农村林荫路等）、部分水域（自然水域、水库、坑塘沟渠）、部分未利用地（空闲地、盐碱地、沼泽地、沙地、裸地、不用于畜牧业的草地等）纳入城市规划控制的范围，对其城市生态环境功能、游憩功能、生物多样性保护、建设与利用进行综合统筹，充分发挥国土资源的生态效益、社会效益和经济效益。

市域绿地系统的规划与管理必然涉及林地、园地、牧草地、耕地、水域、湿地及未利用土地，规划措施必须符合这些土地类型所固有的使用和管理特点。

1. 林地

林地是指生长乔木、竹类、灌木、沿海红树林的土地，不包括居民绿化用地，以及铁路、公路、河流沟渠的护路、护草林。森林生态效益是陆地生态系统中综合生态效益最高的生态系统。目前，我国林地的用地结构不合理，用材林占总面积的64.22%，占绝对优势，其他林地总共仅占总面积的35.78%。林种单一严重影响林业的生态效益和经济效益，而且，用材林中以中、幼林为主。我国人均森林面积同世界上一些发达国家相比相差甚远。市域绿地系统规划中，应结合国家生态林业工程规划，加快防护林体系建设，完善森林生态体系建设。

2. 牧草地

牧草地是指以生长草本植物为主，用于畜牧业的土地。草本植被覆盖度一般在15%以上，干旱地区在5%以上，树木郁闭度在10%以下，牧草地包括以牧为主的疏林、灌木草地。规划应保护城郊天然牧草地资源，控制放牧强度，科学轮牧，封滩育草；合理划定宜牧地，解决农牧争坡、林牧争山的矛盾。

3. 园地

园地是指种植以采集果、叶、根茎等为主的集约经营的多年生木本和草本作物，覆盖度大于50%或每亩株数大于合理株数的70%的土地，包括果树苗圃等用地。园地包括果园、桑园、茶园、橡胶园和其他园地。我国园地栽培历史久远，分布广泛，地域特征明显。规划应根据适应性原则，考虑栽种品种，积极改造低产园地，建设稳定高产园地，适当结合发展乡村旅游，提高综合效益。

4. 水域和湿地

水域是指陆地水域和水利设施用地，不包括泄洪区和垦植3年以上的滩地、海涂中的耕地、林地、居民点、道路等。陆地水域包括江河、湖泊、池塘、水库、沼泽、沿海滩涂等。它与人类的生存、繁衍、发展息息相关，是自然界最富生物多样性的生态景观和人类最重要的生存环境之一。它不仅为人类的生产、生活提供多种资源，而且具有巨大的环境功能和效益，在抵御洪水、调节径流、蓄洪防旱、控制污染、调节气候、控制土壤侵蚀、促淤造陆、美化环境等方面有其他系统不可替代的作用。市域绿地系统规划应结合《全国湿地保护工程规划》，加强自然保护区的规划和管理，积极恢复退化的湿地，保护湿地生态系统和改善湿地的生态功能。

5. 未利用土地

未利用土地主要是指难利用的土地。它包括荒草地、盐碱地、沼泽地、沙地、裸土地、裸岩石砾地、田坎和其他等。未利用地一般需要治理才能利用或可持续利用。

第六节 城市绿地系统的结构布局

一、结构布局的基本模式

布局结构是城市绿地系统的内在结构和外在表现的综合体现，其主要目标是使各类绿地合理分布、紧密联系，组成有机的绿地系统整体。通常情况下，系统布局有点状、环状、放射状、放射环状、网状、楔状、带状、指状等 8 种基本模式，如图 2-7 所示。

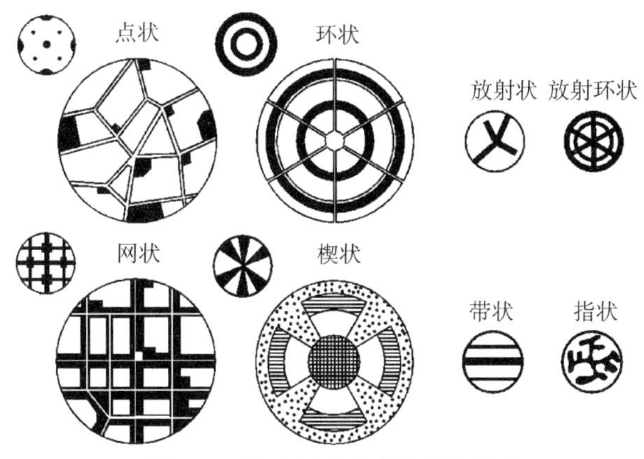

图 2-7 城市绿地分布的基本模式

我国城市绿地空间布局常用的形式有以下四种。

（一）块状绿地布局

将绿地成块状均匀地分布在城市中，方便居民使用，多应用于旧城改建中，如上海、天津、武汉、大连、青岛和佛山等城市。

（二）带状绿地布局

多数是由于利用河湖水系、城市道路、旧城墙等因素，形成纵横向绿带、放射状绿带与环状绿地交织的绿地网。带状绿地布局有利于改善和表现城市的环境艺术风貌。

（三）楔形绿地布局

从郊区伸入市中心、由宽到窄的绿地，称为楔形绿地。楔形绿地布局有利于将新鲜空气源源不断地引入市区，能较好地改善城市的通风条件，也有利于城市艺术面貌的体现，如合肥。

（四）混合式绿地布局

它是前三种形式的综合利用，可以做到城市绿地布局的点、线、面结合，组成较完整的体系。其优点是能够使生活居住区获得最大的绿地接触面，方便居民游憩，有利于就近地区气候与城市环境卫生条件的改善，有利于丰富城市景观的艺术面貌。

二、规划实例

（一）伦敦

伦敦由内伦敦和外伦敦组成，又称大伦敦。早在 1580 年，为限制伦敦城市用地的无限扩张，伊丽莎白女王第一次提出了规划绿带的想法。霍华德在 1898 年提出在伦敦周围建立一条绿带；1938 年英国正式颁布了《绿带法》（Green Belt Act），确定在市区周围保留 2000km^2 的绿带面积，绿带宽 13~24km。由于城市产业和人口规模的膨胀，1944 年，大伦敦区域规划公开发表。规划以分散伦敦城区过密人口和产业为目的，在伦敦行政区周围划分了 4 个环形地带，即内城环、郊区环、绿带环、乡村环，如图 2–8 所示。在绿带内除部分可作农业用地外，不准建设工厂和住宅。

近年来，伦敦越来越重视增加绿地空间的公众可达性，提高绿地的连接性，提供花园到公园、公园到公园道、公园道到绿楔、绿楔到绿带的便利通道。绿地空间的规划从公园系统转为多功能的绿道，拓展大型绿地的影响和服务半径，增加与周边地区的内在连接，通过绿色网络的连接，形成高质量的绿色空间。此外，伦敦绿地非常重视自然保育功能，通过绿地自然化、建设生态公园、废弃地生态改造、河流管理、人工动植物栖息地创建等措施，为野生生物提供自然生境，各自治区均编制自然保育规划，执行生物多样性行动规划，进行植被管理。

（二）上海

《上海城市绿地系统规划》（2002~2020 年）的总体布局呈现出“环”、“楔”、“廊”、“园”、“林”的形式。规划以“一纵两横三环”为骨架、以“多片多园”为基础、以“绿色廊道”为网络，形成互为交融、有机联系的中心城绿地布局结构。在规划理念上，创造生态“源”林——建设城市森林，构筑“水都绿城”——让城市重回滨水，构筑城市“绿岛”——平衡城市“热岛”，构筑“绿色动感都市”——建设绿色标志性景观空间（图 2–9）。

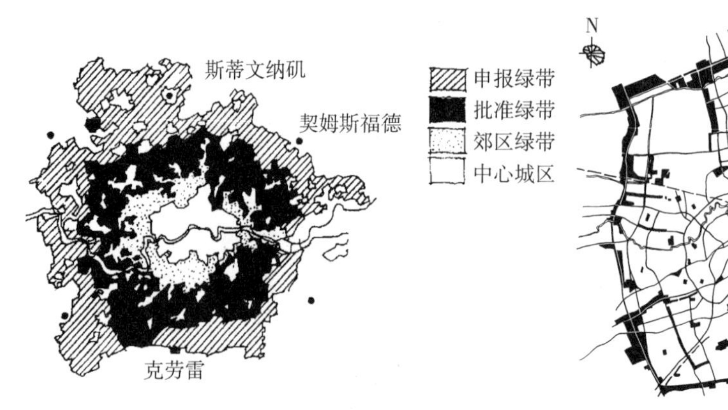

图 2–8　大伦敦区域规划（1944 年）

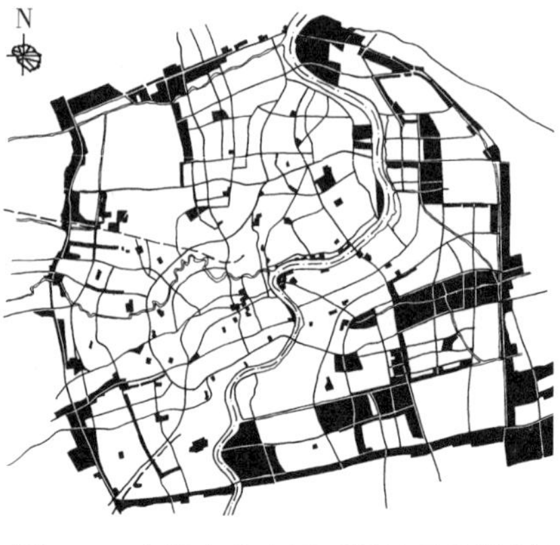

图 2–9　上海市中心城区绿地系统规划（2002 年）

（三）深圳

深圳市依托自然山水条件形成了大气、连绵的城市绿地系统，令人印象深刻（图2-10）。

图 2-10　深圳市绿地系统规划（1992 年）

（四）江门

江门是我国第六批审批通过的“国家园林城市”。江门市城市绿地系统规划呈“三片、六廊、八心”的结构布局（图 2-11）。

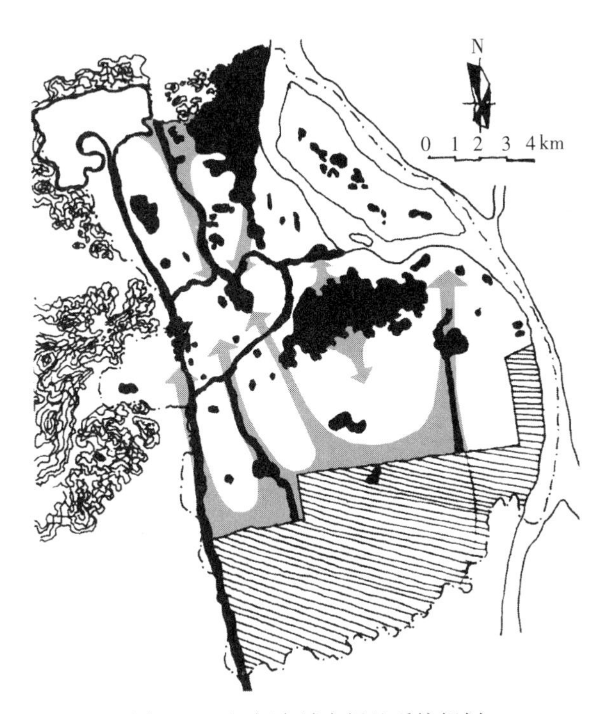

图 2-11　江门市城市绿地系统规划

三、规划布局的原则

城市绿地系统规划布局总的目标是，保持城市生态系统的平衡，满足城市居民的户外游憩需求，满足卫生和安全防护、防灾、城市景观的要求。

（1）城市绿地应均衡分布，比例合理，满足全市居民生活、游憩需要，促进城市旅游发展。

城市公园绿地，包括全市综合性公园、社区公园、各类专类公园、带状公园绿地等，是城市居民户外游憩活动的重要载体，也是促进城市旅游发展的重要因素。城市公园绿地规划以服务半径为基本的规划依据，“点、线、面、环、楔”相结合的形式，将公园绿地和对城市生态、游憩、景观和生物多样性保护等相关的绿地有机整合为一体，形成绿色网络。按照合理的服务半径和城市生态环境改善，均匀分布各级城市公园绿地，满足城市居民生活休息所需；结合城市道路和水系规划，形成带状绿地，把各类绿地联系起来，相互衔接，组成城市绿色网络。

（2）指标先进。城市绿地规划指标制定近、中、远三期规划指标，并确定各类绿地的合理指标，有效指导规划建设。

（3）结合当地特色，因地制宜。

应从实际出发，充分利用城市自然山水地貌特征，发挥自然环境条件优势，深入挖掘城市历史文化内涵，对城市各类绿地的选择、布置方式、面积大小、规划指标进行合理规划。

（4）远近结合，合理引导城市绿化建设。

考虑城市建设规模和发展规模，合理制定分期建设目标，确保在城市发展过程中，能保持一定水平的绿地规模，使各类绿地的发展速度不低于城市发展的要求。在安排各期规划目标和重点项目时，应依城市绿地自身发展规律与特点而定。近期规划应提出规划目标与重点，具体建设项目、规模和投资估算。

（5）分割城市组团。

城市绿地系统的规划布局应与城市组团的规划布局相结合。理论上每 25~50km^2，宜设 600~1000m 宽的组团分割带。组团分割带尽量与城市自然地和生态敏感区的保护相结合。

第七节　城市绿地分类规划

一、公园绿地（G1）

根据《城市绿地分类标准》CJJ/T 85—2002，公园绿地包括综合公园、社区公园、专类公园、带状公园以及街旁绿地。它是城区绿地系统的主要组成部分，对城市生态环境、市民生活质量、城市景观等具有无可替代的积极作用。《城市用地分类与规划建设用地标准》GB 50137—2011 要求人均公园绿地面积不应小于 8.0m^2/ 人。

1. 综合公园（G11）和社区公园（G12）

各类综合公园绿地内容丰富，有相应的设施。社区公园为一定居住用地内的居民服务，具有一定的户外游憩功能和相应的设施。二者所形成的整体应相对地均匀分布，合理布局，满足城市居民的生活、户外活动所需，居民利用的公平性和可达性成为评价公园绿地布局是否合理的重要内容，见表 2-10。

公园绿地服务半径覆盖率是国家园林城市的重要评价指标。根据我国《国家园林城市标准》（建城［2010］125 号），5000m^2 及以上公园绿地、服务半径 500m 的覆盖

城市综合公园和社区公园的合理服务半径　　表 2-10

公园类型	面积规模	规划服务半径（m）	居民步行来园所耗时间（min）
市级综合公园	≥ $20hm^2$	—	—
区级综合公园	≥ $10hm^2$	1000~2000	15~20
专类公园	≥ $5hm^2$	—	—
儿童公园	≥ $2hm^2$	—	—
居住区公园	≥ $1hm^2$	500~1000	8~10
小游园	≥ $0.4hm^2$	300~500	5~8

率应至少在 70% 及以上；在历史文化街区范围内，公园绿地在 $1000m^2$ 及以上、服务半径在 300m 的覆盖率也应至少在 70% 及以上。

综合性公园一般应能满足市民半天以上的游憩活动，要求公园设施完备、规模较大，公园内常设有茶室、餐馆、游艺室、溜冰场、露天剧场、儿童乐园等。全园应有较明确的功能分区，如文化娱乐区、体育活动区、儿童游戏区、安静休息区、动植物展览区、管理区等。用地选择要求服务半径适宜，土壤条件适宜，环境条件适宜，工程条件适宜（水文水利、地质地貌）。如深圳特区选择原有河道通过扩建形成荔枝公园。

2. 专类公园（G13）

除了综合性城市公园外，有条件的城市一般还设有多个专类公园，如儿童公园、植物园、动物园、科学公园、体育公园、文化与历史公园等。

儿童公园的服务对象主要是少年儿童及携带儿童的成年人，用地一般在 $5hm^2$ 左右，常与少年宫结合。公园内容应能启发心智技能、锻炼体能、培养勇敢独立精神，同时要充分考虑到少年儿童活动的安全。可根据不同年龄特点，分别设立学龄前儿童活动区、学龄儿童活动区和少年儿童活动区等。

植物园是以植物为中心的，按植物科学和游憩要求所形成的大型专类公园。它通常也是城市园林绿化的示范基地、科普基地、引种驯化和物种移地保护基地，常包括有多种植物群落样方、植物展馆、植物栽培实验室、温室等。植物园一般远离居住区，但要尽可能设在交通方便、地形多变、土壤水文条件适宜、无城市污染的下风下游地区，以利各种生态习性的植物生长。

动物园具有科普功能、教育娱乐功能，同时也是研究我国以及世界各种类型动物生态习性的基地、重要的物种移地保护基地。动物园在大城市中一般独立设置，中小城市常附设在综合性公园中。由于动物种类收集难度大，饲养与研究成本高，必须量力而行、突出种类特色与研究重点。动物园的用地选择应远离有噪声、大气污染、废弃物污染的地区，远离居住用地和公共设施用地，便于为不同生态环境（森林、草原、沙漠、淡水、海水等）、不同地带（热带、寒带、温带）的动物生存创造适宜条件，与周围用地应保持必要的防护距离。

体育公园是一种既符合一定技术标准的体育运动设施，又能供市民进行各类体育运动竞技和健身，还能提供良好的游憩环境的特殊公园，面积 15~$75hm^2$。体育公园内可有运动场、体育馆、游泳池、溜冰场、射击场、跳伞塔、摩托车场、骑术车技活动场及水上活动等。体育公园选址应重视大容量的道路与交通条件。

3. 带状公园（G14）

以绿化为主的可供市民游憩的狭长形绿地，常常沿城市道路、城墙、滨河、湖、海岸设置，对缓解交通造成的环境压力、改善城市面貌、改善生态环境具有显著的作用。带状公园的宽度一般不小于 8m。

4. 街旁绿地（G15）

街旁绿地位于城市道路用地之外，相对独立成片的绿地。在历史保护区、旧城改建区，街旁绿地面积要求不小于 1000m^2，绿化占地比例不小于 65%。街旁绿地在历史城市、特大城市中分布最广，利用率最高。近年来，上海、天津在中心城区内建设这类绿地较多，受到市民的普遍欢迎。

二、防护绿地（G2）

防护绿地（G2）的主要特征是对自然灾害或城市公害具有一定的防护功能，不宜兼作公园使用。其功能主要体现为：①防风固沙、降低风速并减少强风对城市的侵袭；②降低大气中的 CO_2、SO_2 等有害、有毒气体的含量，减少温室效应，降温保温，增加空气湿度，发挥生态效益；③城市防护绿地有降低噪声、净化水体、净化土壤、杀灭细菌、保护农田用地等作用；④控制城市的无序发展，改善城市环境卫生和城市景观建设。具体来看，不同的防护林建设各有其特点。

1. 卫生隔离带

卫生隔离带用于阻隔有害气体、气味、噪声等不良因素对其他城市用地的骚扰，通常介于工厂、污水处理厂、垃圾处理站、殡葬场地等与居住区之间。

2. 道路防护绿带

道路防护绿地是以对道路防风沙、防水土流失、及以农田防护为辅的防护体系，是构筑城市网络化生态绿地空间的重要框架。同时，改善道路两侧景观。不同的道路防护绿地，因使用对象的差异，防护林带的结构有所差异。如城市间的主要交通枢纽，车速在 80~120km/h 或更高时，防护林可与农用地结合，起到防风防沙的作用，同时形成大尺度的景观效果。城市干道的防风林，车速在 40~80km/h 之间，车流较大，防风林以复合性的结构有效降低城市噪声、汽车尾气、减少眩光确保行车安全为主，又形成了可近观、远观的道路景观。此外，铁路防护林建设以防风、防沙、防雪、保护路基等为主，有减少对城市的噪声污染、减少垃圾污染等作用，并利于行车安全。铁路防护林应与两侧的农田防护林相结合，形成整体的铁路防护林体系，发挥林带的防护作用。

3. 城市高压走廊绿带

城市高压走廊一般与城市道路、河流、对外交通防护绿地平行布置，形成相对集中、对城市用地和景观干扰较小的高压走廊，一般不斜穿、横穿地块。高压走廊绿带是结合城市高压走廊线规划的，根据两侧情况设置一定宽度的防护绿地，以减少高压线对城市的不利影响，如安全、景观等方面，特别是对于那些沿城市主要景观道路、主要景观河道和城市中心区、风景名胜区、文物保护范围等区域内的供电线路，在改造和新建时不能采用地下电缆敷设时，宜设置一定的防护绿带。

4. 防风林带

防风林带主要用于保护城市免受风沙侵袭，或者免受6m/s以上的经常强风、台风的袭击。城市防风林带一般与主导风向垂直，如北京、开封于西北部设置的城市防风林带。

三、广场用地（G3）

根据国家标准《城市用地分类与规划建设用地标准》GB 50137—2011，广场用地是指以硬质铺装为主的城市公共活动场地，交通用途的广场归入“综合交通枢纽用地”之中。随着城市经济社会的发展，广场正日益成为市民户外游憩、文体健身、社区交往、休闲商务等日常性公共活动的空间。

广场用地的面积按住建部建规［2004］29号文件的要求，小城市和镇不得超过1hm^2，中等城市不得超过2hm^2，大城市不得超过3hm^2，人口规模在200万以上的特大城市不得超过5hm^2。广场的空间布局和规划建设应遵循均利、以人为本和绿色原则，并与城市防灾工程、公交站点、公共停车设施等相结合。

四、附属绿地（G4）

根据新的国家标准《城市用地分类与规划建设用地标准》GB 50137—2011，附属绿地由以下绿地所组成。

1. 居住区绿地

居住区绿地属于居住用地的一个组成部分。居住用地中，除去居住建筑用地、居住区内道路广场用地、中小学幼托建筑用地、商业服务公共建筑用地外，就是居住区绿地。它具体包括集中绿化、组团绿地、宅旁绿地、单位专用绿地及道路绿地等。居住区绿地与居民日常的户外游憩、社区交流、健身体育、儿童游戏休戚相关，与居住区的生态环境质量、环境美化密切相关。第二次世界大战以后，欧、亚各国在居住区内大力增加绿地比例，如战后伦敦议会决定建造的13个居住小区，绿地指标由0.2hm^2/千人猛增到1.4hm^2/千人。

2. 公共管理与公共服务绿地

指公共管理设施、公共服务设施用地范围内的绿地。包括行政办公、文化设施、科研教育、体育、医疗卫生、社会福利、文物古迹、外事、宗教设施用地内的附属绿地。

3. 商业服务业设施绿地

指商业服务业设施用地范围内的绿地。包括：商业设施、商务设施、娱乐康体设施、公用设施营业网点等用地内的附属绿地。

4. 工业绿地

工业绿地是指工业用地内的绿地。工业用地在城市中占有十分重要的地位，一般城市约占到15%~30%，工业城市还会更多。工业绿化与城市绿化有共同之处，同时还有很多固有的特点。由于工业生产类型众多，生产工艺不相一致，不同的要求给工厂的绿化提出了不同的限制条件。

工业绿地应注意发挥绿化的生态效益以改善工厂环境质量，如吸收二氧化碳、有害气体、放射性物质，吸滞粉尘和烟尘，降低噪声，调节和改善工厂小环境。如上海宝钢，它是我国大型钢铁企业环保型生态园林建设的典范，以生态园林为指导，以提高绿化生态目标和绿化效益质量为目的，根据生产情况和环境污染情况，选用了360多种具有较强吸收有害气体或吸附粉尘能力较强的植物，并发展立体化绿化方式，取得了巨大的生态效益和社会效益。

工业绿地应从树立企业品牌的角度，治理脏、乱、差的环境，树立绿色的、环保的现代工业形象。

5. 物流仓储绿地

城市物流仓储用地范围内的绿地，包括一类物流仓储、二类物流仓储、三类物流仓储用地。

6. 交通设施绿地

包括城市道路、轨道交通线路、综合交通枢纽、交通场站用地范围内的绿地。

城市道路的附属绿地不包括居住用地和工业用地等内部配建的道路用地。城市道路绿地在道路红线范围以内，包括道路绿带（行道树绿带、分车绿带、路侧绿带）、交通岛绿地（中心岛绿地、导向岛绿地、立体交叉绿岛）。不包括居住区级道路以下道路范围内的绿地。城市道路绿地按《城市道路绿化规划与设计规范》CJJ 75—97 规定：园林景观路的绿地率不得小于 40%；红线宽度大于 50m 的道路绿地率不得小于 30%；红线宽度在 40~50m 的道路绿地率不得小于 25%；红线宽度小于 40m 的道路绿地率不得小于 20%。道路绿地在城市中将各类绿地连成绿网，能改善城市生态环境、缓解热辐射、减轻交通噪声与尾气污染、确保交通安全与效率、美化城市风貌。

此外，交通设施绿地还包括：轨道交通地面以上部分的线路用地，铁路客货运站、公路长途客货运站、港口客运码头用地，公共汽车、出租汽车、轨道交通（地面部分）车辆段、地面站、首末站、停车场（库）、保养场，公共使用的停车场库、教练场等用地范围内的绿地。

7. 公用设施绿地

公用设施绿地是指供应设施用地、环境设施用地、安全设施用地等范围内的绿地。包括供水、供电、供气、供热、邮政、广播电视通信、排水、环卫、环保、消防、防洪等设施用地内的附属绿地。

五、其他绿地（G5）

其他绿地（G5）是指城市建设用地以外，但对城市生态环境质量、居民休闲生活、城市景观和生物多样性保护有显著影响的绿地。包括风景名胜区、水源保护区、郊野公园、森林公园、自然保护区、风景林地、城市绿化隔离带、野生动植物园、湿地、垃圾填埋场恢复绿地等。

1. 风景名胜区

也称风景区，是指风景资源集中、环境优美，具有一定规模和游览条件，可供人们游览欣赏、休憩娱乐或进行科学文化活动的地域。我国风景名胜区体系由市县级、省级、国家重点风景名胜区组成，是不可再生的自然和文化遗产。

2. 水源保护区

水源涵养林建设不仅可以固土护堤，涵养水源，改善水文状况，而且可以利用涵养林带，控制污染或有害物质进入水体，保护市民饮用水水源。一般水源涵养林可划分为核心林带、缓冲林带和延绵林带三个层面。核心林带为生态重点区，以建设生态林、景观林为主；缓冲林带为生态敏感区，可纳入农业结构调整范畴；延绵林带为生态保护区，以生态林、景观林为主，可结合种植业结构调整。

涵养林树种应选择树形高大、枝叶繁茂、树冠稠密、落叶量大、根系发达的乡土树种，以利于截留降水、缓和地表径流和增强土壤蓄水能力。同时，要求选择的树种寿命较长，具有中性偏阳的习性，这样就可形成比较稳定的森林群落，维持较长期的涵养水源效益。为了增强涵养水源的效能，水源涵养林要营造成为多树种组成、多层次结构的常绿阔叶林群落。在营林措施上，只需配置两层乔木树种，待上层覆盖建成后，林下的灌木层和草本层就会自然出现，从而形成多种类、多层次的森林群落。

3. 自然保护区

自然保护区是指对有代表性的自然生态系统、珍稀濒危野生动植物物种的天然集中分布区、有特殊意义的自然遗迹等保护对象所在的陆地、陆地水体或者海域，依法划出一定面积予以特殊保护和管理的区域。

4. 湿地

湿地是生物多样性丰富的生态系统，在抵御洪水、调节径流、控制污染、改善气候、美化环境等方面起着重要作用，它既是天然蓄水库，又是众多野生动物，特别是珍稀水禽的繁殖和越冬地，它还可以给人类提供水和食物，与人类生存息息相关，被称为“生命的摇篮”、“地球之肾”和“鸟的乐园”。凡符合下列任一标准的湿地须严格保护。

（1）一个生物地理区湿地类型的典型代表或特有类型湿地。

（2）面积不小于10000hm^{2}的单块湿地或多块湿地复合体并具有重要生态学或水文学作用的湿地系统。

（3）具有濒危或渐危保护物种的湿地。

（4）具有中国特有植物或动物种分布的湿地。

（5）20000只以上水鸟度过其生活史重要阶段的湿地，或者一种或一亚种水鸟总数的1%终生或生活史的某一阶段栖息的湿地。

（6）它是动物生活史特殊阶段赖以生存的生境。

（7）具有显著的历史或文化意义的湿地。

第八节　城市树种规划

一、我国城市（园林）植物区划及其主要特征

植被区划，或称植被分区，是根据植被空间分布及其组合，结合它们的形成因素而划分的不同地域，它着重于植被空间分布的规律性，强调地域分异性原则。植被区划可以显示植被类型的形成与一定环境条件互为因果的规律。我国植被区划划分为8大植被区域（包括16个植被亚区域）、18个植被地带（8个植被亚地带）和85个植被区，而城市园林植物区划在植被区划的基础之上结合主要城市分布情况，划分为11个大区。

Ⅰ区：植被区划属于寒温带针叶林区，是欧亚大陆北方针叶林的最南端，属于东西伯利亚的南部落叶针叶林沿山地向南的延续部分。本区域地带性植被为兴安落叶松林，有明显的垂直分带现象，地带性植被群落有杜鹃－兴安落叶松林、樟子松林、藓类－兴安落叶松林、偃松矮曲林等，区域代表城市为漠河和黑河。

Ⅱ区：植被区划属于温带针阔叶混交林区，是“长白植物区系”的中心部分。本区域地带性植被为温带针阔叶混交林，最主要特征是以红松为主构成的针阔叶混交林，还有沙冷杉、紫杉、朝鲜崖柏、落叶松、冷杉、云杉；同时生长一些大型阔叶乔木，如紫椴、风桦、水曲柳、花曲柳、黄檗、糠椴、千金榆、核桃楸、春榆及多种槭树等；林下层生长有毛榛、刺五加、暴马丁香；藤本植物有软枣猕猴桃、狗枣猕猴桃、葛枣猕猴桃、山葡萄、北五味子、刺苞南蛇藤、木通马兜铃及红藤子等。本区域植被随海拔高度的变化有较明显的垂直分布带，区域代表城市如哈尔滨。

Ⅲ区、Ⅳ区:植被区划属于暖温带落叶阔叶林区。在整个区系中，以菊科、禾本科、豆科和蔷薇科种类最多;其次是百合科、莎草科、伞形科、毛茛科、十字花科及石竹科。组成本区域植被的建群种颇为丰富，森林植被以松科的松属和壳斗科的栎属为主；此外，还有桦木科、杨柳科、榆科、槭树科等落叶阔叶林。其中，Ⅲ区为北部暖温带落叶阔叶林区，区域代表城市为沈阳、大连、太原、石家庄、秦皇岛、济南等；Ⅳ区为南部暖温带落叶阔叶林区，区域代表城市为青岛、烟台、郑州、洛阳、西安、徐州等。

Ⅴ区、Ⅵ区及Ⅶ区：植被区划属于亚热带常绿阔叶林区。本区域是我国植物资源最丰富的地带，是亚洲东部“温带－亚热带植物区系”的主要集散地和许多东亚植物的发源地。地带性典型植被为亚热带常绿阔叶林，壳斗科中的常绿种类、樟科、山茶科和竹亚科的植物，是其植被的重要组成成分。其中：

a. 东部（湿润）常绿阔叶林亚区域。地带性植被以亚热带常绿阔叶林为主，北部为常绿、落叶阔叶混交林，南部为季风常绿阔叶林。其中，常绿阔叶林乔木层以栲属、青冈属、石栎属、润楠属、木荷属为优势种或建群种，次为樟树、山茶科、金缕梅科、木兰科、杜英科、冬青科、山矾科等，灌木层以柃木属、红淡属、冬青属、杜鹃属、乌饭树属、紫金牛属、黄楠、乌药、黄栀子、粗叶木、箭竹、箬竹、小檗科、蔷薇科，草本层以蕨类、莎草科、姜科、禾本科为主；常绿、落叶阔叶混交林的乔木层主要由青冈属、润楠属的常绿种和栎属、水青冈属的落叶种为优势种，灌木层主要由柃木属、山矾属、杜鹃属组成，草本层常见的有苔草属、淡竹叶、沿阶草和狗脊等；季风常绿阔叶林乔木层以栲属、青冈属、厚壳桂属、琼楠属、润楠属、樟属、石栎属为优势种，次为桃金娘科、桑科、山茶科、木兰科、大戟科、金缕梅科、梧桐科、杜英科、蝶形花科、苏木科、紫金牛科、棕榈科，灌木层以茜草科、紫金牛科、野牡丹科、番荔枝科、棕榈科、箬竹、蕨类为主，灌木层有树蕨，层外植物较为发达，附生植物较丰富。本区系包括了北亚热带阔叶混交林区（Ⅴ区）、中亚热带阔叶林区（Ⅵ区主要地区）及南亚热带常绿阔叶林区（Ⅶ区主要地区），代表性城市分别为南京、无锡、合肥、襄樊；上海、武汉、南昌、株洲、成都、贵阳；广州、厦门、福州、台北等。

b. 西部（半湿润）常绿阔叶林亚区域。该区域地带性植被以壳斗科的常绿树种为主组成常绿阔叶林。再向南部低海拔地区延伸，青冈属逐渐消失，代以栲属中一些喜暖的树种；向北分布还是青冈属的树种占优势，与石栎属共同组成森林上层。本区系包括中亚热带阔叶林区（Ⅵ区西部）及南亚热带常绿阔叶林区（Ⅶ区西部），代表性城市主要为昆明、大理。

Ⅷ区：植被区划属于热带季雨林、雨林区。本区以热带植被类型为主，山地具有垂直植被类型，随海拔的升高而逐渐向亚热带性质和温带性质的类型过渡。地带性典型植被为热带半常绿季雨林，主要组成种类有重阳木、肥牛树、核果木、黄桐、蚬木、海南椴、细子龙、山楝、割舌树、米杨噎、白颜树、朴、酸枣、南酸枣、岭南酸枣、油楠、铁力木、厚壳桂、琼楠、苹婆、紫荆木，下层主要有茜草科、芸香科、紫金牛科、柿树科、苏木科、番荔枝科、樟科、大戟科、核桃金娘科等，落叶类的主要有木棉、厚皮科、槟榔青、合欢、火把花、猫尾木、千张纸、菜豆树、榄仁树、楝、麻楝、割舌树、五桠果、白头树、鹧鸪麻、火绳树、紫薇、八角枫等。此外，棕榈科和丛生型竹类、仙人掌科植物在植被的各种群落类型中占有重要地位，是其特点之一。代表性城市主要为海口、深圳、珠海、澳门、香港、南宁等。

Ⅸ区：植被区划属于温带草原区。本区域是欧亚草原的重要组成部分，植物种类相当贫乏，单属科、单种属及少种属所占比例高。在草原区植物中，菊科、禾本科、蔷薇科、豆科种数最多，再次为毛茛科、莎草科、百合科、藜科、十字花科、唇形科、玄参科、石竹科、伞形科、龙胆科、杨柳科、忍冬科等均有分布。本区一些重要的属大部分是北温带分布的，如针茅属、冰草属、蒿属、葱属、鸢尾属、拂子茅属、松属、栎属、桦属、杨属等。代表性城市主要有兰州、满洲里、齐齐哈尔、大庆、银川、锡兰浩特等。

Ⅹ区：植被区划属于温带荒漠区。本区域植物区系与植被向着强度旱生的荒漠类型发展，种类组成趋于贫乏，多单属科、单种属与寡种属，重要的科有菊科、禾本科、蝶形花科、十字花科、藜科、蔷薇科、毛茛科、唇形科、莎草科、玄参科、百合科、石竹科、伞形科、蓼科、紫草科等，木本植物和裸子植物较少，但半木本（半灌木）种类占较大比例，是荒漠地区特有的现象。代表性城市主要有乌鲁木齐、克拉玛依、嘉峪关、库尔勒等。

Ⅺ区：植被区划属于青藏高原高寒植被区。青藏高原由东南往西北，随地势逐渐升高，地貌显著不同，其后由冷到暖、湿到干，依次分布常绿阔叶林、寒温针叶林—高寒灌丛、高寒草甸—高寒草原—高寒荒漠，植被区系成分有显著的地区差异。代表性城市为拉萨、日喀则。

城市园林植物的选择应根据当地的植被区系特点，结合城市所在地的特殊气候、土壤、绿化建设情况、经济基础和地域文化特征，通过一定的实验、管理和观测总结，逐步建立起有地方特色的城市人工生态系统。

二、树种选择原则

合理选择树种利于城市的自然再生产、城市生物多样性的保护、城市特色的塑造以及城市绿化的养护管理。城市绿化树种选择应遵循以下原则。

1. 尊重自然规律，以地带性植物树种为主

城市绿化树种选择应借鉴地带性植物群落的组成、结构特征和演替规律，顺应自然规律，选择对当地土壤和气候条件适应性强、有地方特色的植物作为城市绿化的主体，利用生物修复技术，构建多层次、功能多样性的植物群落，提高绿地稳定性和抗逆性。同时，可考虑选用一部分多年驯化的外来引进树种。

2. 选择抗性强的树种

所谓抗性强是指对城市环境中工业设施、交通工具排出的“三废”，对酸、碱、旱、涝、沙性及坚硬土壤、气候、病虫等不利因素适应性强的植物品种。

3. 既有观赏价值又有经济效益

城市绿化要求发挥绿地生态功能的同时，还要扩大观叶、观花、观形、观果、遮荫等树种的应用，发挥城市绿化的观赏、游憩价值乃至经济价值和健康保健价值。

4. 速生树种与慢生树种相结合

植物生长需要一定的成形期，为减少城市绿化的成形时间和维持较长的观赏期，应充分利用速生树与慢生树的混合种植。速生树种（如悬铃木、泡桐、杨树等）成形时间较短，容易成荫，但寿命较短，影响城市绿地的质量与景观。慢生树种早期生长较慢，绿化成荫较迟，但树龄寿命长，树木价值也高。所以，城市绿化的主要树种选择必须注意速生树种和慢生树种的更替衔接问题，分期分批逐步过渡。

5. 城市绿化应保护和培育生物多样性

保护生物多样性是我国签署国际公约、向世界作出的承诺。根据生态学原理，它有利于城市系统的整体稳定性。城市绿化应保护地方物种；丰富物种、品种资源，改善物种多样性的整体效能；注意乔、灌、藤、草本植物的综合利用，形成疏密有致、高低错落、季相变化丰富的城市人工植物群落。

我国的城市绿化资源丰富，在城市绿化树的选用中应依据其分类、经济价值、观赏特性及生长习性，适地适树，科学选用与合理配置自然植物群落。

三、树种规划的技术经济指标

1. 树种规划的基本方法

（1）调查。对地带性和外来引进驯化的树种，以及它们的生态习性、对环境的适应性、对有害污染物的抗性进行调查。调查中要注意不同立地条件下植物的生长情况，如城市不同小气候区、各种土壤条件的适应，以及污染源附近不同距离内的生长情况。

（2）骨干树种的选择。确定城市绿化中的基调树种、骨干树种和一般树种。

（3）根据“适地适树”原理，合理选择各类绿地绿化树种。

（4）制定主要的技术经济指标。

2. 主要技术经济指标的确定

合理确定城市绿化树种的比例，根据各类绿地的性质和要求，主要安排好以下几方面的比例。

（1）裸子植物与被子植物的比例。如在上海植物群落结构中，常绿针叶、落叶针叶、落叶针阔混交林分别占 6.49%、5.84%、2.60%。

（2）常绿树种与落叶树种的比例。有关资料显示：一般南方城市公园的常绿树比例较高，约为 60%以上（50% ~70%），中原地区为 5 ∶ 5，北方地区的比例略低些，4 ∶ 6 为好。对上海城市园林植物群落生态结构的研究发现，常绿阔叶、落叶阔叶、常绿落叶阔叶混交林的比例分别为 24.03%、17.53%、14.29%，即阔叶树占 55.85%；在新建住区中，落叶乔木和常绿乔木的比例一般要求 1 ∶（1~2）。

（3）乔木与灌木的比例。城市绿化建设应提倡以乔木为主，通常乔灌比以 7 ∶ 3 左右较好；在上海，乔灌比约为 1 ∶（3~6），草坪面积不高于总面积的 30%。

（4）木本植物与草本植物的比例。

（5）乡土树种与外来树种的比例。有关研究指出：北京的速生树与慢长树之比，旧城区为4 ∶ 6，新建区为5 ∶ 5。

（6）速生与中生和慢生树种的比例。

第九节　生物多样性与古树名木保护

生物多样性（Biodiversity 或 Biological diversity）是指所有来源的活的生物体中的变异性，这些来源除包括陆地、海洋和其他水生生态系统及其所构成的生态综合体外，还包括物种内、物种之间和生态系统的多样性，也可以指地球上所有的生物体及其所构成的综合体。

生物多样性由三个层次组成：即遗传多样性、物种多样性和生态系统多样性，它是个相当宏观的生态概念。其中，遗传多样性是指统一物种内遗传构成上的差异或变异；物种多样性是指物种富集的程度；生态系统多样性则是指生态系统本身的多样性和生态系统之间的差异性。

生物多样性是人类赖以生存和发展的基础。加强城市生物多样性的保护工作，对于维护生态安全和生态平衡、改善人居环境等具有重要的意义。1992 年 6 月在联合国环境与发展大会上，通过了《生物多样性公约》。我国国务院批准的《中国生物多样性保护行动计划》中指出："建设部主要负责建设和维护城市与风景名胜区的生物多样性保护设施"。此外，建设部在全国开展的园林城市活动中，将"改善城市生态，组成城市良性的气流循环，促使物种多样性趋于丰富"列入评选标准。

当前，我国一些城市对本土化、乡土化的物种的保护和利用不够，城市和城郊的自然生态环境破坏严重，"大草坪"、"大广场"、"大树移植"等不恰当的建设行为导致城市园林绿化植物物种减少、品种单一或大量引进外来物种，严重影响了城市生态环境的质量。因此，在城乡各级建设部门开展和加强生物多样性保护工作具有实际性的意义，应成为其一项重要的部门职能工作。

一、我国的生物多样性特点

我国具有丰富和独特的生物多样性，其特点如下：

1. 物种高度丰富。中国有高等植物 3 万余种，其中裸子植物 15 科约 250 种，是世界上裸子植物最多的国家；脊椎动物 6347 种，占世界总种数的 13.97%。

2. 特有属、种繁多。复杂多样的生境为我国特有属、种的发展和保存创造了条件。在高等植物中特有种最多，约 17300 种，占中国高等植物总种数的 57% 以上；脊椎动物中特有种 667 种，占 10.5%。物种丰富度是生物多样性的一个重要标志，但同时，特有性反映一个地区的分类多样性、独特性，在评价生物多样性时应综合考虑物种的丰富度和特有性。

3. 区系起源古老。由于中生代末中国大部分地区已上升为陆地，第四纪冰期又未遭受大陆冰川的影响，许多地区都不同程度地保留了白垩纪、第三纪的古老残遗部分。如，松杉类世界现存 7 个科中，中国有 6 个科；被子植物中有许多古老的科属，如木兰科的鹅掌楸、木兰、木莲、含笑，金缕梅科的蕈树、假蚊母树、马蹄荷、红花荷，山茶科，樟科，八角茴香科，五味子科，腊梅科，昆栏树科，水青树科及伯乐树科等。动物中大熊猫、白鳍豚、扬子鳄等都是古老孑遗物种。

4. 栽培植物、家养动物及其野生亲缘的种质资源异常丰富。中国 7000 年以上的农业开垦历史，使得在栽培植物和家养动物方面的丰富程度是世界上独一无二的。中国是水稻和大豆的原产地，品种分别达 5 万和 2 万之多；在药用植物方面有 11000 多种，牧草 4215 种，原产于中国的重要观赏花卉超过 30 属 2238 种；中国是世界上家养动物品种和类群最丰富的国家，共有 1938 种品种和类群。

5. 生态系统丰富多彩。中国具有地球陆生生态系统的各种类型，如森林、灌丛、草原和稀疏草原、草甸、荒漠、高山冰原等，由于气候和土壤条件不同，又分各种亚类型 599 种。海洋和淡水生态系统类型也很齐全，但目前尚无确切的统计数据。

6. 空间格局繁复多样。中国地域辽阔，地势起伏多山，气候复杂多变。从北到南，气候跨寒温带、温带、暖温带、亚热带和北热带，生物群域包括寒温带针叶林、温带针阔叶混交林、暖温带落叶阔叶林、亚热带常绿阔叶林、热带季风雨林。从东到西，在北方，针阔叶混交林和落叶阔叶林向西依次更替为草甸草原、典型草原、荒漠草原、草原化荒漠、典型荒漠和极旱荒漠；在南方，东部亚热带常绿阔叶林和西部亚热带常绿阔叶林发生不同属不同种的物种替代。此外，纵横交错、高低各异的山地形成了极其繁杂多样的生境。这些决定了我国生物多样性空间格局的繁复多样性。

尽管我国幅员辽阔，横跨寒带至热带多个气候带，具有丰富的生物多样性资源。但是，土壤流失、大面积森林的采伐、林火和垦殖农作、草地过度放牧和垦殖、荒漠化、生物资源的不正确或过分利用、工业化和城市化发展的负面影响、外来物种大量的引进和侵入，以及无控制的旅游影响等成为威胁我国生物多样性的主要原因。

城市是经济、政治和人民精神生活的中心，是人口密集，工商、交通、文教事业发达，人类活动频繁的地方。城市地区，除在一些特殊的自然保护区里还能保持较为原始的生物多样性以外，大部分的城镇建成区以人工生态环境为主。我国的城市生物多样性体现出以下一些特征。

（1）绿化木本植物丰富多彩。据我国 37 个城市的调查，应用的城市园林木本植物达 5000 多种。

（2）城市中的动、植物园为生物多样性保护作出了重要贡献。动、植物园是珍稀、濒危物种的迁地保护的重要基地，40 多年的大量工作对中国生物多样性保护作出了重要贡献。

（3）野生动植物种类少。

（4）外来物种（主要指植物）成分增加。

（5）由于对城市生物多样性保护的理解和重视不够，产生了不少问题。

（6）概念上曲解带来的问题。生物多样性保护是综合的生态概念，而不仅仅是指一个地区（域）的植物物种的数量。不正确的理解在实践中十分普遍。

（7）工作中的衔接问题。引种筛选物种（植物）需要花费大量的人力、物力，由于工作衔接中出现的问题，一些引种成功的物种推广应用跟不上要求。

（8）城市绿地设计和管理的不足。在城市绿地设计和管理中，由于对植物生态性缺乏了解，片面追求设计，忽视对当地特有生态系统和原生动、植物的保护；不恰当地引进大量的外来物种、过多地使用农药等现象，给城市环境带来了一系列的生态问题。

二、生物多样性保护与建设的目标与指标

城市绿地系统规划应加强生物多样性保护，促进本地区生物多样性趋向丰富。原建设部在《城市绿地系统规划编制纲要（试行）》中指出：在城市绿地系统规划编制中制订生物多样性保护计划。保护计划制订应包括以下内容。

1. 对城市规划区内的生物多样性物种资源保护和利用进行调查，组织和编制《生物多样性保护规划》，协调生物多样性规划与城市总体规划和其他相关规划之间的关系，并制订实施计划。

2. 合理规划布局城市绿地系统，建立城市生态绿色网络，疏通瓶颈、完善生境；加强城市自然植物群落和生态群落的保护，划定生态敏感区和景观保护区，划定绿线，严格保护以永续利用。

3. 构筑地域植被特征的城市生物多样性格局，加强地带性植物的保护与可持续利用，保护地带性生态系统。

4. 在城区和郊区合理划定保护区，保护城市的生物多样性和景观的多样性。

5. 对引进物种负面影响的预防。一些外来引进物种侵害性极强，可能引起其他植物难有栖息之地，导致一些本地物种的减少，甚至导致灭种。

6. 划定国家生物多样性保护区。从区域的角度出发，将生物多样性丰富和生态系统多样化的地区、稀有濒危物种自然分布的地区、物种多样性受到严重影响的地区、有独特的多样性生态系统的地区，以及跨地区生物多样性重点地区等列入生物多样性保护区。

生物多样性是在不同地理的自然条件中，不同生物物种彼此聚集生存，相互依赖、相互促进、相互制约的生态系统。对于生物多样性是否存在量化标准，有学者提出长江流域以南的100万以上人口的大城市，在城市人工生态系统中应至少具有1000个以上的植物种，以植物多样性带来生物多样性（施奠东、应求是，2004）；也有学者认为不同的地区其生物多样性是不一样的，数量也不同，不能以量化指标来衡量，而应该强调物种间的长期稳定性（董保华，2004）。2001年通过的《上海市新建住宅环境绿化建设导则》中，对新建住宅环境绿化中的植物种类作出了以下规定：绿地面积小于3000m^2的，种类不低于40种；绿地面积在3000~10000m^2的，种类不低于60种；绿地面积在10000~20000m^2的，种类不低于80种；绿地面积在20000m^2的，种类不低于100种。

三、保护的层次

生物多样性保护包括三个层次：生态系统多样性、物种多样性和基因多样性。此外，景观多样性也应纳入保护层面考虑。

1. 生态系统多样性保护

我国生态系统类自然保护区由5种类型组成，即森林生态系统、草原与草甸生态系统、荒漠生态系统、内陆湿地与水域生态系统和海洋与海岸生态系统。1993年年底，全国已建各种以自然生态系统为主要保护对象的自然保护区433个，占自然保护区总数和总面积的56.7%和71.1%。

风景名胜区和森林公园也是生态系统保护的重要措施。近年来，森林公园建设发展迅速，客观上保护了大批森林生态系统。在城市中如何展开生态系统多样性保护，

该课题正在探索之中。

2. 物种多样性保护

物种多样性保护主要有就地保护和迁地保护两种方式。城市的科技力量集中，可充分依托动物园、动物展区和植物园，进行迁地保护。目前，物种迁地保护存在一定的不足，一是迁地保护偏重于大型动、植物种；二是迁地后繁育的种群尚未得到充分的利用，特别是绝大多数迁地繁育物种尚未实施野化引种试验。

3. 基因多样性保护

也称遗传多样性保护，主要是进行离体保存。

4. 景观多样性保护

我国地域辽阔，丰富多变的自然环境不仅构成了繁复的生物多样性空间格局，同时也形成了多样的自然景观。在绿地建设中，应根据城市环境情况，结合生物多样性保护，建设多样化的城市自然景观。

四、保护措施

1. 按照《生物多样性公约》的定义，就地保护（in situ conservation）是指保护生态系统和自然生境以及在物种的自然环境中维护和恢复其可存活种群，对于驯化和栽培的物种而言，是在发展它们独特性状的环境中维护和恢复其可存活种群。

目前就地保护的最主要方法是在受保护物种分布的地区建设保护区，将有价值的自然生态系统和野生生物及其生态环境保护起来，这样不仅保护受保护物种，同时也保护同域分布的其他物种，保证生态系统的完整，为物种间的协同进化提供空间。

在保护区外对物种实施就地保护，通常都是针对濒危的原因采取具体的保护措施，改善物种的生存条件；在保护区周围地带对濒危动植物种类和生物资源的保护，也是属于保护区外的就地保护。此外，还有一种就地保护就是农田保存，它是对农家品种的重要保护方式。

2. 迁地保护（ex situ conservation）是指生物多样性的组成部分移到它们的自然环境之外进行保护。移地保护主要包括以下几种形式：植物园、动物园、种质圃及试管苗库、超低温库、植物种子库、动物细胞库等各种引种繁殖设施。我国截至 1996 年已建成 41 个动物园和 100 多个植物园及树木园，保存着 600 种脊椎动物和 1.3 万种植物。

在植物的迁地保护中，植物园（或树木园）是主要机构，同时还有田间基因库、种子库、离体保存库等设施进行迁地保护。

在动物迁地保存中，动物园是传统的实施动物迁地保护机构。动物的迁地保护应保证动物的正常生存和繁衍需要，并能够重新适应原来自然生存的环境。因此，开放式的饲养方式取代了传统的笼养方式。同时，尽管离体保存是迁地保护的一种重要手段，但是在动物保护中还没有得到广泛的应用。

微生物的迁地保护中，针对已发现并分离出来的特定微生物以迁地培养储藏方法进行保护是切实可行的。另外，应提倡对自然生境就地保护的同时也保护其中生存的多种微生物。

生物多样性保护是一个系统工程，详细的保护措施可从以下方面入手。

（1）根据国家生物多样性保护纲要（策略）制定本地区的保护纲要，确定具体、有效的行动计划。

（2）正确认识生物多样性的价值，全面评价生物多样性。

（3）开展生物资源生态系统的调查、生态环境及物种变化的监测；建立健全城市绿地系统中生物多样性的调查、分类和编目，建立信息管理系统，以及自然保护区与风景名胜区的自然生态环境和物种资源的保护和观察监测，加强生物多样性的科学研究。

（4）可持续地利用生物资源。

尽量保护城市自然遗留地和自然植被，加强地带性植物生态型和变种的筛选和驯化，构筑具有区域特色和城市个性的绿色景观；同时，慎重引进国外特色物种，重点发展我国的优良品种。

（5）加强就地保护和迁地保护的建设和管理。

恢复和重建遭到破坏或退化的生态系统，选定一批关系全局的项目，投资一些重大生态建设项目，推动全国建设系统的生物多样性保护工作。

（6）健全管理法规，完善管理体系，加强管理部门之间的协调。

（7）建立可靠的财政机制，开展生态旅游开发，开拓多资金保护的渠道来源。

（8）加强专职干部培训和专业人才培养。

（9）扩大科学普及与宣传教育，促进全面深入的生物多样性保护，鼓励公众参与保护。

加强科普教育，发挥城市绿地的能动功能。加大宣传力度，提高公众环境意识，增强公众参与建设和保护的意识是城市绿地的一项重要功能，将公众与自然生态环境之间有机联系起来，为生物多样性的保护和持续利用创造条件。

（10）加强国际交流与合作，进一步用好对外开放的政策大力开展国际合作。

五、珍稀、濒危植物与古树名木保护

1. 珍稀、濒危植物

珍稀、濒危植物（rare & endangered plant）是指与人类的关系更密切、具有重要途径、数量十分稀少或极容易引起直接利用和生态环境的变化而处于受严重威胁（threatenedness）状态的植物（许再富，1998）。

造成植物濒危的原因主要有两大方面：一是外界的因素，即人类活动的干扰破坏；二是植物本身的原因，即濒危植物的生物学特性。人类对森林的乱砍滥伐、毁林开荒，及对植物资源的掠夺式开发利用是造成植物濒危的最主要和直接的原因。一些植物由于自身的生物学特性使其生存竞争力降低而导致濒危状态；一些种类虽能正常开花但成熟种子少、结实率低；还有些则因种子寿命短或休眠期长、发芽率低或幼苗成长率低等因素阻碍其繁殖。此外，由于森林植被受到严重破坏，水土流失严重，持水性差，使许多种类天然更新困难，也造成了植物的濒危。

利用植物园和树木园实施迁地保护，是抢救珍稀、濒危植物的重要措施。

2. 古树名木

古树名木，一般是指在人类历史过程中保存下来的年代久远或具有重要科研、历史、文化价值的树木。古树指树龄在100年以上的树木；名木指在历史上或社会上有重大影响的中外历代名人、领袖人物所植或者具有极其重要的历史、文化价值、纪念意义的树木。我国古树通常分为三种级别：国家一级古树树龄在500年以上，国家二级古树树龄在300~499年，国家三级古树树龄在100~299年。国家级名木不受年龄限制，不分级（《关于开展古树名木普查建档工作的通知》（全绿字［2001］15号））。古树名木是中华民族悠久历史与文化的象征，是绿色文物，活的化石，是自然界和前人留给我们的无价珍宝。在编制古树名木保护规划时，基本的工作步骤如下：

（1）确定调查方案，并对参加调查的工作人员进行技术培训，使其掌握正确的调查方法以统一普查方法和技术标准。

（2）对古树名木进行现场测量调查，并填写调查表内容。应用拍摄工具对树木的全貌和树干进行记录。调查树木的种类、位置、树龄、树高、胸围（地围）、冠幅、生长势、立地条件、权属、管护责任单位或个人、传说记载，并对树木的特殊状况进行描述，包括奇特、怪异性状描述，如树体连生、基部分权、雷击断梢、根干腐等。

（3）收集整理调查资料，进行必要性的信息化技术处理，分析城市古树名木保护的现状，提出保护建议。

（4）组织有关专家对调查结果进行论证，并建立动态的信息化管理。古树名木的现状调查是制订其具体保护措施的重要基础，国家林业局和全国绿化委员会对古树名木的现状调查提出应包括：位置、树龄、树高、立地条件、生长势、权属及树木特殊状况的描述等多方面的情况，扎实做好保护工作的第一步。

第十节　规划实施与管理

城市绿地系统规划的实施管理主要是按照经法定程序编制和批准的绿地系统规划，依据国家和各级政府颁布的城市绿化法规和具体规定，采取行政的、法制的、经济的、科学的管理办法，对城市各类绿地和有关建设活动进行统一的安排和控制，引导和调节城市绿地系统规划的有计划、有秩序、有步骤地实施。

一、城市绿化的相关法律法规

城市绿地系统规划作为法定规划，具有综合性和严肃性，必须“依法规划”、“依法管理”。国家及各级政府颁布的有关法律、法规和规章是绿地系统规划编制和实施管理的依据。

我国城市绿化法规体系主要由全国人大常委会、国务院、住建部等颁布的全国性法律、规章、规范和省、市人大、政府颁布的地方性法律、规章、规范等组成，其中，与城市绿地系统规划、建设、管理直接相关的法律法规如下。

（1）《中华人民共和国城乡规划法》（2008年1月1日起施行）

（2）《中华人民共和国土地管理法》（1998年8月29日起施行）

（3）《中华人民共和国环境保护法》（1989年12月26日起施行）

（4）《中华人民共和国森林法》（1998年4月9日起施行）

（5）《中华人民共和国农业法》（1993年7月2日起施行）

（6）《中华人民共和国野生动物保护法》（1989年3月1日起施行）

（7）国务院：《城市绿化条例》（1992年8月1日起施行）

（8）国务院：《中华人民共和国野生植物保护条例》（1997年1月1日起施行）

（9）国务院：《中华人民共和国自然保护区条例》（1994年12月1日起施行）

（10）国务院：《中华人民共和国森林法实施条例》（2000 年 1 月 29 日起发布施行）

（11）国务院：《中华人民共和国陆生野生动物保护实施条例》（1992 年 3 月 1 日起发布施行）

（12）国务院：《风景名胜区条例》（2006 年 12 月 1 日起施行）

（13）国务院：《关于加强城市绿化建设的通知》（国发［2001］20 号，2001 年 5 月 31 日）

（14）建设部：《城市规划编制办法》（2006 年 4 月 1 日起施行）

（15）建设部：《城市古树名木保护管理办法》（建城［2000］192 号，2000 年 9 月 1 日发布实施）

（16）建设部：《城市绿线管理办法》（2002 年 9 月 9 日发布实施）

（17）建设部：《城市绿地系统规划编制纲要（试行）》（2002 年 12 月 19 日发布实施）

（18）建设部：《国家园林城市标准》（建城［2010］125 号）

（19）建设部：《关于加强城市绿地系统建设提高城市防灾避险能力的意见》（建城［2008］171 号）

（20）国家标准：《城市用地分类与规划建设用地标准》GB 50137—2011

（21）国家标准：《城市居住区规划设计规范》GB 50180—93（1994 年 2 月 1 日起施行）（2002 年版）

（22）国家标准：《风景名胜区规划规范》GB 50298—1999（2000 年 1 月 1 日起施行）

（23）国家标准：《城市绿地设计规范》GB 50402—2007（2007 年 10 月 1 日起施行）

（24）行业标准：《城市绿地分类标准》CJJ/T 85—2002

（25）行业标准：《园林基本术语标准》CJJ/T 91—2002

（26）行业标准：《城市规划制图标准》CJJ/T 97—2003

（27）行业标准：《公园设计规范》CJJ 48—92

（28）行业标准：《城市道路绿化规划与设计规定》CJJ 75—97

（29）行业标准：《森林公园总体设计规范》LY/T 5132—95

此外，省（区）、市人大及其常委会、省（区）、市人民政府及其业务行政主管部门所制定的有关城市绿化的条例、规章、规范，以及经批准的《城市总体规划》、《土地利用总体规划》等规划文本和图则，也是城市绿地系统规划编制和建设管理须遵循的法规依据。

二、城市绿线管理

城市绿线，是指依法规划、建设的城市绿地边界控制线。城市绿线管理的对象是城市规划区内的各类绿地。

1. 城市绿线管理的基本要求

城市绿线由城市政府有关行政主管部门根据城市总体规划、城市绿地系统规划和土地利用规划予以界定，主要包括以下用地类型：

（1）规划和建成的城市公园绿地、防护绿地、广场用地等；

（2）城市规划区内规划和现有具有生态服务或景观游憩功能的、特殊的农林用地、特殊的水域用地或特殊的其他非建设用地，如区域交通设施防护绿地、区域公用设施防护绿地、城市组团隔离带、城郊苗圃、湿地、生态修复地、郊野公园、城郊绿道等；

（3）城市行政辖区范围内的古树名木及其依法规定的保护范围、风景名胜区、自然保护区等。

城市绿线管理应依照国家有关法律法规的要求，结合本地的实际情况进行，基本要求如下：

（1）城市绿线所界定的绿化用地性质，任何单位、个人不得改变。

（2）严禁移植、砍伐、侵占和损坏城市绿线范围内的绿化及其设施。

（3）城市绿线内现有的建筑、构筑物及其设施应有计划地迁出；不得新建与绿化维护管理无关的各类建筑；绿化维护管理的配套设施建设，须经城市绿化行政主管部门和城市规划行政主管部门依法批准。

（4）各类改造、改建、扩建、新建建设项目，不得占用绿地，不得损坏绿化及其设施，不得改变绿化用地性质。行政主管部门不得违法违章办理土地手续、规划许可手续、施工手续、验收手续、经营许可手续。

（5）城市人民政府对城市绿线执行情况每年进行一次检查，检查结果应向上一级城市行政机关和同级人大常务委员会作出报告。

在城市绿线管理范围内，禁止下列行为：

（1）违章侵占城市绿地或擅自改变绿地性质；

（2）乱扔乱倒废物，倾倒、排放污水，堆放杂物；

（3）钉栓刻划树木，攀折花草；

（4）违法违章盖房、建构筑物或搭建临时设施；

（5）挖山钻井取水，拦河截溪，取土采石；

（6）其他有害活动。

在城市绿线内、尚未迁出的房屋，不得出售，房产、房改部门不得办理房产、房改等有关手续。绿线管理范围内各类改造、改建、扩建、新建的建设事项，经城市园林绿化行政主管部门审查后方可开工。

因特殊需要，确需占用城市绿线内的绿地、损坏绿化及其设施、移植和砍伐树木花草或改变其用地性质的，城市人民政府应进行审查、充分征求当地居民和人民团体意见、组织专家进行论证，并向同级人民代表大会常务委员会作出说明。

因规划调整等原因，需要在城市绿线范围内进行树木抚育更新、绿地改造扩建等项目的，应经城市园林绿化行政主管部门审查后，报市人民政府批准。

2. 绿线的划定

城市绿线管理，是建设部根据 2001 年 5 月《国务院关于加强城市绿化工作的通知》（国发［2001］20 号）提出的一项新举措，并于 2002 年 9 月颁布实施了《城市绿线管理办法》，对绿地系统规划编制过程中绿线的划定作出了相关规定。

城市绿线的划定按照规划层次分为总体规划阶段与详细设计阶段两部分。绿地系统规划作为城市总体规划的专项组成部分，在总体规划层面确定城市绿化目标和布局时，应按照规定标准对面积较大的公园绿地、防护绿地和广场用地划定绿线，在1/10000~1/25000的城市总体规划图纸比例上划定，确定其形状、走向和规模。其他面积较小、分布较广的街头绿地，不能划定绿线范围的，需要在规划文本中作出说明；对于居住绿地、道路绿地等，绿线的划定职能是示范性的，具体的规划指标在规划文本中作出说明。

详细规划阶段主要为控制性详细规划。在1/2000的规划图纸比例上对各类绿地划定界线、规定绿地率控制指标和绿地界线的具体坐标。控制性详细规划阶段划定的绿线应注意几方面的问题：一是绿地界线标识的准确性；二是用地的权属；三是用地落实的可操作性。

第十一节　城市绿地系统规划的文件编制

《城市绿地系统规划》的规划成果应包括：规划文本、规划说明书、规划图则和规划基础资料四部分。其中，依法批准的规划文本与规划图则具有同等的法律效力。

一、基础资料

基础资料是编制城市绿地系统规划的基础，一般包括以下方面。

1. 城市概况

（1）自然条件。包括地理位置、地质地貌、气候、土壤、水文、植被与主要动、植物状况。

（2）经济及社会条件。包括经济、社会发展水平、城市发展目标、人口状况、各类用地状况。

（3）环境保护资料。包括城市主要污染源、重污染分布区、污染治理情况与其他环保资料。

（4）城市历史与文化资料。

2. 城市绿化现状

（1）绿地及相关用地资料。包括：现有各类绿地的位置、面积及其景观结构；各类人文景观的位置、面积及可利用程度；主要水系的位置、面积、流量、深度、水质及利用程度。

（2）技术经济指标。包括：绿化指标——人均公园绿地面积、建城区绿化覆盖率、建城区绿地率、人均绿地面积、公园绿地的服务半径、公园绿地和风景林地的日常和节假日的客流量；生产绿地的面积、苗木总量、种类、规格、苗木自给率；古树名木的数量、位置、名称、树龄、生长情况等。

（3）园林植物、动物资料。包括：现有园林植物名录、动物名录；主要植物常见病虫害情况。

3. 管理资料

（1）管理机构。包括机构名称、性质、归口；编制设置；规章制度建设。

（2）人员状况。包括职工总人数（万人职工比）；专业人员配备、工人技术等级情况。

（3）园林科研。

（4）资金与设备。

（5）城市绿地养护与管理情况。

二、规划文本

规划文本具体包括以下方面。

1. 总则

包括规划范围、规划依据、规划指导思想与原则、规划期限与规模等。

2. 规划目标与指标

3. 市域绿地系统规划

4. 城市绿地系统规划结构、布局与分区

5. 城市绿地分类规划

简述各类绿地的规划原则、规划要点和规划指标。

6. 树种规划

规划绿化植物数量与技术经济指标。

7. 生物多样性保护与建设规划

包括规划目标与指标、保护措施与对策。

8. 古树名木保护

古树名木数量、树种和生长状况。

9. 分期建设规划

分近、中、远三期规划，重点阐明近期建设项目、投资与效益估算。

10. 规划实施措施

包括法规性、行政性、技术性、经济性和政策性等措施。

11. 附录

三、规划图则

规划图则用来表述城市绿地系统的结构、布局等空间要素，一般需包括以下方面。

1. 城市区位关系图（1 ： 10000~1 ： 50000）

2. 现状图（1 ： 5000~1 ： 25000）

包括城市综合现状图、建成区现状图和各类绿地现状图以及古树名木和文物古迹分布图等。

3. 城市绿地现状分析图（1 ： 5000~1 ： 25000）

4. 规划总图（1 ： 5000~1 ： 25000）

5. 市域大环境绿化规划图（1 ： 5000~1 ： 25000）

6. 绿地分类规划图（1 ： 2000~1 ： 10000）

7. 近期绿地建设规划图（1 ： 5000~1 ： 25000）

四、规划说明书

在规划说明书中应具体解释以下内容。

1. 概况及现状分析

（1）概况。包括自然条件、社会条件、环境状况和城市基本概况等。

（2）绿地现状与分析。包括各类绿地现状统计分析，城市绿地发展优势与动力，存在的主要问题与制约因素等。

2. 规划总则

（1）规划编制的意义。

（2）规划的依据、期限、范围与规模。

（3）规划的指导思想与原则。

3. 规划目标

（1）规划目标。

（2）规划指标。

4. 市域绿地系统规划

阐明市域绿地系统规划结构与布局和分类的发展规划，构筑以中心城区为核心，覆盖整个市域，城乡一体化的绿地系统。

5. 城市绿地系统规划结构布局与分区

（1）规划结构。

（2）规划布局。

（3）规划分区。

6. 城市绿地分类规划

分述各类绿地的规划原则、规划内容并确定相应的基调树种、骨干树种和一般树种的种类。

7. 树种规划

8. 生物（以植物为重点）多样性保护与建设规划

9. 古树名木保护

10. 分期建设规划

城市绿地系统规划按近、中、远三期分期建设，依据城市绿地自身发展规律与特点合理安排各期规划目标和重点项目。近期规划应提出规划目标与重点，具体建设项目、规模和投资匡算；中、远期建设规划的主要内容应包括建设项目、阶段目标与内容、实施管理措施等。

11. 实施管理措施

包括法规性、行政性、技术性、经济性和政策性等方面的实施措施和管理体制建议等。

12. 附录、附件

思考题

1. 国外城市绿地系统的发展经历了哪几个主要阶段？

2. 世界上第一个城市公园诞生在哪里？其诞生的社会经济背景是什么？

3. 伦敦城市绿带的功能是什么？

4. 简述“国家级园林城市”的概念及其相关要求。

5. 城市绿地系统规划包括哪些内容？

6. 城市绿化覆盖率应如何计算？

7. 绿地率分几个层次，如何计算？
8. 城市生物多样性保护的主要内容有哪些？
9. 多少年以上树龄的植物为古树？
10. 城市绿线分几个层次？
11. 城市绿线管理有哪些相关要求？
12. 近期建设规划与中远期规划的内容有哪些异同点？

第三章　园林的组成要素

人们常将园林及绿地中的花草、树木和建筑、山水等称为园林绿地的组成要素。不少书籍常把诸多的要素归纳为四类，即山石、水体、植物和建筑，但如今因园林自身的发展及学科分类的细化，致使园林要素也被分划得更细。

第一节　地形地貌

地形指地势的高低起伏，依据地表形态的变化，可以分地形为山脉、丘陵、河流、湖泊、海滨、沼泽等；地貌则为更宏观的地形综合描述，如山地、丘陵、高原、平原、盆地等。

一、地形地貌的形成

地形、地貌是在特定的地质基础与新构造运动等内力因素和复杂多变的气候、水文、生物等外力因素共同作用下形成并发展的，在我国地貌轮廓主要呈现出西高东低三级阶梯状下降；地形变化丰富，山区面积广大；山脉纵横，呈定向排列并交织成网格状；东南沿海地势低平，江河密布、湖泊星罗。

二、地形地貌的空间构成

公园绿地中的“空间”是指“宇宙中物质实体之外的部分”，“是物质存在的一种客观形式，由长度、宽度、高度表现出来”。

地形与地貌其实只有凸和凹两大类。山体、岛屿向上凸起，构成外向性空间（图3-1）；盆地、湖泊向下凹陷，形成内向性空间（图3-2）。由于地质运动和自然的侵蚀，这种凸、凹有了丰富的组合，同样是高耸的山体会有峰、峦之分；凹陷地形会有沟、谷之别。正因为这种不同的存在，也就使得大自然变得丰富多彩。公园、绿地建设在很大程度上就是利用人们熟悉的各种地形塑造出需要的景致。

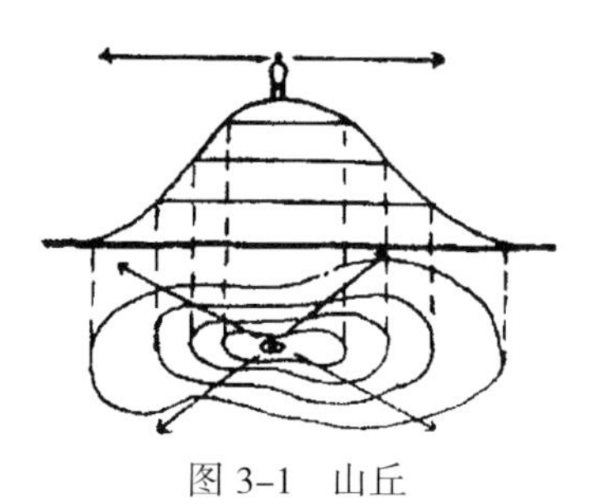

图3-1 山丘

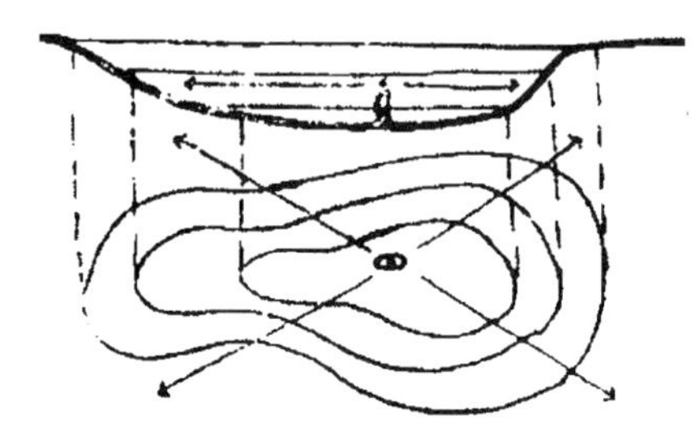

图3-2 低地、洞穴、穴地

三、地形地貌的心理特征

人类在与自然的长期接触中，感知着不同地形地貌对自己的影响，并将自己的感情投射到自然之中。在长期沉淀后，这种情感便成为一种潜意识，此类记忆会在今后遇到类似地形地貌时被勾起。公园绿地所探讨的地形地貌，一方面是了解自然地形形成的一般规律，更重要的是探讨这些形象所能引起的情感特征。

高耸峰峦的外向性能给人以四向周览的空间，登临其上，即有“会当凌绝顶，一览众山小”的感觉。低凹盆地、山坞的内聚型空间会给人隔离感、安全感及受保护感。山岭、长岗既有类似于峰峦的高耸特征，又因其在长度上产生一种方向感，景致和观景都会随其自身的高低变化变得丰富（图3-3）。狭长的山谷、冲沟通常因地质结构而形成曲折，虽然也属内向性空间，却多了几分神秘感和期待感（图3-4）。

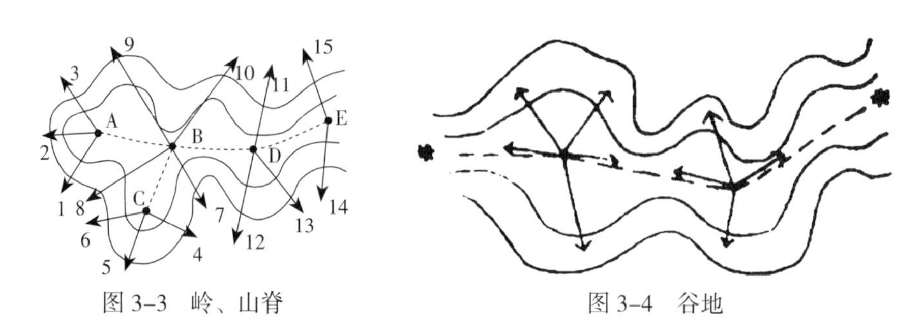

图3-3 岭、山脊

图3-4 谷地

四、公园、绿地中的地形塑造

公园绿地规划设计中的地形塑造，主要是利用土、石，仿照自然山水予以围合、堆叠，以期让游人产生惊喜或愉悦的感觉。

1. 围合

自然界中很多山谷、河谷、平原四周（或两个方向、三个方向）有山地相围，里面常有自然村庄，人们在此会感受到宁静；在内凹的一处港湾，也会使人感到安全。这些自然地理形式包围的空间就是广义的围合。

公园中，也常将地形处理成沉床、花坛、土堤，利用其形状、大小、远近、高低、起伏等的塑造来形成不同的空间效果（图 3-5）。

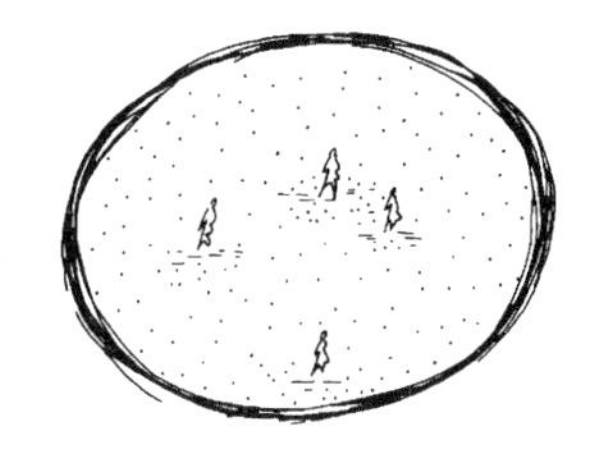

图 3-5　土的各种围合空间的效果

（1）不同材料的围合所产生的效果

在地形塑造中土、石、水泥都是常用材料，但石头和混凝土坚硬、冰冷的质感会造成心理的压迫感和恐怖感，而利用泥土本身具有的柔和、凝重质感及人们对它的亲近性，则能创造出具有亲切感的气氛。

（2）不同体量的围合所产生的效果

使用怎样的材料需依据所希望的场景效果来确定，且在形态、大小、围合方式的变化中体现出形形色色的空间特性（表 3-1）。

围合所产生的不同体量效果　　表 3-1

	基本型	特性、效果及感觉
1	30~50cm 30cm	可以稍微阻挡一点目光，有一定的隐蔽性以及划分空间的效果，土的体量基本上感觉不到，是一种开敞的包围形态
2	1.5~2.0m	在 1.5~2.0m 的高度，给人以围合感和重量感，若能让被包围的人减少压抑感，就较为合适
3		能让人感到一个大的体量，如直接用建筑物包围起来会更好。但体量越大，其表面的质感更需加以注意
4		体量更大，但因表面软化了，减轻了建筑的体量

（3）在人工围合物内受压抑感的程度

围合有时会让人感到压抑，由于轮廓造型、表面形态的不同，在不同围合之中的感受也会不同。假山创作中常见全面围合或采用覆盖物，覆盖材料不同会带来不同效果。用围合的形式创造空间，一定要考虑其表面质感，因为表面状态常常可以左右场的气氛（表 3-2）。

围合所产生的特征、效果及感觉　　表 3-2

	基本型	特性、效果及感觉
1		在完全的包围中，有压抑感和恐怖感，这种人工物的使用法，完全失去了土堆的效果
2		人工物的方式同上，但相对不那么压抑，在一定程度上容易发挥土的效果。但这种空间边界易产生单调感，人工物的高低或素材不同也会有较大的变化。因此须视条件选择
3		没有很强的包围感，能使人感到柔和、亲切，可与周围取得较好的调和、平衡。创造开放式的包围，此时质感对空间气氛影响较大

2. 斜面和坡度

人行走于带有坡度的斜面，容易觉得费力或产生危险感。然而，自然界存在大量倾斜地形，且有时为增添某种气氛与效果，也需要在地形塑造时设置斜面。斜面使景致变得多样，斜面能让游人的活动因紧张、惊险而发生变化，从而带来活泼、多样的情趣（表 3-3）。

斜面所产生的感觉与效果　　表 3-3

	基本形态	特性、效果及感觉
1	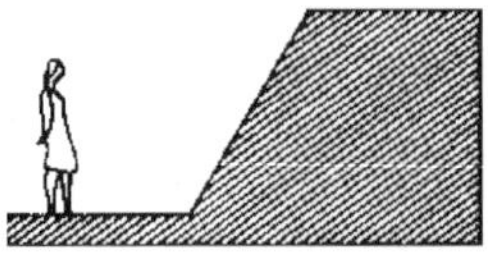	斜面的构成，砌筑越高越单调。因此，应该在砌筑面上增加起伏变化，或用其他素材，加上花草树木，在美感上多下功夫
2	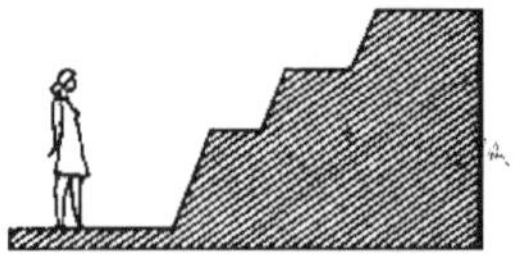	呈阶梯状，在阶梯处有点变化，但效果不太好，需在其表面上下点功夫
3	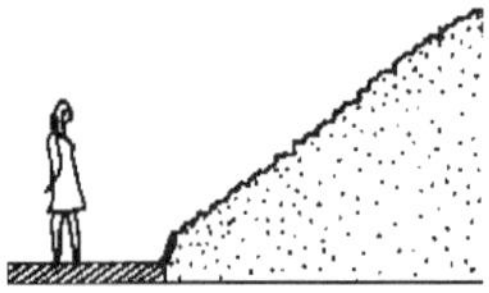	加强了自然性的构成，不但提高了面的变化性，且减弱了“被包围其中”之感

（1）城市公园绿地规划中对坡度的要求

公园绿地除了考虑增添惊险、刺激外，还要关注安全问题，在某些地段还要附设其他的功能要求，故对于地形坡度具有一定的控制要求。

平地：1%~4%，便于活动、集散。

丘陵：（坡地）4%~12%，一般仍可作活动场地。

（陡地）大于12%，作一般活动较困难，可利用地形坡度作观众的看台或植物种植，需有0.5%的排水坡，以免积水；坡度超过40%，自然土坡常不易稳定，草坪坡最好不超过25%，土坡不超过20%（图3-6）。

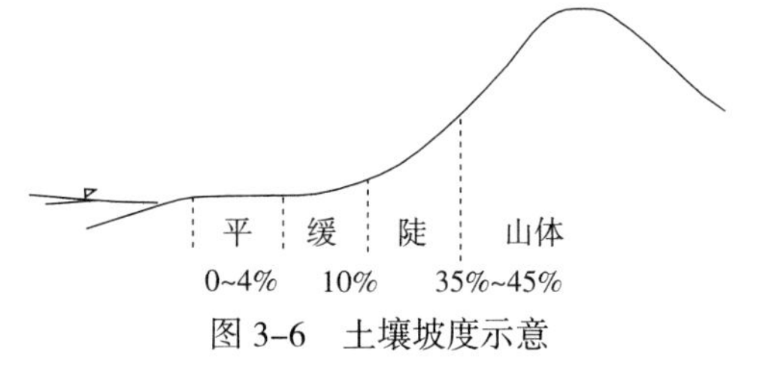

图3-6　土壤坡度示意

（2）坡度分类与给人的感觉（表3-4）

坡度分类与给人的感觉　　　　表3-4

坡度	度	倾斜度			感受	活动
45%	24°	危险区		24° 以上	危险区，斜面自身也有不稳定感	登山、攀岩
35%	20°	紧张区	山坡	20°~24°	受重力影响明显，攀登有紧张感	
25%	14°		陡坡	14°~20°	物体会产生滑动	可用于眺望
17.5%	10°	安定区		10°~14°	能够感觉到斜度	游戏、玩耍、跳跃、滑草、滑雪
10%	6°		缓坡	6°~10°	对于动或静有感觉	
4%	2°			2°~6°	虽有斜度，却无倾斜感	散步、游戏、球类、舞蹈
0%	0°		平地	0°~2°	平坦、安定、安全	

0° — 0%　若中间不高，会有凹陷感

2° — 0.5%　最小排水坡度

2° — 2%　沟边排水最小坡度，人行道用之

2° — 4%　感觉平坦，可进行活动性运动

8%　自行车上坡极限（短距离，下坡危险）

6° — 10%　坡度明显，要种草以防止冲刷，登临须做踏步。排水沟最大坡度，可进行一般活动

15%　汽车上坡困难

10° —18%　尚可适用于远足

20%　推车前进的极限，行进中观览景物有难度（看景不行步，行步不看景）

14° —25%　草地覆盖的极限，水田、蔬菜田的极限

27%　会有雨水侵蚀的影响

30%　建筑物的极限

20° —35%　含水黏土的极限

50%　植树的最大极限

31°—60%　干燥砂的最大坡度

70%　干燥土的稳定坡，草坪种植极限

80%　含水砂的稳定坡度，干燥黏土的稳定坡度

100%　含水土的稳定坡度

3. 自然地形的利用

公园、绿地的基地中，会有一部分未必适宜于园林地形（景物），但绝大多数可充分利用，优秀的设计师往往可以理解原地形，分析其特征并最大限度地利用，将其特色予以强化。

规划、设计之前需要深入了解地块区域中的结构、形式及特点，通过改变地形提升景观品质、带来特色，但也要避免破坏环境。所以，与环境相协调，符合自然地形地貌特征的处理，才能获得事半功倍的效果。

比如在地形起伏变化较大的丘陵地带，若利用不合理，不仅会破坏原有的地形，而且还会增加不必要的工程量。较为合理的方法是将具有起伏变化的地形细分为一段段的阶梯与斜面，阶梯主要用于获得平坦地、安排建筑或游人活动，处理时要将水平高差集中在法面与垂壁之间，但这种方法具有强烈的人工痕迹，还有雨水排放、台地滑坡、坍方等问题；斜面主要用于营造特殊的游憩效果，构成富于变幻的空间，但也要尽量控制为缓坡，以保证其安全性，还要注意造价提高等问题。目前，丘陵地带主要是以阶梯形的地形处理为主。

对于希望基本保持其固有形态的丘陵地形的重塑，有保留山顶（图 3–7）、保留山腰（图 3–8）和保留山谷（图 3–9）几种方法。其中，保留山腰可以使挖方和填方基本平衡，土地利用方面的问题最少，最易规划，但若保留地带宽度不足，则会使生态不稳定，景观效果不理想，有时还会影响到树木种植施工。

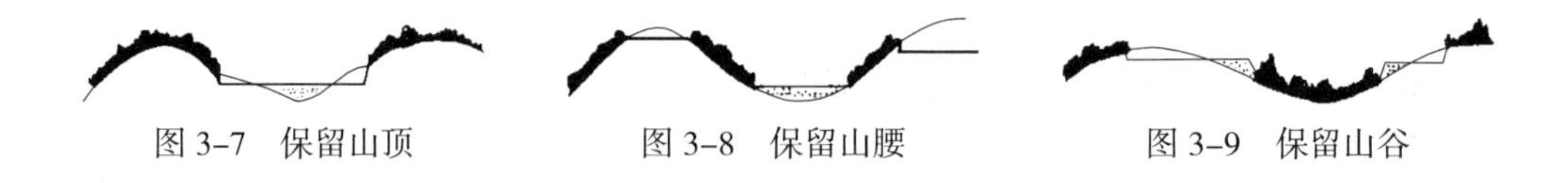

图 3–7　保留山顶　　图 3–8　保留山腰　　图 3–9　保留山谷

古希腊、古罗马时期已普遍利用自然缓坡设置露天剧场，南京中山陵园的音乐台更是一个非常好的实例，利用地形，使之形成与看台相一致的坡度，给人以自然天成的感觉。

充分利用固有的地形，让其最大限度地发挥作用，这在山丘、坡地、岛屿等所有有起伏变化的地形中都可以予以相似的考虑。

4. 自然地形的整理

虽然要尊重原有地形，但整理原有地形依旧是让公园、绿地更趋完美的手段之一，也是规划设计的主要目的。

（1）合适利用

自然地形的利用大致可分为以下四类（表 3–5）：

自然地形的利用　　　　表 3-5

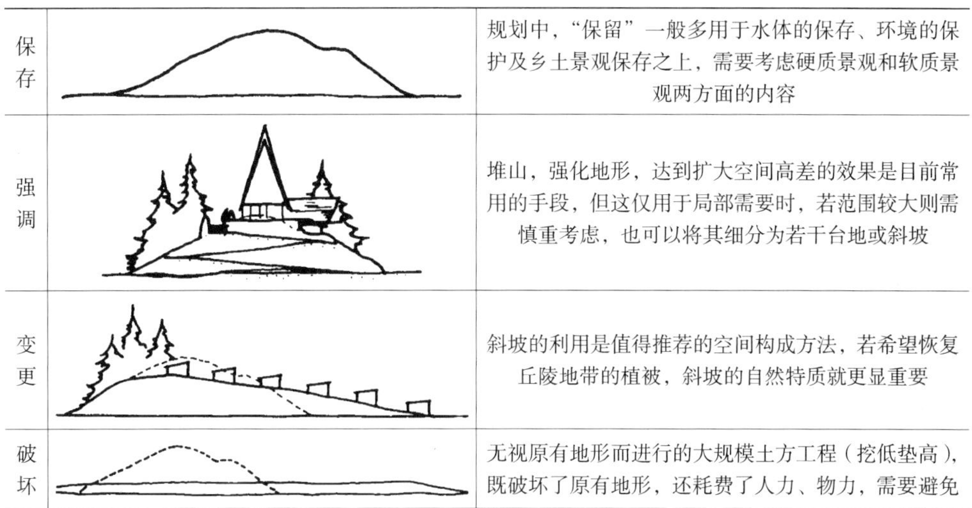

保存		规划中，"保留"一般多用于水体的保存、环境的保护及乡土景观保存之上，需要考虑硬质景观和软质景观两方面的内容
强调		堆山，强化地形，达到扩大空间高差的效果是目前常用的手段，但这仅用于局部需要时，若范围较大则需慎重考虑，也可以将其细分为若干台地或斜坡
变更		斜坡的利用是值得推荐的空间构成方法，若希望恢复丘陵地带的植被，斜坡的自然特质就更显重要
破坏		无视原有地形而进行的大规模土方工程（挖低垫高），既破坏了原有地形，还耗费了人力、物力，需要避免

（2）斜面构成

平坦地形对于布置建构筑物和游人活动场所十分重要，但在具有起伏变化的原有地形中，慎重利用山麓、山谷及山顶进行设计也是必要的。图 3-10 大致表达了两种基本图式，即谷底中心型和山顶中心型。

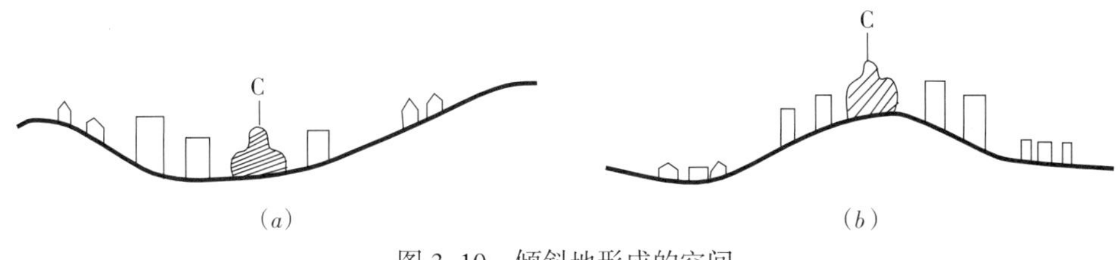

（*a*）　　　　（*b*）

图 3-10　倾斜地形成的空间

（*a*）谷底中心型；（*b*）顶部中心型

谷底中心型高差问题并不突出，在空间上构成了具有视觉集合的环境。山顶中心型除了可能会扰乱天际轮廓线外，还必须考虑高差动线问题，这常给规划中土地的利用带来难度。但坡度处理和排水规划等较为复杂，故山顶中心型还是被普遍采用，此时，必须在竖向及剖立面设计上注意建筑物的布置、造型与周边景物相协调。

第二节　山体峰石

无论是传统园林还是现代公园绿地，山石都是地形地貌构成和塑造的主要内容之一。厚重的山体能以其起伏蜿蜒曲折的山势山形再现天然自然；玲珑的峰石则可用瘦漏透皱的造型、孤兀独立的配置展示抽象意象。

一、假山类型

1. 以构成材料分

传统假山主要以土、石为材料予以堆叠构筑，故可以分为土山、石山及土石混合假山。

用园内开挖的土方来堆置土山既平衡了营建土方、节省了清运费用，又使山形浑朴、具有山林野趣。考虑到土壤安息角的问题，纯用泥土堆筑的假山往往占地较大，山坡平缓，山势起伏变化较小。

石山一般以特定的石料予以堆叠，用以塑造自然山岭中悬崖、深壑、挑梁、绝壁等特殊景观。石山可预埋结构铁件、使用粘结材料，故可不考虑安息角问题，即使山体占地不大，亦能达到较大的高度，表现多变的景观。石山不宜多植树木，但可预留种植坑予以穴植。因石材取用较泥土不易，费用较高，为节省投资，宜就地取材。不同的石材须用不同的方法堆叠，同一石材也要注意石纹、石理。

土石混合的假山主要是指以土为主体的基本结构，表面再加峰石点缀假山。其占地也较大，局部施用山石，可营造景致，并起到挡土作用，若设计合理，其占地还能适当缩减。土石假山依石材的用量和比例又被分为以石为主或以土为主的假山，其景观特点也会有所差异。需要注意的是，山体上下的石材需要呼应联系。此类假山中拥有大量的泥土，降低了造价，且便于种植构景，故现在造园中常常应用。

现代公园绿地中，水泥假山等也开始普遍使用，其特点与石山、土石山基本相似。

2. 以游览方式分

游览方式主要指纯观赏的假山和可登临的假山。

纯观赏的假山是以山体来丰富地形景观，常见于过去面积有限的园林，因其仅供远观，不可攀登，常被称作“卧游”式园林。现代面积较大的公园、绿地，多用此类假山分隔空间，以形成一些相对独立的场地（图 3–11）；也可用蜿蜒相连的山体联系、分隔景观；在园路及交叉处堆筑小型观赏性山石还可以防止游人任意穿行绿地，起组织观赏视线和导游的作用（图 3–12、图 3–13）。

为满足人们登山远眺的需求，假山的体量一般都不能太小太低。山体高度一般应高出平地乔木浓密的树冠线，至少应在 10~30m 左右。若山体与大片的平地或水面相连，

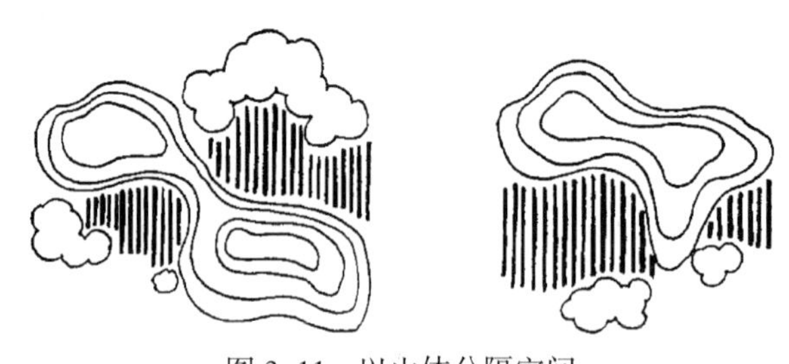

图 3–11　以山体分隔空间

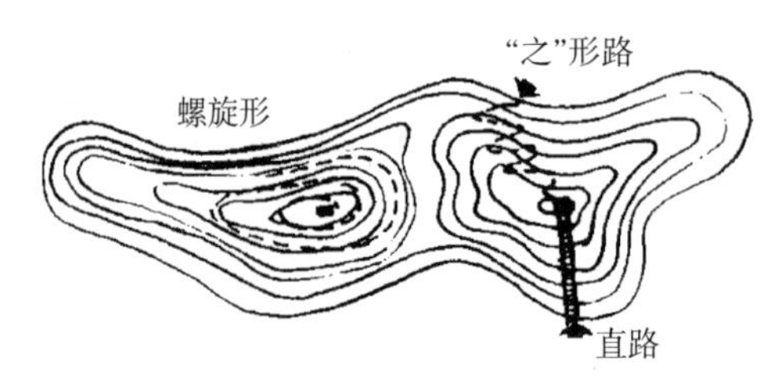

图 3–12　山路类型

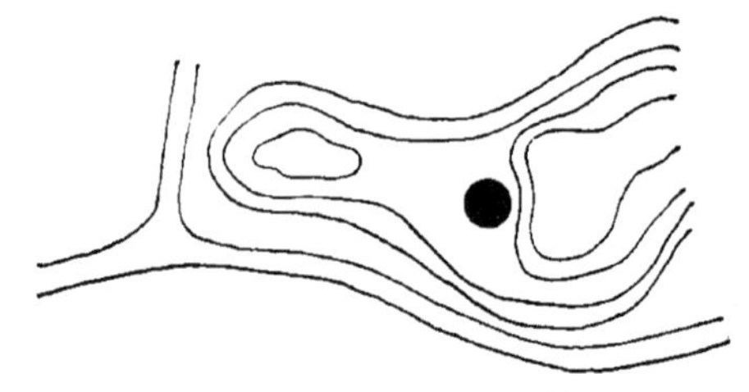

图 3–13　园路边的山体

且高大乔木不多，其高度可适当降低。同时，山体应具有满足游览、远眺、休憩设施配置的体量和与之适应的造型。

山上建筑的体量与造型应与山体相协调，与山岭风景融为一体。建筑建于不同位置能形成不同的景色（图 3-14）。休息建筑宜朝南向阳。山顶是游人登临的终点，应着意布置，一般不宜将建筑设在最高点。山体之上的建筑，都须符合景观与观景的要求，与山体相得益彰。

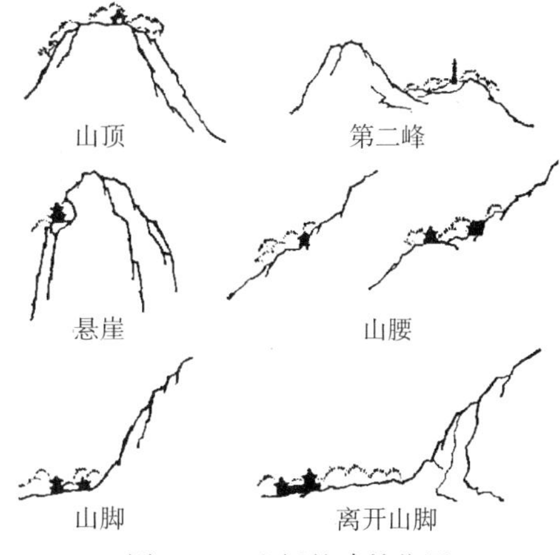

图 3-14　山间的建筑位置

假山与水景也须有所联系，山间有水，水畔有山（图 3-15），一般在山水相邻的布置中，山体居北，水面在南，以让山体阻挡北风，使南坡获得更充足的阳光。山坡通常南缓北陡，便于游人活动和植物生长。山南向阳面的景物应有明快的色彩，若有水，则更易取得优美的景观。

二、石山构成

园林中的假山具有造景功能，可成为园中主景，也可用于阻挡视线，划分空间。水畔的山石除了景观作用，还有驳岸、护坡的作用，用山石堆砌的花台、花池也同样具有观赏和实用双重功能（图 3-16）。增强自然情趣，减少人工痕迹，使园林体现山水自然是假山造景的目的，也是我国传统的园林特征之一。

1. 山石旨趣

我国的传统园林堆山叠石历史悠久，原因在于山石能塑造地形地貌，提高景观品质，获得意象中的自然之趣；同时，改变人的视点，满足其观景需求；而其本身的姿态也极具吸引力，可让人获得美的享受。

篑土叠石成山和点石成景的构景处理手法，可造成景物空间的绝妙意境，在有限的空间中表现出名山大川的景观效果。

图 3-15　杭州西湖湖山比例关系

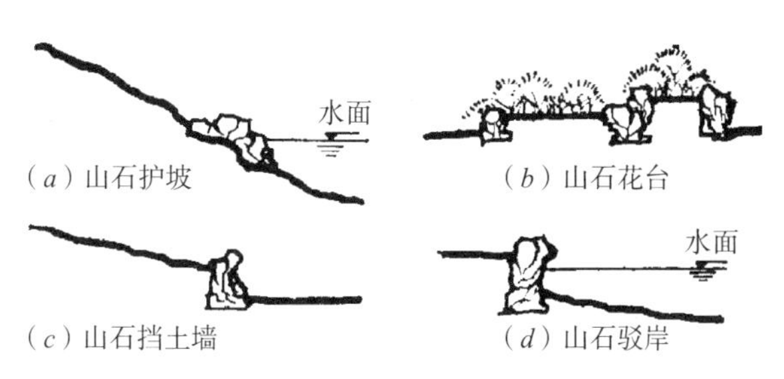

图 3-16　山石在园林中的造景功能

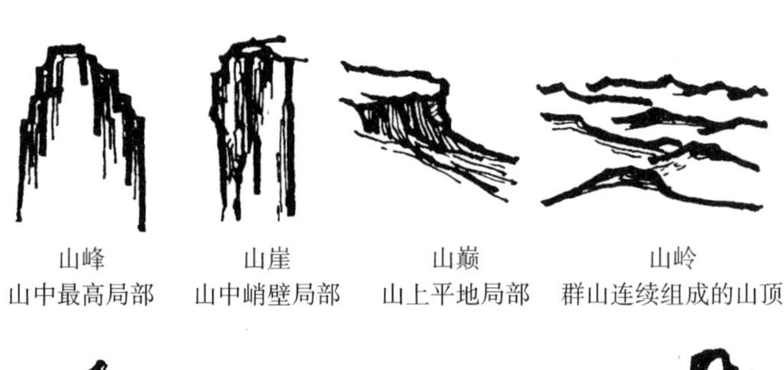

图 3-17　山体的组成

2. 师法自然

我国传统园林的山石属抽象山水，但这种抽象其实是来自对天然山水本质的深刻理解，所谓“师法自然”。汉语中诸多与山体相关的文字就说明了这一点（图 3-17、图 3-18）。

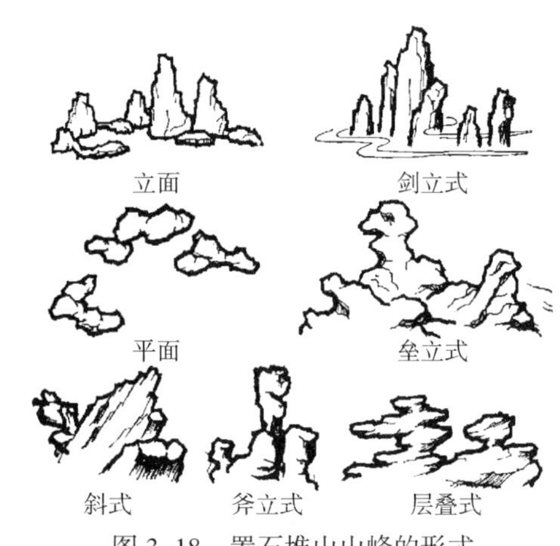

图 3-18　置石堆山山峰的形式

峰：山头高而尖者称为峰，给人高峻感。

岭：为连绵不断的山脉形成的山头。

峦：山头圆浑者称为峦。

悬崖：山陡崖石凸出或山头悬于山脚以外，给人险奇之感。

峭壁：山体峭立如壁，陡峭挺拔。

岫：不通而浅的山穴称岫，亦作山之别称。

洞：有浅有深，深者婉转上下，穿通山腹。

谷、壑：两山之间的低处。狭者称谷，广者称壑。

阜：起伏不大，坡度平缓的小土山。

麓：山脚部。

……

3. 石山堆叠

山石堆叠属于艺术造型，要巧夺天工。叠石关键在于根据石性——石块的阴阳向背、纹理脉络、石形石质使叠石形态优美生动（图 3-19）。

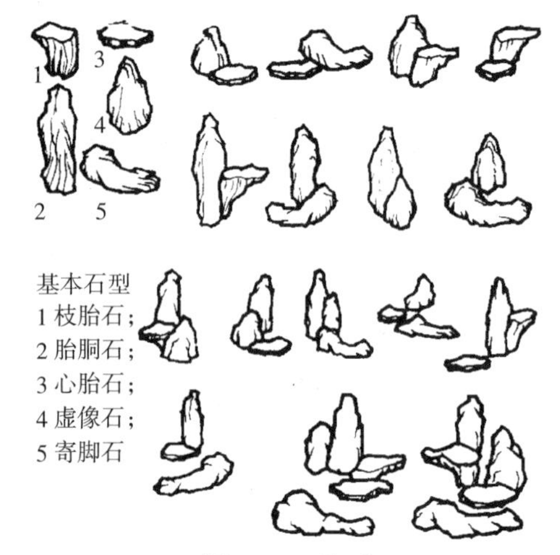

图 3-19　叠石

堆山叠石以塑造景观，主要是为了满足游人的审美要求，但也应注意其使用与安全。在处理人景关系上，要以人的行为活动为主，既要创造舒适、安闲、有景可赏的条件，又要力求景物坚固耐久、安全。尽可能避免安全隐患，以体现构景于人、安全可靠的原则。

三、峰石配置

园林中除用石材堆叠假山外，还常用山石独立置石或点石。点置时山石半埋半露，以点缀局部景点，作为观赏引导和联系空间。置石有特置、散置和群置之分。

1. 特置

特置是以姿态秀丽的奇峰异石，作为单独欣赏而设置，可设或不设基座，可孤置也可成组布置。如苏州的冠云峰、岫云峰，上海豫园的玉玲珑，北京颐和园的青芝岫、北京大学的青莲朵、中山公园的青云片等（图 3-20）。

图 3-20　峰石

2. 散置

散置是将山石零星布置，有散有聚，有立有卧，或大或小。但要避免零乱散漫或整齐划一，需若断若续，相互连贯。在土山上散点山石，用少量石料就可仿效天然山体的神态。

3. 群置

群置是以六七块或更多山石成群布置，石块大小不等，体形各异，布置时疏密有致，前后错落，左右呼应，高低不一，形成生动自然的石景。

四、枯山水

枯山水是日本庭园常见而独特的置石形式。用三五顽石作“图”，以白沙为“地”，用耙在石旁耙出浅浅的纹路，以表述其山水关系（图 3-21、图 3-22）。无山似有山，无水似有水，高度抽象概括。如京都龙安寺的方丈庭园（图 3-23）。还有一种以沙代替溪流的枯山水做法也常采用，具有雕塑感的特色（图 3-24）。

图 3-21　日本枯山水造园的实例（一）

图 3-22　日本枯山水造园的实例（二）

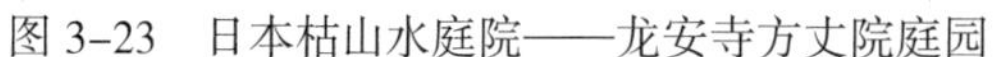

图 3-23　日本枯山水庭院——龙安寺方丈院庭园

图 3-24　现代造园采用枯山水的实例

五、人造石山

随着优质自然山石的减少及运输成本的提升，人造石逐渐出现，并在不断地改进中代替自然山石来满足人们赏石的需求。

1. 塑石

塑石是将水泥浆涂抹于砖墙或骨架上，以雕塑技巧再现自然山石的风韵。这种处理方法始见于闽南园林，之后开始在其他地方流行。如今常被加用于一些塑山之中（图 3-25）。

2. 玻璃纤维人造石

用天然假山峰石翻做模具，以玻璃纤维缠绕包裹，并用高分子树脂作为粘结材料，由此形成相应的假石面。由于形状和颜色可根据人们的要求予以控制，产品可批量生产，且重量轻，易搬运，而被广泛运用（图 3-26）。

3. GRC 假山

这是一种高强薄壳体，用自然的石体作模子，形成仿真的山石的表面，在定制的框架上用于掇山或置石。这种假山可以结合周围环境进行布置，在造型上强调大的趋势，细部范围内体现纹理质感，可以假乱真（图 3-27）。

图 3-25　塑石的实例

图 3-26　玻璃纤维人造石实例

海南岛南山风景区，“寿”字石，用玻璃纤维人造石做成的景观石。

图 3-27　GRC 假山实例

1999 年世界花卉博览会标志性景观之一。采石破坏了石壁，200m × 60m，利用 GRC 的方式做成一个气势宏大的景观。

第三节　池泉溪流

水是生命之源，也是园林中常用于再现自然的主要构成要素之一。

一、水的自然形态

水约占地球面积的 3/5。水蒸发后形成气体，气体遇冷液化，重新汇入江海，由此形成大地水循环。尽管地球上水源充沛，但可利用的淡水极少，所以，水资源是十分珍贵的（图 3–28）。

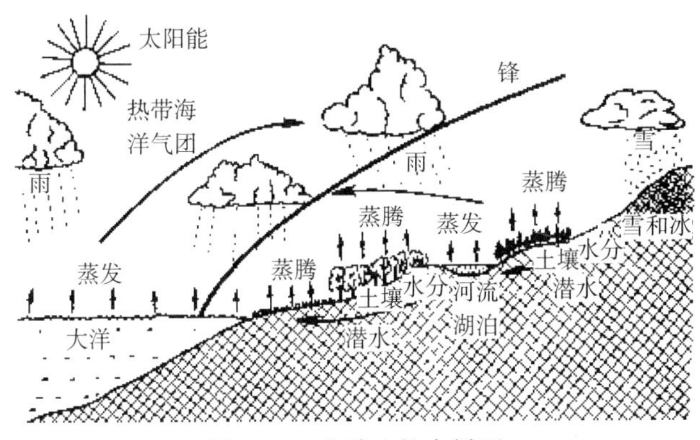

图 3–28　地球上的水循环

1. 水的自然类型

自然界水的形态有：泉、池、溪、涧、潭、河、湖、海等。

若按物理形态，则依温度变化有：液态、固态和气态的水。雪、冰等固态水意味着季节的变化，可供人滑雪溜冰，亦会吸引探险者。气态水会形成云雾、彩虹等景观，蔚为壮观。液态水虽常见，却依然会给人不同的感觉。如微波粼粼带给人的恬静感，细流涓涓带给人的跳跃感，江水湍急带给人的奔腾感等。

2. 水的物理特性

水具有连续、可渗透的特性。可利用不同地形形成丰富多彩的水体，亦可滴水穿石雕凿千奇百怪的石形。

水无色无嗅，却能反映周围的色彩，使自身呈现不同的颜色。

在园林中水还有点色与破色的作用，若处阳光下，则深邃如明睛。若处黑暗中，则深沉而含蓄。建筑庭园中不同的水体可将空间色调打破，给人以既对比又统一的感觉。

此外水还有独特的光影和声响作用。

光线反射于水体，并随之闪动变化，增添景物的飘逸之感。水中倒影随微波摇曳而浮动，物影成双，或隐或现，生动有趣。

水激岩壁、顽石、深潭，会产生不同的声响，或幽静，或磅礴，或悦耳。山林中的竹筒引水、日本寺院的洗手钵、意大利台地园的叠泉等如今都被引用于造园之中，使园林用水变得更加丰富多彩。

3. 水的空间形态

水的空间形态大致有以下四种（图 3–29、表 3–6）：

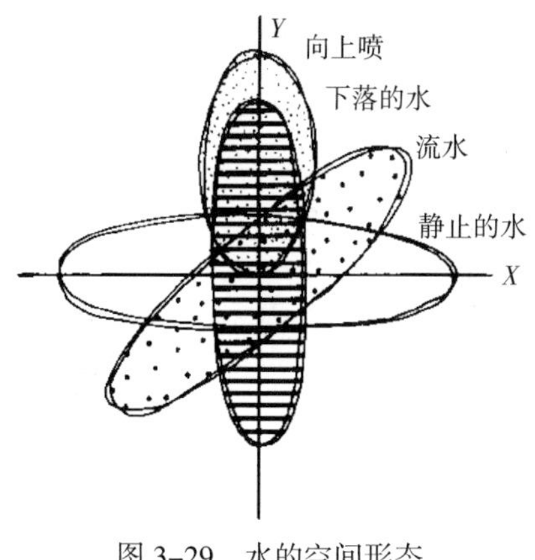

图 3-29　水的空间形态

静止的水：作为流体，静止的水须承受四周和底部的压力。

流动的水：如果静止水的一面支承压力消失，或另一面受力增强，则水会因受力不平衡而向一侧流动。

下落的水：静止的水底部支承消失，在重力作用下垂直下落，若还有一面失去支承或另一面受力增强，则会沿抛物线轨迹下落。

上喷的水：水向上喷涌与“水向低处流”的自然规律相悖，原因是下部受力。

水的基本空间形态　　表 3-6

基本型	形态的空间模式	动态的程度	动态的基准	自然形态特征
人工蓄水 自然蓄水 静止水		静 波纹	面	力的平衡 大小边界
人工流 自然流 流水		平滑 涡卷 节奏	面 线	重力的作用 平衡的打破 速度、边界
人工落 自然落 抛物		动 平滑	面、线、点	力量的显示 速度、高度、流量
向上喷 射喷		动 平滑	线、点	高度、范围、形式 抗衡的化身 反其道而行之 潜在之力

二、水与人的关系

人的生活和生产都会与水发生联系，须臾不能离水。

古代社会，人们择水源充沛的地方而居，便于饮水、灌溉，此时人与水处于平衡、协调的状态。

工业的发展、人口的增加造成水质恶化，水体环境遭破坏，水生植物逐渐消失，水体自净能力也慢慢丧失。

当人们发现因逐利而使环境恶化，并因此影响生活甚至生存后，保护水体的要求日益强烈，于是采用科学技术治理水体，以期恢复其自然生态。

1. 现代人对水的要求

现代人对水体有洁净、生态的要求，所以许多城市著名的污染水体，如伦敦的泰晤士河、上海的苏州河等也开始投入巨资进行治理。当然，要使其恢复原貌，还需大量的资金和漫长的时间。

此外，人的亲水性也使其对水体有了游憩的需求，常希望扩大与水相关的运动、休闲，因而水体中可开展的活动越来越多。

而利用水的自然特性、通过现代声、光、电技术来开发水体的观赏性内容也逐渐成了当今景观建设的趋势。

2. 水体的运用与组织

公园、绿地中的水景能使景色更为生动活泼，形成开朗的空间和透景线。园地中大面积的水体往往是城市河湖水系的一部分，有生态环境及灌溉消防等作用，甚至可用于养殖，带来经济效益。而公园、绿地，则是组织开展水上活动的重要场所。

水体开挖需结合原有的河、湖、低洼、沼泽，以减少工程量。新规划的水体要考虑地质条件，下面要有黏土等不透水层。此外，还要求水源的水质清洁并保证有来水冲刷。

水源的种类主要有：河湖的地表水、天然涌出的泉水、地下水、城市自来水等。但人工水源费用较大，泵取地下水可能导致地面下沉，故不提倡使用。

园林中的水体规划分自然式和规则式两类：天然的或模仿天然形状的水体属于自然式，其多随地形变化；几何形的水体属于规则式，常与雕塑、山石、花坛等共同组成园景。

按使用功能则小型水体适宜于构景，大的水面可提供活动场所。作为活动场所的水面，要有适当的水深和清洁的水质，坡岸要和缓，最好在岸边铺设一定宽度的沙土带。同时还应满足观赏需求。

三、水体在造园中的运用

水体形貌丰富，故成为造景的重要因素。

我国古代园林将水体视为四大造园要素，通过水体的串联能形成系统的水系（图 3-30），由多个平静的湖面呈现静谧之美，体现高超的艺术表现手法。

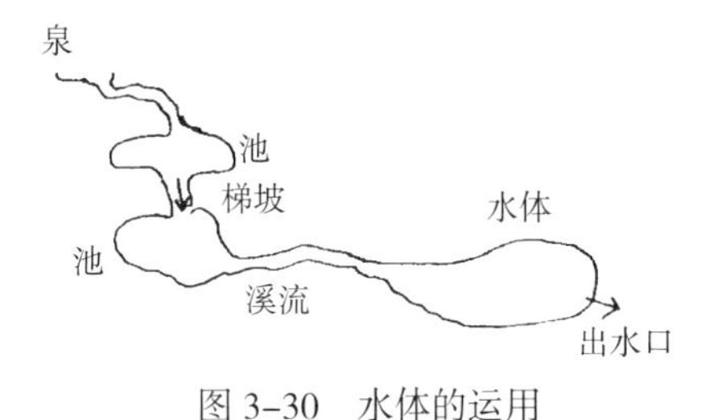

图 3-30　水体的运用

日本庭园中，大型的回游式园林常设置水回廊；较小的也常用瀑布、溪流等；最为特殊的是枯山水，以沙石模拟水体，抽象概括，绝无仅有。

文艺复兴时期的意大利园林的水法最为著名，别墅、山庄等台地园中，除瀑布、喷泉、水渠之外，还有水扶梯、水剧场、水风琴等。

法国古典主义园林继承并发扬了意大利台地园技法，其水景处理后来成为几乎整个欧洲园林的典范。

英国自然风景园强调自然，水体结合地势，迂回曲折，突出了园景的静谧安详。

1. 水景的基本形态设计

静水、落水、流水和喷水是水能形成的四种基本形态，其选用和设计都要结合环境。

静水：在自然界中，池、沼、湖泊等皆可归为静水，静水主要因地形而存在，并随地形改变轮廓外形。

园林中常称大面积水体为“海”或“湖”，取其开阔之意。但为避免其单调，园林中常将大型水体予以分隔处理，以形成数片趣味不同的空间，从而增加景物的变化以产生曲折深远之感。水面分隔时，山水、建筑、道路、植物等形成的空间需相互联系，以便使景致在变化中获得统一，在统一中有所变化。广阔的水面需要有曲折、变化的岸线处理，四周如有大体量的山峦、高塔、楼阁，则会形成变化丰富的天际轮廓线，也通过倒影增加虚实明暗对比。

中小型园林中的聚型水体称“池”、称“塘”，前者为自然型的水池；后者为规则型的水池。池塘若稍大可用岛、桥予以空间分隔，山石、建筑在周边缘池布置。池水较深的称之为“潭”，一般都非人工开凿，周围也大多会保留自然的岩、崖。

井泉的人工痕迹极强且常伴有许多故事传说，富文化性。而井泉水质甘洌也可成为一景，故常依托井泉，修建廊、亭、小品等供人休憩品茗。

落水：瀑布与常见的流水具有不同的方向和流速，且会因其周边地形与落水水量的不同呈现出线瀑、叠瀑、布瀑等不同的形式。落水也是造园及建筑设计中常用的。这是因为它们能给人强烈的视觉及听觉冲击。落水要有相当的高度、宽度及一定的进深，才能达到组景的效果。

园林常用的瀑布有挂瀑、帘瀑、叠瀑、飞瀑等（图 3-31），尺度较自然瀑布会小很多，故应在界面处理、水口宽度、跌落形态等方面找到与自然界相仿的旨趣（图 3-32）。

流水：自然界的江、河、溪、涧都属流水，流水的形态因基面、断面、宽度、落差及水岸形状、构造等因素的不同而发生变化。作为造园的题材，流水应体现活力、动感。

园林中的流水常常被处理成溪、涧的形式。有条件者还可将其设于假山之中，并通过弯曲分合，构成大小不同的水面与宽窄各异的水流（图 3-33）。竖向要随地形变化处理成跌水和瀑布，落水处则可设计成幽谷深潭。

若隐现、收敛、开合等处理得当，就能构成有深度、有情趣的水体空间。方式有藏源、引流、集散。藏源，就是把水流的源头隐蔽起来，以引发循流溯源的意境联想；引流，就是引导水体在景域空间中逐步展开，引导水流曲折迂回，得水景深远的情趣；集散，是指水面恰当的开合处理，既要展现水体的主景空间，又要引伸水体的高远深度。

图 3-31　瀑布的种类

用这些手法，可达到“笔断意连”的效果。同时，可用流水组织空间流线、沟通不同的景域或空间。

喷水：在园林的线型空间交叉点或视线的焦点上设置喷泉突显焦点，喷泉形态各异，景观效果不同，但都是利用水的动感来吸引游人，给园林带来生动新奇的特色，增添现代艺术感。

园林的喷泉通常都是人工的。人工泉要有进水管、出水口、受水泉池

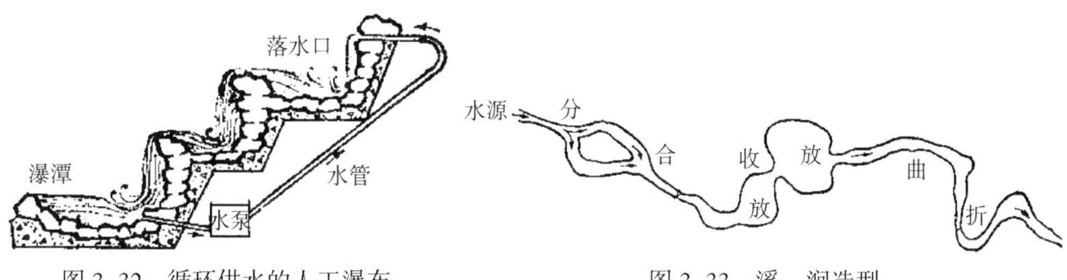

图 3-32　循环供水的人工瀑布　　图 3-33　溪、涧造型

和泻水溪流或泻水管等。涌泉大多为天然泉水，常能自成景点。壁泉也可设置成向上喷涌型的，常与人工整形泉池、雕塑、彩灯等相结合，用自来水或水泵供水。

喷泉的水柱形式主要由喷头决定，有单喷头、多喷头、动植物雕塑喷水等（图 3-34）。

2. 水与其他因子的组合

水岸使水体有了不同的形态，堤、坝、道、桥则丰富了水体变化，园林水体要与其他要素配合，才能让园景丰富感人。

（1）水岸

水岸形貌影响水体形态，水岸造型决定水体景观。岸线类型可分为自然型和人工型两种。

自然岸线主要由水流冲刷和土石侵蚀而形成。沙土水岸常呈现缓坡的形态，岩石侵蚀多造成多变的形态，园林的自然型水岸处理通常取材于江河湖海中符合审美特征的岸线。

大型园林可选用缓坡土岸。当岸坡角度小于土壤安息角时，可利用土壤的自然坡度，并通过种植植物来防止冲刷、保护坡岸。小型园林可选用叠石岸。为使叠石岸更坚固，传统做法是在水下用梅花桩，其上铺大块扁平石料或条石作为上层叠石的基础。现多在水下用砖、石或钢筋混凝土砌筑整形基础，其上再进行山石堆叠。叠石岸通过

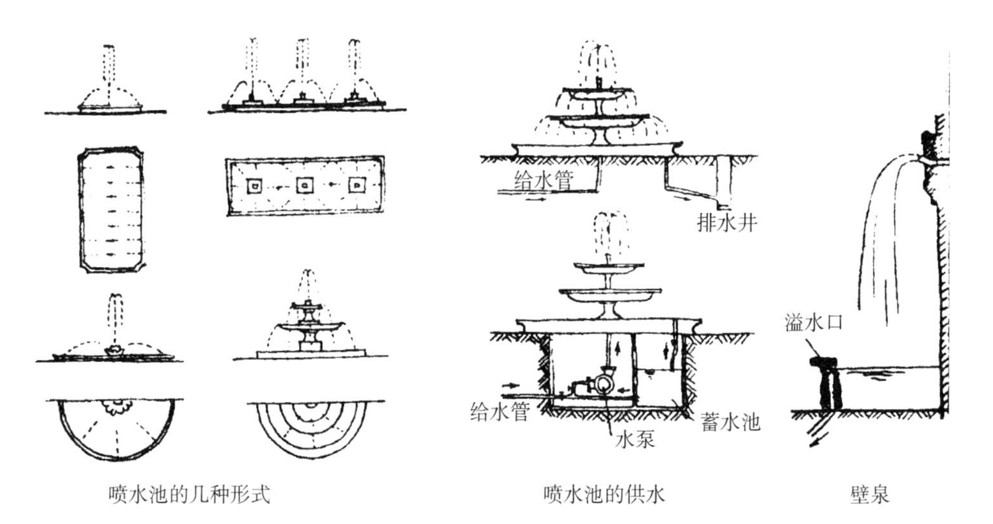

图 3-34　喷水池的几种形式

于凹凸处设石矶挑出岸边、留洞穴引水、于石缝间植藤蔓等方式，增加人与水岸的联系。多样的坡岸形式可打破单调同一，也可设置临水建筑和其他景物来丰富玩线的变化（图 3-35）。

人工岸线平直、整齐，但除规整型园林之外，通常不建议使用人工岸线。

园林一般不宜有较长的直线岸线，缘岸的路面不宜离常年平均水位的水面太高（图 3-36），并注意最高水位时不致满溢，最低水位时不感枯竭。缓坡水岸有利于适应水位高低变化（图 3-37）。岸边若能植栽枝条柔软的树木和枝条低垂的灌木，会使水岸更加美化。

（2）堤

筑堤是将较大水面分隔成不同特色空间的常用手段，园林中直堤较多，为避免单调，堤不宜过长，在水体中的位置不宜居中，堤间常设置桥梁、水闸或跌水景观。用堤划分空间，需在堤上植树，以增加分隔的效果。路旁可设置廊、亭、花、架、凳、椅等设施。堤岸有用缓坡的或石砌的驳岸，堤身不宜过高，以便游人接近水面（图 3-38）。

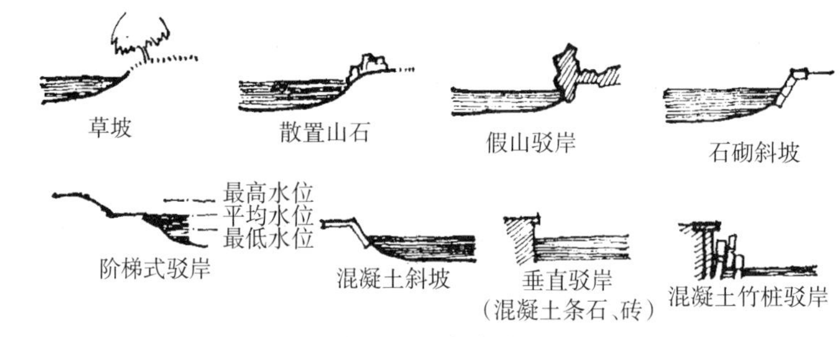

图 3-35　水岸处理

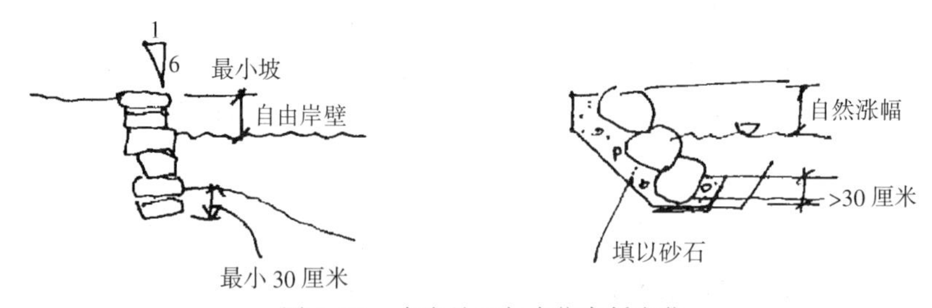

图 3-36　水岸处理与水位高低变化

图 3-37　斜坡水岸能适应水位的涨落

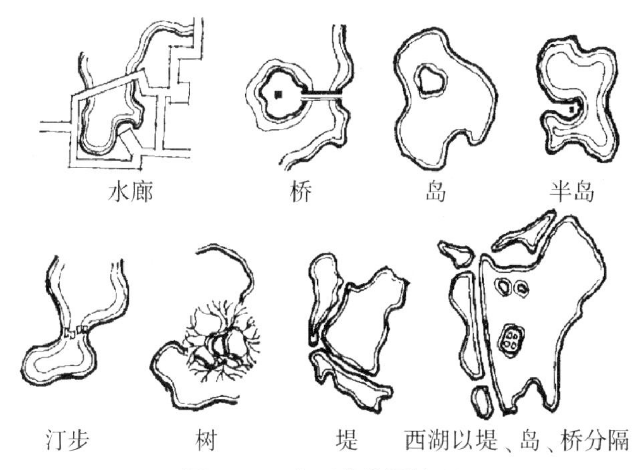

图 3-38　水面的分隔处理

（3）岛

岛亦可在园林中划分水面空间，并以其形态和体量增加景观层次，打破水面的单调。岛在水中，可远眺对岸的风景，亦可成为四周远眺的主景中心，若有一定的高度，则能提高观览的视点。岛屿还能增加园林活动的内容。岛屿的类型又可以分为：

山岛：山岛是为水淹没的山岭峰峦。以土为主堆筑的山岛抬升和缓，高度和体量往往受限，但山上可以广种植被，环境优美。用石堆叠的岛屿一般可处理出高巉、险峻之貌，但应以小巧为宜。山岛上可在最高点稍下的东南坡面上布置不大的建筑。

平岛：平岛其实是自然界的洲渚。园林中取法洲渚堆筑平岛，岸线圆润曲折而不重复，水陆之间过渡和缓，岛屿的大小、形状随水位涨落变化。岛上多布置临水建筑。水边可配置耐湿喜水的植物。较大的平岛若能以乡野风貌吸引鸟禽，则更增生动趣味。

半岛：半岛是深入水体的陆地，三面临水。

岛群：大型水面有时可以布置多座岛屿，使之成为岛群，其分布须考虑聚散与变化。

礁：在水中散置点石可以形成海中礁岩的风貌，较适宜于面积不大的园池。

岛的布置忌居中、整形，岛群设置须视水面大小及造景要求而定，数量不宜过多。岛的形状不能雷同，大小应与水面大小成适当比例，一般宁小勿大。岛上可建亭、立石、种树。大岛可安排建筑组群，叠山和开池引水，以丰富岛的景观。

（4）桥

小型园池或在水池相对狭窄处常用桥或汀步分隔水面并联系两岸（图 3-39）。水面分隔不宜平均，大水面需保持完整。曲桥可增加桥的变化和景观的对位关系，其转折处应有对景（图 3-40）。有船只通行的水道上，应用拱桥，桥洞一般为单数，拱桥多为半圆形，常水位时水平面位于圆心处。观景视点较好的桥上，须留出一定面积供游人逗留观览的平面。考虑到水面构景以及空间组织的需要，可使用廊桥。延长廊桥的长度，可形成半封闭、半通透的水面空间。

（5）水旁建筑

水体周围通常会布置建筑作为主景，同时供游人观赏水景、亲近水体（图 3-41）。

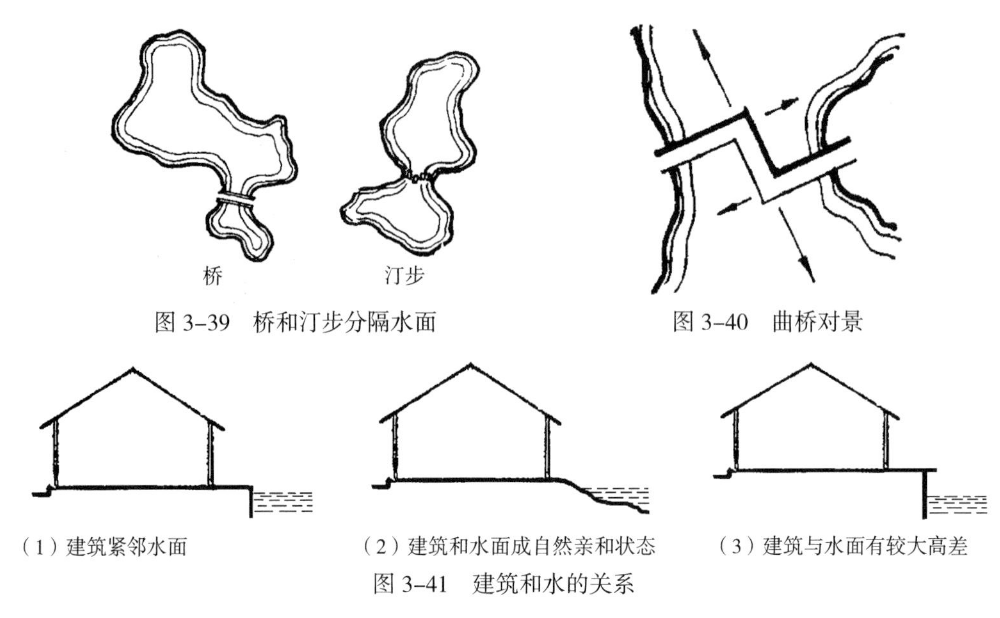

图 3–39　桥和汀步分隔水面

图 3–40　曲桥对景

（1）建筑紧邻水面　（2）建筑和水面成自然亲和状态　（3）建筑与水面有较大高差

图 3–41　建筑和水的关系

（6）水生植物

公园绿地配植水生植物，要了解其生长规律，并按照其景观要求处理（图 3–42）。用缸、砖石砌成的箱等沉于水底，供植物根系在内生长（图 3–43）。不同植物对水深要求不同，在挖掘水池时，即应在水底预留适于水生植物生长深度的部分土底，土壤要为富于腐殖质的黏土。在地下水位高时，也可在水底打深井，利用地下水保持水质的清洁，供鱼类过冬。

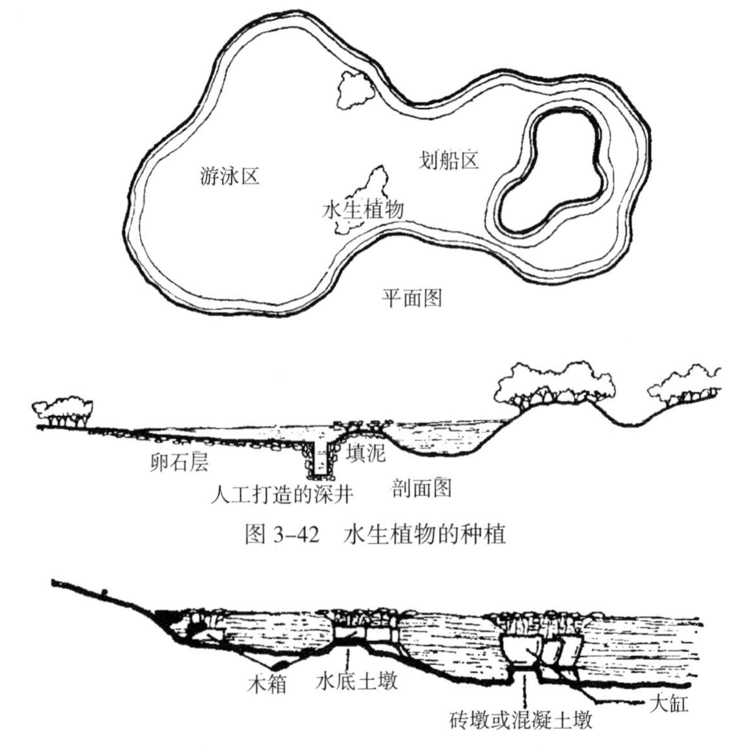

图 3–42　水生植物的种植

图 3–43　沉箱或大缸种植水生植物

（7）中水道

由于水资源有限，在兴建公园、绿地、营造大规模水景时需要考虑中水——污水再生利用来汇聚更大水源，以保证水量。

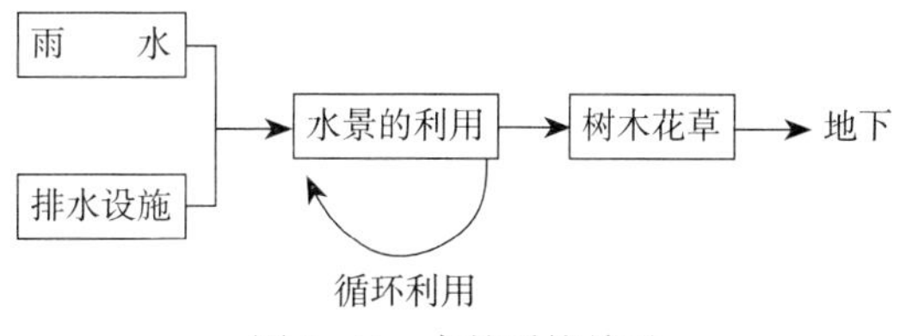

图 3-44　水的系统关系

将生活废水经过相应的处理后用于浇灌、注入池塘、溪流等公园水景的循环系统称为“中水道”（图 3-44），中水利用目前已经开始在一些公园绿地中运用，其推广的前景应该相当可观（图 3-45）。

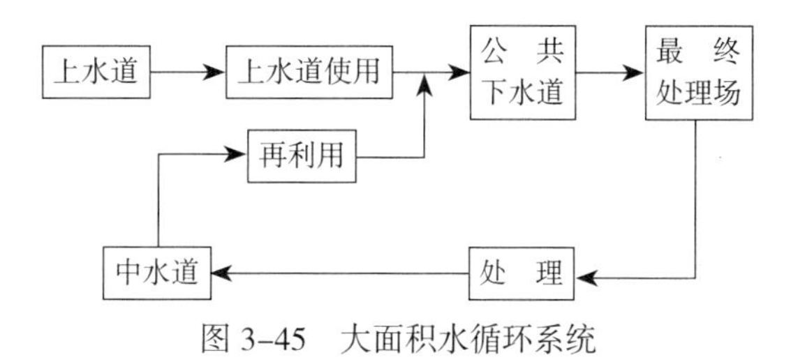

图 3-45　大面积水循环系统

3. 水利用的几种例子

（1）孤岛新镇同济河

孤岛新镇同济河的设计是水利用的一个例子。

孤岛新镇于 1984 年在山东省黄河三角洲的滨海地区开始建设。该镇原有一条灌溉渠——“神仙沟”环绕全镇。规划中设置了一条宽约 30m、位于城镇用地中部、贯穿南北的绿化带，并在其中设置了一条宽约 8m 的人工渠，即同济河，贯通南北水体，联系周边住区、公园、广场，形成该镇绿化体系中的一条轴线，为新镇注入了活力（图 3-46）。

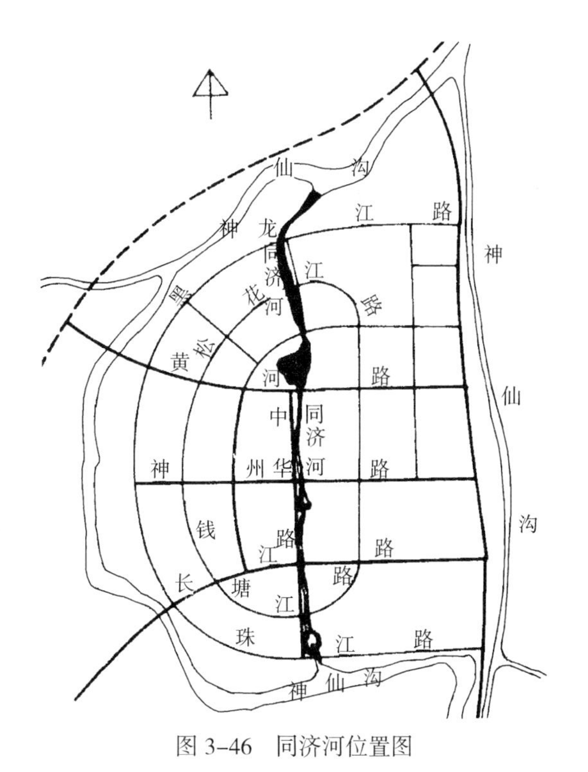

图 3-46　同济河位置图

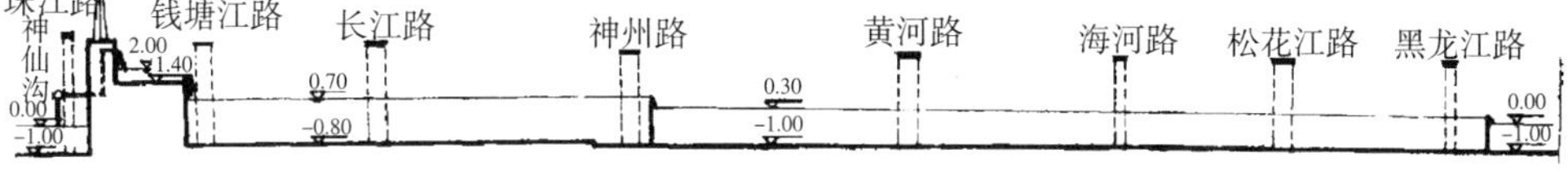

同济河的作用还在于：①滋润土地；②节约投资；③提供填土；④形成跌落水景。其纵断面如图 3-47 所示。

（2）浦东滨江绿化

浦东滨江绿化为人们提供了接近水体的可能性。

图 3-47　同济河纵断面

浦东滨江在规划设计中创立了最大限度地扩大绿地和接近水体的要求。规划红线 50m 的范围内，综合立体布局步道、绿地及车道，并将车道、防护堤放在箱式防护堤内，使人浏览观赏而不受车行干扰。而每年洪水来临，步行道被淹，形成有趣的景观（图 3–48、图 3–49）。

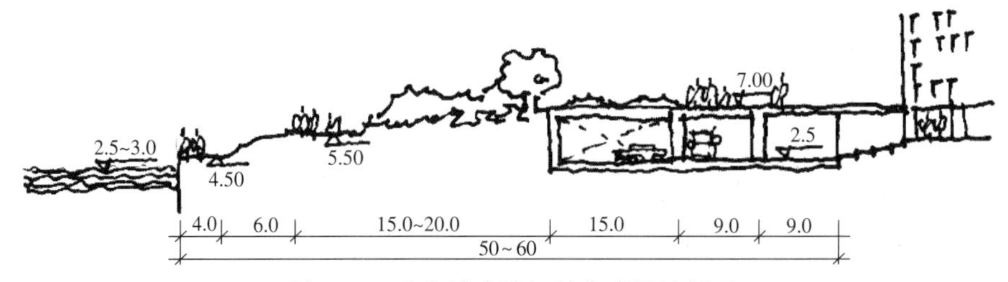

图 3–48　上海浦东滨江陆家嘴绿地剖面

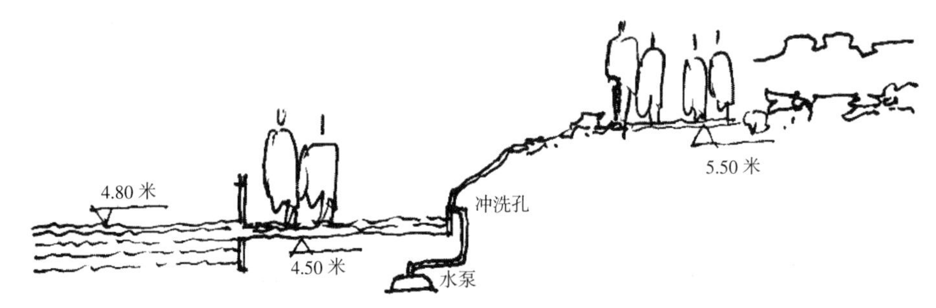

图 3–49　浦东滨江步行道高差设计示意图

图 3–50　佩雷公园平面及剖面图

（3）佩雷公园的水景

该公园位于曼哈顿的 53 号街口，四周被高楼包围，三面围墙，左、右两面高墙有攀缘植物覆盖，主要视点作为水幕墙，水流声遮盖了周围交通噪声，将自然情趣带进闹市（图 3–50、图 3–51）。

（4）美国德州威廉斯广场的喷水景致

该广场位于德州的新开发区中心，采用了一群野马奔驰雕塑的形象。使人回忆起这里原本是草原野马的地方（图 3–52）。

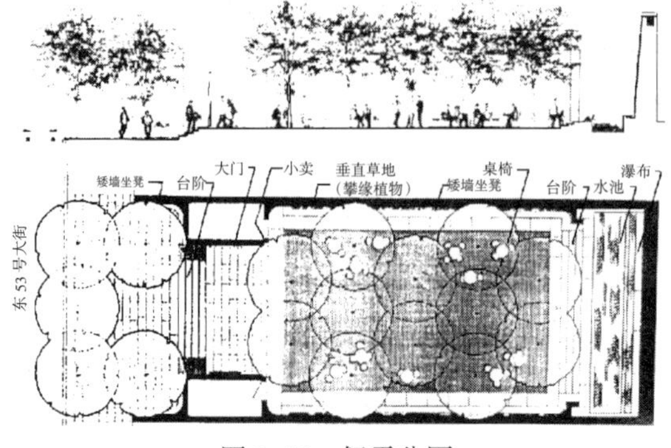

图 3–51　佩雷公园

图 3–52　奔马雕塑

第四节　花木植被

植被是指公园绿地中所需要的一切植物材料，通常都为绿色植物。

一、园林植物的分类

园林植物依其外部形态可分为乔木、灌木、藤本、竹类、花卉、水生植物和草地七类。

1. 乔木

乔木体形高大、主干明显、分枝点高。依高低有高乔木（20m以上）、中乔木（8~20m）和低乔木（8m以下）之分。从四季叶片变化还可分为常绿乔木和落叶乔木两类，其中叶形宽大者，称为阔叶常绿乔木或阔叶落叶乔木；叶片纤细如针状者，称为针叶常绿乔木或针叶落叶乔木。

乔木在园林中起主导作用，其中常绿乔木作用更大。

2. 灌木

灌木没有明显主干，多呈丛生状态或自基部分枝。一般体高2m以上者为大灌木，1~2m为中灌木，高度不足1m者为小灌木。

灌木也有常绿灌木与落叶灌木之分，主要作下木、植篱或基础种植，开花灌木也称“花灌木”，用途最广，常用在重点美化地带。

3. 攀缘植物

不能自立，须靠特殊器管（吸盘或卷须），或蔓延作用而依附于其他植物体上的，称为藤本植物或攀藤植物、攀缘植物。

藤本也有常绿藤本与落叶藤本之分。常用于垂直绿化。

4. 竹类

属常绿禾本科植物，干体浑圆，中空而有节，皮翠绿色；也有干体呈方形的、实心的及其他颜色和形状的，不过为数不多。

竹类用途较广，是一种观赏价值和经济价值都较高的植物。

5. 花卉

花卉有草本和木本之分，根据生长期长短及根部形态和对生态条件要求可分为四类。

（1）一年生花卉：指春天播种，当年开花的种类，如鸡冠花、凤仙花、波斯菊、万寿菊等。

（2）两年生花卉：指秋季播种，次年春天开花的种类，如金盏花、七里黄、花叶羽衣甘蓝等。

以上两者一生之中都是只开一次花，然后结实，最后枯死。这类花卉一般花色艳丽、花香郁馥、花期整齐，但寿命短，管理难，因此多在重点地区配置。

（3）多年生花卉：凡草本花卉一次栽植能多年继续生存，年年开花，或称宿根花卉，如芍药、玉簪、萱草等。

多年生花卉寿命较长，且包括很多耐旱、耐湿、耐阴及耐瘠薄土壤等种类，适应范围比较广。

（4）球根花卉：系指多年生草本花卉的地下部分，是茎或根肥大成球状、块状或鳞片状的一类花卉，如大丽花、唐菖蒲、晚香玉等。这类花卉多数花形较大、花色艳丽，可用于布置花境、与一二年生花卉搭配种植和切花。

6. 水生植物

水生植物是指生活在水域、湿地的所有植物，本节仅涉及部分适于淡水或水边生长的水生植物。

水生植物有重要的生态和景观作用。根据其需水状况及根部附着土壤之需要分为浮叶植物、挺水植物、沉水植物和漂移植物四类。

（1）浮叶植物生长在浅水中，叶片及花朵浮在水面，例如睡莲、田字草等。

（2）挺水植物生长在水深 0.5~1m 的浅水中，根部着生在水底土壤中，如荷花、茭白荨、苇草等。

（3）沉水植物其茎叶大部分沉在水里，根部固着于土壤中且不发达，仅有少许吸收能力，如金鱼藻等。

（4）漂移植物根部不固定，全株生长于水中或水面，随波逐流，如满江红、槐叶萍等。

7. 草坪

草坪是用多年生矮小草本植株密植，并经修剪的人工草地。园林中用于覆盖地面，有供观赏及体育活动用的规则式草坪，和为游人露天活动休息而提供的面积较大而略带起伏地形的自然草坪。

草坪有利于保护环境、防止水土流失，也是游人活动休息的理想场地，同时有较好的景观作用，所以在中外园林中应用比较广泛。

二、环境条件对园林植物的影响

植物生长会受到温度、阳光、水分、土壤、空气和人类活动等外在因素的影响。

1. 温度

温度与叶绿素的形成、光合作用、呼吸作用、根系活动以及其他生命现象都有密切关系。一般来说，0~29℃是植物生长的最佳温度。不同地区适合植物生长发育的温度条件和植物对温度的适应性都是不同的，这就是植物形成水平分布带和垂直分布带的原因。超越了适宜的温度范围，植物的生长发育就要受到影响甚至死亡。

2. 阳光

植物的光合作用与蒸腾作用都需要阳光。但是不同植物对光的要求并不相同，这种差异在幼龄期表现尤其明显。根据这种差异性常把园林植物分成阳性植物和耐阴植物。阳性植物只宜种在开阔向阳地带，耐阴植物能种在光线不强和背阴的地方。植物的耐阴性会因树种、植物的年龄、纬度、土壤状况不同而不同。如树冠愈紧密、年龄愈小、气候条件愈好、土壤肥沃湿润其耐阴性就越强。

城市树木因建筑物的大小、方向和宽度不同而产生受光差异，如东西向道路北面的树木一般向南倾斜，即向阳性。

3. 水分

植物的一切生化反应都需要水分参与，且过多过少都会影响生长。

不同类型的植物对水分多少的要求颇为悬殊。同一植物对水的需要量也会随树龄、发育时期和季节的不同而变化。春夏时树木需水量多，冬季多数植物需水量少。城市的自然降水形成地下水，为植物生长提供水分。

4. 土壤

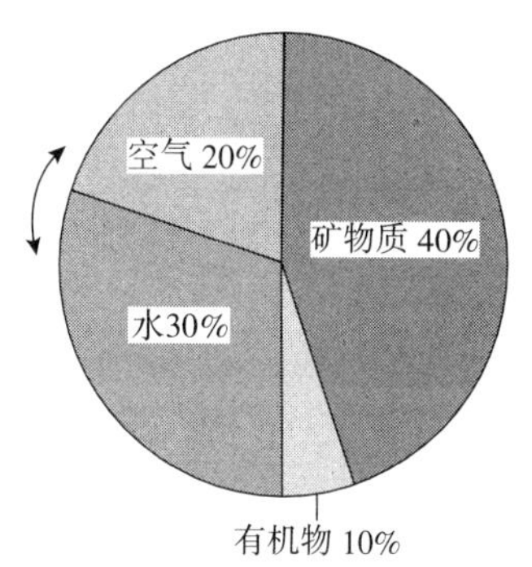

图 3–53　土壤结构示意图

土壤为植物提供矿物质营养元素（图 3–53），保证生长发育的需要。不同的土壤厚度、成分构成和酸碱度等，在一定程度上会影响植物的生长和分布。

土壤厚度对植物的影响主要是根系的反映（图 3–54）。同时，与地下水也有关系，如地下水高于埋深深度时则植物无法生长。

土壤的密度影响其中的空隙率，与水分的多少及其上的活动有关，植物养分的提供也会因此而受到影响。在城市行人步道、止水带，须覆以盖板以免土壤被践踏导致板结，保持其透水性。

土壤酸碱度(pH 值)影响矿物质养分的溶解转化和吸收。酸性土壤容易引起缺磷、钙、镁，增加和污染金属汞、砷、铬等化合物的溶解度，危害植物。碱性土壤容易引起缺铁、锰、硼、锌等现象。此外，土壤酸碱度还会影响植物种子萌发、苗木生长、微生物活动等。不同植物对土壤酸碱度的反应不同，大多数植物在酸碱度 3.5~9 的范围内均能生长发育，但最适宜的酸碱度却较狭窄，主要分为三类：①酸性土植物如马尾松、杜鹃等适合于 pH 值大于 6.7 的土壤；②大多数植物属中性土植物，适合 pH 值在 6.8~7.0 之间的土壤；③柽柳、碱蓬等碱性土植物，可生长于 pH 值大于 7.0 的土壤中。

土壤的酸碱度有时也和其结构有关，比如黏性土含各种有机质和矿物质，呈酸性，为适合更多种类植物的生长，可用砂砾加以混合；砂砾土有机质较少，要适应更多植物生长需要适当添加黏土；有些土壤 pH 值低于 4，若要在其上种植不耐酸植物，需掺入适量的生石灰以调整酸碱度，若其中还含有盐分，则要排水和提高土层厚度来改变土壤结构（表 3–7）。

5. 空气

空气中的氧和二氧化碳会影响植物的呼吸与光合作用，空气质量的好坏决定植物能否正常生长。厂矿集中的城镇，空气中含烟尘量和有害气体多，此类污染地区的绿化，须选用抗性强、净化能力大的植物。

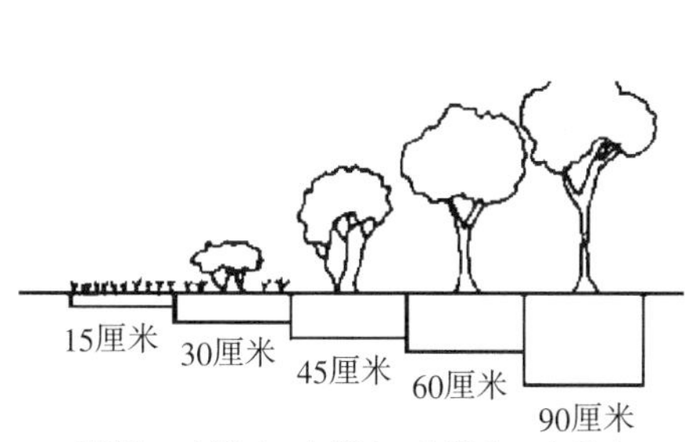

图 3–54　土壤厚度与树木大小根系的关系

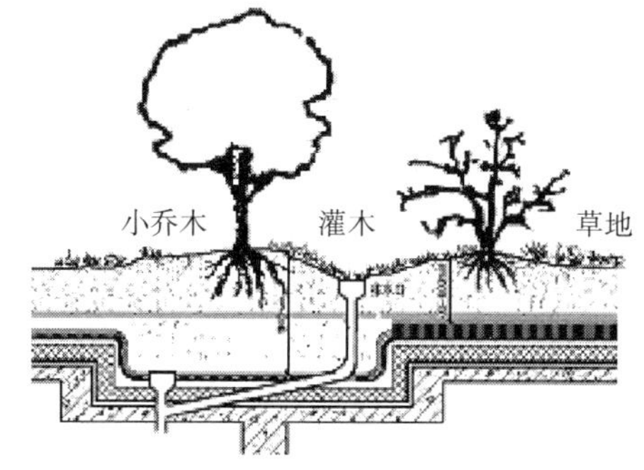

图 3–55　屋顶种植示意图

土壤与公园绿地的关系　　表 3–7

	土壤特性	产生的效果与危害
物理特性	透水性（蓄水性）	城市化的扩大导致不透水覆盖的扩大，为了使城市复活，有必要用土来覆盖地面
	硬度	为了多种多样的用途，需要控制土的硬度
	隔热效果	节省能源是重要的问题之一，重新讨论土的隔离效果，古人的深土建筑又一次被研究使用
生态特性	生物的支承和培育	土是生态学的基础，支承培养了人和动植物
	分解生物	土壤是有机物分解为无机物的场所，有数以亿计的微生物活动着
	建设平稳的环境	土是陆地上生态学的基础，也就是安定环境的基础
心理特征	柔和感	眼看有柔和感，触及有柔和感，而功能诱发人坐、滚、跑、玩
	亲切感	具有各种生命新陈代谢的空间，具有时间的流动，给人生命的活力，人对土固有的亲密感情
	给予安定感、安心感	长期农耕历史使人对土地抱有一种信赖感，土地提供我们保障与丰富生活的基础作为生活空间，是不变的、安定的，给人以安心感
设计特征	自由自在的形状	通过挖掘、切割、成堆、敲打、扭、压等行为可以形成很多造型
	色彩丰富	色彩丰富，可以是装饰性很丰富的空间
	衬托	土与其他东西组合在一起可构成背景，作为一种特征

6. 人类活动

人的活动不仅改变植物的生长地区界限，且影响到植物群落的组合。要合理利用改造，避免对植物及其生长环境的破坏。

此外，人类放牧、昆虫传粉、动物对果实种子的传播等，对植物生长和分布都有着重要的作用。

园林植物的生长和分布，同时受到各种环境条件的影响。此类影响的程度和界限难以准确定出，故对各因子加以叙述。

三、园林植物各器官的功能及其观赏特性

植物通常由根、干、枝、叶等营养器官和花、果实等繁殖器官组成。一般都有其典型的形态、色彩，且能随季节年龄的变化而变化。借此类变化组成园景，使其更具多样性。因此，我们必须掌握其不同部分、不同时期的观赏特性及变化规律，充分利用其形象，结合生态习性，促成特定环境的风景艺术效果。

1. 根

根的机能是固定植物、吸收水分和养分。

根一般生长在土壤中，观赏价值不大，只有某些根系特别发达的树种，根部往往高高隆起，凸出地面，盘根错节，可供观赏。例如，榕树类的气生根。

2. 干

干的作用是支持植物冠叶并运输物质养分。

树干的观赏价值与其姿态、色彩、高度、质感和经济价值都密切相关。银杏主干

通直，藤萝蜿蜒扭曲，紫薇细腻光滑，龙鳞竹布满奇节……且不同植物干皮颜色不同，观赏价值较高。

3. 枝

树枝主要担负支持叶片以获得阳光及运输、储藏物质的任务，枝条上有不定根者，还具有繁殖的机能。

树枝的生长状况，枝条的粗细、长短、数量和分枝角度的大小，都直接影响着树冠的形状和树姿的优美与否。例如，油松侧枝轮生，苍劲有力；垂柳小枝下垂，轻盈婀娜；一些落叶乔木，冬季枝条清晰，衬托蓝天白雪，观赏价值更高。

其他如红枝的红瑞木、绿枝的棣棠，用作植篱或成丛配植在树群之中，在少花的冬季亦是美观。

4. 叶

叶负担着光合作用、气体交换和蒸腾作用，还能输送和储藏食物，并作为营养繁殖器官。

叶的观赏价值主要在于叶形和叶色，一般奇特或特大的叶形较容易引起人们的注意。如鹅掌楸、银杏、棕榈、荷叶、龟背竹等的叶形，都具有较高的观赏价值。

春夏之际树叶呈浓淡不同的绿色。常绿针叶树多呈蓝绿色，阔叶落叶树多呈黄绿色，到了深秋很多落叶树的叶就会变成不同深度的橙红色、紫红色、棕黄色和柠檬黄色等。另有具双色叶片的胡颓子、银白杨等，片植后在阳光下银光闪闪，更富趣味。利用叶色植物成为现代园林中一种重要的手段。

5. 花

花是植物有性繁殖的器官，其姿容、色彩和芳香对人都有很大的影响。玉兰一树千花，亭亭玉立；荷花姿色嫣嫣，雅而不俗；梅花姿容、色彩、香味三者兼而有之；盛春牡丹怒放，朵大色艳；夏季石榴似火；金桂仲秋开花，浓香郁馥；隆冬山茶吐艳、腊梅飘香。

不同种类的花能给人不一样的感受。

6. 果实与种子

果实与种子也是植物的繁殖器官，除供食用、药用、用作香料外，很多鲜果都很好看，尤其在秋季硕果累累、色彩鲜艳、果香弥漫，为园林平添景色。若搭配得当，效果更为显著。

7. 树冠

树冠由植物的枝、花、叶、果组成，其形状是主要的观赏特征之一，特别是乔木树冠的形状在风景艺术构图中具有重要的意义。树冠形状一般可概括为：尖塔形（雪松、南洋杉）、圆锥形（云杉、落羽杉）、圆柱形（龙柏、钻天杨）、伞形（枫杨、槐树）、椭圆形（馒头柳）、圆球形（七叶树、樱花）、垂枝形（垂柳、龙爪槐）、匍匐形（偃柏）等。

树冠的形状和体积会随树龄的增长而不断改变，同种同龄的也会因立地环境条件不同而有差异。

树冠的观赏特性除与它的形状大小有关外，树叶的构造和颜色，分枝的疏密和长短，也会影响树冠的艺术效果。在选配树种时都应加以考虑。

四、园林植物的配植

用植物作为素材，在符合其生长规律的前提下，借助植物的姿形、花形、叶色创作出优美的园景，这就是园林植物的配植，即植物造景。

森林是人最早认识植物系统的基础。在园林景观设计中要努力使森林进入城市，故这里从森林说起。

1. 森林

除市区内需要充分绿化外，在城市郊区栽植大面积森林景观对保护环境、美化城市也是有利的。

森林包围城市，对于接近城市的那部分森林应该按照风景园林的要求来处理，根据疏林郁闭度，一般可以按 0.1~1 分成十级，0.1 及以下是空旷地（林中空地或荒地），仅有少数的灌木和孤立木。疏林郁闭度在 0.1~0.3 之间，植被较丰富，可成为艺术性植物观赏点。疏林郁闭度在 0.4~0.6 之间，常与草地结合，故又称疏林草地。疏林草地是风景区中应用最多的一种形式，也是林区中吸引游人的地方，故其中的树种应具有较高的观赏价值，常绿树与落叶树的比例要合适。树木种植须使构图生动活泼。林下草坪应含水量少，组织坚韧、耐践踏，不污染衣物，最好冬季不枯黄，一般不修建园路。但是作为观赏用的嵌花草地疏林，就应该有路可通。乔木的树冠应疏朗一些，不宜过分郁闭，影响花卉生长。

郁闭度在 0.7~1 之间的称作密林，密林比较阴暗，但若透进一丝阳光，加上潮湿的雾气，在能长些花草的地段，也能形成奇特迷离的景色。密林地面土壤潮湿，有些植物习性特殊、不宜践踏，游人不适合入内活动。

由一种树组成的单纯密林，没有垂直郁闭景观和丰富的季相变化。故可通过异龄树种造林，结合地形起伏变化使林冠产生变化。林区外缘还可以配置同一树种的树群、树丛和孤植树，增强林缘线的曲折变化。林下配置一种或多种开花华丽的耐阴或半阴性草本花卉，以及低矮、开花、繁茂的耐阴灌木。

混交密林由多层结构的植物群落生长在一起，形成不同的层次，季相变化较丰富。林缘部分供游人欣赏，其垂直分层构图要十分突出。

在配植密林时，大面积的多采用片状混交，小面积的则用点状混交，同时要注意常绿与落叶、乔木与灌木的配合比例，以及植物对生态因子的要求。

为了提高林下景观的艺术效果，水平郁闭度不可太高，最好在 0.7~0.8 之间，以利于地面植被正常生长和增强可见度。可多采用从空旷地到疏林到密林的几种景观形式。

2. 树群

将一定数量的乔木或灌木混合栽植在一起的混合林称树群。树群中作为主体的乔木品种不宜太多，以 1~2 种为好，且应突出优势树种。另一些树种和灌木等作为从属和变化的成分。

树群在公园、绿地中通常是布置在区域的周边，用来隔离区域、分隔空间，形成绿化气氛，掩蔽陋相并起防护作用。树群可以作背景或主景处理。按数量可分为单纯树群和混交树群。前者由一种树木组成，观赏效果相对稳定，树下可用耐阴宿根花卉作地被植物；后者从外貌上应注意季节变化，树木组合必须符合生态要求。从观赏角度来讲，高大的常绿乔木应居中央作为背景，花色艳丽的小乔木在外缘，大小灌木更在外缘，避免相互遮掩。从布置方式上可分为规则式和自然式。前者按直线网格或曲线网格作等距离的栽植。后者则按一定的平面轮廓凹凹凸凸地栽植，株间距离不等，一般为不等边三角形骨架组成，且最好具有不同年龄、高度、树冠姿态，多用于空间较大的地段。

区域边缘的树群中最好有一部分采用区域外的树种，便于过渡、呼应。树群的配置应注意层次和轮廓。层次一般以三层为好。树群的轮廓线宜起伏变化，避免高低一致。在需要借景的部位，可降低树木高度，留出透视线。作背景的树群色彩处理不要过于渲染。作主景的树群，要处理好树群边缘的布置，可以选择一些观赏特性不同的树种形成对比，也可以在突出的地方布置一些相同的树种作为树群的整体，借着明暗和距离的变化使树群活泼起来。用树群分隔空间时，空间的大小一般以树群高度的3~10倍为好，避免过于闭塞或空旷。

3. 丛树

为数不多的乔、灌木成丛地栽植，要使树丛从多个角度看起来均具有个体、群体美。

丛树在形式上一般采取自然式，但规则式绿地中有时也采用规则式丛树。树丛是园林绿地中重要的点缀部分，多布置在草地、河岸、道路弯角和交叉点上，作为建筑物的配景。平淡的丛树可以作为框架，裁剪画面或引导视线至主要景物。

丛树配置时可由一种或几种乔木或灌木组成，主要同树群的处理方式。

4. 对植

凡乔、灌木以相互呼应的形式栽植在构图轴线两侧的称为对植，多用耐修剪的常绿树种，如柏树等。对植可作配景，亦可作主景，形式有对称种植和非对称种植两种。

对称种植：经常用在出入口等规则式种植构图中。街道两侧的行道树是对植的延续和发展。对植最简单的形式是用两棵单株体形大小相同、树种统一的乔、灌木对称分布在构图中轴线两侧。

非对称种植：多用在自然式园林进出口两侧及桥头、石级磴道、建筑物门口两旁。此类种植树种也应统一，但体形大小和姿态可以有所差异。与中轴线的垂直距离大者要近，小者要远，以取得呼应、平衡。

对植也可以在一侧种一大树而在另一侧种同种的两株小树，或分别在左右两侧种植，组合成近似的两组丛树或树群。

5. 单植

单植树木主要是表现植物的个体美，在园林功能上有单纯作为构图艺术及庇荫和构图艺术相结合两种。

单植树的构图位置应该十分突出，要选用体形巨大、开花茂盛、香味浓郁、树冠轮廓有特色、色叶有丰富季相变化的树种，如银杏、红枫、香樟、广玉兰等。

在园林中单植树常布置在大草坪或林中空地的构图重心上，与周围景点呼应协调，四周要空旷，以留出一定的视距供游人观赏。一般最适距离为树木高度的四倍左右。也可布置在开阔的水边及可眺望远景的高地上。在自然式园路或河岸溪流的转弯处，常要布置姿态、线条、色彩突出的单植树，以限定空间、吸引游人前进，故称诱导树。古典园林中的假山悬崖上、巨石旁边、磴道口处也常布置作为配景吸引游人的单植树，姿态盘曲苍古，与山石相协调。另外，单植树也是树丛、树群、草坪的过渡树种。

6. 行植及绿篱

按直线或几何曲线栽植的乔灌木叫做行植。多用于道路、广场和规则式的绿地中，等距行植，效果庄严整齐。

大面积造林或防护林带中常用行植。每行之间的组合关系可以为四方形、矩形、三角形和梅花形等。其中，梅花形在单位面积中密度最高。

采用韵律行植可协调变化与统一，其观赏效果更近自然。

绿篱主要用于边界，有绿篱、树墙及栅栏等，也称植篱。其作用有组织空间、防止灰尘、吸收噪声、防风遮荫、充当背景、建筑基础栽植及隐蔽不美观地段等。绿篱一般采用耐修剪的常绿灌木。

高低不同的绿篱有不同的功能，高绿篱可以阻挡视线并分隔空间，矮绿篱可以分隔空间并引导交通。绿篱的高度可分为 45、60、90、150cm 等。

规则式绿地中行植的乔灌木包括绿篱，可以修剪成形。

7. 地表种植

地表种植通常指贴近地面的地被植物的种植，草坪是应用最广泛的地表植物。

草坪在园林中除供观赏外，还用于提供休息活动场所及保护、美化环境。根据草坪在园林中规划的形式可分为以下两类：

（1）自然式草坪：多利用自然地形，或模拟自然地形的起伏，形成原野草地风光。自然起伏应有利于机械修剪和排水，一般允许有 3%~5% 左右的自然坡度，并埋设排水暗管。种植在草坪边缘的树木应采用自然式，再适当点缀一些树丛、树群、单植树之类。

自然式草坪最适宜于布置在风景区和森林公园的空旷和半空旷地上。在游人密度大的地区，一般采用修剪草坪，游人密度小的地区，可采用不加修剪的高草坪或自然嵌花草坪。

（2）规则式草坪：在外形上具有整齐的几何轮廓，一般用于规则式的园林中或花坛、道路的边饰物，布置在雕像、纪念碑或建筑物的周围起衬托作用，也可在边缘饰以花边以显美观。

用于体育场上的草坪也属于规则式草坪。规则式草坪，对地形、排水、养护管理等方面的要求较高。

在草种选择上，北方多用高羊茅草、羊胡子草、野牛草等，而南方则常用结缕草、假俭草、四季青等，常采用混合种植达到四季常青的效果。

还有许多用其他的地被植物覆盖地皮，如北方的三叶草、南方的酢浆草等，达到了较好的效果。

8. 攀缘种植

利用攀缘植物形成垂直绿化。攀缘植物攀于大树树干的大枝上时，也可形成美妙的景色。

许多藤本植物均能自动攀缘，不能自动攀缘者需要木格子、钢丝等加以牵引。

9. 水体绿化

利用水生植物可以绿化水面，有的水生植物还可以起护岸和净化水质的作用。

水面绿化时要控制好种植的范围，不要满铺一池。还要根据水深、水流和水位的状况选用不同的植物。

10. 花坛

花坛要求有较多种类的花卉，具有不同的色彩、香味或形态，在绿化中起点缀作用，其形式可分为以下几种。

（1）独立花坛

独立式花坛在园林绿地中独立存在，花卉要求环境价值较高，多采用对称图形。分三种类型：其一是花坛式，包括花台、花境和花带等；其二是规则式，一般用矮形花卉配合草地组成一定图案，如毛毯式花坛；其三是立体式，一般有较大的坡度，甚至垂直于地面。

（2）组群花坛

配合道路、广场、铺地、水池、雕塑及座椅等由多个个体花坛组成一个整体。构图时各个单元可分为带状组群花坛和连续组群花坛。

（3）附属花坛

这是一种以树木为主体，花卉配合布置的形式。用花很少，布置灵活。

（4）活动花坛

对受环境影响无法栽植的植物采用此方法弥补，同时对容器提供了变化的可能性，植物可随容器搬运或临时栽植，形成多种形式的花坛。

五、生态性种植

生态种植是指符合生态学理念的绿化，以人工造林的方法达到植物生态群落的最终目标——顶级群落。这种自然群落环境保全功能大且建造成本与管理费低，抗害力强，容易维持，绿化成效。

1. 生态绿化的做法

（1）植物调查与树种分析

应在设计前聘请专家选定适合当地的树种。环境条件恶劣之处，可先种植速生树种或固氮植物，再逐步改换为持久性树种。

（2）自小苗造林起步

用小苗造林取代移植树木，成本低、效益佳。

（3）土壤改良

绿化用地的土壤改良与整地为成败的关键工作。除保留原来林地的有机土壤及肥沃表土外，应尽量施加有机质（泥炭土等）或制造人工表土。

（4）苗木及栽植方法

苗木栽植宜以容器培育，并将不切直根及不截主干的1~3年生苗（常绿树以树高0.5~1.5m为宜），于3~4月定植。

定植以混合密度为宜，其间尚需直播种子。

（5）表土覆盖

栽植完工后，宜以稻草、树皮堆肥等覆盖土面，以免表土流失，并可抑制杂草和保持土壤水分。

（6）造林后的管理

栽种后 2~3 年间，应施行除草、施肥、排水、病虫害防治等管理。

（7）林分密度的调整

宜以疏开移植的方式调整林木密度，避免生长过密、自然淘汰的现象。

2. 生态绿化的适应范围

生态绿化适用于大面积的园林绿地，包括公园、高速干道、分隔带种植区、学校、自然风景区等。

3. 生态绿化的特质

通过表 3–8 可以看到，生态绿化和传统绿化的对比关系。

生态绿化与传统绿化特质比较　　表 3–8

特质	生态绿化	传统绿化
树种搭配	异龄苗木所构成的复杂林，考虑其演替序列及相互依存的关系，由先驱、营建及季相优势的发展来形成最终的植物群落	单一树种或数种植物群混交堆砌
树种选取	强调原生树种的使用，特别是本土适应良好且为栽植立地的潜存植物	多半不限，主要考虑视觉美化
苗木大小与移植	强调以大苗木为主，定植方便，根系发展完整，具地锚作用	多半以大树为主，移植耗工费时，且易死亡
育苗	以现地育苗为主，运用植栽容器的优点，成长至大苗后，定植在基地上，定植工作容易，成活率高	多半为苗圃在外育苗，再移植到基地上，苗木须有适应当地气候的过程
验收	以苗木总数、定植前客土、施肥及育苗系统、灌溉系统及稀疏等密度为控制手段，分期验收成果，逐步实现	以精密标准化规格验收苗木。因规格限制，易造成断干截枝、树形不整
成本效益分析	可大量降低苗木成本，将其投资在维护及改善基地环境的条件上，苗木长成后适应性良好，无须再付额外的费用	购买树木成本大，初期维护费用低，后期持续增加
目的	达到空气净化、防尘、防风的一般目的，最终达到环境最优，能自我调节、自然播种、自行更新	以景观美化为其附加价值最高评价
本质	开放的运作系统，旨在改善民众生活环境。品质的长远、持续进行，一旦观念形成，便可成为人人参与的社会运作，以达到修补生态系统的目的	设计者们预先设定，容易造成市场供应失调，工程的规格化要求日趋僵硬而易成为设计者与厂商协商瓜分市场的恶性循环

六、生物多样性

生物多样性是生命长年进化的结果，保护物种多样性就是保护我们人类的生存环境，需要世世代代共同奋斗。

1. 基本论述

生物多样性是指地球上所有生物及其生存环境构成的综合体。包括生态系统多样性、物种多样性和遗传多样性三部分。

生态系统多样性指生物及其所生存的环境构成的综合体的多样性；物种多样性指

动植物和微生物种类的丰富性；遗传多样性指物种内基因的变化，包括同种的显著不同种群或同一种群内的遗传变异。

生物多样性为我们提供了食物、纤维、木材、药材和多种工业原料，还具有保持能量合理流动及生态环境方面的功能。兼具经济、生态、社会、艺术、美学、文学、科学、旅游等价值。保护生物多样性有利于实现可持续发展。

人类社会的生存发展易造成生物多样性的破坏，同时，也危及人类的生存安全。我国政府非常重视生物多样性保护，参加世界生物多样性保护条约，建立动植物园自然保护区、森林公园，退耕还林、还草还木和城市绿地系统规划，加大宣传力度，促进对生物多样性的保护和利用。

1992 年，在“环境与发展”大会上，153 个国家签订了《生物多样性公约》，我国是最早的缔约国之一。2001 年起联合国将每年的 5 月 22 日定为“国际生物多样性保护日”。

2. 城市的生物多样性

城市人口密集，其形成和建设过程其实是把高度生物多样性的自然生态系统置换为生物多样性很低的人工的经济社会系统。城市生物多样性的恢复提高有利于现代城市的发展。西欧与北美的很多城市，都有大面积的公共绿地，市区人工绿地与郊外天然植被自然衔接，动物基本处于野生状态，创造了人与自然和谐共处、生物多样性高的、稳定清洁的城市。

3. 湿地的生物多样性

湿地是指天然或人工、长久或暂时性的沼泽地、泥炭地或水域地带，带有静止或流动，或为淡水、半咸水、咸水水体，包括低潮时水深不超过 6m 的水域。

我国是湿地生物多样性最丰富的国家之一，拥有许多珍稀物种，天然的湿地环境为物种的保存提供了生态繁衍空间和遗传基因库。故应保护湿地资源、发挥湿地功能、实现湿地资源的可持续利用。

4.“林子大了，鸟就多了”

“林子大了，鸟就多了”说明城市中大片的园林绿地能带来更多的生物。林子提供给鸟类食物，鸟类捕食害虫防止林木及农作物被害。

（1）鸟类

增加城市园林鸟类的种类和数量，既可以增加城市生物多样性，还可以降低园林管理成本，改善生态环境。

为鸟类提供食物，可采用两种植物搭配模式：其一为乔、灌、草模式，适用于地面园林景观；其二为灌、草模式，适用于屋顶园林引鸟景观。适合作为鸟类食物的主要是一些具有核果、浆果、梨果及球果等肉质果的园林植物，包括小檗、酸枣、火棘等灌木和爬山虎、野蔷薇、忍冬等藤本植物。鸟类的出没能使园林富有更加深远的想象空间，发挥更大的生态效益。

（2）蜂蝶

许多灌木、花境植物和岩石园植物、一年生及多年生植物都能吸引蜂蝶、虫、鸟，且往往将益虫和天敌引到花园中。可建池塘、长草区、针叶屏障林等为虫、蜂蝶提供栖息地。

（3）昆虫

昆虫因其种类和数量多、分布范围广、繁殖率高，成为生态型绿地里最易恢复的物种。大部分植物的繁衍离不开传媒昆虫；肉食性昆虫帮助人类生物防治害虫；许多动物以昆虫为食。生态型绿地中的食物链能实现生态的稳定，从而实现生物多样性。

第五节　园林建筑

园林建筑一般是指能为游人提供休憩、活动的围合空间，并有优美造型、与周围景色相和谐的建筑物。本书将现代公园中体量小、无法容纳游人的卖品部归入小品类。而位置在园内且视觉无隔离的园林管理用房仍应作为园林建筑予以考虑。

一、园林建筑的作用与类型

（一）园林建筑的作用

古代园林建筑大多与生活起居有关，含待客宴饮、居家小聚、游憩赏景以及养心观书等功能；现代园林建筑多为休闲观览、文化、娱乐、宣传等功能而设。造型方面，园林建筑力求使人赏心悦目，因而常扮演园景主体的角色。

园林建筑的作用可用“观景”和“景观”予以概括。为满足“观景”功能，园林建筑需要选择恰当的位置，使景物在窗牖之间展开（图 3-56）。而建筑本身特定的形象也是一种景观，甚至还成为控制园景、凝聚视线的焦点。若能与山水花木配合，更能使园景增色（图 3-57）。

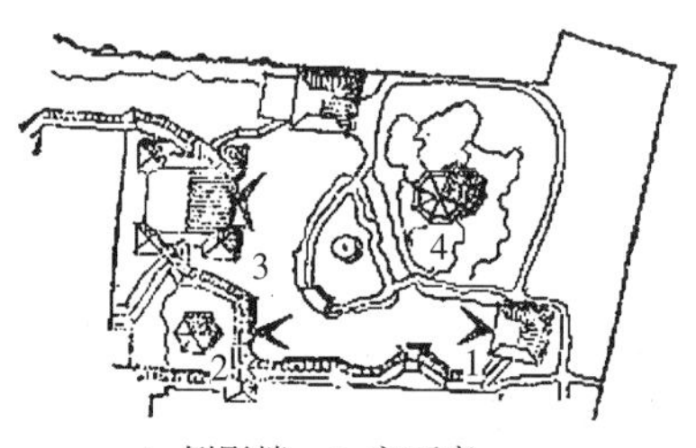

以苏州拙政园西部庭园空间为例，看各园林建筑之间观赏和被观赏的关系。

1-倒影楼；2-宜两亭；
3-卅六鸳鸯馆；4-浮翠阁

从倒影楼看宜两亭

从卅六鸳鸯馆外观浮翠阁

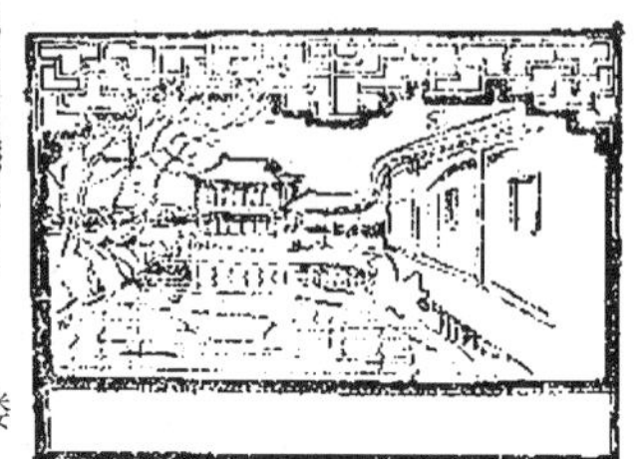

从宜两亭的空廊眺望倒影楼

图 3-56　园林建筑的作用（一）

园林建筑能给自然风景起到点缀和装饰的作用。

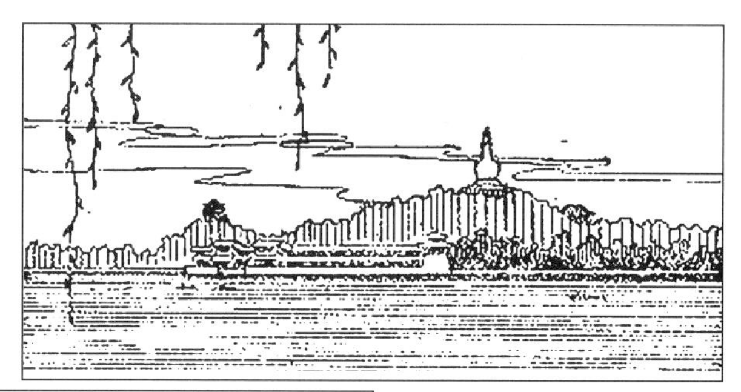

园林建筑体量较大，成为全园的主景时，可给人一种“控制”和“统帅”全园风景的感觉。

沿着浏览路线行进时，人们透过山池树石所构成的景框，可以看到一幅幅画面，其中许多都是以建筑为构图中心的风景画面。

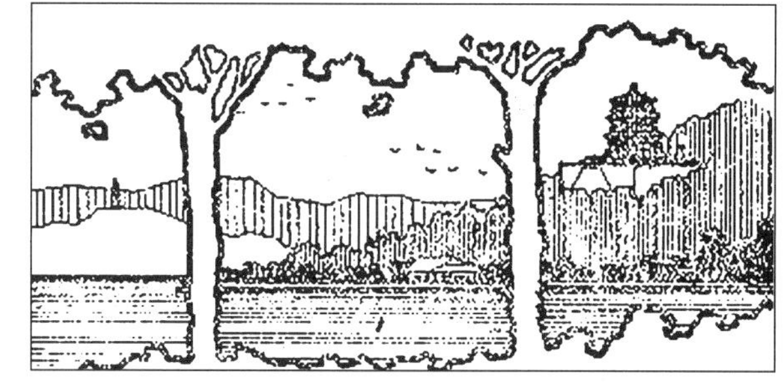

图 3–57 园林建筑的作用（二）

此外，园林建筑还有分划园林空间、组织游览路线的作用。

利用前后建筑的参差错落可以有序分划园林空间，形成不同的景区。一方面使物理空间分细变小，另一方面，通过合理的景观安排，可使园景变得丰富，让游人感觉空间变得更大。

利用建筑的主次用途，配合园内造景处理以吸引游人，再用相应的造园要素进行空间组合，就可以形成游览路线。移步换景，直至目的地。

（二）园林建筑的类型

在园林或现代公园绿地中，建筑的形式各异，为便于规划设计，需对其进行必要的分类（图 3–58）。

1. 中国传统园林建筑

我国古代园林建筑布局摆脱了传统居住建筑轴线对称、拘谨严肃的格局，造型组合更为丰富灵活，布置也因地制宜而富于变化，从而形成了极具特色的风格。

（1）亭

园林中亭是数量最多的建筑，主要供游人短暂逗留，也是点景造景的重要要素。亭的体量大多较小，形式相当丰富，平面有方形、圆形、长方、六角、八角、三

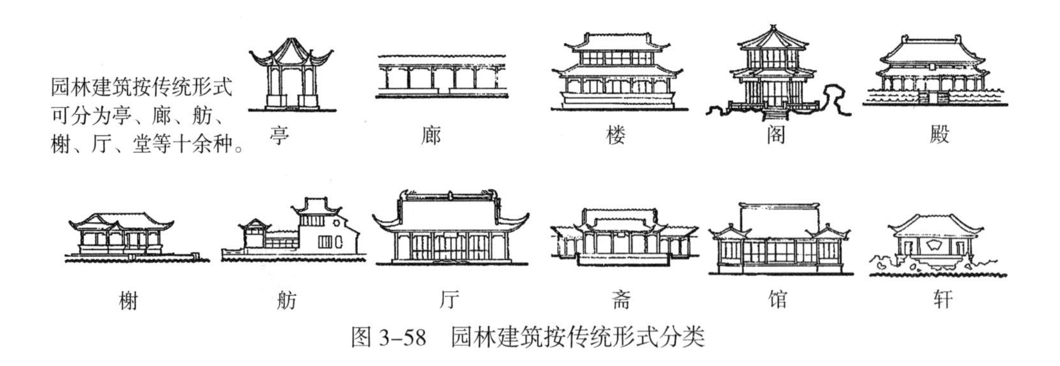

图 3-58 园林建筑按传统形式分类

角、梅花、海棠、扇面、圭角、方胜、套方、十字等诸多形式，屋顶亦有单檐、重檐、攒尖、歇山、十字脊等样式。亭的布置有时仅孤立一亭，有时则三五成组，或与廊相联系或靠墙垣作半亭。园林的亭构大多因地制宜地选择不同的造型和布局（图 3-59）。

（2）廊

廊并不能算作独立的建筑，它只是用以联系园中建筑的狭长通道。廊能随地形起伏，其平面亦可屈曲多变而无定制，因而在造园时常被作为分隔园景、增加层次、调节疏密、区划空间的重要手段（图 3-60）。

园林之中，廊大多沿墙设置。而在有些园林，为造景需要也有将廊从园中穿越，不依墙垣，不靠建筑，廊身通透的。这样的空廊也常被用于分隔水池，供人观景。园林之中还有一种复廊，其形式是在一条较宽的廊子中间沿脊桁砌筑隔墙，墙上开漏窗，使内外园景彼此穿透，若隐若现。随山形起伏的称爬山廊，有时可直通二层楼阁。另有上下双层的游廊，用于楼阁间的直接交通，或称边楼，也称复道廊。

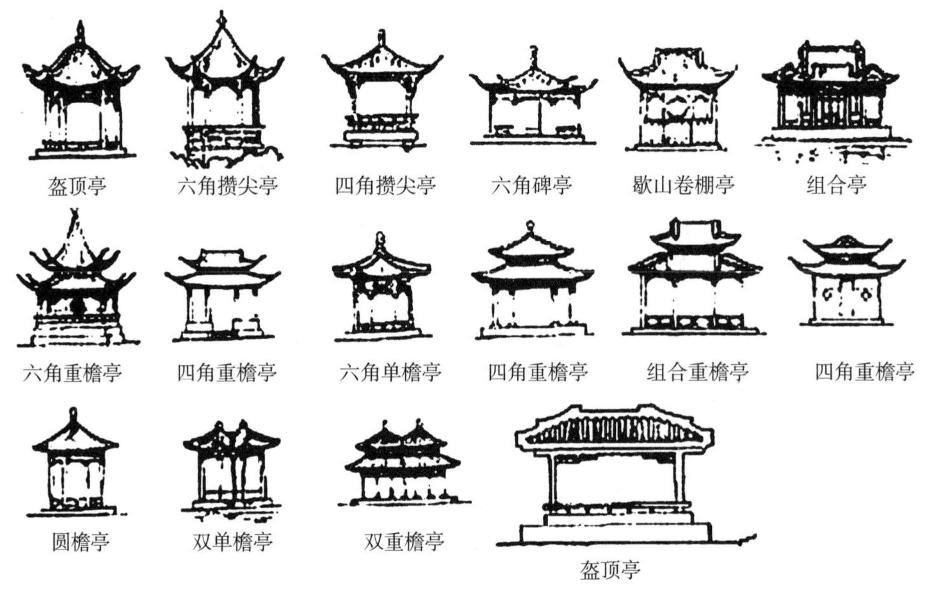

图 3-59 传统亭的式样

廊对于游人是一条确定的观景路线，人行走其中，有“步移景异”的效果。廊较游览道路多了顶盖，更便于欣赏雨雪景致。

（3）台

台本来是指高耸的夯土构筑物，以作登眺之用。秦汉后这种高台日渐式微，不复再见。明清园林中“掇石而高上平者，或木架高而版平者，或楼阁前出一步而敞者”都被视为台。目前，古典园林中使用较多的台则是建筑在厅堂之前，高与厅堂台基相平或略低，宽与厅堂相同或减去两梢间之宽的平台。主要供纳凉赏月之用，一般称作月台或露台。

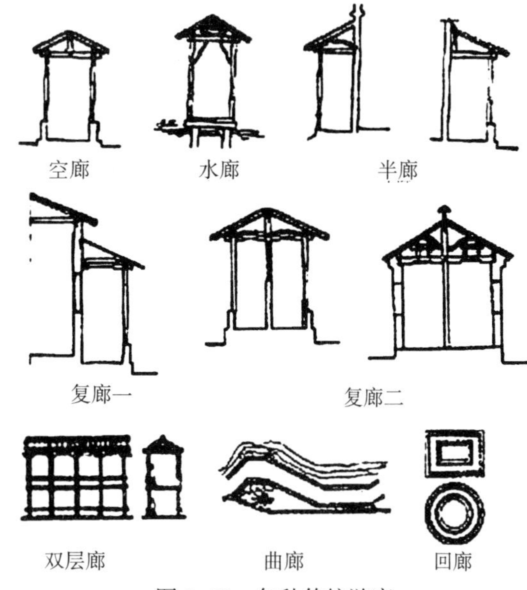

图 3-60 各种传统游廊

（4）轩

园林建筑中的轩一是指一种单体小建筑，如北京清漪园的构虚轩、无锡寄畅园的墨妙轩等，居高临下。另一是指厅堂前部的构造部分，江南厅堂前添卷亦称轩，以象车前高。轩的形式有船篷轩、鹤胫轩、菱角轩、海棠轩、弓形轩等多种，造型秀美。其作用主要是增加厅堂的进深。这种构造为江南特有。

（5）榭

榭的原义是指土台上的木构之物。明清园林中的榭依据所处位置而命名。如水池边的小建筑可称水榭，赏花的小建筑可称花榭等。常见的水榭大多为临水面开敞的小型建筑，前设坐栏供人凭栏观景。建筑基部大多一半挑出水面，下用柱、墩架起，与干阑式建筑相类似。这种建筑形制实与单层阁的含义相近，所以也可称水阁，如苏州网师园的濯缨水阁、藕园的山水阁等。

（6）舫

园林中除皇家苑囿外，其余均无较大水面供荡桨泛舟，故创造了一种船形建筑傍水而立，供观景使用，称为舫。舫一般基座用石砌成船甲板状，其上木构呈船舱形。木构部分通常又被分作三份，船头处作歇山顶，前面高而开敞，形似官帽，俗称官帽厅；中舱略低，作两坡顶，其内用槅扇分出前后两舱，两边设支摘窗，用于通风采光；尾部作两层，上层可登临，顶用歇山形。尽管舫有时仅前端头部突入水中，但仍用置条石仿跳板与池岸联系。

（7）厅堂

厅与堂原先在功能上具有一定的差异，明清以降，建筑已无一定制度，尤其园林建筑，常随意指为厅，为堂。江南有以梁架用料进行区分的，用扁方料者曰“扁作厅”，用圆料者曰“圆堂”（图 3-61）。

民间园林的主体建筑称为厅堂，园中山水花木常在厅堂之前展开。一些中小园林，常将厅堂坐北朝南，以争取最好的朝向。稍大的园林就采用两厅夹一园的处理。选择

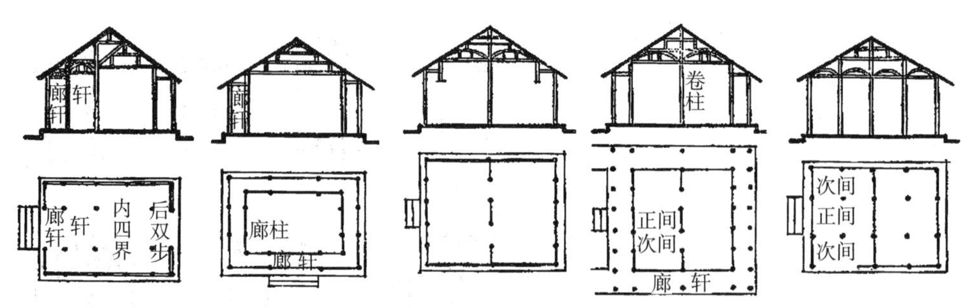

图 3-61　各种传统厅堂的剖面与平面示意

形制相同的厅堂分置于南北，中间置景。北厅可南向观景，宜于秋冬；南厅则北向开敞，宜于春夏，江南称其为“对照厅”。更大的园林也有将体量较大的厅堂居中，南北分别布置景物，中以屏风门、纱隔、落地罩界分前后，以便随季节的变化而选用，苏州地区将这种建筑叫做“鸳鸯厅”。有需四面观景者，则用“四面厅”，其两山面都用半窗（槛窗）取代实墙，使四面通透，以便周览。

（8）楼阁

楼阁亦为园林常用的建筑类型。除一般的功能外，楼阁在园林中还起着“观景”和“景观”的作用。于楼阁之上四望能观全园及园外的景致，同时，楼阁又是画面的主题或构图的中心。

楼阁如今常泛指两层或两层以上的建筑，而原初楼与阁分属两种不同的建筑类型。从功能上说，古有“楼以住人，阁以储物”之言。园林中一种单层的阁则完全不同于楼，此类建筑都架构于水际，一边就岸，一边架于水中，极似南方山区的干阑式建筑。据推测此类水阁是由古代的阁道演变而来。

（9）斋

洁身净心是为斋戒，所以修身养性的场所都可称为“斋”。现存的古典园林中称斋的建筑亦各不相同。可以是一座完整的小园、一个庭院或单幢小屋。尽管名斋的建筑各有所宜，但环境都幽邃静僻。

古典园林中设斋，一般建于园之一隅，取其静谧。虽有门、廊可通园中，但需一定的遮掩，使游人不知有此。斋前置庭稍广，可栽草木、列盆玩。墙脚道旁植草。铺地常使湿润，以利苔藓生长。建筑形式可随意，依园基及相邻建筑妥善处理，室内宜明净而不可太敞。庭院墙垣不宜太高，以粉壁为佳，亦可植蔓藤于下，使其覆布墙面，得自然之幽趣。

（10）馆

《说文》将“馆”定义为客舍，也就是待宾客，供临时居住的建筑。古典园林中称“馆”的建筑多且随意，无一定之规可循。大凡备观览、眺望、起居、燕乐之用者均可名之为“馆”。一般所处地位较显敞，多为成组的建筑群。

（11）塔

塔是佛塔的简称，多出现在佛寺组群中，是园林中重要的点景建筑之一。塔的形式大致可分为楼阁式、密檐式、单层塔三个类型，但变化繁多，形态各异。平面以方形与八角形居多。塔的高度，以层数多少而有差异，一般有五级、七级、九级、十三级塔。建塔的材料，通常采用砖、瓦、木、铁、石等。有的塔可供登高望远，实心塔则仅供观赏。塔还有作为地标景观的作用，有较广的景观辐射效果。

2. 现代公园绿地中的建筑类型

现代公园绿地中园林建筑的功能较过去有了极大的拓展，不仅因许多新的功能而衍生出更多新型的园林建筑类型，也因大量新材料的产生而有了许多新的结构，于是现代公园绿地中的园林建筑就变得十分丰富，很难以单体建筑进行分类，只能按使用功能区分。

现代城市公园绿地按人们在其中活动的方式大致可分为静态利用、动态利用及混合式利用三种形式。

静态利用是指供游人散步、游憩、观览为主的园林，常设置体量不大的单体建筑或数座单体建筑围合的院落作为陈列室、展览馆等，并配合植物、山石，形成一区幽雅的环境。在一些专业性公园，展示建筑占有极高的比重。笼舍、暖房、花棚等均属园林建筑，此类建筑不仅需要依据各自的功能特点予以设计，还应考虑其景观作用。

动态利用主要指游人可以参与活动的公园设施建筑。如国外一些运动公园中的运动场馆。在我国，过去一直将大型的体育场馆归为体育建筑，将公园内的小型活动场地归为综合性园林建筑。而今，许多体育场馆都设置了大面积的绿地环境，成为居民锻炼休闲的场所，致使是将这些建筑按园林建筑来进行考虑还是将周边绿地按建筑环境予以处理的界线逐渐变得模糊。

一些规模较大的综合型公园绿地，其中的功能需要分区布置，在各个相应的区域中，园林建筑依然按照展示陈列类建筑或文娱体育类建筑予以处理。

各类公园绿地通常都有服务类建筑和点景休息类建筑。如茶室、小卖部、厕所、亭构、曲廊、水榭等。此外，视觉范围内的管理办公室、动植物实验室、引种温室、栽培温室等也应作为园林建筑予以考虑。

二、园林建筑的设计要点

园林建筑在设计时必须考虑其物理和精神功能，更需注意造型和观赏效果。建筑布置应更灵活自由，并应顾及建筑内外部空间的联系及游人在行进中周围景观的变幻。

（一）立意

园林建筑能否吸引人与其立意有关，加之园林建筑在园中对景色的构成又常处于举足轻重的地位，故其设计要比一般建筑更注重意境。

园林或景区在规划前需要深入了解园地及周边的地形、地貌、景观特征，确立园林的主题，以便最大程度地克服不利因素，展示其风貌特色，以使立意新颖。

桂林七星岩碧虚洞建筑位于七星岩洞之侧，由一个两层的重檐阁楼、方亭及两层连廊组成。方亭接近洞口，自亭内可向下俯览洞中景色。楼阁设在洞口平台之外，有开阔的远景视野。楼阁上下层用混凝土预制装配式螺旋楼梯连系。建筑造型吸取了广西民间建筑三江程阳桥亭的某些特征，做层层的出挑。屋面铺绿色琉璃瓦，悬挑的垂柱漆棕黄色，室内四根承重柱漆朱红色，窗槛及栏板用米黄色水刷石，木窗格漆咖啡色，楼阁及方亭基座做紫红色水刷石。整个装饰工程富有中国传统建筑的色彩感（图 3–62）。

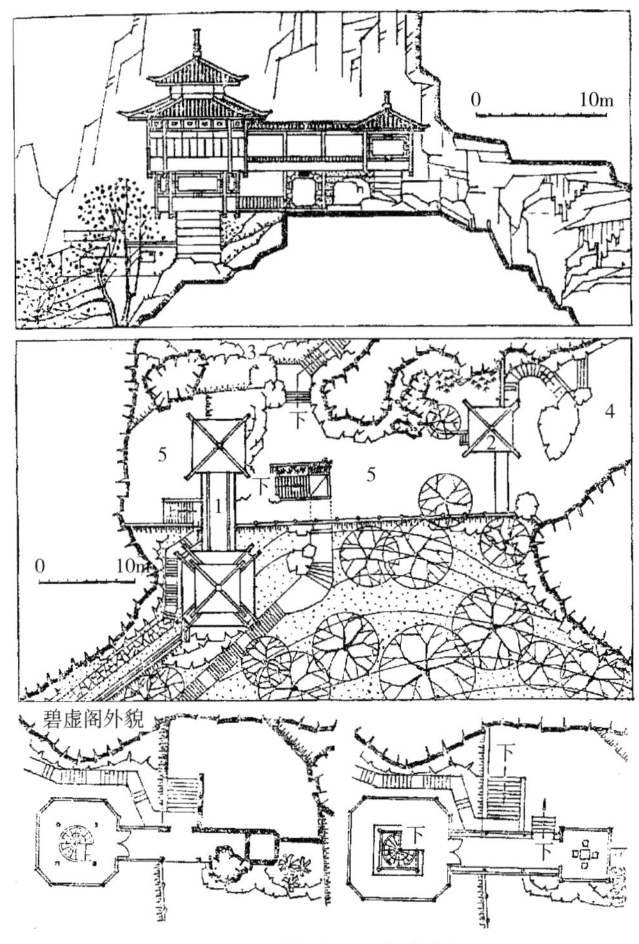

图 3-62　桂林七星岩碧虚阁

当然，园林建筑重视立意并不意味着忽略其实用功能，而应将艺术创意与使用目的结合起来综合考虑，因地制宜，塑造特色建筑空间。

（二）选址

公园或景观建筑如果选址不当，则不利于表达立意，甚至可能降低景观价值、削弱观赏效果。

园林建筑的选址没有最佳方案，但仍应根据整体景观调整建筑尺度、造型。选址原则是协调各风景要素间的关系，物尽其用，并以特定的园林建筑统帅全局，画龙点睛（图 3-63）。

此外，还要考虑当地地质、水文、方位、风向、日照等直接影响建筑使用的要素及只对凿池、堆山、花木种植有所影响，但间接影响建筑使用、美观的要素。

（三）布局

布局是园林建筑设计中最重要的问题。大致有独立式、自由式、院落式和混合式四种空间组合形式及对比、渗透和层次等构图手法。构图手法的使用应根据实际需要。

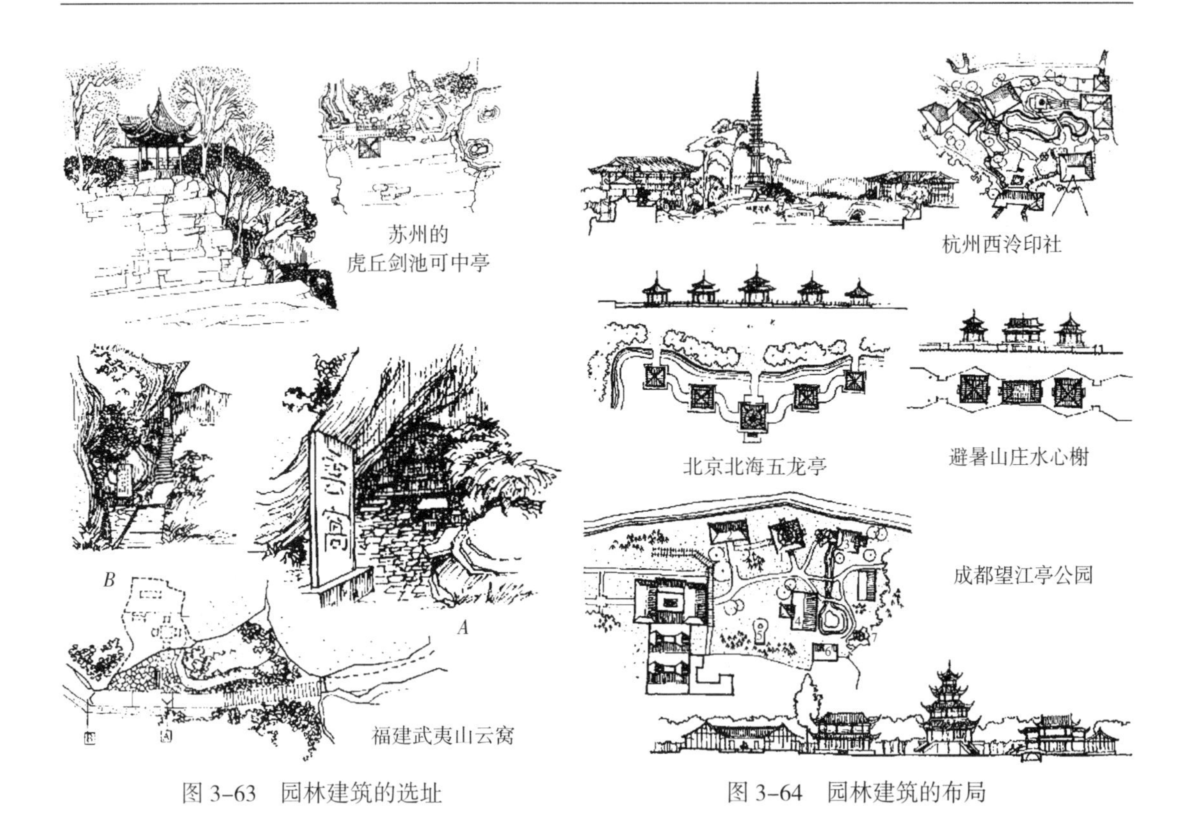

图 3-63　园林建筑的选址

图 3-64　园林建筑的布局

几乎所有园林建筑都存在着空间序列问题。游人从室外进入室内，空间变化需要有一个过渡，对景物的欣赏和体验也需要时间过程，而建筑空间序列就是恰当组织这种空间和时间，将实用功能与艺术创作结合起来处理，根据人的行为模式，巧妙安排空间序列，自然地勾起游人的行为和心理活动（图 3-64）。

（四）借景

园林或园林建筑存在于有限的三维空间之中，它所容含的信息是有限的。"借景"的手法，有效地突破了有限空间的约束，在小空间内营造出更多的艺术景象。

"借景"就是将园外或自然界景物的声、色、形引入本景空间，丰富画面、增添情趣。借景的方法有远借、邻借、仰借、俯借、应时而借等。归纳后大致可分为三维空间的借景、节气时令的借景以及四维空间的借景。

凭借视线的穿越性，有意识地将园林、建筑外美的人工或天然客体引入园景构图，无形中就能扩大园林艺术创作的空间。在过去远山、梵寺、幽林、古刹甚至相邻的府宅园林都可成为因借的素材，今日，现代化的高楼只要能与园景和谐，也可成为借景的目标。对于园林建筑主要选择适当的朝向，利用门窗、洞口，以对景、框景、空间渗透的手法，将有价值的景物纳入画面（图 3-65）。

自然界的风花雪月、晨昏晦明对人的情绪有极大的影响，自然变幻使人对固有景物的感受增强或发生变化，因此我国古代的造园家非常重视借助自然中声、色、形、香的组景。此外，各种花木的芬芳、山石的姿形都可借以成为园林建筑中的美景。

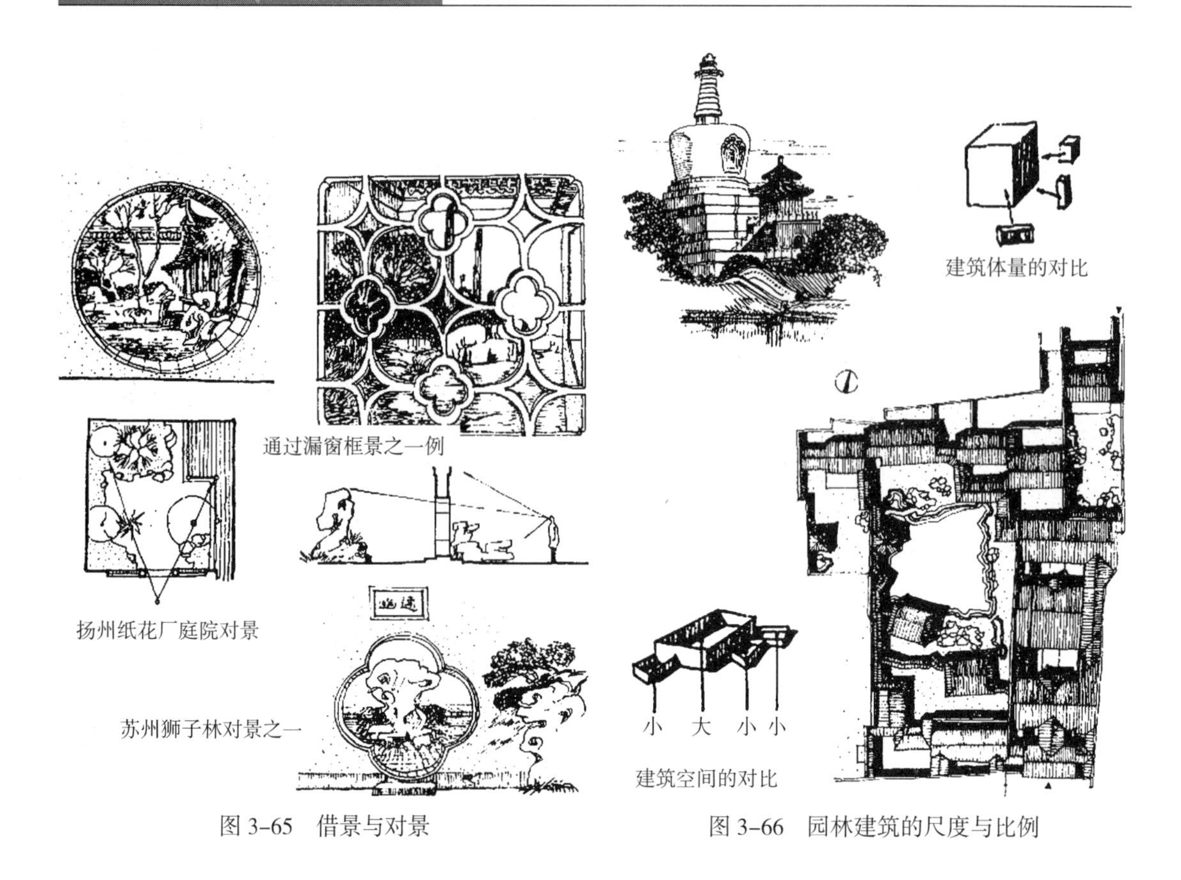

图 3-65　借景与对景

图 3-66　园林建筑的尺度与比例

匾额和对联普遍运用于我国古典园林建筑中，并使园林成为一种含有时间坐标的四维空间。匾额的作用大体有三。其一是点景，就是用文字来点明眼前能够见到的景致。其次是用典。用文字表述历史故事或文化，让人领略到眼前景色与历史的联系，从而扩展出一个时间坐标。第三是园主人想要告之的内容。如园林旧主人的心态、造园目的等。后两种作用大大增加了园景内涵，值得今天创造公园绿地意境时借鉴。

（五）尺度与比例

园林建筑的尺度和比例取决于建筑的使用功能，并与环境特点及构图审美有关。正确的尺度和比例应该是功能、审美、环境的协调统一。园林建筑的尺度与比例，应该照顾到与周边环境中其他园林要素的关系（图 3-66）。

园林建筑中门、窗、栏杆、廊柱、台阶乃至室内各部分的空间尺度与比例、与建筑整体的相互关系也应仔细斟酌。应选用符合人体尺度和人们常用的尺寸。

园林建筑空间尺度要由整个园林环境的艺术需求来确定。通常在规模不大的园林中，各主要视点观景的控制视锥约为 60°~90°，或视角比值 H ∶ D（H 为景观对象的高度，如建筑、树木、山体等；D 为视点与景观对象间的距离）约在 1 ∶ 1 至 1 ∶ 3 之间。对于大型风景园林所希望获得的景观效果，应依据景观的需要，来处理建筑的尺度与比例，不能生套硬搬小园林的尺度与比例关系。

（六）色彩与质感

建筑材料、涂料及饰面材料都有其自己的色彩和质感，不同的色彩会给人不同的

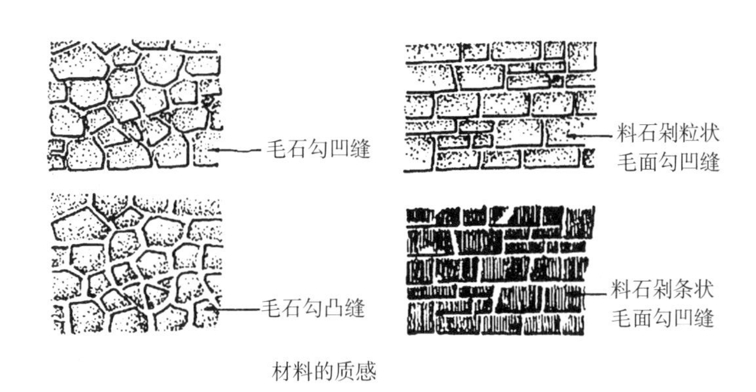

材料的质感

苏州怡园入口处用花、石的质感对比组成的景观

图 3–67　质感与色彩

联想与感受；质感则以纹理、质地产生苍劲、古朴、轻盈、柔媚的感觉为佳。利用色彩与质感的特征也可造成节奏、韵律、对比、均衡等构图变化。在园林中，除建筑本身需要考虑色彩与质感问题外，还应考虑与其他要素间的关系（图 3–67）。运用色彩与质感的处理来提高艺术效果，应注意：从环境整体出发，推敲建筑所需材质，达到最佳的艺术效果。其次，采用对比或微差的方法，处理原则基本上与体量、造型、明暗、虚实的处理手法类似。此外，应结合视线距离的远近，形成良好效果。

三、园林建筑与环境的关系

公园绿地中园林建筑与山、池、花木的关系应该是有机整体中的组成部分，处理好园林建筑与环境的关系是造园艺术手法中的一个重要问题。

（一）园林建筑与山石的关系

传统园林多使用主体厅堂前远山近水的布置，将建筑与山石分置于两个构图之中，互为对景，当中以山石或建筑的体量来确定观赏距离。

若建筑与山石需要纳入一个构图，则一定要分清主次。或以山体为主，建筑作点缀；或以建筑为主，峰石作建筑。

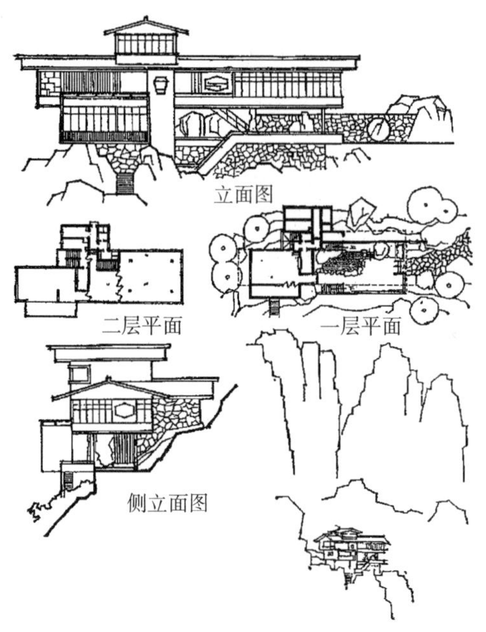

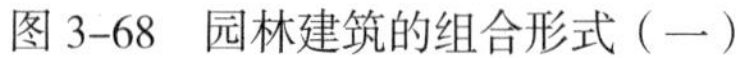
图 3-68　园林建筑的组合形式（一）

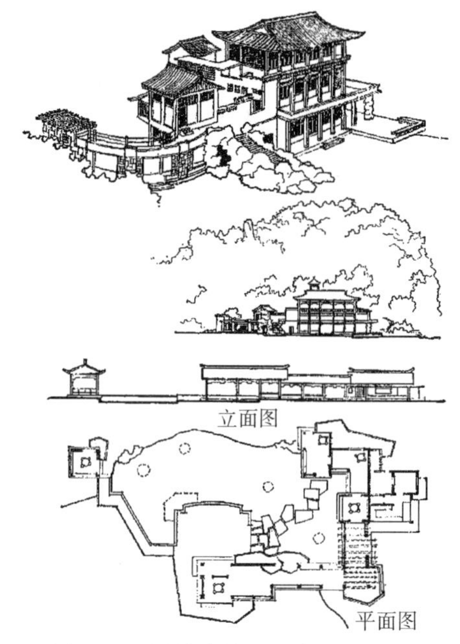

图 3-69　园林建筑的组合形式（二）

山上制高点设亭阁，建筑宜小巧优美，并配合环境，衬以树木，为园景增色，又成为重要的观赏点。对于体量巨大的山体，建筑可被置于山脚、腰或山坳中，建筑的尺度应考虑景观构图的需要（图 3-68）。

以建筑为主体，山石为辅的处理手法，传统园林中常用的有厅山、楼山、书房山等。厅山是指在厅堂的前后或一边用土石堆筑出假山的一个局部。楼山则用山石依楼而叠，甚至结合实用借山石做出上下楼的磴道。书房山既可在书房之前堆叠假山，也可将假山依傍于建筑之侧（图 3-69）。此类手法所产生的艺术效果极佳，常被沿用于现代公园绿地中。

另外，用一两峰造型别致的顽石点缀于建筑的墙隅屋角，也是传统园林常用的处理手法，其作用是充实原本过空的墙面，使构图变得丰满。

（二）园林建筑与水体的关系

园林中水边的建筑应尽可能贴近水面，且多取平缓开朗的造型，色调宜浅淡明快，并配以植物。

建筑与水面配合的方式有：①凌跨水上，如各种水阁，建筑悬挑于水面，与水体联系紧密。②紧临水边，如水榭，建筑在面水一侧设置坐栏，供观水赏鱼。③为能容纳更多的游人，建筑与水面间可设置不太高的平台过渡。其实前两种建筑形式也有降低地面高度，使之紧贴水面的要求（图 3-70）。

（三）园林建筑与花木的关系

利用园林中花木的形态、位置能进一步丰富建筑构图，但与建筑比较，花木除了用作对景时可以成为构图主体外，一般仍只起陪衬作用（图 3-71）。

面积不大的庭院中选用一两株乔木或少量花木予以配植，可以构成小景；合理利用花灌木与峰石，配合点缀于墙隅屋角，也能组成优美的园景构图。建筑近旁种植高

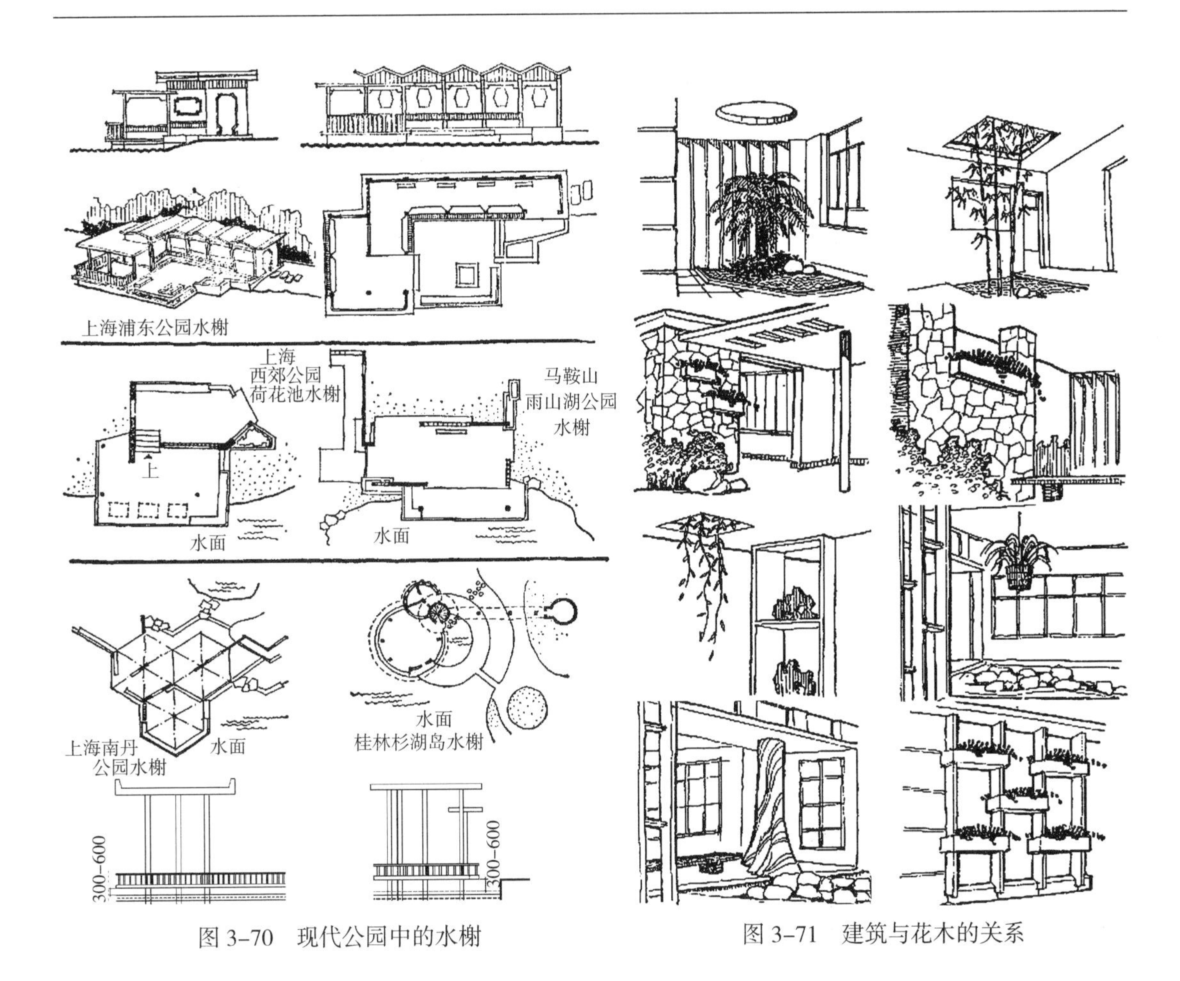

图 3-70　现代公园中的水榭

图 3-71　建筑与花木的关系

大的乔木，有遮荫、观赏、丰富构图的作用，但也应保持距离，避免过多遮蔽建筑外观、影响采光和通风。

临水建筑临池一侧不宜使用小树丛，建筑前可栽种少量花木，但不应遮挡视线。廊后种植高大树木作衬托。园内亭构应旁植树木。配植方法有两种：一是将亭子建于大片树丛之中，冲破疏林的单一。另一是在亭边种植一两株造型优美的大树，并配以低矮花木，柔化建筑的造型。

建筑窗前若用于观景，应多植枝干疏朗的乔木；窗后设有围墙时，靠墙应栽枝繁叶茂的竹木遮蔽围墙，又可使绿意满窗；游廊、敞厅或花厅等建筑的空窗或景窗，为沟通内外、扩大空间，窗外花木不宜种植过多。

（四）园林建筑内部自然要素的运用

现代公园绿地中，一些规模较大的园林建筑常将山石、水池及植物引入室内，打破原来室内外空间的界限，使不同的空间得以渗透、流动（图 3-72），以丰富建筑内部空间。

但此类做法应合理利用原有地形、地貌，因地制宜地使一些不利因素转化成园景特色，同时减少工作量，节约投资。

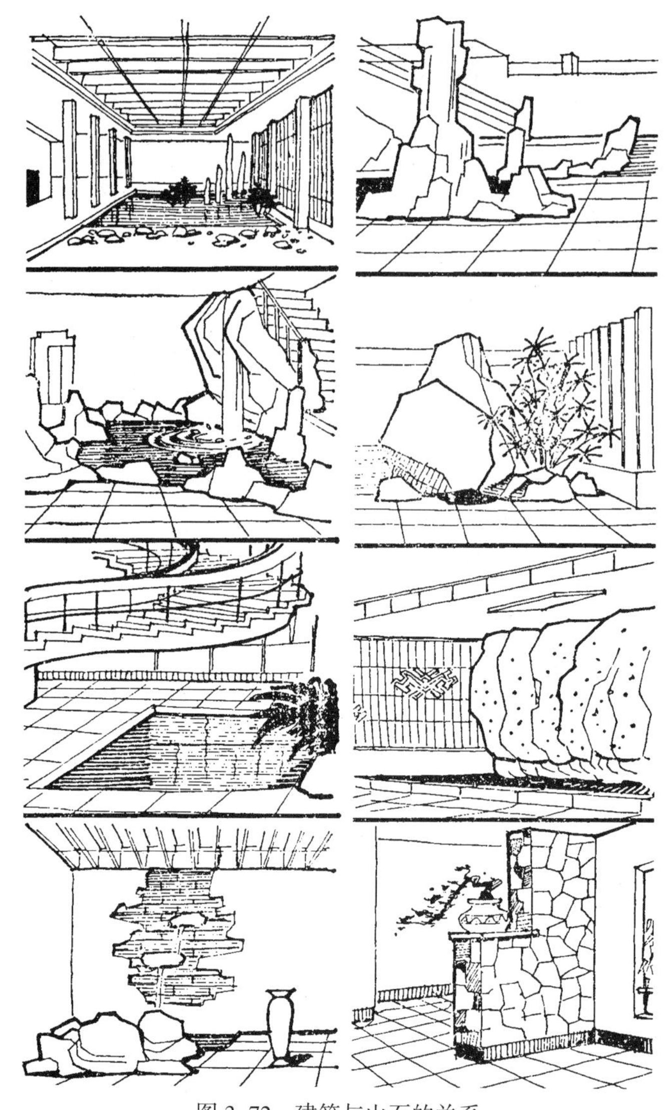

图 3–72　建筑与山石的关系

第六节　园路桥梁

为满足观景、游览和游客集散的需求，园林中需设置一定比例的游览道路与铺装场地。

一、园路的作用

除了传统中国园林中一些规模极小的“卧游式”园林外，园路是园林必不可少的要素之一。它形成了全园的骨架，联络园景、分割园地，对构成园景有重要的意义。

园路的具体作用有以下方面。

（一）组织交通

园路最为直观的作用是集散人流和车流。大型公园绿地中的主要道路须对运输车辆及园林机械通行能力有所考虑。中、小型园林的园务工作量相对较小，则可将这些需求与集散游人的功能综合起来考虑。

（二）引导游览

园路还有引导游览的功能。用园路联系园林的景点、景物，令园景沿园路展开，能合理组织观赏程序，使观光者的游览循序渐进。

（三）组织空间

在具有一定规模的公园绿地，园路可以用作分隔景区的界线，同时又能联络各个景区成为有机的整体。

（四）构成园景

园路的路面通常要采用铺装，并设计成柔和的曲线形，因而园路本身也可构成园景，使“游”和“观”达到统一。

（五）为水电工程打下基础

公园绿地中一般都将水电管线沿路侧铺设，以方便埋设和检修，因此园路布置要与给水排水管道和供电线路走向结合起来考虑。

二、园路的类型

按照园路的性质和使用功能大致可分为以下几类。

（一）主要园路

从公园绿地的入口通往各主要景区、广场、建筑、景点及管理区的园路是园内人流及养护车流最大的行进路线，所以要考虑其路幅。一般路面宽度宜在 4~6m 间，最宽不超过 6m。园路两侧应充分绿化，用乔木形成林荫，其间隙又可构成欣赏两侧风景的景窗。

（二）次要园路

为主要园路的辅助道路，散布于各景区之内，连接各个景点。其人流远小于主要园路，但有时也有少量小型服务用车通过，因此可设计 2~4m 的路幅。路旁绿化以绿篱、花坛为主，以便近距离观赏。

（三）游憩小路

主要供游人散步游憩之用，宜曲折自然地布置，路幅通常小于 2m。

三、园路的设计特点

（一）交通性与游览性

园林中的道路既有交通功能又有游览观景需求。交通功能要求快捷、便利，道路应通长抵直，游览则要求缓慢，有时需特意延长道路。于是有了园路设计交通性和游览性的矛盾。而园林主要用于观景游憩，故首要考虑游览性。

园路设计分规则式和自然式，自然式可延长游览路线，增加景观内容，规则式多采用对称手法，突出主体和中心，营造庄严雄伟的特殊氛围。

园林道路通常被设计成曲线形以突出其游览性。同时，这对增加园路长度、协调与山水地形的关系、放慢车行速度等都有好处（图 3–73）。

将园路分级设置也利于解决交通性和游览性的矛盾。通常主要园路侧重交通性，游憩小路侧重游览性。所以游憩小路宜更曲折。

园林中的建筑、广场及景点常被串联于园路之中，其内部参观活动的行进过程也

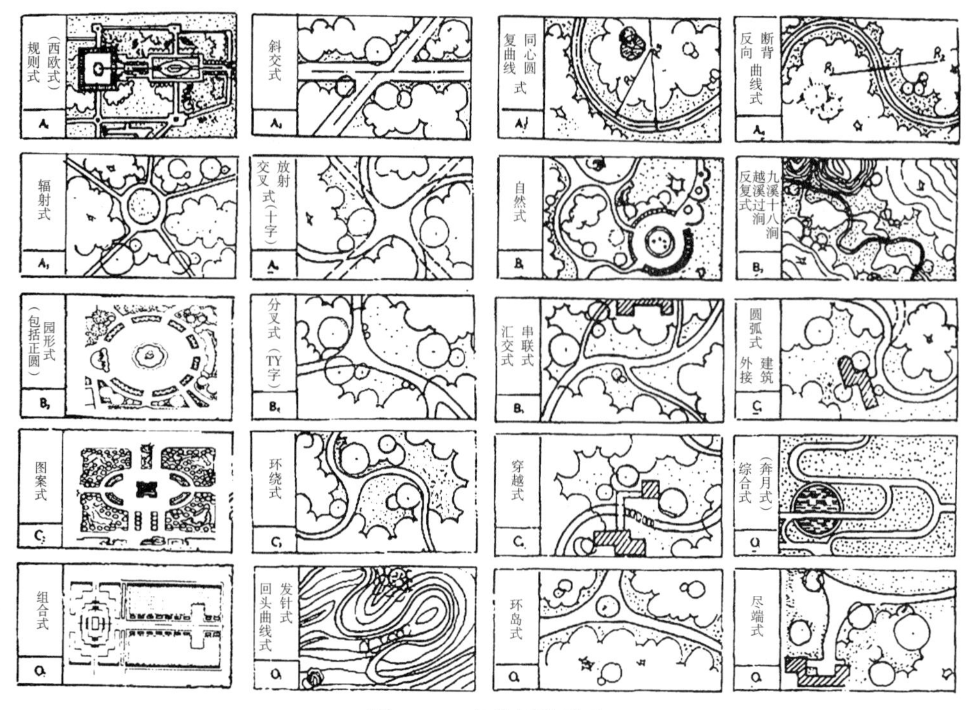

图 3-73　各种园路形式

属于游览路线的组成部分，彼此间的联系也需要在园路设计时予以考虑。

（二）园路的主次

园路的使用功能决定了园中道路的设计需要考虑分级，而实际使用中不同形式的园路也会产生明确的指向性。因此，园路设计必须在路幅、铺装上强调主次区别，使游人无须路标指示，依据园路本身的特征就能判断出前行可能到达的地方。

（三）因地制宜

园路需要根据地形进行不同的规划布置。

从游览观景的角度说，园路宜布置成环状，不能布置成龟纹状或方格网状。

（四）疏密

公园绿地中道路的疏密与景区的性质、园林的地形以及园林利用人数的多少有关。通常宁静的休憩区园路密度应小些，游人相对集中的活动场所，园路密度可稍大，但也不宜过大，控制在全园总面积的 10% ~12%较为合适。

（五）曲折迂回

为与园内的山水地形和谐联系，应将园路依据观景需要迂回布置，使沿园路设置的景物因路的曲折而不断变幻，切忌仅仅为了设计图的图面效果而随意曲折。

（六）交叉口的处理

常用的园路相交形式有两路交叉和三叉交汇，设计时需注意几点：首先，交叉口不宜过多，且应对相交或分叉的园路在路幅、铺装等方面予以处理，或用指示牌示意，以区分主次，明确导游方向。其次，主干园路间的交接最好采用正交，可将交叉点放大形成小广场（图 3-74）。山道与山下主路一般避免正交，可减缓山路坡

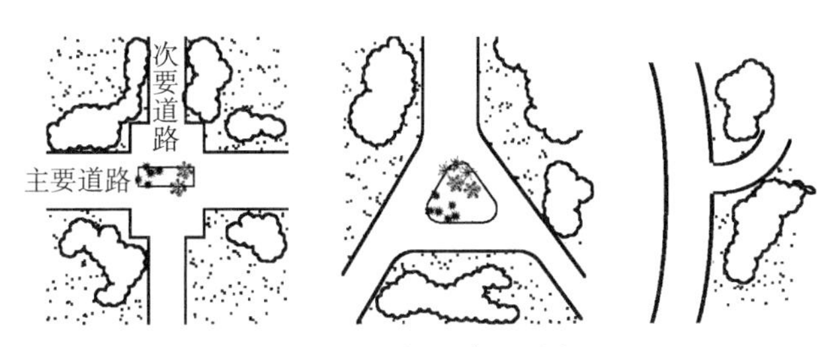

图 3-74　交叉路口形式

度或将道路掩藏于花木山石之后。第三，两条园路需要锐角相交时，锐角不应过小，且应将交点集中在一点上。园路呈丁字形相交时，交点处可布置雕塑、小品等对景，增强指向性。

（七）园路与建筑的关系

与园路相邻的建筑应将主立面对向道路，并适当后退，以形成由室外向室内过渡的广场。广场大小依建筑的功能性质决定，园路通过广场与建筑相联系，建筑内部需要有自己独立的活动线路。若建筑规模不大，或功能较为单一，也可采用加宽局部路面或分出支路的方法与建筑相连。一些串接于游览线路中的园林建筑，一般可将道路与建筑的门、廊相接，也可使道路穿越建筑的支柱层。依山的建筑利用地形可以分层设出入口，以形成竖向通过建筑的游览线。傍水的建筑则可以在临水一侧架构园桥或安排汀步，使游人从园路进入建筑，涉水而出。

（八）山林道路的布置

山路的布置应根据山形、山势、高度、体量以及地形变化、建筑安排、花木配置综合考虑。山体较大时山路须分主次，主路坡度平缓、盘旋布置；次路结合地形，取其便捷；小路则翻岭跨谷，穿行于岩下林间。山体不大时山路应蜿蜒曲折，以扩大感觉中的景象空间。山路还应以起伏变化满足游人爬山的欲望。

山林间的道路不宜过宽。较宽的观景主路一般不得大于 3m，而散步游憩小路则可设计成 1.2m 以下。

若园路坡度小于 6%，可按一般的园路处理；若在 6%~10% 之间，应沿等高线作盘山路；若超过 10%，需做成台阶形。纵坡在 10%左右的园路可局部设置台阶，更陡的山路则需采用磴道。每 15~20 级台阶磴道间要设一段平缓路供休息。必要时还可设置有椅凳的眺望平台或休息小亭。若山路需跨越深涧狭谷，可考虑布置飞梁、索桥。若山路设于悬崖峭壁间，可采用栈道或半隧道的形式。由于山体的高低错落，山路还要安装栏杆或密植灌木保障安全。

（九）台阶和磴道

因园林地形有高差，需要设置台阶和磴道方便游人上下。此外，台阶和磴道还有较强的装饰作用（图 3-75）。

构筑台阶的材料主要有各种石材、钢筋混凝土及塑石等。不同的台阶所用材料、所处位置、搭配环境不同，故形成的意境情趣也不同。台阶的布置应结合地形，成为人工建筑与自然山水的过渡，台阶的尺度要适宜，其踏面宽可大于建筑内部的楼梯，每级高度也应较室内小，一般踏面宽度可设计为 30~38cm，高在 10~15cm 之间。

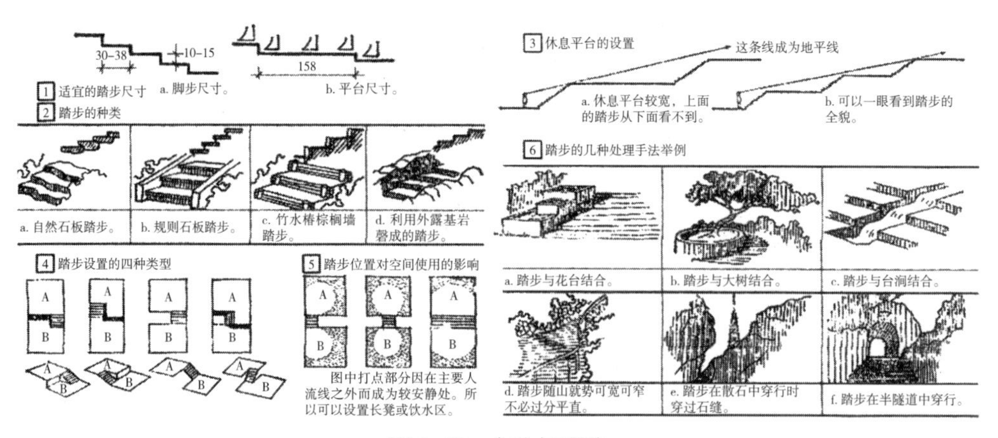

图 3–75　台阶与磴道

山间小路翻越陡峻山岭时常使用磴道。磴道是用自然形块石垒筑的台阶，这种块石除踏面需稍加处理使之平整外，其余保留其原有形状，以求获得质朴、粗犷的自然野趣。

四、园林场地

园林中的场地按功能可分为交通集散场地、游憩活动场地及生产管理场地（图 3–76）。由于各类场地性质不同，其布置方式和艺术要求也有所区别。

（一）交通集散场地

交通集散场地有公园绿地的出入口广场及露天剧场、展览馆、茶室等建筑前的广场等。

出入口广场常有大量人、车集散，故应考虑其使用的便利性和安全性，合理安排车辆停放、公交站点位置及游人上下车、出入园林、等候所需的用地面积等之间的关系。还要设置售票、值班等设施。入口广场需精心设计大门建筑，并布置多种园林要素及广告牌，充分反映园林的风貌特征。

公园绿地出入口广场的布置一般采用如下形式：①“先抑后扬”，入口处用假山或花木绿篱做成障景，游人经过一定转折后才能领略山水园景。②“开门见山”，入口开敞，不设障景，直接展示园内美景。③“外场内院”，出入口分别设置外部交通场地和内部步行小院两部分，游人进入内院后购票入园。④“T 字障景”，将园内主干道与入口广场“T”字形交接，园路两侧布置高大绿篱，形成障景，游人循路前行，至主交叉路口再分流到各个景区。这种布置目前最为常见。

建筑广场的形状和大小应与建筑物的功能、规模及建筑风格一致，故有时也被当做建筑的组成部分进行设计。然而，园林中的建筑广场还有其本身的特点，即需要进一步考虑与园景及内部游览线路的联系。游人在此逗留、休息，需要安放相应的设施，若安置雕塑、喷泉、大型花钵之类的景物还应顾及观赏角度和距离。

（二）游憩活动场地

游憩活动场地主要用于游人休息散步、打拳做操、儿童游戏、集体活动、节日游园。此类场地在城市公园中分布较广，且因活动内容不同处理方式也不完全一致，但都要求做到美观、适用和具有特色。如用于晨练的广场不能紧临城市主干道，场地附

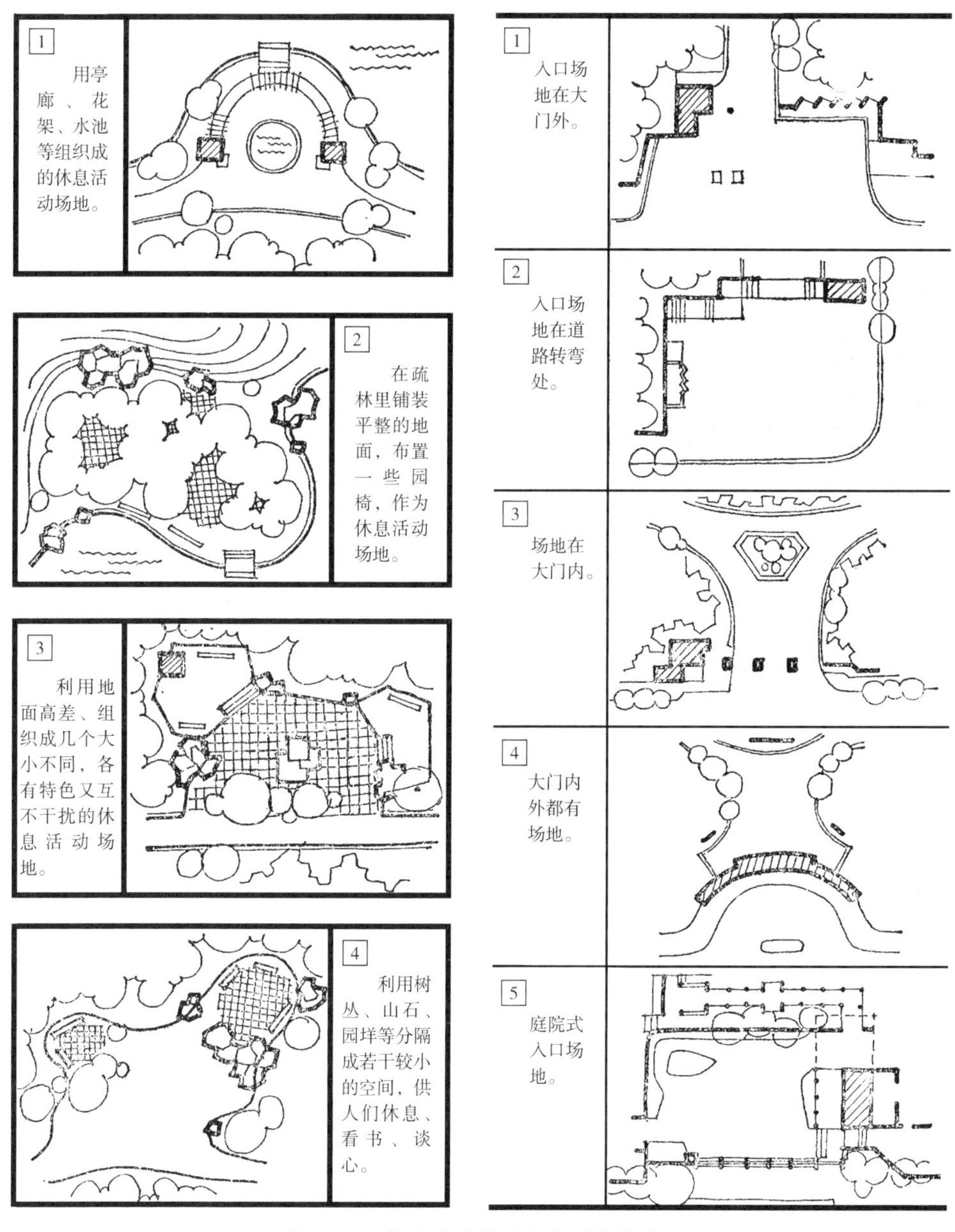

图 3-76　休息活动场地和交通集散地

近应布置一定数量供锻炼者休息的园椅。集体活动的场地宜布置在园地中部的草坪内，要求开阔、景色优美和阳光充足。儿童游戏场地需设置数量较多的游戏设施，故应集中布置等。

（三）生产管理场地

生产管理场地指供园务管理、生产经营所用的场地。如今，公园绿地中机械的应用和工作人员的生活用车都日益增加，故园林的内部停车场变得必不可少。内部停车场应与管理建筑相邻，设专门的对外和对内出入口。

五、园林铺地的类型与设计要求

园林铺地主要是指用于园路和场地的硬质铺装（图 3-77）。

园路需要予以必要的铺装处理以达到坚固、平整、耐磨的目的，避免自然及人为带来的不良影响。同时，铺装也使园路达到美观和修饰的要求。

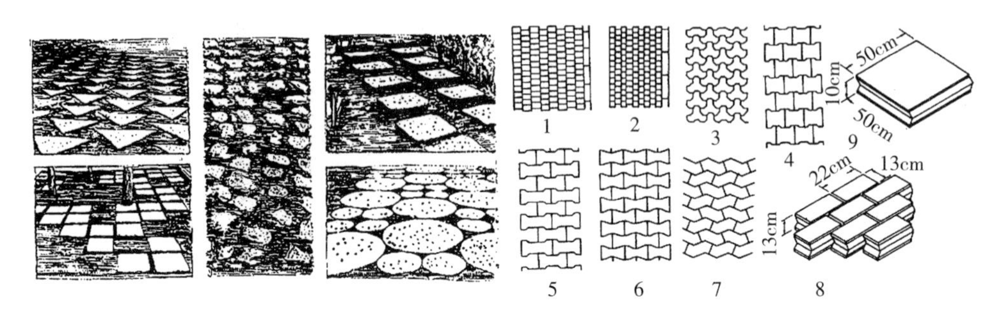

图 3-77　各类园林铺地

1- 长方块；2- 小方块；3- 三棱形块；4- 工字形块；5- 双头形块；6- 弯曲形块；7-S 形块；8- 带企口的长方块；9- 带企口的大方块

按铺地材料可以有以下分类。

（一）整体铺装

属于这一类的有现浇混凝土铺地、沥青铺地和三合土铺地。

（1）现浇混凝土铺地坚实、平整、耐压并可适应气候的变化，后期无须过多养护，适用于人流较大，且有一定行车要求的主干园路或公园绿地的出入口广场。但这种铺地若水泥或混凝土质量有问题，则会产生起尘现象，若有大面积灰白色，则易与园景不和谐。

（2）沥青铺地在铺筑之初可以达到坚实、平整、耐压的要求，且不会起尘，但在烈日下沥青会融化，受重压后会产生洼陷，故需经常修补养护。其深黑色调难与园景协调，所以可被用于园林主路，但不适宜于园林场地和游憩小路。

（3）三合土铺地虽能做到平整，但不耐车压。因其造价较低，过去曾被普遍使用。如今多用于次要园路。

（二）块状铺装

此类铺装所用的材料有人工和天然两大类。

（1）天然铺装块材包括各种整形石材和天然块石。大块整形石材密缝铺筑，平稳耐磨、规则整齐，建筑感强，易与各类建筑协调；而天然块石的形状、大小随意性强，形成的“冰裂”状铺地能显现自然风韵。而用作草坪中的步石，则更有天然野趣。

（2）人工铺装块材主要是预制混凝土块和陶质地砖。人工铺装块材可根据需要设计，扩大了铺地艺术创作的自由度。但在面积较大的广场上，使用单一的硬质铺地，会使地表温度上升，对花木生长和游人使用不利。如今人工铺装块材多经过特殊处理，以增加透气性和透水性，如目前广泛采用的嵌草道砖停车场就是一例（图 3-78）。

块状铺装形式丰富，适用于园林的各种铺地。若与花街铺地组合，可进一步增强其装饰性。

（三）简易路面

简易路面指砂石路面、煤屑路面和夯土路面。砂石路面造价低廉，但易扬尘，只能在游人较少的次级散步小路中偶尔一用。煤屑路面和夯土路面一般都只用作临时道路。

图 3-78　植草砖

（四）花街铺地

花街铺地由砖瓦、卵石、石片、碎瓷、碎缸镶嵌组合而成。图案丰富、装饰性强，在今天城市公园露地的建设中仍被广泛运用。

六、园桥与汀步

公园绿地内桥梁的作用有：联系交通、引导游览、分隔水面、点缀风景。自然风景式园林中大面积集中型的湖泊在设计时常采用长堤（道路在水体中的延伸）、桥梁予以分隔以丰富层次。桥梁下部架空，使水体隔而不分，有空灵通透的效果。而造型优美的桥梁本身就能成为一处佳景（图 3-79）。

传统园林中梁式桥和拱桥的运用最普遍，中小型园林一般使用贴近水面的梁式平桥，与景物协调。稍大的园林为突出桥梁本身的造型则用拱桥。位置较特殊的地方也会用廊桥或亭桥予以点缀。视野开阔之处希望将桥设为凝聚视线的焦点，除了采用拱桥或将桥面升高外，也有在桥体上再架亭构的。现代风景区中也有在大山深谷间借鉴西南少数民族地区的绳桥和索桥建造园桥的（图 3-80）。

结构上梁式平桥有单跨和多跨之分，多跨的平桥常用曲折形的平面，形成三曲、五曲乃至九曲的曲桥（图 3-81）。拱桥则有单孔和多孔之别（图 3-82），两岸间距较大时拱桥常做成多孔。现代公园绿地中一些需承受大荷载的拱桥，还有采用双曲拱结构的。

建桥的材料一般为木、石及钢筋混凝土。木桥修造快捷，但需经常维护，且易朽坏，所以晚清使用石桥为多，现存古典园林所见大都为石桥。现代公园绿地还有许多钢筋混凝土桥梁。绳桥和索桥一般使用钢索缆绳，辅以木板桥面。

园桥布置应与园林规模及周边环境相协调。小型园林水面不大，可选用体量较小的梁式平桥在水池的一隅贴水而建。桥梁不应过宽过长，桥面以一二人通行的宽度为

图 3-79　扬州五亭桥

图 3-80　铁索桥

图 3-81　各类曲桥

图 3-82　拱桥

宜，单跨长在一二米左右。园景较丰富时跨池常采用曲桥，取得步移景异的效果。园林规模较大或水体较为开阔时，可以用堤、桥来分割水面，打破水面的单调，突出桥梁本身的形象。桥下所留适宜的空间强化了水体的联系，也便于游船通行。

园桥设计需要考虑与周围景物的关系，尤其像廊桥、亭桥，应在风格造型、比例尺度等方面注意与环境的协调。

汀步也是公园绿地中经常使用的构筑物，与园桥具有相似的功能（图 3-83）。

公园绿地常模拟自然水体中露出水面的砾石设置汀步，一般用于狭而浅的水体，汀石须安置稳固，其间距应与人的步距，尤其是小孩的步距相一致。

图 3-83 各种汀步造型

第七节 小品设施

园林小品通常是指公园绿地中供休息、装饰和展示的构筑物。其中，一些与园林建筑的界限并不十分清晰。但大多数园林小品都没有内部空间，造型优美而能与周围景物相和谐。其特点是体形不大、数量众多、分布较广，并有较强的点缀装饰性。

一、休憩性园林小品

休憩性园林小品主要有各种造型的园凳、园椅、园桌和遮阳伞、罩等（图 3-84）。

室外园林椅、凳的材料要能承受自然力的侵蚀。故现代城市公园绿地中除了要追求稚拙、古朴的情趣外，已很少使用全木构的园凳、园椅，更多的只是以铸铁为架、木板条为坐面及靠背。石构的园凳坚固耐久，适宜于安放在露天。将自然石材稍加修整堆叠形成的园桌、园凳具有天然野趣，也有中国传统园林的风格。而加工成现代造型的石椅、石凳又大大丰富了休憩类园林小品的种类。钢筋混凝土具有良好的可塑性，能够模仿自然材料的造型或简洁的几何形体，使园椅、园凳体现现代风格（图 3-85）。此类园林桌椅虽坚固耐用、制作方便、维护费用低，但也存在着粗糙的不足。所以，还需对其表面进行装饰处理，或直接用木、石等天然材料做面。可移动的园林桌椅过去主要是木构，如今还增加了型钢或塑料家具。

图 3-84 各式园椅（一）

图 3-85　各式园椅（二）

二、装饰性园林小品

装饰性园林小品种类十分庞杂，大体可包括各种固定或可移动的花盆、花钵，雕塑及装饰性日晷、香炉、水缸，各类栏杆、洞门、景窗等。

（一）花盆、花钵类小品（图 3-86）

公园绿地中设置的大型花盆与花钵主要用来植栽一些一年生的草本花卉，这些花卉只在花期植入其中，并经常更换品种。用盆、钵作种花的容器，便于移动。花盆、花钵也有造型要求，要与其中的花卉以及周围的园景相和谐。固定式的花盆、花钵常用石材雕凿或钢筋混凝土塑造而成，其中石材较精致。可移动的主要为陶制。由于大型花盆、花钵造型优美，常被当做装饰性雕塑安放于对景位置（图 3-87）。

（二）雕塑

雕塑在公园绿地中可以点缀风景、表现园林主题、丰富游览内容。大致可分为纪念性雕塑、主题性雕塑及装饰性雕塑三大类。

1. 纪念性雕塑大多布置在纪念性公园内。多以纪念碑和写实的人物雕像为多，其前布置草坪或铺装广场，供集体性瞻仰，背后密植丛树，增添庄严的气氛。

2. 主题性雕塑可以用于绝大多数的公园绿地中，但需要与园林的主题相一致。但一些过于直接的雕塑又难以令人产生联想，很难被看做优秀的作品。

图 3-86　园林中的各种花钵（一）

图 3-87　园林中的各种花钵（二）

3. 装饰性雕塑题材广泛，形式多样，几乎所有的公园绿地中都能见到。我国古典园林中曾有实用功能的日晷、香炉、水缸、铜鹤等，如今可认为是装饰性雕塑主题。传统园林中的独置峰石也可以是为园景点缀的抽象雕塑。西方的古代园林主要以神话人物作为雕塑的主题，大量安置在园内各处。这些都能被今天的城市公园绿地继承和借鉴。

雕塑的布置需要注意与周围环境的关系。首先，要对雕塑的题材、尺度、材料、位置予以斟酌，避免对比强烈造成主次不分。其次，要考虑其观赏距离和视角。第三，园林内的雕塑不能太多，否则会让观赏者无所适从，也削弱了雕塑的点缀作用。另外，题材的选择宜与当地历史、文化有联系，避免程式化。

（三）栏杆、洞门、景窗

1. 栏杆或坐栏主要起防护、分隔、装饰美化及供人小坐休息的作用。公园绿地中栏杆的使用不宜太多，应结合多种功能。除与城市空间交界处的栏杆需有一定高度外，园内栏杆通常不能过高。一般设于台阶、坡地、游廊的防护栏杆，高度可为 85~95cm；自然式池岸不必设置栏杆，在整形驳岸或沿岸布置游憩观光道路，可缘边安置 50~70cm 的栏杆，或用 40cm 左右的坐栏；林荫道旁、广场边缘若设置栏杆，高度应视需要而定，大体上控制在 70cm 以下；花坛四周、草坪外缘若用栏杆，高度大致在 15~20cm 之间。

常用的栏杆材料有竹、木、石、铸铁、钢筋混凝土等（图 3–88）。

图 3–88 园林中的各式栏杆

用细竹弯曲而成的栏杆简单且容易损坏，但价格低廉、制作方便，造型与花坛和谐；木制栏杆易朽，需经常维护，多用于廊下柱间，还可用细木条拼出各种装饰图案；石制栏杆粗壮、坚实、耐用；铸铁栏杆占面积少，可作各种装饰纹样，但也易锈蚀。钢筋混凝土栏杆可预制装饰花纹，且无须养护，但较粗糙。

2. 传统洞门和景窗有很好的装饰性，在园林中常被用来引景和框景（图 3-89）。洞门有出入口和联系两处分隔空间的作用。也能用别致的造型、精美的框线将园景收入框中，使之成为优美生动的画幅。常见的洞门形式有曲线形的，如圆月门、半月门、葫芦门等；直线形的则有方形、六方形、执圭形等；还有以直线或曲线中的一种为主，加入另一种的混合形洞门。现代公园绿地中还出现了一些不对称的洞门形式，可称为自由形洞门（图 3-90）。

图 3-89　洞门、景窗和园墙

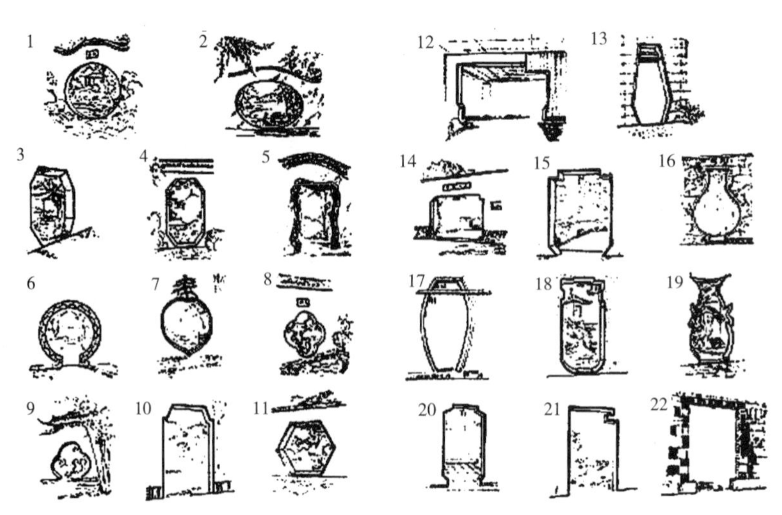

图 3-90　各种洞门

3. 景窗的作用有与洞门相同的一面，连续布置时还可以对单调的墙面进行有韵律感的装饰，使之产生有节奏的韵律感。景窗的类型大致有三种：一为北方古典园林使用的什锦窗，在墙上开设出各种造型的窗洞，四周围以木框，两面镶嵌玻璃，适合白天组织园林框景，夜晚窗内燃灯。另一为江南古典园林常见的漏窗。构筑漏窗的材料有望砖、筒瓦、细竹、木条、钢丝、竹筋等多种，或能形成色彩对比，或能塑出各种造型，均有不错的装饰效果。漏窗对园景有隔而不绝的阻挡作用，游人能透过漏窗间隙见到墙内景致，颇有情趣。再一是空窗，其形式和作用都与洞门相仿，故在洞门之侧选用造型一致的空窗能使风格更趋统一（表 3–9）。

园林中各种传统的景窗　　表 3–9

名称	基本形式	变化形式	组合形式
四边形			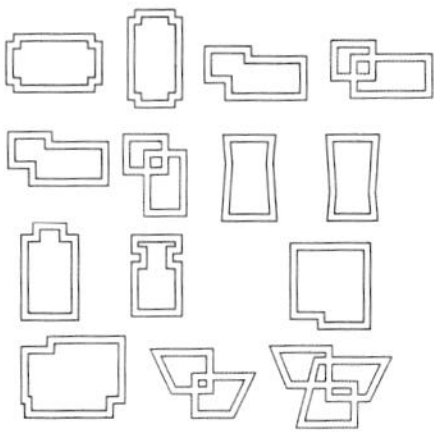
五边形		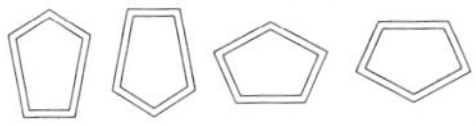	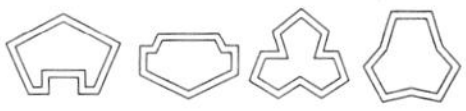
六边形		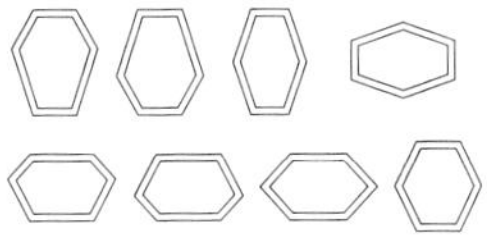	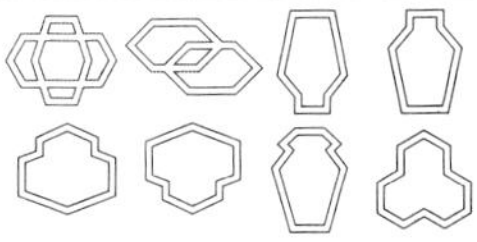
八边形		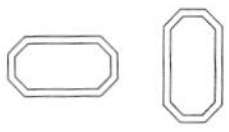	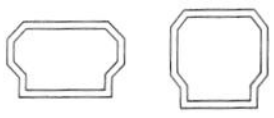
圆形		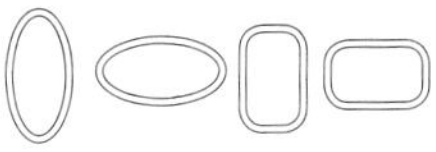	
扇形			

洞门、景窗运用需与建筑的式样、山石以及环境绿化的配置和谐统一。形式的处理虽要求精致但不能过分渲染。

三、展示性园林小品

公园绿地中起提示、引导、宣传作用的设施属展示性小品，包括各种指路标牌、导游图板、宣传廊、告示牌，以及动物园、植物园、文物古迹中的说明牌等。

此类小品的位置、材料和造型也应精心设计，否则不易引起游人注意。首先，除了一些说明标牌，各类牌、板的位置和数量需掌握“宜精不宜多”的原则；其次，材料的选择应坚实耐久；第三，牌、板的造型要与周围景观协调，且其形式亦应予以精心设计，以引人注意。此外，各种牌、板的造型应尽量统一，以免杂乱而影响观瞻。

四、服务性园林小品

小型售货亭、饮水泉、洗手池、废物箱、电话亭等可以归入服务性园林小品（图 3–91）。

图 3-91　服务性小品（邮箱）

公园绿地内的宣传廊平面可布置成直线形、曲线形和弧形，断面依据陈设的内容设计为单面或双面、平面或立体式的。宣传廊一般设于游人较多的地方，但也要注意行人与观览者间的干扰。宣传廊之前需要有足够的空间，周围有绿树可以遮荫等。展板的高度应与人的视高相适应，上下边线宜在 1.2~2.2m 之间，故宣传廊高不能高于 2.4m。

售货亭的体量一般较小，内部能有容纳一两位售货员及适量货品的空间即可。其造型需新颖、别致，并能与周围景物相协调。目前，人们逐渐以铝合金、塑钢等来构筑此类服务性园林小品。

公园绿地有设置公用电话的必要。对于有防寒、遮蔽雨雪要求的电话亭可采用能够关闭的，与售货亭相类似的材料和结构，而公园绿地因风雨天游人不会太多，所以可更注意其造型变化及色彩的要求（图 3-92）。

饮水泉和洗手池若安排在一些游人较集中的地方，并经过精心设计，不仅可以方便利用，还能获得雕塑般的装饰效果。

废物箱一般应放置在游人较多的显眼位置，故造型显得非常重要（图 3-93）。废物箱需要考虑收集口的大小、高度，便于丢放和清理、回收，废物箱的制作材料要容易清洗。此外，分类收集垃圾和设置专门的电池废物箱也很必要。

图 3-92　电话亭

图 3-93　服务性小品（废物箱）

五、游戏健身类园林小品

公园绿地中通常都设有游戏、健身器材和设施，如今还有数量和种类逐渐增多的趋势。

传统的儿童游戏类设施较为简洁单一，材料以木材为主，接触感好，但耐久性较差。用钢材、水泥代替木料，设施的维护要求降低，但也会使触感变差。有些园林中，人们利用城市建设和日常生活中的余料组合设计，形成游戏设施。若能精心设计，则趣味性足、造型优美。而电动游艺机的广泛使用，丰富了儿童活动内容和设施造型。儿童游戏类设施应根据儿童年龄段的活动和心理特点设计，应形象生动，具象征性，色彩鲜明，易于识别，以产生更强的吸引力（图 3–94）。

近年来，公园绿地内出现的各种健身器材大大满足了老年人的需求。目前，公园绿地中所使用的健身器材大多由钢件构成，结构以满足健身运动的要求设计，而造型方面考虑不多。其实这类健身器材的外形经过设计也完全可以更美观，可在色彩和造型方面多加考虑。

图 3–94　儿童游戏类小品

第八节　照明园灯

为满足夜晚游园赏景的需求，城市公园绿地中通常都要设置园灯。利用夜色的朦胧与灯光的变幻，可使园林呈现出与白昼迥然不同的谐趣。而造型优美的园灯在白天也有特殊的装饰作用。

一、照明的类型

有选择地使用灯光，可以让景物展示出与白天相异的情趣，在斑驳光影中，园景可以产生出幽邃、静谧的气氛。大致可采用重点照明、环境照明、工作照明和安全照明等方式，并彼此组合，创造变化。

（一）重点照明

重点照明是为强调某些特定目标而进行的定向照明。即选择定向灯具将光线对准目标，使这些物体打上一定强度的光线，而让其他部位隐藏在弱光或暗色之中，突出意欲表达的物体。重点照明须注意灯具的位置，使用带遮光罩的灯具以及小型的便于隐藏的灯具可减少眩光的刺激，同时还能将许多难于照亮的地方显现在灯光之下。

（二）环境照明

环境照明其一是相对于重点照明的背景光线；另一是作为工作照明的补充光线。它不是专为某一物体或某一活动而设，主要提供一些必要光亮的附加光线，以让人感受到周围的事物。环境照明通常应消除特定的光源点，利用匀质墙面或其他物体的反射使光线变得均匀、柔和，也可采用地灯、光纤、霓虹灯等，以形成一种充满某一特定区域的散射光线。

（三）工作照明

工作照明是为特定的活动所设。要求所提供的光线无眩光、无阴影，使活动不受夜色影响。并且要注意对光源的控制。

（四）安全照明

为确保夜间游园、观景的安全，需要在广场、园路、水边、台阶等处设置灯光；而墙角、屋隅、丛树下的照明，可给人安全感。此类光线要求连续、均匀，并有一定的亮度。可以是独立的光源，也可与其他照明结合使用，但相互之间不应产生干扰。

二、园林的照明运用

园林绿地中照明的形式大致可分为场地照明、道路照明、建筑照明、植物照明和水景照明。

（一）场地照明

在广场的周围选择发光效率高的高杆直射光源可以使场地内光线充足，便于人的活动。若广场范围较大，可布置适当数量的地灯作为补充。场地照明通常依据工作照明或安全照明的要求来设置，在有特殊活动要求的广场上还应布置一些聚光灯之类的光源，以便在活动时使用。

（二）道路照明

对于园林中可能会有车辆通行的主次干道，需要采用具有一定亮度，且均匀的连续照明，便于准确识别路况，所以应根据安全照明要求设计；对于游憩小路则可采用环境照明的手法，使其融入柔和的光线之中。采用低杆园灯的道路照明应避免直射灯光耀眼，通常可用带有遮光罩的灯具。

（三）建筑照明

为在夜晚呈现建筑造型，过去主要采用聚光灯和探照灯，如今已普遍使用泛光照明。若为了突出和显示其特殊的外形轮廓，一般用霓虹灯或成串的白炽灯沿建筑的棱边安设，也可用经过精确调整光线的轮廓投光灯，将需要表现的物体仅仅用光勾勒出

图 3-95　绿化照明

图 3-96　水景照明

轮廓。建筑内的照明除使用一般的灯具外，还可选用传统的宫灯、灯笼，如在古典园林中更应选择传统灯具。

（四）植物照明

使用隐于树丛中的低照明器可以将阴影和被照亮的花木组合在一起。利用不同的灯光组合可以强调园中植物的质感或神秘感（图 3-95）。

植物照明设计中最能令人兴奋的是一种被称作“月光效果”的照明方式。灯具被安置在树枝之间，可以将光线投射到园路和花坛之上形成斑驳的光影，从而引发奇妙的想象。

（五）水景照明

夜色之中用灯光照亮水体将让人有别样的感受（图 3-96）。大型的喷泉使用红色、橘黄色、蓝色和绿色的光线进行投射，会产生欢快的气氛；小型水池运用一些更为自然的光色则可使人感到亲切。

位于水面以上的灯具应将光源，甚至整个灯具隐于花丛之中或者池岸、建筑的一侧。跌水、瀑布中的灯具可以安装在水流的下方。静态的水池可将灯具抬高使之贴近水面，增加灯具的数量，使之向上照亮周围的花木，以形成倒影，或者将静水作为反光水池处理。

（六）其他灯光

除了上述几种照明之外，还有像水池、喷泉水下设置的彩色投光灯、射向水幕的激光束、园内大量的广告灯箱等。随着大量新颖灯具的涌现，今后的园灯会有更多选择，夜景也会更加绚丽。

三、灯光的设计

园林中的照明设计是一项十分细致的工作，需要从艺术的角度加以周密考虑，灯光的运用也应丰富而有变化。

雕塑、小品及姿形优美的树木可使用聚光灯予以重点照明，突出被照之物形象及明暗光影，吸引游人视线。由于聚光照明所产生的主体感特别强，所以在一定的区域范围内应尽量少用，以便分别主次。

轮廓照明适合于建筑与小品，更适合于落叶乔木，尤其是冬天，效果更好。通过

图 3-97　将光线投向粉墙产生的疏竹剪影

均匀、柔和地照亮树后墙体，形成光影的对比。对墙体的照明应采用低压、长寿命的荧光灯具，冷色的背光衬托树木枝干的剪影能给人冷峻静谧之感。若墙前为疏竹，则更似中国传统水墨画（图 3-97）。

要表现树木雕塑般的质感，也可使用上射照明。上射照明光线不必太强，照射部位也不必太集中。通常用以对一些长成的大树进行照明。而地面安装的定向投光灯则可作为小树、灌木的照明灯具，便于调整。

灯光下射可使光线呈现出伞状的照明区域，光线柔和，适用于户外活动场所。用高杆灯具或将其他灯具安装在建筑的檐口、树木的枝干上，使光线由上而下倾泻，在特定的区域范围内，形成一个向心空间。在其间活动，感觉温馨、宜人。

室外空间照明中最为自然的手法是月光照明。将灯具固定在树上适宜的位置，一部分向下照射，把枝叶的影子投向地面；一部分向上照射，将树叶照亮，实现月光般的照明效果。

园路的照明设计也可以予以艺术的处理，将低照明器置于道路两侧，使人行道和车道包围在有节奏的灯光之下。这种效应在使用塔形灯罩的灯具时更为显著。若配合附加的环境照明灯光源，效果会更好。

在公园绿地中安全照明是其他照明不可替代的，但对于造景而言，安全照明只是一种功能性的光线，若有可能，应与其他照明相结合，如果单独使用也须注意不能干扰其他照明。

园林照明设计中需要避免如下问题：随意更换光源类型会在一定程度上影响原设计的效果；用彩灯对花木照明，易使植物看起来不真实；任由植物在灯具附近生长会遮挡光线；垃圾杂物散落在地灯或向上投射的光源之上会遮挡光线，影响效果；灯具光源过强会刺激人眼，使人难以看清周围的事物；灯具比例失调也会让人感到不舒服。

四、常用的园灯的类型

为满足园林对照明的不同需求，已设计生产出不少常用的园灯类型（图 3-98）。

（一）投光器

将光线由一个方向投射到需要照明的物体，产生欢快、愉悦的气氛。投射光源可用一般的白炽灯或高强放电灯，在光源上加装挡板或百叶板，并将灯具隐蔽起来。使用一组小型投光器，通过精确调整使之形成柔和、均匀的背景光线，可勾勒出景物的外形轮廓，形成轮廓投光灯。

（二）杆头式照明器

用高杆将光源抬升至一定高度，扩大照射范围。因光源距地较远，光线呈现出静谧、柔和的气氛。过去光源常用高压汞灯，目前广泛采用钠灯。

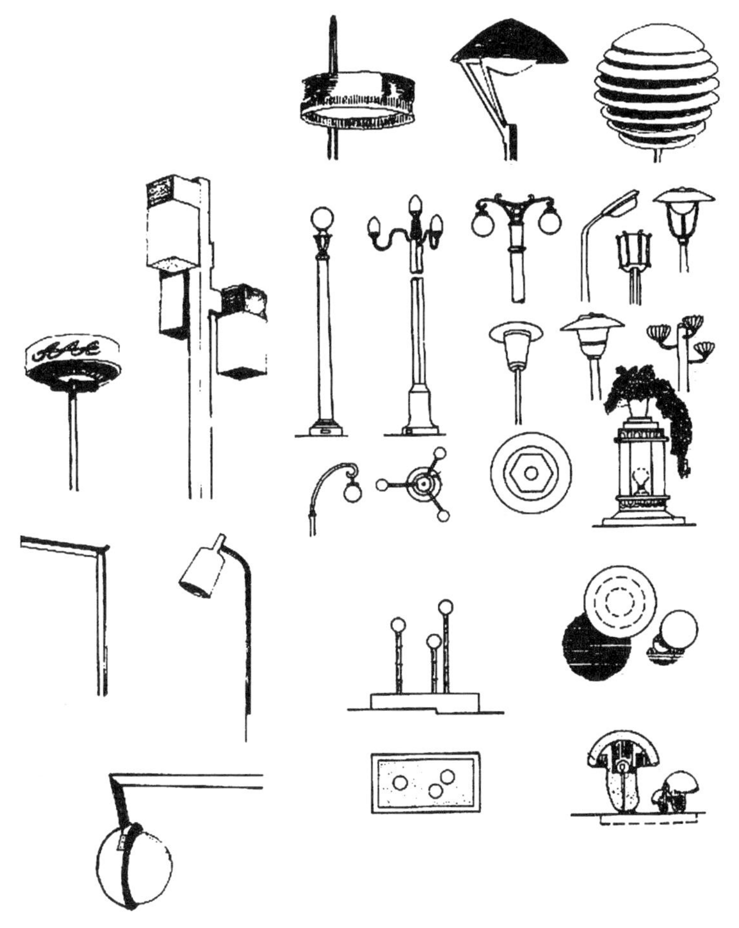

图 3–98　常用的园灯类型

（三）低照明器

将光源高度设置在视平线以下，光源用磨砂或乳白玻璃罩护，或将上部完全遮挡。低照明器主要用于园路两旁、墙垣之侧或假山岩洞等处。

（四）埋地灯

常埋置于地面以下，外壳由金属构成，内用反射型灯泡，上面装隔热玻璃。主要用于广场地面，也被用于建筑、小品、植物的照明。

（五）水下照明彩灯

主要由金属外壳、转臂、立柱以及橡胶密封圈、耐热彩色玻璃、封闭反射型灯泡、水下电缆等组成。颜色有红、黄、绿、琥珀、蓝、紫等，可安装于水下 30~1000mm 处，是水景照明和彩色喷泉的重要组成部分。

五、园灯的构造与造型

园灯一般都由灯头、灯杆、灯座、接线控制箱等组成，可使用不同的材料，设计出不同的造型（图 3–99）。

园灯的造型有几何形与自然形之分，几何造型可突出灯具特征而形成园景变化；自然造型能与周围景物相和谐而达到园景的统一。但园灯的灯具形象不应过于突出。

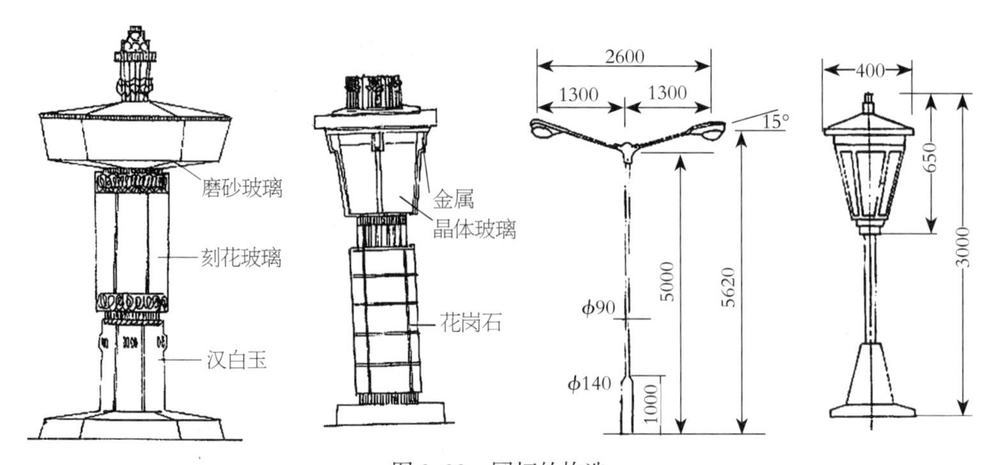

图 3-99　园灯的构造

一般以坚固耐用、取换方便、安全性高、形美价廉，具有能充分发挥照明功效的灯具构造为选择的基本要求。

园林灯具光源目前一般使用的有汞灯、金属卤化物灯、高压钠灯、荧光灯和白炽灯。

（一）汞灯

汞灯的寿命较长，容易维修，是目前国内园林使用最为普遍的光源之一，其功率有从 40W 到 2000W 多种规格。

（二）金属卤化物灯

金属卤化物灯比普通白炽灯具有更高的色温和亮度，发光效率高，显色性好，适用于照射游人较多的地方。但没有低瓦数的规格，使用受限。

（三）高压钠灯

高压钠灯是一种高强放电灯，能耗较低，能用于照度要求较高的地方，但发出的光线为橘黄色，不能真实反映绿色。

（四）荧光灯

荧光灯因其价格低、光效高、寿命长而被广泛运用于广告灯箱，适宜于规模不大的小庭园，不适宜于广场和低温条件下工作。

（五）白炽灯

白炽灯发出的光线与自然光较为接近，可用于庭园照明和投光照明，但寿命较短，需经常更换维修。

目前，我国尚未制定园林照明标准，但为了保证照度，一般控制在 0.3~1.5lx 的范围。对于杆头式照明器光源的悬挂高度一般为 4.5m，而路旁、花坛等处的低照明器高度大多低于 1m。

六、园灯的设计要点

园林照明的设计及灯具的选择应在设计之前作一次全面细致的考察，并兼顾局部和整体的关系。若能将重点照明、安全照明和装饰照明等有机地结合，可节省能源和灯具上的花费，更能避免重复施工。

照明设计应突出优美园景，掩藏有缺憾的园景，照明方法应因景而异。景物的投射灯光应依据需要而使强弱有所变化；园路两侧的路灯应照度均匀、连续。为使小空间显得更大，可只照亮前庭而将后院置于阴影之中；而对大的室外空间，处理的手法正相反。室外照明应慎用光源上的调光器和彩色滤光器，但天蓝滤光器是一个例外。

灯光亮度要根据活动需要以及保证安全而定。照明设计尤其应注意眩光。所谓眩光是指使人产生极强烈不适感的过亮过强的光线，可将灯具隐藏在花木之中。要确定灯光的照明范围还须考虑灯具的位置，而照明时所形成的阴影大小、明暗要与环境及气氛相协调。

灯具的选择、灯光效果和造型都很重要。外观造型应符合使用要求与设计意图，强调其艺术性。园灯的形式和位置主要依据照明需要而定，但也要考虑园灯在白天的装饰作用。

此外，园灯位置不应过于靠近游人活动及车辆通行的地方。若必须设置，可设地灯、装饰园灯，但不宜选择发热过高的灯具，若无更合适的灯具，则应加装隔热玻璃，或采取其他的防护措施。园灯位置还应考虑方便安装和维修，灯具线路开关及灯杆设置都要采取安全措施，以防漏电和雷击，并对大风、雨雪水、气温变化有一定的抵御能力。寒冷地区的照明工程，还应设置整流器，以免受低温影响。

思考题

1. 为什么说自然因子是园林的基本要素，没有它们就不称其为园林了？
2. 土与地形对造园所产生的影响是什么？
3. 为什么说森林是城市园林的基础？
4. 从水的空间形态来说明水在现代造园中的作用。
5. 为什么自然式置石只存在于东方园林，西方园林却采用人工石的加工，而现代园林中又采用自然石作为造型因素？
6. 为什么说生物多样性是人类生活的基础？
7. 简述园林建筑的设计要点，如何处理建筑与各要素的关系？
8. 园林中的道路及场地一般可分为哪几类？在设计中应注意哪些问题？
9. 园桥与汀步在园林中具有哪些艺术作用？
10. 园林小品通常是指什么？在设计中应注意些什么？
11. 园林照明能产生怎样的艺术效果？灯光的设计应注意哪些问题？

第四章 园林的结构

园林的结构是园林景观外在呈现的内在决定性，主要由园林性质和功能决定,同时也受到外界因素(如地方文化、时代背景等)的影响。传统园林讲究“三分匠人、七分主人”,造园之前先相地、布局,做到“心有丘壑”后再具体实施。现代园林则更加关注“人性化”，强调人的活动与需求，以此决定园林的空间形态布置。当代环境心理学与行为心理学理论有助于正确认识园林规划设计的功能，对提高设计质量和水平有着重要意义。

第一节 人的行为

无论是古典园林，还是现代景观，人始终是园林的主体。从起源开始，园林就是为人服务的，从早期生产性质的猎苑，到现代以游憩为主的公园，随着人使用需求的不断改变和多样化，园林的结构也发生了转变。研究人的行为是把握现代园林结构的基础。

一、人的属性

人有自然属性与社会属性之分。对于园林设计来说，不同对象对于园林的感受不同，需求也不同。了解人的属性，有助于理解不同类型人群的行为特征，以及由此而产生的对园林绿地的需求。

人的自然属性：人的自然属性表现为人的种群、年龄、性属以及为了保证自己的身体机能运转而进行的必要活动（即吃、睡、休息等本能行为）。人的自然属性决定了人被分为不同的类型，产生不同的行为。

人的社会属性：社会属性是人类区别于其他动物的最主要的特征。社会属性是人在社会中扮演的角色所呈现出的一种综合特性，包括文化层次、经济水平、社会地位等。社会属性的不同是形成人类行为之间巨大差异的根本原因。如白领阶层和学生族都有出游的需要，但是前者会选择带有良好度假设施的休闲地，后者则热衷于适合群体出游探险的旅游地，这是由两者之间社会属性不同而造成的旅游取向差异。

二、行为理论

行为科学是一门研究人类行为规律的综合性科学，重点研究和探讨在社会环境中人类行为产生的根本原因及规律。园林中的行为研究，着重于研究人的外部行为，考虑人群对环境的要求以及如何通过环境设计来满足人的行为心理需要。

（一）理论发展

20 世纪 50 年代，欧美国家开始对环境与行为心理的关系开展研究。环境行为学逐渐被关注并广泛用于探讨人的行为与城市、建筑、环境之间的关系与相互作用。1968 年北美“环境设计研究协会”成立，是最早专门从事环境行为研究的专业协会。目前，环境与行为心理的研究仍处于发展阶段，不少问题正在探索过程中，相关研究方法还不够成熟。但十多年来，它相继在世界各国得到迅速发展，其中欧美起步较早，日本也有所创新。近年来我国建筑园林界也开始对环境心理学、行为心理学进行研究，推动了我国建筑园林理论研究的发展。

（二）理论影响

行为心理学的研究有助于正确认识建筑设计、城市规划和园林规划设计的功能，它把使用功能——适用与精神功能——美观舒适统一加以考虑。行为研究也是高度对人关怀的重要体现，园林设计者不仅要为人们创造满意的环境，还要关怀具体的人，如各种不同特点的使用者（老人、青年人、儿童、妇女，甚至残疾人）。如针对老年人以及残疾人士所设计的无障碍通道等。

将行为理论与园林设计相结合是园林发展的新阶段，是园林更注重实用性的体现。具体实践中应贯彻以下程序：

1. 把握人们在外部空间的行为和人们如何使用环境。

2. 从行为所提供的信息中找出其规律性，并抽象概括成为园林规划设计的准则。

3. 将这些设计准则运用于设计过程中，正确处理各种不同功能要求的空间环境，做到合理安排，从而使人们和其使用的环境空间自然配合默契。

三、行为类型

不同的需求产生不同的行为，按照需求层级理论，人的行为类型大致可以分为必要性行为、自主性行为和社会性行为。

必要性行为：是人类因为生存需要而必须的活动。例如，等候公共汽车去上班就是一种必要性行为，必要性行为最大的特点是基本不受环境品质的影响。

自主性行为：也称为选择性行为，是诸如饭后散步、周末外出游玩等游憩类活动，自主性行为与环境质量有很密切的关系。如相同区位的两个公园，排除收费与交通因素，环境更好的公园通常游赏的人更多。

社会性行为：也称社交性行为。朋友聚会或俱乐部的会员活动等都属于社会性行为。社会性行为也具有很大的选择性，不同于自主性行为更倾向于个人喜好与选择，社会性行为是一种集体选择，但同样与环境品质的好坏有相当大的关系。

按照活动特征划分人的行为，又可分为独立性行为、群体性行为以及公共性行为。独立性行为是人作为个体，与社会中的其他人群不产生联系而发生的活动，如一个人独自看书、散步、泡吧等。群体性行为是个人处于小团体中所产生的行为，是群体内部发生的活动，如生日聚会、野营野餐、集体旅游等。此时群体内部人与人之间的关系相对比较密切。公共性行为是人处于更广泛的群体内发生的活动，如集会游行等。公共性行为参加人群的类型不受限制，但参与人群之间的关系比较松散。

按活动形态划分，行为有动态和静态之分。动态行为如越野骑行、冲浪划水；静态行为如品茗赏景、观海静思。两类行为对所处的环境会产生不同的需求。动者要求环境氛围粗犷，宜作为背景或屏障；静者要求景物细腻精致，可成为赏景的焦点。

四、行为与园林设计

（一）个人空间

人类学家爱德华·T·霍尔（Edward T.Hall）将人与人之间的空间距离概括地分为亲密距离、个人空间距离、社交距离及公共距离四类。

亲密距离：亲密距离是指小于45cm的接触距离，多是恋人或关系极亲近的人之间才会有的距离。处在亲密距离时，人们的声音保持在悄悄话的水平，能明显感受到对方的气味而且能看清对方的面部细节。

个人空间距离：个人空间距离指近到45~76cm，是朋友、同事之间交流接触的距离。在这个距离上能清楚地听到对方的话语，看到对方的表情。距离在76~122cm时，即达到个人空间的边沿，没有了上一个距离的亲近感，属于普通朋友接触的距离。这个距离范围也是个人空间的保护区和缓冲区。可以阻止外界的侵犯，维持心理上个人所需要的空间范围。

社交距离：社交距离指近到122~214cm，接触的双方不会进入对方的个人空间，但能看到对方身体的大部分。这是人们在商务接触或者社交时保持的距离。有时候更加正规的社交距离需要被延长到214~366cm，比如外交场合等。

公共距离：公共距离指近到约366~762cm，它属于公共场合中与陌生人的距离。处于该距离的人，有很大的余地可以采取防卫或逃跑行为。距离若在762cm以上，一般属于公共场合中的单向接触，如演讲，需要声音很大。

根据霍尔（Hall）的研究成果，每个人都被一个看不见的个人空间气泡所包围，这个气泡的大小就是人的领域大小。当我们的“气泡”和他人的“气泡”相遇重叠时，就会有领域受到侵犯的感受，产生不适感。个人空间气泡的半径与人之间的亲密度成反比，关系越是亲密，气泡越小；随着亲密度的降低，由亲朋好友降到一般熟人，最后降到完全陌生人，气泡就会越来越大。在园林中体现领域性的最典型的案例就是公园座椅的使用问题。调查发现，当第一位游人坐在长椅的一端时，第二位游人就会坐在另一端，以保持个人空间的私密性，第三位游人则会另择椅而坐，只有在万不得已的时候才会选择坐在前两者之间。这一案例体现了领域对公园设施使用的影响，因而在园林设计中应充分考虑个人空间对游人心理和园林使用所造成的影响。

（二）边界效应

一般来说，边界是众多信息汇聚的地方，它具有异质性，是变化的所在，容易产生特殊的现象，受到人们的关注，这就是通常所说的边界效应。边界效应在风景园林中尤为突出。在自然界中，优美的风景往往集中在地球板块的边界，如位于印度板块和亚洲板块交界处的四川省，风景资源集中，是我国重要的风景旅游地。又如水与陆地交界的水岸地带，地形层次丰富、动植物类型多样，容易形成不同于其他场所的美丽风景。

从人的心理出发，人类容易对异质的东西发生兴趣，而对于同质的东西产生厌倦和腻烦。因而对于一块场地来说，人们往往更多地关注的是场地边缘的特性，而不是场地中央，人的活动也多集中于场地边缘。在公园设计中，考虑到人们倾向于聚集在边界的心理，往往将休息设施设在场地的边界。在园林设计中，应处理好各种边界的关系。

（三）瞭望与庇护

“瞭望庇护原则”是人类行为学的又一重要理论（图 4–1）。

瞭望是人渴望与外界发生联系的一种行为。瞭望包括看与被看两方面。人类行为学认为，“人看人”是人的天性，人们有窥探、观察的欲望，人们总是期望自己处于有利位置，然后眺望风景或其他人的活动。除此之外，人还有被看的欲望。大多数人希望在人群中受到关注。规划师西摩·戈德（Seymour Gold）对这种现象的根源作出过可能的解释，在娱乐消遣中，人们总想扮演某一个角色，并以种种幻想陶醉自己，以致最后自身下意识地表现出倾向性的举动。人们总是喜欢开着漂亮的车出去兜风，就是希望引起别人的关注与称赞，在“被看”中得到被认可的满足。

庇护是指人处于环境中所产生的一种自我保护的行为，这是一种出于安全需要的潜意识行为。许多人都有这样的体会：去饭店吃饭时，人们总是会先挑选靠墙的或者是某个角落里的座位；在公园或广场中，人们倾向于停留在空间的边缘而不是中心；

图 4–1　“安全点”就是既能让人观看他人的活动，又能与他人保持一定距离的地方，从而使观看者感到舒适泰然。如果将观看者置于被观看者中，观者一定会感到心神不安

设置在有植物或构筑物作为背景的边界地带的休息点通常更容易受到游人的青睐。这是因为人的眼睛长在前面，后背是他最易受到攻击与难以防卫的方位。在这些区域，游人的背部区域是屏障，他只需应对面前所发生的状况，一切都在自己的视域范围之内，容易产生安全感。

在园林设计中既要满足游人瞭望的需求，又须为游人提供能庇护的空间。很多情况下，庇护和瞭望是能够同时满足的。

第二节　园林结构的内在决定性

影响园林绿地结构的因素有很多，归结起来主要分为性质功能、基地环境、地域文化与时代背景四个方面。园林的性质与功能是园林结构的决定性因素，不同性质、功能的园林有不同的规划布局形式；基地环境是园林结构的重要影响因素；地域文化是园林结构的内在动因；时代背景是园林结构的外在影响。

一、性质、功能

园林绿地的性质与功能是影响园林结构的决定因素。不同性质、功能的园林对应不同的园林形式，园林形式反映园林特性。如动物园主要功能是生物科学的展示，要求公园给游人以知识和美感，创造寓教于游的环境。在规划形式上，为配合动物生态的环境需要，常为自然式布局，除供游憩需要的少数服务性建筑外，一般不设大型群众活动场地和儿童游戏场等。烈士陵园主要是缅怀先烈革命功绩，激励后人发扬革命传统，具有爱国主义、国际主义思想教育的作用。这类园林的布局形式多采用中轴对称、规则严整，从而创造出雄伟崇高、庄严肃穆的气氛。儿童公园则要求形式新颖活泼，色彩鲜艳明朗，公园的景色、设施与儿童的天真活泼的性格相协调。名胜古迹特别是文物保护单位的园林又另有不同的要求，强调静的游赏，保护原有环境，突出古迹文物的特色，不设或少设儿童活动及体育活动设施。而风景区中景点的功能则变化较多，往往是先有景，即环境因素，由景色特征明确其功能要求，进而产生各种游览要求，规划结构逐步形成。

由于园林绿地的性质、功能是影响规划结构的决定因素，因此在确定一个园林绿地规划结构前，必须了解园林绿地在整个城市园林绿地系统中的地位、功能，明确其性质、规模和服务对象等。

二、基地环境

基地环境是影响园林结构的重要因素。基地的环境包括外部环境与内部环境两方面。如基地是城市用地还是乡村用地，基地所处的自然环境条件如何，这些属于外部环境。首先，植被茂盛、雨量充沛的南方和干旱少雨、生态脆弱的中原地区，园林结构会有差异。其次，基地周边的用地性质的差异也会影响园林的结构。基地外部环境不同，园林功能结构也不同，二者密不可分。如同样作为城市公园的上海长寿绿地和四川北路绿地，前者周边以居民区为主，后者以商业为主，因而长寿绿地要求更加安静、私密；而四川北路公园则更为开敞。

基地的内部环境包括地形、水体、植被等条件。山地环境需要考虑到地形高差的处理；滨水空间则需要有亲水性及防洪安全的考虑，这些都影响园林的结构。如今随着文化遗产观念的提出以及对生态保护的重视，基地中现有的植被以及历史性建筑、景观等都成为不可忽视的重要因素。如上海松江的方塔园，整个园林以方塔为中心，在组织园林结构时，既要保护古塔，又需处处考虑到方塔的游与赏，创造城市休闲空间。

三、地域文化

地域文化的差异也决定了园林结构略有不同，如传统江南园林与北方园林的差异。大的地域差异包括各民族、国家之间的文化、艺术传统的差异。如中国由于传统的山水文化与美学思想，形成了山水园的自然形式。而同样是多山的国家意大利，由于受到古希腊的数学、理性思维的影响，产生了对于几何的偏爱。这种传统文化和本民族固有的艺术水准、造园风格，使意大利园林即使是自然山地条件也采用规则式。

四、时代背景

时代的背景也是影响园林结构的不可忽视的因素。首先，园林景观作为一个特殊的艺术门类，受到艺术的影响，不同时代的艺术有不同的特征。巴洛克艺术影响产生的勒·诺特式园林结构和受英国风景画影响的英国风景式园林结构，两者有着明显的差异。其次，时代的政治、经济及宗教背景也影响着园林的结构，如随着战争及政局的变化，伊斯兰教向东传播，使印度园林也带有明显的伊斯兰风格。又如，上海复兴公园的法式园林结构是近代上海曾设立法租界这一大时代背景的产物。如今，受到现代、后现代艺术的影响，生态主义、景观都市主义的提出，现代园林的结构则呈现出更加多样化的特征。

第三节 园林结构组织的基本原则

一、一般性原则

（1）根据园林绿地的性质、功能确定其设施与形式：性质、功能是影响规划结构布局的决定性因素，不同的性质、功能就有不同的设施和不同的规划布局形式。

（2）不同功能的区域和不同的景点、景区宜各得其所：安静区和活动频繁区，既有分隔又有联系。不同的景色也宜分区，使各景区景点各有特色，不致杂乱。

（3）应有特征，突出主题，在统一中求变化：规划布局忌平铺直叙。

（4）因地制宜，巧于因借："景到随机、得景随形"，洼地开湖，土岗堆山。"俗则屏之，嘉则收之"，经济自然。

（5）充分估计工程技术经济上的可靠性：园林绿地布局具有艺术性，但这种艺术性必须建立在可靠的工程技术经济的基础上。

二、成分原则

园林结构的形成是建立在要素组合的基础上的，园林要素作为园林的基础，一定程度上左右园林的成败。园林设计利用地形、植物、水体等自然要素，建筑、道路、园林小品等人工要素作为设计要素，将这些要素有机地组合，构成一定特点的园林形式，表达某一性质、某一主题思想的园林作品。这些要素组合的原则统称为成分原则。

（一）成分内容

园林要素分为自然要素和人工要素，在不同的园林类型中，两者所占的比重不同。园林的类型虽有不同，但必须有自然要素，这是园林的基本要素，否则不是园林范畴，同样也应该有人工因素，否则构不成园林的气氛。

1. 自然要素（软质景观要素）

地形：地形构成园林的骨架，主要包括平地、土丘、丘陵、山峦、山峰、凹地、谷地、坞、坪等类型。地形要素的利用与改造将影响到园林的形式、建筑的布局、植物配置、景观效果、给水排水工程、小气候等诸因素。

植物：植物是园林设计中有生命的题材。植物要素包括乔木、灌木、攀缘植物、花卉、草坪地被、水生植物等。植物的四季景观、本身的形态、色彩、芳香、习性等都是园林造景的题材。园林植物与地形、水体、建筑、山石、雕塑等有机配置，能形成优美、多彩的环境艺术效果。

自然界往往是动物、植物共生共荣。在条件允许的情况下，动物景观的规划，如观鱼游、听鸟鸣、莺歌燕舞、鸟语花香将为园林景观增色。

水体：水是园林的灵魂。水体可以分成静水和动水两种类型。静水包括湖、池、塘、潭、沼等形态；动水常见的形态有河、湾、溪、渠、涧、瀑布、喷泉、涌泉、壁泉等。水声、倒影等也是园林水景的重要组成部分。水体还能够形成堤、岛、洲、渚等地貌。

2. 人工要素（硬质景观要素）

建筑：根据园林设计的立意、功能、景观风貌等需要，必须考虑适当的建筑与建筑组合。同时，考虑建筑的体量、造型、色彩以及与之配合的假山、雕塑、植物、水景等诸要素的安排，使园林中的建筑起到画龙点睛的作用。

道路广场：道路广场构成园林的脉络，在园林中起到交通组织、联系的作用。道路广场的形式可以是规则的，也可以是自然的，或自由曲线流线型的。

园林小品：是园林构成不可缺少的组成部分，使园林景观更富于表现力。园林小品一般包括雕塑、山石、壁画、摩岩石刻等内容。园林小品可作为点景，构成完整的园林艺术形象，也可以结合一定的绿化单独构成专题园林，如雕塑公园、假山园等。

（二）成分原则

1. 鲜明性

作为组成成分，园林要素在园林风格的形成上起了很大的作用。随着园林的不断发展，不同的园林要素已经被赋予了特定的功能，出现在特定的场合，具有鲜明的标志性。如洗水钵、石灯笼是日式园林的标志。在园林设计中，必须考虑到这种特定的指示性，使园林风格更鲜明，更易为大众所接受。

2. 适宜性

中国园林十分强调因地制宜，园林的六大要素虽然广泛运用于各地的园林绿地，但由于其所处自然环境与人文环境的不同，设计师对于六大要素运用的偏好是不同的。如北方园林更注重运用地形与建筑造景，而江南园林则多运用水体造景，在岭南园林中植物造景的成分相对更多。另外，在体现不同性质园林的气质时，园林要素发挥的作用也是不同的。

3. 灵活性

上述六大要素在设计中并非缺一不可，园林创作有其灵活性。根据地域环境的不同，园林要素的选择可有所变化。如北方的园林考虑到气候等因素，应尽量慎用水体或不做水体；而水体在江南园林中则是着重渲染的一部分。根据园林性质的不同，园林要素的选择也可有所侧重。如植物园必须强调植物的多样性，而私家园林植物则可侧重其与园内建筑小品的关系与配置。

三、层次原则

在园林要素合理选择的基础上，要素间的搭配尤为重要。园林六大要素组合构成千变万化的园林，其奥秘就在于要素之间的搭配，不同的搭配形成了园林绿地不同的层次结构。如意大利的台地园林通常由若干个台地组成，通过扶梯相连接，扶壁、喷水池、水扶梯、壁龛有明确的几何形体；法国古典园林多采用对称的轴线布置，由地毯式的花坛、林荫大道、整形的树丛喷泉、雕像等组成；英国自然风景园林表现为起伏的草地、曲线形的道路、曲折的溪流、成组散布的树丛、孤植的大树，顺乎自然；伊斯兰庭园往往是高院围闭，整形十字水渠、树木成组地种植，喻意天园；中国庭园则院中有园、园中有院，亭廊、曲桥、水榭、假山叠石，追求意境。

（一）园林成分组合规律

园林要素的组合遵循一定的规律，组合关系包括主次、并列、附着、分合、层叠等。

1. 主次

园林无论大小，其要素之间一般都有主次之分，主次是构成园林的基本组合关系。占主要地位的园林要素决定了园林的风格，有些情况下也是园林功能的体现。如植物园以植物为主，此主要要素体现了园林的功能。

2. 并列

并列是指园林要素之间的主次相当，各自在园林中扮演了同等重要的角色。并列的组合关系在园林中运用较少，园林要素之间或多或少都会存在主次之分，但在少数涉及要素较少的园林中可采用并列的组合方式，通过要素等量的对比使各元素之间的特征更明显。如在小型的宅院中，植被和园林小品的组合关系可以是并列的，以此突出宅院的两大功能，植物观赏和休憩。

3. 附着

附着是指有些园林要素不能独立存在，在运用这些园林要素时必然伴随其他要素的使用。如园林中水体的运用就离不开地形的变化，此时水体这一元素就是附着于地形的。

4. 分合

分合是指园林要素通过分与合在空间上形成不同的效果。相同要素的“分”，可以形成空间上的呼应，有连续和延续空间的作用。不同要素的“合”可形成空间的扩展，增加空间的异质性和趣味性。

5. 层叠

层叠是一个空间与时间上的概念。园林是一门四维的艺术，它包括三维的空间感受以及空间在时间上的变化与延续。层叠就是园林要素在空间和时间上的组合方式，将园林要素以人的视线或行动方向为顺序在空间上进行排列的方法。如从远到近的层叠、从上到下的层叠等。

（二）层次原则

1. 艺术性

园林是美的艺术，在要素组合的过程中同样体现出对美的要求。园林要素之间的组合应贯彻艺术性的原则，以符合艺术审美的法则进行搭配，才能获得观者在美学上的认同。

2. 发展性

园林的四维性决定了其组成要素具有时间上的延展性。园林要素本身不能一成不变，要有发展的可能性，要素拥有可发展性才能给园林带来整体的生命力。

3. 特征性

一方面表现为要素单体的特征性，另一方面是由要素的组合而体现的园林的整体特征。对于园林要素来讲，在组合中必须保持自己与其他要素相区别的特质，这样才能通过要素之间的主从关系来确定园林整体的特征。

4. 模式化

指园林要素在组合的过程中可形成不同的发展模式，这种模式具有一定的普适性，可在不同的场合中运用。但这种模式又不是一成不变的，不同环境组成要素的特性会有不同的变化。如花石组合的模式被广泛运用于各种园林中，但是在不同地区，组合中石材的类型又有不同。

四、整体原则

（一）整体特征

园林最终呈现给人的是一种整体的美，这种整体的美是通过园林成分的组合、层次的组织而最终实现的。当然，相同的成分与层次原则，由于造园者采用的手法和结构的差别，园林最终呈现的整体特征也不同。如奥姆斯特德（Olmstead）在美国纽约中央公园（图 4–2）中运用了英国风景园的创作手法，但其表现出的风格却与布朗（Brown）设计的英国自然风景园（图 4–3）有差异。

（二）整体原则

1. 功能性

园林除了美学的特征外，还具有其特定的功能。园林的整体原则遵循园林功能，园林要素的选择与组织必须满足功能的需要。如儿童乐园的设计中应避免大面积的观赏性水面，而需多配置能满足功能的游乐设施。

图 4–2　美国纽约中央公园鸟瞰

图 4–3　布朗风景园

2. 协调性

园林作为一个系统，其系统要素之间的协调很重要。园林要满足人类审美及游赏的双重需要，因而园林的协调性也体现在美学观感与游览功能相协调上。为突出视觉美学效果而牺牲功能布局，或者为排布功能而影响美学观感的园林作品，都不是优秀的作品。

3. 层次性

园林是由要素组合而成的一个整体，其整体中必然存在层次性。对园林的观赏，离不开对植物、地形、水体等各个层次的观赏。理顺园林要素各层次之间的主次关系，合理配置辅助因素，强化主导因素，能更有效地突出园林的整体性。如水上公园就应该突出水体这一层次，使水成为园林中的主导因素，其余要素均围绕水而展开，则层次分明、主次得当。

第四节　园林结构的类型

园林绿地的结构类型，原则上可以分为自然式、规整式、混合式及有机式四种。

一、自然式

自然式又称风景式、山水派园林，以模仿自然为主，不要求对称严整。中国园林自周秦始，无论帝王苑囿或私家园林，都以自然山水为风尚。唐代东传日本，18世纪开始英国等其他欧洲国家受中国自然山水园的影响，也多有采用自然式，对世界园林产生了较大的影响。我国古典园林如避暑山庄的湖区、拙政园等，新园林如北京紫竹院、上海长风公园（图4–4）都属自然式。这种形式较适合于有山有水、地形起伏的地区。

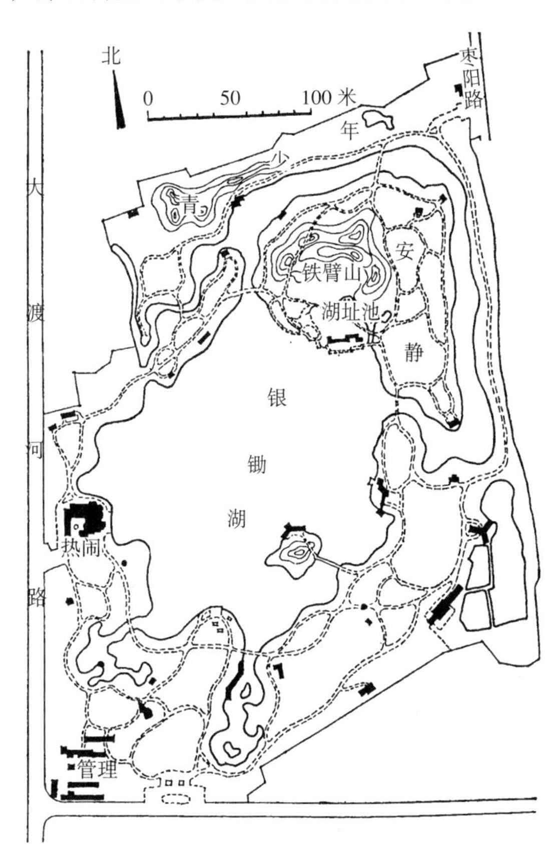

图4–4　上海长风公园

（一）自然式结构特征

自然式园林一般采用山水法进行创作，其特点在于把自然景色和人工造园艺术巧妙地结合，达到“虽由人作，宛自天开”的效果。自然式园林通过看似自由的布局，实现对自然模拟的手法，深受中国传统山水画写意、抽象画风的影响。最突出的园林艺术形象，是以山体、水系为全园的骨架，模仿自然界的景观特征，造就第二自然环境。山水法造园，一般“地势自有高低”，即使原地形较平坦，也“开池浚壑，理石挑山”，即“挖湖堆山”。“构园无格，借景有因”，所以，山水法的园林布局精髓在于“巧于因借，精在体宜”。

（二）实例分析

中国古典园林可分为四大类型：帝王宫苑、私家宅园、寺庙园林和风景名胜园。无论哪种类型，其园林形式都归类于自然山水园林。

《画论》指出：“水令人远，石令人古”，“地得水而柔，水得地而流”，“胸中有山方能画水，意中有水方许作山”，说明山水不可分割的关系。承德避暑山庄（图 4-5）山地占 3/4，所以在处理山水关系时，以山为主，以水为辅，以建筑为点景，以树木为掩映。在山水间架确定后，全园六大要素统一协调，全面布局。杭州西湖内三潭印

图 4-5　承德避暑山庄

月景点（图 4-6），是山水法中的堤岛型景观，湖中有岛，岛以堤围，堤中又有岛的水景园。

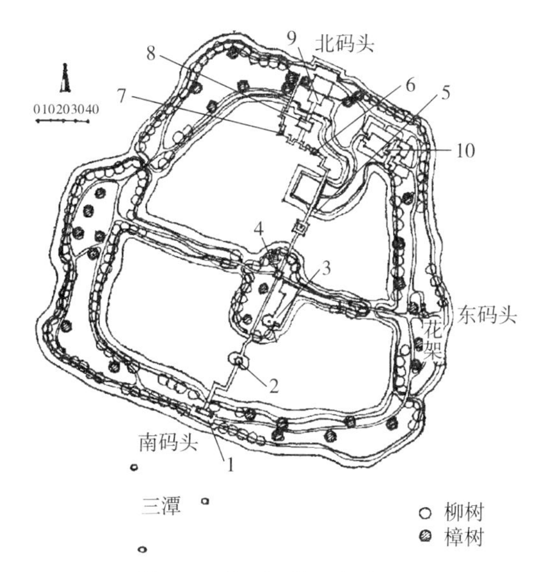

图 4-6　杭州西湖三潭印月

江南私家宅园也均为自然山水园。如苏州、扬州、杭州、南京、上海、无锡等地，私家宅园结合当地条件，创造出各具特色、将自然浓缩于一隅的自然式园林。苏州古典园林著名者有拙政园、留园、网师园、沧浪亭、狮子林等，占地 600~1000m^2，最大者拙政园为 40000m^2。布局特点多为中心以水池构景，构图模仿自然，以叠石堆山丰富园景，建筑、道路、花木曲折自由。

二、规整式

规整式也称规则式、几何式。整个平面布局、立体造型以及建筑、广场、道路、水面、花草树木等都要求严整对称。西方园林在 18 世纪英国风景式园林出现之前，基本以规整式为主，平面布局对称，追求几何图案美，多以建筑及建筑所形成的空间为园林主体。文艺复兴时期意大利台地园和 17 世纪法国勒·诺特的凡尔赛宫苑最为代表。规整式园林给人以庄严、雄伟、整齐之感，一般用于宫苑、纪念性园林或有对称轴的建筑庭园中。

（一）规整式结构特征

规整式的园林组合实质是轴线法的园林设计，讲究对称、轴线。在种植设计上，多进行树木整形。在形式上表现出轴线、几何、整形三大特征。

轴线：一般轴线法的创作特点是由纵横两条相互垂直的直线组成控制全园布局构图的“十字架”。由两主轴线再派生出若干次要的轴线，或相互垂直，或呈放射状分布。一般成左右对称，有时还包括上下、左右对称的，图案性十分强烈。

几何：规整式园林在整体结构上以轴线来构筑几何美，同时在构成结构的具体要素上也多采用几何形态，如轴线交叉处的水池、水渠、绿篱、绿墙、花坛等。

整形：在种植设计上，为达到对称、整齐、几何形，多进行树木整形、修剪，创作出树墙、绿篱、花坛、花境、草坪、整形树等西方园林中规则式的植物景观。

（二）实例分析

规整式园林给人庄重、开敞明确的景观感觉，适合于大型、庄严的帝王宫苑、纪念性园林、广场园林等。意大利台地园、法国巴黎凡尔赛宫、英国伦敦汉普顿宫、美国华盛顿纪念园林、印度泰姬陵等都是规整式园林设计的精品。

意大利台地式园林，是在丘陵地带的斜坡上造园。多由倾斜部分和下方平坦部分构成。建筑物也被用作瞭望台，故尽可能建于高处，或置于露台下方。平面布置采用轴线法，严格对称，一般园林的对称轴以建筑物的轴线为基准。最广泛采用的形式是以建筑物中心轴线为庭园的主轴线。除一条主轴线外，还有数条副轴线与主轴线垂直或平行。其次，园林的局部通过轴线来对称地统一布置，以水渠、花坛、泉池、露台等为面；园路、绿篱、行列式的乔木、阶梯、瀑布等为线；小水池、园亭、雕塑等为点进行布局。

法国凡尔赛宫离巴黎18km，原是路易十三世的一所猎庄。凡尔赛宫苑将规整式园林的特色发挥到了极致。在整体布局上，将宫殿置于城市和宫苑之间的高地上，宫殿的主轴线一头伸入城区、一头伸进宫苑。宫苑内，主轴线成为景观艺术中心，副轴线和其他轴线辅佐它。在它们之间，还有更小的笔直的林荫道，在道路的交叉点上安置雕像和喷泉。整个园林的布局秩序严整、脉络分明、主次有序。宫殿或其他园林建筑近处是绣花花坛。

图 4-7 印度泰姬·马哈尔陵前水池辉映建筑倒影

印度泰姬陵园（图 4-7）的规划，是轴线法的典例。这座陵园位于临近朱木拿河的地带，是一座优美平坦的陵园。该园的主要建筑物均不在园林的中心，而是偏于一侧。陵园的园林部分以建筑物的轴线为中心，取左右均衡的极其单纯的布局方式，即用十字形水渠来造成的四分园，在它的中心处没有建筑物，而筑造了一个高于地面的白色大理石的喷水池陪衬陵墓。

三、混合式

绝对的规则式或绝对的自然式是少见的，大多以规则为主或以自然为主，为混合式结构。如颐和园的东宫部分、佛香阁、排云殿的布局为中轴对称的规则式，其他的山水亭廊以自然式为主。混合式在园林绿地布置中被采用较多，如广州烈士陵园、北京中山公园、上海古城公园（图 4-8）等。

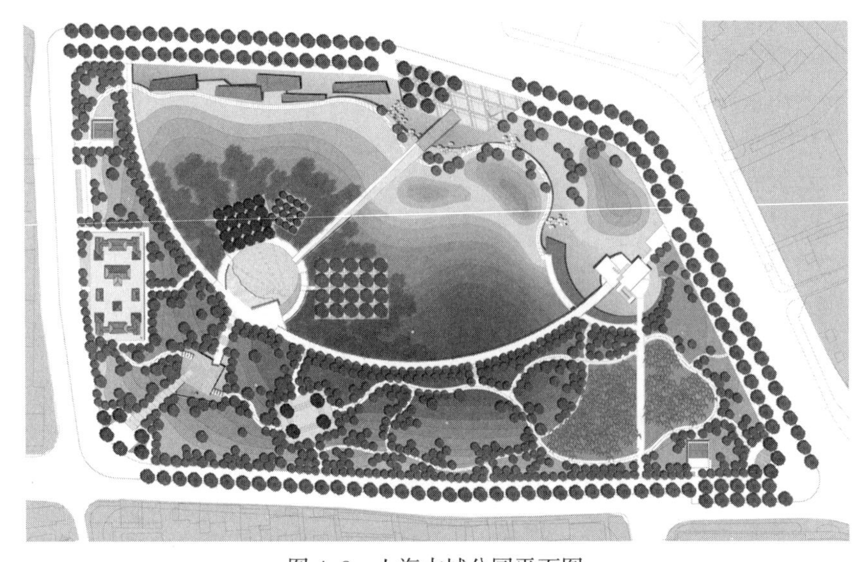

图 4-8 上海古城公园平面图

（一）混合式结构特征

混合式园林综合了自然式与规整式园林的设计手法，运用介于绝对轴线对称法和自然山水法之间的综合法进行设计，使园林兼具规则与自然之美，更富有活泼、灵动之趣。

混合式园林的结构布置一般在主景处以轴线法处理，以突出主体；在辅景及其他区域以自然山水法为主，少量辅以轴线。为园林带来自然之趣，同时轴线的存在也使得园林更有章法。

（二）实例分析

混合式结构在现代公园中较常见。如上海广中公园（图 4–9），其东北角地势较低、平坦开阔，采用中轴对称的规则形式，设置有欧式沉床园、模纹花坛等。从东入口到西部管理处，约 250m 长的中轴线贯穿到底。一条次轴线垂直于该主轴线往南，逐步转变为公园中部与西部自然式的园林空间。公园中部借鉴英国自然风景园的布局手法，设置大草坪和大水池相接，形成宽阔空间。与前半部平坦规则布局相反，后半部地形起伏，水流弯曲，步道蜿蜒，吸取日本庭园的特长，以小拱桥、“清趣”亭、精致石组及植物烘托，气氛浓郁。

上海徐家汇公园（图 4–10）也是混合式结构的代表作。整个公园以水面为界，南侧以自然生态景观为主，北侧采用规整手法营造人文景观，创造城市与自然融洽的生态环境。设计融合了徐家汇商业中心、风情衡山路及基地内从殖民时期至今的构筑物等元素，内容、风格上有机联系、互为补充，各具特色。贯穿南北的衡山路林荫大道简洁、明朗；采用法式园林造林手法，植物成行成排布置。中部引入上海老城厢的地图，用修剪整形的绿篱再现了一个被保护的上海老城厢，实现设计与历史的对话。蜿蜒的水渠与南侧自然景观有机呼应、结合，突出了生态绿色的主题。

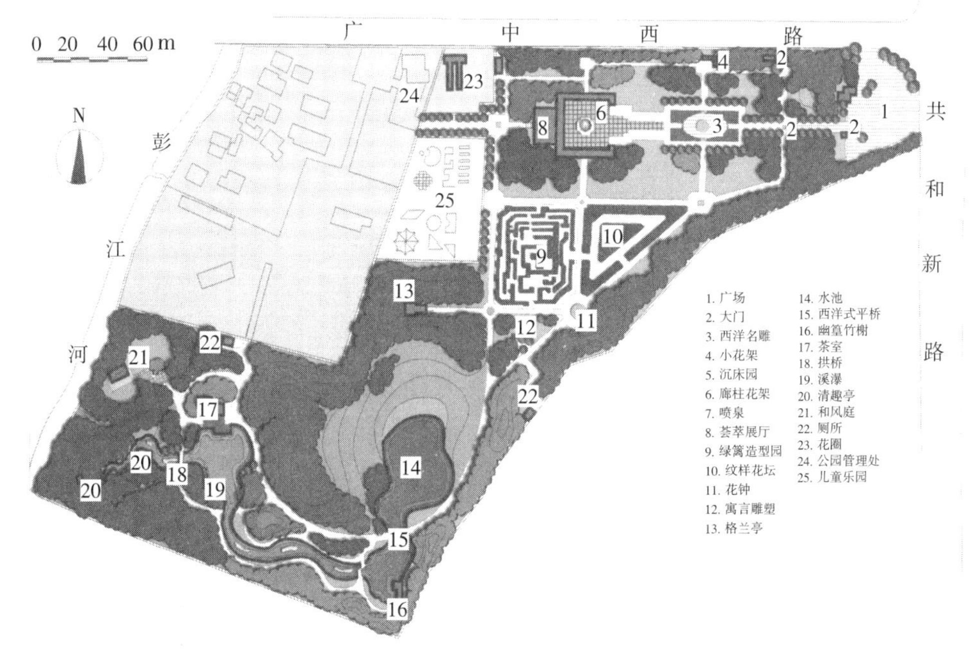

图 4–9　上海广中公园平面图

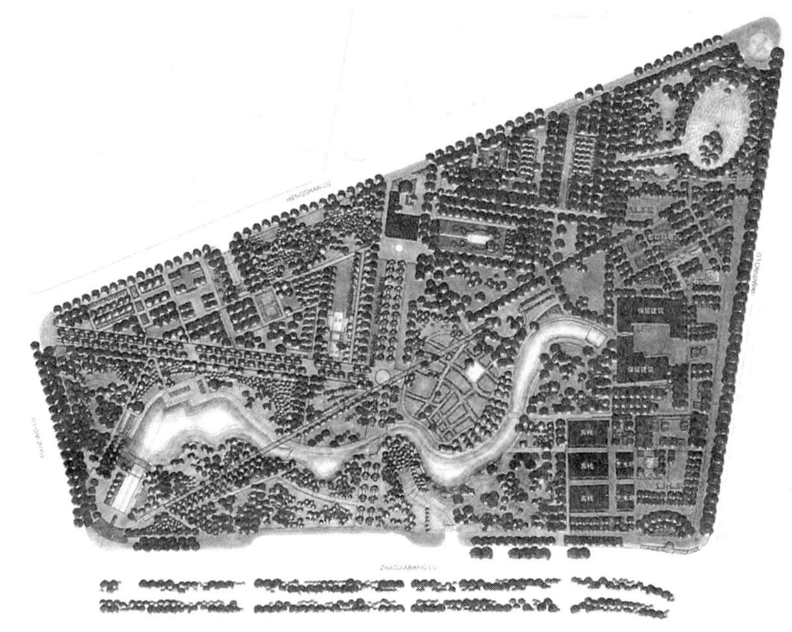

图 4-10　上海徐家汇公园平面图

四、有机式

现代的园林景观结构类型已经不再局限于单纯的自然式或规则式，也不仅仅是两者的简单融合，而是呈现出更加多样性的特征。园林设计师在现代景观结构上作出了更多的尝试，与场地肌理、环境特征更加融合，反映时代的特征。有机式可以作为这一园林景观类型的总称。玛莎·施瓦茨、哈格里夫斯、劳伦斯·哈普林等现代主义大师都有这一类型的杰出作品。

（一）有机式结构特征

有机式的园林结构受到现代构成主义及解构主义等思潮的影响，从自然界的有机形态及生长模式中得到灵感与启发，打破原有规整几何式的布局，也不再单纯地以自然山水为蓝本进行摹写，而是以抽象仿生的艺术构成形式，结合场地、基地特征生长起来，并努力将现代园林的艺术性与公共参与性结合在一起，使园林结构更加活泼生动、富于趣味。

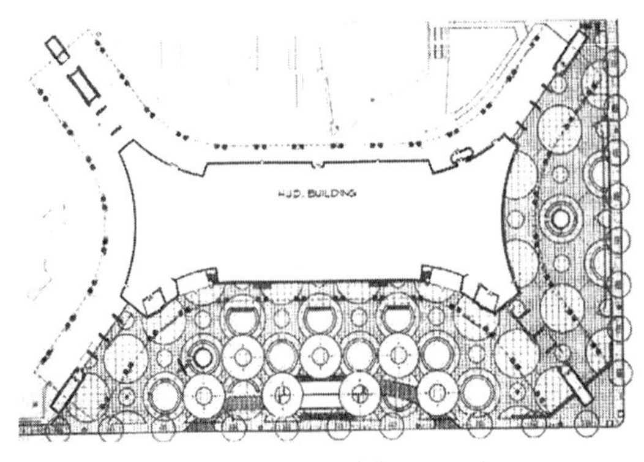

图 4-11　HUD 广场平面图

（二）实例分析

有机式的园林作品在欧美现代园林景观设计师的作品中较为常见。如玛莎·施瓦茨设计的 HUD 广场（图 4-11）。设计师通过重复使用白色、黄色和灰色圆形图案，与布劳耶在建筑围护物、外墙壁以及顶棚上所作的几何图案式设计相呼应。布置了一系列植有草坪的混凝土种植钵以及白色救生圈状的檐篷。大小形态各异的圆形重叠交织，围绕建筑的曲线有规律地分布与延伸。强烈的地平面设计改变了广场地面貌，同时由于材料的特殊性，光影的变化使图案更丰富，富于冲击力。台阶分布与圆形物体的高低错落增加了空间变化，景观更生动。

位于中国天津东区的天津桥园（图 4–12），是有机式结构的另一代表。设计师应用生态恢复和再生的理论和方法，通过地形设计，创造出深浅不一的坑塘，有水有旱，开启自然植被的自我恢复过程，形成与不同水位和盐碱度条件相适应的植物群落。将地域景观特色和乡土植被引入城市，形成独具特色的、低维护投入的城市生态基础设施，为城市提供了多种生态服务，包括雨洪利用、乡土物种的保护、科普教育、审美和游憩。结合生境、群落、游憩网落及解说系统等各个方面的协调，方案最终呈现出细胞式的有机形态。

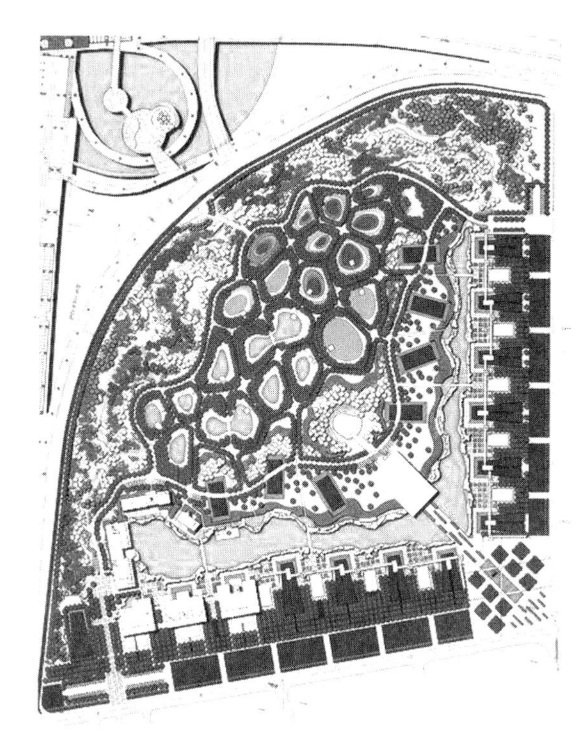

图 4–12　天津桥园平面图

第五节　园林结构的景观组织

整个园林观赏活动的内容，归结于“点”的观赏和“线”的游览两个方面，凡是有欣赏价值的观赏点叫景点。园林结构的景观组织是从园林观赏角度出发组织园林结构，组织游览路线，创造系列构图空间，安排景区、景点，创造意境，是园林景观布局的核心内容。

一、景观空间序列

景观空间序列组织是关系到园林的整体结构和布局的全局性问题。园林绿地在展开风景的过程中，通常可分为起景、高潮、结景三段式处理。其中，以高潮为主景，起和结作为陪衬和烘托。也可将高潮和结景合为一体，成为两段式的处理。将三段式、两段式展开，则有下列的处理方式。

三段式：序景—起景—发展—转折—高潮—转折—收缩—结景—尾景。两段式：序景—起景—转折—高潮（结景）—尾景。

苏州留园（图 4–13）精巧地组织景观空间序列，形成复杂但逻辑清晰的结构。入口部分封闭，狭长、曲折，视野极度收束；至绿荫处豁然开朗，达到高潮；过西楼时再度收束；至五峰仙馆前院又稍开朗；穿越石林小院视野又一次被压缩；至冠云楼前院又顿觉开朗，再次达到高潮。

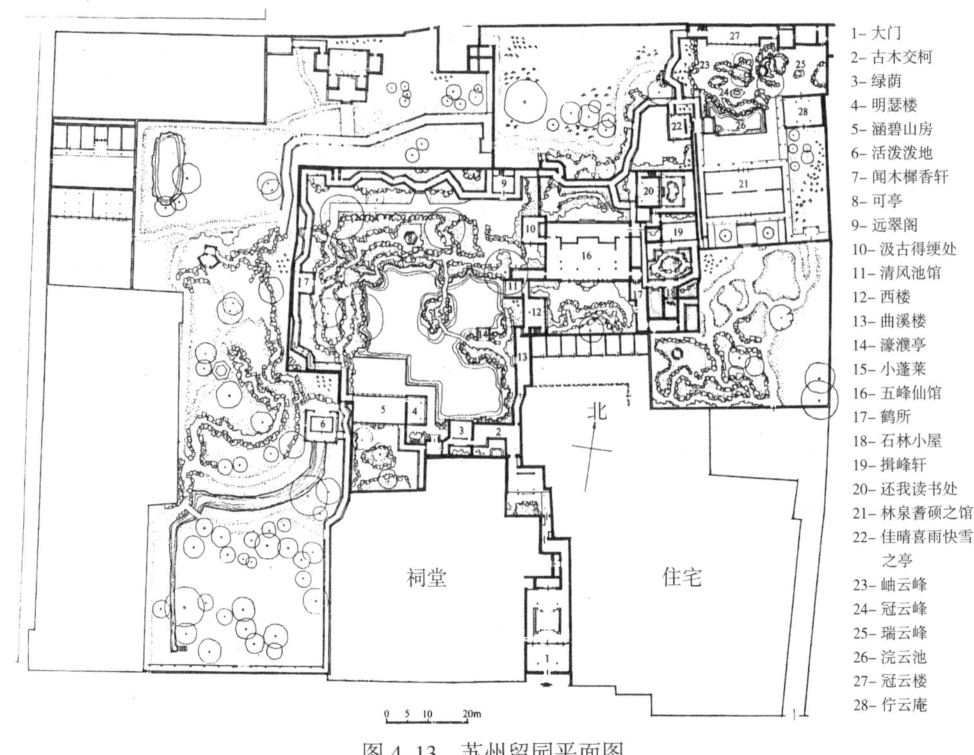

图 4–13　苏州留园平面图

二、景观视线

观赏点与景点间的视线，可称为景观视线。景观视线的布置原则，主要在“隐、显”二字上下功夫，一般是小园宜隐，大园宜显，小景宜隐，大景宜显。在实际操作中往往隐显并用。

图 4–14　南京中山陵公园

（一）开门见山式

这是采用“显”的手法，可用对称或均衡的中轴线引导视线前进。中心内容、主要景点，始终呈现在前进的方向上。利用人们对轴线的认识和感觉，使游人始终知道主轴的尽端是主要的景观所在。在轴线两侧，适当布置一些次要景色，然后，一步一步去接近主景。这在纪念性园林和有特定要求的园林中采用较宜。如南京中山陵园（图 4–14）、北京天坛公园。

（二）半隐半现式

这是采用“显隐结合”的手法。在结构上没有前者开朗，但始终有一个主景统领全园，忽隐忽现。在山区、丘陵地带，在旧有古刹丛林中，采用这种导引手法较多。如苏州虎丘，在很远的地方就可以看到虎丘顶上

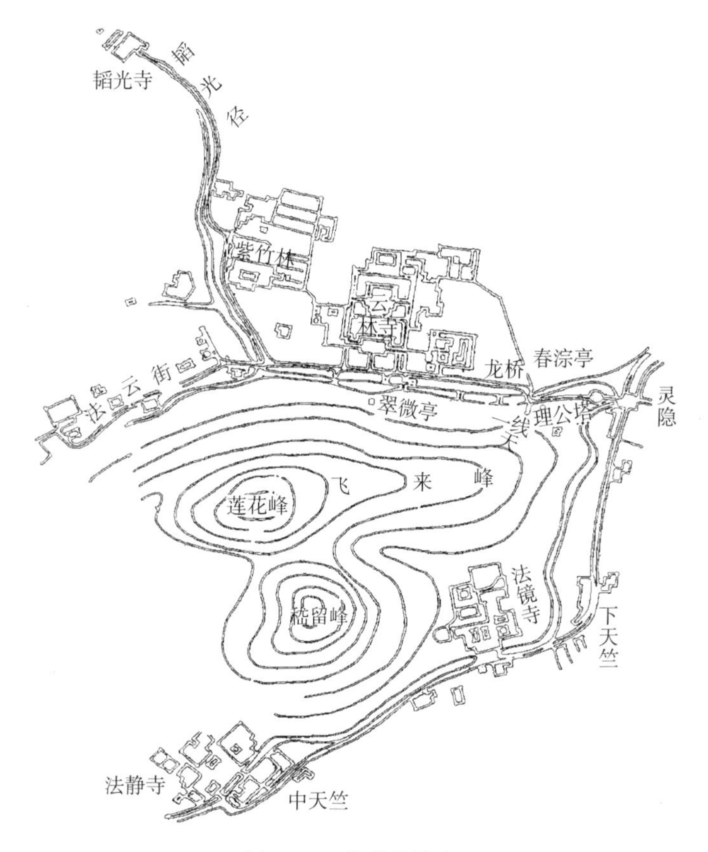

图 4-15　杭州灵隐寺

的云岩寺塔，起到指示的作用。至虎丘近处，塔影又隐匿在其他景物之后。进入山门后，塔顶又显现在正前方的树丛山石之中。继续前进，塔影又时隐时现，并在前进道路的两旁布置各种景物，使人在寻觅宝塔的过程中同时观赏沿途景物，在千人石、说法台、白莲池、点头石、二仙亭等所组成的空间中，进入高潮，同时也充分展示了宝塔、虎丘剑池、双井桥、第三泉、玫爽阁、冷香阁等景观。游人可以在此休息、品茗、进餐。最后登至山顶宝塔处，眼界顿开，在平原地区，收到良好的景观效果。最后由拥翠山庄步出山门，景观视线到此终结。

（三）深藏不露式

多用于山地风景区，并不刻意突出主要景观，将景点、景区深藏在山峦丛林之中，由甲风景视线导至乙风景视线，再导至丙风景视线、丁风景视线等。其间景点或串或并，根据具体情况决定。景观视线可从景点的正面或侧面迎上去，甚至从景点的后部较小的空间内导入，然后再回头观赏，造成路转峰回、豁然开朗的境界。整个风景隐藏在山谷丛林之中，空间变幻莫测，景观是在游人探索之中开展的。杭州灵隐寺（图 4-15）、龙井寺、虎跑、动物园等的布置基本上都是藏而不露式。

三、景观游线

景观游线，主要指贯穿于全园各景区、主要景点、景物之间的联系与贯通线路。景观游览线与交通路线不完全相同，除解决交通问题，景观游线要组织好景观视线，使游人能充分观赏各个景点。游人在参观游览中，自成随意、错综复杂的路线。

（一）游览线选线

在开辟游览路线时，首先要选择观赏景点适宜的视点，视点之间的连线就可构成比较理想的游览线路。冯纪忠曾经将视点分为“景中视点”与“景外视点”。如果从一个视点扫视周圈，那么看到的连续画面构成视点所在空间的视觉界面（这里称为界面者当然包括天、地两面在内），这是我在景中，可称为景中视点。若对象是一座山，从一个视点看，看到的是它的一个面，从多个视点看，看到的画面集合是它的体量体态。一个视点也好、多个视点也好，这都是我在景外，可称作景外视点。

游览线的组织就是要处理好两种视点的组织和转换关系。试把多个景外视点串联成线，如果对象是三个峰，那么随着游线上视点的移动而三者的几何位置不断变化（图4–16）。同样，如果把景中视点在同一个环境中移动，那么这一空间的视觉界面也不断变化。以上情况都是渐变的动观效果。从景外视点转移到景中视点，或从景中视点转移到景外视点，尤其是从一个景外视点转移到另一个环境的景中视点的时候，会取得突变的动观效果，所谓峰回路转、别有洞天正是这种情况。图4–17中有等长的两条游览线，认为甲较乙为好，因为乙是由景外到景外，而甲则是景外经景中到景外。图4–18中也有等长的两条线，也认为甲较乙好，因为乙是由景中到景中，而甲则是由景中经景外到景中，这是迂回取胜。

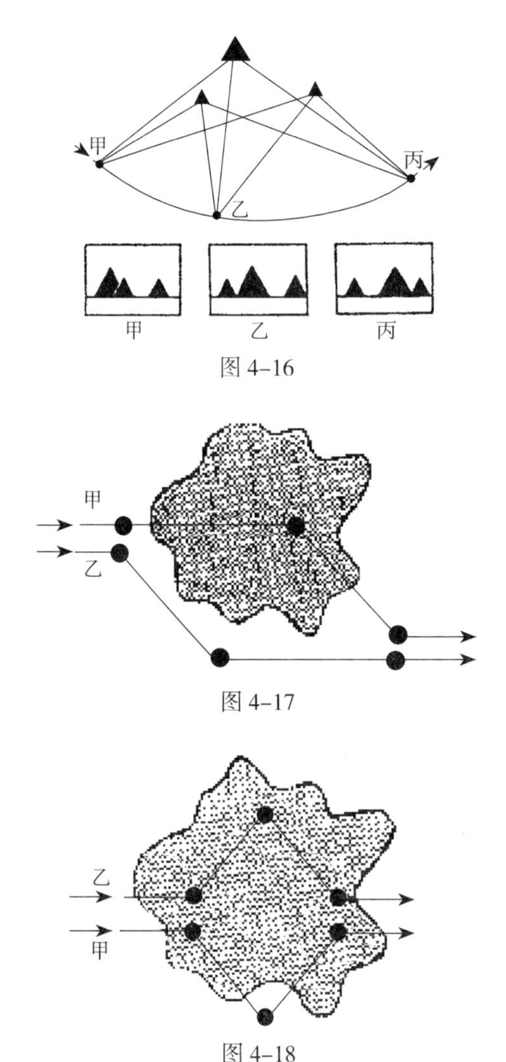

图4–16

图4–17

图4–18

（二）游览线路的组织

对于大、小不同的园林，其游览线的布局方式也略有不同。在较大的园林绿地中，为了减少游人步履劳累，宜将景区景点沿路线外侧布置。在较小的园林绿地中，要小中见大，路线宜迂回占边，即向外围靠、拉长线路。为了引起游兴，道路宜有变化，可弯可直，可高可低，可水可陆，沿途经过峭壁、洞壑、石室、危道、泉流，爬山涉水，再通过桥梁舟楫、蹊径弯转等。

在较小的园林绿地中，一条游览线路即可解决问题。一般可为环形，避免重复。也可环上加套，再加几条越水登山的小路即可。面积较大的园林绿地，有时可布置几条游览线路，让游人有选择的自由。游览线路与景点景区的关系可用串联、并联或串联、并联相结合的方式。游园者一般有初游、常游之别。初游者可按主要游览线路循序前进，不漏掉参观内容，常游者一般希望直达主要景区，故应有捷径布置。捷径应适当隐藏，避免与主要游览线路相混。在较陡的山地景区中，游线可设陡缓两路，健步者可选走陡路、捷路，老弱者可选走较长的平缓坡路。

总结历来园林布局，可以归纳以下不同类型园林的游览路线组织特点：

1. 水景区

一般多作环湖导游，主要是由人们对水景的亲近性决定。水是活物，无风时水面平静如镜，有风时水浪汹涌澎湃，微风时水面碧波涟漪。水可游、可玩、可赏，所以中国园林中几乎无园不水。纵观苏州古典园林，比较共同的布局特点之一是水池居中、桥岛相连，四周山石、建筑、花木环抱，错落布局。

2. 山林区

道路的分布多沿山脊或山谷走向。向上观赏高远景致，向下观赏俯视景观。游览路线忌讳直通、方向重复或树干分叉。路线组织追求环形、均衡分支，自成循环体系。

3. 综合景区

综合景区的景点资源比较丰富，因而其游览线路的组织自由度相对较大，但总体应遵循游览线选线的基本原则，注意线路的迂回取胜。为取得丰富的游览感受，游览线宜在不同类型的游览区域内反复穿越。例如，在自然山水景区中，一味滨水的游览线路或者一味的山林游览线路都会给人带来疲倦感；由滨水游览线路到山林线路，再逐渐折回滨水线路，由此不断转换线路类型，才能使游人领略到综合景区的风景魅力。

思考题

1. 人类行为理论的发展对园林设计带来哪些影响？
2. 园林结构组织的基本原则有哪些？
3. 园林结构的基本类型有哪几种？请结合实例说明每种类型的特征。
4. 请举例说明风景视线在园林景观组织中的作用。

第五章　园林的基本构图和意境

园林绿地规划是一门综合性较强的学科，具备有关城市规划、建筑设计、工程技术、园林植物以及文学艺术、历史、地理等方面的有关知识。园林绿地的规划构图遵循一定的规律，掌握这些规律并在实际工作中灵活运用，即可组织出有景观、有境界的园林绿地。

第一节　人的审美与感知

人类的审美意识具备了自己的独特性质，既非理论的认识（科学的），也非道德的认识（伦理的），包含感性和理性形态的审美心理，是感性与理性的有机统一，是知、情、意三位一体的特殊意识形式。

一、审美活动

审美也称审美活动，是人感受、体验、判断评价美和创造美的实践和心理活动。审美心理结构是审美主体内部反映事物审美特性及其相互联系的各种心理形式的有机组合结构。在审美活动中，主体与客体的关系，是感受与被感受的关系。客观存在的美引起人的美感，而不是感觉产生美。审美活动也是一种心理活动，因此，美的形式必须适宜人的生理特点，能够使人在心理上得到一种愉快感和舒适感，否则不能算是美。

美的形式是具体的、生动的，很容易被欣赏者的感官直接感受。欣赏者在欣赏美的内容时，必须通过形式的欣赏才能达到。在欣赏活动中，美的形式能很快地唤起欣赏者的愉悦心情，进而深入地去感受美的内容。但美并非只是形式，美的感染性是从内容与形式的统一体中表现出来的。如果离开了为内容服务这个前提，或者离开了与内容的关系，孤立地谈论美的形式或者仅仅把美归结为形式的宜人性都是片面的。审美观是人对美、审美、美的创造、美的发展诸多美学问题所持的基本观点，它是世界观、人生观的一部分。审美观引导审美判断的指向，影响审美感受的强弱。

二、审美感知

审美活动是从感知开始的。审美主体面对审美对象，首先产生审美感知，后经由一系列的心理活动，产生美感。感知是感觉和知觉的合称。

（一）审美感觉

感觉是人对事物的个别属性的反映，如色彩、形状、硬度、温度等。审美感觉是客观审美对象作用于审美主体感官并获得感官印象的感觉。美感需要通过各种感觉器官才能获得。如通过眼睛反映物体的颜色。感觉是最简单的心理过程，是各种复杂的心理过程的基础。

根据刺激的来源不同，可以把感觉分为外部感觉和内部感觉。外部感觉是由机体以外的客观刺激引起、反映外界事物个别属性的感觉，包括视觉、听觉、嗅觉、味觉和肤觉等。内部感觉是由机体内部的客观刺激引起、反映机体自身状态的感觉，它包括运动觉、平衡觉和机体觉等。

（二）审美知觉

知觉是在感觉的基础上，对事物的外在属性的完整综合的反映。知觉是人脑对直接作用于感觉器官的事物的个别特性组成的完整形象的整体把握，是对感觉信息的组织和解释过程，透过事物的形式达到对它们的情感表现的把握。审美知觉以审美感觉为基础，而审美主体自身的生活经验、文化背景、个人修养等直接影响审美知觉的内容。

在审美感知中，视觉和听觉最为重要。审美感知具有超越功利、定向选择以及整体把握三个特点。审美感知排除了占有欲，不带功利目的，并且是将注意力集中于自己的单一对象，比如看一朵鲜花，并不注意其长在什么土壤里。审美主体在感知对象时，不是仅仅感知到对象外观的某一属性，而是感知对象的整体美。审美感知能引发美感，并推动审美想象引发情感。

三、园林的审美

美的形态包括自然美、社会美与艺术美。自然美是自然事物所具有的审美属性，是自然界的审美存在。在人类审美实践的范围内，有多少类自然事物、自然景观，就有多少种自然美的形态。从人的实践活动与自然界的关系上来划分，自然美又分为未经人类加工改造的自然美、经过人类生产劳动加工改造的自然美、经过人类艺术劳动加工改造的自然美。园林属于经过人类艺术劳动加工改造的自然美。这类自然物和自然景观是人们为了满足精神需要和审美享受，对其进行艺术化的加工、改造，使之更集中、更典型地呈现出自然美。

对园林景物的审美感受和审美评价（即园林的观赏）是在园林观赏主体与客体的相互作用中进行的。因此，作为观赏主体的人的审美能力、观赏客体的园林艺术作品的审美质量等，也对此种审美活动的结果起着不可低估的影响。

（一）园林审美的文化背景

中西方古典园林是在相对隔离的文化圈中独立产生和发展的，形成了彼此所没有的独特风格和鲜明的审美特征，蕴藏了不同的园林审美思想。一般而言，西方园林强调人对自然的改造与调整，表现出人胜自然的基本观念；而中国园林则强调人对自然的顺应，表现出人与自然和谐共融的基本观念。

园林的欣赏也受游赏者生活环境、社会背景、文化层次等因素的影响。不同的文化背景使人们在同游一处园林时会对景物有不同的取舍。对苏州园林有人看到的是曲径通幽、小中见大，感叹其空间的丰富多变；而有人看到的是翠竹幽居、亭廊楼榭，倾心其舒适的栖居环境。不同文化层次的游赏者对景物的反应也不同，文人墨客感叹于风景的美妙而吟诗作画时，不能强求初谙世事的孩童有一样的反应。地域文化的不同也带来园林审美的差异，如中国园林中怪石嶙峋的假山传达的美感，西方则欣赏遗迹的残缺破败之美。

（二）中国古典园林审美

中国古典园林是在深切领悟自然美的基础上，对自然之景加以萃取、概括，在咫尺空间模仿自然、再现自然，制造出“虽由人作，宛自天开”的局面，达到物我两忘的审美境界。

中国古典园林深受绘画、诗词和文学的影响。由于诗人、画家的直接参与和经营，中国园林从一开始便带有诗情画意的浓厚感情色彩。其中，中国山水画对园林的影响最为直接和深刻。可以说中国古典园林是循着绘画的脉络发展起来的，并遵循“外师造化，中得心源”的原则。外师造化是指以自然山水为创作的楷模，中得心源则是强调并非机械地抄袭自然山水，要经过艺术家的主观感受以萃取精华。除绘画外，诗词对中国造园艺术也影响至深。诗对于造园的影响也是体现在“缘情”的一面，中国古代园林多由文人画家所营造，反映其气质和情操，这些人作为士大夫阶层反映着当时社会的审美观。中国古代哲学“儒、道、佛”的重情义、推崇自然、逃避现实和追求清净无为的思想形成文人特有的恬静淡雅的趣味、浪漫飘逸的风度和朴实无华的气质与情操，决定了中国造园“重情”的美学思想。

（三）西方古典园林审美

西方园林审美有自己的美学基础，美学是哲学的一个分支。从西方的哲学发展史看，无论唯心主义还是唯物主义都把美学建立在唯理的基础上。德国哲学家黑格尔给美下过这样的定义：“美就是理念的感性显现”。杜勒则说过：“如果通过数学方式，我们可以把原已存在的美找出来，从而更加接近完美这个目的。”

在欧洲，这种寻找理性美的思想由来已久。公元前6世纪，毕达格拉斯学派曾试图从数量的关系上找出美的因素，著名的“黄金分割”最早就是由这个学派提出来的。这种美学思想强调整齐一律和平衡对称，推崇圆、正方形等几何图形，在欧洲统治了几千年，左右着建筑、雕塑、绘画、音乐、戏剧，同时深深地影响到园林。欧洲几何形园林风格正是在这种“唯理”美学思想的影响下逐渐形成的。欧洲人对于在规则几何体统率下造就的园林给予了极度的欣赏。

在西方的传统赏景理念中，人工美高于自然美。文艺复兴时期，唯物主义艺术哲学曾提出“人文主义”，也即“人本主义”，是把人看成是宇宙万物的主题，因此西方所崇尚的园林之美也即人工之美，倡导比例、尺度和透视。以法国古典园林为代表的西方园林强调轴线美，追求尺度的匀称和比例之间的协调，往往利用透视的原理加强园林的震撼力。总之一切都纳入到严格的几何制约关系中去，一切都表现为一种人工的创造，体现人类对自然的征服。

第二节　赏景与造景

园林绿地的景是多方面的，高山峻岭、江河湖海、森林树木、名花异卉，千变万化，不胜枚举。尽管园林景观类型及形式丰富多样，但从人的审美与观赏出发，都有一定的方式与规律。对园林的观赏是人对于园林的基本需求，也是认识、感知和评价园林的基本出发点。园林造景应考虑人的审美以及赏景的习惯与方式，创造丰富多样的景观。

一、园林赏景方式

不同的游览方式会产生不同的观赏效果，如何组织好游览观赏是一个值得思考的问题。掌握好游览观赏的规律可指导园林绿地的规划设计。

（一）观赏点与观赏视距

游人所在位置称为观赏点或视点。观赏点与被观赏景物间的距离，称为观赏视距，观赏视距适当与否直接影响观赏的艺术效果。

正常人的视力，明视距离约为25cm，人的空间视觉距离上限为450~500m，如果要看清景物的轮廓，如雕像的造型及识别花木的类别，则距离缩短到250~270m左右；在大于500m时，对景物可有模糊的形象；1200m以外则看不见人的存在，4km以外的景物不易看清（图5-1）。

在视域方面，垂直方向约为130°，水平方向约为160°。根据眼球的构造，眼底视网膜的黄斑处，视觉最敏感。但黄斑的面积不大，只有6°~7°范围内的景物能映入黄斑，映入人眼的景象距黄斑愈远，识别能力愈低。在60°视域边缘的景象，映在视网膜上的识别率只有映在黄斑处的0.2倍。以黄斑中央微凹处为中心，作一中视线，再以中视线为中心轴，作成一圆锥形视锥，视锥的顶点就是眼球底部的黄斑，这样的视锥可称为视域锥或简称视域。一般情况下，视域超过60°时，所见景物便模糊不清；以30°内所见景物能较清楚；而凝视点即聚精会神地细看某处，视角则要在1°左右。正常情况下，不转动头部，而能看清景物的视域，垂直方向约为26°~30°，水平方向约为45°。超过此范围，就要转动头部去观察。转动头部的观察，对景物的整体构图或整体印象，不够完整，且容易使人感到疲劳。良好的视域、视距还要根据不同的环境条件而异，如景物的动静，景物布置的敞聚、明暗及景物的意境等。有的宜远观，有的宜近赏，

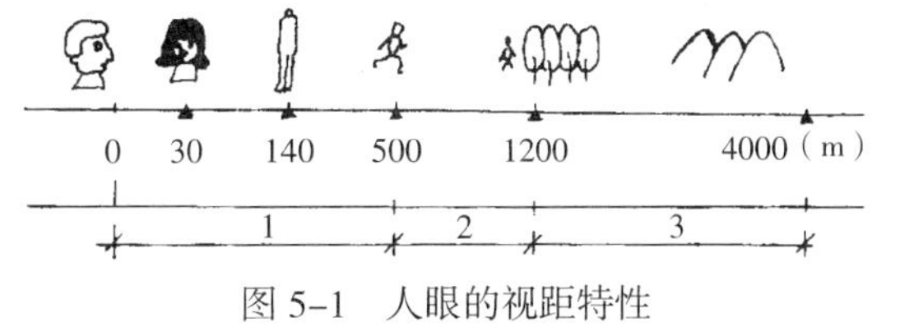

图5-1　人眼的视距特性

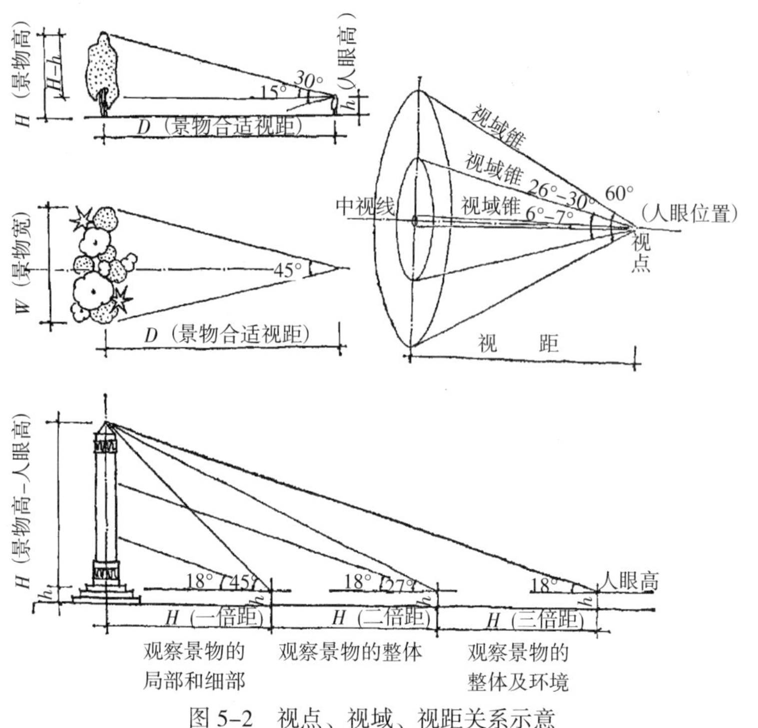

图 5–2　视点、视域、视距关系示意

不同情况不同处理。有关视距的标准，简列如下（图 5–2）：

在园林景物中，垂直视域为 30° 时，其合适视距为：

$$D=(H-h)\cot\alpha=(H-h)\cot(1/2\times30°)=(H-h)\cot15°=3.7(H-h)$$

粗略估计，大型景物的合适视距约为景物高度的 3.3 倍，小型景物约为 3 倍。水平视域为 45° 时，其合适视距为：

$$D=\cot45°/2\times W/2=\cot22°30'\times W/2=2.41\times W/2=1.2W$$

合适视距约为景物宽度的 1.2 倍。

景物高度大于宽度时，按宽度、高度的数值进行综合考虑。视觉的观赏要求，高度的完整性较大于宽度的完整性。如纪念碑的观赏，垂直视角如分别按 18°、27°、45° 安排，则 18° 视距为纪念碑高的 3 倍，27° 为 2 倍，45° 为 1 倍。如能分别留出空间，当以 18° 的仰角观赏时，碑身及周围环境的景物能同时观察，27° 时能观察碑的整个体形，45° 时则只能观察碑的局部和细部（图 5–3）。

图 5–3　景物在不同视距的景观示意

1– 在三倍景物高度的视距时，即仰角为 18° 时；2– 在二倍景物高度的视距时，即仰角为 27° 时；3– 在一倍景物高度的视距时，即仰角为 45° 时

园林建筑如有华丽的外形，可分别在建筑物高度的1、2、3、4倍距离处布视点，使在不同视距内对同一景物收到移步换景的效果。封闭广场中，如中心布有纪念建筑物时，该纪念建筑物的高度及广场四周建筑物的高度与广场直径之比宜为1∶3~1∶6，方有较合适的视距。景物视距也因具体情况而有不同的处理，不能作硬性规定。如用地较小，不能有适当的视距时，则多注意景物细部处理，使在较短视距内，能观赏细部的艺术。有时在较短视距内，观察景物能获得高大的形象。如山峦峰石的布置堆叠，营造一个局促环境来观赏，有高插云端的感觉。有些景观也不全要求看清“庐山面目”，在朦胧的月色或雾霭中欣赏又有另一番景象。

（二）动态观赏与静态观赏

景的观赏分动态观赏与静态观赏，动就是游，静就是息。游而无息使人筋疲力尽，息而不游又失去游览的意义。园林绿地的规划，应从动与静两方面考虑。以步行游西湖为例，自湖滨公园起，经断桥、白堤至平湖秋月，一路均可作动态观赏，湖光山色随步履前进而不断发生变化。至平湖秋月，在水轩露台中稍作停留，依曲栏展视三潭印月、玉皇山、吴山和杭州城，四面八方均有景色，或近或远，形成静态观赏画面。离开平湖秋月继续前进，左面是湖，右面是孤山南麓诸景色，又转为动态观赏，登孤山之顶，在西泠印社居高临下，展视全湖，又成静态观赏。离孤山，在动态观赏中继续前进，至岳坟后停下来，又可作静态观赏。再前行则为横断湖面的苏堤，中通六桥，游人慢步堤上，随六桥之高下，路线有起有伏，又是动态观赏了。在堤中登仙桥处的花港观鱼景区，游人在此可以休息，可以观鱼观牡丹，可以观三潭印月、西山南山诸胜，又作静态观赏（图5-4）。

静态观赏，如同看一幅风景画。静态构图的景观观赏点也正是摄影家和画家乐于拍照和写生的位置。静态观赏多在亭廊台榭中进行，除主要方向的景色外，还要考虑其他方向的景色布置。

动态观赏多为进行中的观赏，可采用步行或乘车乘船的方式，景观效果也不完全相同。乘车观赏，乘船游览，无限风光扑面而来，景物在瞬间即向后消逝，选择性较少。应多注意景物的体量轮廓和天际线，沿途重点景物应有适当视距，景物应连续而有节奏、丰富而有整体感。缓步慢行，景物向后移动的速度较慢，景物与人的距离较近，可随人意注视前方，或左顾右盼，视线的选择更自由。乘船游览虽属动态，如水面较大，视野宽阔，景物深远，视线的选择也较自由，与置身车中的展望不一样。在园林设计中，步行游览应是游览的主要方式，应掌握好动观之中的量。

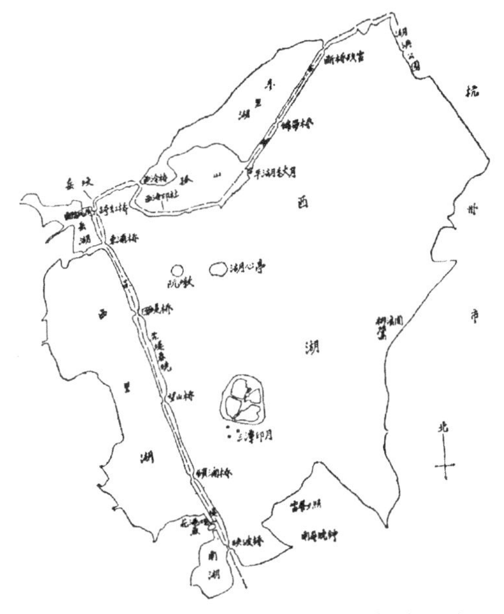

图5-4　杭州西湖风景区位置及部分导游路线组织示意图

动态观赏往往因游览者前进的速度不同，对景色的感受各异。一般来说，速度

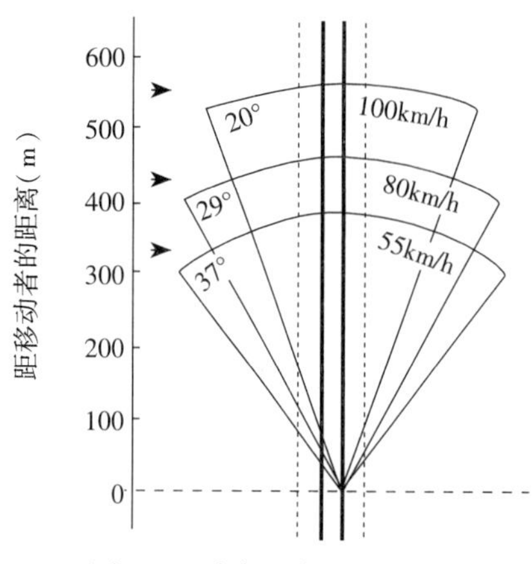

图 5-5　动态观赏的视域变化

与景物的观赏存在以下关系：时速 1km 运动，对景物的观察有足够的时间，且与景物的距离较近，焦点一般集中在细部的观察上，比较适宜观赏近景。时速 5km 时，观赏者可以保证对中景有适宜的观赏速度。时速到 30km 时，无暇顾及细节的赏析，而较注重对整体的把握，对远景有较强的捕捉能力。一般对景物的观赏是先远后近，先群体后个体，先整体后细部，先特殊后普通，先动景后静景。因此，对景区景点的规划布置应注意动静的要求，各种方式的游览要求，给人以完整的艺术形象和境界（图 5-5）。

动、静的观赏也不能完全分开，可自由选择，动中有静、静中有动，或因时令变化、交通安排、饮食供应的不同而异。

（三）平视、仰视与俯视观赏

游人在观赏过程中，因所在位置不同，或高或低而有平视、仰视、俯视之分，给游人的感受各不相同。

1. 平视观赏

平视是中视线与地平线平行而伸向前方，游人头部不必上仰下俯，可以舒展地平望出去，使人有平静、深远、安宁的气氛，不易疲劳。平视风景与地面垂直的线组在透视上无消失感，景物的高度效果较少。但不与地面垂直的线组，均有消失感，因而景物的远近深度，表现出较大的差异，有较强的感染力。平视景观的布置宜选在视线可以延伸到较远的地方且有安静的环境，如园林绿地中的安静区以及休、疗养地区，并布置供休息远眺的亭廊水榭。西湖风景多恬静感觉，这与有较多的平视观赏分不开。在扬州平山堂上展望江南诸山，给人“远山来此与堂平”的感觉，故堂名平山，也属平视观赏。如欲获得平视景观且视野更宽，可用提高视点的方法。“白日依山尽，黄河入海流，欲穷千里目，更上一层楼”意即如此。

2. 仰视观赏

观者中视线上仰，不与地平线平行。因此，与地面垂直的线产生向上消失感，故景物高度方面的感染力较强，易形成雄伟严肃的气氛。如一座高 50m 的纪念碑，站在距离约 10m 处观赏，碑的下部显得特别庞大，上部因向上消失关系，体形感逐渐缩小，能增强纪念碑的雄伟气氛。在园林绿地中，有时为了强调主景的崇高伟大，常把视距安排在主景高度的一倍以内，不留有后退的余地，运用错觉感到景象更高大。古典园林中堆叠假山，采用仰视手法，将视点安排在较近距离内，使山峰有高入蓝天白云之感。颐和园中，从德辉殿仰视佛香阁，仰视角约为 62°，由下向上望，佛香阁宛如神仙宫阙，高入云霄，眼前石级如云梯，步步引导上升。仰视景观亦产生较强压抑感，使游人情绪较紧张（图 5-6）。

3. 俯视观赏

游人所在位置，视点较高，景物多开展在视点下方，观者须低头俯视，中视线与地平线相交，因而垂直地面的线组产生向下消失感，景物愈低就显得愈小。过去有登泰山而小天下的说法，“会当凌绝顶，一览众山小”亦即此意。俯视景观易有开阔惊险的效果，在形势险峻的高山上，可以俯览深沟峡谷、江河大地；无地势可用者可造高楼高塔。镇江金山寺塔、杭州六和塔、颐和园佛香阁，都有展望河山使人胸襟开阔的效果。

图 5-6　仰视景观示意

二、中国传统园林构景方式

构景是通过人工的处理与创造，组织和安排人对园林景观的观赏构图，达到更佳的观赏效果，突出园林景观的特色与意境。我国古典园林十分重视园林的构景，实现造景与赏景的融会贯通。中国传统园林构景的方式主要有：框景、借景、分景、对景、夹景、漏景、添景等。

（一）框景

图 5-7　扬州五亭桥框景示意

利用门框、窗框、树干树枝所形成的框、山洞的洞门框等，有选择地摄取另一空间的景色，恰似一幅嵌于镜框中的图画。这种利用景框观赏景物的做法称为框景。框景的作用在于把园林景色统一在宛然一幅图画之中，以简洁幽暗的景框为前景，使观者视线通过景框，高度地集中在画面的主景上。当景物被嵌于框内或透过空漏处来观赏时，常会显得更加美好，景深广阔、层次清晰并汇聚一定的精神感受。如自扬州瘦西湖钓鱼台的小亭通过两个大圆洞窗，一框白塔，一框五亭桥，从框中观赏白塔和五亭桥，增加了诗情画意（图 5-7）。可以构成景框的因素很多，如山石洞穴、牌坊廊柱、洞门景窗，甚或林木花丛的天然疏漏空透处等。

（二）借景

借景是通过视点和视线的巧妙组织，把空间之外的景物纳入观赏视线之中的构景处理，扩展视线空间感，解脱有限空间对人的禁锢与束缚。借景能扩大园林空间，增加变幻，丰富园林景色。借景因距离、视角、时间、地点等不同而有所不同，通常可分为直接借景和间接借景两种。

1. 直接借景

是利用可资借取的景物，将其巧妙地组织于有利视点的画面之中，使空间景象层次丰富、景深明晰、视线舒展。直接借景的处理手法可因视线、时间、地点、视距、可借景物状况等构景因素的变化而异，通常可采用近借、远借、仰借、俯借和因时因地而借等多种方式（图 5-8）。

图 5-8　近借、远借与俯借

1- 利用空廊使相邻空间景物互为因借；2- 苏州拙政园远借北寺塔丰富园景；
3- 北京图书馆东楼俯借北海公园

2. 间接借景

是一种借助水面、镜面映射与反射物体形象的构景方式。这种景物借构方式能使景物视感格外深远，有助于丰富自身表象及四周的景色。如苏州怡园中的面壁亭和锄月轩，是在巨幅墙面镶贴镜面玻璃，用反射的方法虚构成美丽的庭景，把镜前景物生动地反映在镜面上，使景点增添了情趣。

（三）分景

分景是根据视像空间表现原理，将景区（或景点）按一定方式划分与界定，构成园中有园、景中有景、景中有情的构景处理方法。它可以造成景物实中有虚、虚中有实、半虚半实的丰富变化。分景处理因功能作用和艺术效果的不同，可分为障景与隔景两种手法。

1. 障景

又称抑景，在园林绿地中凡是能抑制视线、引导空间转变方向的屏障景物均为障景。其构景艺术意识源于“欲扬先抑，欲露先藏”的匠意，多设于景区入口或空间序列的转折引导处。障景不但能隐障主要景色，本身又能成景，有时也可用来隐蔽不够美观和不能暴露的一些地方和物体。障景处理宜有动势并高于人的视线，景前应有足够的场地空间接纳汇聚人流，并应有指示和引导人流方向的诱导景素。

2. 隔景

是根据一定构景意图，借助分隔空间的多种物质技术手段，将景园分隔为不同的功能及观赏区（点），在有限的空间里，采用隔景的处理手法，可获得“一隔意无穷”的景观感受。隔景能丰富园景，使各景观各具特色，又能避免视线和人流的过多干扰。

隔景有实隔、虚隔之分，或虚实并用。所谓虚实之隔，主要以视线能否通透为度，虚者视线通透，空间隔而未断，能相互联系。高于人眼高度的实墙、山石林木、建、构筑物、地形等的分隔为实隔，有完全阻隔视线、限制通过、加强私密性和强化空间领域的作用，被分隔的空间景色独立性强，彼此可无直接联系。水上设堤桥，墙上开漏窗等的分隔为虚实隔。采用虚实并用的隔景手法，可获得景色情趣多变的景观感受（图 5-9）。

（四）对景

将有利的空间景物巧妙地组织到构图的视线终结处或轴线的端点，以形成视线的高潮和归宿，这种处理方法叫做对景。

1. 正对

在视线的终点或轴线的一个端点设景称为正对，这种情况的人流与视线的关系比

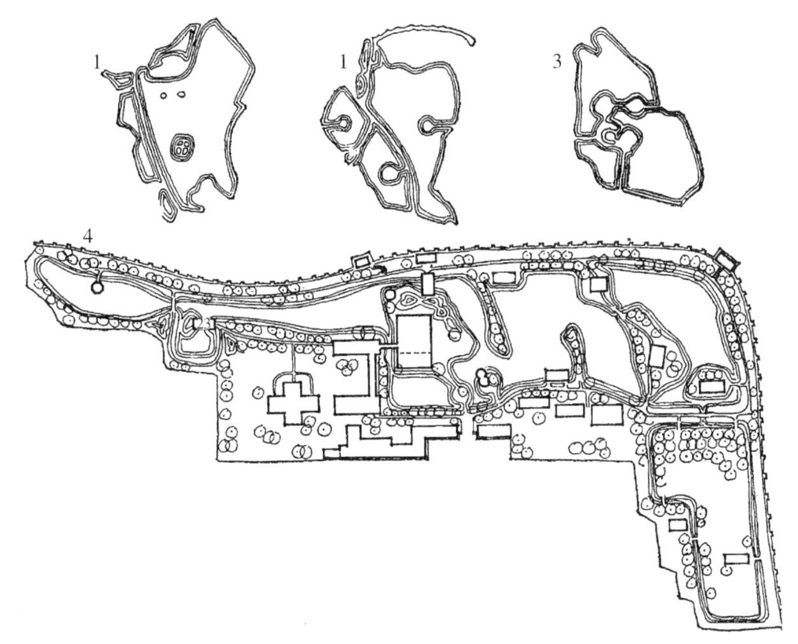

图 5-9　堤岛分隔布局示意

1- 杭州西湖水面分隔；2- 北京颐和园昆明湖水面分隔；3- 南京玄武湖水面分隔；
4- 四川新都桂湖公园水面分隔

较单一，在规则式园林绿地中使用更多。这样的布置能获得庄严雄伟的效果，成为主景。如北京景山公园中的景山和景山上的五亭，不仅是景山公园的对景，且是故宫中轴线上的对景，步出故宫的玄武门，向前一望，景山和景山五亭便迎在前方（图 5-10）。

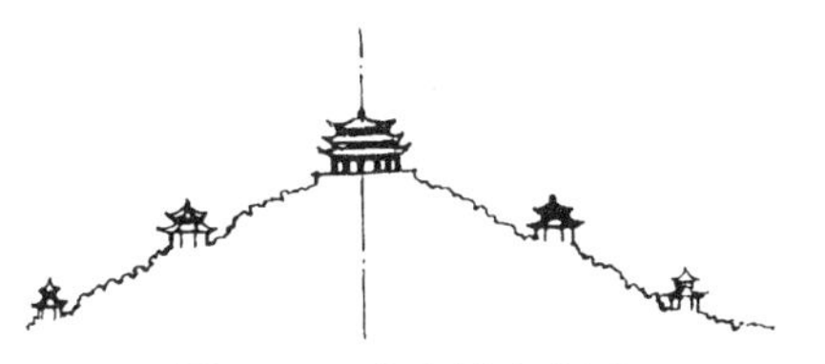

图 5-10　北京景山公园

2. 互对

在视点和视线的两端，或者在轴线的两端设景称为互对，此时，互对景物的视点与人流关系强调相互联系。苏州拙政园中的远香堂和对面假山上的雪香云蔚亭；留园中的涵碧山房和对面假山上的可亭，都是互为对景。互对可在道路、广场的两端，水面两岸及两个对立的山头等处组织。

图 5-11　镇江焦山小巷

（五）夹景

是将视线两侧较贫乏的景观，利用树丛、树列、山石、建筑等加以隐蔽，形成较封闭的狭长空间，突出空间端部的景物。这种左右两侧起隐蔽作用的前景称为夹景。夹景是运用透视线、轴线突出对景的手法之一，有障丑显美的作用，增加景观的深远感（图 5-11）。夹景是一种带有控制性的构景方式，它不但能表现特定的情趣和感染力（如肃穆、深远、向前、探求等），强化设计构思意境、突出端景地位，也能诱导、汇聚视线，使景视空间定向延伸，直到端景的高潮。

（六）漏景

由框景发展而来。框景景色清楚，漏景景色则若隐若现，有“犹抱琵琶半遮面”的感觉。漏景可从漏窗花墙、漏屏风、漏槅扇等处取景，也可通过树干、疏林、飘拂的柳丝取景。从树干中取漏景，宜在树干的背阴处，树干的排列宜平行有序，以免杂乱。从花木中取漏景，花木不宜华丽，以免影响主景的景观效果。漏景既要考虑定点的静态观赏，也要考虑移动视点的漏景效果。苏州留园入口的洞窗漏景（图 5–12），苏州狮子林的连续玫瑰窗漏景（图 5–13）皆属优秀的范例。

（七）添景

有时为求主景或对景有丰富的层次感，在缺乏前景的情况下可作添景处理。添景可以建筑小品、树木绿化等来形成。体形高大、姿态优美的树木，一株或几株往往能起良好的添景作用。

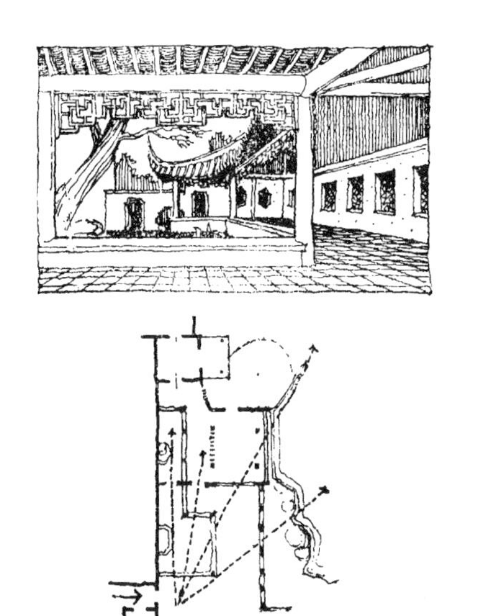

图 5–12　苏州留园入口漏景空间处理

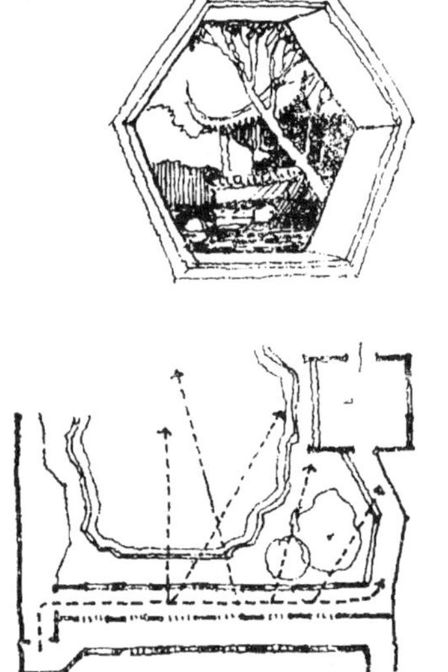

图 5–13　苏州狮子林玫瑰窗漏景

三、园林造景手法

在园林绿地中，因借自然、组织创造供人游览观赏的景色谓之造景。造景无成法，因功能要求、环境条件、地理位置、历史因素、传统技法、运用材料等而有不同，且与园林的赏景密不可分。

（一）主景与配景

景有主景、配景之分。主景是空间构图中心，能体现园林绿地的功能与主题，是观赏视线集中的焦点。配景起陪衬主景的作用，二者相得益彰形成艺术整体。主景、配景的布置根据园林性质、规模、地形环境条件的差异有所不同。北京北海公园的主景是琼华岛和团城，其北面隔水相对的五龙亭、静心斋、画舫斋等地区是其配景。而琼华岛上的主景则又是白塔，其下四周的永安寺、智珠殿、漪澜堂、琳光殿则是配景（图 5–14）。突出主景的手法一般有：

图 5-14　北海公园景观示意

1. 主体升高

主景的主体升高，可产生仰视观赏的效果。并可以蓝天、远山为背景，使主体的造型轮廓突出鲜明，不受或少受其他环境因素的影响。如南京中山陵的中山纪念堂、镇江金山寺（图 5-15）等都是升高主体景观的处理。

2. 轴线和风景视线焦点

一条轴线的端点或几条轴线的交点常有较强的表现力。一条轴线如无有力的端点，则感到这条轴线没有终结，轴线的交点则因轴线的相交而加强了该点的重要性，故常把主景布置在轴线的端点或几条轴线的交点上。风景视线的焦点是视线集中的地方，有较强的表现力，也是布置主景的常选处。南京中山陵的中山纪念堂放在轴线的端点处。太湖三山是鼋头渚、锦园、大小箕山和沿湖疗养院的风景视线焦点，为此地区的主景。

3. 动势

一般四周环抱的空间，如水面、广场、庭院等，其周围景物往往具有向心的动势。这些动势线可集中到水面、广场、庭院中的焦点上，主景布置在动势集中的焦点上能得到突出。西湖四周景物和山势，基本朝向湖中，湖中的孤山便成为焦点，格外突出（图 5-16）。

图 5-15　镇江金山寺

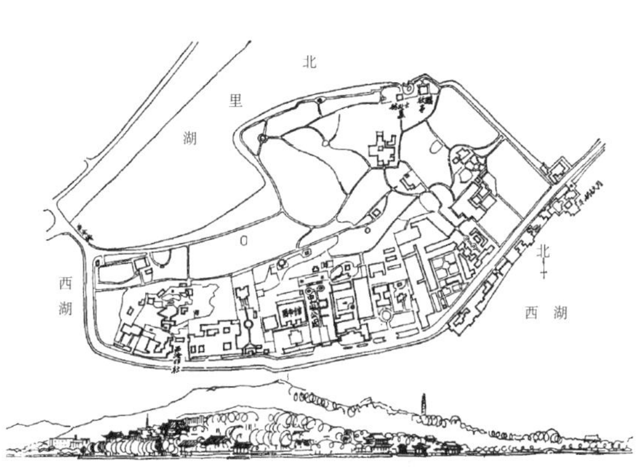

图 5-16　杭州西湖孤山

4. 空间构图的重心

在规则式园林绿地中将主景布置在几何中心上，在自然式园林绿地中将主景布置在构图的重心上，也能突出主景。园林景物如体量大而高，容易获得主景的效果，但低而小者只要位置经营得当亦可成为主景。如园路两侧，行植高树，面对园林小筑，小筑低矮，反成主景。亭内置碑，碑成主景。

（二）前景、中景、背景

景色就距离远近、空间层次而言，有前景、中景、背景之分（也可称近景、中景、远景）。一般前景、背景是为突出中景服务的。如颐和园以长廊为前景、万寿山为背景，将有关建筑群组织起来，佛香阁、排云殿等作为中景更加突出。在绿化的种植中也有近景、中景、背景的组织，如以常绿的龙柏丛为背景，衬托以五角枫、栀子花、海棠花等形成的中景，再以月季引导作为前景，即可组成完整统一的景观。因不同的造景要求，前景、中景、背景不一定全都具备。如在纪念性的园林中，主景气势宏伟，空间广阔豪放，无须前景，有简洁的背景适当烘托即成。

（三）景点、景线、景面

"点、线、面"的成景方式是园林景观构成的有效途径。通常，景园中的"点"是指在路线上可供人们停留的一些"结点"，而"景点"则是有良好观赏条件的景观要素集聚之点。

园林的景物组织与序列筹划是从诱导和指引人们去观赏景色的连续知觉出发，按照一定的行为空间构设意图，将观赏路线上的各景点串联起来，构成一条景线，以形成有诱发行为的连贯式景象（图5-17），如北京神武门一条街的标志性景物和视线关系（图5-18）。

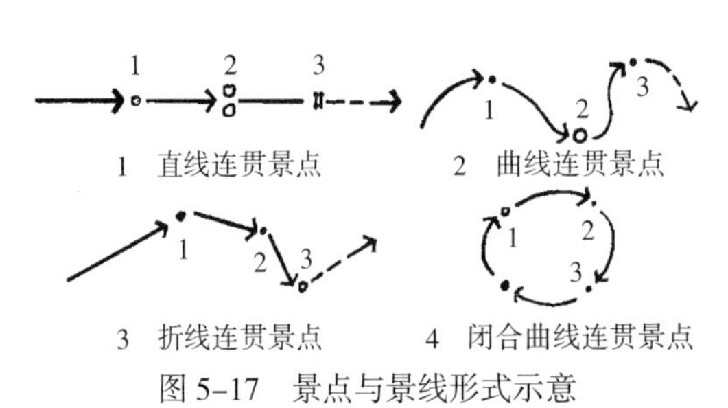

图5-17　景点与景线形式示意

由若干景点或景线可以组成景面。景面由平面空间和垂直的视觉控制达

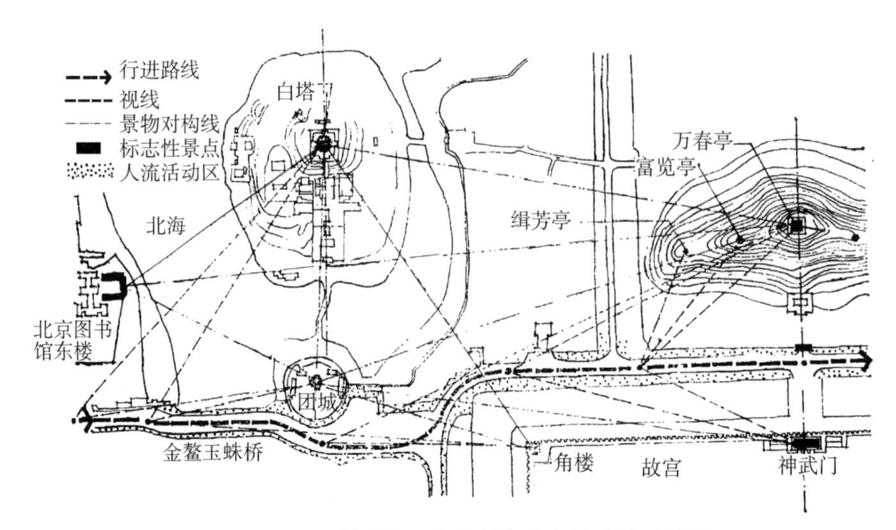

图5-18　北京神武门一条街景色线与景点关系分析

成。景物布设强调平面形式构成时，与景区、景点的总体布局构思密切相关，着重于行为活动、视线的阻隔和延伸。考虑垂直面的景象可以加强景物的特质与视觉效果，还可以强化空间的独立性、私密性和领域性，给观赏者在心理上建立距离感，将移情感受、行为寄托、功能需要等集中在有闭锁性的场景之中。这种具有屏障作用的景物构设，还可用以隔绝那些扰人心烦的事物或地区，造成“闹中求静”的独特环境，加强人与景、景与情的对话。景观垂直面的构成可以借助优美的树木花卉、假山棚架、人工瀑布、喷泉、藤墙和建、构筑物组群或地形地物等。

（四）自然景观与人工景观

外部空间构景通常是在自然场地、人工场地或自然与人工场地相结合的基地上进行，是对自然景物的整理和人工景物的构设。

1. 自然景物的整理与加工

自然景物具有自身的凝聚与和谐的秩序，表现自然成长与自然力量。自然美是艺术美的源泉和基础，但它毕竟是原始的、拙朴的、甚至是有缺陷的。造园创作既肯定了自然的存在与特质，又显示了人们对自然美的不满足。对自然进行整理加工的过程就是人为意识的体现，主要做法有：

（1）充实自然美：赋予自然景物“可行、可游、可望、可思”的物质与精神内容。

（2）突出自然美：创造人与景的最佳关系。

（3）丰富自然美：采用扬长避短、烘托补充的手法，丰富其自然景物的内容。

（4）强化自然美：用人为环境作补充，加强自然景物特质，突出自然景色形象。

造景的一切人工之作应当从自然景色中萌芽、生根、共存，变为有机的组成部分，这样才能自然风趣，表现出景物的乡土气息，使之具有自然与艺术相统一的魅力。对于自然景物加工的具体处理手法有：

（1）模拟：以模拟自然手法再现大山各处或人文风水之局部景象。

（2）借构：或借其形，或仿其物，或喻其意而构设景物。

（3）还原：以真景为蓝本还原其自然景象的形态和意趣。

2. 人工景物的构设

人工景观构设有的是在自然景观基础上整理、加工，有的则是在建设施工场地上创造人工环境。以创造某一特定典型环境为前提，抓住自然景物的空间意象和景色规律，经过联想、构思与筹划，再现自然景物的基本特征。

人造环境的景物设计有别于自然景物，不是抄袭自然的真山真水和压缩尺度的生搬硬套，是经过艺术的剪裁、加工、提炼，比自然景色更典型、更合理、更集中、更富有诗情画意，力求自然之景风格化、人情化。因此，宜采用写意或象征性的手法，或取其形，或寓其意，或仿其势，或得其神。例如，山林景象的构设偏重于山，而非山林并重；江河湖池偏重于理水的情趣而不追求其尺度。

（五）主调、基调与配调

色彩有自然与人为之分，花草树木、山石水体、天空云彩、鸟兽虫鱼所呈现的色彩为自然色彩；建构筑物、舟车人物的色彩受人的支配较大，是人为色彩。园林中的色彩要进行组织，色彩组合得好，可收到统一调和的效果，色彩组合不好，则杂乱无章，故应掌握色彩的规律。

园林静态观赏中，景物有主景、背景、配景之分。主景突出，背景以对比形式来烘托主景，配景则以调和手法来陪衬主景。把静态观赏的静态构图发展为连续观赏的连续构图，连续主景便构成主调，连续背景便构成基调，连续配景便构成配调。主调、基调必须自始至终贯穿于整个构图，配调则有一定变化。主调突出，配调、基调烘云托月、相得益彰。但主调也不是完全不变的，如种植设计中的主调，由于季相变化也随之变化，随之出现一个构图的“转调”问题。转调有急转、缓转之分。“山重水复疑无路，柳暗花明又一村”是急转，令人不知不觉间的转变是缓转。急转对比强烈，印象鲜明，缓转情调温和，引人入胜。

第三节　园林构图

构图即组合、布局的意思。我国画论叫“经营位置”，造园叫“造园章法”，都含有“构图”的原意。园林绿地的构图要在考虑平面、空间、时间等因素的基础上组合园林物质要素，使形式美与内容美取得高度统一的手法和规律。

西方的古典园林历来是讲究构图，遵循构图的经典法则（这里所指的西方园林主要是指欧洲古典园林，东西方的比较也仅限于对中国古典园林与欧洲古典园林间的比较）。中国古代思维形式的特点是重感觉、重经验、重综合，园林亦如此。但是我国古典园林同样蕴涵了构图原理的一般法则，与形式美的法则并行不悖，但不同于一般意义上西方人所推崇的构图法则。

一、传统东方园林构图

（一）中国古典园林构图特征

1. 步移景异

中国园林中很少出现仅由某一景物统率整个园林的情形，而多通过道路及视线的引导，将不同的景物一一送入游客的眼帘，通过近处布景、远处借景、中间层次框景、漏景等手法，使园中处处成景、游客处处可观，即所谓的“步移景异”。这种运动的、无限的、流动的空间，决定了中国古典造园以有限空间、有限景物创造无限意境，即所谓“小中见大”、“咫尺山林”。

2. 空间丰富

中国园林擅于创造丰富多变的空间层次。与西方人的开门见山不同，中国人更倾向于“深山藏古寺”等意境的营造，在藏与露之中形成丰富的层次，极力避免一览无余。这在古代私家园林中较为常见，进入园门常常以影壁、山石为屏障以阻挡视线，进入园中则一片豁然开朗，形成一藏一露的空间对比。在大空间的尽端往往会出现小径、游廊等引导游人，经历一段时间的压抑后再次进入豁然开朗的境地。通过藏与引导使人流连于园中，往往一圈下来才发现原来出口与入口仅一墙之隔，游人却已经历了园中的水石亭榭，宛若隔秋，空间层次极丰富。

3. 线性展开

一般来说，中国古典园林的布局按观赏路线线状展开。上面所述的小空间的私家园林多以封闭的环形路线展开，另一种则是按贯穿式的观赏路线来组织的。贯穿式序列常呈串联的形式，沿着一条轴线使空间院落一个一个地依次展开，突破建筑机械的对称而力求富有自然情趣和变化。最典型的例子如乾隆花园，尽管五进院落大体沿着一条轴线串联为一体，但除第二进外其他四个院落都采用了不对称的布局形式。大多数中国古典园林都力求布局充满曲折、起伏与开合变化。

（二）实例分析

个园位于扬州盐阜路，系清嘉庆年间，由盐商两淮商总黄应泰在明代寿芝园的基础上扩建而成（图 5-19）。

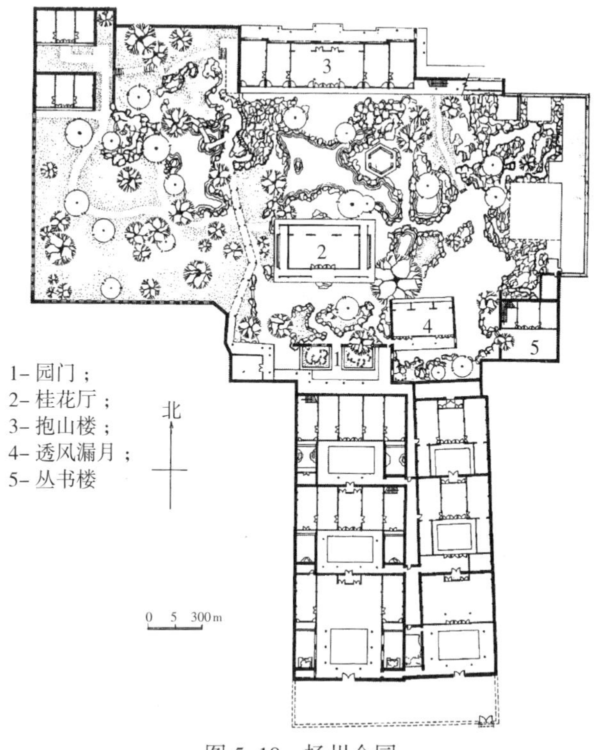

图 5-19　扬州个园

个园不以某一景致取胜，而是以假山堆叠精巧而著称，园内的游览线路围绕“春夏秋冬”四座假山环状展开。春山在个园石额门前，两侧遍植翠竹，竹间竖以白果峰石，以“寸石生情”点出“雨后春笋”之意。夏山位于西北朝南，以太湖石叠成。夏山之侧有七楹长楼，楼下梧桐蔽日，身临其境，凉风习习。秋山位于园之东北，坐东朝西，以黄石叠成，拔地而起，气势磅礴，山岭为全园制高点，黄石丹枫，倍增秋色。冬山系用宣石叠成，石白如雪，似一层未消的残雪覆盖。冬景与春景仅一墙之隔，墙上开有圆形漏窗，窗内可闻风竹声声，窗外可见苍翠春色。游园一周，如隔一年之感。园中的宜雨轩、抱山楼、拂去亭、住秋阁、漏风透月轩，与假山水池结合而成一体，景观错落，层次丰富。

二、传统西方园林构图

（一）西方园林构图特征

1. 单点透视

西方造园构图运用单点透视。在单点透视中，空间景物在视觉感受中呈现近大远小而有逐渐消失感，景物的空间感更强烈。透视的运用从园林的整体构图到细部的处理随处可见。巴洛克式的园林习惯以轴线贯穿，利用透视使产生空间被拉伸变大的错觉，称为错视。西方园林利用透视而产生的错视，创造出不同的空间效果：利用线性材料或景素造型作垂直、水平或斜向划分，强化或减弱空间景物的视觉感受（图 5-20、图 5-21）；利用曲线构景因素的回转变幻情趣表现景物的柔和情调与优美的动势（图 5-22）；利用近大远小的视觉特性，压缩建筑尺度与物境的关系，造成空间深远的错觉，使人感到空间距离略大。如意大利著名的别墅园林埃斯特别墅中的百泉路（图 5-23）。

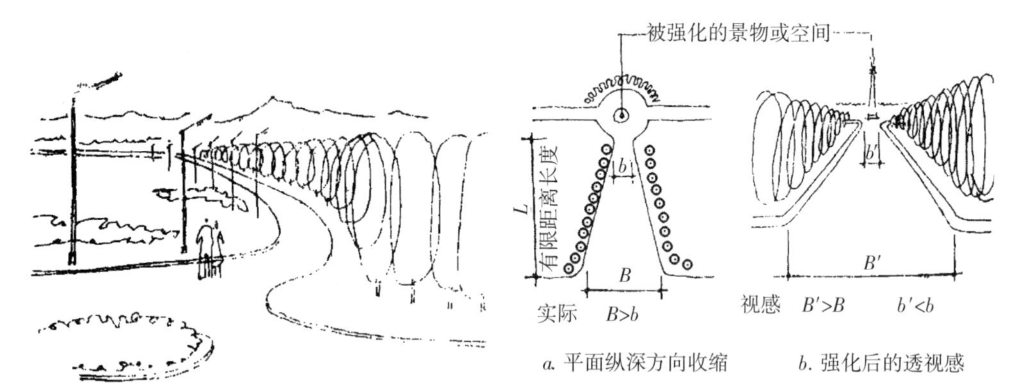

图 5-20　趣味性透视消失

图 5-21　强化透视消失感

图 5-22　曲线回转

图 5-23　百泉路

2. 空间感

造园家们利用透视、轴线、图底变换等手法围合限定空间，将空间明确表达，使之更丰富、更宏伟、更有气势，为园林的使用者创造了不同的、变换的空间。

3. 轴线性

在西方园林设计中，理性的轴线始终备受青睐。在早期的园林中，一般只有一条主轴，后来勒·诺特引入了第二主轴的概念，轴线的运用更得到了加强。例如，孚—勒—维贡府邸的花园，纵轴和横轴都有 1000m 长，大臣高尔拜的索园，纵轴长 2000m，凡尔赛宫的园林纵轴长 3000m。强烈的轴线感体现了西方人所追求的对大自然的征服以及绝对君权至上的炫耀。

（二）实例分析

由安德烈·勒·诺特设计的凡尔赛宫的花园是西方古典园林中的经典之作（图 5-24）。法国古典主义的“伟大风格”，体现在凡尔赛宫园林的布局、规模和尺度上。花园的设计规整、大气，具有强烈的透视感，大大小小的轴线在花园空间的组织上起统帅引导作用，将园林的各个部分结合在一起。园林的主轴一般不用建筑物或者雕像之类的东西结束，而是直指极远处的天边，追求空间的无限性，园林因而是外向的。

同时，园林突出表现了总体布局的丰富与和谐，避免各种造园要素的堆砌。整个园林显得很节制，有分寸，洗练明快，典雅庄严。

三、园林构图规律

园林的构图既要符合美学规律，又须与时间、空间、地域等因素综合考虑。有如下规律。

（一）比例与尺度

比例与尺度是园林绿地构图的基本规律。比例是指园林景物、各组成要素之间的空间、体形、体量的关系。尺度是指园林景物与人的身高及使用活动空间的度量关系。

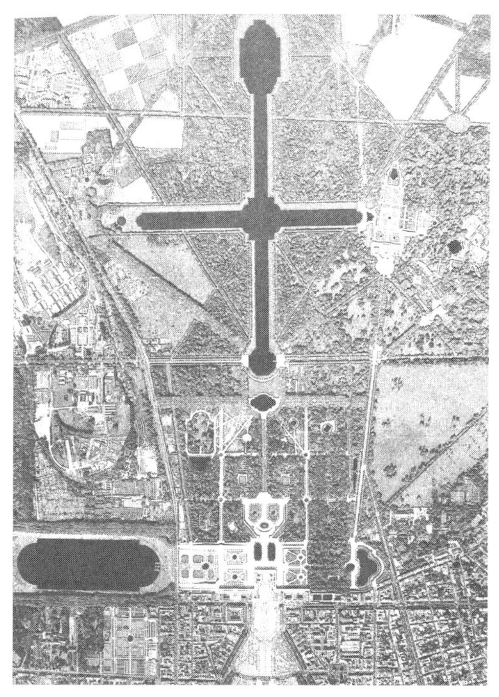

图 5-24　凡尔赛宫平面图

因园林绿地规模、用地、功能的不同，比例尺度的处理也不一样。小园林如苏州古典园林，把自然山水经提炼后，缩小在园林之中。整个园林中的建筑、山、水、树、路等的比例是相称的，但尺度较小。大园林如颐和园，山大、湖面大、殿堂大、楼阁高、游廊长，也很合比例尺度，其中又布置谐趣园，大中有小，因小衬大。把颐和园的佛香阁，移到苏州园林中，或把苏州园林中的小桥曲水任意地移到颐和园中，都会不相称，不合比例尺度。再如峨眉山风景区，把各个景点景区融合在自然的高山深谷之中，沿途飞泉峭壁，绿树苍杉，弯转险峻的山道、高耸云表的峰峦和庄严宏敞的庙宇，掩映在大自然之中，体现出“雄”、“秀”二字，亦有其比例尺度关系。

如果人工造景尺度超过人们习惯的尺度，会使人感到雄伟壮观，如承德外八庙之一的普宁寺、杭州六和塔、乐山大佛；如果尺度正常，则自然亲切；如果尺度稍小，则轻巧多趣，如苏州古典园林、西湖三潭印月的三角亭与曲桥。一般踏步、栏杆、围墙、座椅等尺度较固定，因它们与人的身高、活动状态紧密联系。道路、广场、草坪等则应根据功能及规划布局的景观要求来确定尺度。

（二）对比与调和

对比手法很多，在园林绿地中，有形象的对比、体量的对比、方向的对比、开合的对比、明暗的对比、虚实的对比、色彩的对比、材料质感的对比等。如对比关系较好，能使景色鲜明，突出主调。但在对比中应注意调和，对比调和有着辩证的统一关系。

1. 形象的对比

不同形象间的对比，人工和自然，曲与直，圆与方，都能形成形象上的对比。如建筑是人工形象，植物是自然形象，将二者配在一起，可造成形象不同的对比。有了对比，还应考虑二者间的协调关系。所以，在对称严整的建筑周围，常种植一些整形的树木，并作规则式布置以求协调；在造型比较活泼的建筑周围，则宜采用自然式布置及自然活泼的树种树形。

2. 体量的对比

体量相同的物体，放在不同的环境内，给人的感觉会不相同。如一盆景放在空旷的广场中，会感其小，如放在小室中，又感其大。这是大中见小，小中见大的道理。在园林绿地中，常用小中见大的手法，在较小面积的用地内，创造出自然山水的胜景。不同体量物体间，也有体量的对比。有时为了突出主体的高大，常在主要景色的周围，配以小体量的组合内容。以短衬长，长者更长，以小衬大，大者更大，能造成视觉上的幻变。

3. 方向的对比

在广场中立一旗杆，草坪中种一高树，水面上置一灯塔，即可取得高与低、水平与垂直的对比效果，而显出旗杆、高树、灯塔的挺拔，这是方向的对比。立面空间中也常用横向、纵向或纵横交错的处理形成方向的对比。如采用挺拔高直的水杉、银桦形成竖向线条，低矮丛生的灌木绿篱形成水平线条，两者组合形成对比，增加空间方向上的变化。

4. 开合的对比

开敞空间与闭合空间也可形成对比。在园林绿地中利用空间的收放开合，形成敞景与聚景。视线忽远忽近，空间忽放忽收，增加空间的对比感、层次感。

5. 明暗的对比

明暗不同的景物给人不同的感受。明给人开朗活跃的感觉，暗给人幽静柔和的感觉。在开朗的景区前，布置一段幽暗的通道，可以突出开朗的景区。如苏州留园进口处狭长幽暗的通道能衬托出涵碧山房前空间的开朗效果。一般来说，明暗对比强的景物令人有轻快振奋的感受，明暗对比弱的景物令人有柔和静穆的感受。

6. 虚实的对比

虚给人轻松感、实给人厚重感。水面中间有一小岛，水体是虚，小岛是实，形成虚实的对比。碧山之巅置一小亭，小亭空透轻巧是虚，山巅沉重是实，也形成虚实对比的艺术效果。在空间处理上，开敞是虚，闭合是实，虚实交替，视线可通可阻。由虚向实或由实向虚，遮掩变幻，增加观赏效果。

7. 色彩的对比

利用色彩的对比关系，能引人注目。一个景区的主景，可用环境色彩的对比加以突出。建筑的背景如为深绿色的树木，则建筑可用明亮的浅色调，加强对比，突出建筑。秋季在红艳的枫林、黄色的银杏树之后宜有深绿色的背景树木来衬托。湖岸种桃植柳，宜桃树在前，柳树在后。阳春三月，柳绿桃红，以红依绿，以绿衬红。

8. 材料质感的对比

植物、建筑、道路场地、山石水体等不同材料的质感也可形成对比。不同的树种有粗糙与光洁、厚实与透明等不同的质感。利用材料质感的对比，可造成浑厚、轻巧、庄严、活泼等不同艺术效果。

（三）对位与呼应

在园林绿地的布置中，各组成内容之间有对位关系。如道路、桥梁、广场的对位关系；建筑的出入口与广场、道路的对位关系；建筑组群之间的对位关系；绿化种植之间的对位关系；绿化种植与建筑、广场、道路的对位关系等。对位得宜，关系良好，使整个规划布置统一协调，否则容易出现竞争杂乱的局面。

轴线对称的布置容易体现出较强的对位关系。自由布置的对位关系虽不明显，仍有某些规律依据。在天安门广场的布置中，天安门、人民英雄纪念碑、毛主席纪念堂、正阳门等位于广场的主要轴线上，因主轴线而取得对位关系。人民大会堂、革命历史博物馆列居左右，相互对齐，而形成广场的次轴线，因次轴线而取得对位关系。人民英雄纪念碑偏在次轴线之南，适在天安门、正阳门间的中点上，也即是位于广场的中心，以中心位置作为纪念碑的对位关系。同样，毛主席纪念堂又位于人民英雄纪念碑、正阳门的中点上，作为纪念堂的对位关系。而天安门、革命历史博物馆、正阳门、人民大会堂又恰在以人民英雄纪念碑为圆心的圆周上。这些构图的对位关系线，虽然在实际环境中并不存在，但可作构图的参考，使构图有规律可循，而产生良好的布局关系。园林构图对位的关系线，可以是轴线、圆形、方形、矩形、三角形、多角形或有规则的曲线。对位关系线也可由甲导向乙，由乙导向丙、再丁，然后再由丁导回甲处，成为串联的引导对位，或由甲分别导向乙、丙、丁处，或由乙、丙、丁处向心集中而导向甲，成为并联的引导对位。

某些情况下也可采用呼应的关系进行引导对位。呼应的手法较多，如布局上的呼应、造型风格上的呼应、种植上的呼应、色彩上的呼应等。如在相对的两个山头上，分别布置园林建筑，一主一从，在布局上取得呼应。同样，在河湖水面的对应边上，采取呼应布置，亦可取得协调。呼应又可分为视野范围内的呼应和记忆印象中的呼应。在同一时间、空间环境中所目睹的呼应布置为视野范围内的呼应，在不同时间、空间环境中，由记忆印象所造成的呼应为记忆印象中的呼应。

（四）对称与均衡

在园林绿地中，要考虑景物的平衡安定问题，不平衡的物体造景会使人产生不稳定的感觉。势若将倾的大树、山石、建筑，给人不安定的感觉，就是不会倾倒的大树、山石、建筑，如布置不当，或上重下轻、左重右轻、右重左轻等，也会在人的思想上引起不平衡或不安的感觉。故除有意造成的动势景，如悬崖峭壁、古树将倾等外，一般都要注意平衡问题。平衡可从对称和均衡两种情况来考虑。

1. 对称

对称的布置有中轴线可循，给人以庄重、严整的感觉，规则式纪念性园林、某些大型公共建筑的庭园采用较多，如南京中山陵、北京农业展览馆等。没有对称条件而硬凑对称，往往会妨碍功能要求及增加投资。故应避免单纯追求宏伟气氛的不合实际的图案式对称处理。

2. 均衡

均衡是在不对称的布置中求得平衡的处理。均衡的处理，基本上以导游线前进方向，游人所见景观的画面构图来考虑平衡。均衡的对立面是不均衡，不均衡则有动势的感觉。因此，应在动势中求均衡，但均衡中又蕴藏着动势（图 5-25）。

（五）韵律与节奏

韵律、节奏即是某些组成因素作有规律的重复，再在重复中组织变化。重复是获得韵律的必要条件，但只有简单的重复易感单调，故在韵律中又组织节奏上的变化。韵律、节奏是园林艺术构图的重要手法，常见的方式有如下几种。

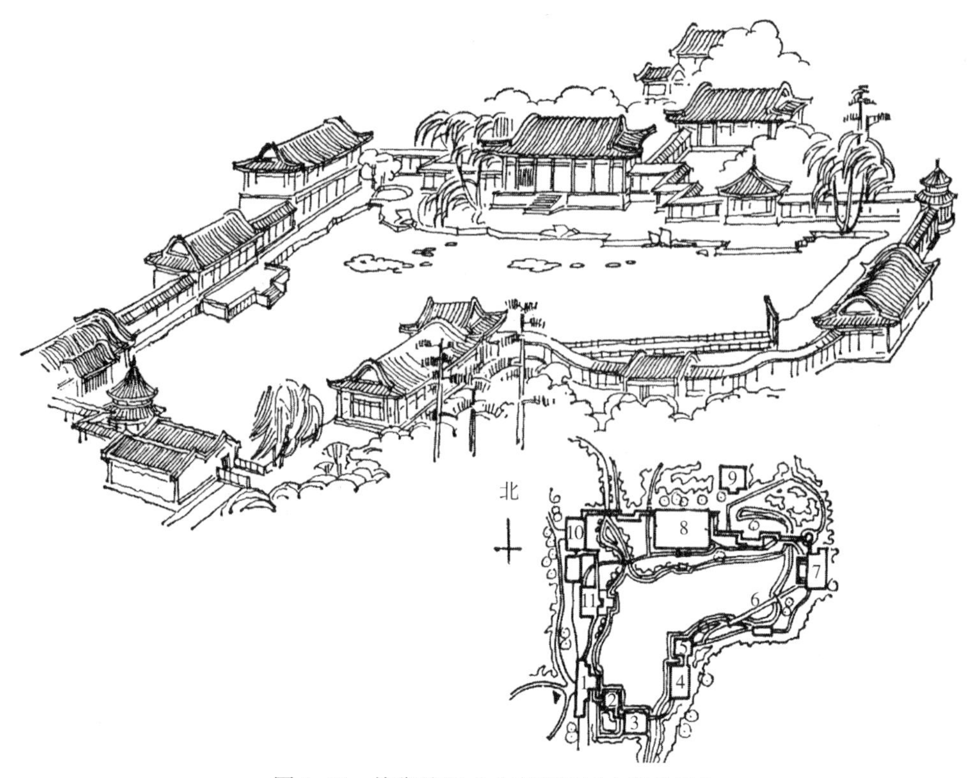

图 5-25　均衡处理（北京颐和园中谐趣园）

1- 大门入口；2- 知春亭；3- 引镜；4- 洗秋；5- 饮绿亭；6- 知鱼桥；7- 知春堂；8- 涵远堂；

9- 湛清轩；10- 瞩新楼；11- 澄爽斋

图 5-26　扬州何园半壁廊的韵律之美

1. 简单韵律

即由同一组成因素反复等距出现的连续构图，如等距地种植悬铃木的行道树，等高、等距的爬山墙、游廊等（图 5-26）。

2. 交替韵律

即由两种以上的组成因素交替等距出现的连续构图。如两种树的间种，一段梯级与一段平台交替布置等。

3. 起伏曲折韵律

即由一种或一种以上的组成因素在形象上出现较有规律的起伏曲折的变化。如连续布置花坛、花径、水池、道路、林带、建筑等。

4. 拟态韵律

即某一组成因素作有规律的纵横穿插，交错布置。如在园林铺地中，以卵石、片石、砖瓦等不同的材料，按纵横交错的各种花纹组成连续图案。

另外，将空间的开合、明暗，景色的色彩氛围加以调配组织，也能产生韵律、节奏。韵律、节奏的处理方式应视功能和造景的要求灵活运用，可单独采用某种方式，也可结合几种方式用于同一布置中。

（六）整体与局部

园林中整体与局部的关系表现为两种：一种是局部与整体关系密切，甚至局部统领整体，成为整个园林的精神之所在。如大多数中国古典园林，为了突出主题，必使园中的一个空间或由于面积显著大于其他空间；或由于位置比较突出；或由于景观内容特别丰富；或由于布局上的向心作用，而成为全园独一无二的重点景区。另一种关系是局部属于整体，但相对独立，局部往往是精华的集中，但不一定反映整个园林的主旨。许多大型的中国古典园林园中园的做法，就属于这一类。园中园往往相对封闭独立，集中了某一类经典的园林艺术，成为整个园林中的独到之处，为园林增添光彩。

（七）比拟联想

园林绿地不仅要有优美的景色，也要有幽深的境界，通过比拟联想方式，把情与意通过景的布置而体现出来。产生比拟联想的方法较多，如以下几种。

1. 以小见大、以少代多的比拟联想

模拟自然，以小见大，以少代多，用精炼浓缩的手法布置成“咫尺山林”的景观，使人有真山真水的联想。我国古典园林综合运用空间组织、比例尺度、色彩质感、视觉幻化等，使一石有一峰的感觉，散石有平冈山峦的感觉，池水迂回有曲折不尽的感觉。意到笔随或无笔有意，使人联想无穷。

2. 植物的特征、姿态、色彩的比拟联想

如松象征坚贞不屈，万古长青的气概；竹象征虚心有节，清高雅洁的风尚；梅象征不畏严寒，纯洁坚贞的品质；白色象征纯洁，红色象征活跃，绿色象征平和，蓝色象征幽静，黄色象征高贵，黑色象征悲哀等。这些象征因民族、地区、文化等的不同而有很大的差异。长沙岳麓山广植枫林，确有“万山红遍，层林尽染”的景趣。而爱晚亭则令人想到“停车坐爱枫林晚，霜叶红于二月花”的古人名句。

3. 园林建筑、雕塑造型的比拟联想

园林建筑、雕塑的造型，常与历史、人物、传闻、动植物形象等相联系，能使人产生思维联想。如布置月洞门、小广寒殿等，人置其中会联想神话世界的月宫。在名人的雕像前，则会有肃然起敬之感。

4. 文物古迹的比拟联想

文物古迹发人深思，游成都武侯祠，会联想起诸葛亮的政绩和三国的故事、人物；游成都杜甫草堂，会联想起杜甫的富有群众性的传诵千古的诗章。规划园林绿地时，应在保护文物古迹的基础上，强化其联想意境。

5. 景色的命名和题咏的比拟联想

好的景色命名和题咏能起画龙点睛的作用，使游人有诗情画意的联想。陈毅同志游桂林诗有云：“水作青罗带，山如碧玉簪。洞穴幽且深，处处呈奇观。桂林此三绝，足供一生看。春花娇且媚，夏洪波更宽。冬雪山如画，秋桂馨而丹。”短短几句，描绘出桂林的“三绝”和“四季”景色，增强了风景游览的效果。

（八）动态空间构图

根据人的行为活动、知觉心理特征，时间与自然气候条件的变化与差异，有效组织观赏路线和观赏点，可以形成连续、完整、和谐而多变的动态空间构图。

1. 方向、方位的预启和诱导

方向预启和方位诱导是从景物的视线组织和易识别环境的功能出发，使人易于了解自己所处的位置，辨明要去的方向和目标，从最近、最好的观赏角度去接近观赏景物，认知体察环境，在头脑中形成清晰的意象，由联想而产生移情感受。常通过路线长度安排、景点组织、景观特质表现、预示和诱发性景物构设、可达途径诱导、动态空间景物造型等方式来实现。也可借助文艺表现手法,在空间景物布置时巧设“悬念”，提示游赏者即将进入另一空间境界。

2. 动态景象构图

人们在运动过程中，对变化着的因素常会感到愉悦。这些变化着的因素包括景素品质、光线、色彩、时间、质感、温度、气味、声音的变化，以及事物、空间、景物之间的流转等。一个好的构景设计应当注重动态景象的空间构图，并使相关景素在变化中发展，不断处于动态平衡状态与美的变幻之中，以此诱导人的行为活动，操纵与激发人的移情反应，增加赏景的兴趣。通常，采用一景多视点的组景手法，可以有效地增强景物的立体空间动态感，亦可构成“横看成岭侧成峰，远近高低各不同”的意味和情趣变化（图 5–27、图 5–28）。

3. 景物的动势感

景物的动势感是通过构景与造型而造成的一种节律性的视感和情趣，可以诱导人们的视线、心理反应与行为活动。是将相关景素加以巧妙的组织，表现为具有长短、大小、高低、强弱、起伏、刚柔、曲直等周期性或规则性的变化，并使其带有流动感或生命感的倾向，让人们觉得景物即是自由的涌现，富于律动性节奏的动感（图 5–29）。

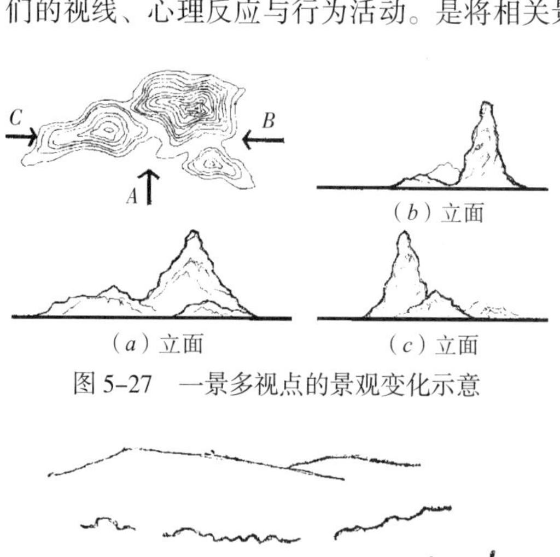

图 5–27　一景多视点的景观变化示意

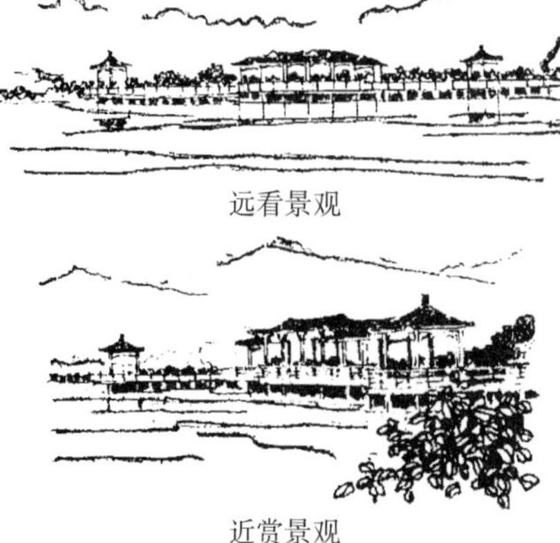

图 5–28　广州麓湖桥亭远、近观赏效果

4. 景域空间回环贯通

景点布局、景物造型应与人的观赏路线、速度、距离、活动特征及感受量等因素相配合，使空间景色含蓄有致，回环相通，互相连贯和延续不绝。让景物与空间在游线上渐次出现，依次展开，造成有一气呵成之妙，且无一览无余之弊。各景色画面主题鲜明，景物与空间主从关系明确，以景导人。

观赏路线布置既要结合地形，又要考虑景物视觉条件及其感受量。通常无景或景色平淡的地段路线宜短，有景地段路线宜长。速度同景物感受量和个人行为心理状态有关。通常有景区可考虑慢步游览，无景区则快步而行。距离包括实际距离和心理距离

（*a*）升腾的动势（*b*）韵律的动势（北京颐和园十七孔桥）

（*c*）飞泻的动势　（*d*）蜿蜒的动势

（*e*）形象的动势　（*f*）延伸的动势（日本严岛神社）

图 5–29　景物的动势

两方面。距离长度是客观存在的，而心理距离则与其景物的感受量有关。通常景物感受量少时，距离虽短也觉其长，反之距离虽长也觉其短。活动特性随场地条件、年龄、性别、心理状态、气候、前进和阻碍因素等有关，既要考虑共同的方面，又要兼顾其特殊的方面。感受量是指景观信息给予人的感受积累。如果景物类型与感受方式相同，即使重复多次，但总感受量会相对减少；相反，如果景物类型与感受方式加以变化，则总的感受量会相对增加。

四、园林要素构图

园林构图艺术以真实的自然材料创造可供人们生活游憩的空间造型艺术。重要的园林要素也有自身的构图方式，通过要素的组合、调配与造型处理形成不同的人工景物。植物、水体、山石、亭等均属重要的园林构景要素。

（一）植物景观

植物景观在视觉美感中有着重要的作用，是景色构成的要素之一。植物配置方式要依据地形起伏状况、水面与道路的曲直变化、空间组织、视觉条件和场地使用功能等因素决定，做到主次分明、疏落有致。通常开朗的空间宜有封闭的局部处理，不使造成空旷感，封闭的空间要有可透视线和疏导人流的布局，构成开合协调、虚实对比适度的景观意境和空间构图。植物轮廓可构成景色韵律与节奏感，是十分生动的物景表象特征。为使景色富于情趣，植物轮廓线不宜过于平直、单调，要有韵律与节奏意趣。植物韵律感的配置方式有两种：一是使植物轮廓线的节奏与地形的起伏变化相配合，顺其自然；二是借助植物的高低错落配置以及树态轮廓的变化，用以改变原有地形的平直、刻板的节奏，调整其韵律关系。植物形态与色彩变幻对景色也十分重要，配置要注重四季叶色变化和花果交替规律，宜有两个季节以上的鲜明色彩。

1. 乔木

冠阔干高，为景园的主要树种，对景观和风格尤为重要。孤植乔木，以优美的树形姿态或绚丽的色彩构成景色，供孤赏，常采用露、挡、遮、衬的配植方法；丛植或群植乔木，具有开合空间和构图成景的作用。大空间视野广阔，不论是丛植或群植，均可从不同角度看到其整体形象，树态与色彩需优美成画；中小型园景视线与空间开度较小，不易观其植物全貌，因此乔木宜于周边式配置，可扩大空间感；对于狭小的庭院空间，宜点植一两株即可。

2. 灌木

枝叶繁茂，既可于乔木之下栽培，增加树冠层次，又可用以连接乔木、草坪、花卉和水面，是植物景观的重要协调因素。灌木配置须注意虚实变化，空透处要注意植株高度的控制，以免阻隔视线的延伸，而封闭处需加强视线的约束，基部枝叶要尽可能留低，使人看不透。厚度大的灌木丛，可修剪得前低后高，能给人以丰厚幽深的感受。

3. 花卉

是植物色彩与造型的活泼因素，可以自然式种植，也可以规则式种植，使景色富有情趣。以成组、成团、组合与对比的方式种植，景观效果更显著。

4. 草坪与地被植物

是园景的底色，是连接乔木、灌木、花卉、道路、建筑物等景素的重要协调因素。它的种植，可以运用植物群原理，选择适宜于不同生态要求的植物种类，采用穿插组合的办法，可形成多层植物结构。

（二）水景

水体在自然中的势态声貌，给人们以无穷的遐想和艺术的启示，是极富表现力的构景方式。中国古典园林造景有“造园必须有水，无水难以成园”的说法。水景的处理方法主要有以下几种。

1. 以水衬景

以水面衬托主景或建筑庭园景色，可突出主景艺术品质，加强景观空间层次。景园中的飞泉瀑布、谷泻跌水、喷水滩池等构成的活动水体，由于日月风云变幻和观赏角度的不同，视像中的水体色彩绚丽多变，对于瞬时不变的其他景素来说，具有绝妙的点色和破色作用，有效地增强景象空间的色彩变化和意境感受。

2. 形态与势态对比

水景在景象构成中可以达成形态与势态的对比，造成不同的情趣观感，增添景色的活泼因素。如采用聚合的理水方式，造成开阔的水面，使空间展开，视线舒朗（图5–30）；采用分散的理水方式，可构成线状或点状的溪涧泉瀑，使空间收缩，视线集中（图5–31）。

3. 光影变幻

水景的光影变化有三种：一是水面的波光；二是水面反射相关景物的倒影；三是

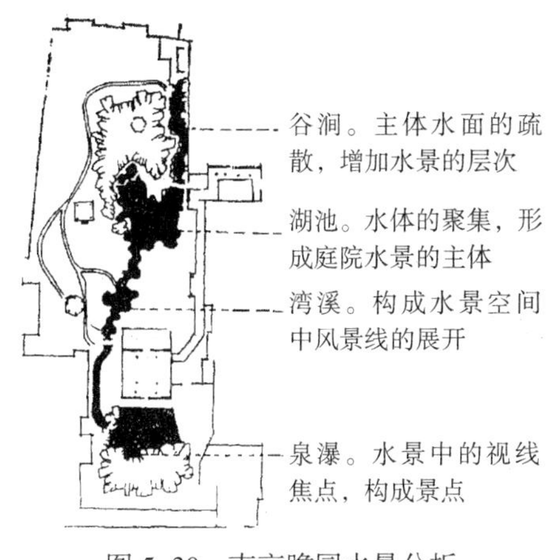

图 5-30　南京瞻园水景分析

图 5-31　水景势态处理示例图

借助水面反射光线的特性，将日光、月光、灯具照明等通过水面反射到垂直景面或建筑顶棚底面。光影景素的经营可使景色别具风味与情趣。

4. 显隐贯通

水景成趣在于隐显得当，集散合宜。通常构成水体空间深度及情趣的条件是藏源、引流、集散三个方面。藏源是把水的源头隐蔽起来，让人看不透水的源流处，或藏于石穴崖缝之中，或隐匿于花丛树林，造成循流溯源的意境联想。引流是引导水体在景域空间中逐步展开，曲折迂回，可得水景深远的情趣。集散是指水面的恰当开合处理，既要展现水体主景空间，又要引伸水体的高远深度，使水景视像有流有滞、有隐有露、有分有聚而生发无穷之意。水体贯通一是把分散的水体沟通起来，构成连贯的、点线面相连的水景；二是通过水体的贯通组织，沟通不同景域或建筑内外空间，使景观空间相互渗透、景物相连，成为构景空间序列的一条天然纽带。

（三）假山置石

假山置石的景素运用是中国园林构景艺术的独特匠法。置石是择石品的佳者，或独置于庭前，或散缀于道旁，或陪衬以花木水池，或组合造型成景。这类置石小品构设，一是选石要讲究，形象观感要求玲珑剔透或古朴浑厚，其体形、色彩、纹理、摺绉等要有特色，常以“绉、瘦、透”的造型为佳品；二是布置要得宜，置石小景要注意观赏环境和条件，只要位置、大小和构图得法，虽是顽石一二，亦有“片山多致，寸石生情”的野趣。置石的优秀实例，如苏州织造府的瑞云峰、杭州西湖花圃盆景园的绉云峰，以及上海豫园的玉玲珑等（图 5-32）。

假山是以篑土叠石而成的人工造山，是一种构景的造型艺术。假山构设是人造景物的一部分，要师法自然，意在笔先，以高度的美感欣赏能力去辨别与分析环境条件，重视人对假山布局、造型、相关环境的视觉、观感、联想等认识过程的反映。

假山构设须符合景园总体布局和意构要求，按功能与其他景素关系就其势、定其位。假山造型处理宜精巧、简练、抽象、含蓄，形神兼顾，不宜过于夸张而失去自然的质朴依据，“奇不伤雅，陋而不俗”。假山主题、形体、色泽、纹理、空间造型等构设要法，均宜在统一中求变化，避免庞杂拼凑之弊。从假山的视觉观赏条件和相关景

（*a*）留园冠云峰（苏州）（*b*）杭州西湖绉云峰（*c*）上海豫园玉玲珑（*d*）苏州，原织造府瑞云峰

图 5-32　名石点景实例

素的成景关系出发，宜从动态观赏角度考虑假山的势态和细部质感的构成，有远望、近看、步步看、面面观、以大观其小、以小观其大等视像效果。在假山上点缀一点文苔小草，并与假山的尺度相称，可添彩生机，深求山林的意味。通常，以土山为主的假山，乔灌木配置自然而有生气；以石为主的假山，为赏石和植物的姿态美，花木配置宜疏。

（四）园亭

园亭是四面开敞的点景建筑，能避雨、避阳，它既可供人驻足休息赏景，又是自身成景的景素，造型多样，风格自然，形象玲珑多姿，多位于良好的视点或景观风水处，构成空间景致视觉美的焦点，有点缀、穿插、烘托、强化风景美的作用。按亭的布局成景条件有山亭、水亭、路亭、林间亭等形式（图 5-33）。

1. 山亭

常布置在景区高处风景点，或山峰名处。亭外视野开阔，境界超然，可凭栏远眺或环视周围景色，使人心旷神怡，是流连追寻的游憩点。

2. 水亭

或依水依岸而立，或凌构于水面，亭水相彰，成景自然。水亭选址和尺度工法与水面开度有关，一般小水面宜小亭，较大水面宜大亭或多层亭，广阔水面宜组合亭或楼阁。水亭有丰富水域景色、控制环境、吸引视线和引导人流等功能，因此要重视亭景的空间对构关系。既要考虑亭外的环视景色，又要考虑亭景外围空间视点的赏景构图，力求景中、景外均有景可赏。

3. 路亭

为途中休息观赏景物而设，造成行动和景物空间的节奏感，既可用作视景站和休憩点，增加赏景中的情趣，减轻行动的疲劳感，又可用以点景与自身成景，丰富景色的内容与层次。路亭布置应与观赏线路、景点组织、空间序列展示等相配合，力求方便、舒适、视线良好、环境宜人。

4. 林间亭

常与路亭结合，多位于林木环抱的清幽处，与林木景色共成景色，并以大自然的声、色、光变幻而强化其自然美，是具有吸引力的景点和休憩处。

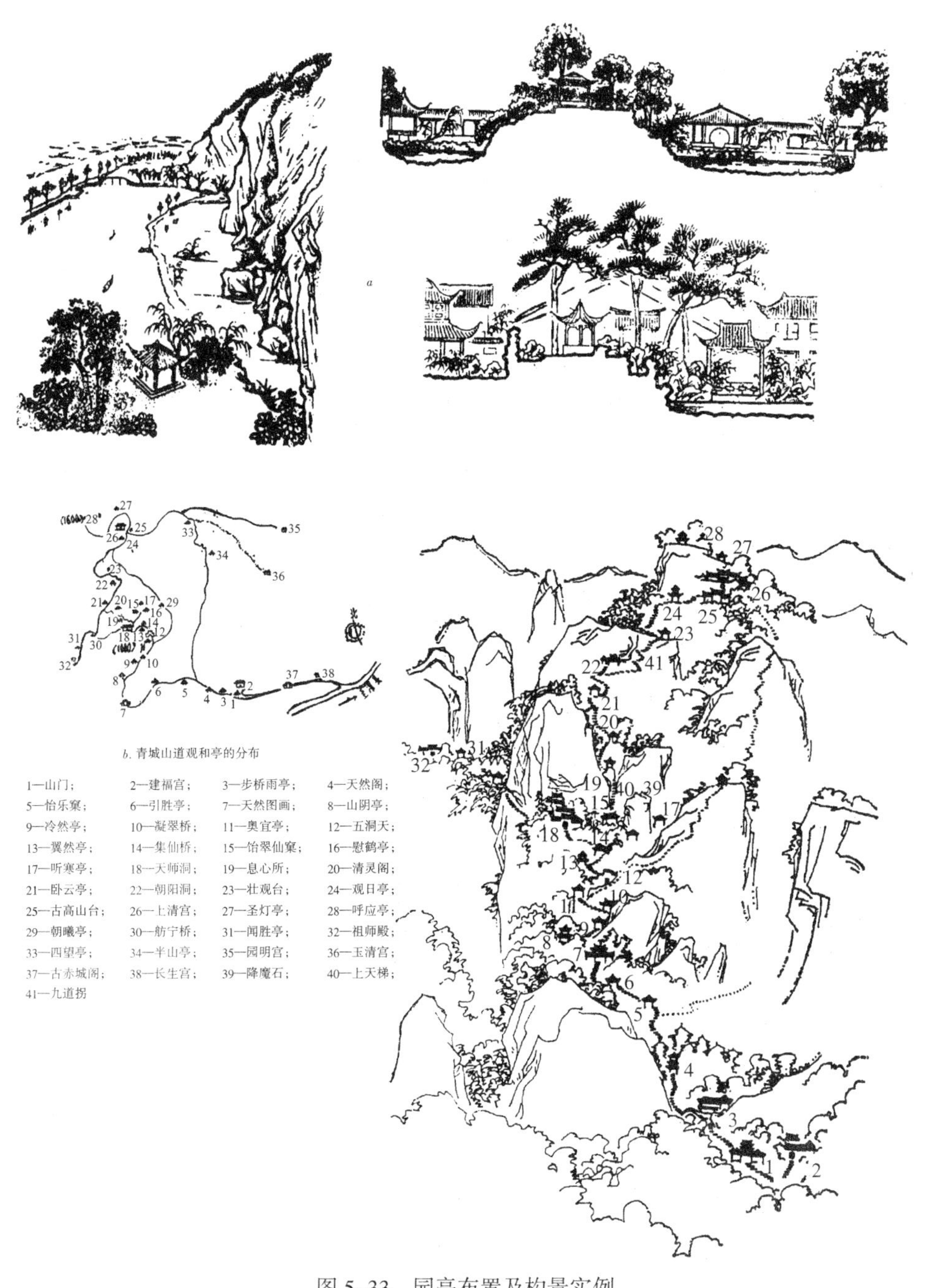

图 5-33 园亭布置及构景实例

第四节 园林的意境

中国古典园林讲究“意境”的营造，现代园林也追求游览中的体验。优秀的园林设计能赋予空间无穷的想象，唤起人们的内在情感。园林不仅是一种空间的造型艺术，更可寄托人类的精神。通过具体场地空间及其景物的处理，使空间景象获得一定的寓意和情趣，就是园林意境的创造。景物的构设应先立其意，注重“贵在意境”的原则。

一、意境的概念

意境是观赏者感知意构（设计者的主观设想）线索之后，通过回忆联想唤起的表象与情感，是“意域之景，物外之情”。意境是园林学家或艺术家在完成的其作品中所表现出来的一种艺术境界，即“言外之意，物外之景”。意境又分为写境和造境，写境为有我之境，邻于理想，造境为无我之境，合乎自然。

由于“意境”感受是以往物境感受的输出，没有以往的经历和经验，“意境”便不存在，而物境感受的输出需要线索的唤起，线索则是典型化概念的物。另一方面，意境不同于物境，意境不是在人的外部感官中出现，而是在人脑的记忆联想中才能出现，因而“意境”的存在要依赖于“线索”的构设。

二、意境的感知

如前所述，意境的唤起需要对线索进行感知，感知线索后通过回忆联想的思维过程唤起“意境”的感受。各种感知线索如下：

视觉线索：利用眼睛对意构线索的感知而唤起联想回忆。是通过观赏者的记忆联想、想象，在心目中通过自己直接或间接的体验而进行再创造，并将它扩充、延展、完善的一种视觉艺术，表现直观，效果强烈，为构景的主要线索。

听觉线索：由听觉器官对线索的感知而唤起表象的回忆（记忆中客观事物的形象谓之表象）。由于听觉线索不像视觉线索那样具有持续性，所以，它的意境往往需要借助于词来点题。例如，杭州西湖的“南屏晚钟”以古寺的钟声为题。

嗅觉线索：由人们的嗅觉对线索的感知而唤起表象的回忆。例如，借助芳香植物的运用，可以因花的香气而想到花，由香味借到景。

味觉和触觉线索：味觉线索是以人们品尝到某种特殊物品而感受到的一种情趣，加上特定的环境气氛烘托，这种意境也极富乡土人情味，但较难实现。触觉线索是以人们皮肤感官触及具体物体产生的感受（如温度、湿度、柔软、坚硬、粗糙、细腻等）而造成的联想与情感。

三、意境的构成

（一）意境构成的过程

意构是设计者个人的、主观的设想，要使主观愿望与客观效果相符合，设计者须按照客观程序与规律的方法来指导自己的构景思维过程。

清代画家郑板桥画竹的过程就体现了意境的构成过程。“晨起看竹，烟光、日影、露点皆浮动于疏枝密叶之间，胸中勃勃，遂有画意，其实胸中之竹并不是眼中之竹也，因而磨墨展纸落笔，倏然变相，手中之竹又不是胸中之竹也”。“胸中勃勃”即是生情，这时物象之竹已被筛选淘汰，“澄怀味象”，情与物刻画为表象之竹，铭记于心。表象之竹再经“意”的锻造和技法的锤炼，或许其间还要借助于其他表象的渗透和催化，才呈现出意象之竹。意境生于象，意境自身却没有象。意境中能流露出作者的风神气度。

园林中意境的构成也经历了物象—表象—意象—意境的过程。由于观赏者的不同，造园者营造的意境不一定就是观赏者所能感受到的意境，这也是园林作为一种时空的四维艺术的魅力所在。

（二）意境构成的方式

意境的构成，必须发挥创造者与观赏者的思维、想象力和各种器官功能的感受性。联想是十分重要的意境构成方式。

1. 关系联想

由事物的多种联系而形成的联想通称为关系联想。它包括部分与整体、因果关系等。部分与整体的联想如由人工立峰叠石与藤萝飞泉而联想到大山名川。常用的手法是在构景中创造局部景象，由观赏者在意境感受中完成其整体。因果关系的联想是人们从经验中建立起来的因果概念，如有水必有源，有声必有鸟，有香必有花，有亭必有路等。景物构设者可以利用这种视、听、嗅、动的感官效应来形成丰富的联想构思。

2. 相似联想

一件事物的感知或回忆而引起和它在性质与特征上相近或相似的回忆称为相似联想。例如，依据蓬莱三岛的神话传说而有三岛"仙境"的构想；日本"枯山水"庭园，用石块象征山峦，用白沙耙成流转的平行曲线而象征海潮，会让人感受到"涨潮"、"退潮"的景观意趣和海风飒飒的风情。

3. 接近联想

时间、空间上接近之物，在人们的经验中容易形成联系，因而也容易由一件事物而想到另一件事物，这种思维过程称为接近联想。在构景设计中，人们可以利用其一方而唤起经验中的另一方，可造成绝处逢生、出奇制胜等戏剧性意境。广州西苑于园的围墙中设置一门，上题"一望"二字，门虽不能通，然有园域未尽之意。

4. 对比联想

由其一事物的感知回忆而引起和它具有相反意义与特点之事物的回忆，称为对比联想。如我国对联与律诗中的对仗和格律一般。如柳宗元被贬永州后建有"愚园"，园中更有"愚溪"、"愚谷"、"愚丘"、"愚岛"之景名，却意在其反面。

四、意境的创造

（一）园林意境创造

中国古典园林多崇尚淡泊自然而富于诗情画意，把文学、绘画、诗歌、建筑、园艺等融合在一定的环境之中，可观可游。人至其中，步移景异，四顾无暇，体味深远意境。

文艺论上有中国艺术重表现的说法，表现情感组成中华民族艺术美学的中心，而创造意境以及对意境艺术美的欣赏，则铸成了中华民族特殊的审美心理结构，在这一点上，中国古典园林艺术和其他优秀的艺术门类是一样的。造园家运用高超的技巧将自己的情感和思想以可感的具体形象传递出来。中国园林在意境的创造上主要有以下手法。

1. 延伸空间和虚复空间手法

延伸空间即通常所说的借景。明代造园家计成在其著作《园冶》中提出借景的概念："借者，园虽别内外，得景则无拘远近。晴峦耸秀，绀宇凌空，极目所至，俗则屏之，嘉则收之，不分町畽，尽为烟景，斯所谓巧而得体者也。"延伸空间的范围极广，上可延天，下可伸水，远可伸外，近可相互延伸，左右延伸，内可借外，外可借内。延伸空间可以有效地增加空间层次和空间深度，取得扩大空间的视觉效果；形成空间的虚实、疏密和明暗的变化对比；疏通内外空间，丰富空间内容和意境，增强空间气氛和情趣。

虚复空间并非客观存在的真实空间，它是多种物体构成的园林空间由于光的照射通过水面、镜面或白色墙面的反射而形成的虚假重复的空间，即倒景、照景、阴景等。它可以增强园林空间的光影变化，增加空间的深度和广度，扩大园林空间的视觉效果；丰富园林空间的变化，创造园林静态空间的动势。水面虚复空间形成的虚假倒空间，与园林空间组成一正一倒、正倒相连，一虚一实、虚实相映的奇妙空间构图。水中天地，随日月的起落、风云的变化、池水的波荡、枝叶的飘摇、游人的往返而变幻无穷，景象万千，光影迷离，妙趣横生。"闭门推出窗前月，投石冲破水底天"即描绘了由水面虚复空间而创造的无限意境。

2. 写意、比拟和联想手法

中国古代文人园林所追求的美，首先是一种意境美。它包含着"士"这个阶层的道德美、理想美和情感美，充满了深沉的宇宙感、历史感和人生感。它并不强求逼真地重现自然山水的形象，而是把最能引起思想情感活动的因素摄取到园林中，以象征性的题材和写意的手法反映高尚、深邃的意境。园林中的山水树木多重在象征意义，其次才是本身的实感形象或形式美。

扬州个园"四季假山"的叠筑，是最好的实例。造园者用湖石、黄石、笋石、雪石别类叠砌，借助石料的色泽、叠砌的形体、配置的竹木，以及光影效果，使寻踏者联想到春夏秋冬四时之景，产生游园一周，如度一年之感。在笋石山前种有多秆修竹，竹间巧置石笋数根，以象征春日山林。湖石山前则栽松掘池，并设洞屋、曲桥、涧谷，以比拟夏山。黄石山高达9m，上有古柏苍翠，与褐黄的色彩对比以象征秋山。低矮的雪石则散乱地置于高墙的北面，终日在阴影之下，如一群负雪的睡狮，以比拟冬山。个园内的四季假山构图通过巧妙的组合，表达了"春山淡冶而如笑，夏山苍翠而如滴，秋山明净而如妆，冬山惨淡而如睡"的诗情画意。这种借比拟产生的联想创造画面和意境，能产生强烈的美感，增强园林感染力。

此外，我国古典园林特别重视寓情于景，情景交融，寓意于物，以物比德。人们把作为审美对象的自然景物看做是品德美、精神美和人格美的象征。例如，我国历代文人赋予各种花木以性格和情感，塑造花木的品格，可以增强园林艺术的表现性，拓宽园林意境。游客欣赏花木时，也能联想到特定的花木种类所象征的不同情感内容。

3. 诗词、书画点景手法

中国园林艺术常运用匾额、楹联、诗文、碑刻等形式来点景、立意，表现园林的艺术境界，引导人们获得园林意境美的享受。中国的古典园林均是"标题园"。园林的命名，即园林艺术作品的标题，或记事，或抒情，或言志，如"留园"、"怡园"、"拙政园"等，突出了园林的主题思想和主旨情趣。诗词对于人的知觉、情感、回忆、联想具有重要作用。在环境复杂、对象外部表征不明显或不易被人完全理解时，可以借助词的寓意来"点景"，以促进观赏者对景物或意境的理解和补充，突出全园主题，抒发情景。诗文题名启示导游者联想，使情思油然而生，产生象外之象、景外之景、弦外之音。苏州拙政园的湖山上植有梅树，建筑题名"雪香云蔚"，使人顿有踏雪寻梅的诗意。

（二）意境创造的时代感

当代园林设计，除了可借鉴古典园林的诗情画意外，还应力求有新的形式、新的内容、新的境界。园林意境的时代感创造主要体现在两个方面：园林设计手法与材料的时代性。

随着中西方园林之间交流的不断加强，园林设计的思维和理念也受到强烈的冲撞，从排斥到融合，园林设计更人性化也更具有实用性。简洁的现代园林突破了自然式、规整对称式的传统，在设计形式上更自由灵活，通过新材料的运用、大胆的构图，传递更直白、现代的意境氛围。

另外，基础科学及应用科学的迅猛发展，为人类带来了新材料和新的生活方式，这一变化也同样影响了园林的发展。在古典园林中，人们擅长于利用地形、植物等自然物质的属性，加以季相、气候的辅助来营造意境，现代园林的意境创造则更多元，借助如钢、玻璃等新材料和材料的创新运用强化园林的现代感。意境不再只是整体氛围的诗情画间，也可是某种新材料的构筑物所带给游客的对时代的感慨和未来的遐思。著名华裔建筑师贝聿铭设计的苏州博物馆，运用现代钢结构替代了传统木结构材料，在现代几何造型中体现了错落有致的江南特色。庭院设计也打破传统的堆山叠石手法，“以壁为纸，以石为绘”，创造了新的假山意向。整个庭院运用现代的造园手法与建筑材料技术，传达了苏州的古韵与现代风貌，带给人丰富的联想与意境感知。

思考题

1. 请简述东西方传统园林审美的异同。
2. 中国传统园林的构景方式有哪几种？请结合其中的一种举例说明。
3. 园林设计中常见的构图规律有哪些？
4. 什么是园林意境？在现代园林设计中如何创造园林意境？

第六章　公园绿地规划设计

第一节　公园绿地概述

城市公园，在城市规划用地中称之为公园绿地，是城市中向公众开放的、以游憩为主要功能，有一定的游憩设施和服务设施，同时兼有健全生态、美化景观、防灾减灾等综合作用的绿化用地。它是城市建设用地、城市绿地系统和城市市政公用设施的重要组成部分，是表示城市整体环境水平和居民生活质量的一项重要指标。

一、城市公园的发展简史

在人类六千多年的造园历史中，每个国家和地区都形成了自己独特的园林艺术，但是纵观园林的发展，现代意义的城市公园是随着社会的发展，在最近一二百年才刚刚出现。

17 世纪中叶，英法相继发生了资产阶级革命，在“自由、平等、博爱”的口号下，把大大小小的宫苑和私园向公众开放，并统称为公园（Public Park），公园建造在王室的地产上，著名的伦敦海德公园（Hyde park）（图 6-1）、摄政公园（Regent Park）（图 6-2）就是这样

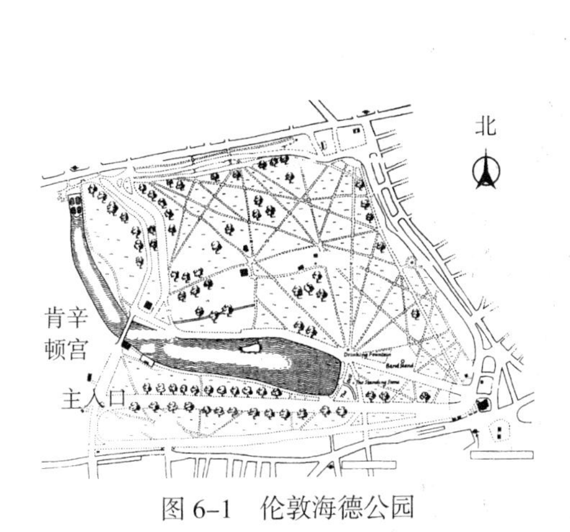

图 6-1　伦敦海德公园

图 6-2　伦敦摄政公园平面图
1- 玛利女王花园；2- 动物园

产生的。18 世纪中叶，城市用地的不断扩大，导致城市居民的生活环境急剧恶化，居民的身体健康遭到极大损害。在此背景下，英国议会讨论通过了一系列关于工人健康的法令：允许使用公共资金建设公园等。1840 年，利物浦市政府动用税收建造了公众可以免费使用的伯肯海德公园（Birkinhead Park），并由此带动了一系列城市公园建设。

真正完全意义上的近代城市公园，是由美国风景园林师奥姆斯特德（Frederick Law Olmsted，1822~1895 年）主持修建的纽约中央公园（New York Central Park）（图 6-3）。公园占地 344hm^2，通过把荒漠、平淡的地势进行人工改造，模拟自然，体现出一种线条流畅、和谐、随意的自然景观。公园不收门票，供城市居民免费使用，全年可以自由进出，各种文化娱乐活动丰富多彩，不同年龄、不同阶层的市民都可以在这里找到自己喜欢的活动场所。

在苏联，1917 年十月革命胜利后，政府除了将宫廷和贵族所有的园林全部转化为劳动人民使用外，还采取了保护和扩大城市绿化的全面措施。1921 年，公布了关于保护名胜古迹和园林的第一道国家法令，出现了城市公园的新形式——能满足大量游人多种文化生活需要的、属于人民的文化休息公园以及专设的儿童公园。捷尔任斯基文化休息公园是莫斯科大型公园之一，占地 484hm^2，内容丰富（图 6-4）。莫斯科市民经常在公园中欢度节假日，进行散步、游戏、观赏影剧、演讲、竞赛、阅读等文化游憩活动。

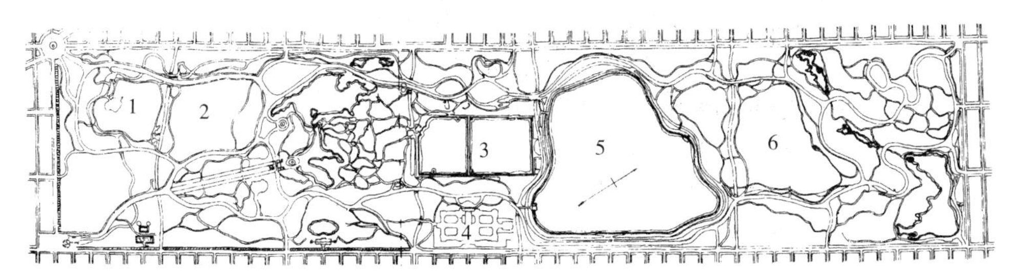

图 6-3　纽约中央公园平面图
1- 球场；2- 草地；3- 贮水池；4- 博物馆；5- 新贮水池；6- 北部草地

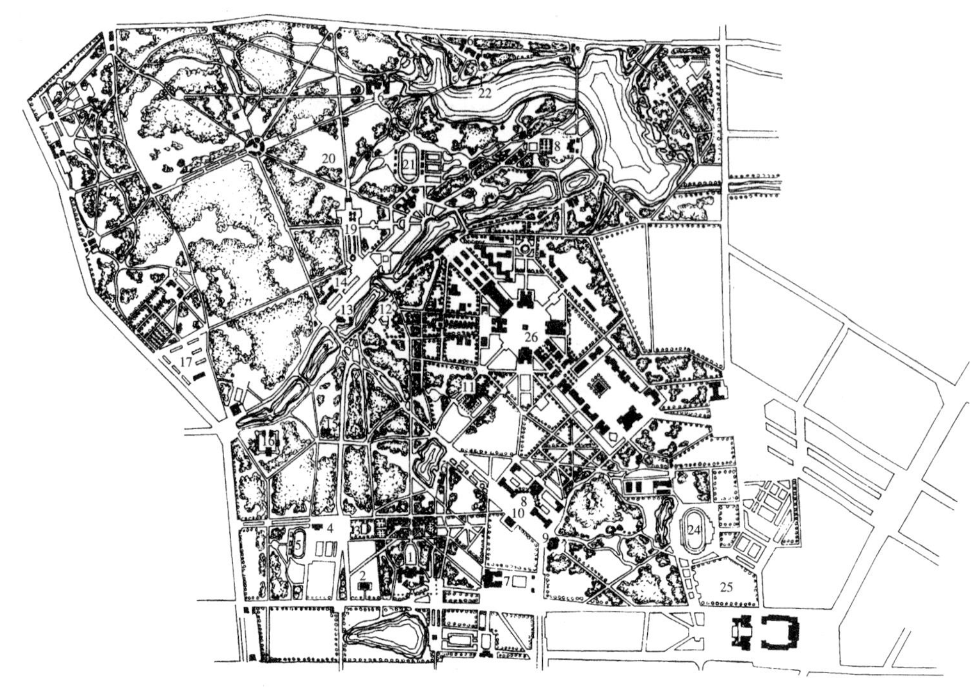

图 6–4　莫斯科捷尔任斯基公园平面图

1– 奥斯坦琴斯基博物馆；2– 公园管理处；3– 夏季歌舞剧院；4– 体育馆；5– 儿童运动场；6– 饭馆；7– 服务处；8– 文化馆；9– 马戏院；10– 咖啡馆；11– 绿化剧场；12– 陈列馆；13–“奥斯伏特”协会馆；14– 餐厅；15– 儿童馆；16– 休息室 17– 杂院；18– 温室；19– 游艺场；20– 红十字会展览处；21– 运动场；22– 码头；23– 观光者留息所；24– 区运动场；25– 打靶场；26– 全苏农业展览会会址

在中国，1840 年鸦片战争以后，西方殖民者为了满足自己的游憩需要，在租界兴建了一批公园，其中最早的一个是 1868 年在上海公共租界建成开放的外滩公园（当时原名 Public Garden 及 Bund Garden，清朝人译作“公花园”），全园面积 $2.03hm^2$（图 6–5）。类似兴建的租界公园还有：上海的虹口公园（今鲁迅公园，1902 年）、法国公园（今复兴公园，1908 年）和天津的法国公园（今中心公园，建于 1917 年）等。

1911 年辛亥革命以后，全国各地出现了一批新的城市公园：北京在 1912 年将先

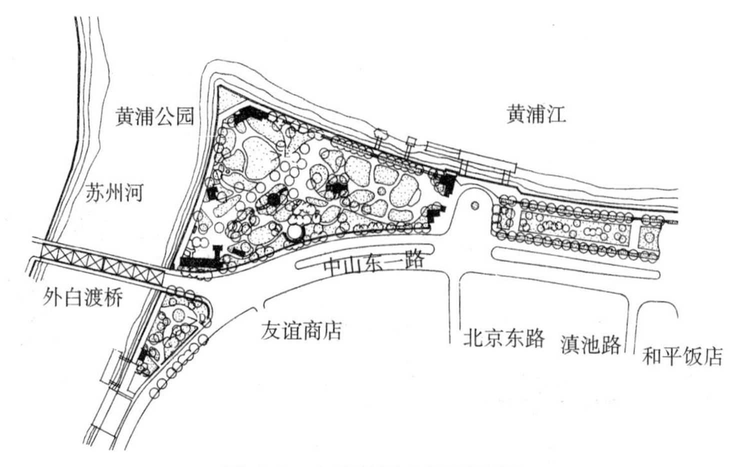

图 6–5　上海外滩公园平面图

农坛开放辟作城南公园，1924 年将颐和园开放为城市公园；南京在 1928 年设公园管理处，先后开辟了秦淮小公园、莫愁湖公园（图 6-6）、五洲公园（今玄武湖公园）（图 6-7）等；广州在 1918 年始建中央公园（今人民公园，6.2hm^2）和黄花岗公园，以后又陆续兴建了越秀公园（10hm^2）（图 6-8）、动物公园（3.7hm^2）、白云山公园（13.4hm^2）等；长沙在 1925 年于市南城垣最高处印天心间故址开辟天心公园。

二、城市公园的分类系统

由于国情不同，世界各国对公园绿地没有形成统一的分类系统，其中比较主要的有以下几个分类。

（一）美国

美国城市公园系统主要包括：①儿童游戏场（Children's Playground）；②街坊运动公园（Neighborhood Playground Parks，or Neighborhood Recreation Parks）；③教育娱乐公园（Educational-Recreational Areas）；④运动公园（Sports Parks）；⑤风景眺望公园（Scenic

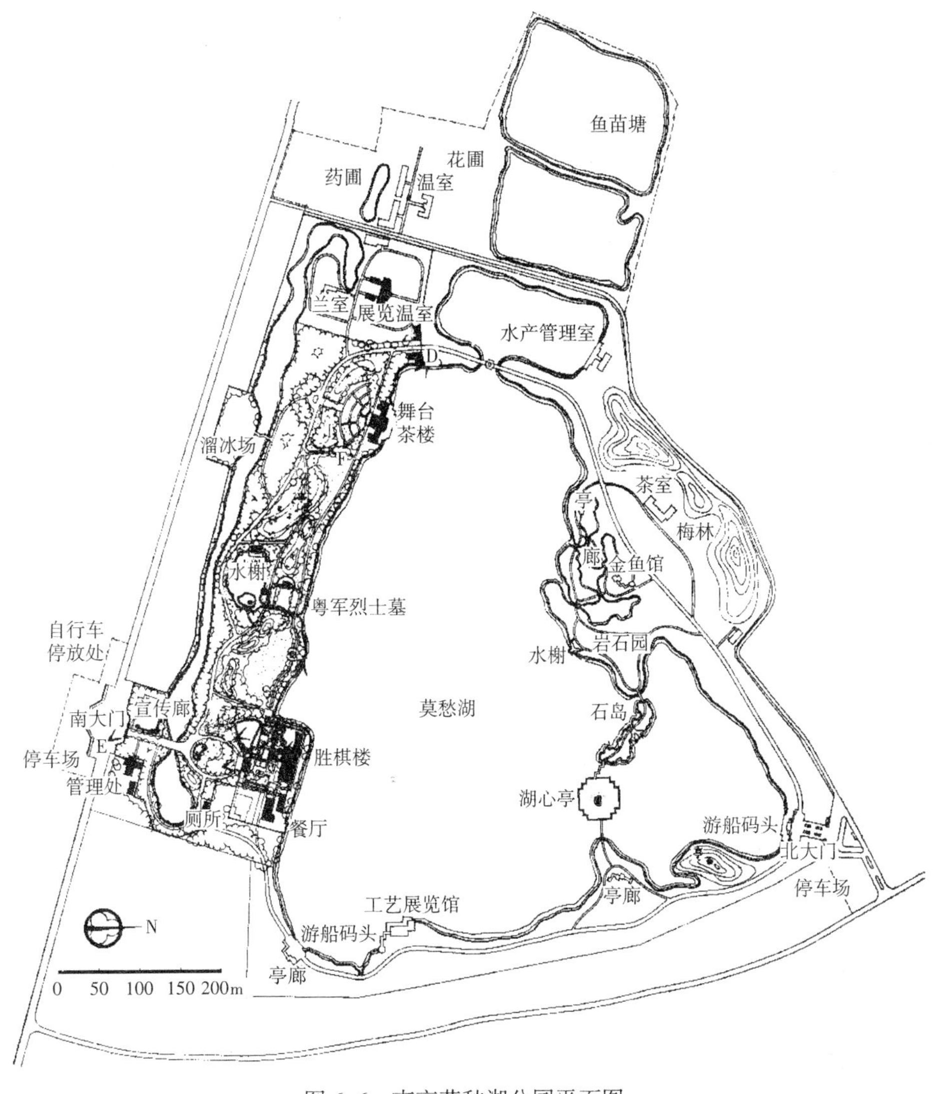

图 6-6　南京莫愁湖公园平面图

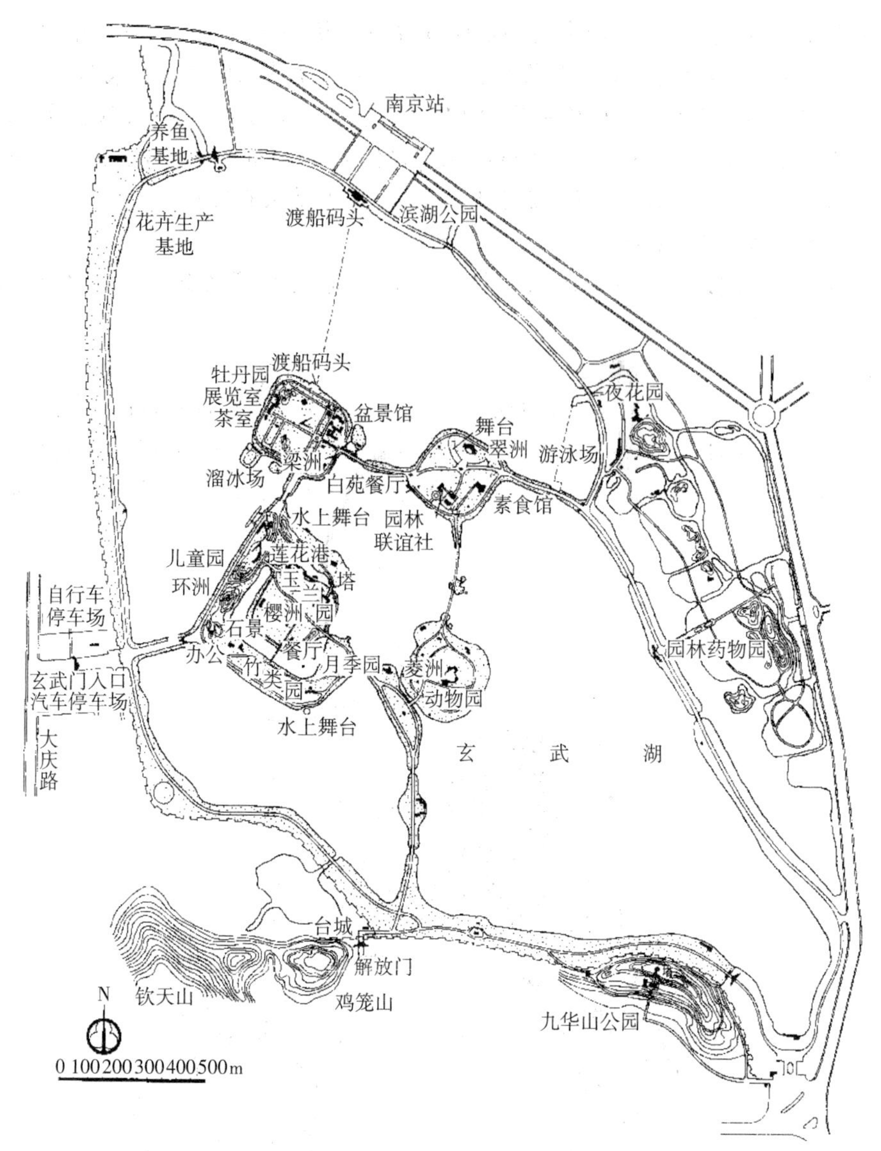

图 6-7　南京玄武湖公园平面图

Outlook Parks）；⑥水滨公园（Waterfront Landscaped Rest，Scenic Parks）；⑦综合公园（Large Landscaped Recreation Parks）；⑧近邻公园（Neighborhood Parks）；⑨市区小公园（Downtown Squares）；⑩广场（Ovals，Triangles and Other Odds and Ends Properties）；⑪林荫路与花园路（Boule Roads and Park Ways）；⑫保留地（Reservations）。

（二）苏联

苏联城市公园系统主要包括：①全市性和区域性的文化休息公园；②儿童公园；③体育公园；④城市花园；⑤动物园和植物园；⑥森林公园；⑦郊区公园。

（三）日本

日本城市公园系统主要包括：住区基干公园、城市基干公园、广城公园、特殊公园，见表 6-1。

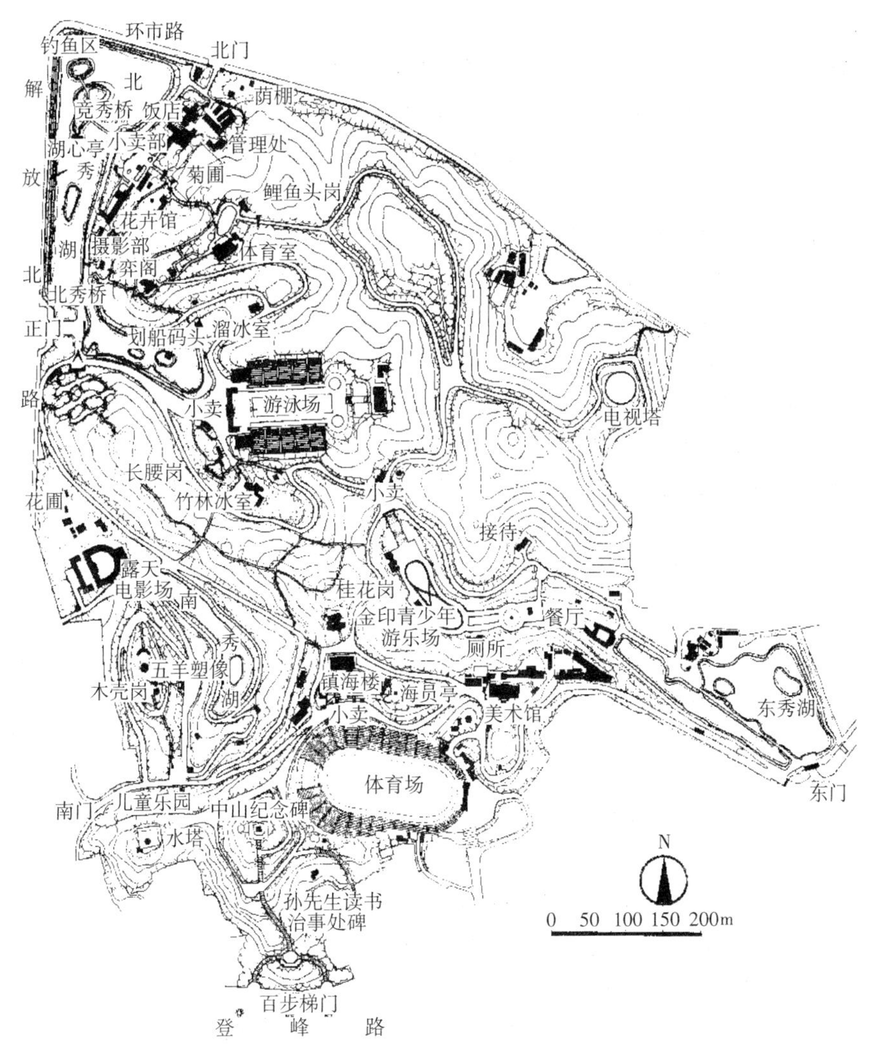

图 6-8 广州越秀公园平面图

日本城市公园系统 表 6-1

都市公园	住区基干公园	儿童公园（街区公园）
		近邻公园
		地区公园
	城市基干公园	综合公园
		运动公园
	广城公园	
	特殊公园	风景公园
		植物园
		动物园
		历史名园

（四）中国

我国的城市公园系统主要是指公园绿地，按主要功能和内容，将其分为综合公园（全市性公园、区域性公园）、社区公园（居住区公园、小区游园）、专类公园（儿童公园、动物园、植物园、历史名园、风景名胜公园、游乐公园、其他专类公园）、带状公园和街旁绿地。

三、公园绿地的规划设计原则

公园绿地是城市绿地系统的重要组成部分，其规划设计要综合体现实用性、生态性、艺术性、经济性，并遵循以下原则。

（一）满足功能，合理分区

公园绿地的规划布局首先要满足功能要求。公园绿地有多种功能，除调节温度、净化空气、美化景观、供人观赏外，还可使城市居民通过游憩活动和接近大自然，达到消除疲劳、调节精神、增添活力、陶冶情操的目的。不同类型的公园绿地有不同的功能和不同的内容，所以分区也随之不同。功能分区还要善于结合用地条件和周围环境，把建筑、道路、水体、植物等综合起来组成空间。

（二）园以景胜，巧于组景

公园绿地以景取胜，由景点和景区构成。景观特色和组景是公园绿地规划布局之本，即所谓"园以景胜"。组景应注重意境的创造，处理好自然与人工的关系，充分利用山石、水体、植物、动物、天象，塑造自然景色，并把人工设施和雕琢痕迹融于自然景色之中。

（三）因地制宜，注重选址

公园绿地规划布局应该因地制宜，充分发挥原有地形和植被优势，结合自然，塑造自然。为了使公园绿地的造景具备地形、植被和古迹等优越条件，公园绿地选址则具有重要意义，务必在城市绿地系统规划中予以落实。

（四）组织游赏，路成系统

园路的功能主要是作为导游观赏之用，其次才是供管理运输和人流集散。因此，绝大多数的园路都是联系公园绿地各景区、景点的导游线、观赏线、动观线，所以必须注意景观设计，如园路的对景、框景、左右视觉空间变化，以及园路线型、竖向高低给人的心理感受等。

（五）突出主题，创造特色

公园绿地规划布局应注意突出主题，使各具特色。主题和特色除与公园绿地类型有关外，还与园址自然环境和人文环境（如名胜古迹）有密切联系。公园绿地的主题因园而异，为了突出公园绿地主题，创造特色，必须有相适应的规划结构形式。

第二节　综合公园

一、综合公园概述

（一）综合公园的概念与特征

综合公园是在市、区范围内为城市居民提供良好游憩休息、文化娱乐活动的综合性、多功能、自然化的大型绿地，其用地规模一般较大，园内设施丰富完备，适合城市居民进行一日之内的游赏活动。综合公园作为城市主要的公共开放空间，是城市绿地系统的重要组成部分，对于城市景观环境塑造、城市生态环境调节、居民社会生活起着极为重要的作用。

按照服务对象和管理体系的不同，综合公园分为全市性公园和区域性公园。

1. 全市性公园——为全市居民服务，交通条件便利。它是全市公园绿地中，用地面积最大、活动内容和设施最完善的绿地。全市性公园的服务半径与设置数量尚无统一标准，各大中小城市根据城市发展需要进行规划设置。

2. 区域性公园——服务对象是市区一定区域内的城市居民。用地面积按该区域居民的人数而定，一般为 $10hm^2$ 左右，步行可达性较高，且公共交通便利。园内有较丰富的内容和设施。市区各区域可根据需要进行设置。

（二）综合公园的功能

综合公园除具有绿地的一般作用外，对丰富城市居民的文化娱乐生活方面负担着更为重要的任务：

1. 游乐休憩方面——为增强人民的身心健康，设置游览、娱乐、休息的设施，要全面地考虑各种年龄、性别、职业、爱好、习惯等的不同要求，尽可能使来到综合公园的市民能各得其所；

2. 文化节庆方面——举办节日游园活动，国际友好活动，为少年儿童的组织活动提供场所；

3. 科普教育方面——宣传政策法令，介绍时事新闻，展示科学技术的新成就，普及自然人文知识。

（三）综合公园的面积与位置

1. 面积：综合公园一般包括有较多的活动内容和设施，故用地需要有较大的面积，一般不少于 $10hm^2$。综合公园的面积还应与城市规模、性质、用地条件、气候、绿化状况及公园在城市中的位置与作用等因素全面考虑来确定。

2. 位置：综合公园在城市中的位置，应在城市绿地系统规划中确定。在选址时应考虑：

（1）综合公园应选择交通条件便利的区位，并与城市主要道路有密切的联系。

（2）利用不宜于工程建设及农业生产的复杂破碎的地形，起伏变化较大的坡地。充分利用地形，避免大动土方，既应节约城市用地和建园的投资，又有利于丰富园景。

（3）可选择在具有水面及河湖沿岸景色优美的地段，充分发挥水面的作用，有利于改善城市小气候，增加公园的景色，开展各项水上活动，还有利于地面排水。

（4）可选择在现有树木较多和有古树的地段。在森林、丛林、花圃等原有种植的基础上加以改造、建设公园，投资省、见效快。

（5）可选择在原有绿地的地方。将现有的公园建筑、名胜古迹、革命遗址、纪念人物事迹和历史传说的地方，加以扩充和改建，补充活动内容和设施。在这类地段建园，可丰富公园的内容，有利于保存文化遗产，起到爱国及民族传统教育的作用。

（6）公园用地应考虑将来有发展的余地。随着城市的发展和人民生活水平的不断提高，对综合公园的要求会增加，故应保留适当发展的备用地。

（四）综合公园设置的内容

1. 综合公园设施设置

（1）观赏游览——植物、动物、山石、水体、名胜古迹、码头、景观建筑、盆景、雕塑等；

（2）安静活动——品茗、垂钓、弈棋、划船、锻炼等；

（3）儿童活动——植物迷宫、游乐器械、科普展示馆、园艺场等；

（4）文体活动——溜冰场、篮球场、露天剧场、放映厅、游艺室、俱乐部等；

（5）科普文化——展览室、阅览室、科技活动室、小型动物园、小型植物园等；

（6）服务设施——餐厅、咖啡厅、茶室、小卖部、饮水点、公用电话亭、问讯处、物品寄存处、售票处、自行车租赁点等；

（7）公用设施——停车场、厕所、指示牌、园椅、灯具、废物箱等；

（8）园务管理——管理办公室、治安亭、垃圾站、苗圃、变电室或配电间、泵房、仓库等。

综合公园内的游憩设施如果只以某一项内容为主，则成为专业公园，例如以儿童活动内容为主，则为儿童公园；以展览动物为主，则为动物园；以植物科普为主，则为植物园；以特定主题观赏为主，亦可成为雕塑园、盆景园等。

2. 综合公园内容设置的影响因素

（1）市民的习惯爱好。综合公园内可考虑按市民所喜爱的活动、风俗、生活习惯等地方特点来设置项目内容。

（2）综合公园在城市中的区位。在整个城市的规划布局中，由城市绿地系统规划确定综合公园的设置，位置处于城市中心地区的综合公园，一般游人较多，人流量大，要考虑他们的多样活动要求。在城市边缘地区的综合公园创建贴近自然的游憩环境，更多地考虑安静观赏的要求。

（3）综合公园附近的城市文化娱乐设置情况。附近已有的大型文娱设施，园内就不一定重复设置。例如，附近有剧场、音乐厅则园内就可不再设置这些项目。

（4）综合公园面积的大小。大面积的公园设置的项目多、规模大，游人在园内的时间一般较长，对服务设施有更多的要求。

（5）综合公园的自然条件情况。例如，有山石、岩洞、水体、古树、树林、竹林、花草地、起伏的地形等，可因地制宜地设置活动项目。

二、综合公园规划设计

综合公园是公园绿地中内容最为完善的一种形式，其规划设计内容和方法也运用于一般的公园绿地中。

（一）出入口

综合公园出入口的位置选择与详细设计对于公园的设计成功具有重要的作用，它的影响与作用体现在以下几个方面：公园的可达性程度、园内活动设施的分布结构、人流的安全疏散、城市道路景观的塑造、游人对公园的第一印象等。出入口的规划设计是公园设计成功与否的重要一环。

1. 位置与分类

出入口位置的确定应综合考虑游人能否方便地进出公园，周边城市公交站点的分布，周边城市用地的类型，是否能与周边景观环境协调，避免对过境交通的干扰以及协调将来公园的空间结构布局等。出入口包括主要出入口、次要出入口、专用出入口三种类型，每种类型的数量与具体位置应根据公园的规模、游人的容量、活动设施的设置、城市交通状况安排，一般主要出入口设置一个，次要出入口设置一个或多个，专用出入口设置一到两个。

主要出入口应与城市主要交通干道、游人主要来源方位以及公园用地的自然条件等诸因素协调后确定。主要出入口应设在城市主要道路和有公共交通的地方，同时要使出入口有足够的人流集散用地，与园内道路联系方便，城市居民可方便快捷地到达公园内。

次要出入口是辅助性的，主要为附近居民或城市次要干道的人流服务，以免公园周围居民需要绕大圈子才能入园，同时也为主要出入口分担人流量。次要出入口一般设在公园内有大量集中人流集散的设施附近，如园内的表演厅、露天剧场、展览馆等场所附近。

专用出入口是根据公园管理工作的需要而设置的，为方便管理和生产及不妨碍园景的需要，多选择在公园管理区附近或较偏僻、不易为人所发现处，专用出入口不供游人使用。

2. 出入口的规划设计

公园出入口设计要充分考虑到它对城市街景的美化作用以及对公园景观的影响，出入口作为给游人第一印象之处，其平面布局、空间形态、整体风格应根据公园的性质和内容来具体确定。

公园出入口所包括的建筑物、构筑物有：公园内、外集散广场，公园大门、停车场、存车处、售票处、收票处、小卖部、问讯处、公用电话、寄存处、导游牌等。园门外广场面积大小和形状，要与下列因素相适应：公园的规模、游人量，园门外道路等级、宽度、形式，是否存在道路交叉口，临近建筑及街道里面的情况等，根据出入口的景观要求及服务功能要求、用地面积大小，可以设置水池、花坛、雕像、山石等景观小品。

（二）综合布局

综合公园的布局要有机地组织不同的景区，使各景区间有联系而又有各自的特色，全园既有景色的变化又有统一的艺术风格。对公园的景色，要考虑其观赏的方式，何处是以停留静观为主，何处是以游览动观为主，静观要考虑观赏点、观赏视线。往往观赏与被观赏是相互的，既是观赏风景的点，也是被观赏的点。动观要考虑观赏位置的移动要求，从不同的距离、高度、角度、天气、早晚、季节等因素可观赏到不同的景色。公园景色的观赏要组织导游路线，引导游人按观赏程序游览。景色的变化要结合导游线来布置，使游人在游览观赏的时候，产生一幅幅有节奏的连续风景画面。导游线常用道路广场、建筑空间和山水植物的景色来吸引游人，按设计的艺术境界，循序游览，可增强造景艺术效果的感染力。例如，要引导游人进入一个开阔的景区时，先使游人经过一个狭窄的地带，使游人从对比中，更加强化这种艺术境界的效果。导游线应该按游人兴致曲线的高低起伏来组织。由公园入口起，即应设有较好的景色，吸引游人入园。导游线的组织是公园艺术布局的重要设计内容。

综合公园的景色布点与活动设施的布置，要有机地组织起来，在园中要有构图中心。在平面布局上起游览高潮作用的主景，常为平面构图中心。在立体轮廓上起观赏视线焦点作用的制高点，常为立面构图中心。平面构图中心、立面构图中心可以分为两处。如杭州的花港观鱼，以金鱼池为平面构图中心，以较高的牡丹亭为立面构图中心。也可以就是一处，如北京的景山公园，以山上五亭组成的景点，是景山公园的平面构图中心，也是立面构图中心。

平面构图中心的位置，一般设在适中的地段，较常见的是由建筑物、中心场地、雕塑、岛屿、“园中园”及突出的景点组成。上海虹口公园以鲁迅墓作为平面构图中心。在全园可有一、两个平面构图中心（图 6–9）。当公园的面积较大时，各景区可有次一级的平面构图中心，以衬托补充全园的构图中心。两者之间既有呼应与联系，又有主从的区别。

立面构图中心较常见的是由雄峙的建筑和雕塑，耸立的山石，高大的古树及标高较高的景点组成。如颐和园以佛香阁为立面构图中心。立面构图中心是公园立体轮廓

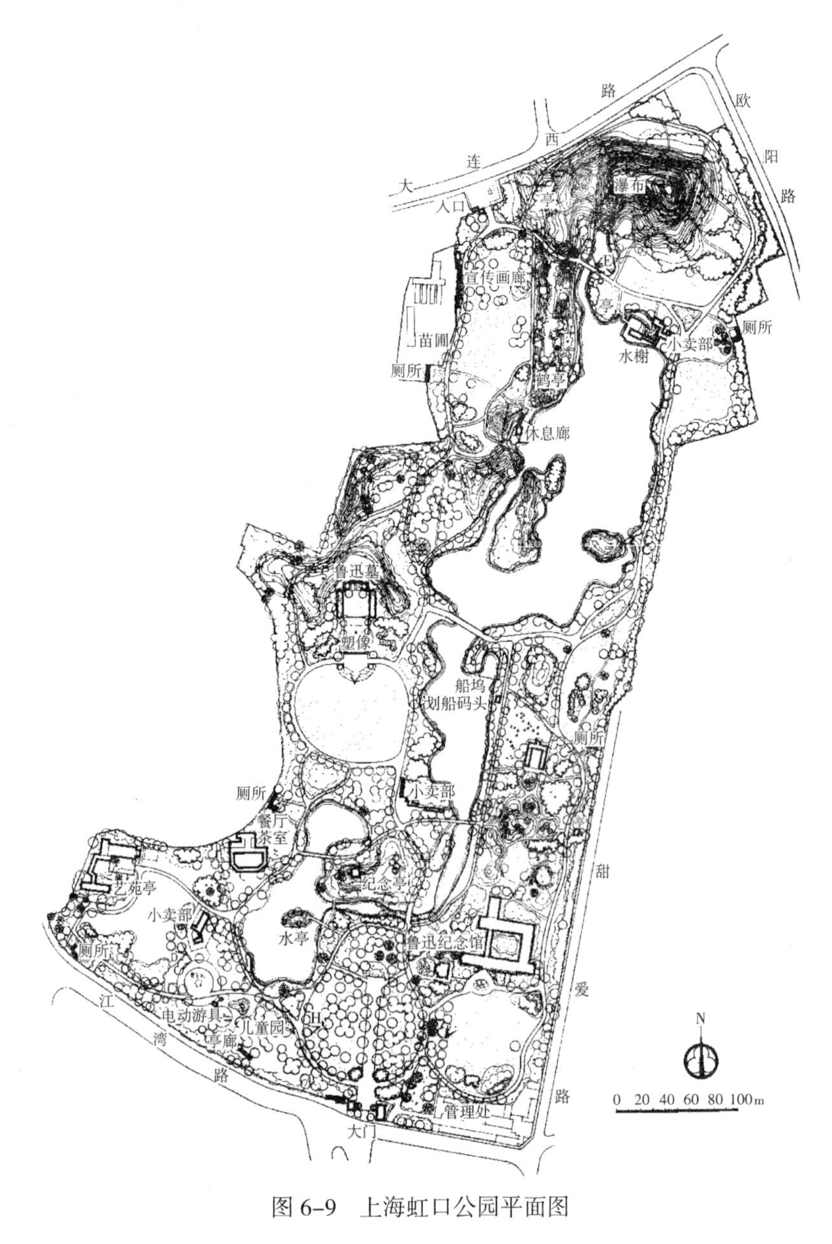

图 6–9　上海虹口公园平面图

的主要组成部分，对公园内外的景观都有很大的影响，是公园内观赏视线的焦点，是公园外观的主要标志。如北京的白塔是北海公园的特征，镇江北固公园耸立的峰峦形成的主体轮廓。

公园立体轮廓是由地形、建筑、树木、山石、水体等的高低起伏而形成的。常是远距离观赏的对象及其他景物的远景。在地形起伏变化的公园里，立体轮廓必须结合地形设计，填高挖低，造成有节奏、有韵律感的、层次丰富的立体轮廓。

在地形平坦的公园中，可利用建筑物的高低、树木树冠线的变化构成立体轮廓。公园中常利用园林植物的体形及色彩的变化种植成树林，形成在平面构图中具有曲折变化的、层次丰富的林缘线，在立面构图中，具有高低起伏、色彩多样的林冠线，增加公园立体轮廓的艺术效果。造园时也常以人工挖湖堆山，造成具有层次变化的立体轮廓。如上海的长风公园铁臂山，是以挖银锄湖的土方堆山，主峰最高达 30m，并以大小高低不同的起伏山峦构成了公园的立体轮廓。公园里以地形的变化形成的立体轮廓比以建筑、树木等形成的立体轮廓其形象效果更易显著。但为了使游人活动有足够的平坦用地，起伏的地段或山地不宜过多，应适当集中（图 6-10）。

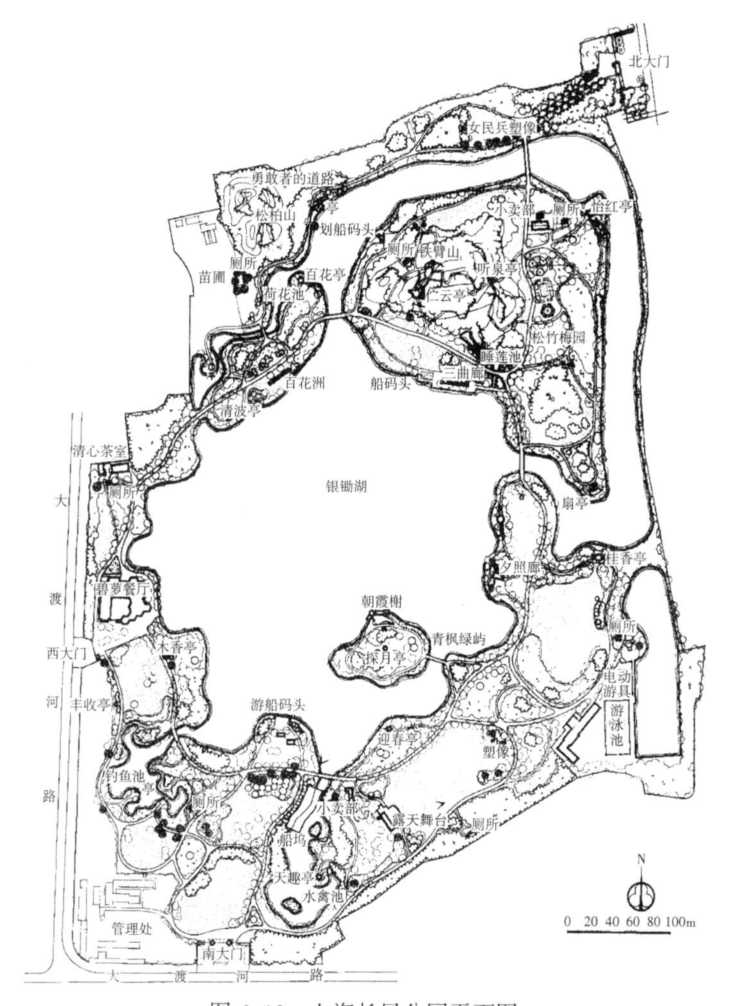

图 6-10　上海长风公园平面图

综合公园规划布局的形式有规则的、自然的与混合的三种：

规则的布局强调轴线对称，多用几何形体，比较整齐，有庄严、雄伟、开朗的感觉。当公园设置的内容需要形成这种效果，并且有规则地形或平坦地形的条件，适于用这种布局的方式，如北京中山公园（图 6-11）。

自然的布局是完全结合自然地形、原有建筑、树木等现状的环境条件或按美观与功能的需要灵活地布置，可有主体和重点，但无一定的几何规律。有自由、活泼的感觉，在地形复杂、有较多不规则的现状条件的情况下采用自然式比较适合，可形成富有变化的风景视线。如上海长风公园、南京白鹭洲公园（图 6-12）。

混合的布局是部分地段为规则式，部分地段为自然式，在用地面积较大的公园内常采用，可按不同地段的情况分别处理。例如，在主要出入口处及主要的园林建筑地段采用规则的布局，安静游览区则采用自然的布局，以取得不同的园景效果，如上海复兴公园（图 6-13）。

（三）功能分区

功能分区的设计方法是从空间上安排综合公园的规划内容，尤其是面对用地面积较大、活动内容复杂多样的综合公园，通过功能分区可以使各种活动互不干扰，使用方便。不同类型的公园有不同的功能和内容，所以分区也随之不同，一般包括安静游览区、休闲娱乐区、儿童活动区、园务管理区等。

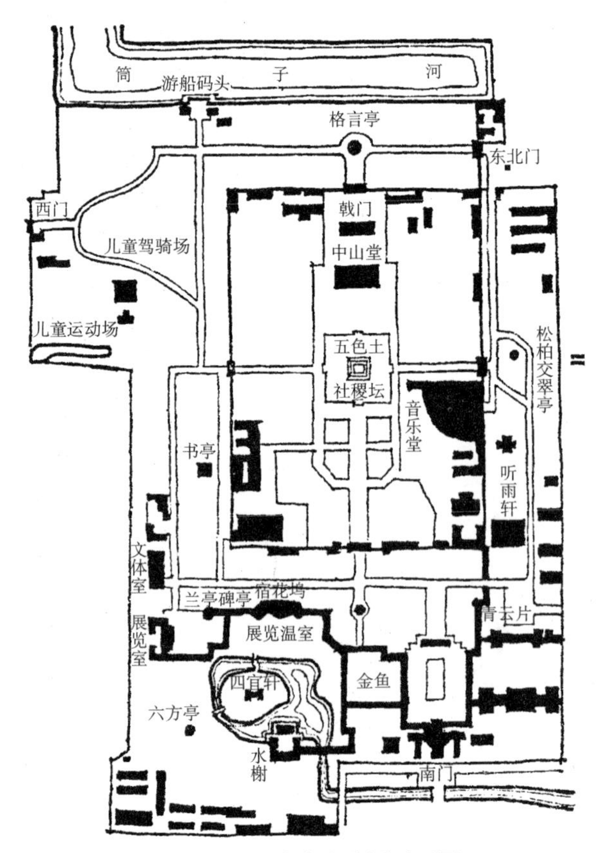

图 6-11　北京中山公园平面图

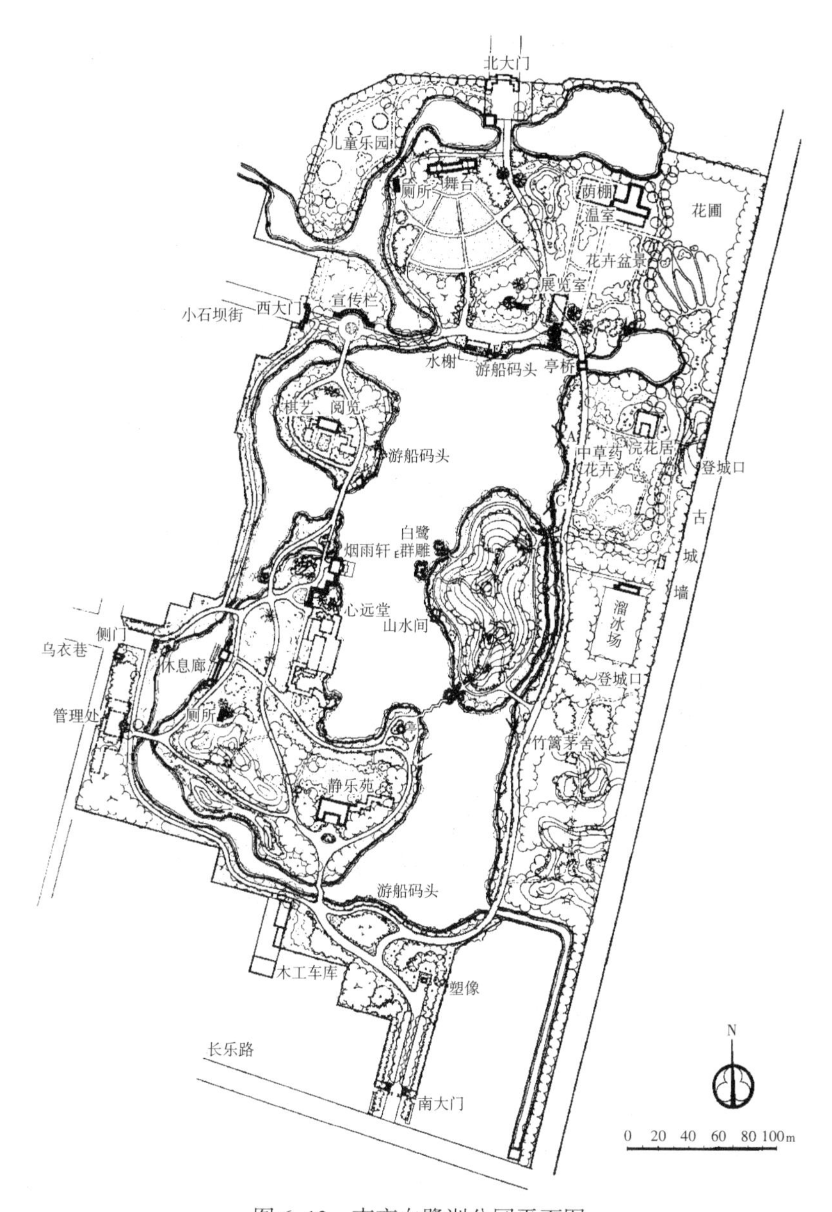

图 6-12　南京白鹭洲公园平面图

1. 安静游览区

安静游览区主要是作为游览、观赏、休息、陈列之用，一般游人较多，但要求游人的密度较小，故需大片的绿化林地。安静游览区内每个游人所占的用地定额较大，建议在 100m²/ 人，故在公园内占的面积比例亦大，是公园的重要部分。安静活动的设施应与喧闹的活动隔离，以防止活动时受声响的干扰，又因这里无大量的集中人流，故离主要出入口可以远些，用地应选择在原有树木最多、地形变化最复杂、景色最优美的地方。

2. 休闲娱乐区

休闲娱乐区是进行较热闹的、有喧哗声响、人流集中的休闲娱乐活动区。其设施

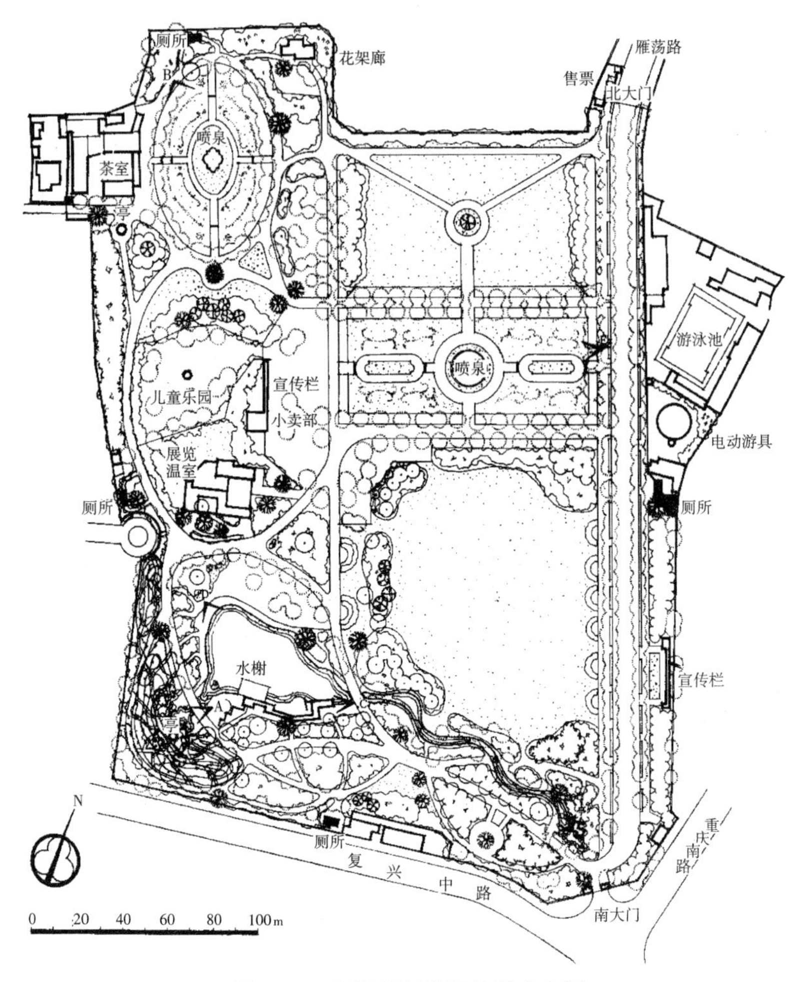

图 6-13　上海复兴公园的混合布局

有：游乐园、运动场地、露天剧场、舞池、溜冰场、展厅、动植物园地、科技活动室等。园内一些主要建筑往往设置在这里，成为全园布局的重点。

布置时也要注意避免区内各项活动之间的相互干扰，故要使有干扰的活动项目相互之间保持一定的距离，并利用树木、建筑、山石等加以隔离。公众性的娱乐项目常常人流量较多，而且集散的时间集中，所以要妥善地组织交通，需接近公园出入口或与出入口有方便的联系，以避免不必要的园内拥挤，建议用地达到 30 m^2/ 人。区内游人密度大，要考虑设置足够的道路广场和生活服务设施。因全园的重要建筑往往较多地设在这区，故要有必需的平地及可利用的自然地形。例如，适当的坡地且环境较好，可利用来设置露天剧场，较大的水面设置水上娱乐活动等。

3. 儿童活动区

儿童活动区规模按公园用地面积的大小、公园的位置、少年儿童的游人量、公园用地的地形条件与现状条件来确定。

公园中的少年儿童常占游人量的 15%~30%，但这个百分比与公园在城市中的位置关系较大，在居住区附近的公园，少年儿童人数比重大，离大片居住区较远的公园比重小。

在区内可设置学龄前儿童及学龄儿童的游戏场、戏水池、障碍游戏区、儿童运动场、阅览室、科技馆、种植园地等。建议用地 50m²/ 人，并按用地面积的大小确定设置内容的多少。规模大的与儿童公园类似，规模小的只设游戏场地。游戏设施的布置要活泼、自然，最好能与自然环境结合。不同年龄的少年儿童，如学龄前儿童与学龄儿童要分开活动，或根据儿童的年龄，一般以 1.25m 左右为限划分活动的区域。本区需接近出入口，并与其他用地有分隔。有些儿童由成人携带，还要考虑成人的休息和成人照看儿童时的需要。需设置盥洗、厕所、小卖等服务设施。

4. 服务设施

服务设施类的项目内容在公园内的布置，受公园用地面积、规模大小、游人数量与游人分布情况的影响较大。在较大的公园里，可设有 1~2 个服务中心区，另再设服务点。服务中心区是为全园游人服务的，应按导游线的安排结合公园活动项目的分布，设在游人集中较多、停留时间较长、地点适中的地方。设施可有：饮食、休息、电话、问询、寄存、租借和购物等项。服务点是为园内局部地区的游人服务的，并且还需根据各区活动项目的需要设置服务的设施，如钓鱼活动的地方需设租借渔具、购买鱼饵的服务设施。

5. 园务管理区

园务管理区是为公园经营管理的需要而设置的内部专用地区，可设置办公、值班、广播室、配电房、泵房、工具间、仓库、堆物杂院、车库、苗圃等。按功能使用情况，区内可分为：管理办公部分，仓库工场部分，花圃苗木部分，生活服务部分等。园务管理区要设置在既便于执行公园的管理工作，又便于与城市联系的地方，四周要与游人有隔离，对园内园外均要有专用的出入口，不应与游人混杂。到区内要有车道相通，以便于运输和消防。本区要隐蔽，不要暴露在风景游览的主要视线上。为了对公园种植的管理方便，面积较大的公园里，在园务管理区外还可分设一些分散的工具房、工作室，以便提高管理工作的效率。

（四）公园建筑

建筑是综合公园的组成要素，在功能和观赏方面都存在着程度不同的要求，虽占用地的比例很小（一般约 2%~8%），但在公园的布局和组景中却起控制和点景作用，即使以植物造景为主的点景中，也有画龙点睛的效果，在选址和造型时，务必慎重推敲。

公园建筑类型繁多，从功能和观赏出发，既有展览馆、陈列室、阅览室等文化展示类建筑；也有游艺室、棋牌室、露天剧场、游船码头等文娱体育类建筑；以及餐厅、茶室、小卖部、厕所等服务性建筑；还有亭、廊、榭等景观型建筑和办公管理类建筑。

公园建筑造型，包括体量、空间组合、形式细部等，不能仅就建筑自身考虑，还必须与环境融洽，注重景观功能的综合效果。一般体量要轻巧，不宜太大太重，空间要相互渗透。一般遇功能较复杂、体量较大的建筑，要化整为散，组成庭院式的建筑，可取得功能景观两相宜的效果（图 6–14）。公园建筑形式尽管依其屋顶、平面、功能、结构而分，类型极其繁多，个性比较突出，但就其设计的一般要求而言，仍有共性，即，既要适应功能要求，又要简洁活泼、空透轻巧、明快自然，并需服从于公园的总体风格。

图 6-14　南京莫愁湖公园胜棋楼西面外景，亭廊组合有韵律感，平岸烟柳疏植，园林意境浓郁

亭、廊、棚等是综合公园中常见的景观型建筑。它既是风景的观赏点，同时又是被观的景点，通常居于有良好风景视线和导游线的位置上，加之亭、廊、榭各自特有的功能和造型、色彩等（图 6-15），往往比一般山水、植物更引人注目，往往成为艺术构图的中心。

公园中除了各种有一定体量和功能要求的建筑之外，还有多种小品设施，如跨越水间的桥、汀步，供人坐息的椅凳，防护分隔的栏杆、围墙，上下联系的台阶、指示牌等。除了它们自身的使用功能外，也都是美化和装点景色的景观设施。在造型、材料、色彩等方面都需要精心设计，既应与周围环境相协调，也要为公园添景增色。

（五）绿化配置

综合公园是城市中的绿洲。植物分布于园内各个部分，占地面积最多，是构成综合公园的基础材料。

综合公园植物品种繁多，观赏特性也各有不同，有观姿、观花、观果、观叶、观干等区别，要充分发挥植物的自然特性，以其形、色、香作为造景的素材，以孤植、列植、丛植、群植、林植作为配置的基本手法，从平面和竖向上组合成丰富多彩的植物群落景观（图 6-16）。

植物配置要与山水、建筑、园路等自然环境和人工环境相协调，要服从于功能要求、组景主题，注意气温、土壤、日照、水分等条件适地适种。如广州流花湖公园北大门

图 6-15　上海长风公园内清波亭的立面图

图 6-16　杭州花港观鱼，高处种植黑松，低处覆以草皮，形成山林旷野景观

以大王椰为主的大型花坛、棕榈草地，活动区的榕树林，长堤的蒲葵、糖棕林带，显示出亚热带公园的特有风光。南京玄武湖公园广阔的水面、湖堤，栽植大片荷花和垂柳，与周围的山水城墙取得协调。

植物配置要把握基调，注意细部。要处理好统一与变化的关系，空间开敞与郁闭的关系，功能与景观的关系。如杭州花港观鱼以常绿观花乔木广玉兰为基调，统一全园景色；而在各景区中又有反映特点的主调树种，如金鱼园以海棠为主调，牡丹园以牡丹为主调、槭树为配调，大草坪以樱花为主调等，取得了很好的景观变化效果。

图 6-17　广州流花湖公园棕林

植物配置要选择乡土树种为公园的基调树种。同一城市的不同公园可视公园性质选择不同的乡土树种。这样植物成活率高，既经济又有地方的特色，如湛江海滨公园的椰林、广州晓港公园的竹林、长沙橘洲公园的橘林、武汉解放公园的池杉林、上海复兴公园的悬铃木，都取得了基调鲜明的较好效果。

植物配置要利用现状树木，特别是古树名木。例如，汕头中山公园、广州流花湖公园保护利用了榕树、棕树，反映了南国风光（图 6-17）。

植物配置要重视景观的季相变化。如杭州花港观鱼春夏秋冬四季景观变化鲜明，春有牡丹、迎春、樱花、桃李；夏有荷花、广玉兰；秋有桂花、槭树；冬有腊梅、雪松。在牡丹园中，还应用了我国传统的“梅边之石宜古，松下之石宜拙，竹旁之石宜瘦”的造园手法。

（六）游线设置

综合公园的园路功能主要是作为导游观赏之用，其次才是供管理运输和人流集散。因此，绝大多数的园路都是联系公园各景区、景点的导游线、观赏线、动观线（图 6-18），所以必须注意景观设计，如园路的对景、框景、左右视觉空间变化，以及园路线型、竖向高低给人的心理感受等。如杭州花港观鱼，从苏堤大门入园，左右草花呼应，对景为雪松树丛，树回路转，是视野开阔的大草坪。路引前行，便是曲桥观鱼佳处，穿过红鱼池，乃是仿效中国画意的牡丹园（图 6-19），西行便是自然曲折、分外幽深的新花港区。游人在这一系列景观、空间的变化中，在视觉上构成了一幅中国山水花鸟画长卷，在心理有亲切—开畅—欢乐—娴静的感受。

园路除供导游之外，尚需满足绿化养护、货物燃料、苗木饲料等运输及办公业务的要求。其中多数均可与导游路线结合布置，但属生产性、办公性及严重有碍观瞻和运输性的道路，往往与园路分开，单独设置出入口。

为了使导游和管理有序，必须统筹布置园路系统，区别园路性质，确定园路分级，

图 6-18　武汉中山公园，前区湖岛以几座不同形式的桥相连，形成水上游览线

图 6-19　牡丹园吸取国画意匠，牡丹、山石与其他花木组合，配置自然，叠石悬崖，苍松盘曲，牡丹吐艳，槭树点染，构成一幅层次丰富的天然图画

一般分主园路、次园路和小径。主园路是联系分区的道路，次园路是分区内部联系景点的道路，小径是景点内的便道。主园路的基本形式通常有环形、8 字形、还有 F 形、田字形等，这是构成园路系统的骨架。景点与主园路的关系基本形式第一是串联式，它具有强制性，如长沙烈士公园主园路与烈士纪念碑的关系；第二是并联式，它具有选择性，如上海植物园植物进化区的布置；第三是放射式，它将各景点以放射型的园路联系起来。

第三节　社区公园

一、社区公园概述

（一）社区公园的概念与分类

1. 社区公园的概念

从社区公园的特征和功能来看：位于居住区，为居民提供室外休憩和交往场所的，周边居民使用率最高的公园绿地。

以某城市某居住区某组团为中心，以同心圆的形式建立各级别类型的城市公园相对于这个组团的分布模型，如图 6-20 所示。各级别公园的主要属性能够沿着中心向外围的趋势有所变化。社区公园在各级别公园中属于规模较小，数量较多，距离市民最近，使用率最高，能令居民产生社区归属感的公园绿地。

从服务范围、服务对象、主要功能、规模、心理归属感等方面具体阐述其概念，可以这样理解：为社区居民服务的，具有一定活动内容和设施，以提供室外休憩场所，增进交往为主要功能，规模在 0.4hm^2 以上，按居住等级配置的集中绿地称为社区公园。

2. 社区公园的分类

《城市居住区规划设计规范》GB 50180—93 中对居住区的人均公共绿地（即社区公园）指标有如下规定：组团级不少于 0.5m^2/ 人，可满足一个面积 500~1500m^2 以上的组团绿地的要求；居住小区级（包括组团）不少于 1m^2/ 人，可满足每小区设置一个面积 0.5~0.75hm^2 以上的小区级游园的要求；居住区级（包括组团和小区）不少于

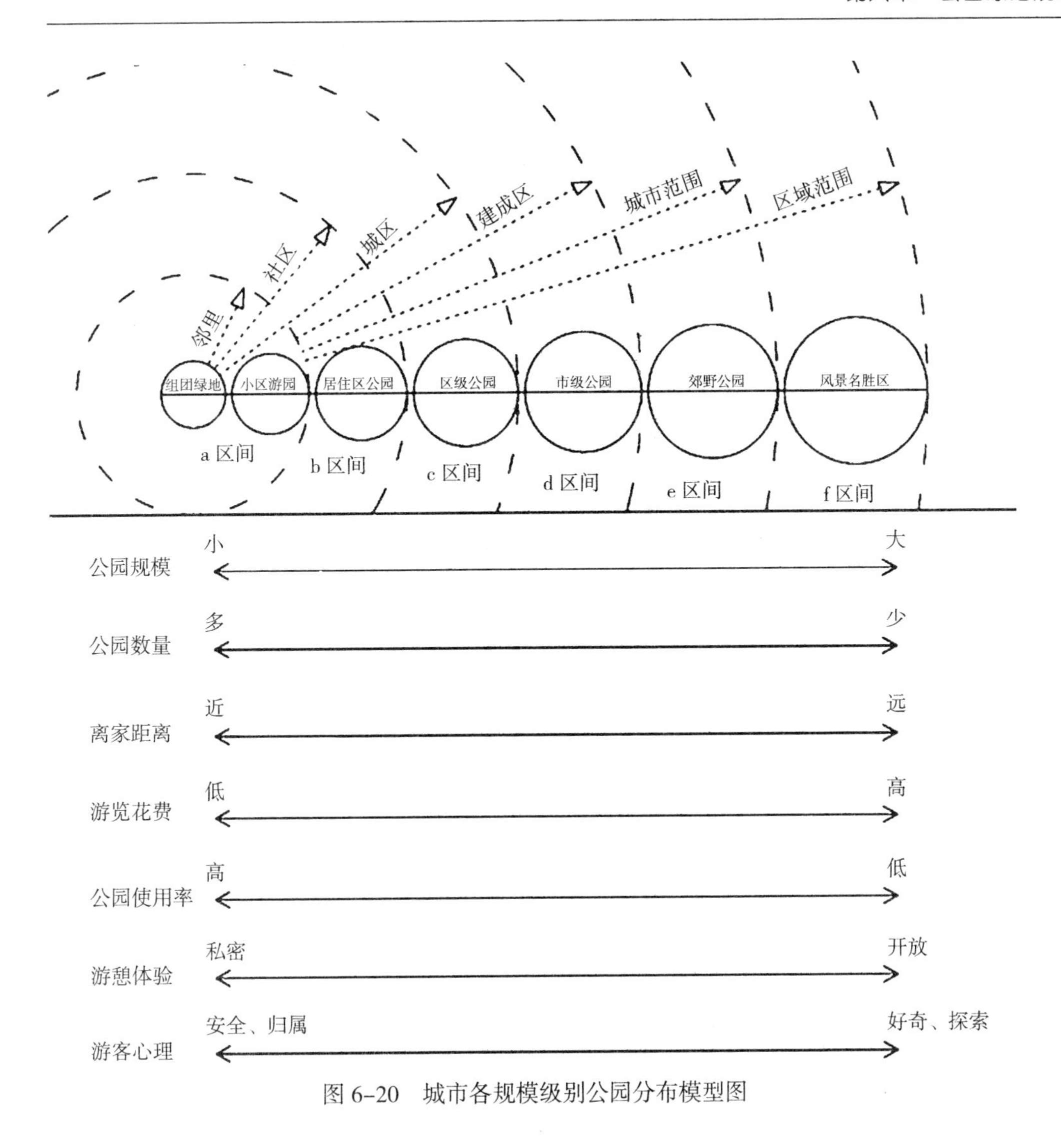

图 6–20　城市各规模级别公园分布模型图

1.5m²/ 人，可达到每居住区设置一个面积 1.5~2.5hm² 以上的居住区级公园的要求。根据我国一些城市的居住区规划建设实践，居住区级公园用地在 1hm² 以上，即可达到具有较明确的功能划分、较完善的游憩设施和容纳相应规模的出游人数的基本要求；用地 4000m² 以上的小游园，可以满足有一定的功能划分、一定的游憩活动设施和容纳相应的出游人数的基本要求。所以，居住区级公园一般规模应不小于 1hm²，小区级小游园不少于 0.4hm²。

另外，有部分区级综合公园的规模、服务对象和所处的区位都和居住区公园相似，可视为大型社区公园。而 20 世纪 90 年代以来建造的众多封闭式住宅区，其规模有大有小，其集中绿地有的相当于组团绿地的规模，有的相当于小区游园的规模，有的甚至达到了居住区公园的规模。综上所述，结合社区级别与规模的分级，把社区公园分为 4 个层次的类型，见表 6–2。

社区公园的级别层次和规模　　表 6–2

	对应于	服务的人口规模	服务半径	占地面积（hm^2）
大型社区公园	区级公园	由 1~3 个标准社区组成	—	>4
标准社区公园	居住区公园	30000~50000 人，15000 户	500~800m	>1
邻里社区公园	小区游园	7000~10000 人，2000~3000 户	200~400m	>0.4
住区集中绿地	组团绿地或小区游园	—	住区范围	—

注：标准社区公园的服务半径比《城市绿地分类标准》CJJ/T 85—2002 的上限 1000m 有所减小，邻里社区公园上下限都有所减小。

（二）社区公园的功能与特征

1. 社区公园的功能

（1）社会文化功能

提供休憩场所，增进人际交往。社区公园作为为城市居住区配套建设的公园绿地，成为分布最广、与居民联系最密切的室外绿色公共空间，为城市里的人们提供了与自然亲密接触的机会，开展室外休闲、游憩和健身活动的场所，同时也为都市的人际交往创造了轻松自然的氛围，促进了人与人之间的了解。

树立社区形象，建设社区文化。社区公园通常与社区的各种公共配套设施结合，分布于社区的重要位置，其良好的绿化环境、其中人们的各种活动和精神面貌，是展示社区形象的窗口。其承载的各种集体文化活动——戏曲演唱、乐器演奏、集体拳操、交谊舞等，不仅陶冶了人的情操，还形成了独特的社区文化。

（2）生态功能

社区公园的数量优势和分布特点使它在改善城市的生态环境，维持城市的生态平衡上具有重要的地位。此外，大量的社区公园还为鸟类、鱼类等各种小动物提供了栖息的场所，为城市生物多样化作出了贡献。

（3）防灾减灾功能

由于社区公园通常和居民区配套建设，因此当地震等灾难来临时，它成为市民们最易到达的室外开敞空间，在灾后的安置重建中也发挥重要的作用，所以社区公园必要的防灾避难设施的建设也不容忽视。

2. 社区公园的特征

（1）数量多、分布广

相对其他类型的城市公园，社区公园的规划和建设是与居住区的规划建设紧密相连的，城市居住用地的规模和分布优势决定了社区公园的数量之多，分布之广。

（2）高使用率、高可达性

与“住宅开发配套建设，合理分布”的社区公园是社区居民最“贴身”的城市绿色公共空间，比之其他类型的公园绿地，常花费最低的出游成本和时间，成为居民日常游憩的场所之一。由于位于居住区内部，没有大型交通要道的阻隔，其可达性也更为良好。

（3）服务于社区居民

社区公园区别于其他各类公园的显著性特点，就是其服务对象的地域针对性。属于为社区居民配备的必要性公园绿地。

（三）国外城市的社区公园体系

国外社区公园体系在不同的国度、不同的城市都有所差别，但一般都由游戏场所、儿童公园、运动公园和邻里公园组成，其类型、规模和服务半径各有不同，大多针对所在国家和地区的土地资源状况、住宅类型特点、社会经济体制和历史传统特点。

1. 伦敦——网络化联系的公园系统

伦敦的社区公园类似我国的居住区公园，其数量仅次于小型公园，达700多个，其面积总和占所有公园绿地的30.58%，仅次于市级公园，见表6-3。伦敦尤其注重公园绿地的公众可达性，其居住区绿地具有高度的连续性，并与街道绿地融为一体，通过绿楔、绿廊、河流等与各级公园绿地联成网络，提供了从花园到小游园，小游园到公园，公园到公园道，公园道到绿楔，绿楔到绿带的便利通道。现在其绿地空间的规划转为多功能的绿道规划，以期拓展绿地的影响和服务半径，增加与周边地区的内在联系，实行的绿色策略则以环境舒适性取代精细植栽。

伦敦公园的数量、面积和规模比例　　　　表6-3

公园类型	规模等级（hm^2）	数量（个）	比例（%）	面积（hm^2）	比例（%）
小型公园	<2	776	45.5	649.6	4.1
社区公园	2~20	746	43.5	4910.8	30.6
区级公园	20~60	132	7.7	4332.9	27.0
市级公园	>60	61	3.6	6164.0	38.4
合计		1715	100	19057.3	100

2. 日本——科学的都市公园分类体系

日本的城市公园分为四种类型，分别是住区基干公园、城市基干公园、广城公园和特殊公园。其住区基干公园体系如表6-4所示。

日本住区基干公园体系表　　　　表6-4

都市公园类型		面积（hm^2）	服务半径（m）
住区基干公园	街区公园	0.25	250
	近邻公园	2	500
	地区公园	4	1000

注：街区公园还包含了儿童公园的类型，还可分为少年公园、幼年公园和幼儿公园，规模各不相同，分散在居住区内。

资料来源：日本1956年的《都市公园法》。

二、社区公园规划设计

（一）规划的主要内容

1. 选址和分布

社区公园的选址和分布根据所在城市、所在社区的类型、当地的土地利用状况和自然资源条件、经济发展水平、居住环境的差异等综合考虑，一般应遵循以下原则。

（1）与其他类别的公园绿地均衡分布

如果一个居住社区附近已有大型的市区级公园绿地或专类公园，只要能提供足够的活动场所和设施，就不必设置较大型的社区公园，或与以上类型公园离开足够距离设置，要更关注邻里社区公园的均衡分布以及网络化联系，使市民能方便地到达这些更为大型的公园绿地。

（2）与社区公共服务设施统筹安排

社区公共服务设施包括教育医疗、文化体育、商业金融、社区服务管理等设施。这些设施用地通常位于社区中心，占据良好的区位、便捷的交通，人流密度较高。社区公园和与这些设施统筹安排，在布局处理上采用分与合的方法来提高社区公园的使用率及可达性。

（3）选择具有一定价值的自然资源或历史文化资源的地带

社区公园与这些地带的结合不仅能起到资源保护、文化继承的作用，还能提高社区公园的内涵与品位，树立社区形象与特色。

（4）选择易于获得的土地

城市低洼地、坡地、工业废弃地等不适于建筑的土地一般都较易获得，既没有前期动拆迁的大成本投入，建设周期也大大缩短，其不利于建筑的地形特征还能成为公园绿地设计的有利条件，是很适于用来布置社区公园的。

（5）均布模式以人口规模作参照

社区公园分布的均等性和公平性要求对已有绿地资源的区位分布和人口分布状况进行调查评价，以发现一定社区范围内的公园绿地是否存在数量、规模、可达性等方面的不足。因此，城市总规层面上的服务半径理论应该在此基础上进一步深化。

2. 服务半径与服务区

一般居住区公园在10min步行时间以内，合理服务半径为500~800m，不能超过1000m。小区游园在5min步行时间以内，合理服务半径为200~400m，不超过500m。

在服务半径的理论基础上，结合实际经验，更科学的多边形服务区概念的计算方式为：以公园入口为出发点，以交通网络为路径，以公园服务半径为距离得出的一个多边形服务区，对社区公园的规划布局而言比同心圆式的服务区更为科学、精确。

（二）设计的主要内容

1. 设计要点

（1）必要的固定场所

在社区公园的设计中，要允许公园的固定使用群体将某些地块据为自己的专用领地，根据年龄、性别、爱好的差异来划分，各类固定使用人群应该有机会在公园中占有各自的活动领地，不管这一领地有多么的不正式，占据某一地域使人感到团队的凝聚力，并能预先知道自己能在那里遇到同伴，这是非常重要的。常见的固定场所有：老年人活动场所、儿童游戏场、锻炼健身场。

老年人实际上成为社区公园的主要使用者，他们在公园中的分布范围广，活动时间长，使用频率高。老年活动场所的位置应该设在近便可及的地方，但是这些位置也往往成为其他使用者活动频繁的地方，领域性冲突过强，适宜的位置选择应在保证可及性的前提下，有适当围合的空间，使之既受到保护，减少干扰，又能保持与周围的视听关系。

儿童活动场的特点在于根据不同年龄段的活动内容进行的设计，但在场所的整体布局上，集成性设计成为受关注的设计手法，它重视儿童活动场所的复杂性，不仅从游戏设施的设计上考虑这种混合、联合的效果，更结合场地地形、景观塑造、水体布置，多方位开发场地活动的潜能，激发儿童的创造性，塑造出儿童活动的场所气氛。

由于条件所限，中国城市的社区公园不能像美国一样拥有大面积的运动场地、球类比赛场地，所以以前的社区公园基本没有专门的供运动健身的场地或设施。但近年来，不少社区公园内出现由街道机构出资的室外健身器械设施，分布在公园的各个角落，成为中国特色的社区公园健身场地（图 6–21）。

（2）功能复合的共享空间

社区公园中更多的是共享的活动场所，不针对具体的活动群体，活动内容也不固定。

社区公园的场地空间通常具有复合使用性、全时性的特征。复合性指同一块场地在相同的时间被不同的人群占据，全时性指一天里的所有时间这一场所都被人占据。为了照顾到社区公园的环境承载力和游人的心理容量，必须重视场地的复合利用设计。

图 6–21　岭南公园的市民健身点

由于共享空间的使用者包括各个年龄层次，不同的行为要求往往造成相互的干扰，即使共享空间也要赋予一个基本的使用模式，使不同的使用者理解该场所的含义，以控制自身的行为与之冲突，比如多组组合桌凳的集中放置为老年的棋牌爱好者提供一个基本的使用模式，但也不排除其他人群对某组桌凳另类使用，比如就餐、看书、闲坐（图 6–22）。

图 6–22　蓬莱公园的石桌、石凳区

共享空间的设计要区分参与活动的类型，主动参与指主动加入活动本身，被动参与则表现为近距离的围观、旁听等。对于公共性较强的活动，其设计应鼓励其他使用者的参与，如在运动场边设休息设施，在舞台式广场边提供适宜的观赏位置，支持围观者的要求，这种参与本身也扩大并巩固了活动场所，使场所的特征更为明显。反之对于私密性较强的活动，则要求限制参与的发生。

共享空间的复合设计主要有两种方式：①错开使用时间的空间共享。如休闲区的使用时间段和健身区的使用时间段有明显差异，可互相借用空间，通过设计实现功能复合。如健身器具可以布置在一块场地的周围，那么场地中央就可以在其他时段进行交谊舞、健美操等其他休闲活动（图 6–23）。②错开使用位置的空间共享。比如在儿童游戏场边上设置供成人看护的座椅，在表演场

图 6–23　岭南公园健身点旁的小场地

地周边设置供观看的位置，在棋牌活动场所设置活动的座椅，在遛鸟的树林里设置可休憩的廊架等。

2. 设计要素

自然要素：草地、灌木丛、花坛、水景、树林等。

活动场地要素：儿童游戏场（沙坑、水池、游戏器械、塑胶地面）、老年人活动场所（硬质场地、健身设施）、运动场地（球类运动场、室外泳池）等。

普通设施：散步道、座椅、亭、廊架、公厕、茶室等。

由于不同级别的社区公园具有不同的规模和主要服务对象，因此各个设计要素在各级别社区公园中需进行取舍。

三、社区公园实例分析

（一）虹桥公园

虹桥公园位于上海市长宁区，2006 年改建形成，面积约为 1.8hm²。公园整体开敞明亮，视野开阔，植物种植以开阔的草坪和大乔木为主，设有环形健身跑道等，整体感觉清新时尚而富有朝气（图 6–24、图 6–25）。

1. 设计特色

二重交通组织：公园在交通组织上形成二重网络。第一是橡胶道，成为良好的健身跑道，也是对曾经的儿童交通公园的记忆。第二则尤其注意斜向的交通捷径，方便上班族们快速通过。在这些小径上还有为交流甚至是放笔记本电脑而设的桌子，可谓融合了商务社区和居住社区两种功能，服务于不同对象。

趣味设计细节：公园的细节设计别具匠心，比如街头广场用埋地二极管灯营造星空效果、抬升健身跑道形成微地形、草坪处设计微妙台阶等，处处给游人带来惊喜。

创意景观建筑：公园西北角的一栋景观建筑在平面布局上与公园整体环境充分融合，在三维形态和色彩材质的表达上新奇有趣。

图 6–24　虹桥公园平面图

图 6-25　虹桥公园鸟瞰实景

2. 使用情况

虹桥公园处于居住区和商业区的交界地带，既是为周边居民服务的社区公园，也承担着商业区绿地的交通、集散、休憩等功能。在一天中的不同时间段，公园接纳不同的人群和相应的各类活动。例如在工作日早晨 8 点以前，公园中以来自周边社区的晨练的老年人为主；8~9 点，是上班高峰时间，公园附近的两处车站会释放大量人流，公园主要承担穿越性的交通功能；9~12 点，公园中停留的主要是静坐休息或者带孩子来游玩的少量人群；到了中午，周边商业办公的白领们会偶尔在此驻足；而接近傍晚时，公园与周边的交通流量都会增多，公园再次承担交通职能；夜晚华灯初上，周边居民会来到公园中散步。在双休日，这里又会接纳更多的来自周边居住区的居民，作为曾经的儿童交通公园，改造后的虹桥公园依旧受到孩子们和年轻家长的欢迎。

（二）泪珠公园

泪珠公园是位于美国纽约下曼哈顿地区的面积不足 $1hm^2$ 的社区公园，处于高层建筑的包围之中，基地异常局促，自然条件也较恶劣，存在地下水位较高、土质不佳、建筑阴影区面积非常大、来自哈德逊河的干冷风猛烈等众多限制因素。但是风景园林师通过小地形处理、高墙隔断、借景和蜿蜒的步道系统，完成了空间序列的塑造，为平坦且平淡的弹丸之地增加了景观层次，将它做成一个空间丰富、开合有度、生机盎然、老少咸宜的公园（图 6-26、图 6-27）。

图 6-26　泪珠公园与周边环境示意图

图 6-27　泪珠公园鸟瞰实景图

1. 功能与布局

基于场地北半部享有最长日照时间的现状，公园设置了两块隔路相对的草坪作草地滚球场，并特意稍向南倾斜以利于接受阳光。这个草坪连同玩沙区、戏水区是客户特意要求的。它们是对附近的洛克菲勒公园中传统大型游艺设施和积极主动式游戏的有益补充，同时，草坪的面积对于举行一些定期性的活动也绰绰有余。

草坪南侧是半月形叠石矮墙环抱中的阅读角，基地西侧两建筑间的社区道路构成了此处通向哈德逊河的视觉廊道。阅读角兼具坐憩功能的散置石、半月形矮墙以及隔路相对的名为“冰与水”的高墙均采用蓝灰砂岩，是被社区道路分割的南北两区的一种呼应。草坪西侧为湿地，面积不大，不过草木葱茏、充满野趣，小径的尺度也是针对儿童设计，并且以粗木桩代替通常的铺地，是个不仅适合孩子探索发现、也适合小动物栖息繁衍的好地方（图 6–28）。

（a）

（b）

（c）

图 6–28　纽约泪珠公园实景图

2. 设计特色

（1）转化利弊，因地制宜

这块场地自然条件比较恶劣，地下水位较高，限制了场地可能达到的土层深度。由于坐落在公园角落的公寓纵向长度过长，造成大面积的阴影。风力研究表明，公园东、西通道遭受从哈德逊河吹来的强烈干冷风。光照、水土、气流等多种限制条件的综合作用，在一定程度上决定了景观元素、游艺项目以及植物群落的取舍和空间配置。例如，了解了场地北半部享有最长日照时间情况后，设计师设置了两块隔路相对的草坪作为草地滚球场；在阴影和风力保护区设置低龄儿童游乐区，包括沙坑、滑梯和出水岩石嬉水区，确保儿童在舒适的环境中嬉戏。

（2）绿色设计与建造

公园的“绿色”设计体现在开发过程的各个层面，从方案设计到材料选择到建筑施工。通过地形改造营造良好的小气候环境，改善不同地区土壤，创造最适合植物生长的条件。公园环境设计包括全面的土壤有机管理，植物养护避免使用杀虫剂、除草剂和杀菌剂。公园所需灌溉水除了来自附近一幢建筑产生的中水，还有公园地下储水管收集的雨水。公园建造所需石材均来自方圆 900km 以内的采石场。除去分割空间、增加层次、提供庇护外，石材也是对纽约州地质的隐喻和再诠释。园中大部分植物都是乡土植物，这为候鸟等提供了优越的生态环境。

（3）都市自然游乐理念

泪珠公园的设计为人们提供了一个既充满冒险性，又具有良好庇护作用的场所。

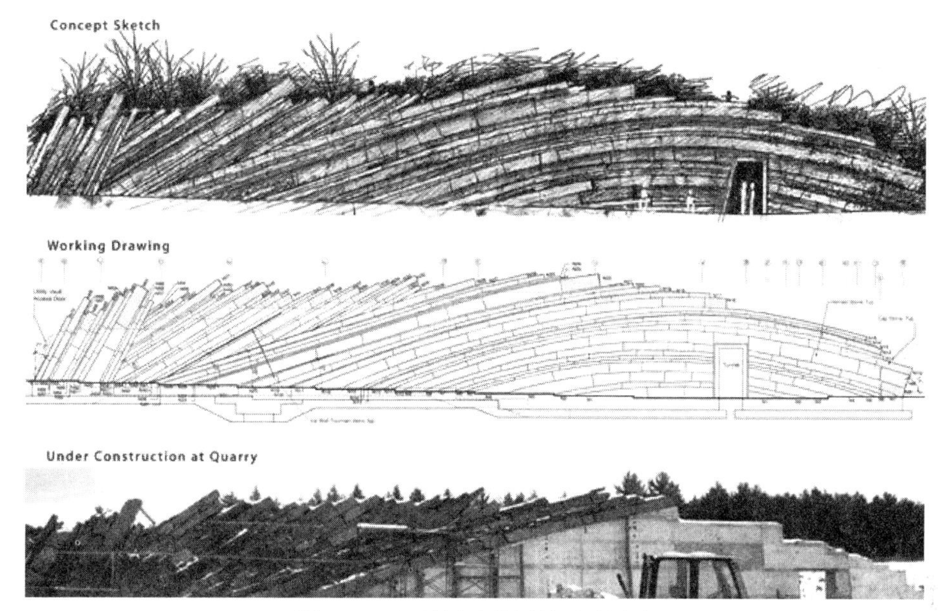

图 6-29　纽约泪珠公园的石墙设计

独特的地形、互动的喷泉、天然的石材以及密集的种植形成了一个内部结构错综复杂的空间,强烈的外形差异和精致的视觉效果,给人耳目一新的感觉。独特的设施包括“冰与水”景墙、险峻斜坡上的植物种植区、树林、戏水岩石，以及半月形叠石矮墙环抱中的阅读角。公园成功展示了应用天然材料造景的可能性，同时也重新定义了都市自然游乐理念（图 6-29）。

（4）公众参与设计

由公园周边居民组成的业主设计评论小组在早期设计开发中发挥了积极作用，为风景园林师提供了大量场地信息、技术决策支持、材料选择和建设实施建议，通过共同努力实现高标准的可持续发展目标，与此同时，也创造了更具革新性的社区公园设计手法。

第四节　儿童公园

一、儿童公园概述

（一）儿童游乐环境的产生与发展

现代意义上的儿童游乐环境的产生和发展与城市、城市居住区的建设、演变以及体育运动的开展，有着密切的关系。

18 世纪工业革命开始以后，许多农耕时代的城市迅速发展成为较大的工业城市，人口急剧增加，机动车辆迅速增多。原来可以供儿童活动的街巷变得不是那么安全了。19 世纪初，体育活动逐渐国际化并出现了较为完善的体育组织，对儿童游戏场的发展是个很大的促进。最初只在城市公园开辟儿童游戏的专用场地，如 1845 年由琼夏 · 曼齐克（Josia Majok）设计的自由贸易公司中的儿童游戏场。1933 年国际建筑师大会通过的《雅典宪章 · 城市规划大纲》首次在国际学术界提出了在居住区内建设儿童游戏场的号召。

美国于1906年成立了“全美儿童游园协会”，发行杂志、推动儿童游园的发展。同时，许多国家的社会团体和教育与保护儿童的机构也采取了多种办法，为儿童争取游戏场所。如英国自由团体“儿童救济基金会”发起的大城市和工业区的“游戏班”运动（一种简易的学龄前儿童园），并于1962年成立了全国组织“游戏班联合会”。第二次世界大战后，各国更加重视在居住区布置分散的儿童游戏场，并注意解决儿童在几幢楼房围成的公共院落游戏时干扰居住环境的问题。

日本城市公园系统中的居住区主要公园即由儿童公园、近邻公园和地区公园组成（图6-30），其中儿童公园面积标准为0.25hm^2，服务半径为250m。

我国自1949年以来，一些城市公园中开辟儿童游戏场、儿童公园，在居住区内开始建设儿童乐园等游戏场地。随着近几十年居住区的新建与再建，居住区不断出现儿童游戏场，儿童可就近游玩。

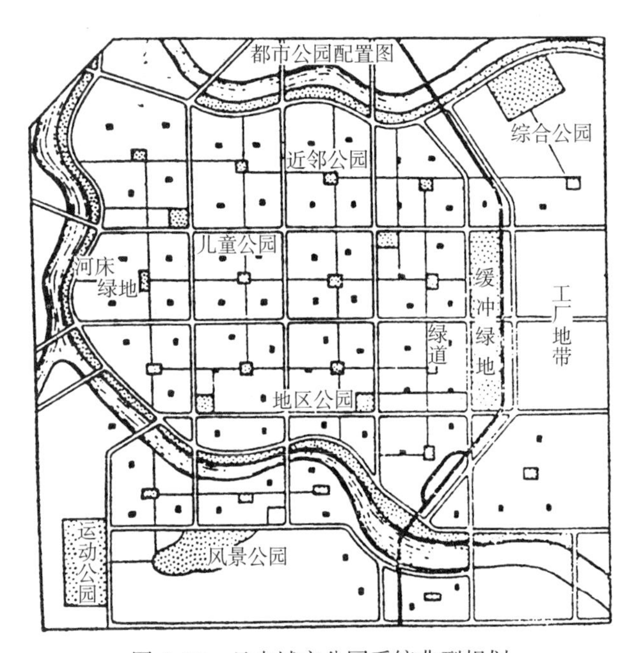

图6-30　日本城市公园系统典型规划

（二）儿童公园的概念与特征

儿童公园是单独或组合设置的，拥有部分或完善的儿童活动设施，为学龄前儿童和学龄儿童创造和提供以室外活动为主的良好环境，供他们游戏、娱乐、开展体育活动和科普活动并从中得到文化与科学知识，有安全、完善设施的城市专类公园。

儿童公园所提供的游戏方式及活动，分成学龄前儿童和学龄儿童，主要有三类。

1. 综合性儿童公园

供少年儿童休息、游戏娱乐、体育活动及进行文化科学活动的专业性公园，如广州儿童公园（图6-31）、湛江儿童公园（图6-32）。综合性儿童公园一般应选择在环境优美的地区，活动内容和设备可有游戏场、沙坑、戏水池、球场、大型电动游戏器械、阅览室、科技站、少年宫、小卖部等。

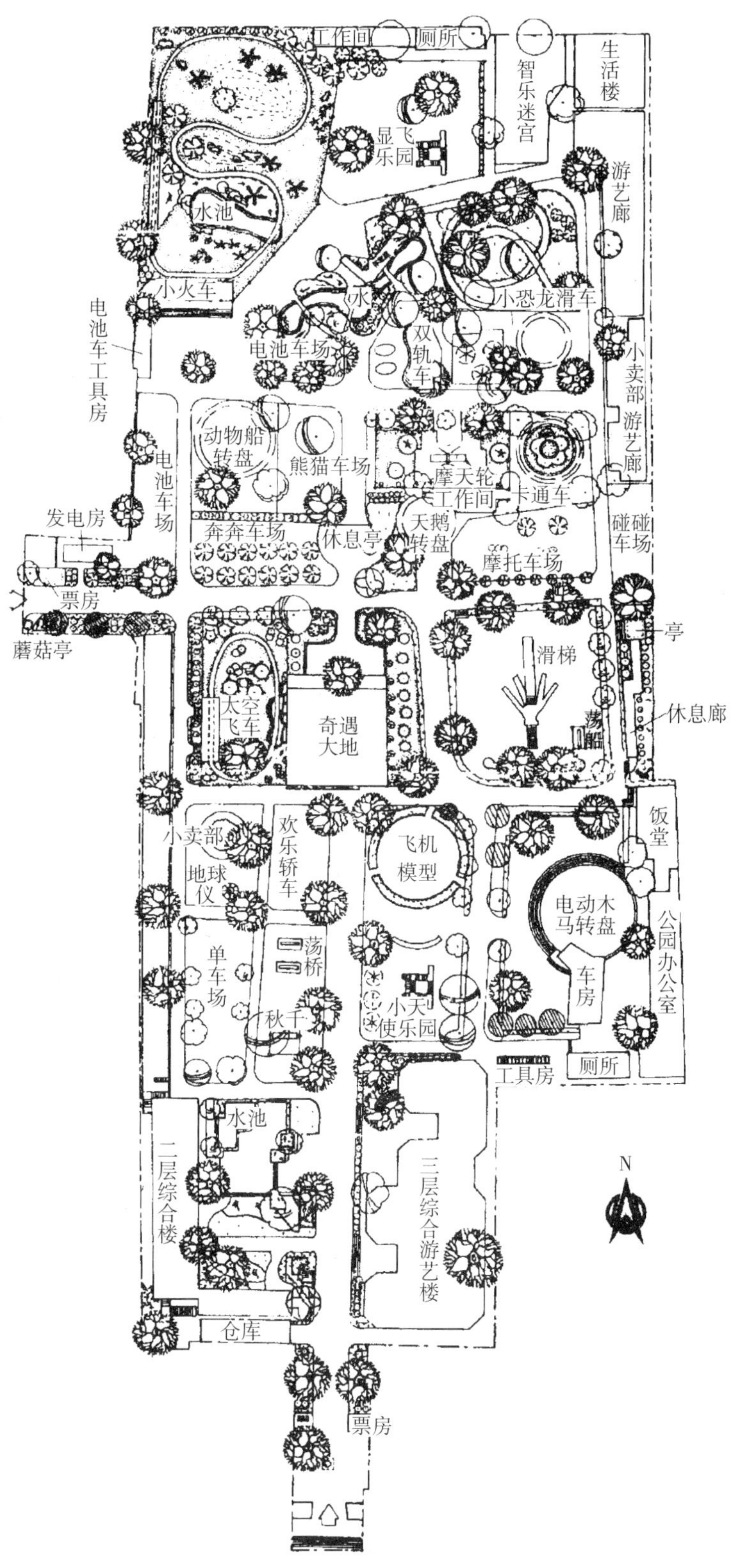

图 6-31　广州儿童公园平面图

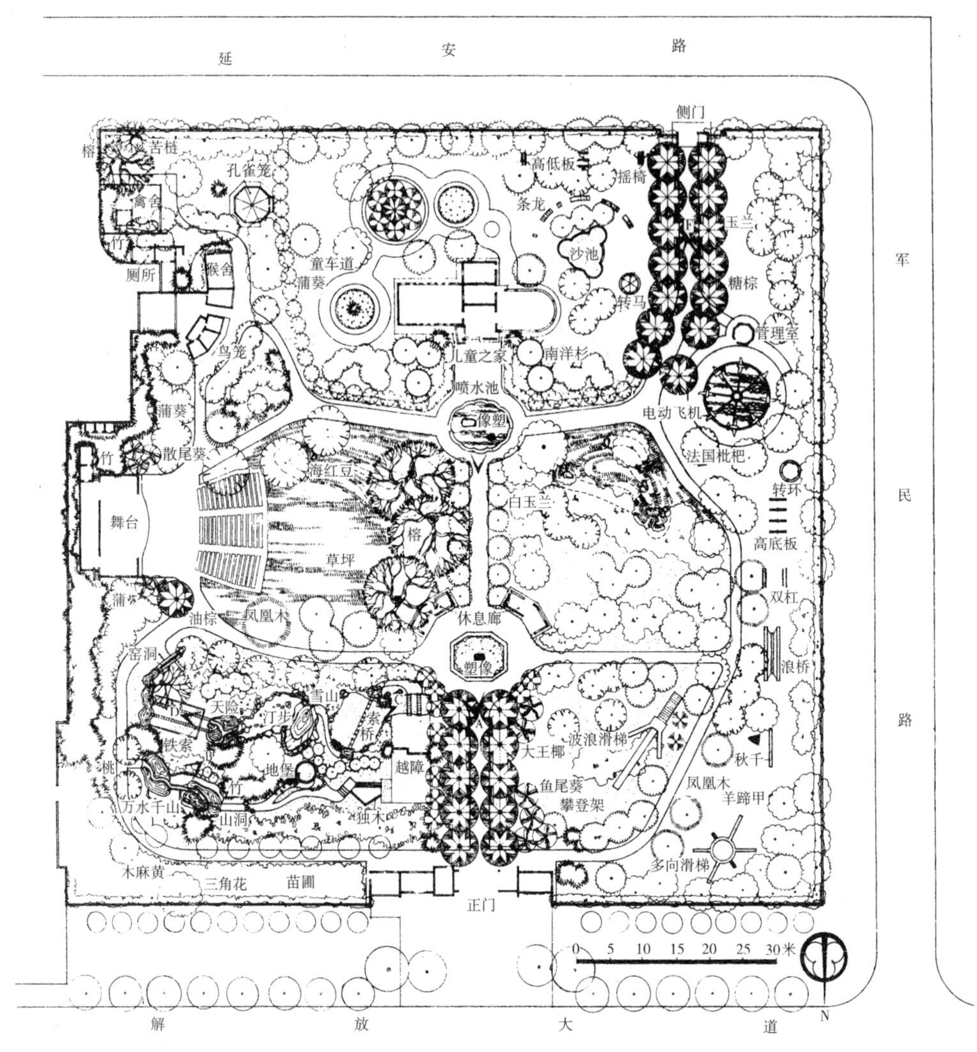

图 6-32　湛江儿童公园平面图

2. 特色性儿童公园

突出某一活动内容，且比较系统完整，同时再配以一般儿童公园应有的项目。如儿童交通公园，可系统地布置各种象征性的城市交通设施，使儿童通过活动了解城市交通的一般特点和规则，培养儿童遵守交通制度等的良好习惯。

3. 小型儿童乐园

其作用与儿童公园相似，但一般设施简易，数量较少，占地也较少，通常设在城市综合性公园内，或在社区公园内辟出面积不大的场地设置小型的儿童游乐设施。

（三）儿童的心理及行为特征

1. 儿童的年龄特征分组

（1）2 周岁以前，婴儿哺乳期，不能独立活动，由家长怀抱或推车在室外散步，或在地上引导学龄前儿童学步。这个时期是识别和标记的时期。

（2）3~6 周岁，儿童开始具有一定的思维能力和求知欲。这个时期儿童开始了观察、测量和认识空间和世界的逻辑思维过程。明显地好动，喜欢拍球、掘土、骑车等。但他们独立活动能力弱，需要家长伴随。

（3）7~12 周岁，为童年期，这一时期儿童已经上学。儿童掌握了一定的知识，思维能力逐渐加强，活动量也增大了，男孩子喜欢踢足球、打羽毛球或下棋、玩扑克等；女孩子则喜欢跳舞或表演节目等。

（4）12~15 周岁，少年期，是儿童德、智、体全面发展时期，逻辑思维能力和独立活动能力都增强了，喜欢参加各项体育活动。

从以上分析来看，儿童游戏场的规划设计主要应以 3~12 周岁的儿童为主要服务对象。

2. 儿童室外活动的特点

（1）同龄聚集性

年龄常常是儿童室外活动分组的依据。游戏内容也常因年龄的不同分为各自的小集体。3~6 岁的儿童多喜欢玩秋千、跷板、沙坑等，但由于年龄小，独立活动能力弱，常需家长伴随;7~12 岁，以在室外较宽阔的地方活动为主，如跳绳、小型球类游戏（如足球、板球、羽毛球、乒乓球等），他们独立活动的能力较强，有群聚性；12~15 岁，这个年龄的孩子德、智、体已较全面发展，爱好体育活动和科技活动。

（2）季节性

春、夏、秋、冬四季和气候的变化，对儿童的室外活动影响很大。气候温暖的春季、凉爽的秋季最适合于儿童的室外活动；而严寒的冬季和炎热的盛夏则使儿童的室外活动显著减少。同一季节，晴天活动的人多于阴、雨天。

（3）时间性

白天在室外活动的主要是一些学龄前儿童。放学后、午饭后和晚饭前后是各种年龄儿童室外活动的主要时间。周末、节假日、寒暑假期间，儿童活动人数增多，活动时间多集中在上午九至十一点，下午三至五点，夏季室内气温高，天黑后还有不少儿童在室外游戏。

（4）自我中心性

儿童公园中许多对象是 2~7 岁的儿童。根据儿童教育和心理学家的研究，这一时期的儿童思维方式主要是直觉阶段，不容易受环境的刺激，在活动中注意力集中在一点，表现出一种不注意周围环境的“自我中心”的思维状态。这个特点必须充分注意到。

二、儿童公园规划设计

（一）功能分区

不同年龄的儿童处在生长发育的不同阶段，在生理、心理、体力诸方面都存在着差异，表现出不同的游戏行为（表 6-5）。

儿童公园内游戏场可按年龄或不同游戏方式、锻炼目的适当分区。儿童游戏场不可能非常严格地按照年龄分组来组织场地设计，当学龄儿童和学龄前儿童共用一处游戏场地时，则可根据游戏行为的不同进行适当分区；而场地开阔的较大型儿童公园，游戏器械多，可以根据游戏的方式进行适当分区。如分为体力锻炼、技巧训练、体验性活动、思维活动锻炼等。但是这些游戏方式常常很难严格分开，设计中只能以某种游戏方式为主进行适当的区划。

不同年龄组的游戏行为　　表 6–5

年龄＼游戏形态	游戏种类	结伙游戏	组群内的场地		
			游戏范围	自立度（有无同伙）	攀、登、爬
<1.5 岁	椅子、沙坑、草坪、广场能玩	单独玩耍，或与成年人在住宅附近玩耍	必须有保护者陪伴	不能自立	不能
1.5~3.5 岁	沙坑、广场、草坪、椅子等静的游戏，固定游戏器械玩的儿童多	单独玩耍，偶尔和别的孩子一起玩，和熟悉的人在住宅附近玩耍	在住地附近，亲人能照顾到	在分散游戏场，有半数可自立，集中游戏场可自立	不能
3.5~5.5 岁	秋千经常玩，喜欢变化多样的器具，4 岁后玩沙坑时间较多	参加结伙游戏，同伴逐渐增多，往往是邻里孩子	游戏中心在住房周围	分散游戏场可以自立，集中游戏场完全能自立	部分能
小学一、二年级儿童	开始出现性别差异，女孩利用游戏器具玩，男孩子以捉迷藏为主	同伴人多，有邻居，有同学、朋友，成分逐渐多样，结伙游戏较多	可在住房看不见的距离处玩	有一定自立能力	能
小学三、四年级儿童	女孩利用器具玩较多。男孩子喜欢运动性强的运动	同上	以同伴为中心玩，会选择游戏场地及游戏品种	能自立	完全能

综合上述分区特点，根据不同儿童对象的生理、心理特点和活动要求，一般可分：

学龄前儿童区：属学龄前儿童活动的地方；

学龄儿童区：为学龄儿童游戏活动的地方；

体育活动区：是进行体育活动的场地，也可设障碍活动区；

娱乐和少年科学活动区：可设各种娱乐活动项目和少年科学爱好者活动设备以及科普教育设施等；

办公管理区：对于小型儿童公园，此区可放在园外。

（二）规划设计要点

1. 儿童游戏场的设计

游戏活动的内容依据儿童年龄大小进行分类，场地也因此会作不同的安排。如学龄前儿童多安排运动量小、安全和便于管理的室内外游戏活动内容。如游戏小屋、室内玩具、电瓶车、转盘、跷跷板、摇马、沙坑、涉水池等形成的活动场地分区，成为学龄前儿童喜欢去玩的游戏场地。而学龄儿童则多安排少年科技站、阅览室、障碍活动、水上活动、小剧场、集体游戏等活动内容，形成学龄儿童的活动场地分区。

也可以把以上活动场地组合起来，形成儿童可以连续活动的场地，如由爬网、高架滑梯、溜索、独木桥、越水、越障、战车、索桥等 15 种游具组合而成的游戏设施，这些场地组合对少年儿童有较大的吸引力。

学龄儿童游戏场一般也应按分区进行设计，划为运动区、游戏器械、科学园地、草坪和铺面等（图 6–33）。

学龄前儿童游戏场，一般以儿童器械为主，还可为学龄前儿童建造一些特殊类型的游戏场所，如营造场。在一块有围栏的场地里，堆放一些砖木瓦石或模拟这些材料的轻质代用品，供儿童营造、拆卸（图 6–34）。学龄前儿童游戏场，多为单一空

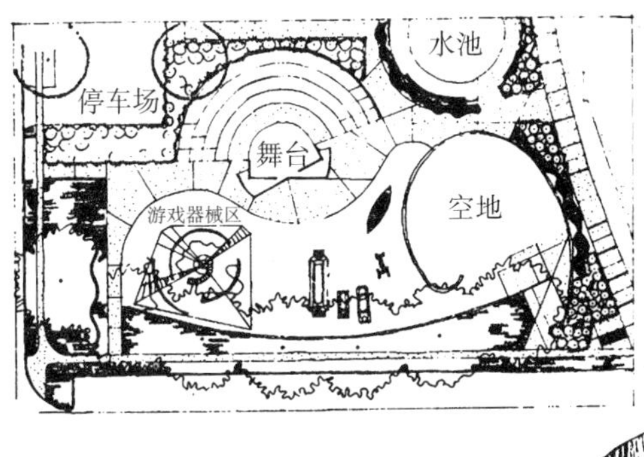

图 6-33　美国加州莱克伍德的学龄儿童游戏场分区设计

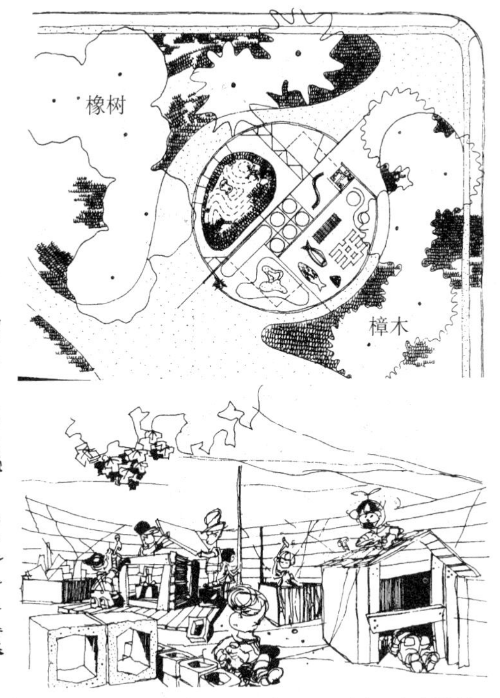

图 6-34　美国某学龄前儿童游戏场游戏器械

间，一般配置小水池、沙坑、铺面、绿化，周围用绿篱或矮墙围栏。出入口尽量少，一般设计成口袋形，便于安全管理（图 6-35）。

2. 儿童游戏场的空间艺术

构成儿童游戏场空间的基本要素是周围的建筑、小径、铺面、绿地、篱笆、矮墙、游戏器械、雕塑小品等，设计重点是突显儿童游戏场的个性和趣味。

图 6-35　美国加州米歇尔公园内幼儿游戏场的平面图及鸟瞰图

1- 砂场；2- 戏水场；3- 带游戏器具的软表面广场；4- 三轮车、微型车道路；5- 汽车库；6- 监视站；7- 土人小屋；8- 荫棚

利用富有质感与色彩强烈的材料，曲折变化的游线，收放有序的围合与开放空间，营造出活泼轻松的景观环境。

此外，要尤其注意儿童活动不同于成人的特别需求，主要构筑物营造和植物选择应符合儿童使用的尺度等。

3. 让儿童自由选择自己感兴趣的活动

通过有意义的游戏培养儿童的自信心、好奇心、创造力、动手能力，并从中了解自然，了解社会。如设置各种工作室，有纸工、泥工、木工、纺线等，孩子们可以自己动手建造房屋、桌椅、制作模型等。有的游戏场还建有花园和温室，孩子们可以自己种植和管理花草。

此外，在儿童公园内可以设有专为盲童设计制造的游戏器械。这些器械的构造及

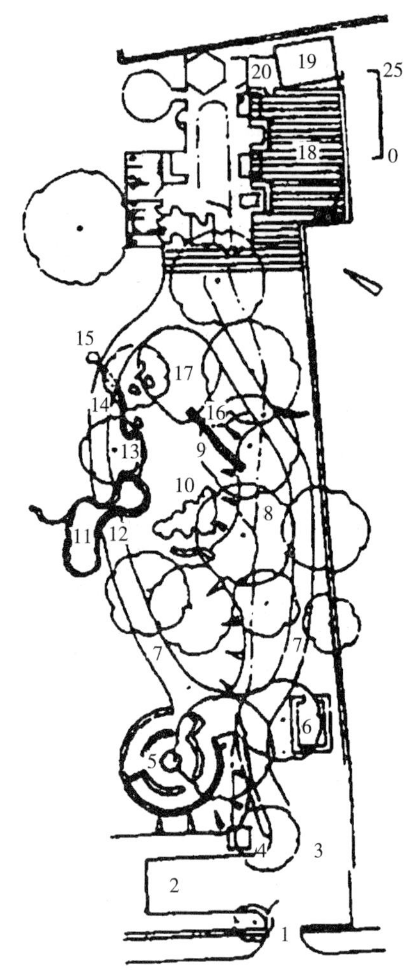

图 6-36　美国某残疾儿童游戏场
1- 门；2- 停车场；3- 入口；4- 哨所；5- 开花植物组成的迷宫；6- 小碉堡（要塞）；7- 倾斜的园路；8- 滑转传送轨道；9- 立体滑梯；10- 树丛；11- 水池；12- 浅滩；13- 溪流；14- 桥；15- 泉水；16- 滚动传送带；17- 砂场；18- 台阶地；19- 变电室；20- 存物处

用料都是适合盲童特点的，游乐环境干净整洁，孩子们可以尽情玩耍，而不必担心被东西绊倒（图 6-36）。

4. 绿化设计

选用高大荫浓的乔木树种，夏季可使场地有大面积遮荫，枝叶茂盛，能多吸附一些灰尘和噪声，使儿童能在空气新鲜、安静的环境中愉快游戏，如北方的槐树，南方的榕树、银桦等。儿童游戏场的四周应种植浓密的乔木和灌木，形成封闭场地，有利于保证儿童的安全。树种不宜过多，应便于儿童记忆，辨认场地和道路。绿化布置手法应适合儿童心理，引起儿童的兴趣，如积极选用观花、观叶、观果类植物、芳香类植物等。

在植物选择方面要忌用下列植物：①有毒植物：凡花、叶、果等有毒植物均不宜选用，如凌霄、夹竹桃等。②有刺植物：易刺伤儿童皮肤和刺破儿童衣服，如枸骨、刺槐、蔷薇等。③有絮植物：此类植物易引起儿童患呼吸道疾病，如杨、柳、悬铃木等。④有刺激性和有奇臭的植物：会引起儿童的过敏性反应，如漆树等。

（三）园路设计

儿童公园的道路宜成环路，应根据公园的大小和人流的方向设置一个主要出入口或 1~2 个次要出入口。园内主要道路可以通行汽车，次要园路和游憩小路应平坦，并要进行装饰和铺装，不可用卵石式的毛面铺装，以免儿童摔跤。此外，主要园路还应考虑童车的推行以及儿童骑小三轮车的需要，故在主要园路上，一般不宜设踏步、台阶。

（四）建筑设计

儿童活动空间的环境创造是通过场地内建筑、游戏器械和绿化设置等共同完成的。不仅需要布局合理、活泼、趣味性强，而且要满足各自的服务要求，特别在稍大型的游戏场中，建筑则更有可能成为勾画全园景观的主角。在建筑群体组合时往往主次分明，并常以一有代表性的建筑作为环境的主题，这符合儿童的心理特性。

1. 按用途划分

（1）游艺性建筑——指游戏器械，使一些游戏项目不致暴露在室外而建的建筑，也包括那些本身极富游戏性、空间有趣味、样式别致的建筑，这类建筑一般体量较大。

（2）服务性建筑——指为儿童、游客提供商业、饮食业、卫生等服务的建筑，如商店、冷热饮店、小吃店及厕所等，建筑规模一般属中小型。

（3）管理用房——指儿童公园的管理、营业、服务、维修人员的办公用房，其中也包括与管理有关的维护建筑物。如：围墙、办公室、值班室、售票室、仓库等。

（4）休息建筑——指为儿童、游客提供休息场所的建筑。如亭、廊等。

（5）综合性建筑——指具有以上几种功能的多功能建筑。

2. 按风格划分

（1）童话型——多取材于一些童话故事或神话传说中所想象出来的建筑形象。如古城堡，宫殿、天宫、仙山等，儿童在其中常常会自扮成各种故事中熟悉的人物游戏，提高趣味性。此类规模宜大宜小，适用于大、中型游戏场所。

（2）科幻型——造型模仿大型的科学仪器，有现实存在的，也有科学幻想出来的。如航天飞机、火箭、飞碟、原子结构模型等。此类适用于大型活动场所。

（3）古典型——模仿古典建筑式样或一些名胜的原形。

（4）现代型——风格、式样、材料使用与时俱进。

（5）一般型——造型较一般，突出使用功能。

（五）主要设施

游戏是一种本能的活动，儿童公园应鼓励儿童进行积极的、自发的、创造性的游戏活动。应根据他们的年龄及兴趣爱好安排活动内容，并提供必要的游戏设施。

1. 草坪与铺面

柔软的草坪是儿童进行各种活动的良好场所，还要设置一些用砖、石、沥青等作铺面材料的硬地面。

2. 沙

在儿童游戏中，沙土游戏是最简单的一种，学龄前儿童踏进沙坑立即感到轻松愉快，在沙土上可做自己想做的东西。

沙土的深度以 30cm 为宜，每个儿童 $1m^2$ 左右，沙坑最好放置在向阳的地方，既有利于学龄前儿童的健康，又能给沙土消毒，要经常保持沙土的松软和清洁，定期更换沙土。

3. 水

在较大的儿童游戏场常常设置浅水池，在炎热的夏季不仅吸引儿童游嬉，同时也可以改善局部地区的气候。水深以 15~30cm 为宜，可修成各种形状，也可用喷泉、雕塑加以装饰，池水要常换，冬天可改作沙坑使用。

4. 游戏墙与“迷宫”

游戏墙、各种“迷宫”以及专用地面是儿童游戏场常见的游戏设施。游戏墙可以设计成不同形状，便于儿童钻、爬、攀登，锻炼儿童的识别、记忆、判断能力。墙体可设计成带有抽象图案的断开的几组墙面，也可以设计成连成一体的长墙，还可以做成能在上面画画的墙面。游戏墙的尺度要适合儿童的活动，宜设在主要迎风面或噪声对住宅扩散的主要方向上（图 6-37）。

图 6-37　游戏墙

“迷宫”是游戏墙的一种形式，中心部分应加以处理，使儿童在“迷宫”外就能看到它，以吸引孩子们去寻找。有时也可以强调它的出入口，让孩子在出入口的变幻中感到有兴趣。

5. 游戏器械

儿童游戏器械一般可按年龄组分类，也可按器械材料划分。包括秋千（图 6–38）、浪木（图 6–39）、滑梯（图 6–40）、回转式器械（图 6–41）、攀登式器械（图 6–42）、起落式器械（图 6–43）以及组合式器械等（图 6–44）。以旧物改造设计而成的游戏器械成本降低、趣味性强，形象丰富多变，在保障设施安全的前提下值得推广，如利用旧电杆、旧轮胎、水管（图 6–45）、电缆滚轴等。

图 6–38　秋千

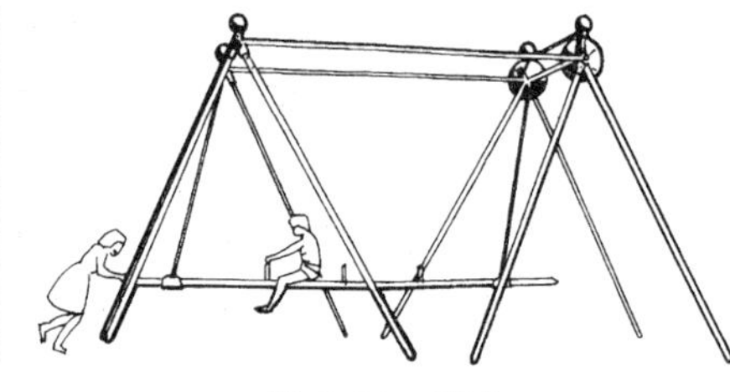

图 6–39　浪木

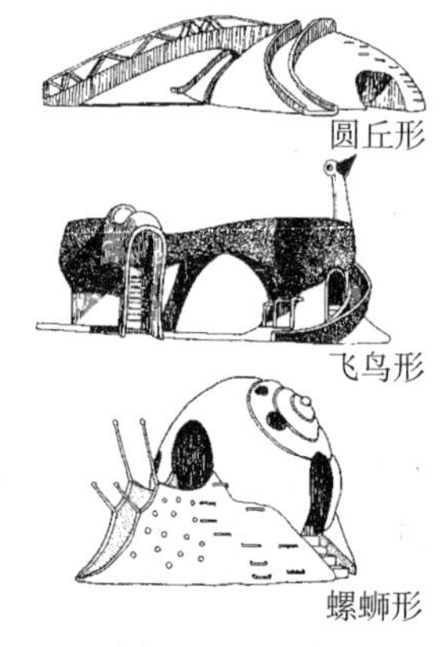

图 6–40　滑梯

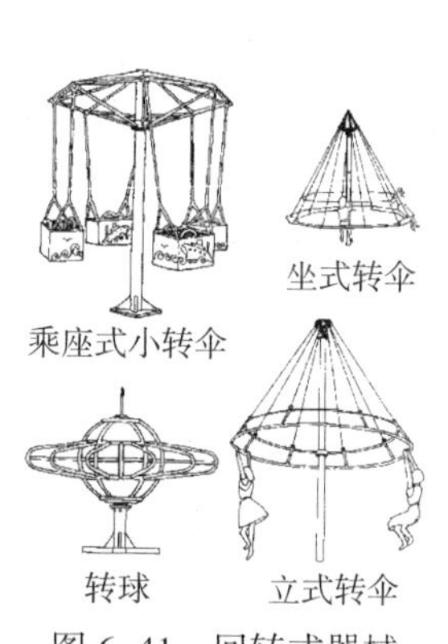

图 6–41　回转式器械

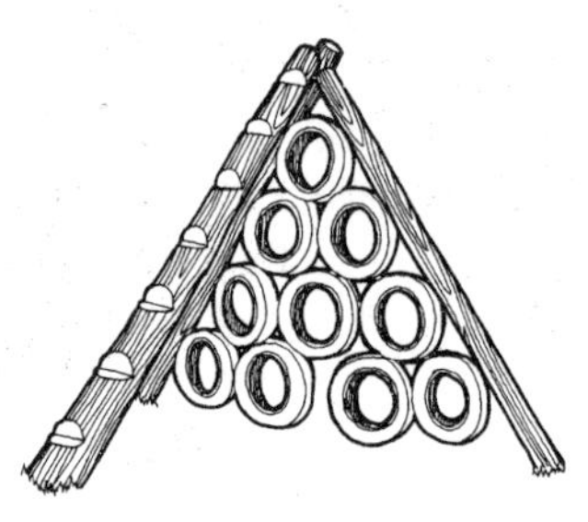

图 6–42　攀登式器械

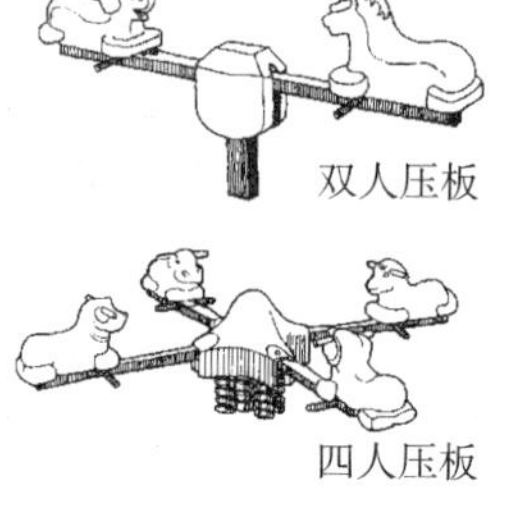

图 6–43　起落式器械

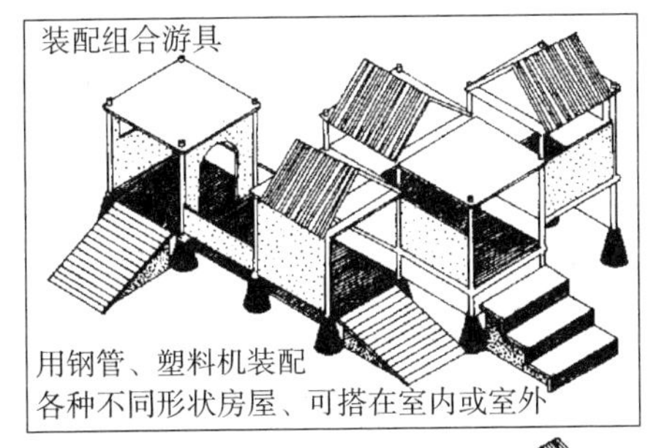

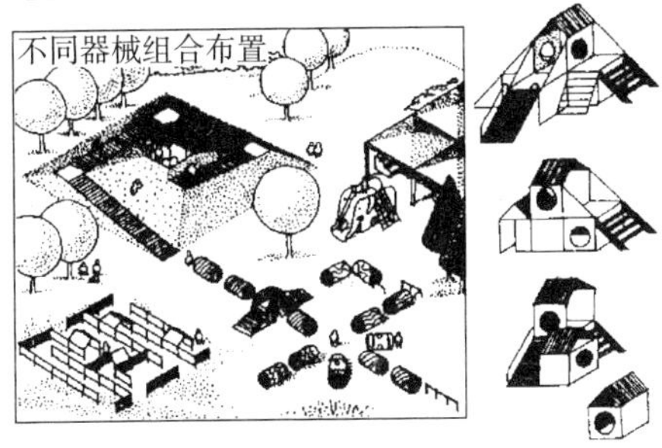

图 6-44　组合式器械

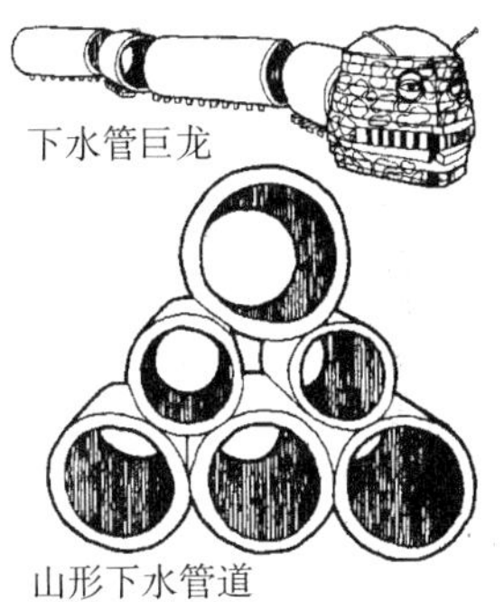

图 6-45　下水管道的利用

三、儿童公园实例分析

（一）筑波万博儿童广场

1985 年在日本筑波举行科学博览会的场地中心大约 $3hm^2$ 的基地，被设计成提供儿童体验“发现”的快乐经验的儿童广场。在 $3hm^2$ 基地中散置了将近 40 个游戏项目，它包括一组科学雕塑，名为“趣味管（Fun Tube）”，由 300m 长的巨型管组成，以及名为“机械动物园（Mechanimal Zoo）”的一些动物造型机械游具，这个游具老少咸宜，二者均能发现它的美及趣味（图 6-46）。整个广场区分为 3 个分区，第一个最靠近中央入口处的称之为“奇妙花园（Garden of Wonders）”，在此游客可以体验一个奇妙显微世界，由光学影像或称为室外的扭曲空间的“奇幻廊道（Wonder Corridor）”、“迷宫门（Maze of Doors）”、“幻觉木制游具（Trompe I'Oeil Jungle）”及“水之游具（Water Arch）”所组成。奇幻廊道是这个游戏天地的主入口，迷宫门则有 85 个门，它象征着

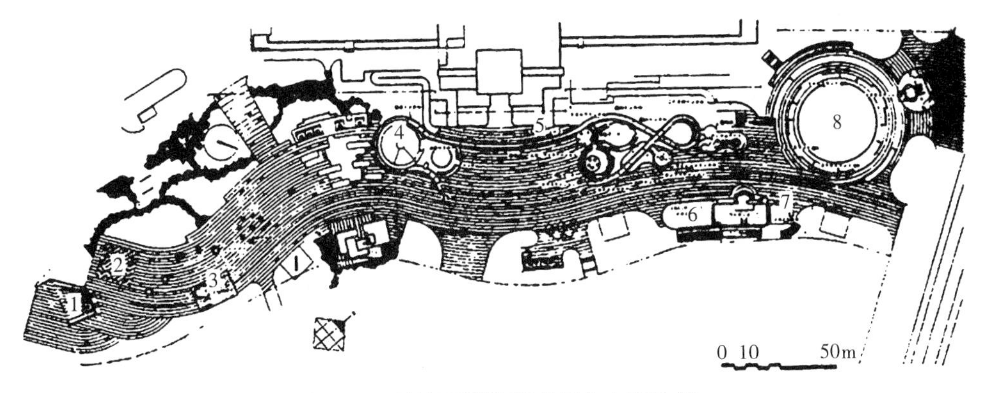

图 6-46　筑波万博儿童广场之主要计划

1- 奇幻廊道；2- 迷宫门；3- 视觉幻木木制游具；4- 巨型帐幕游具；5- 趣味馆；6- 机械马戏团；7- 机械池；8- 宇宙大地

由这个空间进入另一个空间世界。

第二个游戏区包括有"趣味管"，它是绕着一个半径 2.7m 的圆，长 270m、宽 1.8m 的连续性游戏管，其间布满着具有科学体验的联结性游戏设施；帐篷式滑道又称为"高山滑道"，能提供为夏天遮荫的地区。

第三部分是"大地与机械动物园（Earth and Mechanimal Zoo）"广场，是由"动物之眼（Animal Eyes）"、"机械车（Mechanicars）"、"地震地板（Magnitude Floor）"（是一种地震模拟机件）及"日本的模型"所组成。日本模型（半径 36m，高 2.6m）是依日本地形缩小到十万分之一比例所建成的地表剖面，可让儿童们在上面玩耍与体验大地的感觉。

（二）伯肯川儿童游乐场

伯肯川学龄前儿童游乐场位于德国的维尔茨堡（Wurzburg）以西的马克海顿佛尔德（Marktheidenfeld）小镇的边缘上，由罗宾·威诺格朗德主持设计（图 6-47）。这个学龄前儿童园及其游乐场（对象是 3~6 岁的儿童）地势起伏，以前曾是一个苹果园，在设计中糅合了戏剧的虚拟要素及其相应的布景，将游乐场构筑成戏剧院的化身。

该游戏场在配备一系列标准化的休闲设施之余，着意发展成为儿童的梦想王国。创造一处既能令孩子们沉浸其中，又能让孩子们将自己的故事、幻想、愿望在其中得以实现的室外环境，是极具排战性的考验。

游乐场内，有一系列连续的青草台地，四周高起，围绕着弧形的学龄前儿童园（威利·慕罗（Willi Muller）设计）。园区地形自然倾斜，最低层是平坦的广场，学龄前儿童园大楼就建于附近，远处的台地、绿篱、树木和混凝土墙以及孑立的大楼，尽显了游乐场的设计理念与建筑的和谐风格。

台地上设有 12 处可供孩子们上下的阶梯或斜坡道。孩子们可以尽情地发挥、藏匿，拼凑或只是简单地伸腿、弯腰、活动。"绘画泉"便是一例。它是一个 3m × 5m 的石板平台，一边安有混凝土门架，门架上的管子将水喷射到平台的中央。孩子们可以用粉笔在石板上作画，再用水将其清洗；或者，通过堵塞排水口来补平平台中央的凹陷处，以形成一个小水流。

简单的钢管，涂上三原色后变成了秋千；而木栅栏则成为捉迷藏的好场所。

（三）上海海伦儿童公园

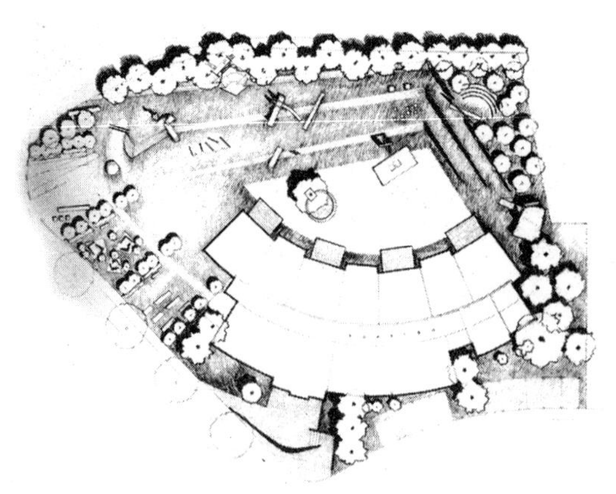

图 6-47　伯肯川学龄前儿童游乐场平面图

上海海伦儿童公园建自 1954 年，面积仅有 2hm^2，1965 年改建后增加了"勇敢者之路"、休息廊等，活动内容丰富，成为当时较完善的综合性的儿童活动园地（图 6-48、图 6-49）。

1. 内容和分区

（1）学龄儿童活动场地——是公园的主体部分，设有螺旋滑梯、秋千、肋木架、跷板、攀登架等游具。场地北侧有儿童游戏室及花架休息廊，西侧有休息亭廊。

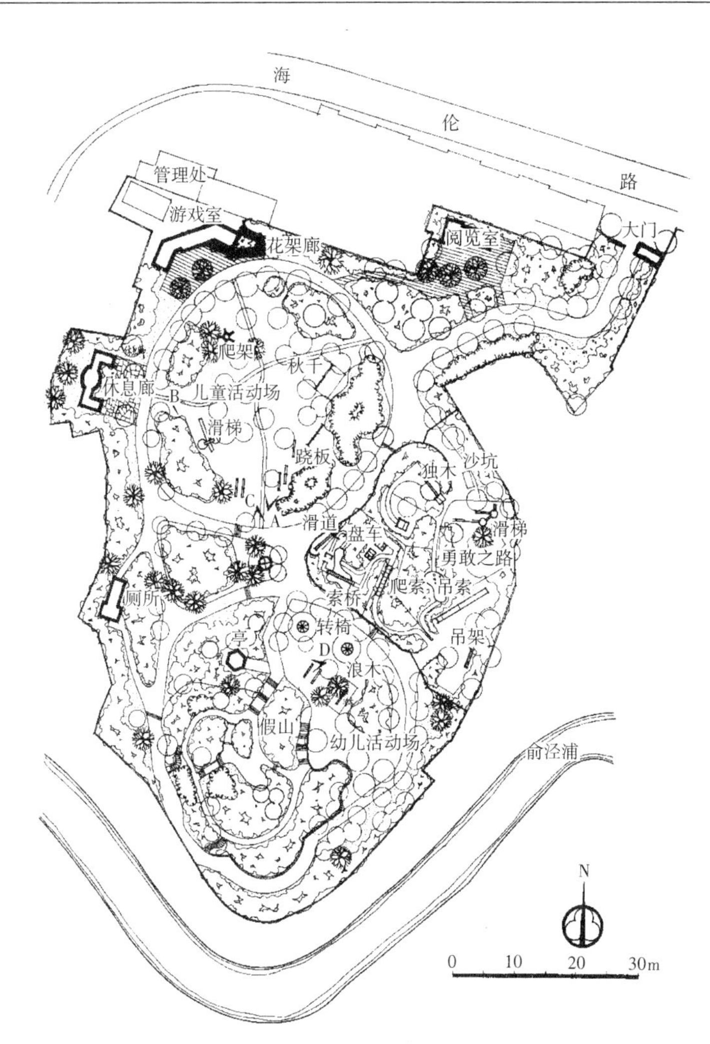

图 6-48　上海海伦儿童公园平面图

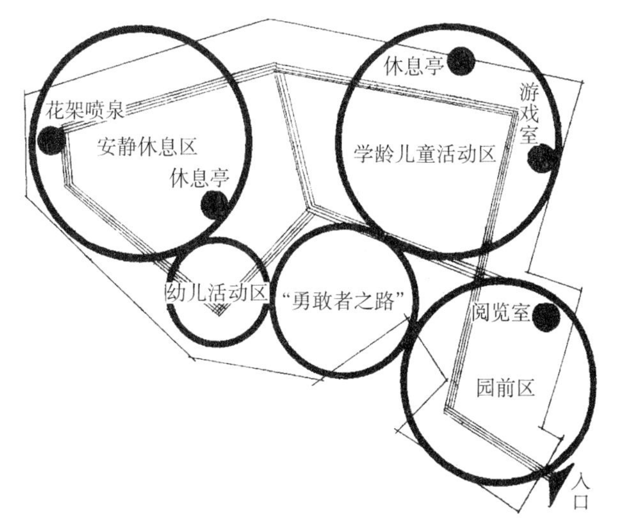

图 6-49　上海海伦儿童公园功能分区示意图

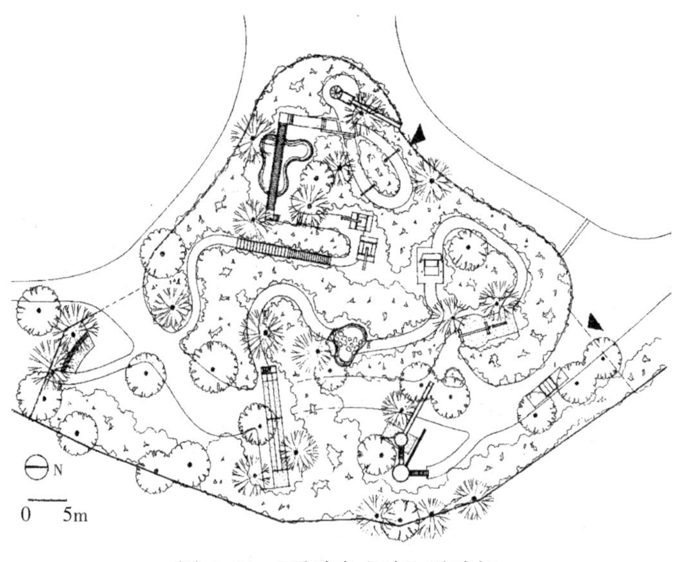

图 6-50 “勇敢者之路”游戏场

（2）勇敢者之路——由爬网、高架滑梯、溜索、独木桥、越水、越障、战车、索桥等 15 种游具组合成的游戏场，有固定的游戏路线（图 6-50）。

（3）幼儿活动场地——设有转椅、跷板、动物造型滑梯等游具，场地邻接安静休息区。

（4）安静休息区——公园南端，堆筑大假山（结合人防工程需要），山上小径盘曲，山边建休息亭。

2. 设计特点

布局上以环形园路组织不同年龄组的活动场地，分区明确。“勇敢者之路”布局紧凑，充分利用园地，游具组合生动。安静休息景区的设置丰富了园景，并改变了活动场地的单一感。

第五节 动物园

随着人们生活水平的提高，人们对保护自然、重归自然的渴望，使得动物园规划设计被提高到一个新的高度。如何协调好人类社会、动物世界、自然环境这三者之间的关系，是摆在我们面前的一个重要课题。动物世界与自然环境原本是一个和谐的整体，但随着人类生产、生活范围的扩大，这个整体遭到了改变。动物园首先要为动物提供一个良好的环境，既要使动物得到很好的保护，同时也能促进自然环境的良性发展。其次，动物园是人们接触自然、接触动物的场所，是人类社会的精神世界与物质世界相交互的场所。

一、动物园概述

（一）动物园的起源与发展

从动物园的形态改变方面来看，可以将动物园分为起源、笼养式、现代初期、壕沟式、沉浸式五个阶段。

1. 起源

最初的动物园雏形起源于古代国王、皇帝和王公贵族们的一种嗜好，从各地收集珍禽异兽圈在皇宫里供其玩赏。公元前 2300 年前的一块石匾上就有对当时在美索不达米亚南部苏美尔的重要城市乌尔收集珍稀动物的描述，这可能是人类有记载的最早动物采集行为。

动物收藏虽然是统治者权势的象征，但在动物的收集和饲养过程中，人们开始逐渐了解动物和自然，并开始积累驯化动物的知识。13 世纪，动物收藏开始成为时尚，王公贵族们又开始把动物当成礼品互相交换。到了 18 世纪，动物一直都是上流社会的玩物，但随着贵族们在世界各地不同地区权势的消退，动物收藏逐渐大众化，这种做法把搜集来的动物关在笼子里进行展示。

2. 笼养式动物园时期

笼养式动物园（Menageries）（图 6-51、图 6-52），只考虑参观者的观看，除了铁栏杆，什么设施都没有，甚至把动物放到一个下陷式的大坑中供人参观。

如 1768 年在奥地利维也纳开幕的谢布伦动物园（Schonbrunn），也是目前世界上现存最古老的动物园。

到了 18 世纪 90 年代，法国市民的权利中的一项就是有权参观动物园。

3. 现代动物园初期（Zoological Gardens）

1828 年，在伦敦的摄政公园，成立了人类历史上第一家现代动物园——摄政动物园（Regent's Park Zoo），开创了动物园史上的新纪元，其宗旨是：在人工饲养条件下研究这些动物以便更好地了解它们在野外的相关物种。

整个 19 世纪，从英格兰到整个欧洲大陆动物园不断普及，在《牛津英语词典》中 Zoo（动物园）于 1874 年被正式使用。这时动物园动物的排放次序，是按动物分类法进行的。并开始关注对动物的科学研究。

4. 壕沟式动物园时期（Moat Zoos）

1907 年，德国人卡尔·哈根贝克（Carl Hagenbeck）开了一家私人动物园。引进了在动物展区边缘建立壕沟的新概念，根据训练动物的经验测试出每种动物能跳多高和多远，从而得出壕沟的宽度和高度，再利用地形或种植物的办法把壕沟隐蔽起来，让观众看不见，但同时保证动物不能跑出来。还设计把猛兽和草食兽放到一起的展区，如把狮子和斑马放在一起展览，其实也是用一道看不见的壕沟把它们分开。这样，观

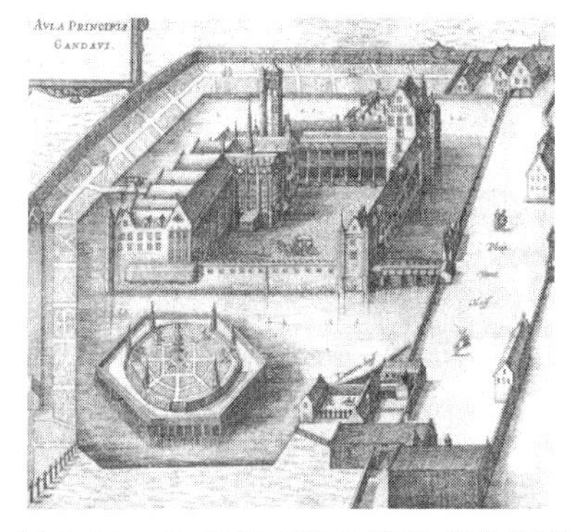

图 6-51　18 世纪末私人笼养式动物园

图 6-52　18 世纪 40 年代的笼养式动物园

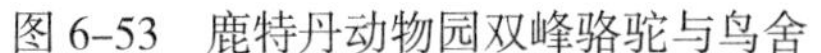

图 6-53　鹿特丹动物园双峰骆驼与鸟舍

图 6-54　科隆动物园北极熊馆

众很容易了解动物物种之间的关系，对捕食者、被捕食者和生境的概念也更形象化。使游客们觉得和在野外欣赏动物没什么区别（图 6-53）。

20 世纪 60 年代，动物园开始经历一场革命，人们开始更多地考虑自然保护，开始重新认识动物园的作用以及如何对待动物，提出必须从生理、心理和社会学角度满足动物在动物园小空间环境下的各种需求。

5. 沉浸式动物园时期

20 世纪 70 年代，当人们对动物园护理动物的标准有更深认识的同时，善待动物园动物的呼声在急切增长，优秀的动物园之间加强合作，共同改善动物的居住条件，更好地开展公众教育，并且最重要的是共同在动物的自然生境实施保护工作。对野外动物的研究、科学研讨会以及全世界动物园间的人员和信息交流也越来越多(图 6-54)。

在设计西雅图的 Woodland Park Zoo 的大猩猩馆时出现了“沉浸式景观（Immersion Landscape）”的新概念，把动物放到一个到处是植物、山石有时还有其他物种动物的完全自然化的环境中。它把参观者带进了实地环境，使观众感觉到自己也是大猩猩生境中的一部分。

6. 中国动物园简史

我国圈养作观赏的野生动物最早记载见于夏桀时奴隶主豢养猛兽取乐。《太平御览》引管子说:“桀之时，女乐三万人，放虎于市，观其惊骇。”以后各个朝代亦建有“灵囿”、“虎圈”或“苑囿”等设施，用来豢养野兽，这是我国皇家动物园的雏形，为中国动物园历史的第一页。

我国最早对民众公开展览的动物园，是“万牲园”（现北京动物园的东南角），它创建于 1906 年，1908 年始正式对外开放，最多时展出有 700 余只动物。

7. 动物园的发展

目前，世界上有不少物种仅存活于动物园中，现在美国动物园和水族馆协会（AZA）已对动物园的几项使命的排列次序进行了重新调整，即自然保护、公众教育和科学研究必须排到娱乐功能的前面。这种进步是不言而喻的，动物园有义务在野外和动物园内同时保护野生动物。有一些珍稀动物已在动物园取得了成功繁殖的经验，野外濒危物种的保护也正在进行，动物园已从原先的小天地跨入了全球性自然保护大协作之中。20 世纪 90 年代由世界动物园园长联盟（IUDZG）和圈养繁殖专家小组（CBSG）共同制定了《动物园发展战略》，强调以保育为中心主题，作为未来工作的重要策略，也是动物园规划设计中自始至终所必须遵循的守则。

（二）动物园的概念与类型

1. 动物园的概念

动物园是在人工饲养条件下，移地保护野生动物，供观赏、普及科学知识，进行科学研究和动物繁殖，并且具有良好设施的城市专类公园。

世界各区域的动物园概念又有细微的差异：

（1）欧洲：动物园的地位相等于博物馆和美术馆，是极为重要的文化设施。多半采用有系统的搜集与展示，是饲养着动物的庭园，也是儿童的乐园。

（2）美国：美国的动物园侧重在教育活动的角色，透过教育活动扩展对动物的知识，传布自然保护的重要性。目前，繁衍所饲养的动物以保持其种族的延续，也是动物园的重要功能之一。

（3）亚洲：动物园和游乐场处于相同的地位，饲养、展览、研究种类较多的野生动物。其展览的主要目的是为了使参观者能够观赏到所有的动物。

2. 动物园的分类

（1）传统牢笼式动物园

传统牢笼式动物园以动物分类学为主要方法，以简单的牢笼饲养，故占地面积通常较少，多为建筑式场馆，以室内展览方式为主。

（2）现代城市动物园

在动物分类学的基础上，考虑动物地理学、动物行为学、动物心理学等，结合自然生境进行设计，以“沉浸式景观”设计为主，建筑式场馆与自然式场馆相结合，充分考虑动物生理，动物与人类的关系。此类动物园多建于城市市区，为现代主流动物园类型。

（3）野生动物园

基本根据当地的自然环境，创造出适合动物生活的环境，采取自由放养的方式，让动物回归自然。参观形式多以游客乘坐游览车的形式为主。这类野生动物园多建于野外，环境优美，适合动物生活，但也存在管理上的较高难度。

（4）专类动物园

动物园的业务性质，不断向专类化方向发展。目前，世界上已出现了以猿猴类为主的灵长类动物园，以水禽类为主的水禽类动物园，以爬虫类为主的爬虫类动物园，以鱼类为主的水族类动物园，以昆虫类为主的昆虫类动物园。

（5）夜间动物园

分为普通动物园的夜间动物展区和完全的夜间动物园。前者通常建于室内或地下，通常利用人工的方式营造出一些夜间动物所需的生境，不受时间的限制。后者则在夜间开放，其中最著名的是新加坡夜间动物园。这一类型的动物园可以提供给游客不同的感受，看到平常只在夜晚运动的动物的真实活动情况。

（三）动物园的职能

动物园主要具有保护、教育、科研、娱乐四大职能。

1. 动物保护的场所：

动物园通过宣传教育、饲养、繁殖、建立人工繁殖种群等各种途径进行保护，是对动物栖息地保护的一个补充，动物园对生物多样性保护担负着重要义务。

2. 宣传教育的场所：

普及动物科学知识，使游人认识动物，了解动物，促进动物与人的交流等。作为中小学生和动物学相关专业学生的课外实习基地，帮助他们丰富动物学知识。

3. 科学研究的场所：

提供研究动物的驯化和繁殖、病理和治疗、习性与饲养的场所，并进一步揭示动物变异进化的规律，推进相关领域的科学研究。

4. 供人们消遣、休息、娱乐的场所：

提供闲暇游憩的场所和内容，疏解身心、增广见闻。

二、动物园规划设计

（一）用地与规模

1. 用地选择

由于动物种类繁多，来自不同的生态环境，故地形宜高低起伏，有山冈、平地、水面等自然风景条件和良好的绿化基础。动物时常会狂吠吼叫或发出恶臭，并有通过疫兽、粪便、饲料等产生传染疾病的可能，因此动物园最好与居民区有适当的距离，而在下游、下风地带。园内水面要防止城市水的污染，周围要有卫生防护地带，该地带内不应有住宅和公共福利设施、垃圾场、屠宰场、畜牧场等。动物园客流较集中、货物运输量也较多，一般停车场和动物园的入口宜在道路一侧，较为安全。

为满足上述条件，通常大中型动物园都选择在城市郊区或风景区内，如南宁市动物园位于西北郊，离市中心 5km。杭州动物园在西湖风景区内，与虎跑风景点相邻。

2. 用地规模

动物园的用地规模大小取决于下列因素：城市的大小及性质，动物品种与数量，自然条件，周围环境，经济条件等（表 6–6）。

动物园用地规模表　　表 6–6

动物园名称	用地规模（hm^2）	饲养动物情况（不包括鱼类）
北京动物园（图 6–55）	87	近 500 种、6000 只，其中珍稀动物 208 种、近 2000 只
上海动物园（图 6–56）	74	600 余种，6000 多只（头）
广州动物园（图 6–57）	42	400 余种，近 5000 只
杭州动物园（图 6–58）	20	200 余种，2000 头（只）左右
武汉动物园	42	200 余种，2000 余只
昆明动物园	23	200 余种，2000 余只
郑州动物园	26	200 余种，1500 余只
福州动物园	7	100 余种
成都动物园	23	250 余种，3000 余只
芝加哥林肯动物园	34	200 余种，1200 余只
纽约布朗克斯动物园	107	650 余种，27000 余只
伦敦动物园	15	约 650 种，逾万只
莫斯科动物园	22	800 余种，4000 余只
柏林动物园	33	近 1500 种，近 11200 只
阿姆斯特丹动物园	14	700 余种，6000 余只
汉堡动物园	20	2500 余只
东京上野动物园	14	360 余种，1860 余只

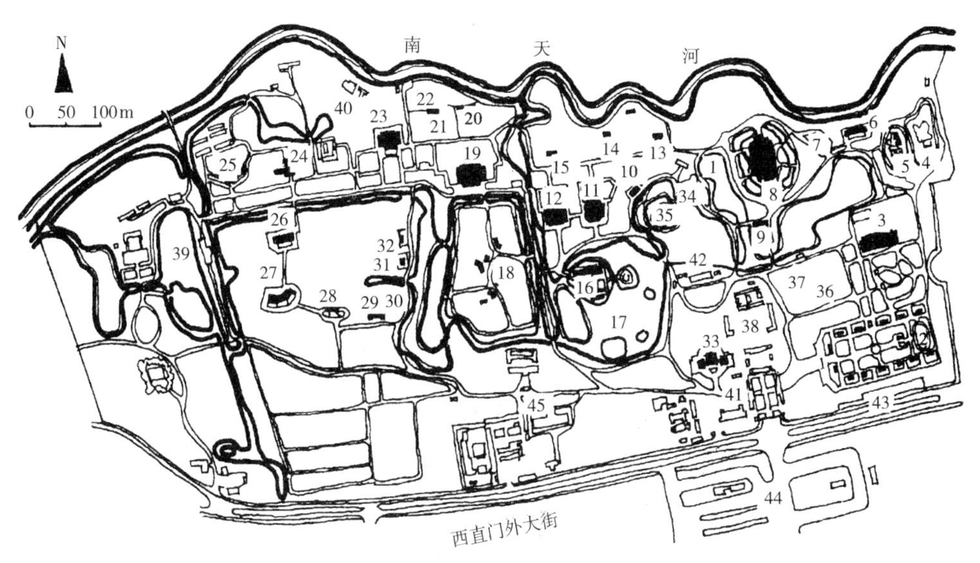

图 6-55　北京动物园平面图（某时期）

1- 小动物；2- 猴山；3- 象房；4- 黑熊山；5- 白熊山；6- 猛兽室；7- 狼山；8- 狮虎山；9- 猴楼；10- 猛禽栏；11- 河马馆；12- 犀牛馆；13- 鹂鹋房；14- 鸵鸟房；15- 麋鹿苑；16- 鸣禽馆；17- 水禽湖；18- 鹿苑；19- 羚羊馆；20- 斑马；21- 野驴；22- 骆驼；23- 长颈鹿馆；24- 爬虫馆；25- 华北鸟；26- 金丝猴；27- 猩猩馆；28- 海兽馆；29- 金鱼廊；30- 扭角羚；31- 野豕房；32- 野牛；33- 熊猫馆；34- 食堂；35- 茶点部；36- 儿童活动场；37- 阅览室；38- 饲料站；39- 兽医院；40- 冷库；41- 管理处；42- 接待处；43- 存车处；44- 汽车电车站场；45- 北京市园林局

图 6-56　上海动物园平面图

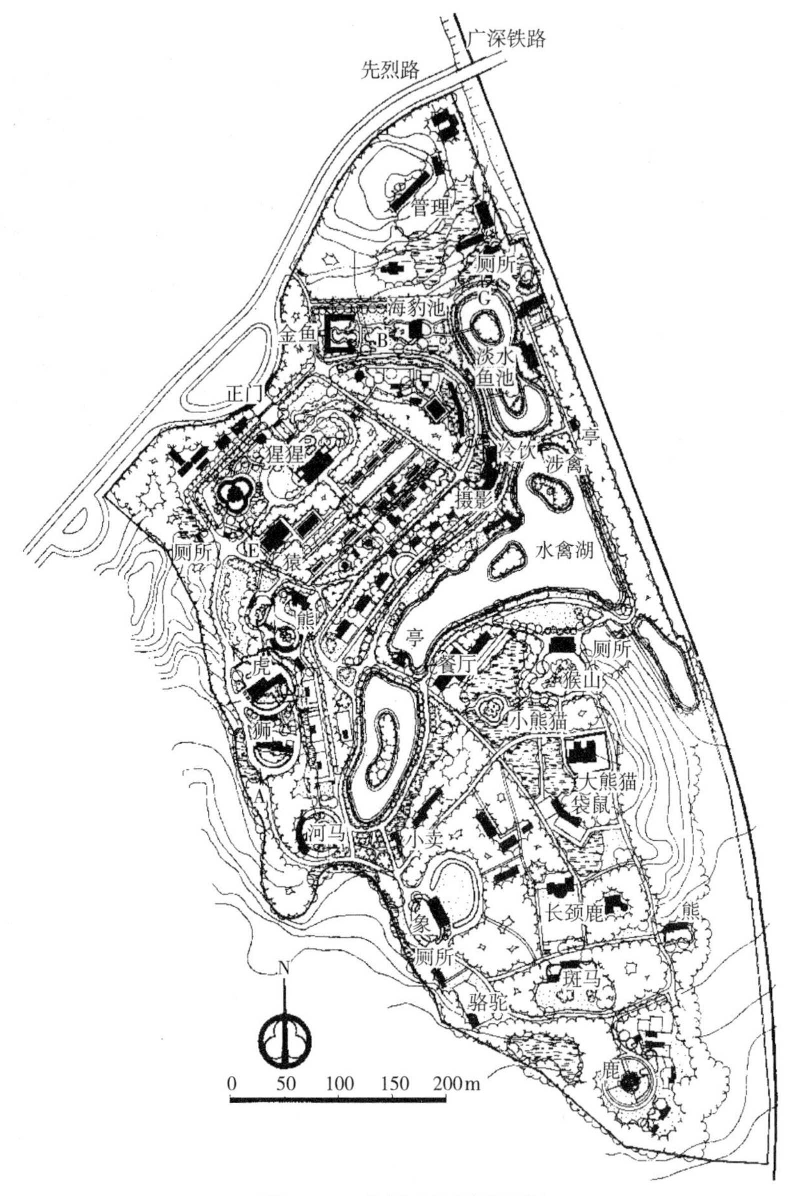

图 6-57　广州动物园平面图

3. 规划布局内容

（1）要有明确的功能分区，做到不同性质的交通互不干扰，但又有联系，达到既便于动物的饲养、繁殖和管理，又便于游客的参观休息。

（2）主要动物笼舍和服务建筑等与出入口广场、导游线有良好的联系，以保证全面参观和重点参观的游客均方便。

（3）动物园的游线相对自由，设置时应以景物引导，符合人行习惯（一般逆时针靠右走）。主要园路或专用园路要能通行消防车，后者用于运送动物、饲料等时应与主要游园线路分离。

（4）动物园的主体建筑一般设置在面向主要出入口的开阔地段上，或者在主景区

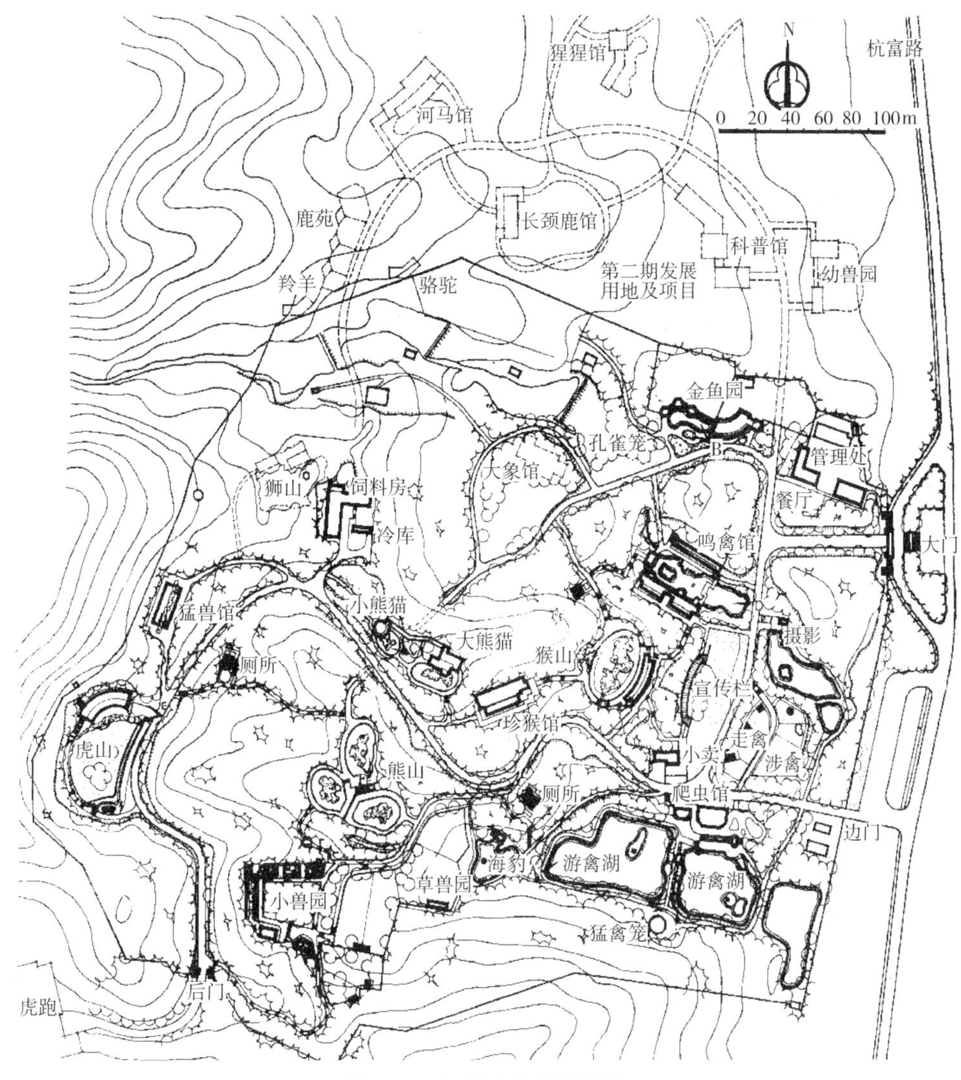

图 6–58　杭州动物园平面图

的主要景点上，也可能在全园的制高点以及某种形式的轴线上。

（5）动物园四周应有坚固的围墙、隔离沟和林墙，并要有方便的出入口及专用的出入口，以防动物逃出园外，伤害人畜，并保证安全疏散。

（二）展区设计

1. 分区

大中型综合动物园其分区如下。

（1）宣传教育及科学研究区

是全园科普科研活动中心，包括动物科普馆等，一般布置在出入口地段，使其交通方便，有足够的活动场地。

（2）动物展览区

由各种动物笼舍、展区组成，用地面积最大。动物展览部分一般分为 3~4 区，如哺乳类（食肉类、食草类和灵长类）、鸟类（游禽、涉禽、走禽、鸣禽、猛禽等）、两栖爬虫类、鱼类（水族馆、金鱼廊等）。

各区所占的用地比例大约是：

哺乳类	1/2~3/5
鸟类	1/5~1/4
鱼类 + 两栖爬虫类 + 其他	1/5~1/4

（3）服务休息区

与各类公园相似，包括休息亭廊、接待室、饭馆、小卖部、服务点等。各类服务设施分布于全园，便于游人使用，往往与动物展览区毗邻。

（4）园务管理区

包括饲料站、兽疗所、检疫站、行政办公室等，一般设在隐蔽偏僻处，但要与动物展览区、动物科普馆等有方便的联系，设专用出入口，以便运输与对外联系，也有动物园将兽医站、检疫站等设在园外的。

2. 展览顺序

（1）按动物的进化顺序

从动物园的任务要求出发，我国大多数动物园都突出动物的进化顺序，即由低等动物到高等动物，由无脊椎动物→鱼类→两栖类→爬行类→鸟类→哺乳类。在此顺序下，结合动物的生态习性、地理分布、游人爱好、地方珍贵动物、建筑艺术等，作局部调整。如上海动物园。

（2）按动物地理分布安排

即按动物生活的地区，如欧洲、亚洲、非洲、美洲、澳洲等，它有利于创造不同景区的特色，给游人以明确的动物分布概念，但投资大，不便管理。如日本东京动物园。

（3）按动物生态安排

即按动物生活环境，如分水生、高山、疏林、草原、沙漠、冰山等，这种布置对动物生长有利，园容也生动自然，但人为创造这种景观环境困难较大。如苏联莫斯科动物园及北京动物园。

（4）按游人爱好、动物珍贵程度、地区特产动物安排

我国珍奇动物大熊猫是四川的特产，成都动物园就突出熊猫馆，将其安排在入口附近的主要地位。一般游人较喜爱的猴、猩猩、狮、虎也有布置在主要位置的。

3. 陈列方式

（1）单独分别陈列

按每一种占据一个空间陈列，较方便，但不经济，不易引起游人的兴趣。

（2）同种同栖陈列

可以增加游人的兴趣，管理方便，但对卫生要求非常严格，避免传染疾病。例如群居猴、狼等。

（3）不同种的同栖陈列

此种可节省建筑费用，但要在生活习性上有可能，如幼小的可以同栖，温顺动物可以同栖，异性动物同栖的如狮虎等。

（4）幼小动物展览

这类可引起儿童极大的兴趣。

4. 游线设计

游线规划，应充分考虑游客的游赏心理和游赏感受，既达到教育游客的目的，也达到娱乐身心的目的。所以，全园的游线组织应避免单一的展览陈列方式，可以室内外展馆相互穿插；观览、休憩的空间相互间隔，避免游园过程中疲劳感的出现。此外，还应结合一些可以实际参与的项目。由于来动物园的游客年龄层次以儿童、青少年为主，可以设置由父母陪伴参与的与动物互动的亲子园，一般放在整个动物园游线的最后。比如，荷兰阿姆斯特丹动物园的山羊亲子园，柏林动物园的绵羊亲子园。

（三）建筑及笼舍展馆设计

1. 动物园建筑的组成

动物园建筑的三个基本组成部分。

（1）动物活动部分

包括室内外活动场地、串笼及繁殖室。

（2）游人参观部分

包括进厅、参观厅或参观廊及露天参观园路。

（3）管理与设备部分

包括管理室、贮藏室、饲料间、燃料堆放场、设备间、锅炉间、厕所、杂院等。

动物笼舍建筑如按展览方式，可有室内展览、室外展览、室内外展览三种。

2. 动物笼舍建筑的基本造型

动物笼舍建筑按展览方式有室内展览、室外展览、室内外展览三种，如依其与生态环境的差别程度来区分，基本造型可分为建筑式、网笼式、自然式和混合式。

（1）建筑式

是以动物笼舍建筑为主体的适用于不能适应当地生活环境，饲养时需特殊设备的动物，如天津水上公园熊猫馆。有些中小型动物为节约用地，节省投资，大部分笼舍也采用建筑式。如柏林动物园象馆（图 6-59）。

（2）网笼式

是将动物活动范围以铁丝网或铁栅栏相围，如上海动物园猛禽笼。网笼内也可仿照动物的生态环境。它适于终年室外露天展览的禽鸟或作为临时过渡性的笼舍。又如伦敦动物园大猩猩馆（图 6-60）。

图 6-59　1873 年柏林动物园印度塔风格的象馆

图 6-60　伦敦动物园大型室外网笼

图 6-61　2000 年布达佩斯动物园

（3）自然式

即在露天布置动物室外活动场，其他房间则作隐蔽处理，并模仿自然生态环境，布置山水、绿化，考虑动物不同的弹跳、攀缘等习性，设立不同的围墙、隔离沟、安全网，将动物放养其内，自由活动。这种笼舍能反映动物的生态环境，适于动物生长，增加宣传教育效果，提高游人兴趣；但用地较大，投资也高，如布达佩斯动物园（图 6-61）。

（4）混合式

即以上三种笼舍建筑造型的不同组合，如广州动物园的海狮池。

3. 展馆的设计

动物园展馆是多功能性建筑，它必须满足动物生态习性、饲养管理和参观展览多方面的要求，而其中动物的习性是起决定性作用的。它包括对朝向、日照、通风、给水排水、活动器具、温度等的要求。此外，还应该特别注意以下方面。

（1）混养物种增加观赏趣味

物种混养展览可以增加观赏的趣味。混养在一起的动物必须相容，共栖应该实现信息交流或体现美学价值。混养物种之间不能存在食物上的竞争。

（2）保证安全

要使动物与人、动物与动物之间适当隔离，不致互相伤害、传染疾病；铁栅间距、隔离网孔眼大小适当，防止动物伤人；要充分估计动物跳跃、攀缘、飞翔、碰撞、推拉的最大威力，避免动物越境外逃。

（3）生活空间的质量

要调查物种的家域范围，创造出同野外类似的生存环境。充分考虑空间的质量（包括形状、地形、躲避点、观察点、植物、石头、木头、水等）。如达姆斯达动物园猴馆（图 6-62）。

（4）群养动物应多提供几个取食点

动物们被笼养在一起时，通常要几个取食点以保证每个个体都能得到食物。

（5）尽量多选用自然材料

在满足动物健康和日常管理需求上，自然环境要比人造环境更有利。自然材料（活的植物、树木、石头、土等）更利于还原动物原生环境，视觉感受更自然，且具有较高的美学价值。

（6）展馆造型

动物展馆建筑设计创造动物原产地的环境气氛，其造型尚需考虑被展出动物的性格，如鱼鸟类笼舍玲珑轻巧，大象河马类笼舍则应厚实稳重，熊舍要粗壮有力，鹿苑宜自然朴野。如上海动物园金鱼廊吸收中国传统园林建筑厅廊结合方式，并点缀以瀑

图 6-62　达姆斯达动物园猴馆

图 6-63　上海动物园金鱼廊

布、盆景、水池、竹石小景，造型轻巧玲珑（图 6-63）。

（四）绿化布置

自然式动物园绿化的特点是仿造各种动物的自然生态环境，包括植物、气候、土壤、地形等。所以，绿化布置首先要解决异地动物生态环境的创造或模拟，其次要配合总体布局，把各种不同环境组织在同一园内，适当地联系过渡，形成一个统一完整的群体。

绿化布置的主要内容有：动物园分区绿化，园路场地绿化，卫生防护林带、苗圃等。

动物园分区可采用中国传统的“园中有园”的布局方式，如将动物园同组或同区地段视为内容相同的“小园”，在各“小园”之间以过渡性的绿带、树群、水面、山丘等隔离。也可采用专类园的方式，如展览大熊猫的地段可布置高山竹岭，栽植多品种竹丛，既反映熊猫的生活环境，又可观赏休息。大象、长颈鹿产于热带，可构成棕榈园、芭蕉园、椰林的景色。也可以采用四季园的方式，将植物依生长季节区分为春夏秋冬各类，并视动物产地温带、热带、寒带而相应配置，以体现该种动物的气候环境。

笼舍环境的绿化要强调背景的衬托作用，尤其是对于具有特殊观赏肤色的动物，如梅花鹿、斑马、东北虎等，同时还要防止动物对树木的破坏。植物材料可选择适合该动物生活环境的品种，其中有些必定是动物饲料的树木花草，另外也要考虑园林的诗情画意，如孔雀与牡丹、狮虎与松柏、相思鸟与相思树（又名红豆树）、爬行动物与龟贝树等。

对于游人参观，要注意遮荫及观赏视线问题，一般可在安全栏内外种植乔木或搭花架棚。

（五）配套设施设计

1. 动物安全与福利

（1）生物标准规划

包括规划设计标准必须基于生物种群的心理需要、活动的增加、社会的需要以及温度的要求，还有动物的能力和身体的尺度。

（2）动物安全系统

包括室内和室外的动物栅栏、牢笼、门、观察资料和日常管理系统。为管理人员的安全和动物福利不断变化的标准要求更综合的材料、设备和设计。事实上，有动物滑到或掉进壕沟受伤的例子，也有动物掉进水沟淹死的情况。一方面是由于障碍物缺少保护性的结构，另一方面是由操作性失误而引起的。壕沟可以是干的或充满水，后者禁止动物爬上外面垂直的墙。应假设动物有一天会误入壕沟。展馆设计时要考虑发生事故以后，怎样来救护动物。

（3）动物生命维持系统

包括物种必要条件和药物治疗系统，观察资料，驯化和检疫隔离。空气的过滤、加热、制冷和通风也需要专门的设计和设备。

（4）WAZA 道德规范

世界动物园和水族馆协会（WAZA）道德规范是于 1999 年 10 月在南非的比勒陀利亚正式通过的，是对所有成员对待动物问题上的一种道德约束。有以下八个方面的最高行动标准：①动物的待遇；②动物获得；③动物转运；④动物避孕；⑤动物的安乐死；⑥动物断肢；⑦动物释放；⑧动物在饲养过程中死亡。

2. 基础设施规划设计

（1）教育解说系统

包括发展教育的解说和与展示解说相关的信息。这些因素包括整理室内视线和解说图表，照明设备观察窗口和游客交流界面。

展览的所有成分应紧密地结合在一起来形成一个媒体，使观众了解自然史信息。文字、图画、模型、雕塑等展览及类似的教育形式能帮助游客从中获取更多的信息，此类的教育形式是需要的。应把宣传材料设计成展馆的一部分，并在展馆中设计教室、小课堂等，也包括显微镜插座、扩大系统，这些能为导游在展馆中讲课提供条件。

（2）后勤饲养系统

现代动物园不能仅仅满足动物的温饱问题，而忽略动物的心理健康。进食是动物日常行为的主要活动项目，通常占据了动物日常清醒状态下将近一半的时间，如果进食方式过于简单，会造成空余时间过多，让动物无所事事，造成心理的非正常状态。所以，动物饲养的丰富则是最佳的解决方式。通过食物投放方式的改变、取食方便度的降低、取食趣味性的增加等方法提供给动物们更多可消磨时间、可改善生活质量的活动方式。

图 6-64　柏林动物园投币喂食机

3. 商业、服务设施设计

动物园的商业及服务设施，应根据游线组织进行分布。不仅要考虑游客的需求，更要注重动物园的特点，结合动物园功能上的需要。比如，一些游客喜欢给动物喂食，当然大部分的动物是不被允许喂食的，但是在允许喂食的展馆、笼舍、园区等处设置投币喂食机，方便游客取用安全卫生的食物，对动物的健康也有很大保障（图 6-64）。

动物园的商业服务设施一般包括：向导信息中心、餐饮休憩场所、纪念品购物商店、厕所、垃圾环保点等。不仅要兼顾普通公园的功能，而且也增加了动物园所特有的教育功能。尤其向导信息中心和纪念品购物商店，更应该结合此功能。

三、动物园实例分析

（一）柏林动物园

柏林动物园（Berlin Tiergarten），是柏林两座动物园中较为古老的一座，也是德国最古老的动物园，建于 1841 年，前身是皇家禽鸟类场所。目前，柏林动物园占地约 $33hm^2$（图 6–65）。它不仅因为古老，还因为展示的动物品种之多而闻名于世，它展示的动物品种目前共有 1478 种（包括水族馆），总数为 11933 只。年接待游客约 290 万。

园内水族馆是世界上最大的水族馆之一（图 6–66）。在这栋三层的建筑里，共拥有 5000 尾超过 400 种的鱼类，380 只将近 100 种的爬行动物类，450 只 40 种的两栖类，以及 4335 只昆虫类、220 种无脊椎类。在底层有 86 个不同高度的观赏水箱，每个水箱容量大约有 11000L。它们展示了各种不同的水下环境。旁边还有重新建造的鲨鱼水池，使用人工材料并利用计算机工作监督运行滤光技术，真正营造鲨鱼所适合的生境。

河马馆中展示的动物不仅仅只有河马，它所表现的是一个较为完整的湿地生态系统，也展示一条生态食物链，大到河马，小到水下世界的鱼虾，还有各类水禽、鱼类。这样的展示方式，传递给参观者的信息，就不仅限于对单体动物的介绍，因为那样的介绍只能告诉参观者关于该种动物的生活习性、体态特征、动物类属，却无法了解该动物在自然生境中的状态，以及与其他动物的关系，而新的展示方式有助于更形象地了解整个生物圈，了解物种多样性和相关的自然保护知识（图 6–67）。

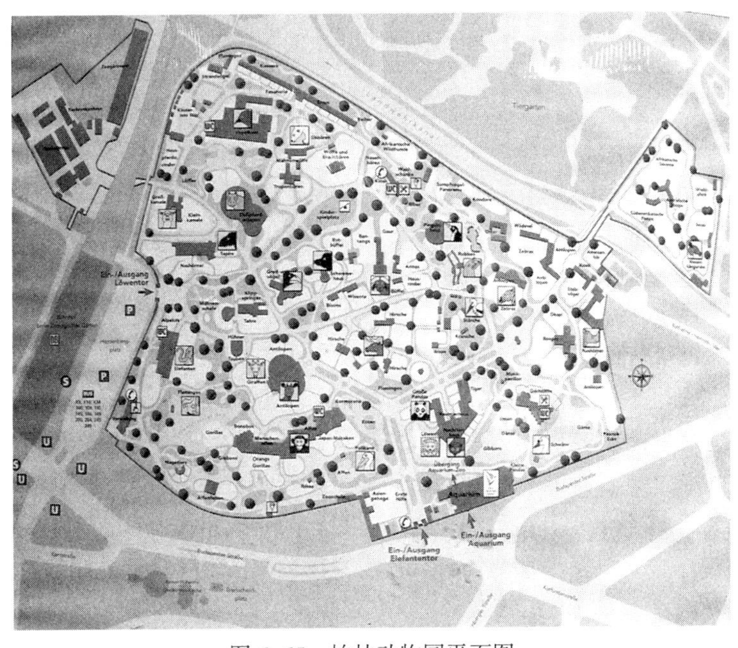

图 6–65　柏林动物园平面图

图 6-66　柏林动物园水族馆

图 6-67　柏林动物园河马馆

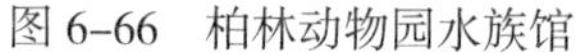

夜间动物馆主要是为了展示喜欢在夜间进行活动的动物，比如蝙蝠等。为了达到夜间的效果，展室设计在地下，室内几乎没有灯光，仅靠置于墙角的夜视灯。在黑暗中，这些喜在夜间活动的动物的听觉也是相当敏感的，所以通常采用隔声效果强的玻璃作为展示区与游人区的阻隔。游客可以通过墙上微弱的发光说明牌上对动物的解说了解动物。在观察动物的时候，可以结合说明牌的指引，顺利地找到动物藏匿的处所，进而观察动物的活动。

（二）上海动物园

上海动物园位于市区西郊，基地原为英国人的高尔夫球场，有大片草坪，栽植树木两千余棵，面积四百多亩。1953 年改建为西郊公园，设有溜冰场、露天舞池、儿童游戏场、茶室等。1954 年开放，同年建附属动物园，至 1959 年扩大至 74hm^2，是我国面积最大的动物园之一（图 6-56、图 6-68）。

1. 内容和分区

（1）动物展览区——有动物 350 余种，共 2000 余只。展览笼舍基本按动物进化系统，适当结合生态习性排列。

（2）服务休息区——设有餐厅、茶室、休息亭廊等。

（3）办公管理区——邻近大门东侧，设有办公、车库和专用出入口等。此外，还有苗圃、饲料加工、药厂及动物隔离区。

2. 设计特点

动物展出按照动物进化顺序依次排列，以逆时针方向引导游人循序渐进，逐一观赏各类动物以及它们的不同习性和生活环境。

为适应动物园的特殊需要，园林风景与动物生态环境有机结合，依据动物原产地活动区域的自然生态结构，综合植物、气候、土壤、水质、地形等因素，创造新的适宜异地动物的生态环境，以利于动物的生存和活动。天鹅湖畔种植芦竹等各类水边植物，构成水禽生态环境；狮虎山怪石、林木苍莽的北国风光；南方动物笼舍围以成片密植的棕榈、芭蕉、翠竹，形成热带、亚热带环境。动物展区与生态园林环境的融洽，使上海动物园成为独具特色的动物观赏园林。

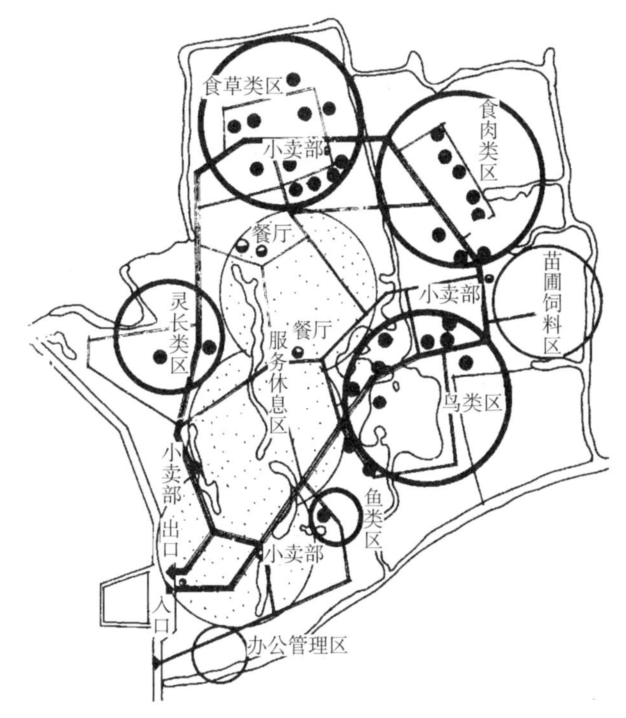

图 6-68　上海动物园分区示意图

第六节　植物园

一、植物园概述

（一）植物园起源与发展

植物园是从栽培药用植物开始的，东西方情况有些相似。

司马光（1019~1086 年）《独乐园记》（载十九卷 790 册 12 页）比较具体地记述了该园中的“采药圃”:“沼东治地为百有二十畦，杂莳草药，辨其名物而揭之。畦北植竹，于其前夹道如步廊，以蔓药覆之，四周植木药为藩，援命之日采药圃。”从这短短的几十个字中可看出：其一，这里种了三种药，即草药、蔓药、木药，显然是按形态分为草本、藤本和木本三大类;其二，“辨其名物而揭之”是辨别出这些草药的形态（物）和名称，并表示（揭之）或标示出来。由此可以看出这里已经是一个小型药用植物园的雏形了。从文中知道该园建于北宋熙宁四年（1071 年），距今已是 900 多年。

1. 国外植物园概况

1535 年德国 Wittenberg 大学的一位青年学者 Valerius Cordus 撰写了一本药草（或称药谱）（Dispensatory）的书籍，该书出版 10 年以后，1545 年意大利的帕多瓦（Padua）城诞生了第一座药用植物园，这说明植物学（古代的本草学）的发展与植物园的建立多少是有互动作用的。帕多瓦城的帕多瓦大学是 1222 年建立的古老大学，由于有药学系，为满足教学的需要，建起了欧洲历史上最古老的帕多瓦药用植物园（图 6-69），至今仍可供参观。在 1550 年意大利建立起佛罗伦萨（Florence）植物园，1587 年在北欧芬兰的莱顿（Leiden）建立了植物园，1635 年法国巴黎植物园建成，1638 年荷兰首都阿姆斯特丹（Amsterdam）建成植物园，1670 年英国爱丁堡（Edinburgh）建成植物园，至于规模宏大的英国皇家植物园邱园（Kew Garden）是 1759 年初建，后经 1841 年扩建后才有如今的园貌（图 6-70）。所以，从 16 世纪初的药用植物园转为 17、18 世纪的普通植物园，风起云涌般先后在欧洲各国大城市纷纷兴起，这一阶段可以说是植物园的萌芽时期。但是到了 19 世纪，世界各国兴建的植物园呈现突飞猛进的态势，是植物园的发展时期。20 世纪末 21 世纪初，植物园的建设仍然十分迅猛，总数已经超过 1000 座，进入了植物园发展的辉煌时期。

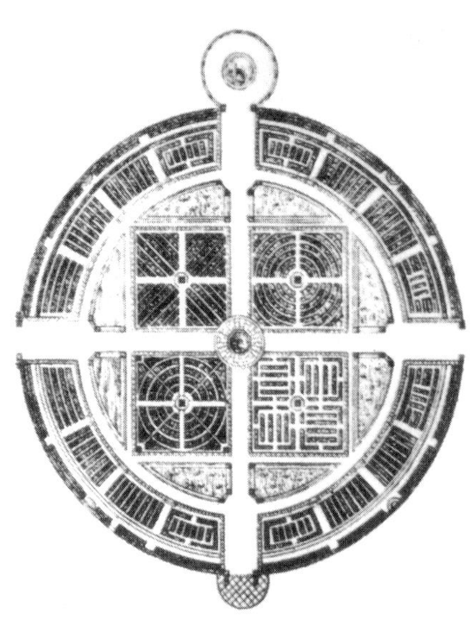

图 6-69　意大利北部帕多瓦药用植物园平面图

2. 中国植物园概况

我国历史上，自然科学始终受到压抑，植物园的发展也是如此。直到 20 世纪初，我国在少数留学回国的植物学者们的倡导下，才开

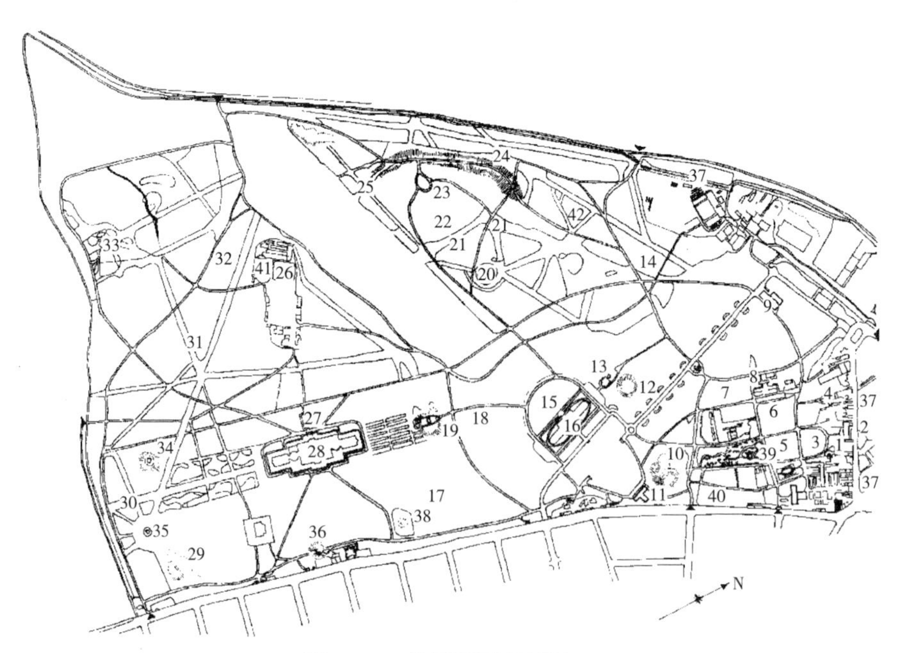

图 6-70　英国邱园平面图

1- 荷兰园；2- 木材博物馆；3- 剑桥村舍花园；4- 主任办公室；5- 鸢尾园；6- 多浆植物园；7- 温室区；8- 日晷；9- 柑桔室；10- 林地园；11- 博物馆；12- 蟹丘；13- 睡莲温室；14- 水仙区；15- 月季园；16- 棕榈温室；17- 小蘖谷；18- 日本樱花；19- 威廉王庙；20- 杜鹃园；21- 鹅掌楸林荫路；22- 杜鹃；23- 竹园；24- 杜鹃谷；25- 栗树林荫路；26- 苗圃；27- 大洋洲植物温室；28- 温带植物温室；29- 欧石楠园；30- 山楂林荫路；31- 橡树林荫路；32- 睡莲池；33- 女皇村舍；34- 清真寺山；35- 塔；36- 拱门；37- 停车场；38- 旗杆；39- 岩石园；40- 药草地；41- 厕所；42- 木兰园

始筹建我国最早的植物园。如：1929 年兴建的南京中山植物园，1934 年在江西庐山建造的植物园等。正式取名的北京植物园是 1956 年在北京西郊香山开始筹建的，该园的基础部分即是从北京动物园内的植物研究所迁来的。

1949 年以后我国植物园事业的大发展是在中国科学院的倡导下开始的。当时以学习苏联为主，而苏联的科学院在莫斯科成立有总植物园，全国各地设立分园。我国 20 世纪 50 年代先后成立或接收的植物园有：南京中山植物园（图 6–71）、昆明植物园（图 6–72）、云南西双版纳植物园、武汉植物园（图 6–73）、沈阳林土所树木园、庐山植物园（图 6–74）、华南植物园（图 6–75）、西安植物园（图 6–76）、贵州植物园、鼎湖山树木园等，都是隶属于科学院的。但后来多次调整，移交各省管理或科学院分院管理，变化很多，总数约在 12 座。

各大城市的园林局为城市园林绿化的需要，各大专院校为教学的需要，也都纷纷设立植物园，如北京教学植物园、北京市植物园（图 6–77）、昆明园林植物园等。

其他还有不少为专业研究的需要而设立的药用、森林、沙生、竹类、耐盐植物等比较专门的植物园等。

（二）植物园的概念与分类

1. 植物园的概念

从世界上最早的植物园至今，经过 500 年的演变，其数量和内容均发生了许多变化，植物园一词的含义和对它的解释也随着植物科学的发展与人类需求的变更发生了各种不同的变化。

现代意义上的植物园概念为：搜集和栽培大量国内外植物，进行植物研究和驯化，并供观赏、示范、游憩及开展科普活动的城市专类公园。

图 6–71　南京中山植物园平面图

1– 试验苗圃；2– 亚热带经济植物区；3– 展览温室；4– 树木园；5– 药用植物园；6– 系统分类园；7– 抗污染植物区；8– 观赏植物园；9– 主楼；10– 林地

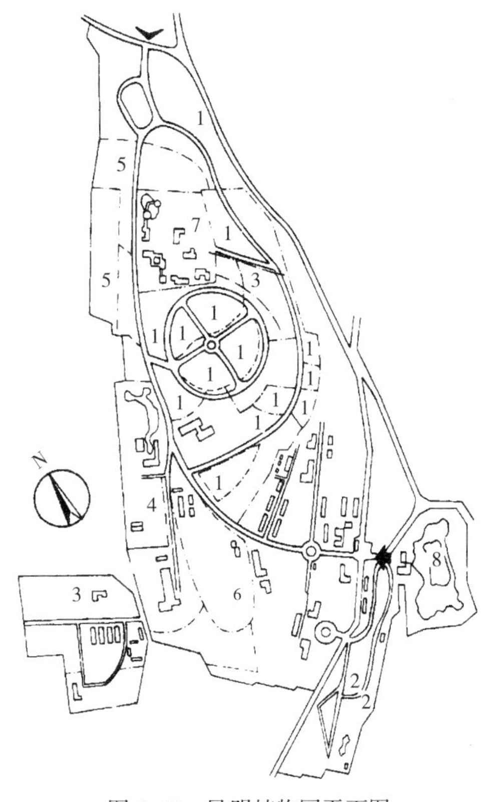

图 6–72　昆明植物园平面图

1– 系统树木园；2– 山茶园；3– 杜鹃园；4– 百草园；5– 木兰园；6– 油科植物区；7– 展览温室群；8– 单子叶植物及水生植物区

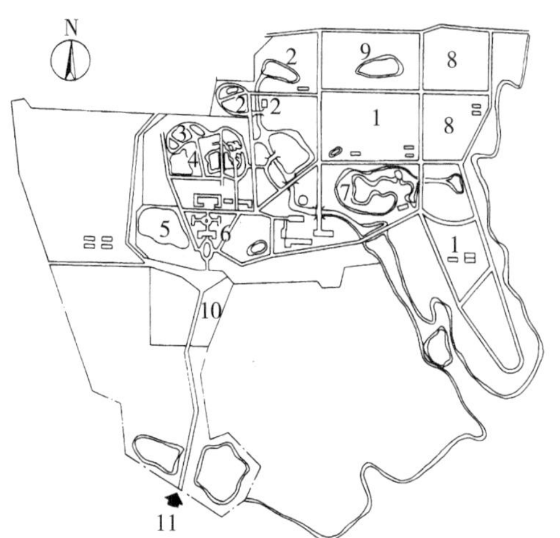

图 6-73　武汉植物园平面图

1- 木本植物区；2- 药用植物区；3- 荫生植物区；4- 杜鹃园；5- 牡丹园；6- 月季园；7- 水生植物区；8- 竹园；9- 猕猴桃园；10- 濒危植物区；11- 主要入口

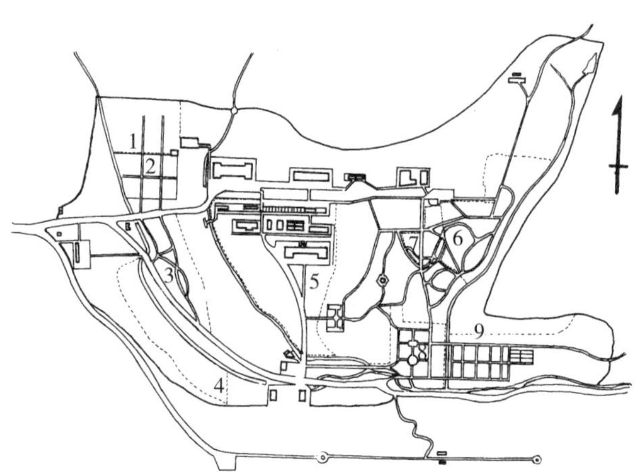

图 6-74　庐山植物园平面图

1- 茶园；2- 苗圃；3- 树木园；4- 果园；5- 温室；6- 松柏区；7- 岩石园；8- 草花区；9- 药圃

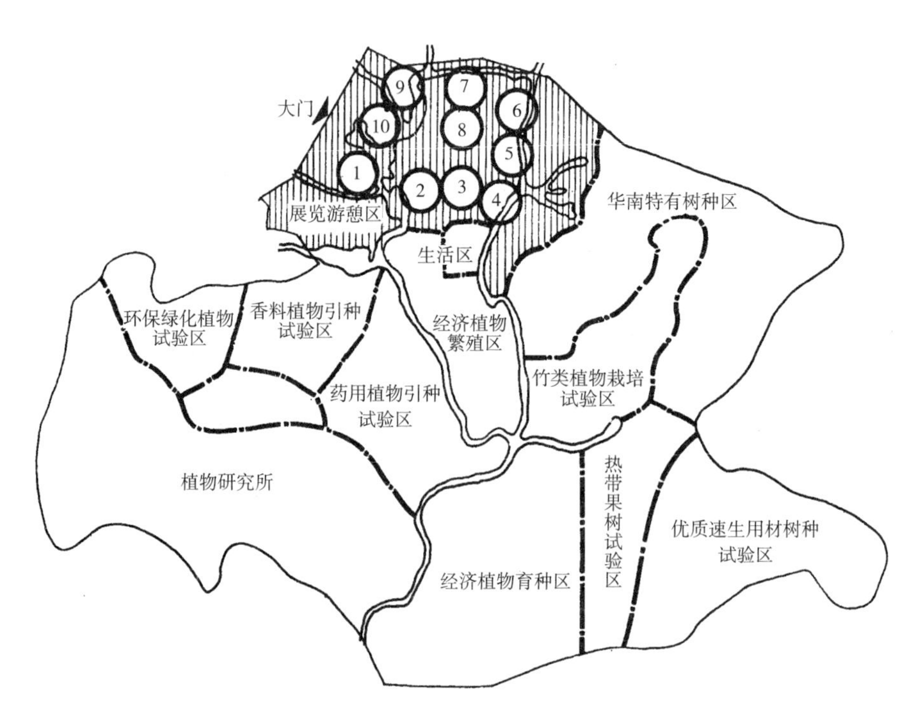

图 6-75　广州华南植物园平面示意图

1- 经济植物区；2- 竹类植物区；3- 园林树木区；4- 裸子植物区；5- 药用植物区；6- 热带植物馆；7- 蒲岗荫生林；8- 蕨类植物园；9- 孑遗植物区；10- 棕榈植物区

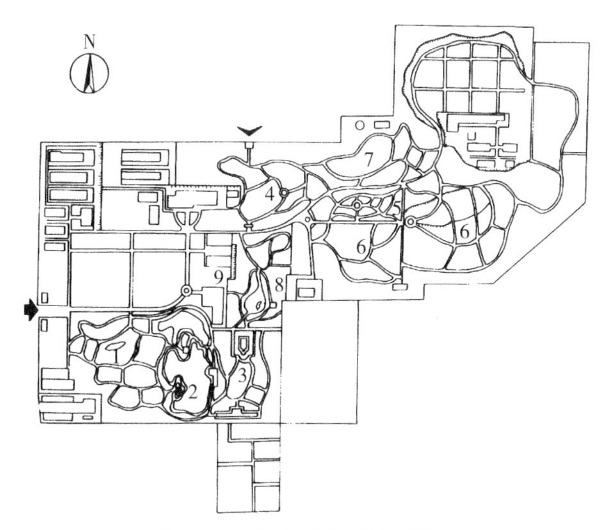

图 6-76　西安植物园平面图

1- 药用植物区；2- 水生植物区；3- 花卉植物区；4- 果树及木本油料植物区；5- 芳香植物区；6- 植物分类区；7- 裸子植物区；8- 翠华园；9- 展览温室

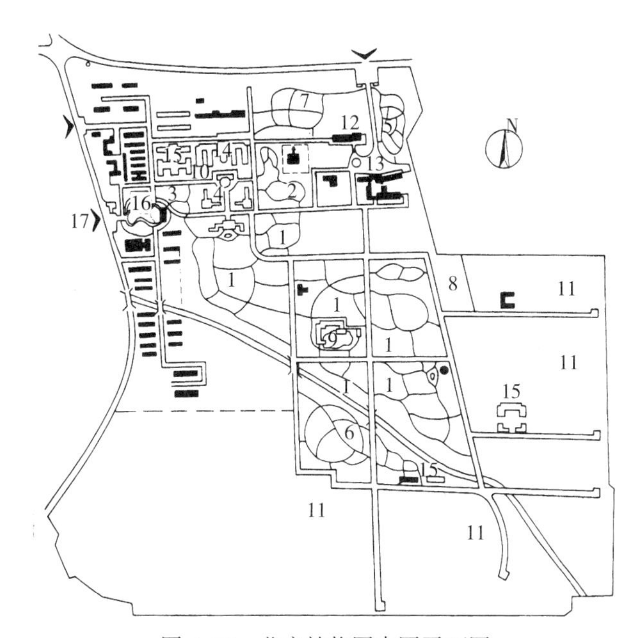

图 6-77　北京植物园南园平面图

1- 树木园；2- 宿根花卉园（含球根）；3- 牡丹园（含芍药）；4- 月季园；5- 药用植物园；6- 野生果树区；7- 环保植物区；8- 濒危植物区；9- 水生与藤本植物区；10- 月季园；11- 实验区；12- 实验楼；13- 国家植物标本馆；14- 热带、亚热带植物展览温室（1820m²）；15- 繁殖温室、冷室；16- 种子标本库（不开放）；17- 主要入口

2. 植物园的分类

按业务范围分：

（1）科研为主的植物园。世界上发达国家已经建立了许多研究深度与广度很大、设备相当充足与完善的研究所与实验园地，在科研的同时也进行开放展览。

（2）科普为主的植物园。以科普为中心工作的植物园在总数中占比例较高，原因是活植物展出的规定是挂铭牌，它本身的作用就是使游人认识植物，含有普及植物学的效果。不少植物园还设有专室展览，专车开到中小学校展示，专门派导师讲解。

（3）为专业服务的植物园。这类植物园是指展出的植物侧重于某一专业的需要，如药用植物、竹藤类植物、森林植物、观赏植物等。

（4）属于专项搜集的植物园。从事专项搜集的植物园很多，也有少数植物园只进行一个属的搜集。

（三）植物园的职能

1. 科研基地

古老的植物园是以科学研究的面貌出现的。尤其在医药还处于探索性的时代，野生植物凡是有一定疗效的，很快即转入栽培植物，植物园是重要的药物引种试验场所。

国外许多植物园以大量的活植物，加之图书馆、标本馆，三位一体成为植物学科研究的重要基地。

2. 科学普及

几乎大部分植物园均进行科学普及活动，因为国际植物园协会曾规定“植物园展出的植物必须挂上铭牌，具有拉丁学名、当地名称和原产地”。这件事本身即具有科普意义。

3. 示范作用

植物园以活植物为材料进行各种示范，如科研成果的展出、植物学科内各分支学科的示范以及按地理分布及生态习性分区展示等。游人可从中了解到植物形态上的差异和特点及进化的历程等。

4. 专业生产

植物园与生产结合，如药用植物园、森林植物园等为生产服务的方向既单一、又明确。在科研、科普及示范的基础上进一步为本专业的生产需要服务。

5. 参观游览

植物园内植物景观特别丰富、美好，科学的内涵多种多样，自然景观使人身心愉快，是最能招引游人的公共游览场所，在城市规划中按公园绿地加以统计。

二、植物园规划设计

（一）位置选择

1. 植物园的位置选择应满足的要求

（1）侧重于科学研究的植物园，一般从属于科研单位，服务对象是科学工作者。它的位置可以选交通方便的远郊区，一年之中可以缩短开放期，冬季在北方可以停止游览。

（2）侧重于科学普及的植物园，多属于市一级的园林单位，主要服务对象是城市居民、中小学生等。它的位置最好选在交通方便的近郊区。如苏联就主张接近原有名胜或古迹的地方更能吸引游人，所以北京市植物园内有一座唐代古刹卧佛寺，是十分恰当的。

（3）如果是研究某些特殊生态要求的植物园，如热带植物园、高山植物园、沙生植物园等，就必须选相应的特殊地点才便于研究，但也要注意一定要交通方便。

（4）附属于大专院校的植物园，最好在校园内辟地为园或与校园融为一体，可方便师生教学。也有许多大学附设的植物园是在校园以外另觅地点建园，如柏林大学的大莱植物园、哈佛大学的阿诺尔德树木园、明尼苏达大学的风景树木园、牛津大学的牛津植物园等，均远离校园。

2. 选择可供植物生长的自然条件

（1）土壤

植物园内的植物绝大部分是引种的外来植物，所以要求的土壤条件比较高，如土层深厚、土质疏松肥沃、排水良好、中性、无病虫害等，这是对一般植物而言。至于一些特殊的如沙生、旱生、盐生、沼泽生的植物，则需要特殊的土壤。选址的因素很多，土壤列为第一项是因为植物直接生长在土中，植物生长不良就谈不上建什么植物园。

（2）地形

植物最适于种在平地上这是人所共识的，背风向阳的地形在北方十分重要。不过因植物的来源不同要求也不同，即使仿自然景观的人工建造也不能都在平如球场的地面上进行，所以稍有起伏的地形也是许可的，原有一些缓坡也不必加工平整，适当保留更显自然。我国南方丘陵地带多，山石突兀，都不是理想的园址。通常要选开旷一些、平坦一些、土层厚的河谷或冲积平原才好。举世闻名的老植物园如英国邱园、美国阿诺尔德园等都是大部分平坦或少有起伏的园址，颇受世人称赞。

（3）地貌

地貌是指自然地形上面附加的植物及其他固定性物体，也就是地表的外貌。树木密集的地方说明当地的自然条件适合于某些树木的生长。一个自然植物群落的形成，不仅是时间、空间的积累，而且还有群落结构与群落生态及乔、灌、草及上中下层的植物能量转化等的复杂关系，一旦破坏是难以恢复的。

（4）水源

水源是指灌溉用的水资源是否能满足植物园的需要。植物园中的苗圃、温室、实验地、锅炉房、办公与生活区等经常消耗大量的水，活植物中的水生植物、沼泽植物、湿生植物等均需经常生活在水中或低湿地带，靠水来维持，所以植物园需要有充足的水源。

建园规划时要调查：①水源的种类，是地下水、河川水、湖塘水，还是水库或城市自来水。②供水量是否充足，全年变化如何，有无枯水季节。③水质要经过化验，如酸碱度、矿物质含量等是否合格。④对于降水量的全年分布、储存的可能性、土壤渗漏或积水情况、夏季有无洪涝威胁等情况，都应该有所了解，供选址时参考。

（5）气候

气候是指植物园所在地因纬度与海拔高度而引起的各种气象变化的综合特点。对于植物园来说，它所在地的气候应当相近于迁地植物原产地的气候。因为引种到植物园内的植物，即“迁地保护”的植物，如果能成活、生长、繁殖，并发现它们的利用价值，还要走出植物园供市民去利用，所以被推广的地区应该是与植物园或原产地的气候有相似之处才能成功。

植物对所在环境的气温最具敏感性，迁地保护的植物，如果限于露地栽培，环境中只有气温是人力最难以保证的条件。经常采用的消极的办法如熏烟、搭风障等，对局部可以有一定的作用，但大面积种植就比较困难。尤其是可能出现的绝对最低温度，如持续时间超过某种植物的耐性，迁地保护就会遭到失败，所以说植物的耐寒性是一个复杂的生理问题。植物园可以创造条件既引种又驯化、既锻炼又提高，但是植物园本身所在地的气温要有一定的代表性，才能向外推广。其次是湿度问题，北方春季干旱，植物在缺水与低温的双重威胁下，比湿润下的低温更容易死亡。所以，每月降水量与空气相对湿度也应该有所保证，这对迁地保护或引种后的推广很重要。

（二）用地规模

植物园的用地规模，是由植物园的性质、展览区的数量、搜集品种多少、经济水平以及园址所在位置等因素，综合考虑决定的。

世界上几个闻名的植物园的面积情况：

英　国	皇家植物园邱园	$121.5hm^2$
美　国	阿诺尔德树木园	$106.7hm^2$
德　国	大莱植物园	$42.0hm^2$
加拿大	蒙特利尔植物园	$72.8hm^2$
俄罗斯	莫斯科总植物园	$136.5hm^2$
中　国	中科院北京植物园	$58.5hm^2$
	庐山植物园（已建成部分）	$93.4hm^2$
	上海植物园	$66.7hm^2$
	上海辰山植物园	$207.0hm^2$

一般综合性植物园的面积（不包括水面）在 $50\sim100hm^2$ 的范围内比较合宜。在做总体规划时，应该考虑到将来发展的可能性，留有余地，暂时不用的土地可以作为生产基地。

（三）规划分区

植物园主要分为两大部分，即以科普展示为主结合科研与生产的植物展览区，和以科研为主结合生产的科研实验区，其下再细分功能区域。

1. 植物展览区

目的在于把植物世界客观的自然规律，以及人类利用植物、改造植物的知识陈列和展览出来，供人们参观与学习。建议设置内容如下。

（1）植物进化系统展览区

该区按照植物进化系统分目、分科布置，反映出植物由低级到高级的进化过程，使参观者不仅能得到植物进化系统的概念，而且对植物的分类、各科属特征也有个概括了解（图 6–78）。

图 6–78　多浆植物区

（2）经济植物展览区

展示经过栽培实验确属有用的经济植物，栽入本区展览。为农业、医药、林业以及园林结合生产提供参考资料，并加以推广。按照用途分区布置，如药用植物、纤维植物、油料植物、淀粉植物、橡胶植物、含糖植物等。

（3）抗性植物展览区

植物能吸收氟化氢、二氧化硫、二氧化氮、

溴气、氯等有害气体，早已被人们所了解，但是其抗有毒物质的强弱、吸收有毒气体的能力大小，常因树种不同而不同。按其抗毒的类型、强弱分组移植本区进行展览，为绿化选择抗性树种提供可靠的科学依据。

（4）水生植物区

根据植物有水生、湿生、沼泽生等不同特点，喜静水或动水的不同要求，在不同深浅的水体里，或山石溪涧之中，布置成独具一格的水景，既可普及水生植物方面的知识，又可为游人提供良好的休息环境（图6-79）。

图6-79　植物园内水生植物区中的王莲

（5）岩石植物区

岩石植物区，又称岩石园（Rock garden），多设在地形起伏的山坡地上，利用自然裸露岩石造成岩石园，或人工布置山石，配以色彩丰富的岩石植物和高山植物进行展出（图6-80）。

图6-80　上海植物园内的岩石园

（6）树木区

展览本地区和引进国内外一些在当地能陆地生长的主要乔灌木树种。按分类系统布置，便于了解植物的科属特性和进化线索（图6-81）。

图6-81　美国华盛顿树木园

（7）专类区

把一些具有一定特色、栽培历史悠久、品种变种丰富、具有广泛用途和很高观赏价值的植物，加以搜集，辟为专区集中栽植，如山茶、杜鹃、月季、玫瑰、牡丹、芍药、荷花、棕榈、槭树等任一种都可形成专类园。也可以由几种植物根据生态习性要求、观赏效果等加以综合配置，能够受到更好的艺术效果。

杭州植物园中的槭树、杜鹃园，槭树树形、叶形都很美观，杜鹃一树千花、色彩艳丽，两者相配，衬以叠石，便可形成一幅优美的画面。但是它们都喜阴湿环境，故以山毛榉科的长绿树为上木，槭树为中木，杜鹃为下木，既满足了生态习性的要求，又丰富了垂直构图的艺术效果。

西方的“Herb garden（百草园）”（图6-82）中有调味植物（如葱、姜、蒜之类）、染料植物（如木蓝、栀子之类）、芳香植物

图6-82　美国克里夫兰园林中的百草园

（如玫瑰、香叶天竺葵等）、纤维植物（如亚麻、大麻等）、药用植物甚至有毒植物等（图 6-83）。

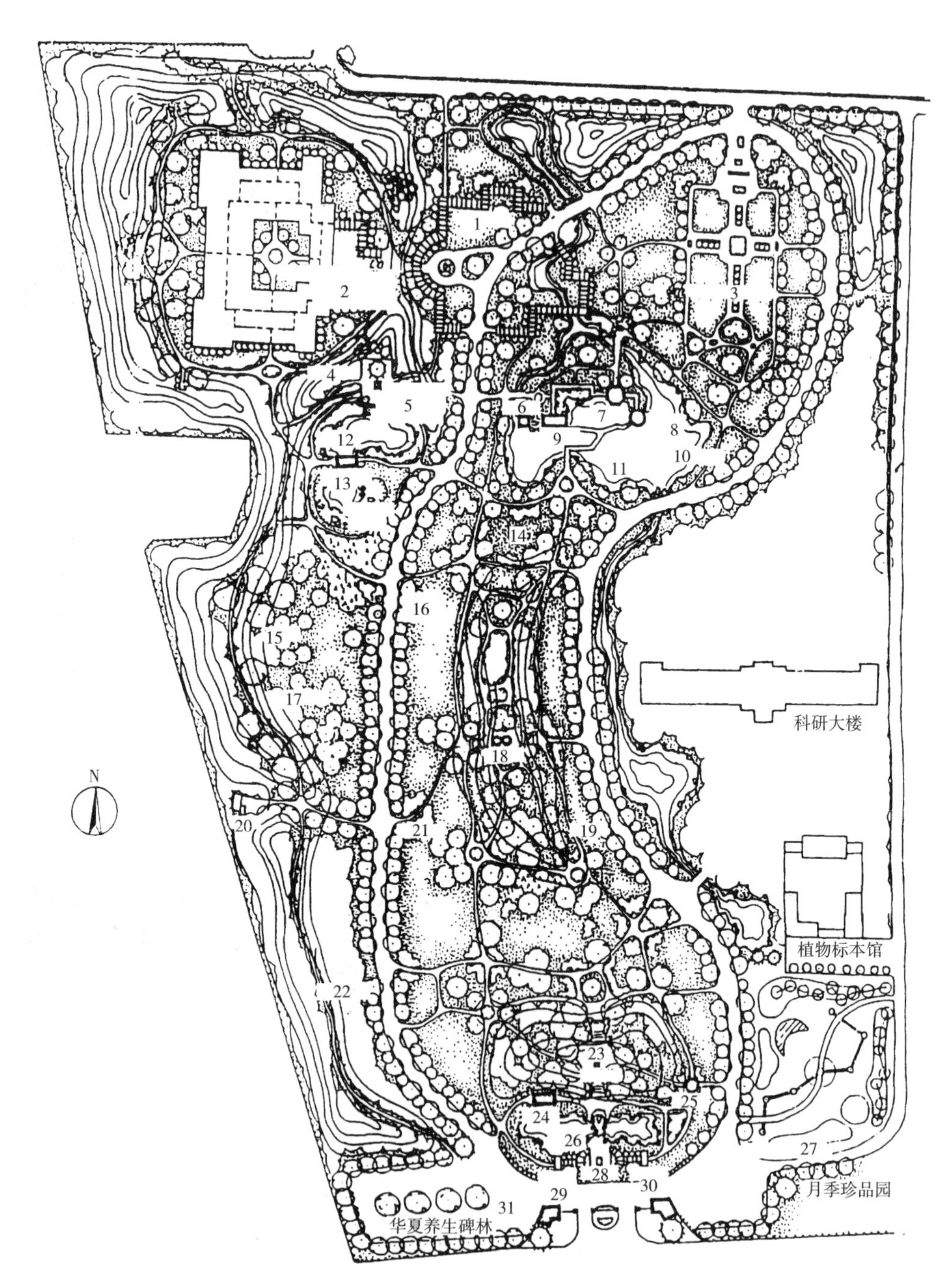

图 6-83　北京药用植物园平面图

1- 藤蔓植物区；2- 畅爽园（荫生植物药区）（珍稀濒危药区）（岩生植物药区）；3- 翠芳园（系统区）；4- 小花果山；5- 三层：洗心亭；二层：飞云阁；一层：水帘洞；6- 芳趣亭；7- 揽翠亭；8- 荷香亭；9- 三友轩；10- 水生植物区；11- 如意湖；12- 洗心湖；13- 桃红柳绿；14- 湿生沼生植物区；15- 友谊林；16- 抗衰老保健药区；17- 牡丹芍药园；18- 栖凤亭；19- 中药区；20- 厕所；21- 民间药区；22- 西岭红霞；23- 李时珍像；24- 木草馆；25- 四季亭；26- 莲花池；27- “日月星辰”草坪；28- 凌霄石；29- 左宜亭；30- 右宜亭；31- 华夏养生碑林

（8）示范区

植物园与城市居民的关系密切，设立有关的示范区，可让普通市民获得园林布景方面的启发。例如，家庭花园示范（图 6–84），绿篱示范，花坛（图 6–85）、花境示范，草坪示范，日本园林、法国园林示范等。

（9）温室区

温室是展出不能在本地区陆地越冬，必须有温室设备才能正常生长发育的植物的地方。为了适应体形较大的植物生长和游人观赏的需要，温室的高度和宽度，都远远超过一般繁殖温室。体形庞大，外观雄伟，是植物园中的重要建筑（图 6–86、图 6–87）。

温室面积大小，与展览内容多少、品种体形大小，以及园址所在的地理位置等因素有关，譬如，北方天气寒冷，进温室的品种必然多于南方，所以温室面积就要比南方大一些。

至于植物园的植物展览区，应设几个为好，应结合当地实际情况有所增减。如杭州植物园（图 6–88），位于西湖风景区，设有观赏植物区、山水园林区；庐山植物园在高山上，辟有岩石园（图 6–74）；广东植物园位于亚热带，所以设有棕榈区等，都是结合地方特点设立的。

2. 科研实验区

科研实验区，是专供科学研究和结合生产的用地，为了避免干扰，减少人为破坏，一般不对群众开放，仅供专业人员使用，建议设置如下内容。

图 6–84　家庭花园示范区

图 6–85　英国邱园在大路边设各式花坛示范

图 6–86　美国圣保罗市 Como Park 穹顶式温室

图 6–87　比利时布鲁塞尔 Miese 植物园“王冠”形外观温室

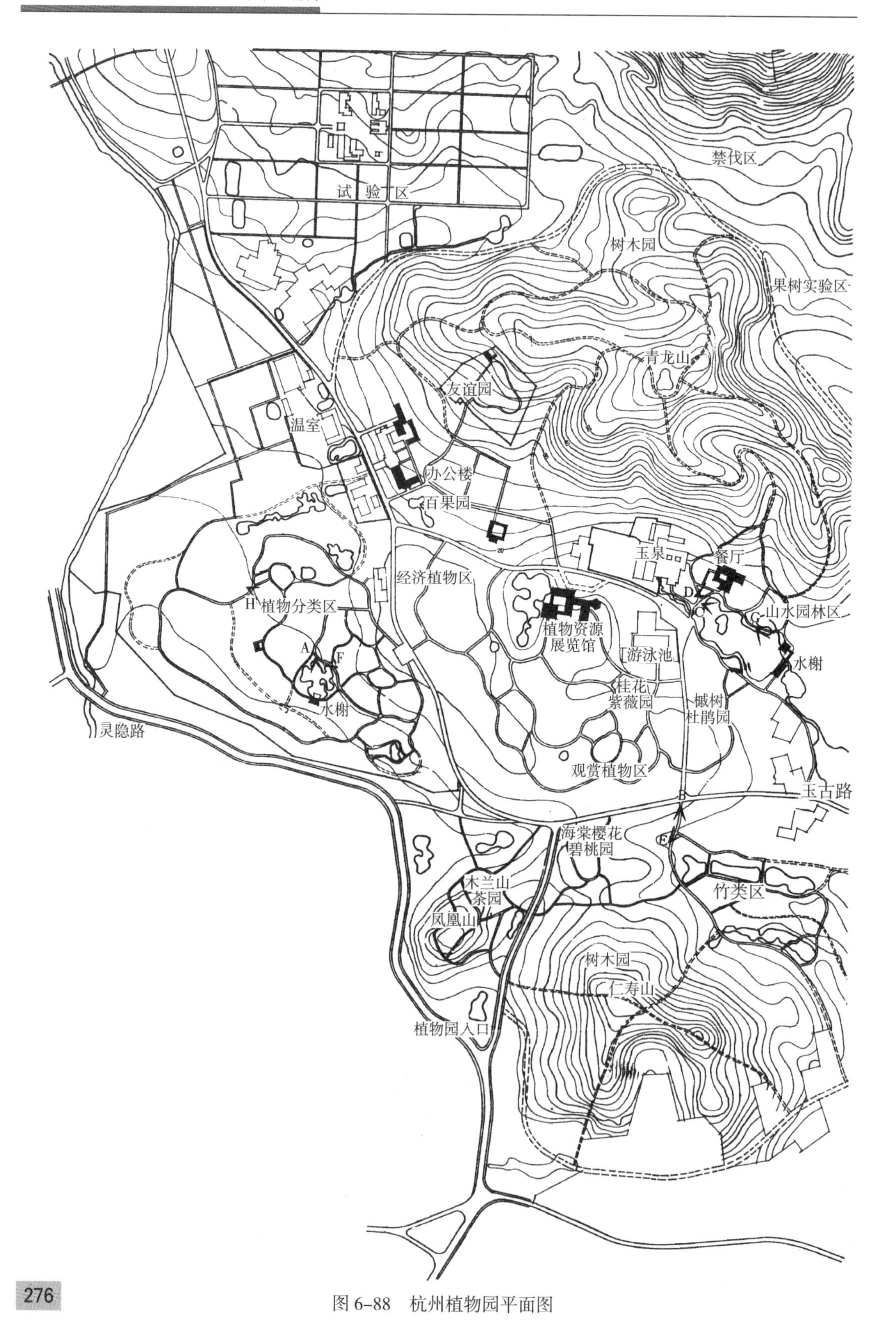

图 6-88　杭州植物园平面图

（1）温室区

主要用于引种驯化、杂交育种、植物繁殖、贮藏不能越冬的植物以及其他科学实验。

（2）苗圃区

植物园的苗圃包括实验苗圃、繁殖苗圃、移植苗圃、原始材料圃等。用途广泛，内容较多。

苗圃用地要求地势平坦、土壤深厚、水源充足、排灌方便，地点应靠近实验室、研究室、温室等。用地要集中，还要有一些附属设施如荫棚、种子、球根贮藏室、土壤肥料制作室、工具房等。

（四）设计要点

1. 首先明确建园目的、性质与任务。

2. 决定植物园的分区与用地面积，一般展览区用地如面积较大可占全园总面积的40%~60%，苗圃及实验区用地占25%~35%，其他用地约占25%~35%。

3. 展览区是面向群众开放的，宜选用地形富于变化、交通联系方便、游人易于到达的地方，另一种偏重科研或游人量较小的展览区，宜布置在稍远的地点。

4. 苗圃实验区，是进行科研和生产的场所，不向群众开放，应与展览区隔离。但是要与城市交通线有方便联系，并设有专用出入口。

5. 确定建筑数量及位置。植物园建筑有展览建筑、科学研究建筑以及服务性建筑三类：

（1）展览建筑包括展览温室、大型植物博物馆、展览荫棚、科普宣传廊等。

展览温室和植物博物馆是植物园的主要建筑，游人比较集中，应位于重要的展览区内，靠近主要入口或次要入口，常构成全园的构图中心。科普宣传廊应根据需要，分散布置在各区内。

（2）科学研究用建筑，包括图书资料室、标本室、试验室、工作间、气象站等。苗圃的附属建筑还有繁殖温室、繁殖荫棚、车库等。布置在苗圃实验区内。

（3）服务性建筑包括植物园办公室、接待室、茶室、小卖餐馆、休息厅廊、花架、厕所、停车场等，这类建筑的布局与公园情况类似。

6. 排灌工程：

植物园的植物品种丰富，要求生长健壮良好，养护条件要求较高，因此在做总体设计的同时，必须作出排灌系统设计，保证旱可浇、涝可排。一般利用地势起伏的自然坡度或暗沟，将雨水排入附近的水体中为主，但是在距离水体较远或者排水不顺的地段，必须铺设雨水沟管，辅助排出。

三、植物园实例分析

（一）威斯丽花园

威斯丽（Wisley）花园是与英国邱园（Kew）齐名的植物园，位于英国伦敦西南30km处，面积98hm^2，隶属于英国皇家园艺学会（RHS），是个园艺实践中心。皇家园艺学会1904年在此地一片一片地建造了这座花园。然而，虽然这里搜集到的植物纷繁芜杂，但却有着合理而和谐的植物配置方式。此外，还请来著名的造园家设计花园中的不同部分（图6-89）。

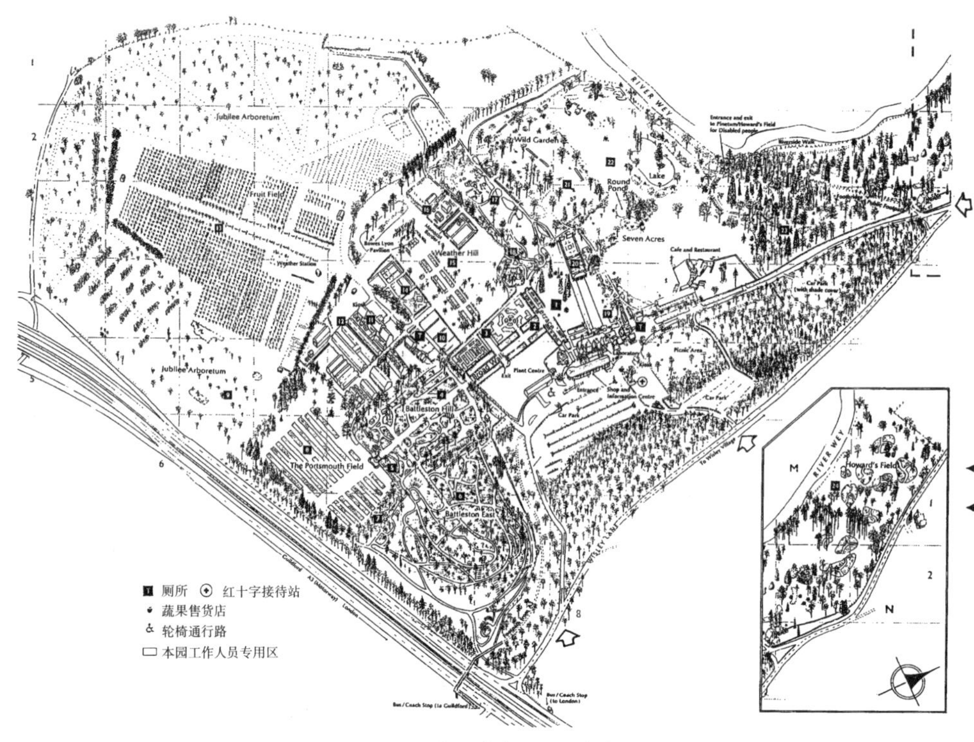

图 6-89　英国威斯丽花园平面图

1. 花园分区

按该园的编号有 24 个游览区：①松柏草坪（图 6-90）；②混合花境群；③新品种月季园；④杜鹃山；⑤地中海植物区；⑥乔灌草混交林；⑦冬景园；⑧栽培试验区；⑨树木园区；⑩ 示范园区（图 6-91）；⑪ 温室；⑫ 绿篱展览区；⑬ 果园区；⑭ 多种示范园区；⑮ 落叶乔木展示区；⑯ 高山植物室（图 6-92）；⑰ 岩石园（图 6-93）；⑱ Bowles 纪念园；⑲ 图书馆前区（图 6-94）；⑳ 规整式花园区；㉑ 野趣园；㉒ 水景园；㉓ 松柏园；㉔ 欧石楠园。

2. 设计特点

（1）这是一座按植物园规格布置的花园，内容以观赏植物为主，处处考虑四季有

图 6-90　松柏草坪

图 6-91　草坪花坛示范园区

图 6–92　高山植物室

图 6–93　岩石园

花可游、可赏，但又在各区突出它的特色，如树木园、松柏园等，乔灌草穿插种植，注意四季景观，不仅面向植物学家或狂热的植物学知识追求者，更照顾到大批观赏植物的爱好者和欣赏者。

图 6–94　图书馆前区

（2）近 100hm^2 的土地分为 24 个游览区，各区的内容按分类学布置的有树木园、落叶乔木园、松柏园等；按植物地理学布置的有地中海植物区；按生态要求布置的有水景园、高山植物室、岩石（植物）园及温室；按专类搜集的有欧石楠园、杜鹃山、新品种月季园；按园林示范需要的有示范园区、混合花境区、绿篱展览区、规整式花园区及多种示范园区；按特殊园林趣味布置的有冬景园、野趣园及图书馆前区等；属于生产示范（有别于家庭示范）的有果园区、栽培试验区，还有不少纪念性园地等。其艺术性超过一般的植物园，但科学性并未减低。

（3）有人认为取名“花园”其科学性可能不如“植物园”，其实不然。威斯丽花园与皇家园艺学会在一起，合二为一，其学术活动、书刊出版、电脑操作、实验设备、新品种培育、人才培养、国际交往等，在英国都与皇家植物园同样处在领先地位，相互媲美，所不同的是威斯丽花园更受市民喜爱，更接近市民的生活，更符合市民的日常需要，更多地满足人们对植物美的享受。

（二）上海植物园

上海植物园位于市区西南，旧址是 1954 年辟建的龙华苗圃，地形平坦，小河浜多。至 1966 年苗圃已有相当水平，并建有盆景园、兰室、温室、四季假山、接待室等。20 世纪 70 年代初改建为上海植物园，面积约 66.7hm^2（图 6–95）。

1. 内容和分区

该园分展出游览区、科研区和生活管理区三大部分（图 6–96）。

（1）展出游览区

①草药园——园内草药种植结合假山、水池的布置，亭廊均用竹架构筑，还立有李时珍塑像。②人工生态区——有展览温室和盆景园（图 6–97）。盆景园是植物园的

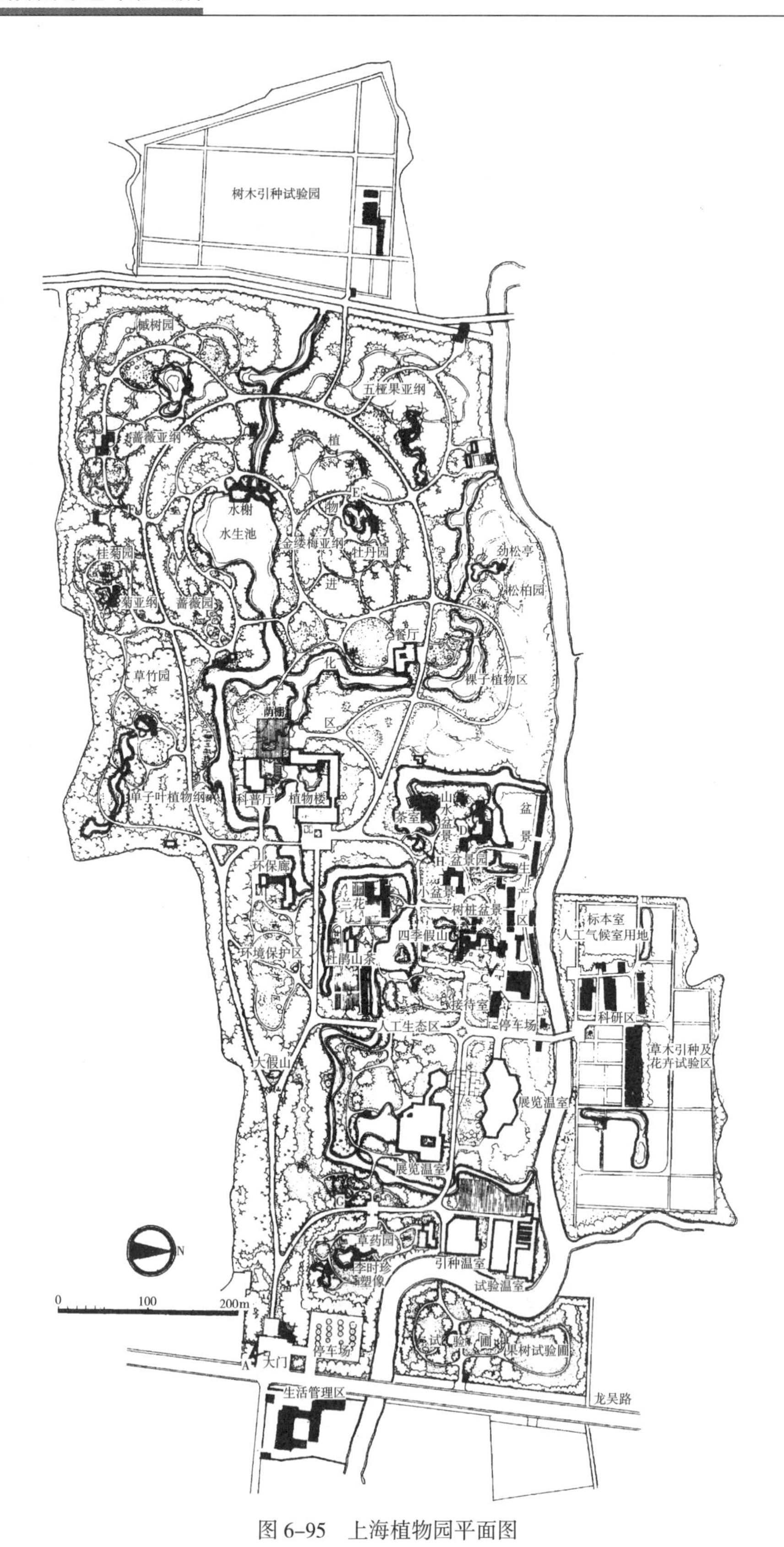

图 6-95　上海植物园平面图

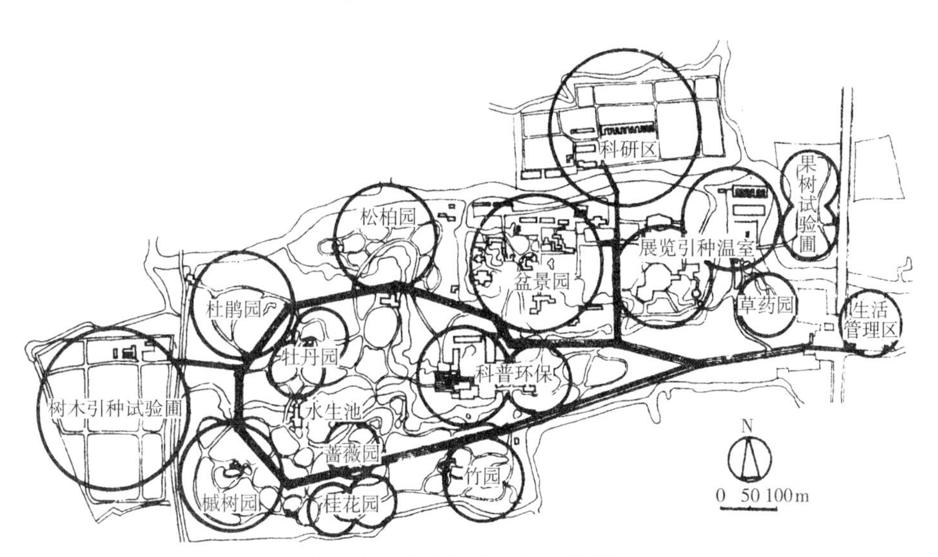

图 6-96　上海植物园分区示意图

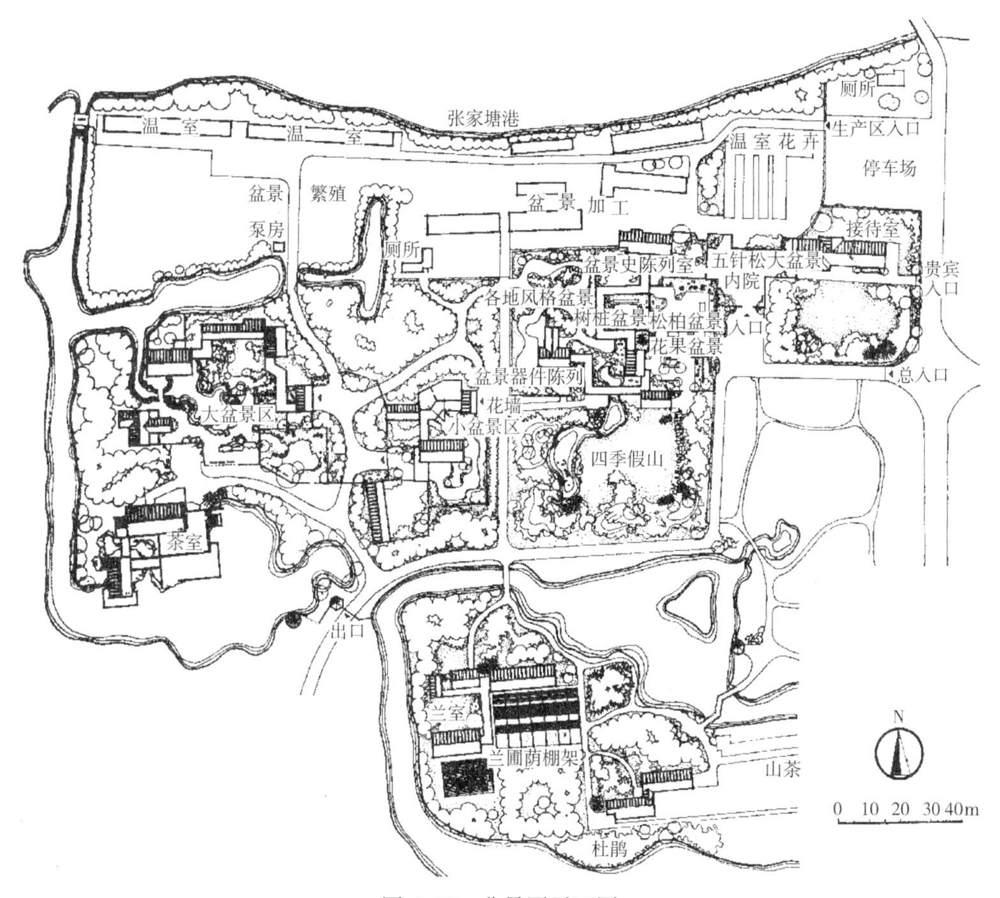

图 6-97　盆景园平面图

园中之园，可称是园中精华，占地 4hm²，分为五个展区：序区、盆景分类区、小盆景区、大盆景区、兰室。③科普环境保护区——主要是普及植物科学，宣传环境保护知识，设有环保廊、科普厅及植物楼。④植物进化区——以观赏植物为主体，重点设置有松柏园、牡丹园、杜鹃园、槭树园、蔷薇园、桂花园、竹园等。该区面积约占全园的二分之一，是植物园的观赏和游览主体。

（2）科研区

有果树试验圃、草本引种及花卉试验圃、树木引种试验圃、引种及试验温室等。

2. 设计特点

采用自然式的园林布置形式。各个观赏花木园均以水池、假山、亭榭为组景核心，这种方式，既可改善近期植物未成形时的景观效果，又可形成江南园林的风貌。

园中建筑均采用江南民居或古典园林的形式（图 6-98），特别是盆景园，运用亭、廊、洞门、漏窗、墙面等组织空间分隔和渗透，景观层次丰富，室内外交融，浑然一体。

盆景园的绿化配置重视植物在组景中的作用，注意诗情画意，如四季假山的配置：春山桃红柳绿、连翘迎春多；夏山栀子芬芳、睡莲朵朵；秋山枫叶似火，桂花飘香；冬山苍松翠柏，腊梅傲雪。在庭院中配植松、竹、梅、芭蕉、南天竹等，颇具江南园林特色。

图 6-98　上海植物园大门建筑

第七节　带状公园

一、带状公园概述

（一）带状公园的产生与发展

1. 西方的带状公园

文艺复兴以后，城市空间布局里出现了林荫道，沿着散步道、街道、滨水路种植几排树木已成为城市中常见的景观。到了法国古典主义时期的君权社会，为强调社会运行的理性和秩序，园林的规划设计更是强调中轴线，具有强烈秩序感的笔直轴线林荫道广场，成为权利与秩序的象征。轴线绿地和林荫道经过 19 世纪末的城市美化运动对后来的带状公园建设产生了深远影响。

近现代城市公园的建设促成了城市带状公园的产生。19 世纪后半叶在美国掀起“城市公园运动”，奥姆斯特德（F.L.Olmsted）提出：线性开放空间在城市公园、相邻公园之间起到十分重要的通道作用，于是发展起了相互联系的公园系统的思想，并着手设计了一些连接公园的道路。伴随着美国城市公园系统产生而出现的绿色公园道，拉开了带状公园建设的序幕。

20 世纪 60 年代后，欧洲和美国货运重心从铁路转移到卡车，造成许多铁路被遗弃，因此兴起了铁路变游步道的运动。于是出现了另一种类型的线性绿色空间——沿废弃的铁路线形成的特色游步道。公园道、绿带和特色游步道成为这一时期带状绿地的典型代表，它们的功能作用开始转变为美化城市形象、改善城市生态环境、为人们提供休闲游憩场所。

20 世纪 70 年代以后，城市化进程的加快使得城市公共空间体系一定程度上出现了混乱和衰退的现象。通过对城市广场、滨水区景观环境的改善、营造以人为中心的街道环境空间来带动周边商业设施的复兴，提供更多的就业机会以吸引人们从郊区回流城市，从而达到促进旧城区和城市公共空间复兴的目的。这一时期城市中建设了大量的街道绿地和滨水公园。

由于认识到绿道网络在环境保护、经济利益、美学上的巨大价值，美国各州从 20 世纪中叶开始，就分别对本州的各类绿地进行连通尝试，20 世纪 70 年代开始有了“绿道”的概念。

城市带状公园以街道绿地、滨水公园、遗产廊道等为代表，它们的功能作用开始转变为多功能的综合，不仅改善城市的生态环境、保护动植物的栖息地，为人们提供休闲游憩场所，同时还具有保护历史文化、教育等功能。

2. 中国的带状公园

我国造园活动受到古代城市规划理论、以孔孟为代表的儒家礼制思想、以管子和老子为代表的自然观和传统风水观念等思想影响，出现了街道绿化和滨水绿化两种类型的带状绿化模式。我国古代城市带状或线性绿地都很简陋，只是简单地种植了一些树木、花草。

近现代中国的城市公园是随着 1840 年鸦片战争国门的打开而产生的，但在之后较长的一段时间内，带状公园建设都相对较少。

20 世纪 50 年代我国的经济得到迅速发展，城市化进程明显加快，全国的公园建设重新起步，建设速度普遍加快，不仅公园数量明显增加，公园质量也有很大提高。许多城市沿着古河道、古城墙、城河等建设带状公园。

20 世纪 90 年代以后，我国的城市公园进入创作繁荣期，造园手法不拘一格，出现了多元化发展的局面。期间建成了大量的带状公园。滨水带状公园，如上海外滩滨江风景带、浦东滨江绿带、成都阜城河公园等；沿城市道路、步行街带状公园，如青岛市东海路带状公园、深圳市中心区的城市绿色中轴等；沿历史建筑物、构筑物带状公园，如南京的明城墙风光带、北京东皇城根遗址公园、东便门明城墙遗址公园、元大都城垣遗址公园等。

（二）带状公园的概念与类型

1. 概念

带状公园是沿城市道路、城墙、水滨等形成的有一定游憩设施的狭长形绿地，它承担着休闲游憩、生态环保、美化景观、防灾减灾等多重功能。

图 6-99　上海浦东滨江绿带

2. 分类

（1）滨水型

滨水型带状公园即我们通常所说的滨水公园，是指沿城市河流、湖泊、海滨等建设的有一定游憩设施的带状绿地，它是带状公园中最为常见、也最具代表性的一种。上海浦东滨江绿带（图 6-99）、沈阳新开河带状公园、合肥市的环城公园等都是这类公园的典型代表。

（2）道路型

道路型带状公园是指在城市道路用地边界以外设置的，由行道树、草地及沿街小品、座椅等游憩设施构成的带状绿地。具体可分为以下几种类型：一是平行于城市机动车道形成的带状街头绿地，它往往成为附近居民休闲游憩的理想场所；二是结合步行道、自行车道、废弃铁路线等非机动车道形成的带状绿地，其往往可与城市的步行系统相结合，成为人们步行认知城市的重要通道；三是在城市中心区形成的带状轴线绿地。

（3）遗址型

城墙遗址型带状公园简称城墙公园，它是指结合城墙遗迹的历史保护或在城墙遗址的基地上恢复建设的有一定游憩设施的带状公园绿地。

（三）带状公园的功能

1. 生态功能

带状公园绿地通过植物的遮荫及蒸发散热，能降低气温、调节湿度、降低城市“热岛效应”，改善城市小气候，还能有效减低城市噪声，并承担生态廊道职能。

2. 社会功能

带状公园往往结合城市的古城墙、护城河、历史文化街区而建，因此带状公园往往具有展示城市历史风貌、传承城市历史文脉的作用。带状公园在某些情况下还能优化城市的形态结构，分割城市空间。

3. 经济功能

带状公园建设与游憩设施建设结合，更能提升周围土地价值，改善城市投资环境，从而增强城市吸引力，促进城市再生，为城市带来间接的“绿色效益”。

二、带状公园规划设计

（一）选址

带状公园的选址应尽量遵循以下原则。

1. 有利于城市生态绿色网络的构建

利用带状公园的连通性，串联城市中散落分布的公园绿地，并结合其他类型的城市绿色廊道构建稳定的城市生态绿网。

2. 有利于带状公园生态效能的发挥

尽量增加带状公园的宽度，以便其更好地发挥生态廊道的功能。

3. 与城市的公共空间建设、步行交通系统建设相协调

城市带状公园的定线应尽量与记载城市历史文化的河流、城墙或历史建筑街区相结合，与城市的公共设施相连接，与城市的步行交通系统相协调，以增强城市带状公园的历史文化内涵，也增强公园的可达性。

（二）分区

带状公园用地形态的狭长性往往易使游人产生视觉景观的单调和乏味，因此规划设计中应注意通过不同主题的分区来增强观赏性和趣味性。一般按带状公园的长度方向进行分区，使游人在游园过程中能够穿越不同分区，开展不同的游憩体验。

景色分区和功能分区应各有侧重，景色分区是从艺术形式的角度来考虑公园的布局，功能分区是从实用的角度来安排公园的活动。带状公园的规划设计应力求达到艺术与功能两方面的有机统一。不仅从园林美的创作要求出发，更要从游人观景游憩、健身娱乐等实际使用需求出发。

（三）空间

带状公园的狭长线性会营造出多个局部小空间，规划设计中应将整体和局部通盘考虑，利用道路游线将这些小空间进行有机组织。

1. 空间的连续性

线性空间的特征是“长”，因此表达了一种方向性，具有运动、延伸、增长的意味，转化为“使用信息”则暗示着运动。因此，带状公园的空间设计是一种动态艺术，因此规划设计中应使各小空间在视觉、特征上保持自身特点的同时，尽量使各空间相互连续，关键是要处理好空间之间的自然过渡。

2. 空间的多样性

为避免带状公园用地形态的狭长性给游人带来的视觉景观的单调和乏味，应尽量设置主题丰富的景区空间，同时游人的广泛性、游人行为活动的多样性、游人需求的多层次性也迫切需要在带状公园中营造多样化的空间场所。

3. 空间的序列性

带状公园空间的组织忌讳平铺直叙，应形成序列化的景观，即错落有致、虚实变化、曲折回旋的多层次空间景观序列。景观序列的组织不只是为了单纯求得空间变化，更主要的是给游人带来丰富、多样、深刻的空间体验，并引发人们某种深层思索。景观序列通常分为起景、高潮、结景三段式进行处理，也可将高潮和结景合为一体，成为两段式处理。将三段式、两段式展开，可以用下面的概念顺序表示。三段式：①序景→起景→发展→转折→②高潮→③转折→收缩→结景→尾景；两段式：①序景→起景→转折→②高潮（结尾）→尾景（图 6-100）。

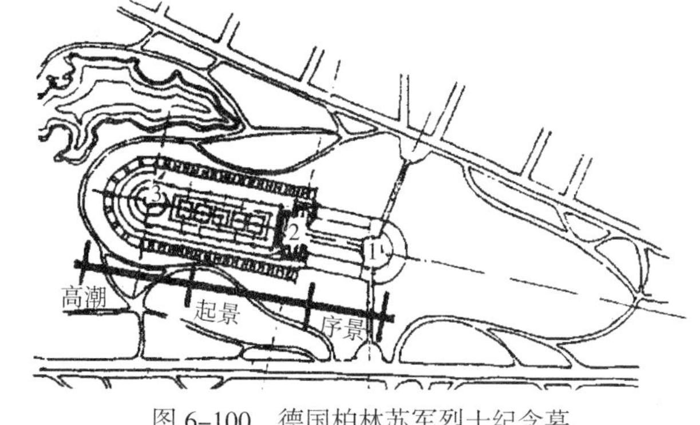

图 6-100　德国柏林苏军烈士纪念墓

对于带状公园来说，线形较长可按照三段式的处理方法。空间景观序列的组织依托于带

状公园中的游步道，游步道有自由曲线、闭合环线与直线（折线）三种类型，因此景观空间序列的组织也就包括曲线式、环线式与轴线（折线）式三种。当然，根据用地的不同也可能是这三种的混合形式，局部采用轴线式、环线式，整体为曲线式或环线式，在条件允许的情况下尽量采用三种的混合形式。同时，带状公园空间布局要尽可能地用自由序列空间，加强景点之间的视线转折，形成近景、中景、远景多层次的景观效果。

（四）标识系统

带状公园中标识系统主要包括指示性信息标牌和警示性信息标牌。

1. 指示性信息标牌

指示性信息标牌是为了让游人更多地了解公园的情况、方便游览而设置的。在带状公园中，除一般常用的指示性信息标牌外，还用于指示景观节点、公交站点、自行车租赁点以及其他特殊设施的距离和位置。

2. 警示性信息标牌

警示性信息标牌是管理者为了引导或限制游人某种行为的标牌，主要起到警示作用。除公园中常见的对植物保护、环境卫生保护方面的警示性标牌外，由于带状公园时常依托河流、城墙等建立，需要增设安全防护或文物保护等警示标牌。

三、带状公园实例分析

（一）合肥环城公园

1. 选址

20 世纪 50 年代合肥市拆除了古城墙、保留了护城河，在千年城基的基础上修建了环城道路，并在道路两侧边坡上绿化植树，形成最宽达 90 余米的环城绿带，总长 8.7km、面积 137.6hm^2（图 6-101）。

2. 分区

合肥环城公园不仅是一个自然式的风景园，它同时还将沿途的历史、事件、人物等人文景观资源以及城市的人工景观连成一个整体。环城公园没有按照常规的功能分区来组织景点，而是以景色分区组成了一幅优美生动的画卷。环城公园共由六个景区组成：环东景区、包河景区、银河景区、西山景区、环西景区、环北景区（图 6-102）。

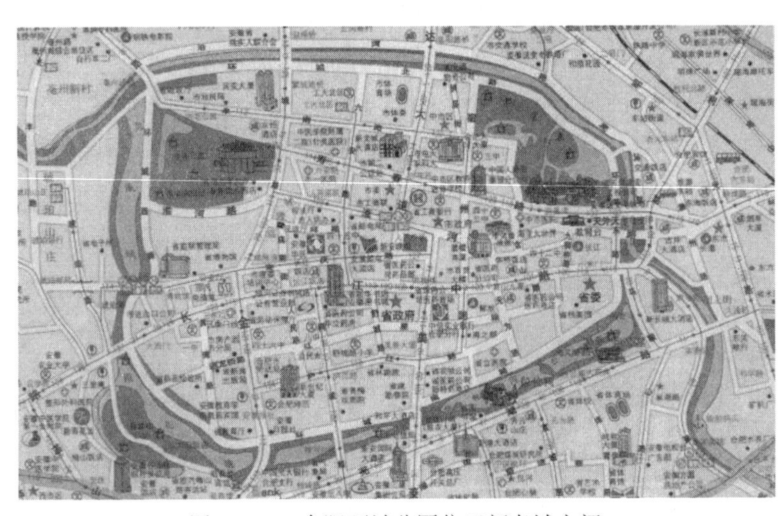

图 6-101　合肥环城公园位于新老城之间

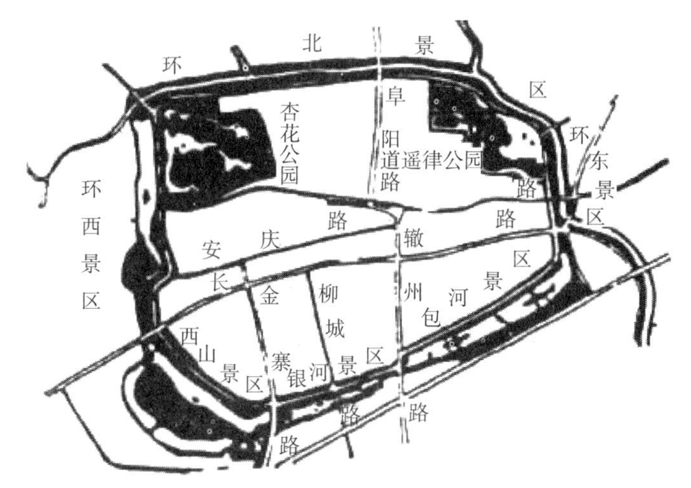

图 6-102　合肥环城公园景色分区图设计

环东景区:位于繁华市区,设有建园碑记,可作为环城公园的起点入口（图 6-103）。

包河景区：将包公祠、包公墓等历史人文景观融入，景区内建筑具有鲜明的徽文化特色（图 6-104）。

银河景区：以银河水体为中心，桐城路桥横跨其中，并结合地形在临水处建有几处亭阁（图 6-105）。

西山景区：地形起伏大，环城路将其分成上下两部分。上部分有山林野趣（图 6-106），并设置了一些栩栩如生的动物雕塑；下部邻水与稻香楼隔河相望。

图 6-103　环东景区的九狮广场

图 6-104　包河景区徽派风格的浮庄入口

图 6-105　银河景区内的桥亭

图 6-106　西山景区内的动物雕塑

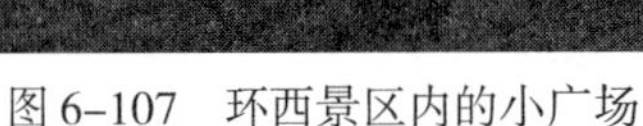
图 6–107　环西景区内的小广场

图 6–108　环北景区自然简朴

环西景区：琥珀潭风景区和黑池坝风景区景色怡人。环西景区西侧紧邻琥珀山庄小区，因此成为附近居民日常的游憩场所（图 6–107）。

环北景区：西段树木成林，富有林间野趣，人文景观少，形式自然简朴（图 6–108）；东段内侧与逍遥津相邻，外侧有美术馆、游乐园，集文化于游园于一体。

3. 空间布局

在空间序列组织上，合肥环城公园由一系列的小景观连接形成环线序列空间，东门景区内立有合肥环城公园的碑记，可视为景观序列的起点，因为环城公园呈环线序列，虽然没有遵循严格意义的起景、转折、高潮和结景，但是整个空间序列开合有致，在高潮处往往形成相对开阔的小空间，以供游人驻足休息。而从单个景区而言，也组织了富有层次变化的景观序列，如西山景区（图 6–109）稻花水榭与银河景区（图 6–110）茶室景点以水景为主，环绕水体布置了游步道，尽量曲折，使路线在长向通直的方向

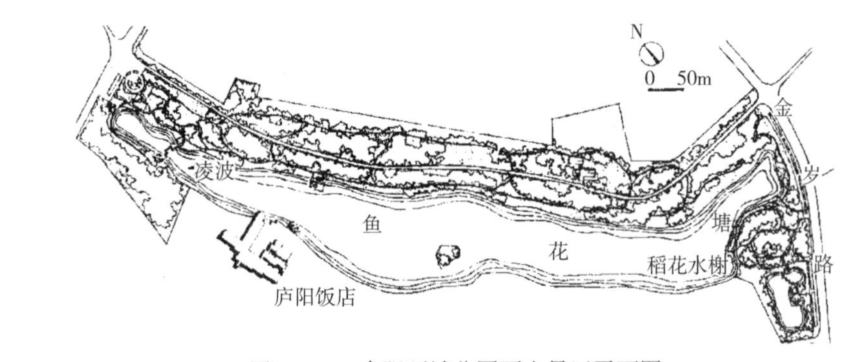

图 6–109　合肥环城公园西山景区平面图

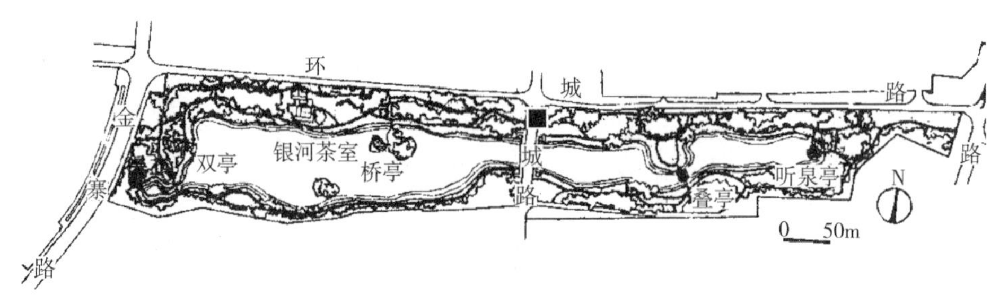

图 6–110　合肥环城公园银河景区平面图

图 6-111　合肥环城公园内的亲水驳岸

上也有变化，用植物阻断视线上的联通，增加层次形成。因此，在空间组织上注重形成小尺度怡人的园景，内向得景，局部形成环线序列空间，整体环形序列加上局部环线序列的组合。

4. 地形设计

地形设计的堆山方面，充分利用基地内富有变化的丘陵缓坡、高低起伏的地势，形成了障景、隔景的效果，避免了视线的一览无余，以增加景观的层次性；连续的水体更增添了公园的优美景观，无论是延伸的水面的缓坡草地还是砌筑的垂直驳岸，都具有良好的亲水性（图 6-111），伸向水面的亭榭为游人提供了更多的亲水空间；驳岸边散落的单点式、聚点式和散点式置石成为游人休憩的“座椅”。

5. 建筑物及设施设计

环城公园内建筑物及设施点缀、掩映在优美的绿色环境中，规划中坚持场所文脉原则，采用了中国传统的建筑形式，部分建筑还突出体现了徽派建筑的风格。

（二）北京东皇城墙遗址公园

1. 选址

北京东皇城墙遗址公园是在明清北京皇城东墙的遗址上建设的带状公园，它是北京市第一个以旧城遗址为主要内容的公园，也是北京城区中心兴建的最长的城市公园。南起东长安街，北至平安大街，宽为 29m，长为 2800m，总面积约 $8hm^2$。

2. 景色分区

规划设计形成了故垣新里、御河泉涌、银风秋色、皇城略影、松竹冬翠、箭亭春风、阳春广场、群星广场 8 个不同功能的景区、景点。同时设计者尽量利用城市带状公园这条绿线，将遗址两侧临近分布的一些很具价值的文物景点串联起来，以增添公园的历史文化内涵。

3. 空间布局

规划设计中采取了“以线串珠”的方法，从北向南，设计师用各具特色的景观节点小空间（图 6-112），形成了丰富的

地安门东大街节点
保留老房子
中法大学节点
五四大街节点
东皇城根南街 32 号四合院节点
叠水瀑布
东安门节点
南入口节点
一级节点
二级节点
补充节点

图 6-112　东皇城墙遗址公园空间节点示意图

图 6–113　复建的皇城墙

图 6–114　富有创意的“露珠”雕塑

图 6–115　叠水石雕

景观序列。

（1）地安门东大街节点：该节点位于皇城遗址公园的北入口。为了强调皇城遗址公园的历史文化内涵，延续文脉，复建了一段约 30 m长的皇城墙（图 6–113）。

（2）中法大学节点：该节点设计了一处休闲广场，辟建了安静的疏林，中间栽种鲜花。这个小广场成为老人们聚会的乐园，林中富有创意的“露珠”雕塑则是孩子们的领域场所（图 6–114）。

（3）五四大街节点：该节点位于“五四”大街北大红楼的东侧，设计立意是通过雕塑来充分表现“五四”精神。雕塑“翻开历史新的一页”与不远处的北大红楼、民主广场相呼应，象征着中国现代百年历史从这里开始。

（4）四合院节点：此处遗址公园东侧有一组属东城区文物保护单位的大宅门（东皇城根南街 32 号院），内边有多套四合院以及假山、绣楼等。

（5）叠水瀑布节点：位于骑河楼胡同东口北侧，是皇城遗址公园地势高差最大的地段。在设计上利用地势高差做了叠水，长达几百米，很是壮观；冬天没有水时，叠水的衬底是石雕，具有独特的景致（图 6–115）。

（6）东安门节点：集中体现皇城遗址遗存的关键地段，依据文物部门挖掘整理的明代城门基础作为展示，西望故宫东华门，东望王府井大街，是历史与现代的交汇处。

（7）南入口节点：采取下降式广场的处理方式，天然的巨石加透空的旧北京皇城地图形成的石雕“金石图”起到了画龙点睛的作用，体现了传统与现代、天然与人工的完美结合。

第八节　街旁绿地

一、街旁绿地概述

（一）街旁绿地的起源与发展

街旁绿地作为规范的专业术语出现得较晚，而且在不同国家的称谓不完全吻合，例如我国绿地系统中所指的城市街旁绿地在美国被归为小型公园或袖珍公园。美国在 20 世纪 50 年代末开始就首先出现了现代意义的城市街旁绿地，从某种意义上来说也正是街旁绿地的源头。

1. 美国

美国从 20 世纪 50 年代末开始，城市人口大大增加，工业迅速增长、市郊迅速发展，美国当时的城市大多地方繁杂、拥挤、极度缺乏开放空间的现状，使建设公共使用的广场成为政府鼓励的政策，街道、广场公共空间的设计和建设因此得到了长足的发展。一些微小精致的小型城市绿地——袖珍公园（vest pocket park）的出现，很快受到公众的欢迎。

袖珍公园，或口袋公园（minipark & vest-pocket park），它的原型是建立散布在高密度城市中心区的呈斑块状分布的小公园（midtown park）。以往美国公园管理部门对公园的面积至少不应小于 3 英亩（1.2hm^2）的认识，严重限制了城市中心区公园的发展。这样的面积要求在人口密度高、土地资源稀缺的城市中心几乎是不可能实现的，因为这种错误的认识，使城市公园的发展陷入了僵局，限制了城市中心区公园的建设。而这种感觉呈网络斑块状分布的小公园系统，地处高密度的城市中心区，面积小，从车行和步行交通流线中分离出来，是一个尺度宜人、远离噪声、围合而有安全感的室外开放空间。袖珍公园的概念除了类似于我国的街旁绿地，有时也与社区公园承担相似的职能。

2. 英国

英国的袖珍公园计划，目的是改善城市绿色空间，提出“乡村在门外”（Countryside in the Doorstep）的概念，任何可以利用的空间都可以成为这种公园。

袖珍公园是当地居民拥有和管理的开放空间，对所有人在所有时间提供免费、开放的乡村景观。相比而言，其概念更为广泛，或大或小，或在城市或在乡村，它们帮助保护和保存当地野生动物、遗产和景观资源，具有众多的社会或环境价值。

3. 中国

近年来，国内城市街旁绿地的建设基本上可以归为两类情况：一种是在城市的新建、开发区域里规划建设的街旁绿地，是在新城的规划阶段就有计划地开发建设而成的。另一种是在城市的已建成区内（尤其是老城区居多）新建或修建的，并且这种形成方式更具有普遍性，这些街旁绿地大多是由地块不适合建设构筑物、建筑密度过大将原有的房屋拆迁后空置的土地改建等诸多原因而改建成街旁绿地的。

（二）街旁绿地的概念与分类

1. 街旁绿地的概念

街旁绿地是指：“位于城市道路用地之外，相对独立成片的绿地，包括街道广场绿地、小型沿街绿化用地等”，“是散布于城市中的中小型开放式绿地，虽然有的街旁绿地面积较小，但具备游憩和美化城市景观的功能，是城市中量大面广的一种公园绿地类型”。

2. 街旁绿地的分类

（1）小型沿街绿化用地

小型沿街绿化用地即原来所谓的街头小游园，一般是指分布于街头、旧城改建区或历史保护区内，供市民游戏、休憩的公园绿地。面积虽然不大，但其总体分布广、利用率高，而且多在一些建筑密度较高的地段或绿化状况较差的旧城区，因此这类绿地对于提高城市的绿化水平以及居民的居住环境质量起着重要的作用。

（2）街道广场绿地

街道广场绿地是近几年来发展最为迅速的一类绿地。街道广场绿地是指位于城市规划的道路广场用地（即道路红线范围）以外，以绿地为主（绿地率不小于65%）的城市广场。

广场绿地可以降低城市建筑密度，美化城市景观，改善城市环境，同时可供市民进行游憩、游戏、集会等活动，在发生灾害时还可起紧急疏散和庇护等作用。

（三）街旁绿地的一般特性

1. 集聚性

“点”在几何学中被解释为静态的、无方向的而且是集中性的。城市中的街旁绿地大多可以概括为点状形态并且多以点阵性布局在城市中，成为街道这样的线状空间上的一个个“节点”，将行人汇集到一点，起到聚集的作用。

2. 便达性

由于城市街旁绿地所需的基址面积相对较小，一般在毗邻城市干道、稍大面积的地块都有可能设置，所以市民或游人可以在最短时间仅以最简洁的交通方式——步行就能轻松抵达。

3. 体验性

城市街旁绿地可以被喻为人们在城市中接触大室外的最小单元，人们最直接的目的便是要到这里得到放松和休息，由于绿地本身融入了城市自身的文化、历史记忆等因素，从而让使用者在其中感知环境、体验城市。

4. 多元性

城市街旁绿地在城市中分布相当广泛，就像一座城市会有许多不同风格的建筑一样，不同的地形、不同的街区也都会形成不同风格的街旁绿地设计，同时每个街旁绿地的使用功能及对象也往往是多元化的。

（四）街旁绿地的角色及特征

1. 街旁绿地优化城市绿地系统整体结构，强化城市整体风貌特色

城市的标志性广场绿地和其他地标性地段具有张扬的性格，相比来讲街旁绿地总显得平凡朴素，但其贴近生活、贴近市民的特点总在不经意间流露出一个城市的真正特质与文化底蕴。

2. 街旁绿地利用率相对最高

街旁绿地多以点块状分布，布点密度高，便于市民日常使用，与社区公园一同承担着优化日常游憩环境、提高日常游憩水平的功能。

3. 街旁绿地投资成本低，收效明显，建设方式灵活机动

街旁绿地分布量大面广。我国目前城市发展空前迅速，城市绿色空间愈发稀有，而加强街旁绿地建设投资少、见效快，成为一种立竿见影地增加绿地面积、改善城市生态环境、缓解绿地分布不均的有效方式。

二、街旁绿地规划设计

（一）街旁绿地的规划设计要点

1. 选址

一般情况下，小型街旁绿地的选址应使周围四个街区为半径范围内的使用者可以

不用穿越主要街道而方便抵达。绿地只有位于潜在使用者密集的地点，它才能服务于大量的使用者（如高密度居住区附近、活动中心、交通枢纽等）。若街旁绿地承担重要的视觉景观功能，一般会选址于视线通达的地点如街角、道路交叉口、城市景观轴线的起始点等处。

2. 功能分区

由于街旁绿地面积小，因此每一寸土地都要仔细考虑，充分利用。所以，就要考虑到功能是竖向的叠加而不是平面的分布，不仅仅是分区的概念，有时也是分时利用。并且，进行功能分区也要尽量避免使用群体之间可能出现的冲突。

3. 入口

街旁绿地一般不作硬性围合，无明显入口，但应注意与主要交通道路的隔离，以保证良好的绿地内部的游憩环境。

4. 植物配置

街旁绿地往往临街而建，面积有限。这就要求设计者在种植设计中要进行高度的概括和提炼。一是树种不宜为高大型，而以耐修剪的灌木为好。因为树木过于高大，则显得绿地面积更小，也有碍于交通视线。二是种植不能过密，过密往往给人拥挤感。三是植物种类不宜过多，在较小的面积里，种上多种植物，不但不能说是丰富，反而会有一种杂乱感。

5. 雕塑小品

雕塑小品是街旁绿地的重要构成元素，能加强绿地的立体性、艺术性及趣味性，反映地域特色，传播文化信息。

（二）体现地域特征的街旁绿地设计

1. 设计类别

（1）位于商务商业区的街旁绿地

位于商务商业区的街旁绿地往往集商务洽谈、展演、文娱和购物等多种使用动机为一体。这里的街旁绿地针对人流量大的特点，一般应增加硬质地面的面积比例，满足人流需要，添置一些供人短暂停留、休息谈天的小型茶几和座椅，再有，采用可移动的种植方式，既增加了公众活动的有效地面面积，又方便举行一些随机的集会、表演等活动（图6-116）。

图 6-116　纽约 IBM 总部花园广场

（2）位于居住区的街旁绿地

临近居住区的街旁绿地是体现城区文化、生活方式的极佳载体。这里的街旁绿地提供为老人服务的健身、歌舞、棋弈的场地和供儿童戏耍活动的场地，同时为附近市民提供更多的交往机会。

（3）位于历史文化街区的街旁绿地

位于历史文化街区的街旁绿地承担着保存城市记忆的重要职能，激发并强化人们的文化认同感和地域认同感，保存对城市的记忆。

2. 设计内容

（1）主题立意

许多城市新区里辟出了街旁绿地，为了使绿地具有相应的内涵，而不只是苍白、单纯的功能空间，就有必要赋予它某种既定的主题来呼应绿地试图传达给使用者的文化寓意，表达的主题可以很新颖、具有强烈的现代感，也可能会是对文化的重新解读和诠释，营造出特有的某种场所氛围。

（2）地域文脉挖掘

地域文脉挖掘策略是指街旁绿地规划设计对原有基址历史文脉的重新挖掘和再现，对地块曾经有过的事件，或特定历史的痕迹，进行挖掘和再现，把曾经逝去的地块记忆重新唤起，像是记载历史的舞台给置身于街旁绿地休憩的人们追忆的空间。例如，西藏扎什文化广场绿地，由文化广场、文化长廊和休闲区三个部分组成。广场绿地在尊重藏传佛教文化的同时，努力挖掘当地藏族民族文化，塑造文化广场新形象（图6–117、图6–118）。

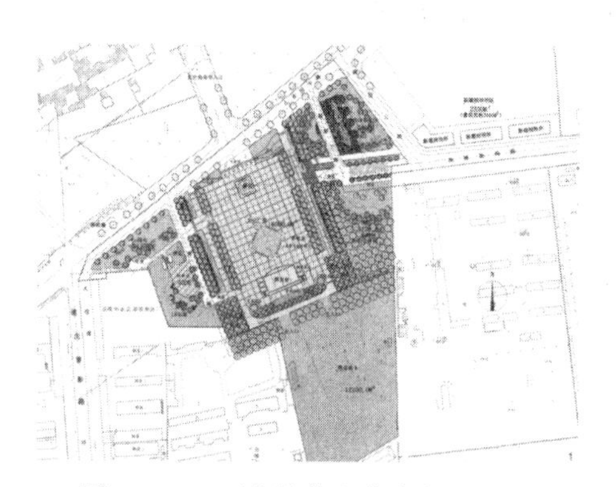

图 6–117　西藏扎什文化广场平面图

图 6–118　扎什文化广场雕塑

再如，上海苏州河畔的九子公园，通过雕塑、活动、景观环境等方面的创意设计来促进民俗文化的再生。再现了许多正在城市中消失的人们儿时的游戏——打弹子、滚圈子、套圈子、掼结子、顶核子、跳筋子、造房子、扯铃子和抽陀子等，公园提供活动场地，租售活动器械，促进民俗活动的开展，使我们的民俗文化通过城市日常生活中休闲空间的载体得以发展。

（3）材料运用

当地材料的运用总是最容易反映本土的地域特色。如乡土树种的选择、石料铺地的选择等，恰当地选用当地本土的材料体现当地风物，并且节省成本。

废旧材料的再利用通常是原址曾有过的功能物件的再利用。比如地块上旧有的厂房留下来的机器零件，被用来作为绿地上的雕塑作品，或是废旧材料经过功能置换，作为新功能重新使用，这种特殊材料往往给人以惊叹和赞赏，使人在预想不到的情形下深刻体会到它传达出的特定文化寓意，往往达到寓教于乐的功效。

三、街旁绿地实例分析

（一）纽约佩雷公园

位于美国纽约53号街的佩雷公园（Paley Park，1965~1968年），是20世纪60年代美国发展出的一些见缝插针式的小型城市绿地这类所谓的"袖珍公园"（vest pocket park）中的第一个，由泽恩和布林（Zion &Breen）事务所设计。

佩雷公园被一些设计师称赞为20世纪最有人情味的空间设计之一。这个设计的主要目的是功能的，即为了行人的休息，而不是为了纯粹的装饰或游乐，这也是提出"袖珍公园"的出发点。座椅是轻质的可以移动的单个椅子，如金属丝网椅；公园如同室外房间，顶棚是近距离种植的乔木的连续树冠，墙是爬着攀缘植物的又为建筑的侧墙，地面是有质感和趣味的铺装，如扇形图案铺砌的粗糙花岗岩小石块；运用水景使公园轻松愉快并可有效掩盖城市噪声。作为沿街小型绿化用地的代表，佩雷公园体现了这类公园清晰而精致的小尺度空间特征，它为过路的游客和商务人士提供了短暂休息的静谧空间，并因其功能和服务设施的齐全而深受喜爱（图6-119、图6-120）。

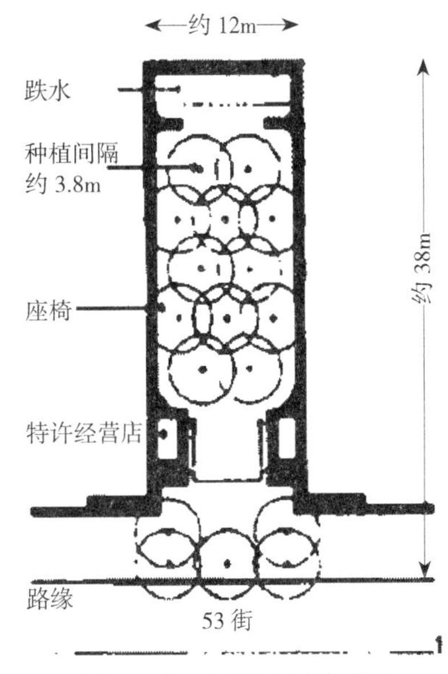

图6-119 佩雷公园总平面

（二）福特·沃斯市伯纳特公园

彼得·沃克（Peter Walker）设计的伯纳特公园（Burnett Park，Fort Worth，Texas），位于美国得克萨斯州的福特·沃斯市，1983年建成。网格和多层的要素重叠在一个平面上来塑造了一个不同以往的公园。底层是平整的草坪层。第二层是道路层，由方格网状的道路和对角线方向的斜交道路往来组成。道路略高于草坪，可将阴影投在草坪上。第三层是偏离公园中心的由一系列方形水池并置排列构成的长方形的环状水渠，是公园的视觉中心。草地上面散植的一些乔灌木，在严谨的平面构图之上带来空间的变化。水渠中有一排喷泉柱，为公园带来生动的视觉效果和水声（图6-121）。

作为一般意义上的公园，伯纳特公园拥有草地、树木、水池和供人们坐、躺和玩耍的地方；作为公共的城市广场，它有硬质的铺装供人流聚集，有穿越的步行路，有夜晚迷人的灯光，同时它又是城市中心区的一个门户景观（图6-122、图6-123）。

图6-120 佩雷公园小广场

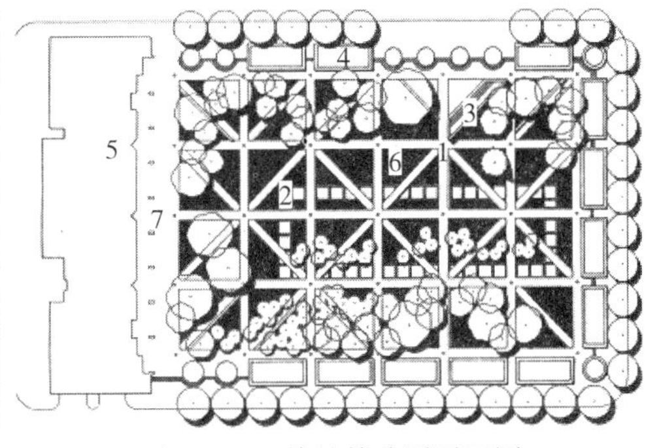

图6-121 伯纳特公园平面图

1-石步道；2-水池；3-座椅；4-花池；5-建筑；6-草地；7-广场

图 6-122　伯纳特公园夜景

图 6-123　伯纳特公园

思考题

1. 公园绿地分为哪些类型，具有哪些功能？

2. 试分析综合公园的一般功能分区和规划布局要点。

3. 社区公园应该如何在城市中进行合理配置？

4. 如何从儿童的心理及行为特征进行儿童公园的规划设计？

5. 试区分动物园与植物园中，哪些功能和设施对游人开放，哪些功能和设施不对或不完全对游人开放。

6. 带状公园的线性空间在规划设计中要如何处理？

7. 怎样在规划设计中结合社区公园与儿童公园的功能？

8. 试概括说明综合公园、社区公园、儿童公园、动物园、植物园、带状公园、街旁绿地具有的不同职能。

第七章　防护与防灾绿地规划设计

城市的发展在不断提高人类生产生活效率的同时也带来了污染。虽说人类可以依靠技术手段防止灾害、污染的蔓延，但借助公园绿地及其中的植被、水体来控制灾害影响、修复灾后环境也是极为有效的措施之一。

公园在改善城市环境与景观方面发挥了重要作用。然而，由于公园在城市中是斑块状独立分布，所能产生的影响一般只限于其周边地带，因此若希望提高整个城市的环境质量及品位，就需要从城市整体出发考虑。19 世纪后半叶，欧美一些国家开始意识到这一问题，逐渐建立起了城市公园系统和城市绿地系统的概念。

从宏观上说，城市绿地系统内的所有绿地都具有降低污染、改善环境和在灾时提供疏散通道、救护场所等作用，但像城市道路绿化、卫生隔离绿地、高压走廊防护林、其他危险源防护绿地、防风林、滨水绿地等，专职承担着防护的机能，故被称之为防护绿地。

第一节　城市道路绿化

近现代城市的道路环境除了需满足安全性外，还要创造舒适、美观的道路环境，良好的道路绿化在平时可以阻隔噪声、降低扬尘、吸收汽车排放的有害气体，在发生灾难时也是有效的避灾通道。

一、道路绿化的作用

道路绿化主要源于城市居民对道路的环境需求。依据绿化所能产生的物理功能和心理功能，可以归纳为以下几方面的作用。

（一）卫生防护，改善环境

道路行车一般都有噪声及扬尘污染。随着机动车辆的增多，噪声污染和尾气污染进一步加大。此外，铺装道路面积的增加也会使城市气候环境发生变化。所以，人们利用树木能吸收有害气体、吸滞烟尘的特性，沿路布置由行道树、绿篱、草坪等组成的带状绿地，以减少污染、改善环境、保持城市卫生。

据有关城市做过的测定：绿化良好的街道在距地面 1.5m 处空气中的含尘量较没有绿化的地段低 56.7%；阻挡噪声方面，如距沿街建筑 5~7m 处种植行道树，可降低噪声 15%~25%。此外，当空气温度在 31.2℃时，裸露的地表温度可达 43℃，而绿地之内的地表温度较之要低 15.8℃。这是由于绿化能有效遮挡阳光直射，避免温度上升。这对于保护沥青路面因温度过高而造成融化、泛油等损害具有积极的意义，从而延长道路的使用寿命。

（二）组织交通，保证安全

现代城市道路大多采用人车分流和快慢车分道的方法，而绿化隔离带的运用则是其中最有效的措施之一。可减少相向行驶车辆间的干扰，快、慢车混杂的矛盾及交通拥堵、车辆滞塞的状况，还能防止行人随意横穿马路，保证安全，具有积极的意义。

（三）美化市容，丰富街景

通过适当的规划设计、调整配置，就能在消除污染的同时，发挥行道树的景观功能。

从造型艺术角度看，树木绿化可以柔化道路硬质景观，从而映衬建筑，使城市形貌更为生动。将建筑环境较差或形象杂乱的路段隐于绿化之后，能使之趋于整洁而达到新的统一。利用植物的可观赏性还会使道路本身成为景观，通过花木设计令不同路段形成各自的特色。统一规划道旁专用绿地甚至整个城市的绿地系统，有利于城市整体风貌既和谐统一又富于变化。

（四）其他方面的作用

许多植物还具有相当的经济价值，适量种植于路边不但能营造一种特别的城市风情，还可以产生一定的经济效益。

此外，道路绿地在发生大范围火灾时能够起到隔离作用；在地震等自然灾害来临时也可成为必要的避灾、疏散通道。

二、道路绿化的内容和规划

（一）基本内容

一般认为道路绿化主要是指道路红线之内的行道树、分隔绿化带、交通岛以及在范围内的游憩林荫道等。但考虑到道路绿化的整体性，还可以将位于道路两旁或一侧的街边绿地、滨河绿带及游憩景观带等纳入一同规划设计。

道路绿化的规划应以提高道路的通行能力，并保证安全为前提，利用各种绿化形式，对道路空间进行必要的分隔。此外，在规划中还需要引入社会的审美时尚、人的行为分析以及环境心理研究等方面的内容，以期使道路绿化成为城市宜人环境的组成部分。

（二）条件分析

不同地段的道路绿化具有不同的要求，规划时应对其位置、交通、现状等情况加以分析，提出规划目标，预测实施效果。

对于以行车为主的道路，应优先考虑分隔绿带和交通岛的合理布置。为防止交通污染对道路两侧的居民和行人产生不良影响，应在车道和人行道之间设置一定宽度的种植带。商业或文化设施集中的街区宜设步行街，形成绿化良好、安全整洁的活动和休息场所。居住区附近的道路绿化，除了种植树冠巨大的高大乔木外，还需布置适量的花坛，形成近似于游憩林荫道的形式，营造优美、宁静、舒适的生活氛围。在条件允许的情况下，可考虑与居住区内的绿地、小游园相互贯通。

进行道路绿化规划，熟悉相关的政策法规也相当重要。理解和分析诸如城市规划法、道路设计规范，掌握道路工程以及道路景观设计方面的理论，对于提高规划品位具有积极的指导意义。

（三）设计构思

道路绿化需要走出仅仅只是栽树种草的误区，其设计构思通常需要从功能、景观、生态环境等方面予以考虑。

道路绿化除了需要服从城市绿地系统规划和城市道路网络体系，还要以城市的地理位置、环境条件、经济文化性质、道路使用功能为出发点进行定位，使道路绿化从整体上体现出自己的特色。

虽然具体路段性质的差异会形成不同的设计要求，但在同一座城市中，与城市特征相适应的理性秩序应该成为城市道路绿化的主调，在统一的前提下，寻求不同道路的个性和变化，不仅可以丰富城市的景观，而且有利于突出道路的可识别性。

三、道路绿化断面布置形式

道路绿化的断面布置形式取决于道路横断面的构成，我国目前采用的道路断面以一块板、两块板和三块板等形式为多，与之相对应的道路绿化的断面形式也形成了一板二带、两板三带、三板四带等多种类型。

（一）一板二带式

在我国广大城市中最为常见的道路绿化形式为一板二带式布置。当中是车行道，路旁人行道上栽种行道树（图 7–1）。

在人行道较宽或行人较少的路段，行道树下也可设置狭长的花坛，种植适量的低矮花灌木。这种布置简单整齐、管理方便、用地经济。但为树冠所限，当车行道过宽时就会影响遮荫效果，也无法解决机动车与非机动车行驶混杂的问题。由于仅使用了单一乔木，布置中难以产生变化，

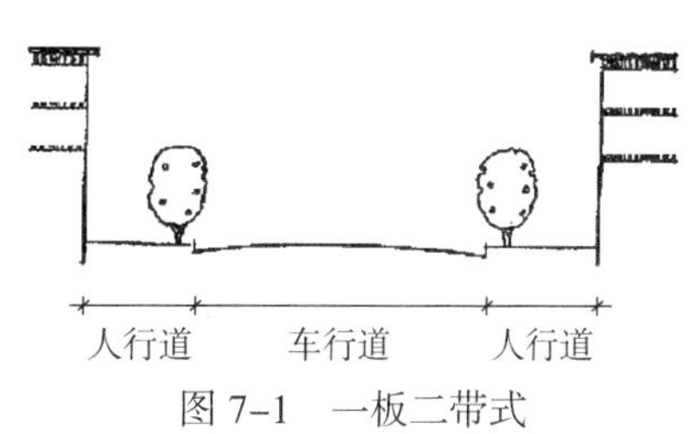

图 7–1　一板二带式

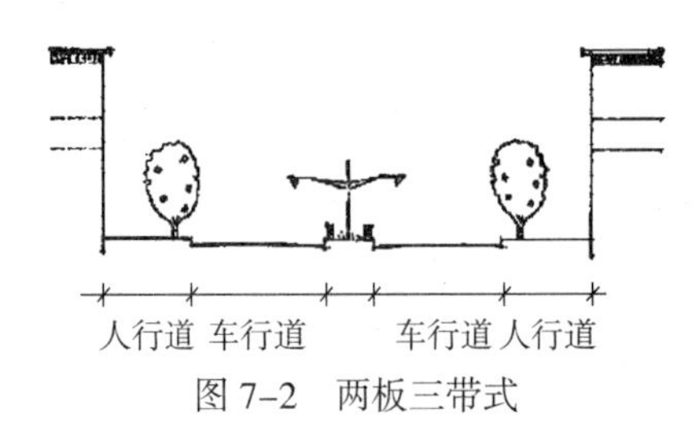

图 7–2　两板三带式

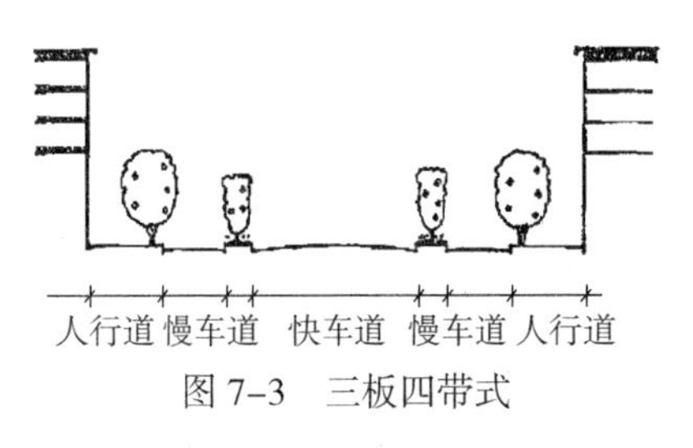

图 7–3　三板四带式

常常显得单调，所以通常被用于车辆较少的街道或中小城市。

（二）两板三带式

当相向行驶的机动车较多时，需要用绿化带在路中予以分隔，形成单向行驶的两股车道，其路旁的绿化布置形成两板三带式的格局（图 7–2）。

两板三带式布置可以消除相向行驶车流间的干扰。为方便驾驶员观察，分隔绿带中不宜种植乔木，一般仅用草皮以及不高于 70cm 的灌木进行组合。利用不同灌木的叶色花形，分隔绿带能够设计出各种装饰性图案，以提高景观效果。其下埋设各种管线，方便铺设、检修。但此类布置无法解决机动车与非机动车争道的矛盾，故主要用于机动车流较大、非机动车流量不多的地带。

（三）三板四带式

为解决机动车与非机动车行驶混杂的问题，可用两条绿化分隔带将道路分为三块，中间为机动车道，两侧为非机动车道，加上人行道上的绿化，呈现出三板四带的形式（图 7–3）。快、慢车道间的绿化带既可以使用灌木、草皮的组合，也可以间植乔木，增强道路的遮荫效果。这种断面布置形式适用于非机动车流量较大的路段。

（四）四板五带式

在三板四带的基础上，再用一条绿化带将快车道分为上下行，就成为四板五带式布置。它可避免相向行驶车辆间的相互干扰，有利于提高车速、保障安全，但道路占用的面积也随之增加。所以，在用地较为紧张的城市中不宜采用。

（五）其他形式

除了上述的几种道路绿化断面布置外，还有像上海肇嘉浜路在两路之间布置林荫游憩路、苏州干将路两街夹一河以及滨江、滨河设置临水绿地和道路的，形式较为特殊，但实际上也是上述几种基本形式的变体。

（六）不同断面形式道路绿化布置的选用

对于诸多形式不同的道路绿化断面布置，需要根据各个城市的实际情况予以选用，切忌追求形式，造成不适用的情况发生。如在一些狭窄而交通流量较大的街道，就只能考虑在单侧进行种植，不能强求整齐、对称，减少必要的车道宽度。同样，为防止盲目增加绿化带而挤占有限的路幅，必要时可采用 60~80cm 高的栏杆代替绿化分隔带。在交通流量不大的路段，可以布置较宽的绿化带，但如果仅出于形式考虑，则易增加投入、加大日常维护的工作量。

此外，不同地域的城市对道路绿化的要求并不相同，应有所变化，不盲目效仿。南方夏日气候炎热，遮荫是必须考虑的重要因素；而北方冬季气温较低，争取更多的光照也将成为道路绿化的重点。

四、道路绿化各组成部分的种植设计

从道路绿化的作用中我们了解到种植的目的并不是单一的，因此种植需要围绕绿

化所希望达到的目的展开，通过设计满足多方面的需求。

（一）种植的类型

单纯的种植或许只是一株或一丛植物而已，无论在物理或心理功能上都无具体意义，但如果与周边要素联系，就能产生遮蔽种植、隔声种植、防眩种植或景观种植等效用。

遮蔽种植是指利用植物的一定体积，阻挡视线、光线以及尘埃、废气，避免路旁建筑中的人群受到行车干扰，为行人及驾车者带来清凉，甚至可将不希望让人看到的或看全的建筑或构筑物隐于花木之后。

在车道两旁合理配植树木能吸收声波、降低噪声。以减弱噪声为目的的种植即为隔声种植。

建筑上的窗户、玻璃幕墙会产生无规则反光，车辆本身的车身玻璃、金属外壳会形成光线反射，加之灯光照射等都会给人突然的刺激，引发行车危险。用绿化种植来遮挡这些有害光线就成了防眩种植。

依据人的审美心理，将不同的花木按一定的规律布置，从而产生赏心悦目的效果。以此为目的的种植就被称作景观种植。

尽管上述的种植目的差异很大，但经过合理的设计规划完全能够融为一体。

（二）行道树

行道树是道路绿化中运用最为普遍的一种形式，指在道路两侧的人行道旁以一定间距种植的遮荫乔木。其种植方式有树池式和种植带式两种。

1. 树池式

在行人较多或人行道狭窄的地段经常采用树池式行道树的种植（图 7–4）。树池可方可圆，其边长或直径不得小于 1.5m，矩形树池的短边应大于 1.2m，长宽比在 1 ∶ 2 左右。矩形及方形树池容易与建筑相协调，而圆形树池常被用于道路的圆弧形拐弯处。

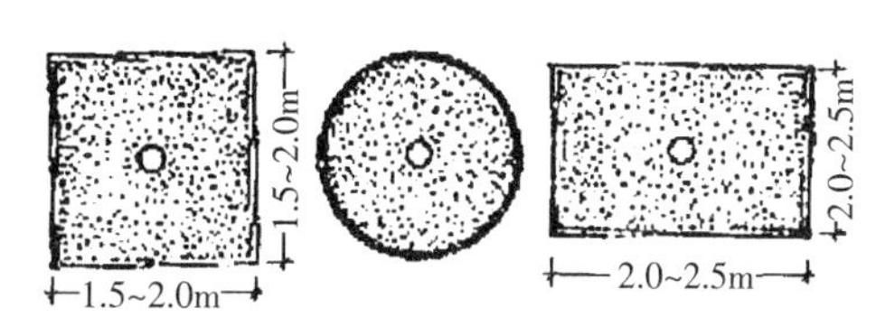

图 7–4　常用树池形式示意

行道树应栽种于树池的几何中心，这对于圆形树池尤为重要。方形或矩形树池允许一定的偏移，但要符合种植的技术要求，即树干距行车道一侧的边缘不得小于 0.5m，离道路的道缘石不小于 1m。

为防止行人进入树池，可将树池四周做出高于人行道面 6~10cm 的池边。但这也会阻碍路面积水流入树池，因而对于不能经常为树木浇水或少雨的地方，则应将树池与人行道面做平，树池内的泥土略低，以便雨水流入，也避免污水流出（图 7–5）。若可以在树池上敷设留有一定孔洞的树池保护盖则更为理想（图 7–6）。

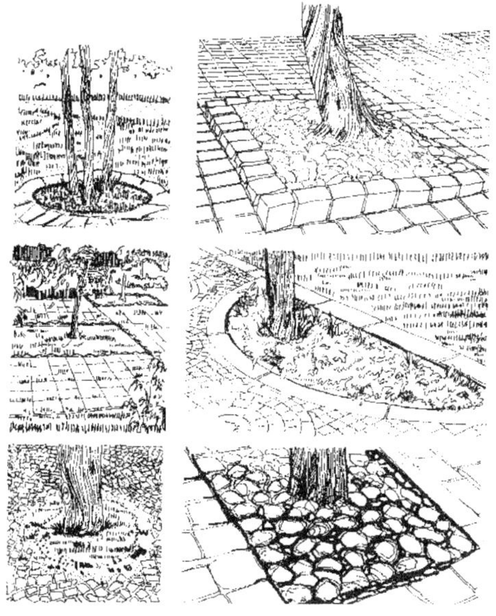
图 7–5　树池形式

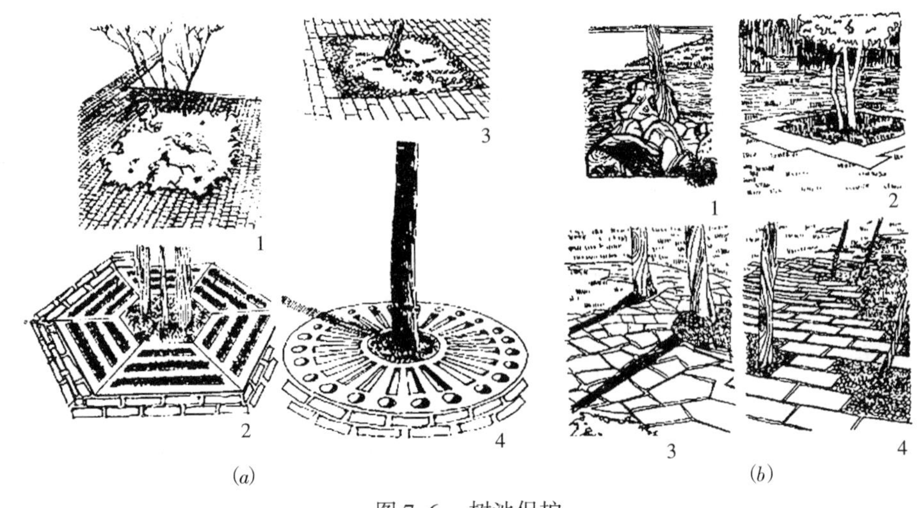

图 7–6　树池保护

池盖通常由铸铁或预制混凝土做成，由几何图案构成透空的孔洞，既便于雨水的流入，又增进美观。为方便清除树池中的杂草、垃圾，池盖常由两三扇拼合而成，下用支脚或搁架，这既保证了泥土不致为池盖压实，又能避免晒烫的池盖灼热池土而伤及树根。池盖遮护了裸露的泥土，有利于环境卫生和管理。结实的池盖可以当做人行道路面铺装材料的一部分，使用后能够增加人行道的有效宽度。

由于树池面积有限，会影响水分及养分的供给，也提高了造价，且利用效率较低。所以，在条件允许的情况下尽可能改用种植带式。

2. 种植带式

一般在人行道外侧保留一条不加铺装的种植带（图 7–7）。且为便于行人通行，应在适当处予以中断。有些城市的某些路段人行道设置较宽，还会在人行道的纵向轴线上布置种植带，将人行道分为两半。内侧供附近居民和出入商店的顾客使用；外侧则为过往行人及上下车的乘客服务（图 7–8）。

种植带可采用乔灌草结合、间杂花卉、绿篱的形式，以增加防护和景观效果。当种植带达到一定宽度时，可设计成林荫小径。

我国规定种植带的最小宽度不应小于 1.5m，当宽度在 2.5m 左右时，种植带内除了种植一排行道树外，还能栽种绿篱、草皮、花卉。当种植带达到 5m 宽时，可以交错种植两排乔木。如今一些城市的主要景观道路种植带宽度甚至超过 10m，这有利于提升城市风景，但占地较多，若仅仅出于追求气势，则不宜提倡。

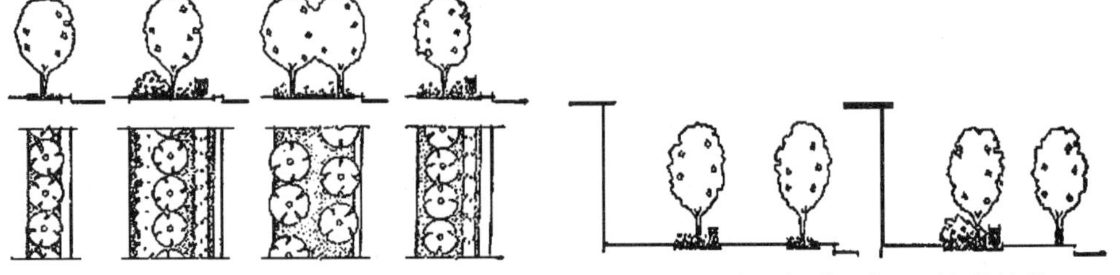
图 7–7　种植带栽培示意图　　图 7–8　在人行道上布置两条种植带

综合而言，种植带式绿化带都较树池式有利，但若希望以其完全取代树池式，可能还为时过早。

3. 行道树的选择

行道树的生存条件并不理想，除了基本生长需求难以保证，还要长年承受汽车尾气、烟尘的污染和人为损伤、管线影响等。所以，应选择对环境要求不十分挑剔、适应性强、生长力旺盛的树种。

（1）地域性适生树种有较强的耐受不利环境的能力，成活率高，且苗木来源较广，应当做首选树种。

（2）依据实际情况选择速生或缓生树种，综合近期和远期规划目标予以合理配植。

（3）行道树宜主干挺直，树姿端正，形体优美，冠大荫浓。落叶树以春季萌芽宜早，秋天落叶应迟，叶色具有季相变化为佳。若选择有花果的树种，则应具有花色艳丽、果实可爱的特点。

（4）考虑花果有无造成污染、招惹害虫及砸伤行人、造成路面打滑的可能。

（5）在易遭受强风袭击的城市不宜选用浅根树种；不宜选用萌蘖力强、根系特别发达的树种，避免下部小枝伤及行人或根系隆起破坏路面；避免在可能与行人接触的地方选择带刺的植物。

（6）选用具有较强耐修剪性的树种，适时修剪，保证道路通畅，避免枝叶影响架空线路。

4. 行道树的主干高度

行道树主干高度需要根据种植的功能要求、交通状况和树木本身的分枝角度来确定，一般来说，分枝在 2m 以上就不会对行人产生影响；而考虑到公交车辆以及普通货车的行驶，树木横枝的高度就不能低于 3.5m；若选用双层汽车，则高度要求更高。考虑到车辆沿边行驶、靠站停顿等因素，行道树在车道一侧的主干高度至少应在 3.5m 以上。此外，树木分枝角度也会影响行道树的主干高度，如钻天杨横枝角度很小，即使种植在交通繁忙的路段，适当降低主干高度，也不会阻碍交通；而雪松横枝平伸，还带有下倾，若树木周围空间局促，就得提高主干高度或避免选用。乔灌木种植与各种工程设施的间距见表 7–1~ 表 7–4。

树木与架空电线间距参考表　　　　表 7–1

电缆电压	树木至电线的水平距离（m）	树冠至电线的垂直距离（m）
1kV 以下	1.0	1.0
1~20kV	3.0	3.0
35~110kV	4.0	4.0
150~220kV	5.0	5.0

资料来源：《城市道路绿化规划与设计规范》CJJ 75–97。

乔木和灌木的株距标准（m） 表 7-2

树木种类		种植株距			
		游步道行列树	树篱	行距	观赏防护林
乔木	阳性树种	4~8	—	—	3~6
	阴性树种	4~8	1~2	—	2~5
	树丛	0.5 以上	—	0.5 以上	0.5
灌木	高大灌木	—	0.5~1.0	0.5~0.7	0.5~1.5
	中高灌木	—	0.4~0.6	0.4~0.6	0.5~1.0
	矮小灌木	—	0.25~0.35	0.25~0.30	0.50~1.00

资料来源：《城市道路绿化规划与设计规范》CJJ 75-97。

树木与建筑、构筑物水平距离参考表 表 7-3

设施名称	至乔木中心距离（m）	至灌木中心距离（m）
低于 2m 的围墙	1.0	—
挡土墙	1.0	—
路灯杆柱	2.0	—
电力、电信杆柱	1.5	—
消防龙头	1.5	2.0
测量水准点	2.0	2.0

资料来源：《城市道路绿化规划与设计规范》CJJ 75-97。

树木与地下工程管道水平距离参考表 表 7-4

管线名称	距乔木中心距离（m）	距灌木中心距离（m）
电力电缆	1.0	1.0
电信电缆（直埋）	1.0	1.0
电信电缆（管道）	1.5	1.0
给水管道	1.5	—
雨水管道	1.5	—
污水管道	1.5	—
燃气管道	1.2	1.2
热力管道	1.5	1.5
排水盲沟	1.0	—

资料来源：《城市道路绿化规划与设计规范》CJJ 75-97。

以上表中所列仅可作为种植设计时的参考，具体运用还应根据管线埋设深浅、树木根系发育情况、树冠大小等而定。当地下管线的埋设深度在 0.5m 以下时，树木的中心只要偏离管线边缘，并留出翻修所需的距离。对于与架空电线间的水平距离应依据树冠大小而定。同时，还要考虑树冠的摇摆碰到电线。对于35kV以上的高压线，应保证在树木倾倒时不会挂上电线。

乔灌木的种植距离是以生长良好的成年树木树冠能形成一定郁蔽效果的距离。常以正常间距的1/2、1/3或1/4为距，经数年生长之后予以间伐。或将速生树种和缓生树种间植，到一定年限伐去速生树。

（三）交叉口、分隔带和街旁绿地的种植设计

现代城市的道路绿化除了行道树，还包括交通绿化岛、分隔带和路边绿化等，并予以相应的组合。

1. 交叉口的种植设计

城市道路交叉口流量极大、干扰严重，易发生事故。合理布置交叉口绿地可以改善人、车混杂的状况。

交叉口绿地由道路转角处的行道树、交通绿岛以及一些装饰性绿地组成。为保证行车安全，在视距三角区内不应布置会阻碍视线的绿化。但若行道树主干高度大于2m，胸径在40cm以内，株距超过6m，即使有个别凸入视距三角区也可允许，因为透过树干的间隙司机仍可以观察到周围的路况。绿篱或其他装饰性绿地中的植株高度要控制在70cm以下。

位于交叉口中心的交通绿岛具有组织交通、约束车道、限制车速和装饰道路的作用，依据不同的功能可分为中心岛（俗称转盘）、方向岛和安全岛等。

中心岛主要用以组织环行交通（图7–9）。平面有圆形、椭圆形、圆角多边形等。其最小半径与行驶到交叉口处的限定车速有关，目前我国大中城市所采用的圆形中心岛直径一般为40~60m。但在交通流量较大或有大量非机动车及行人的交叉路口就不宜设置中心岛。如上海市区交通繁忙，中心岛的设置反而影响行车交织能力，所以到1987年基本淘汰了中心岛的运用。

虽然中心岛具有相当的面积，但考虑到交通及安全，不能设计小游园。一般中心岛以嵌花草皮花坛为主，或以常绿灌木组成简洁明快的绣像花坛，中心可设立雕塑或种植高观赏性的乔灌木，用以突出景观的主体。切忌以常绿小乔木或常绿灌木胡乱充塞。

居住区的道路交叉口有时也会布置中心岛，但其功能重在限制车速和进行装饰。所以，应注意它们的装饰性，可结合居民游憩，做成小游园。中心布置装饰性小品，周边设置铺装道路，外缘安设座椅、花架，配植遮荫乔木。若采用自然式布置，可种植不同风格的观赏花木，并配以峰石、水体。

方向岛主要用于指引车辆行进方向和约束车道。绿化以草皮为主，面积稍大时可选用尖塔形或圆锥形的常绿乔木种植于指向主要干道的角端予以强调，在朝向次要道路的角端栽种圆球状树冠的树木以示区别。

安全岛是为行人横穿马路时避让车辆而设，多设于行车道过宽的人行道中间，其绿化主要使用草皮。

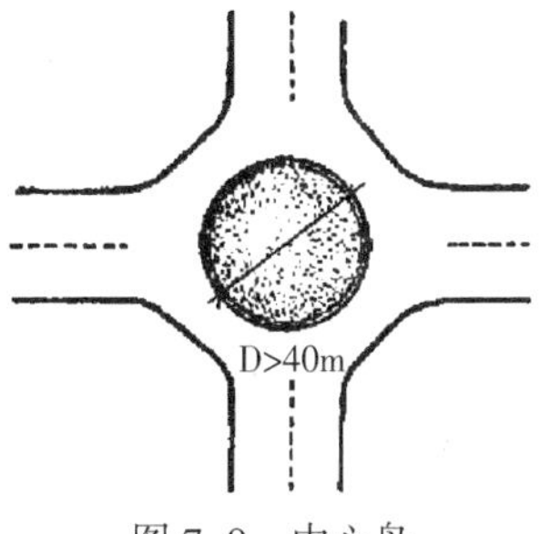

图7–9 中心岛

2. 分隔带的绿化

设置分隔带的目的是为了分流、提速、保证安全。

分隔带的宽度与道路的总宽度有关。高速公路以及有景观要求的城市道路上的分隔带可以宽达 20m 以上，一般也需要 4~5m。市区主要交通干道可适当降低，但最小宽度应不小于 1.5m。分隔带以种植草皮和低矮灌木为主，尤其是快速干道上不宜过多地栽种乔木，否则容易发生事故。城市道路分隔带上乔木的种植间距应根据车速情况予以考虑，通常以能够看清分隔带另一侧的情况为度。其间布置草皮、灌木、花卉、绿篱，高度控制在 70cm 以下，以免遮挡驾驶员的视线。

为便于行人穿越马路，分隔带需要适当分段。除了高速公路分隔带有特殊的规定外，一般在城市道路中以 75~100m 为一段较为合适。分隔带的中断处还应尽量与人行横道、大型公共建筑及居住小区等的出入口相对应，以方便行人使用。

3. 路边绿化

路边绿化主要是临街建筑与道路人行道边侧的绿化带，其设置应该是开敞的。而像上海等老城市在无法新增路边绿化来美化街景的情况下，采取“破墙透绿”的做法，收到了良好的效果。

路边绿化布置须与道路的其他绿化相协调，考虑到管线施工，应尽可能少用乔木或注意相互间距。在较狭窄的路边绿化上，应以草皮为主，四周可用花期较长的宿根花卉或常绿观叶植物镶边；或者内用低矮花灌木，外侧围以多年生草本植物。较宽的路边绿化则在布置草皮、绿篱、草本花卉之外，适当点缀花色艳丽的花木。大型商场门口或两旁一般不应布置绿化，但可在不妨碍行人及顾客的地方设置适量的花坛、喷泉、水池等。若公共建筑之前预留的位置合适、面积充裕，也可用软质景观替代硬质铺装。

设置路边绿化应该把握相关的技术规范，如人行道的宽度不能小于 4.5m，花木种植与地下管线的水平距离应保证管线的施工要求等。绿地乔木应选择与行道树同一品种或姿形相接近的树种，其枝干、叶色可以有所变化。

第二节　游憩林荫道、公园路与步行街

游憩林荫道、公园道路与步行街在平时属于城市休闲空间，在灾时则可充当避灾通道和避难点。

一、游憩林荫道

自文艺复兴运动开始，树木沿路种植已成为城市中常见的景观。16 世纪晚期的一些欧洲城市在城墙顶端规则式种树供民众使用。波斯则建起了长达 3km 的林荫大道。荷兰也在 17 世纪早期开始在城市河流旁进行规则式栽树。

而在现代城市中，游憩林荫道的设置可以减少甚至局部消除行车污染，合理组织交通，保障行人安全，丰富城市景观，还能起到小游园的作用。

游憩林荫道的形式与构成

按游憩林荫道与相邻道路的关系，大体有三种布置形式。

1. 将游憩林荫道设置在整个道路轴线的中央，两侧是上下行车道。这样的布置形式仅适用于以步行为主或车辆稀少的街道，在交通繁忙的主干道上不宜采用。

2. 是把游憩林荫道布置在车行道的一侧。这种形式在有庄重、气度要求的城市轴

线干道上不宜使用，通常用于道路一侧行人数量较多的地段（图 7-10）。

3. 是在车行道的两侧对称布置两条游憩林荫道。它能给人以整齐雄伟的感觉，方便行人使用，减少污染，但也有占用土地较多的缺陷。选用时需要从行人利用的实际情况出发，而非盲目追求气派。

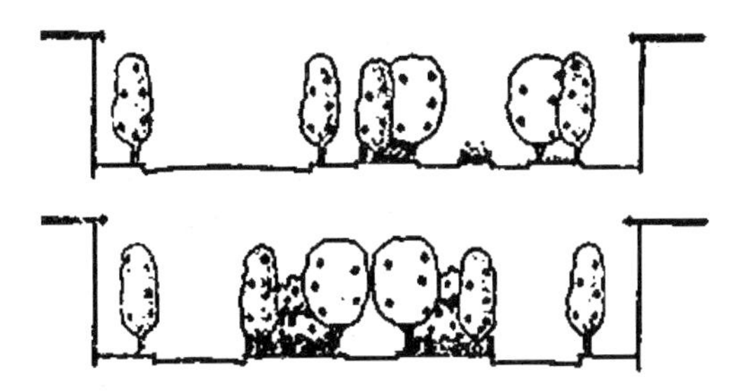

图 7-10　游憩林荫路横断面示意图

依据游憩林荫道的用地情况，也可以归纳为三种布置形式。

1. 游憩林荫道的最小宽度不应小于 8m，包括一条宽 3m 的人行步道和每边一条宽 2.5m 的绿化种植带（图 7-11）。

2. 当用地面积较宽裕时，可以采用两条人行步道和三条绿化带的组合形式。中间一条绿带布置花坛、花境、灌木、绿篱，可间植乔木。两条步道分置于花坛的两侧，步道之外是分隔绿带。如果林荫道的一侧为临街建筑，则应栽种较矮小的树丛或树群。采用这样的布置形式，林荫道的总宽度应在 20m 左右或更宽。

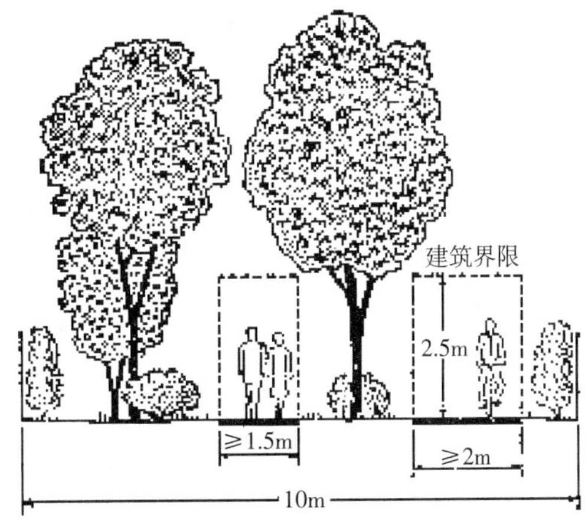

图 7-11　林荫道的示意图

3. 用地宽度在 40m 以上的游憩林荫道可以进行游园式布置，可选择规则式或自然式。其中设置两条以上的游憩步道和一些观赏性及服务性小品。

二、公园路

公园道路出现于 20 世纪初的美国。之后在许多用地较广的公园内纷纷引入了观光车行道、穿越风景区的公路，甚至普通公路也开始注意起沿线的景观建设，并将此类公路称之为公园道路（Parkway）。

公园道路两侧多布置植物景观，并设置许多供休闲游憩用的郊游地和野营场，与原有的自然风光相融合。

公园道路的出现体现了“完整形道路”（Complete High Way）的概念。即对于穿越具有自然风景区域的道路需要在用地方面确保景观不受影响，并设置必要的“景观通道”（Scenic Corridor），而一般地区的道路也应通过景观设计，使之带有“景观道路”（Scenic High Way）的性质。

我国地域广袤、地形多变，为满足交通、运输的需要，不少道路需要穿越自然风貌较好的地区。借鉴公园道路的经验，利用自然风光或对道路沿线进行必要的景观设计，对于将我国各类道路建设得更为美观、舒适具有积极的意义。

三、步行街

步行街的设置有效地缓解了污染问题及人车争道问题，并为市民提供更多的游憩、休闲空间，美化城市景观。在商业区设置步行街则有利于促进销售，历史文化地段的步行街可以有效保护历史风貌。

（一）步行街的类型

对一些人流较大的路段实施交通限制，完全或部分禁止车辆通行，让行人能在其间随意而悠闲地行走、散步和休息，这就是所谓的步行街。

1. 商业步行街：这是我国目前最为常见的步行街，通过禁止车辆进入消除噪声和废气污染，根除人车混杂现象，使行人活动更为自由和放松，有助于促进商业活动。

2. 历史街区步行街：国外有些城市为保护某些街区的历史文化风貌，将交通限制的范围扩大到一定区域，成为步行专用区。这是值得我国借鉴的方式。不仅能缓解人车混杂的矛盾，也能避免损害城市的旧有格局。当然，这需要方便、快捷的现代交通体系与之相配套。

3. 居住区步行街：居住区内也可设置步行街，国外称之为居住区专用步道。这种设计除了舒适、安全的目的之外还要考虑便利性和利用率的问题，当机动车流量不是太大时，是否有必要禁止车辆通行就应予以考虑。

（二）步行街的设计

步行街的利用形式基本可以分为两类。一种是只对部分车辆实行限制，允许公交车辆通行，或是平时作为普通街道，在假期中作为步行街，被称为过渡性步行街或不完全步行街。这种步行街仍然沿用普通街道的布置方式，但应提供更多休息设施。另一种是完全禁绝一切车辆的进入，称完全式步行街。其中可进行更多装饰类与休憩类小品的布置。

步行街较游憩林荫道需要更多地显现街道两侧的建筑形象，所以绿化中应尽可能少用或不用遮蔽种植（图 7-12），但需要注意步行街规划设计中忽视植物景观的倾向。

图 7-12　日本某商业街

步行街与广场的区别之一在于需要让人们延长逗留时间，从而促进商业。为此，应增加软质景观的运用，利用乔木的遮荫作用，创造不受季节和气候影响的宜人环境。同时，利用灯光设计提高步行街的品质。此外，步行街上的各种设施也都要从人的行为模式及心理需求出发，经过周密规划和精心设计，使之从材料的选择到造型、风格、尺度、比例、色彩等方面的运用都能达到尽可能完美，使人倍感亲切。

（三）游憩林荫道与步行街中的植物运用

游憩林荫道和步行街中所使用的植物大体上与一般街道绿化要求相近似，而加强植物造景，使其更为优美、宜人就成了植物运用的新要求。

游憩林荫道和步行街的花木选择应首先考虑植物的适应性。对于作为隔离绿带的植物配植可模拟自然界的植被共生关系，设计出适宜于不同植物良好生长的人工群落。游憩林荫道和步行街中的景观植栽需要根据用地的规模、周边环境关系以及人们的审美心理设计。一般在用地较为狭窄时布置规则式花坛、花境，使用生命力强且花期较长的草本花卉或耐修剪的花灌木。如果用地宽裕，则可考虑自然风景式布置，此种设计需要考虑各种植物在四季更迭中的季相变化及数年或更长的生长之后的姿形状态。

第三节　公路、铁路及高速干道的绿化

现代城市间的来往最初主要依靠公路和铁路，但最近数十年间高速公路已经成为发达城市间主要的交通干道，因此城市与各种交通干道交接处的绿化、道路沿线的绿化等也在不断地增加。

一、公路、铁路及高速干道的生态要求

过去城际道路系统的绿化主要着眼于防风、防沙、防尘、防烈日以及防暴雨雪，让车辆在恶劣的天气条件下还能正常通行，同时避免气候灾害损毁路基，以保障安全。如今随着生态意识的增强，人们已逐渐认识到仅此还不足以修复因道路系统的密集化而形成的人工环境对自然生态造成的伤害，因而提出了更为全面的生态要求。

对于各种城际道路网络的生态要求主要体现在以下三个方面。

（一）群落性原则

自然状态的植物通常以数个不同品种而成群生长，彼此之间存在着依存的关系，并受到各种环境因素的制约。这种具有单元特征的植物群就是所谓的植物群落。植物群落依据植物的成长规律以及自然因素的影响逐渐形成。如果破坏了这种结构，群落内部就不能自我维持，甚至会走向衰败。所以，遵循植被的群生关系，用群落布置方法替代过去简单的行道树式的绿化将成为今后的方向。

（二）地域性特征

我国植物品种丰富，但若盲目引进外来品种，则易因生存环境不适而使养护管理困难或因外来物种入侵、本地植物衰退而造成植物品种的单一化。提倡绿化的地域性特征，有利于生态的可持续发展和景观区域特色的体现。

（三）生态的多样性要求

从宏观上说，提倡优先选用本地植物，就可以形成区域特色。但同一区域内的植物也会有其多样性。是因势利导地运用相适应的植物品种，还是大范围沿用一个种植模式，不仅会影响植物的生长，还会影响多样性自然生态体系的维持和延续。

二、铁路、公路及高速干道的绿化功能设计

道路沿线的功能性绿化主要是为保障行车时的安全，但道路及车辆的差异又会使安全问题产生特殊性，因此用绿化来消除安全隐患时所作的功能设计也不尽相同。

（一）铁路绿化的功能设计

铁路属于轨道交通，火车间不存在干扰问题，但在进行绿化设计时应充分考虑到火车的制动时间。

在铁路两侧应设置一定宽度的防护林带以保护路基免遭自然力的破坏，且防护林带应与路基保持一定的距离。对于现行车速的铁路，乔木类的防护林带应设置在距铁路外轨 10m 以外，灌木类的绿化应不小于 6m（图 7-13）。

随着车速的提高，林带的距离还应适当放大。在与公路的平交道口，视距三角区内不得种植树木。视距三角的最小边长不应小于 50m。铁路的转弯处，曲线内侧有碍行车和眺望的地段内不宜种植乔木，但可以用灌木进行绿化。在沿线信号机前 1200m 的范围内严禁种植高大的乔木。当铁路通过市区时，两侧的防护林带须在 30m 以上，

图 7–13　道路绿化断面示意图

以减轻火车对居民的影响，同时在与城市道路的平交道口也可形成一定距离的缓冲区，以避免各类交通事故的发生。

站台可以不妨碍交通、运输以及人流集散为原则，进行必要的绿化布置。

（二）公路及高速公路绿化的功能设计

不同公路的等级、宽度、路面材料以及行车特点，都会对绿化提出不同的要求（图 7–14）。

1. 路旁植栽

路幅较窄、等级较低的公路通常只有路旁植栽，目的在于遮蔽和引导视线（图 7–15）。而在公路上的种植方法却有所不同。在路幅不足 9m，车流量较大时，行道树应种植在道路边沟之外，距边沟外缘不小于 0.5m；当路基具有足够宽度时，行道树可以种植在道路边沟之内的路肩上，但应避免过于接近道路（图 7–16）。

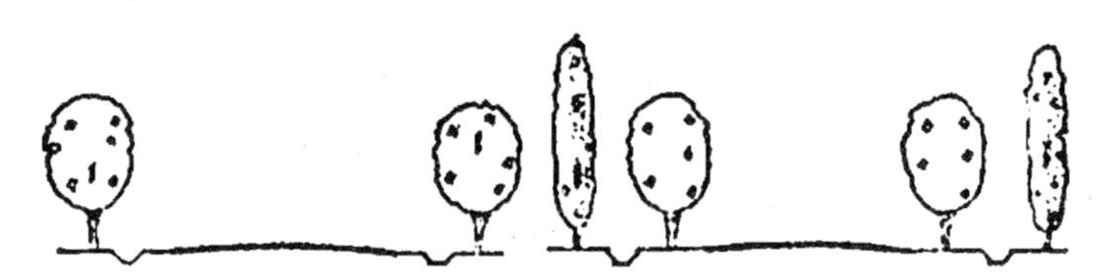

（*a*）路基宽 9m 以下的公路绿化示意图　（*b*）路基宽 9m 以上的公路绿化示意图

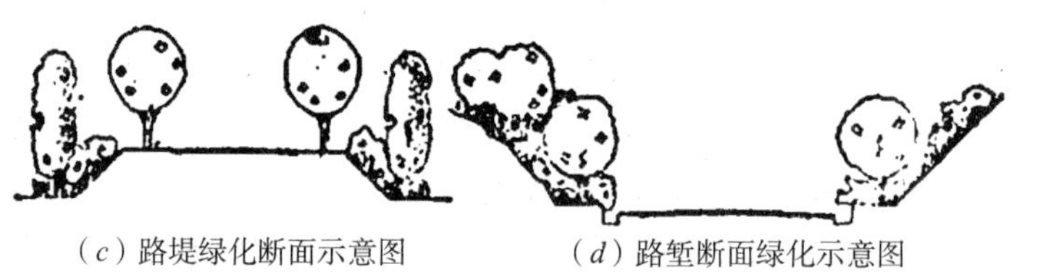

（*c*）路堤绿化断面示意图　　（*d*）路堑断面绿化示意图

图 7–14　公路绿化断面形式示意

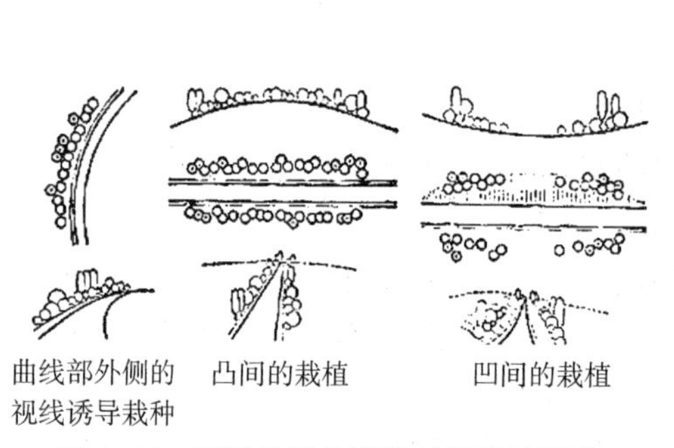

图 7–15　不同地形的道路对植栽的要求

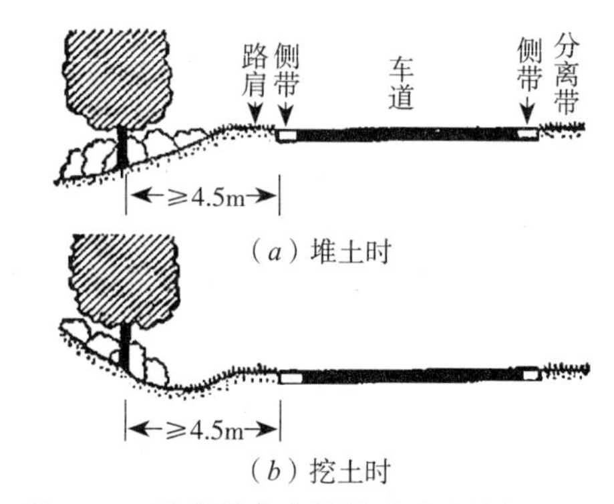

（*a*）堆土时

（*b*）挖土时

图 7–16　路旁植栽和铺装道路边缘间的距离

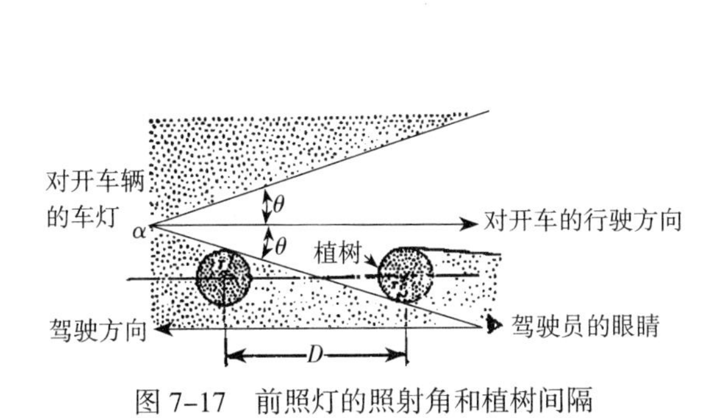

图 7–17　前照灯的照射角和植树间隔

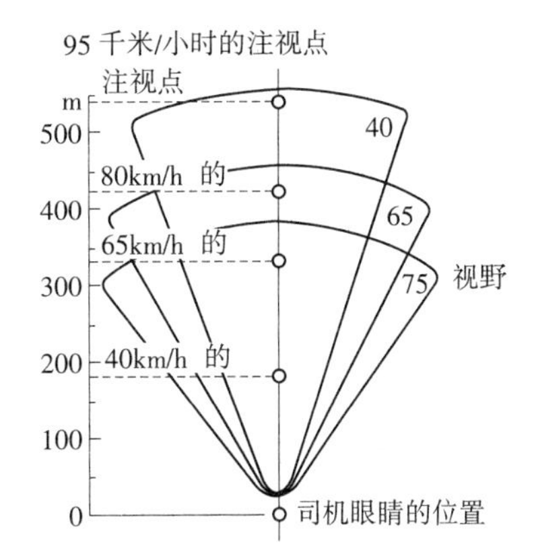

图 7–18　汽车行驶时司机的注视点和视野与车速的关系

随着公路等级的提高或允许车速的加快，树木与公路边缘的距离要求作相应的增加，如一般的高等级公路道旁的种植距铺装路面需有 2m 的间距，而高速公路，德国标准为 4.5m（德国道路建设指标），美国规定为 7.5m（AASHO），中国则为 7.5m。

引导视线的种植主要是利用路旁植物的高低、疏密、树冠的形状预告道路线形变化，提醒司机注意（图 7–17、图 7–18）。此类种植主要设置在曲率半径 700m 以下的小曲线部位，可以使用具有一定高度的连续树列。

不同的种植也可用于表述各种指示标识，利用植栽的体量、造型特征，配合各种标牌指示，可让驾车者在行进中更容易识别。

2. 中央分隔绿带

高等级公路或高速公路需要设置中央分隔绿带以避免相向车辆间的干扰。对于高速公路，理想的分隔绿带宽度应大于 10m，但限于用地，我国现行的标准是 3m。为防止车辆驶入分隔绿带，可设置防护栅，绿带内种植遮光植物。当分隔绿带小于 2m 时还要设置防眩网（表 7–5）。

植物与防眩网的比较　　表 7–5

种类	分隔带宽度	遮光效果	景观效果	造价	维护费	发生事故后的修理费
植树	较广	劣	优	小	大	小
防眩网	狭窄	优	劣	大	小	大

中央分隔绿带在遮挡光线方面需要依据驾驶员的视平线高来确定种植高度和种植形式。对于一般的汽车，种植高度确定为 1.5m 基本就能遮挡相向行驶车辆射来的灯光，而对于大型汽车可能就需要 2m 以上。但考虑到在高等级公路或高速公路上超车频度最高的是轿车，而超车道一般设在公路的内侧贴近中央分隔绿带处，所以种植高度的设计以轿车的尺度作为依据，大致就能满足要求。

中央分隔绿带的种植形式根据造型大致可归纳为整形式、随意式、树篱式、百叶式、图案式、树群式和平植式等多种（图 7–19）。具体需要按照简洁、大方、美观、易于

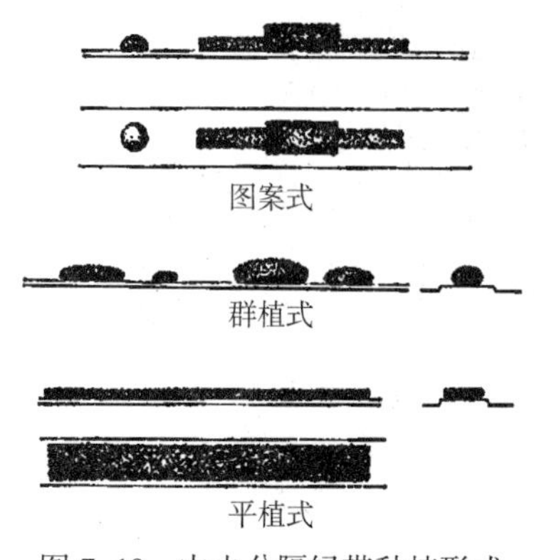

图 7–19 中央分隔绿带种植形式

养护管理以及能便于司机观察路况为原则予以选择和设计。

3. 其他种植

公路及高速干道在途经一些特殊地段时也需要利用种植来防止可能出现的突发事件。

为防止因光线的明暗剧变造成事故，可采用种植的方法使光线由突变转为渐变。适应明暗的种植主要利用高大乔木的遮光性，在涵洞、隧道出入口前的一定距离内，逐步密植，以使光线发生平缓的变化。

在一些事故高发路段，为避免事故带来重大伤害，通常使用路栅和防护墙。而利用植物枝条的柔韧性，只要达到一定的宽度，就可以缓解强烈的冲击力，使车在发生冲撞时减速或停止。

此外，为防止闲杂人等的进入和穿越，在相应的路段应进行隔离种植；当公路沿线靠近城镇、村庄、学校、医院等有居民活动的地段，需要考虑防止污染、噪声的种植；沿海岸、戈壁的公路种植须注意防止流沙侵袭；而对于穿山而筑的公路应在坡面进行护坡种植。

（三）高速公路出入口及休息停车区的绿化功能设计

高速公路与高等级公路在许多方面存在着相似性，但为了提高车行速度，也要设置一些独特的设施来保证车辆在高速行驶中的安全性以及长途行进中的舒适性。

1. 出入口的植栽

出入口的种植设计应充分把握车辆在这一路段行驶时的功能要求。如在相应的路侧进行引导视线的种植；驶出部位利用一定的绿化种植缩小视界，间接引导司机减低车速。在不同的出入口还应该栽种不同的主体花木以示区别（图 7–20）。

2. 休息、停车区的植栽

高速公路的休息区和停车区除了应考虑行车里程、与前后出口的相对关系之外，最好选在林木较多、具有一定景观的地方。利用已有的植被，进一步予以地被种植、遮荫种植以及景观种植等设计。在休息停车区的外侧需要设置分隔绿化带，予以防出入的种植，在视觉上可与道路完全分隔。在无景可利用的地方，应在周边种植丛树加以遮蔽，营造幽邃、安静的氛围。

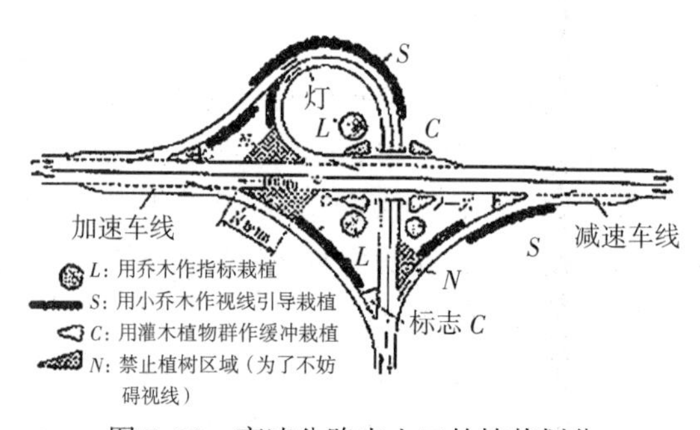

图 7–20 高速公路出入口的植栽划分

三、铁路、公路及高速干道的绿化景观设计

各种城际道路系统上，单调、乏味的景色容易使人疲倦，所以结合道路绿化的功能要求，通过人为的设计和布置，可以改变沿途的单调，有利于行车安全。

（一）道路景观的构成

道路的存在需要与周边的环境发生联系，尤其是要将人在道路上的活动从单纯的物理功能向精神功能拓展。因此，道路景观构成的要素除了道路本身之外，还应包括道路边界、道路视觉区域、道路的各种结点等。

1. 道路

道路所具有的连续性和方向性形成了空间造型能力，而道路的线型、断面形式、铺装材料的质感、色彩等又进一步为道路的空间造型增添了细节，因而在景观上可以成为主要的构成要素之一。

2. 道路的边界

城际公路、高速干道以及铁路之类的边界，可以是远山、田畴、湖泊、村庄，也可以是由道路绿化构成的景观。其意义在于从远处能够清晰地进行观察，并有接近的可能，这就容易强化其特性，以便提高形象能力。

3. 道路的景观区域

景观区域是指具有空间秩序和主题连续性特征的特定空间，而非视线能及的更广大的范围。当周围的空间序列与人的审美感知相一致时，空间特征在与人们的经验相叠加时得到了强化，就会感受到其中的主题和秩序。因此，可以用人工的方法强化主题，令其形象更加鲜明。不同的秩序感和连续性还可能形成若干个边界性景观区域，如近景区域、中景区域、远景区域以及相邻景观区域等。

4. 道路的各种结点

城际各种交通干道的结点包括平交和立交道口，高速公路的出入口、停车休息区，交通线上的变化点以及一些具有空间特征的视觉焦点。它们与道路在功能和空间形象能力上都存在着差异，可能成为道路景观区域的变化点。

此外还有目标（或称标识物）。目标需要具有较强的特殊性。通过位置、空间造型、色彩等与周围的背景形成对比，因其显眼而容易吸引视线。

（二）道路景观的设计

作为道路景观的本体，道路的线型、断面形式、附属设施因具有空间特性，而且直接影响到车上乘客的舒适与否，也应与景观设计共同考虑，这部分需要与公园绿地规划设计人员配合进行。

城际交通沿线与环境的协调主要体现在结合功能性种植组织景致，利用功能绿化带的遮蔽作用，将杂乱的景物予以遮挡，透过由花木构成的视觉景窗呈现美好景观。

需要注意的是随着车速的提高，景观也会随之发生改变，尤其是近景区域，所以应从车上人员的观察角度出发，重新确定一套尺度、比例关系，在必要时需要考虑视线封闭。

道路绿化应在景观方面予以更多的关注。首先是运用不同的绿化形式强化道路本身的特征。利用沿路连续的植栽有助于强调道路的连续性和方向性，而一定的绿化形式还能将不同的道路或路段进行区分。其次应选择“适地适树”的种植方法，从人的

审美心理出发，依据形式美的构成原则，选择适宜的花木品种，使沿路的绿化成为兼具物理和心理功能要求的设施。

四、铁路、公路及高速干道的绿化与郊区植被间的关系

公路、铁路及高速干道大多穿行于广大的乡间旷野地区，因此需要考虑与沿途植被，尤其是郊区植被间的关系。

道路的两侧应进行必要的防护种植。此类种植要与优化周边生态环境一起考虑。此外，还有护渠、护堤等各种林带及绿化种植要求，这些都可以与道路绿化体系相结合，以做到一林多用。而近年来许多城市的水土涵养林、防护林建设也应将各种道路绿化纳入其中。

此外，可以将田园、村庄与道路景观设计相结合，使之成为道路景观的有机组成部分。

第四节　防护林带

严格的防护林带主要是指城市、工业区或工厂周边的环形绿地以及分隔城乡的隔离林带、伸入城市的楔形林地，其规划与设计根据功能差异各有不同的要求。

一、防风林

在有强季风通过的地区，需要于城市外围营造防风林带，以减轻强风袭击造成的危害及污染。

防风林带应在城市外围正对盛风的位置设置，且与风向方向垂直。若受其他因素影响，可以与风向形成 30° 左右的偏角，不宜大于 45° 。

一般防风林带的组合有三带制、四带制和五带制等几种，每条林带的宽度不应小于 10m，且距城市越近林带要求越宽，林带间的距离也越小。防风林带降低风速的有效距离为林带高度的 20 倍，所以林带与林带间一般相距 300~600m 左右，其间每隔 800~1000m 还需布置一条与主林带相互垂直的副林带，其宽度应不小于 5m，以便阻挡从侧面吹来的风。

林带的结构对于防风效果具有直接的影响。按照结构形式防风林带可以分为透风林、半透风林和不透风林三种（图 7–21）。

不透风林带由常绿乔木、落叶乔木和灌木组合而成，其密实度大，防护效果好。半透风林带只在林带的两侧种植灌木，透风林带则由枝叶稀疏的乔、灌木组成，或只用乔木不用灌木，旨在让风穿越时，受树木枝叶的阻挡而减弱风势。林带树种的选择应以深根性的或侧根发达的为首选，以免在遭遇强风时被风吹倒。株距视树冠的大小而定，初植时大多定为 2~3m，随着以后的生长逐渐予以间伐或移植。

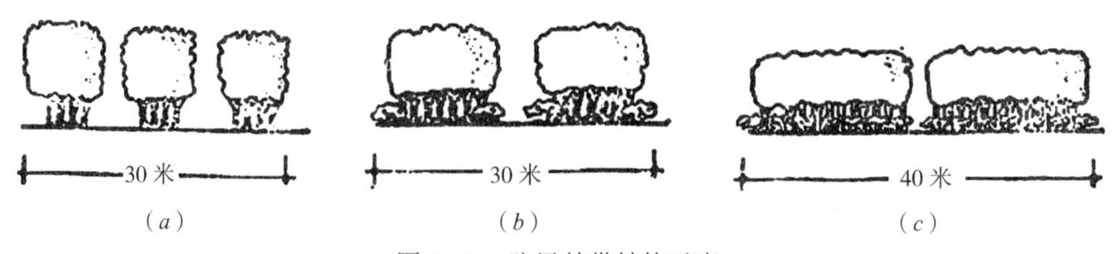

图 7–21　防风林带结构示意
（a）透风林带；（b）半透风林带；（c）不透风林带

防风林带的组合一般是在迎风面布置透风林，中间为半透风林带，靠近城市的一侧设置不透风林，形成一组完整的防风林体系。

此外，在城市内的一定区域以及高楼的附近还须布置一定数量的折风绿地。在有些夏季炎热的城市中，可设置与夏季主导风向平行的楔形林带，以缓解热岛效应。

防风林带在经过合理设计后，可形成兼防风、景观、游憩功能为一体的综合性绿地。

二、卫生防护林带

许多植物能利用枝叶沉积和过滤烟尘，有些还可以吸收一定浓度的有毒、有害气体，因此可在工厂及工业区周围布置卫生防护林带。

但即使以最大防护宽度，即 2000m 设置林带，也难以将某些工厂产生的污染物吸收干净，所以还应配合工厂本身的技术、设备改进及规划调整，来减小工业污染对城市的直接影响。

卫生防护林带种植的树木应选择抗污染力强或具有吸收有害物质能力的品种。林带的总宽度应根据工矿企业对空气造成的污染程度以及范围来确定。我国目前将各种工业企业的污染分为五个等级，卫生防护林也就有了相对应的宽度（表 7–6）。

卫生防护林带参考表　　表 7–6

工业企业等级	卫生防护林带总宽度（m）	卫生防护地带内林带数量	防护林带	
			宽度（m）	距离（m）
Ⅰ	1000	3~4	20~50	200~400
Ⅱ	500	2~3	10~30	150~300
Ⅲ	300	1~2	10~30	100~150
Ⅳ	100	1~2	10~20	50
Ⅴ	50	1	10~20	

在污染区内不宜种植瓜、果、粮食、蔬菜和食用油料作物，但可以栽种棉、麻及工业油料作物。

卫生防护林带在一定程度上也能对土壤产生净化作用，避免了对水源的间接污染。除了在工业区需要用营林的手段净化土壤，保证水源洁净外，河流的沿岸也应启动水土涵养林工程。

在工业区卫生防护林带也需对防止噪声污染予以考虑。在国外，防声林带的结构通常使用高、中、低树组成密林，宽度在 3~15m 之间，林带长度为声源距离的两倍。

此外，为防止积雪影响交通，需要营造积雪林；沿海及靠近沙漠的城市还应营造防风固沙林。

三、高压走廊防护绿地

高压走廊也称高压架空电力线路走廊，是电力线路的一种。往往布置成对城市用地和景观干扰不大的廊道，一般与城市的道路、河流、对外交通的防护绿地相互平行，通常不允许穿越地块。

高压走廊的宽度依据电压而有所不同（表 7–7），为减少高压线对城市在安全、景观方面的不良影响，需要与供电规划相结合设置一定宽度的防护绿带，且要注意架空电力线与树木之间的安全垂直距离（表 7–8）。

市区 35kV~500kV 高压架空电力线路规划走廊宽度　　表 7-7

线路电压等级（kV）	高压走廊宽度（m）	线路电压等级（kV）	高压走廊宽度（m）
直流 ±800	80~90	330	35~45
直流 ±500	55~70	220	30~40
1000（750）	90~110	66~110	15~25
500	60~75	35	15~20

资料来源：《城市电力规划规范》GB 50293-2014。

架空电力线路导线与街道行道树之间的最小垂直距离　　表 7-8

线路电压（kV）	＜1	1~10	35~100	220	330	500	750	1000
最小垂直距离（m）	1.0	1.5	3.0	3.5	4.5	7.0	8.5	16

资料来源：《城市电力规划规范》GB 50293-2014。

第五节　滨水绿地

水是生命之源，由于人与水体的依存关系，恢复原有水体，给岸线予以必要的绿化装点，将其有机地组织到城市休闲空间之中。

一、滨水绿地的作用

由于沿城市水体岸线进行的绿化邻近水域，所以除与城市其他地段的绿化建设具有相同功能外，还形成了自身的特点。

（一）滨水绿地的环境作用

大型水体近旁巨大的风力可能对人们的生活产生影响，如能在临近大型水体的地带种植一定宽度的绿带，可以大大降低风速，减轻破坏。

花草树木庞大的根系可以吸收和阻挡地下污水，降低水质污染，产生涵养水源的作用。

（二）滨水绿地的景观作用

滨水地带的固有景观构成有水工构筑物及自然生态。经过规划设计还可以将人工植被、园林小品、园路、建筑、山林、甚至晨昏四季、阴晴雨雪、车船人流等都组织到绿地景观之中。

二、滨水绿地的类型

滨水游憩绿地呈现出不同的类型。依据目前我国城市水体的形式，可以分为以下几类。

图 7-22　滨海绿地（厦门鼓浪屿）

（一）临海城市中的滨海绿地（图 7-22）

在一些临海城市中，滨海地带往往被辟为带状的城市公园。此类绿地宽度较大，除了一般的景观绿化、游憩散步道路之外，里面有时还设置一些与水有关的运动设施。

（二）面湖城市中的滨湖绿地

我国有许多城市滨湖而建，此类城市位于湖

泊的一侧，甚至将整个湖泊或湖泊的一部分围入城市之中，因而城区拥有较长的岸线。虽然滨湖绿地有时也可以达到与滨海绿地相当的规模，但由于湖泊的景致较大还更为柔媚，因此绿地的设计也应有所区别。

（三）临江城市中的滨江绿地（图 7–23）

为提高城市的环境质量，如今已有许多城市开始逐步将已有的工业设施迁往远郊，把紧邻市中心的沿河地段辟为休闲游憩绿地。因江河景观变化不大，所以此类绿地往往更应关注与相邻街道、建筑的协调。

图 7–23　滨江绿地（上海外滩）

（四）贯穿城市的滨河绿地（图 7–24）

东南沿海地区河湖纵横，随着城市的发展，有些城市为拓宽道路而将临河建筑拆除，或在城市扩张过程中将郊外河流圈进城市，河边用林荫绿带予以点缀。由于此类河道宽度有限，其绿地尺度需要精确地把握。

图 7–24　滨河绿地（济南黑虎泉）

三、滨水绿地的设计

滨水绿地在设计中应根据城市的自然、经济、文化等特性，最大程度上突出水体，让人在亲水过程中体验到城市的特色（图 7–25）。

（一）滨水绿地的定位

与都市、城镇相邻的水体因其对于居民的生活、生产以至于经济活动、军事活动都曾产生重大的作用，因此在社会的演变过程中扮演着极为重要的角色。

图 7–25　滨水绿地断面示意

由于不同城市水体所蕴涵的历史记忆千差万别，所以滨水绿地的规划设计应对城市的过去以及在该城市的发展过程中水体曾起的作用予以广泛而充分的调查，以便找到准确的定位，将以往的历史文脉在新的建设中得到延续。

（二）滨水绿地的活动

城市滨水绿地因有相邻水体的存在，可使游人的活动以及所形成的景观得以丰富和拓展，因而滨水绿地的规划设计中需要对有可能展开的相关活动予以考虑，使人们在感觉到赏心悦目时有机会亲近水体。

1. 水中的活动与景观

因为有与绿地相邻水体的存在，不仅水体固有的景色能够融入绿地之中，还可考虑相应的水上活动，使之成为滨水绿地中的特殊景观。此时，绿地中的岸线附近就应设置与之相配合的设施。

2. 近水的活动与景观

城市用地情况较为紧张的滨水绿地，或小型水体之侧的滨水绿地，近水岸线一侧通常做成亲水的游憩步道。规模较大的湖泊、大海，岸线一侧往往保留相当宽度的滩涂，成为捡拾贝类、野炊露营、沙滩排球、日光浴等的活动场所，兴建与之相关的配套设施，形成另一种滨水景观。

3. 临水的活动与景观

在水体岸线到绿地内侧红线的范围内，目前一般被设计成游园的形式，游人在其中的主要活动多为静态利用。其实因滨水绿地有良好绿化以及水体的存在，只要绿地面积允许，还能设置更多的参与性活动，对滨水绿地形式的丰富多样提供了可能。

（三）滨水绿地的水环境与生态

在一些近代城市中，环境污染使滨水地带水质变坏，甚至变得死寂。滨水绿地的建设不仅要使其环境得到改善，还应尽量恢复其原有的生态状况。

1. 水质与水量

保证水质与水量是提高滨水绿地品质及舒适性的重要因素。城市需要对污水排放作出严格控制，并通过引入其他水体使流经城市区段的水量增加。根据情况，由地下暗管输送污水，地面重塑河道形象，将经过处理的中水流淌其中，从而再现当地河道风貌，保留居民的历史记忆。

2. 滨水的绿化

“水”与“绿”有着密切的依存关系，生态促进，且共同组成互为补充的滨水绿地特定形象（图 7–26）。

滨水绿化可通过植物的种类、形态来展现滨水风貌。树种选择应考虑当地的环境条件，并突出地方特色，植栽方法上需要根据城市轮廓及绿地本身的要求予以配置，因地制宜地运用植物造景来装点绿地的重点区段，用开合布置来使绿地空间产生变化，以高低错落形成带状天际线的起伏。

落实到具体的绿地布置上，就是要考虑在水中领略岸上绿带风光和建筑景观的要求，不可中断街景与水面景色间的联系。沿道路一侧用乔木与灌木的组合以形成绿色的隔离屏障，通常用整形绿篱加以范围的绿地将绿化隔离带控制在 50~80cm 左右，或采用自然风致林、花灌木树群布置的绿地形成通透视线的间隙，达到从水面到临街建筑间的自然过渡。

3. 水生原生物的作用

自然滨水地带绿地的营建往往忽略自然状态的植被体系，给人以人工痕迹过显而自然风貌不足的感觉。留意水体固有的生态群落，适当地予以恢复，可以让滨水绿地呈现出自然野趣，打破过于程式化的格局。

图 7–26　滨水绿地的绿化

（四）滨水绿地的游览交通路网

完整的水滨空间应包括水体、绿地以及相邻的滨水建筑所构成的区域，在此变化丰富的空间中观景或交通线路会较一般的城市带状绿地呈现出多样性。

1. 水上交通

只要水体条件允许，利用水体开辟游览线路不失为一举多得的好方式。设置水上交通需要考虑船只的停靠点，不仅要使之成为绿地游览线路的衔接处，还应成为景观空间的接合部，因此对于码头、集散广场、附属建筑和构筑物都要进行精心的设计，以其特殊的造型构成特色景观。

图 7-27　游憩步道

2. 游憩步道

如果要将滨水绿地设置为供人休闲散步的游憩林荫道，其中至少要将一条人行步道沿岸线布置（图 7-27）。临近水边的道路应尽可能将路面降低。临水一侧的步道应与堤岸顶相一致，水边不宜种植。如果水位的高差变化不大，堤岸可做成阶梯型或护坡型，若水位的变化较大，则应改为驳岸型。对于大型水体，需要用石料驳砌，具体采用整形驳岸还是自然叠石驳岸则需依实际而定。

绿带内若设有两条或两条以上的人行步道，内侧的可布置自然式的乔、灌木，形成生动活泼的建筑前景。树荫之下可设置造型各异的休息座椅。绿带内可结合花木布置各类凉亭、山石、喷泉、景墙等，使之成为富有艺术特色的休憩场所。

3. 自行车道

滨水绿地具有一定宽度，且长度较长时，可在绿地内设置自行车道，并与游憩步道分开，原则上应安排在靠近机动车道的一侧，但如果步行道采用高位时则可将自行车道靠岸线布置。自行车道应尽量取直，路面平坦，且有一定的宽度。在绿地的入口处或间隔一定距离应设置自行车的停车场地，并在其周边种植绿篱。

（五）其他方面的设计

1. 园林小品

滨水绿地中也会用到众多的园林小品，其要求与其他绿地中的相似，在此不加赘述。

2. 特殊地段的处理

一些突出岸线的半岛型地带，可依据面积大小，因地制宜地布置雕塑、纪念碑、风景树群、小游园或具有特殊意义的建筑物、广场等，以形成景观中心。

第六节　防灾绿地

当灾害发生时，公园绿地能避免因高楼倒塌造成的伤害及火灾引起的二次灾害。因此，城市避难场所的设置、防火林带的建设以及各社区防灾据点的规划等，逐步形成为当今城市规划的重要内容。

一、防护功能

防灾绿地除了拥有供居民疏散的开敞空间外，还必须考虑临时安置、救生通道、防火蔓延等特殊要求及灾前、灾时、灾后所能承担的防灾作用。

（一）灾前防御

灾前防御是在公园、绿地建设之际科学规划，为有可能发生的灾害来临时减少伤害、阻止灾害的扩大。

（二）灾时避难

当灾难发生时，防灾绿地将成为临时救援、安顿场所，需要配备必要的设施，为人们应急疏散和短期生活提供保障。

（三）灾后恢复

防灾绿地作为防灾据点，也应成为灾后恢复建设的基地，其对外交通与联系必须保证畅通。

二、规划设计

防灾绿地的规划设计应本着平灾结合的原则进行。

（一）选址

依据2007年建设部颁布并正式施行的《城市抗震防灾规划标准》，防灾场地应设置在人口密集居住区或停留点，作为紧急避震疏散的场地距离在500m以内，一般分为紧急、固定、中心三个等级。规模应以前往该地避难者的人数确定，通常以每人1~2m^{2}为宜，每处防灾场地面积控制在：紧急的不宜小于0.1hm^2、固定的不宜小于1hm^2、中心的不宜小于50hm^2。远离有易燃易爆单位和易产生次生灾害的地点。

（二）交通

防灾绿地需要与外界有直接、通畅的道路联系，但为了保证居民防灾与城市救灾及对外联络等不发生冲突，应尽量不占用城市主干道。所以，绿地通常设置在城市次干道旁。

（三）边界

防灾绿地通常不应设置围墙，但应该设置林带，用乔、灌木混合配植构成边界，起到景观和阻隔次生灾害蔓延的作用。

主要的出入口应该开阔，其周边应有明显的标识，出入口的尺度、造型以便于应急疏散为设计的前提，避免采用有高差或形成障碍的处理，铺地等也需作相应的考虑，以保证灾时使用的安全与可靠。

（四）场地

防灾绿地内必须设有开阔的场地，一般以大草坪为宜，便于灾时集中救护。

为了有效应对灾害，个别重要的防灾绿地内还应设置灾难应急指挥中心。

（五）设施

防灾绿地需要有一些普通绿地所未必需要的设施和设备。

首先是应急供水的水源，可以利用普通绿地的水池，但必须注意水质，且有充足的水量保证。

其次是置备应急供电，设置临时供电设备。

第三是物资储备，包括食品和医疗用品的储存以及救灾工具的存放，为此需要设置一定面积的建筑。

此外，还要预留供给道路，必要时应设置供直升机起降的停机坪。

（六）植被

在城市防灾绿地的建设中，应对不同的灾害，选用的植被也应有所区别。

为防止洪灾、旱灾、泥石流等自然灾害可以选择树冠宽大、浓密，根系深广，截留雨量能力强和耐阴性强的树种。

在地震较多及木结构建筑较多的地区，为了防止火灾蔓延，可选用不易燃烧的树种作隔离带。

为了防风固沙而种植的防护林带，应注意选择抗风力强、生长快、寿命长的树种，尖塔形或柱形树冠尤为适宜。

第七节　城市防护绿地系统

无论是斑块状的绿地，还是孤立的防护绿地，亦或单一的防灾绿地，若不能做到布局均匀、距离合适，就不能有效发挥其改善环境、限定污染、防灾自救的作用。所以，便有了城市防护绿地系统的概念。

一、城市防护绿地系统的定义

防护绿地包含着两个层面的内容，一是为改善城市自然环境和卫生条件而设，属于对象明确的防护绿地；另一是为公益项目而设，虽其设置并无明确的防护目的，却也能在改善城市环境中起到积极的作用。防护绿地系统就是在城市区范围内，将各类绿地相互联系构成的系统，充分发挥它们的功能。

二、城市防护绿地系统规划

作为城市绿地系统的一个子系统，城市防护绿地系统的规划需要与城市绿地系统充分配合与紧密衔接，其规划应该与城市绿地系统同步展开。

（一）基础研究

1. 现状调查

现状调查应包括地理区位、气候特征、地形地貌、地质状况、土壤植被等基本情况，依据城市现状，确定城市绿地系统规划目标。

掌握这些基础状况，对于灾害的分析可以使防护绿地系统更有针对性。

2. 规划研究

在充分了解现状之后，还应对其上位的城市土地利用规划、绿地系统规划等进行深入的分析和研究，再对其制订合适的规划设计指引要求。

（二）规划内容

1. 制定规划目标和指标

防护绿地系统的规划目标应该是对城市绿地系统规划中确定的防护功能的完善和细化，而具体的防护指标则是防护绿地面积总量、比例等定量化的评价指标。

依据《城市规划用地分类与规划建设用地标准》（2011 年版），绿地与广场用地占城市建设用地的 10%~15%，其中规划人均绿地与广场用地面积不应小于 $10m^2$，人均公园绿地面积不应小于 $8m^2$。以此类推，防护绿地应占城市建设用地的 1%~5%，其中人均防护绿地面积不应小于 $1m^2$。

防护绿地系统规划中的防护功能指标通常为定性指标，以核对整个城市绿地系统规划的完善性。

2. 市域防护绿地系统规划

应包括城市绿地系统的结构与布局、防护绿地的分布以及防护绿地的类型等规划内容。

3. 城区防护绿地系统结构与布局

日常防护绿地通常设置于须防护对象的两侧或周边，其形态大多呈带状或楔状。布局多采用点、线、面混合结构，呈现出多层次、网络状布置。

4. 防护绿地分类规划

其中主要有：

（1）隔离防护带；

（2）灾害防御绿地；

（3）环境防护林（包括农地、牧场防护林网；海岸、湖泊防护林；河道防护林；防风林等）。

5. 防护绿地系统规划

应包括日常防护绿地系统规划和灾时防护绿地系统规划两方面的内容，需要总述规划目标、规划原则、分类与分级、实施内容等。

6. 防护绿地专类树种规划

包括由防护绿地功能、自然条件所确定的树种规划基本原则，树种的选用等。

7. 防护绿地分期建设规划、灾时防护绿地分期实施方案

配合城市绿地系统规划中的分期建设方案，提出防护绿地系统的先后建设顺序，及实施方案。

（三）实施措施

由规划提出其法规性、行政性、技术性、经济性、政策性等方面的措施。

三、规划成果

防护绿地系统规划编制的成果应包括：

1. 概况与现状分析（相关的基础研究）；

2. 规划总则（明确规划的意义、依据、范围、规模、指导思想、原则、期限）；

3. 规划目标（确定规划目标、规划指标）；

4. 市域防护绿地系统规划（对上位绿地系统规划提出的功能予以细化与完善，附规划图纸）；

5. 城市防护绿地系统结构布局与分区（各类防护绿地的布局，附规划图纸）；

6. 防护绿地系统分类规划（日常防护绿地的分类、分级，附规划图纸）；

7. 防灾绿地系统规划（灾时防护功能体系，附规划图纸）；

8. 树种规划（选用原则、选用树种）；

9. 生物多样性保护规划；

10. 古树名木保护规划；

11. 分期建设规划（分期实施方案）；

12. 实施措施。

思考题

1. 防护绿地包括哪些类型?
2. 道路绿化有几种不同的断面布置形式? 各有哪些特点?
3. 公路、铁路及高速干道的绿化如何体现生态要求? 如何将功能设计与景观设计结合?
4. 在一些工业区如何设置卫生防护林?
5. 何为防灾绿地的应急疏散绿地? 何为防灾绿地的避难生活绿地?
6. 如何编制防护绿地系统规划?

第八章 附属绿地及特殊地段绿化规划设计

第一节 居住区绿化

居住区在城市用地中一般占有 25%~40% 的用地面积，其绿地面积应占居住用地面积的 30% 以上，故而其绿化对城市的影响是很大的，它也是城市绿地系统中的重要组成部分，加之生活在居住区的居民日常活动（特别是老人和儿童的 24h 的大部分时间）大多是在居住区里度过的，故而居住区的环境对居民的健康影响是很大的，随着人们生活品质的提高，对环境的要求也越来越高了。

一、居住区绿地的定位

居住区绿地是城市绿地系统中的重要部分，和人类生活密切相关，它涉及人文、经济、生态、心理、行为科学等多个学科领域。因此，优秀的居住区环境是多学科集聚的成果。由于居住区绿地原则上是建筑、道路占地以外的居住区用地，因此它的形式、内容又和居住区的规划结构、建筑形式的类型、居住区内道路交通方式等密不可分。优秀的居住区环境是建立在科学而有创造力的居住区规划基础之上的设计。

（一）居住区绿化的作用

1. 丰富生活

居住区绿地中设有老人、青少年和儿童活动的场地和设施，使居民在住宅附近能进行运动、游戏、散步和休息、社交等活动。

2. 美化环境

绿化种植对建筑、设施和场地能够起到衬托、显露或遮隐的作用，还可用绿化组织空间、美化居住环境。

3. 改善小气候

绿化使相对湿度增加而降低夏季气温。能减低大风的风速；在无风时，由于绿地比建筑地段的气温低，因而产生冷热空气的环流，出现小气候微风；在夏季可以利用绿化引导气流，以增强居住区的通风效果。

4. 保护环境卫生

绿化能够净化空气，吸附尘埃和有害气体，阻挡噪声，有利于环境卫生。

5. 避灾

地震、战争时期能利用绿地隐蔽疏散，起到避灾作用。

6. 保持坡地的稳定

在起伏的地形和河湖岸边，由于植物根系的作用，绿地能防止水土的流失，维护坡岸和地形的稳定。

（二）居住区绿地在城市绿地系统框架中的内涵定义

广义上讲，以城市绿地系统的框架来定义居住区绿地，它是指在居住区用地上栽植树木、花草，改善地区小气候并创造自然优美的绿化环境，包括居住区用地范围内的公共绿地、住区内的集中绿地、组团绿地、住宅旁绿地、公共服务设施附属绿地、道路绿地等。随着我国改革开放取得巨大的成功，城市建设的水平和层次不断提高，大量绿地得以新建、扩建，可以讲，公共绿地已深入到我们的生活环境中，而且都是开放式绿地，因此也具有城市内的“社会”公园角色。正如本书前面章节所述，居住区公共绿地包括居住区级公园、居住区儿童公园、滨水园、街头绿地等，其面积已经在公共绿地体系中计算，并已在公共绿地章节中得以详细阐述，本章节居住区绿地着重阐述住区内绿地，也即可以划归居住区物业管理的绿地，狭义的概括，它包括住区内的集中绿地（小游园）、组团绿地、宅旁绿地、公共服务设施附属绿地、住区内的道路绿地等。

（三）贯彻景观生态绿地网络的思想

现代人都渴望自然，所以在规划设计景观生态型居住区时，应贯彻景观生态绿地网络的思想，以植物造景为主，使居住区和居住区外的绿地景观连接成网络即“绿脉”。居住区内中心集中绿地、宅前屋后绿化、阳台绿化、道路绿化、特色绿化等绿色植物系统交融在一起，赋予居住区内绿地景观空间多样性和生态环境脉络性。居住区外应设置区域性绿地，成为居住区内外绿地的过渡和延续，也成为居民放松游憩的场所，共同构建景观生态网络，美化、净化居住区。

（四）居住区规划结构布局及其绿地包括的内容

居住区绿地由周边建筑、道路围合而成，建筑排列组合的方式、道路穿插的形态决定了居住区绿地的形状、规模及其附加制约条件（诸如架空层绿地、屋顶绿化、消防登高要求等）。而居住区建筑排列及道路穿插关系是由居住区规划结构布局所决定的。

从城市空间的角度来讲，居住区是城市空间的重要层次和结点，上通城市下达小区、组团直到住宅内外空间，各空间层次有不同尺度和形态。根据居住区规划布局的实态，可概括为以下主要形式。

1. 片块式布局

住宅建筑在尺度、形态、朝向等方面具有较多相同的因素，并是以日照间距为主要依据建立起来的紧密联系所构成的群体，它们不强调主次等级，成片成块、成组成团地布置（图 8–1）。

2. 轴线式布局

空间轴线或可见或不可见，可见者常为线性的道路、绿带、水体等构成，但不论轴线的虚实，都具有强烈的聚集性和导向性。一定的空间要素沿轴布置，或对称或均衡，形成具有节奏的空间序列，起着支配全局的作用（图 8–2）。

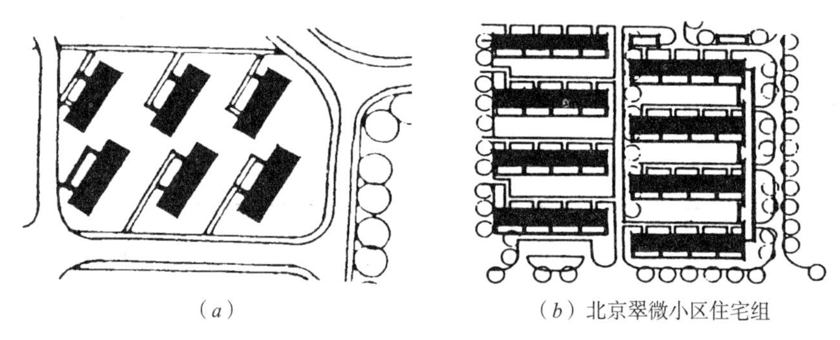

（a）　（b）北京翠微小区住宅组

图 8–1　片块式布局

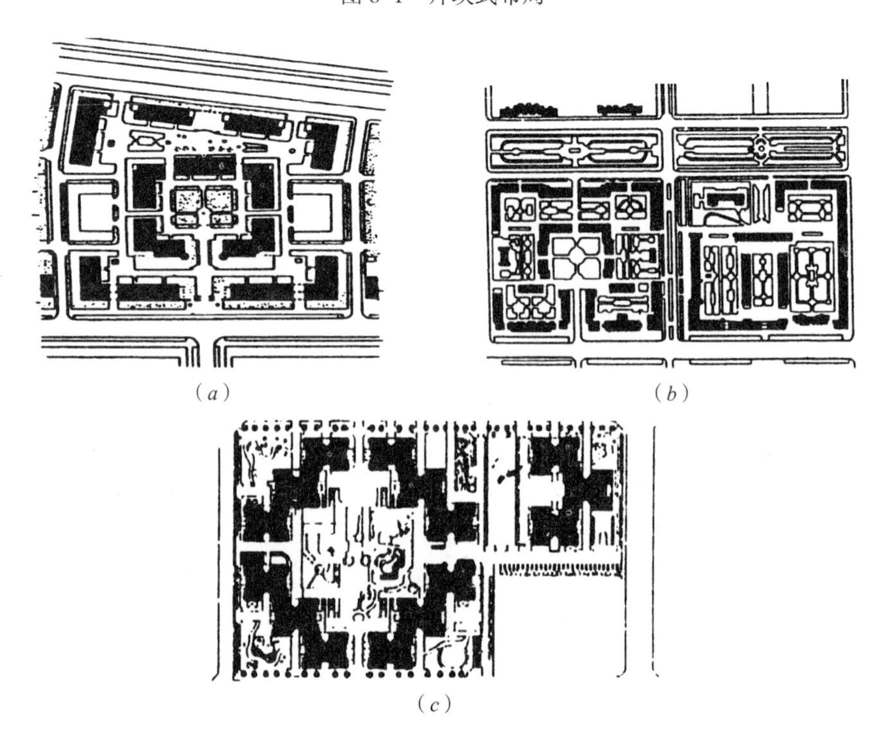

（a）　（b）

（c）

图 8–2　轴线式布局

3. 向心式布局

将一定的空间要素围绕占主导地位的要素组合排列，表现出强烈的向心性，易于形成中心（图 8–3）。

4. 围合式布局

住宅沿基地周边布置，形成一定数量的次要空间，并共同围绕一个主导空间，构成后的空间无方向性，中央主导空间一般尺度较大，统率次要空间，也可以其形态的特异突出其主导地位（图 8–4）。

5. 集约式布局

将住宅和公共配套设施集中紧凑布置，并开发地下空间，依靠科技进步，使地上地下空间垂直贯通，室内室外空间渗透延伸，形成居住生活功能完善，水平、垂直空间流通的集约式整体空间（图 8–5）。

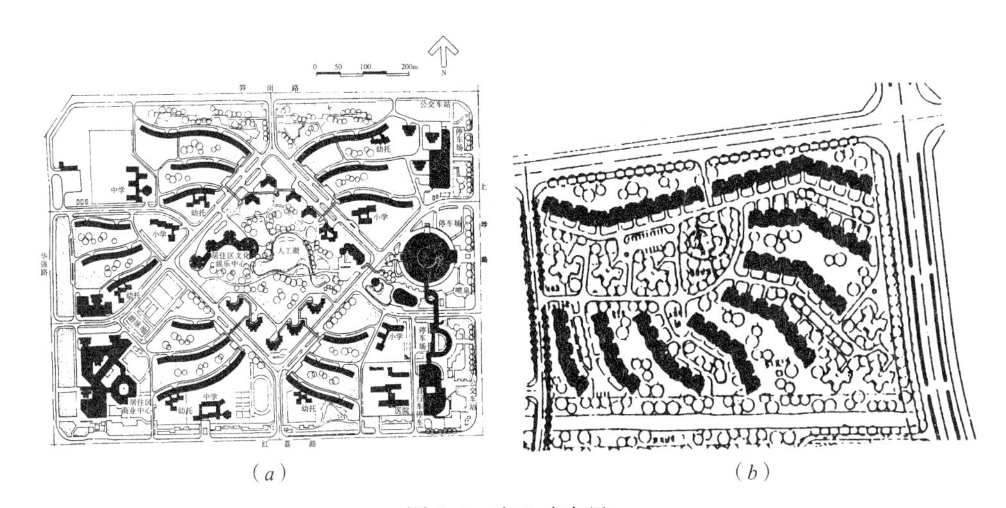

（*a*）　　（*b*）

图 8–3　向心式布局

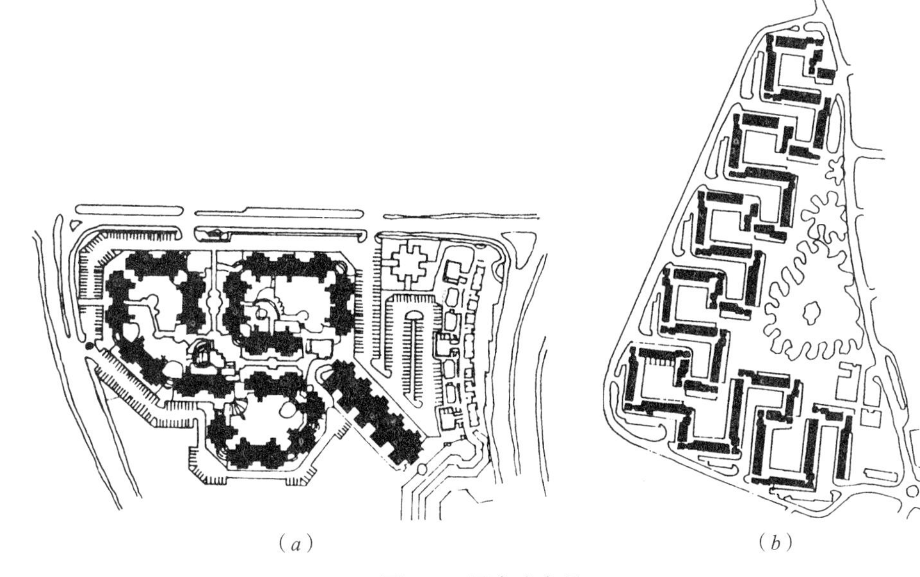

（*a*）　　（*b*）

图 8–4　围合式布局

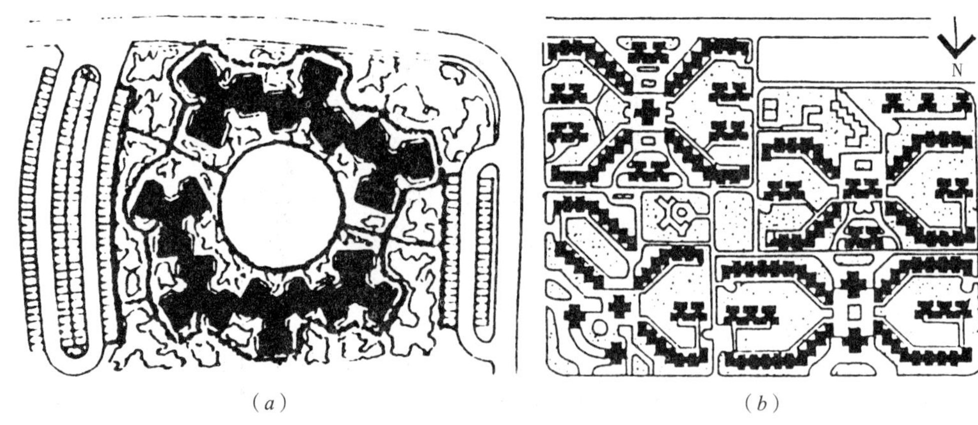

（a）　　（b）

图 8-5　集约式布局

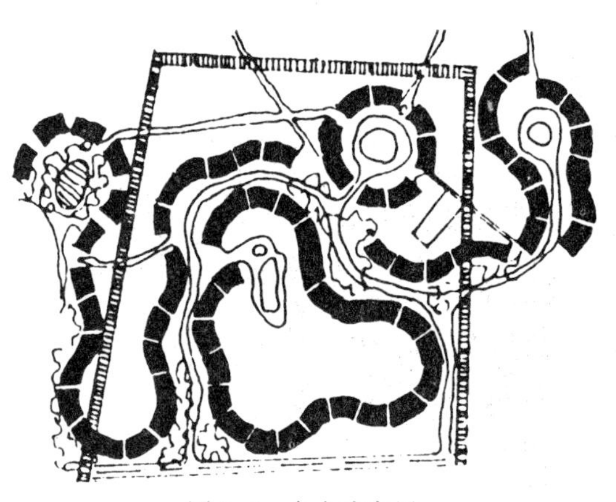

图 8-6　自由式布局

6. 自由式布局

该布局方式无明显的组合痕迹，空间要素自由排放，构成无序、多变的空间形态。空间无大小之分，并无方向性，且相互渗透（图 8-6）。

居住区绿地依据居住区规划布局的结构，可形成多样的形式和形态，规模也有大、小之分。在轴线式、向心式、围合式布局中往往多形成有中央集中式绿地，这种绿地面积相对较大，可塑造成小型公园的形态，它决定了小区的主体环境特征，并最大地渗透到各次要环境中去获得景观的最大价值。而片块式、自由式布局的居住区景观均好性比较好，由于布局的特点，它们多形成组团绿地、宅旁绿地，相互串联共同构建居住区内的良好景观。集约式布局则多有屋顶绿化，绿地规模可大可小，住区面积大可形成集中式绿地，住区面积小则“化整为零”形成组团绿地、宅旁绿地。当然，每一个居住区并不是由单一的绿地形式构成，一般而言，它应该具有集中式绿地、组团式绿地、宅旁绿地、公共服务设施附属绿地、道路绿地等绿地形态的全部或大多数。并且这些形态的界定在复杂的居住区规划结构中并不一定能完全区分，它们可以相互转换、渗透，甚至复合为一体。

（五）居住区绿地的特点及其规划设计的原则

居住区绿地不同于一般性的公共绿地，它有着鲜明的特点，主要体现在如下几个方面：

①绿地分块特征突出，整体性不强。②分块绿地面积小，设计的创造性难度比较大。③在建筑的北面会产生大量的阴影区，影响植物的生长。④绿地设计在安全防护方面（如防盗、亲水、无障碍设计）要求高。⑤绿地兼容的功能多，如交通、休闲、景观、生态、游戏、健身、消防等。⑥绿地中管线多，它不仅包含绿地建设自身的管线，同时还有大量的建筑外部管网及公共设施，设计容易受制约。⑦在大量的居住区中存在

有“同质”空间，由于建筑多行列式条状排列，因此大量的东西向条状空间是不可避免的“同质”空间。⑧绿地和建筑的关联性强，在入口大门、架空层、屋顶绿化等区域绿地和建筑需要紧密配合设计。

因此，居住区绿地的规划设计需要依据自身的特点，扬长避短，因势利导地运用有创造力的设计手法来对居住区绿地进行规划。为达到这一目的，需要遵循以下原则。

1. 创造整体性的环境

居住区绿地被建筑和道路分块，整体性不强。但环境景观设计是一种强调环境整体效果的艺术，一个完整的环境设计不仅可以充分体现构成环境的各种要素的性质，还可以形成统一而完美的整体效果。没有对整体性效果的控制与把握，再美的形态和形式都只能是一些支离破碎或自相矛盾的局部。因此，对居住区绿地中的各区块要积极运用各景观要素以创造它们之间的关联，适当调整道路体系，以合理地融入大环境中。铺地式样的重复、绿化种植的围合、主题素材的韵律、实体空间的延续、竖向空间的整体界定等都可以达到整体性的效果。

2. 创造多元性的空间

居住区兼容的功能多，有人行步道的交通空间，有休闲娱乐的交流空间，有健身、游戏的场地空间，有自然绿化的生态空间，有文化、艺术的景观空间以及消防、停车的功能性空间，因此居住区绿地设计必须是一个多元的环境设计。当然，在某些方面，这些空间是可以复合的，以突出整体性的要求。

3. 创造有心理归属感的景观

相对于人的行为方式，人的心理需求并不需要具体的空间，但是它需要有空间的心理感受。居住区是人类活动的主要场所，是人类安身立命的场所，因此其环境最主要体现出心理的归属。这种归属体现在环境中，最集中的表现就是居住区的景观风貌。人文和艺术作为人类文明思想的积淀，在景观创造中要有所体现，通过情调、品位的价值认同是心理归属感的关键，同时产生一种自豪感。

4. 创造以建筑为主体的环境

居住区绿地环境是由建筑群体围合下的空间，因此空间的尺度、比例、形状、边界和建筑主体密切关联，同时绿地设计和建筑一二层住宅的居家生活也有很紧密的关系，在日照、阳光西晒、私密空间的遮蔽、安全保护、住宅的进出口等方面都需要在绿地环境中体现建筑的主体中心地位。另外，绿地设计的形式、风格、材料色彩等方面在风貌上也需要和建筑主体相对应。在重要的住区建筑中，景观鉴赏意义上的对景、框景、室内外环境的空间相互渗透等都需要绿地环境对建筑主体的烘托。

5. 创造以自然生态为基调的环境

在城市生活中，建筑和道路在硬质环境方面构筑了城市主体，相应地需要在城市中不断强化和增加绿地软质环境，在绿地设计的细节中，应突出环境的自然生态属性，城市生活才能得以平衡。由此在居住区绿地规划中更应该贯彻人和自然的和谐原则，有较多的地面道路和消防登高场地的条件下，设计应以自然生态为环境基调，以满足城市居民亲自然、亲水的要求。

6. 景观小品是居住区环境中不可缺少的部分

在居住区绿地环境中，不能忽视景观小品的设置，如花架、景亭、雕塑、水景、灯具、桌椅、凳、阶梯扶手、花盆等。这些小品色彩相对丰富，形态多姿，给居住生活带来了便利，又增加了情趣，可以说在主题和氛围上起着画龙点睛的作用。

7. 景观环境设计要以空间塑造为核心

居住区绿地的空间看似由建筑来围合，但这只是一个大空间、大环境，生活其中的居民在日常交往中还得需要尺度更小的空间感受，在这种小空间中，主题、景观、色彩、材料等在细节上都得到最细致的反映。给人的感觉是最集中和直接的，因此景观环境设计要以空间塑造为核心。当然，小空间的产生并不能完全依附于其周边的住宅建筑单体，树木的围合、竖向高差导致的空间界定、材料的心理空间的边界界定等都可以创造小尺度的空间。

8. 利用先进的设备产品完善绿地环境

在绿地的景观环境设计中，水景的设备、浇灌系统的设备、日常晚间照明的设备、特殊亮化工程的设备以及背景音乐的设备等都会对完善绿地环境产生一定的作用。这些设备中有相当部分需要埋设于地下，是隐蔽工程，这就需要采用先进的设备产品及其完善的工艺来完善和丰富绿地环境。在安装上，要尽量避免对原有理想景观的破坏，让手井、安装盒、水管及水龙头、雨水井等露出地面的设备要有较好的遮蔽和处理。当然，设备产品的工艺越先进，其处理手段也越丰富和容易隐蔽。

二、居住区绿地规划设计的依据和方法

居住区绿地是居民日常生活的重要场所，在以整体性为原则，以空间塑造为核心的原则下，居住区绿地规划的平面布局就显得尤为重要。充分利用和塑造地形，将建筑物、构筑物、道路、场地等相互结合，达到景观统一、主题突出、功能合理、技术可行、造价经济和环境宜人的环境要求，这就需要在规划设计中遵循一定的依据和方法。

（一）影响居住区绿地规划设计的因素

1. 影响绿地标准的因素

人体生理和环境卫生对绿地的需要，保证在小区绿色环境中有着未遭污染的空气、水、土壤，保护居民的健康，防止疾病、强身祛病、延长生命。

2. 改善自然生态环境的要求

以乔木为主体，构成乔、灌、草多层结构，形成功能多样性的植物群落，促使植物与动物、微生物之间相生共荣，保证“鸟道、虫道”畅通，形成稳定的饵物网。在鸟类栖息地，以引导昆虫采蜜，以害虫为食料，逐步达到不施化学农药的目的。

3. 绿化和美化的要求

达到生态上的科学性、布局上的艺术性、功能上的综合性、风格时光的地方性，以葱郁的树木、清洁的水体、清新的空气、保健的花木、百鸟在争鸣、蝶蜂在习舞，创造出都市里田园风光的新景观。

（二）居住区绿地规划标准

根据 1993 年建设部公布的《城市居住区规划设计规范》（2002 年版）的规定，居住区公共绿地的总指标，应根据居住人口规模分别达到：组团不少于 $0.5m^2$/ 人，小区（含组团）不少于 $1m^2$/ 人，居住区（含小区与组团）不少于 $1.5m^2$/ 人，并根据居住区规划组织结构类型统一安排使用；其他带状、块状公共绿地应满足宽度不小于 8m，面积

不小于 400m^2 的环境要求。绿地率要求新区不低于 30%，旧区改建不低于 25%。

（三）居住区各级公共绿地规划设置

此项内容见表 8–1。

居住区各级公共绿地规划设置　　表 8–1

中心绿地名称	设置内容	要求	最小规格（hm^2）	最大服务半径（m）	步行时间	服务对象
居住区公园	花木草坪、花坛水面、凉亭雕塑、小卖茶座、老幼设施、停车场地和铺装地面等	园内布局应有明确的功能划分	1.0	800~1000	8~15min	居住区
小区集中绿地，小游园	花木草坪、花坛水面、雕塑、老幼儿童设施和铺装地面等	园内布局应有一定的功能划分	0.4	400~500	5~8min	小区
组团绿地	花木草坪、桌椅、简易儿童设施等	可灵活布局	0.04	200~300	2~3min	300~1000 户

（四）住区内的居民活动及其行为空间

居住区中影响绿地标准的因素主要包括人体生理和环境卫生对绿地的需要；改善自然生态环境的需要；绿化和美化的需要。总而言之，居住区绿地的规划设计是针对居民的需求而设计的，这种需求可以是物质层面的，也可以是精神层面的。而人的需求作为一种心理活动并不容易被设计者认知，只有通过外在的表现也就是人的行为方式来观察，因此研究居住区内的居民活动及其行为空间是居住区绿地规划设计的重要依据。

人类在其居住环境的行为是多种多样的，在历史的住区环境中，人的生活曾经和生产行为密不可分，在宅旁种植有农田、蔬菜田、果树园，并饲养动物等。但随着城市生活水平的提高，这种生产行为已基本退出了我们的居住环境，满足休闲、生态、景观、健身等高层次需求的行为方式占据了居住环境的主体。这些行为同时还包括很多细微和个体的方式，为了研究的方便，我们将其归纳为三种行为类型。

1. 功能性行为

是指人们在居住过程中必然和必须产生的行为，是以安全、有效、舒适为前提的满足居住这一功能性要求的行为方式。该类型主要包括交通、停车、消防、卫生等行为方式。

2. 休闲性行为

是指人们在居住过程中充分享受环境和景观，放松自我的行为，这一类行为不带明确的行为目的，主要满足居民的精神需求。这种行为包括观赏、休嬉、运动、健身等行为方式。

3. 交往性行为

在社区中生活，人与人的交往与交际是最重要的活动，闲谈、游玩、娱乐等是该种行为方式的主要内容。

（五）住宅类型决定绿地设计的方式

1. 不同类型的住宅和绿地的关系

在当今以市场为主的条件下，其经济水平成为分化居住的重要因素，就上海社会发展的情况来看，经济条件好的，一些较高收入人士及境外人士都需要居住在别墅地区，其建筑面积一般人均不小于 50~60m^2，而对于一般收入的仅能达到每人 20~30m^2，小高层则为 30~35m^2，高层的则为 35~40m^2，对居住的要求要更高些（表 8-2）。

（1）在低层住宅中，绿化面积比较大，但大部分为私人院落，在大面积的集中绿地以外，只有一些道路绿化和宅前绿化，组团绿地却很少，居民的大部分活动就在自己的院子里进行，或者通过会所方式来进行社交活动、健身活动、体育活动。

（2）多层住宅绿化面积需要大，集中的绿化和组团的绿地中需要满足老人和少年儿童的活动设施应该成为考虑的重点。

（3）中高层住宅随着层数越高，则表面上看绿地的面积会多些，但平均每个人的绿地面积则减少了，从使用上景观往往要求有集中绿地。对于宅间绿地则受建筑高度阴影的影响，可能使用的绿地面积减少了。

（4）综合区一般是面积比较大的居住区，应该有多种类型的住宅来满足不同经济水平的人群需要，一方面适合房地产楼盘的出售条件，另一方面也有利于各种不同条件的人混合居住。在这种条件下，这样的组团方式各种类型的绿地都需要，需要有小区级的集中绿地、组团绿地、宅间绿地，按不同要求发挥各自的作用。

不同类型住宅的绿地面积表　　表 8-2

类型	建筑密度（%）	容积率	人均建筑面积（m^2/人）	平均层数	经济水平和服务对象	人均户外场地面积（m^2/人）	景观布局特点
低层（别墅）	35	1.0	50~60	2.8	高	33.00	采用较分散的景观布局，使住区景观尽可能接近每户居民，景观的散点布局可结合庭园塑造尺度适人的半围合景观
多层	27	1.5	20~30	5.5	低	14.05	采用相对集中、多层次的景观布局形式，保证集中景观空间合理的服务半径，尽可能满足不同年龄结构、不同心理取向的居民的群体景观需求，具体布局手法可根据住区规模及现状条件灵活多样，不拘一格，以营造出有自身特色的景观空间
小高层	25	2.0	30~35	10	中	13.00	宜根据住区总体规划及建筑形式选用合理的布局形式
高层	20	3.6	35~40	18	中高	8.62	采用立体景观和集中景观布局形式。高层住区的景观总体布局可适当图案化，既要满足居民在近处观赏的审美要求，又需注重居民在居室中向下俯瞰时的景观艺术效果

2. 居住区绿地规划的风格特征

居住区的类型和绿化都有风格特征的问题，由于文化层次和思想意识的不同而有所不同，如上海的文化花园其住户对象大都是文化人士，而奥林匹克花园则大多是体育人士所居住。虽然其标准水平是差不多的，但绿化的风格则有所差异，在文化花园中有一些音乐家的雕塑和气氛，比较安静，而奥林匹克花园则采用一些体育运动员的雕塑，比较开朗，说明由文化差异而产生了不同风格。近十年，我国住区环境发生了日新月异的变化，涌现了大量有特色和风格的住区楼盘，依据现有住区风格的研究，我们大致可归纳出五种类型：

（1）自由式：自由式风格的小区以植物造景为主，设计自由起伏的草铺地和蜿蜒变化的步行体系，通过类似公园的景观来体现小区的景观特色。

（2）自然式：自然式和自由式小区的风格有些相似，但它更强调自然的属性，即多展现给居民的是生态型的景观，不强调公园的体系，滨水、亲水、野趣、自然属性的材质体现是关键。

（3）主题式：小区通过再现每一特定地域风格的景观特色等，演绎小区的环境，“泰国式”、“欧陆式”、“东南亚式”、“意大利式”等风格标签是此类小区环境追求“异域”景观的结果。

（4）现代式：小区以平面构成的方式来塑造景观。大轴线甚至大圆是景观设计的标准手段，另外节奏、变异等也是现代式小区景观的常用手段。

（5）情景式：小区以情感人，强调社区的人际交往和交流，多注意场所氛围的创造，以“景”带“情”，创造出宜人的环境风格。有时情景式小区环境也多带有“主题性”，但是主题性所表达出的“景”为辅，方便社区人际交往的“情”是设计的关键。

三、居住区各区段的绿地规划

居住区绿地包括集中绿地、组团绿地、宅旁绿地、单位专用绿地及道路绿地组成的居住区绿化系统（图 8-7）。

（一）集中绿地

在居住区或居住小区内，需要考虑居民休息、观赏、游玩的场所，应考虑设置老人、青少年及儿童文娱、体育、游戏、观赏等活动的设施，只有集中一定大小的绿地面积，形成集中的整块绿地，才便于安排这些内容。因此，一般居住区都规划有大型或较大型的集中绿地，这些绿地应与居住区总用地、居民总人数相适应，是居住区绿地职能的主要体现。

集中绿地服务于整个住区的居民，是居民的室外生活空间，由于绿地面积较大，因此类似于

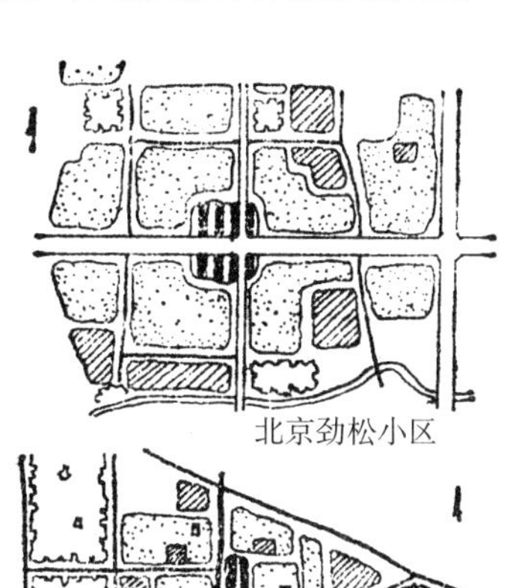

北京劲松小区

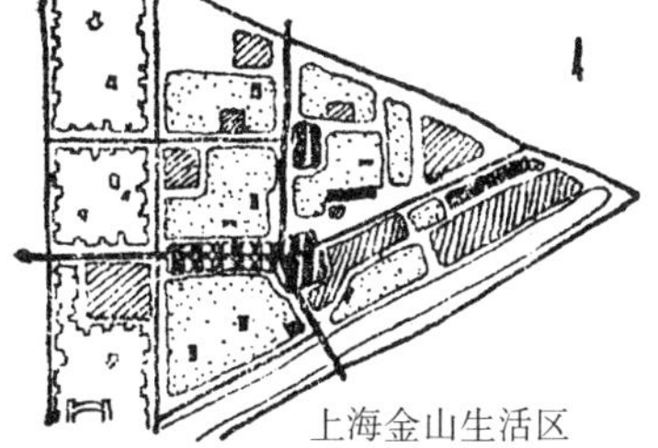

上海金山生活区

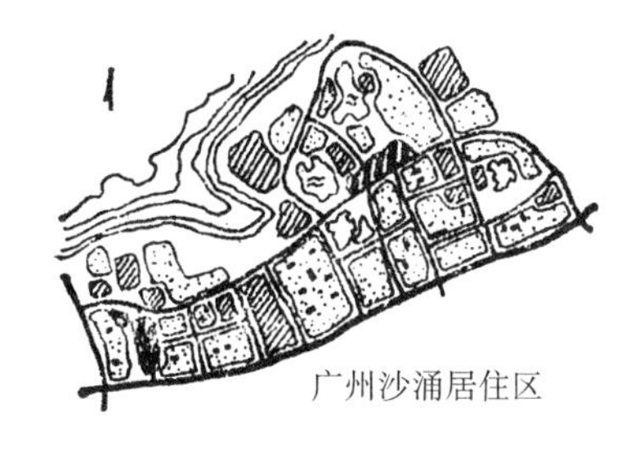

广州沙涌居住区

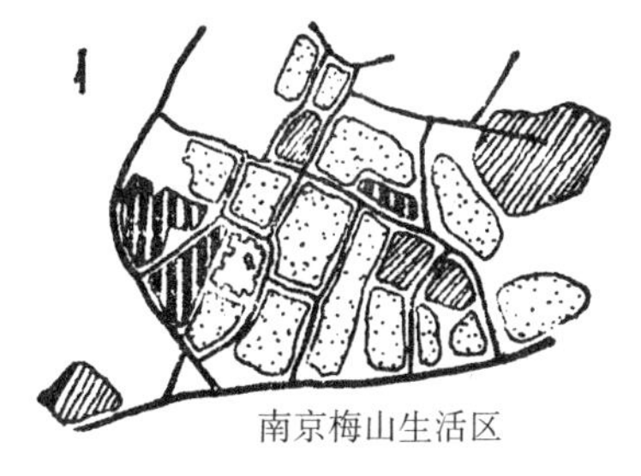

南京梅山生活区

公用绿地　专用绿地　住宅组群绿地　宅旁绿地　居住地区中心　道路　铁路

图 8-7　几个居住区绿地的布置

城市小型公园或小游园，但其功能与城市公园并不完全相同。首先它是城市绿地系统中最基本、最活跃的部分，是城市绿化空间的延续，同时又是最接近居民的生活环境。因此，不宜照搬或模仿城市公园，也不是公园的缩小或是公园的一角。住区集中绿地主要应适合于居民的休息、交往、娱乐等，有利于居民心理、生活的健康。总的来说，住区集中绿地的功能有两种：一种功能是构建居民户外生活空间，满足各种休息活动的需要，包括儿童游戏、活动、健身锻炼、教育、休息、游览等生理物理活动；另一种功能是创造景观环境，以自然、生态或文化的原则，利用各种景观要素，诸如树木、草地、花卉、水、建筑小品、场地铺装等创造良好的景观环境，满足住区内居民对住区的心理需求，这种心理需求包括对住区的认识、归属感等。

集中绿地主要是供小区内居民使用。按小区规定人口约 1 万人计算，集中绿地的面积至少在 4000m^2 以上，最大服务半径 300~500m，步行约 5~8min 即可到达。集中绿地的主要服务对象是老人和青年人，提供休息、观赏、游玩、交往及文娱活动场所。

设施的布置应考虑其相互之间的干扰及使用的方便，需要考虑功能分区，主要是动与静的分区。在活动区内可包括：游戏场地、体育运动场地等；安静区内可包括：休息与观赏的绿地，阅览、文化、宣传等用地，并可与街道、居委会的群众文化宣传活动和退休工人的活动等结合起来以丰富内容（图 8-8）。

游戏场地内的设施可选择儿童乐园内部分小型的活动内容，可设有室外部分和一些室内部分。室内部分包括文娱活动、服务管理及储藏等；室外部分可有活动设施、游戏器械、沙坑、场地等。

少年儿童活动场地需要按不同年龄分组设置。例如，学龄前儿童 3~5 岁为幼儿游戏场，5~10 岁为儿童游戏场，10~15 岁为少年活动场，划区分开活动，有利于保持活动的秩序。游戏场的地面包括铺砌的硬地、种植的草坪和土壤的地面。

体育运动场地内，主要是选择设置小型的球类、田径、体操、拳术等场地，并种植树木，提供遮荫、方便休息。

在设计时要应用造园手法进行布局、组织空间、配置植物、构成景色，各个公用绿地的布置要各具特色，切忌雷同。

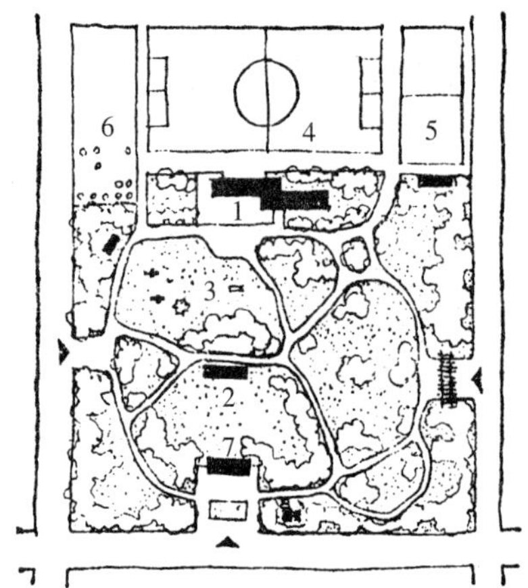

图 8-8 居住区内的公用绿地布置
1- 青少年文化阅览室；2- 自行车棚；3- 儿童游戏场；4- 小足球场；5- 篮排球场；6- 苗圃；7- 宣传栏

1. 集中绿地设计要点

（1）配合总体，小游园应与小区总体规划密切配合，综合考虑，全面安排，并使小游园能妥善地与周围城市园林绿地衔接，尤其要注意小游园与道路绿化衔接。

（2）位置适当，应尽量方便附近地区的居民使用，并注意充分利用原有的绿化基础，尽可能与小区公共活动中心结合起来布置，形成一个完整的居民生活中心。

（3）规模合理，小游园的用地规模根据其功能要求来确定，在国家规定的定额指标上，采用集中与分散相结合的方式，使小游园面积占小区全部绿地面积的一半左右为宜。

（4）布局紧凑，应根据游人的不同年龄特点划分活动场地和确定活动内容，场地之间既要分隔，又要紧凑，将功能相近的活动布置在一起。

（5）利用地形，尽量利用和保留原有的自然地形及原有植物。

（6）完善道路，在住区环境中，许多道路是依从满足生活需求的原则来规划设计的，有通达到各住宅的道路，有满足消防要求的环路等。小游园道路不应该是独立于住区交通体系的道路，而应该是将道路功能和游园组景的功能结合，既满足交通的需求，又满足游览观赏的线路。

2. 集中绿地的设计方法及特点

集中绿地的布置形式是将其设在小区中心，使绿地成为"内向"的绿化空间。其设计特点为：

（1）游园至小区各个方向的服务距离均匀，便于居民使用。

（2）居于小区中心的小游园，在建筑群环抱之中，形成的空间环境比较安静，受居住小区的外界人流、交通影响小，使居民增强领域和安全感。

（3）小区中心的绿化空间与四周的建筑群产生明显的"虚"与"实"对比，"软"与"硬"对比，使小区的空间有密有疏，层次丰富而有变化。

（4）小游园位于社区几何中心，公园绿色空间的生态等各种效益可供居民充分享有。

即使居住区附近有较大的公园绿地可供居民使用，在居住小区内也应设集中绿地；有的居住小区只设一个集中的小游园，不设分散的小绿地，这种形式适合于较小的居住小区；也有的居住小区不设集中的小游园，只设分散的小公共绿地，这种形式适合于较大的居住区。

根据现代居住环境的功能与结构要求，居住环境应具有丰富的绿地空间组合，多层次、多功能、序列完整地布置绿地系统，为居民创造幽静、优美的生活环境。

3. 集中绿地的布置形式

集中绿地的布置形式多种多样（图 8-9）。

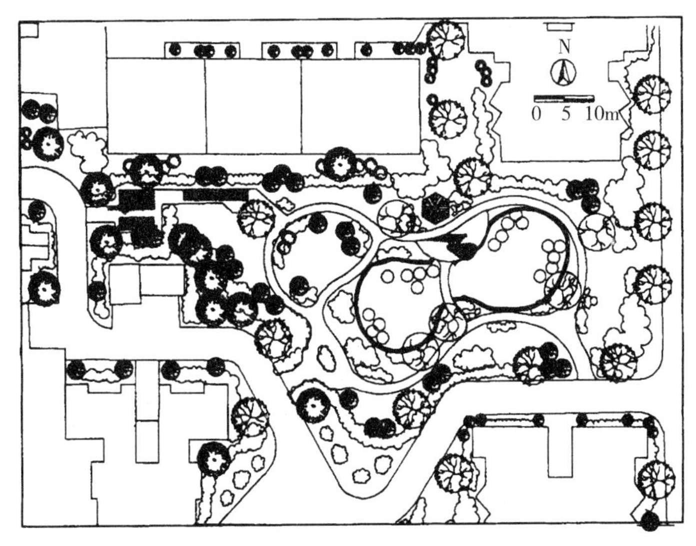

（*a*）自然式布局的居住小区公园（一）

图 8-9　自然式、规则式居住小区公园示意

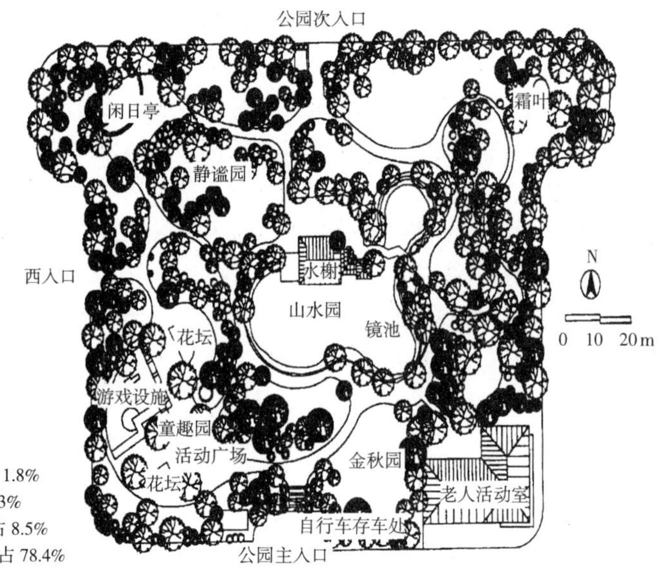

总用地 13333m²
建设用地 250m²，占 1.8%
水面 1500m²，占 11.3%
道路铺地 1133m²，占 8.5%
绿化用地 10453m²，占 78.4%

（*b*）自然式布局的居住小区公园（二）

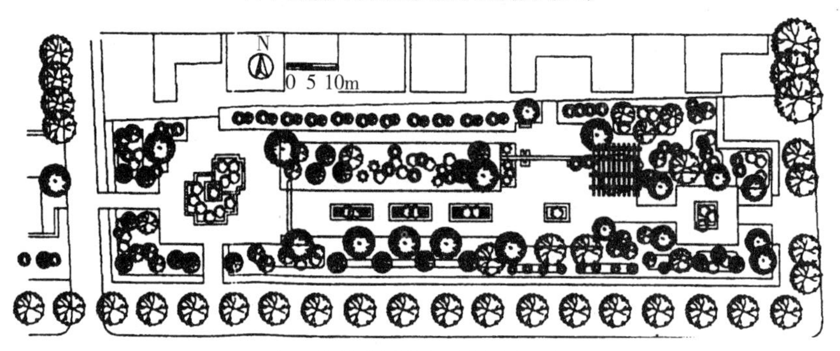

（*c*）规则式居住小区公园（一）

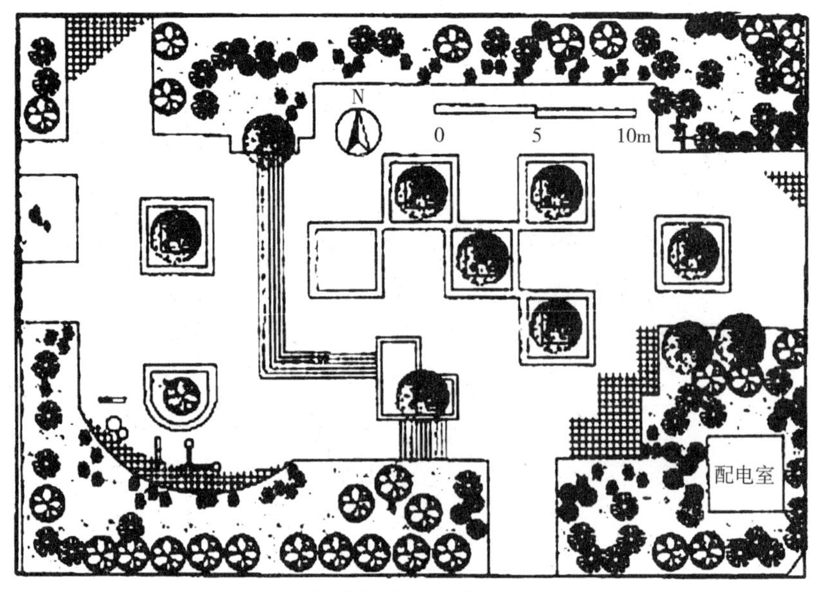

（*d*）规则式居住小区公园（二）

图 8-9　自然式、规则式居住小区公园示意（续）

4. 集中绿地规划设计实例

（1）上海市桂林路小游园

桂林路小游园位于市区居住区的一隅，基地呈梯形，西、北两边临街，东、南面紧靠住宅山墙，游园面积 0.082hm^2。游园采用开敞式布局，有环路贯通游园，保留了园内原有大树，临街部分为了加强装饰效果，布置了花坛和花台，并点缀山石。临街开辟 2m 宽的月季花带，乔木、灌木、草地和花卉配植力求自然，并能构成较好的观赏空间。

在花坛后面是一块有大乔木的空地，可供老年人打拳、做操和儿童游戏，还设置有大象造型的滑梯和幼儿摇马。紧靠小游园的住宅墙面种植了攀缘植物，墙面被覆盖。从街上看游园，可观赏到一个色彩丰富、层次有变化的绿色空间。

（2）上海浦东锦绣天第小区

该小区将小区公园（集中绿地）规划于小区中央，并通过和建筑群的建筑组团关系，形成中轴对景。为取得公共绿地的良好景观效果，其西侧的建筑群采用往公共绿地方向逐渐减层的方法，另外，小组团间利用宅间、宅旁的绿化灵活组织，以造就丰富的视觉环境（图 8-10）。

（3）美国马萨诸塞州中部坎伯里奇戴娜小游园

这是一个位于居住小区内的游憩小游园，在沥青地面的游憩场地内，可以进行自由的游戏活动，并设有秋千和喷泉。沙坑置于一隅，供儿童玩耍，游园边缘有土丘让儿童攀爬。桌椅供老年人进行休息、打扑克、下棋等活动。篮球场或排球场供青少年进行体育活动，球场周围以绿篱隔离，绿化分割减少了不同活动之间的相互干扰，功能分区明确，布局紧凑（图 8-11）。

（二）组团绿地

居住区组团绿地是结合居住建筑组团而形成的下一级公共绿地，是随着组团的布置和形状相应变化的绿地，面积不大，靠近住宅，供居民尤其是老人与儿童使用。其规划形式与内容丰富多样（表 8-3）。

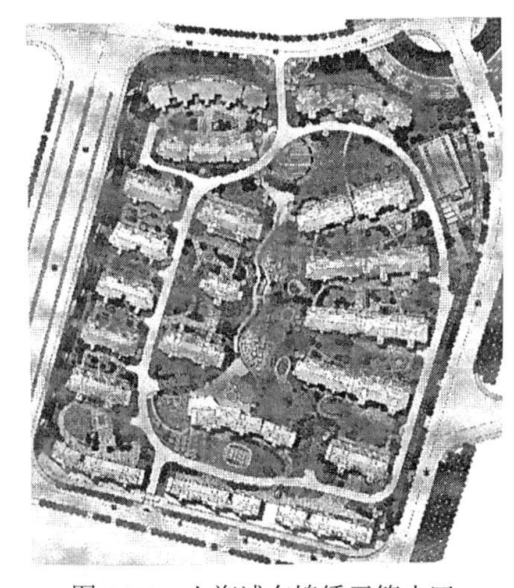

图 8-10　上海浦东锦绣天第小区

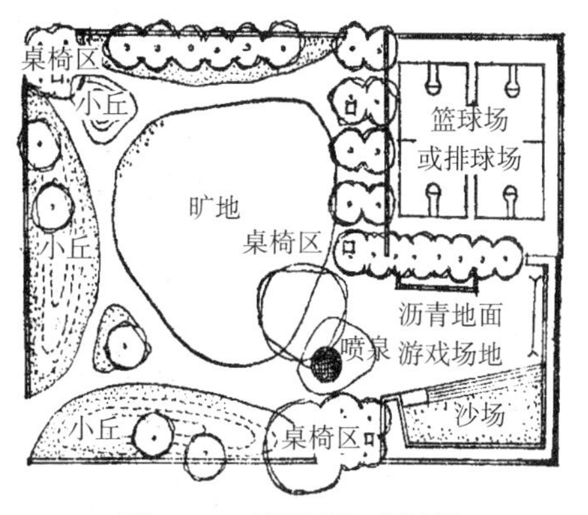

图 8-11　美国戴娜小游园

组团绿地的规划形式与内容　　表 8-3

封闭型绿地		开敞型绿地	
南侧多层楼	南侧多层楼	南侧多层楼	南侧多层楼
$L \geqslant 1.5L2$ $L \geqslant 30m$	$L \geqslant 1.5L2$ $L \geqslant 50m$	$L \geqslant 1.5L2$ $L \geqslant 30m$	$L \geqslant 1.5L2$ $L \geqslant 50m$
$S1 \geqslant 800m^2$	$S1 \geqslant 1800m^2$	$S1 \geqslant 500m^2$	$S1 \geqslant 1200m^2$
$S2 \geqslant 1000m^2$	$S2 \geqslant 2000m^2$	$S2 \geqslant 600m^2$	$S2 \geqslant 1400m^2$

1. 居住区组团绿地的特点

（1）用地少，投资少，见效快，易于建设，一般用地规模 0.1~0.2hm^2。由于面积小，布局设施都较简单。在旧城改造用地比较紧张的情况下，利用边角空地进行绿化，这是解决城市公共绿地不足的途径之一。

（2）服务半径小，使用率高。由于位于住宅组团中，服务半径小，约在 80~120m 之间，步行 2~3min 即可到达，既使用方便，又无机动车干扰。这就为居民提供了一个安全、方便、舒适的游乐环境和社会交往场所。

（3）利用植物材料既能改善住宅组团的通风、光照条件，又能丰富组团建筑艺术面貌，并能在地震时起到疏散居民和搭建临时建筑等抗震救灾作用。

2. 居住区组团绿地规划设计要点

（1）组团绿地应满足邻里居民交往和户外活动的需要，布置幼儿游戏场和老年人休息场地，设置小沙地、游戏器具、座椅及凉亭等。

（2）利用植物种植围合空间，树种包括灌木、常绿和落叶乔木，地面除硬地外铺草种花，以美化环境。避免靠近住宅种树过密，会造成底层房间阴暗及通风不良等。

（3）布置在住宅间距内的组团级小块公共绿地的设置应满足“有不少于 1/3 的绿地面积在标准的建筑日照影阴线范围之外”的要求，以保证良好的日照环境，同时要便于设置儿童的游戏设施和适于成年人游玩活动。其中，院落式组团绿地的设置还应同时满足表 8-3 中的各项要求。

3. 组团绿地的布置类型

根据组团绿地在居住区组团的位置，基本上可归纳为以下几种类型（表 8-4）。

居住区组团绿地的周围环境及其类型　　表 8-4

绿地的位置	基本图式	绿地的位置	基本图式
庭院式组团绿地		独立式组团绿地	
山墙间组团绿地		临街组团绿地	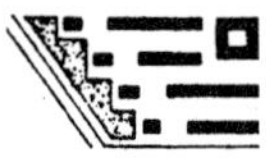
林荫道式组团绿地		结合公共建筑、社区中心的组团绿地	

（1）周边式住宅中间：这种组团绿地有封闭感。由于将楼与楼之间的庭院绿地集中组成，因此在相同的建筑密度时，这种形式可以获得较大面积的绿地，有利于居民从窗内看管在绿地上玩耍的儿童。

（2）行列式住宅山墙之间：行列式布置的住宅对居民干扰较小，但空间缺乏变化，比较单调。适当增加山墙之间的距离，开辟为绿地，可以为居民提供一块阳光充足的半公共空间，打破行列式布置的山墙间所形成的狭长胡同的感觉。这种组团绿地的空间与它前后庭院的绿地空间相互渗透，丰富了空间变化。

（3）扩大住宅间的间距：在行列式布置的住宅之间，适当扩大间距达到原来间距的1.5~2倍，即可以在扩大的间距中开辟组团绿地。在北方的居住区常采用这种形式布置绿地。

（4）住宅组团的一角：组团内利用地形不规则的场地、不宜建造住宅的空地布置绿地。可充分利用土地，避免出现消极空间。

（5）临街组团绿地：临街布置绿地，既可为居民使用，也可向市民开放，既是组团的绿化空间，也是城市空间的组成部分，与建筑产生高低、虚实的对比，构成街景。

4. 组团绿地的布置形式

结合居住建筑组团的不同组合而形成的绿化空间（图8–12）。它们的用地面积不大，但离家近，居民能就近方便地使用，尤其是青少年儿童或老人，往往常去活动（图8–13），其内容可有绿化种植部分、安静休息部分、游戏活动部分和生活杂务部分，还可附有一些小建筑或活动设施。内容根据居民活动的需要安排，是以休息为主或以游戏为主，是否需要设置生活杂务部分的内容，居民居住地区内的休息活动场地如何分布等，均要按居住地区的规划设计统一考虑（图8–14）。

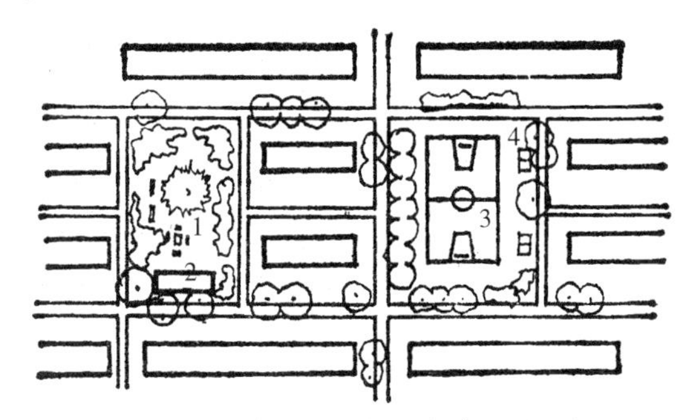

图8–12　住宅组团绿地的布置（一）
1– 成人休息场地；2– 居民活动室；3– 青少年活动场地；4– 固定乒乓台

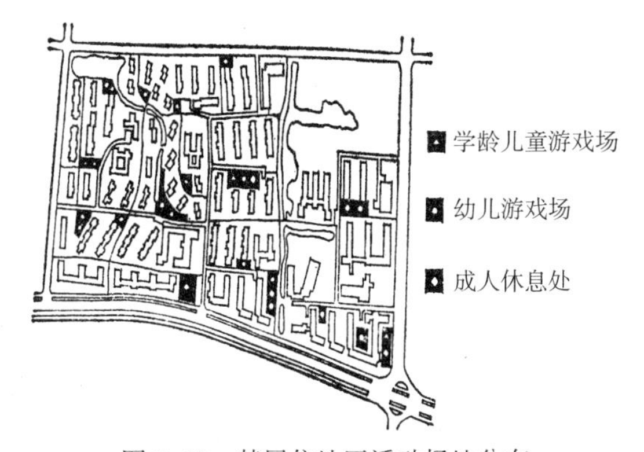

图8–13　某居住地区活动场地分布

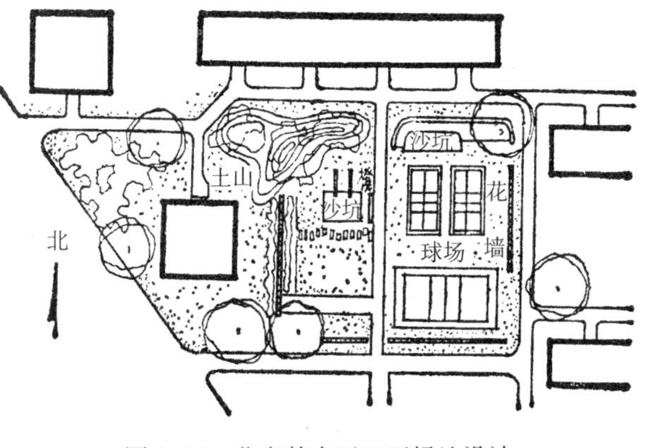

图8–14　北京某小区二区绿地设计

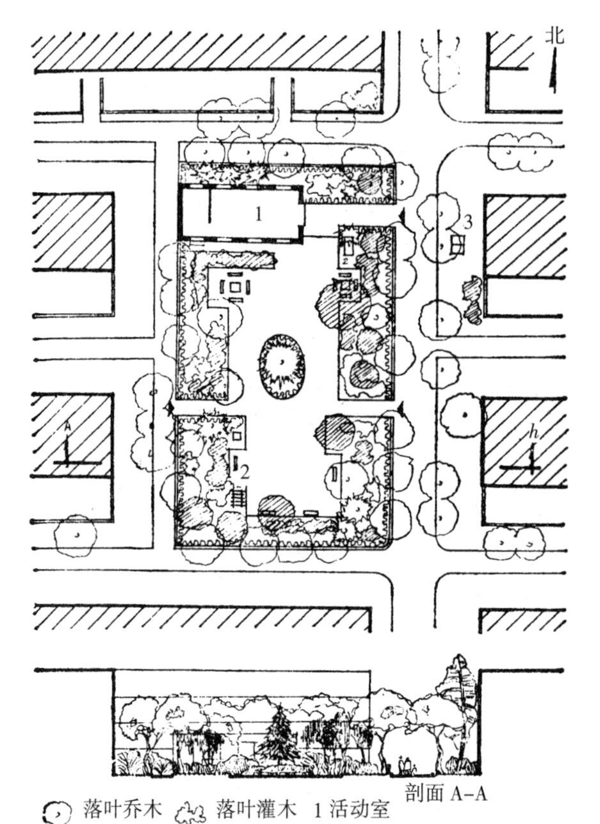

图 8–15 住宅组团绿地的布置（二）

安静休息部分设台、桌、椅、凳及棚架、亭、廊等小建筑，并可有铺砌的地面或草地。一般多为老年人安坐、闲谈、阅读、下棋或练拳等活动。并且常会成为附近居民日常生活中最经常的社会交往场所（图 8–15）。

游戏活动部分可分别设幼儿和少年儿童的活动场地，供儿童进行游戏性活动和体育性活动。例如，可选设捉迷藏、玩沙滩、玩水、跳绳、打乒乓球等游戏，还可选设滑、转、荡、攀、爬等器械的游戏（图 8–16、图 8–17）。利用居民居住区附近的绿地布置少年儿童游戏场地，往往成为少年儿童最经常使用的课余活动场所（图 8–18）。

生活杂务部分可设置晒衣场、垃圾箱等，有的还可设有自行车、儿童车存放棚及兼管牛奶等服务管理项目。晒衣一般在宅旁、窗前或阳台设晒衣架，使用较方便，但上下层有干扰，尤其对环境的观瞻有影响，故可在住宅旁或住宅组团的场地内辟集中管理的晒衣场（图 8–19、图 8–20）。垃圾箱设置的地点，对居住区的环境卫生有直接的影响，垃圾箱离住宅的距离不能过远，过远有随便倾倒的现象，要便于清洁运输，垃圾车要能直接通到安放垃圾箱的位置。垃圾箱要注意隐蔽，使其不影响卫生与美观，与居室的位置不能太近。在住宅组团场地内设置，由于住宅的建筑面积较紧，停放自

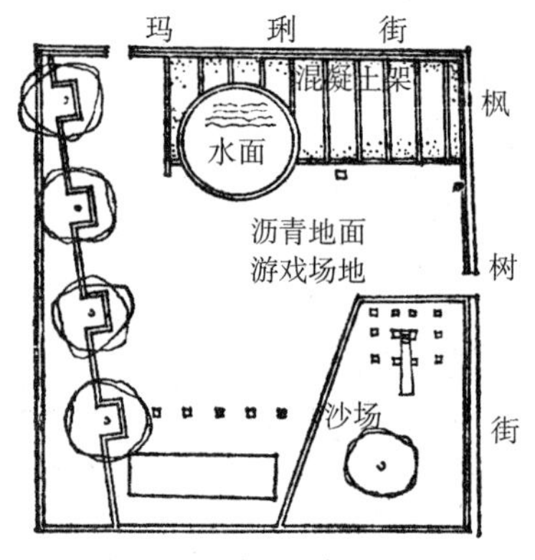

图 8–16 美国枫树游戏场

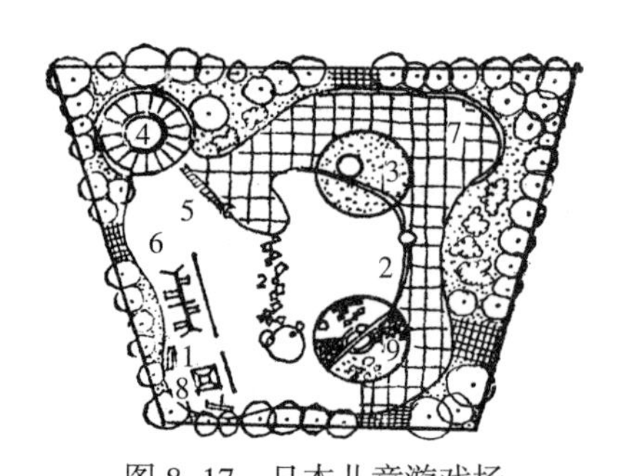

图 8–17 日本儿童游戏场

1– 长凳；2– 高低道；3– 沙坑；4– 水池及饮水台；5– 滑梯；6– 四联秋千；7– 铺装地面；8– 安全秋千；9– 叠石假山

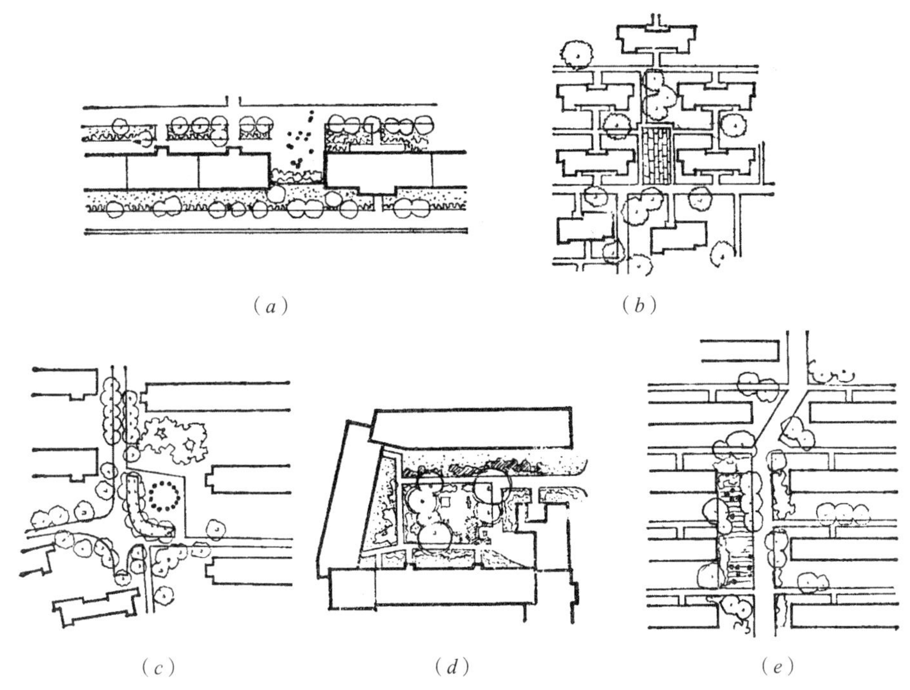

（a）　（b）

（c）　（d）　（e）

图 8-18　住宅建筑附近少年儿童游戏场地的位置

（a）以围墙连接住宅，结合绿化布置；（b）利用山墙间隔布置；
（c）在人行道路交叉口一侧布置；（d）在住宅群的院落内布置；（e）在山墙与人行道之间布置

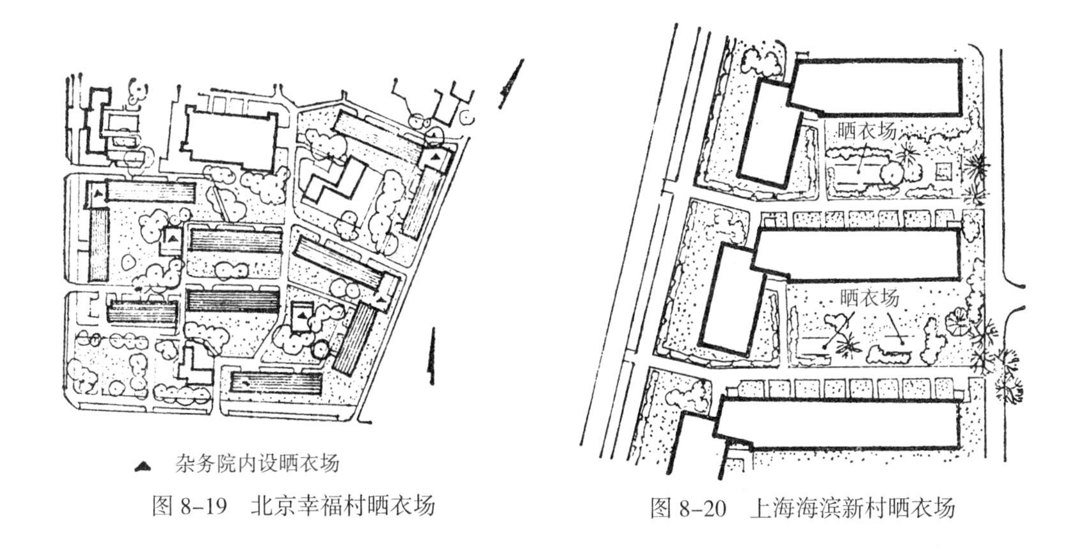

图 8-19　北京幸福村晒衣场

图 8-20　上海海滨新村晒衣场

行车常有困难，尤其是住在楼层的居民为了安全，常将自行车搬至楼上也很费力，故可在建筑组团的场地内设集中管理的自行车存放棚。除一二层居民较少存放外，自行车的存放率约 40%~60%，每辆停放面积包括走道约为 0.8~1.0m^2（图 8-21）。

住宅组团绿地布置的规划实例：斯德哥尔摩魏林比住宅组团绿地（图 8-22）、上海文化花园（三期）（图 8-23）。

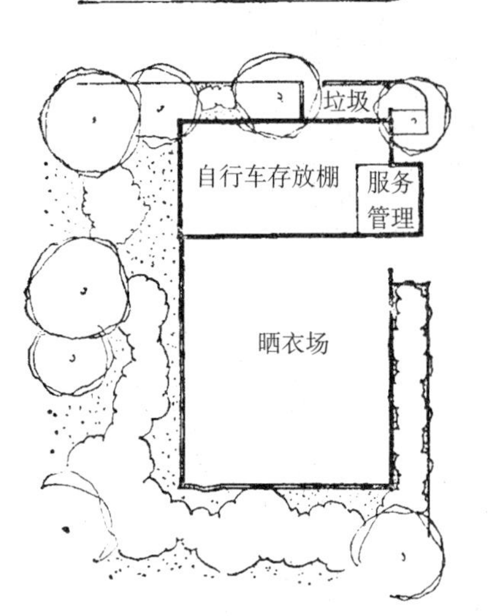

图 8-21　生活杂务部分设置

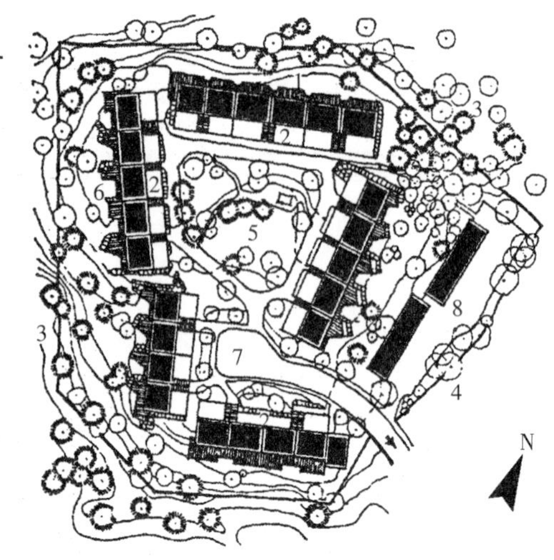

图 8-22　斯德哥尔摩魏林比住宅组团绿地
1- 平台；2- 院子；3- 松树林；4- 公园区；5- 草地；6- 车库；7- 道路；8- 专用停车场

文化花园以组团绿地为主要特征。其集中绿地建在了地下车库的上部，周边以环形道路通达组团内各区域，以达到绿地集中的最大化，满足休闲、娱乐、生态环境的各功能复合要求。在重点场地以点状圆形广场为主。游览步行通道结合水景串联各节点广场。绿化种植在局部表现规则式，总体绿化景观以自然布局为主，结合起伏的自然坡地来创造自然和人文相结合的文化环境。

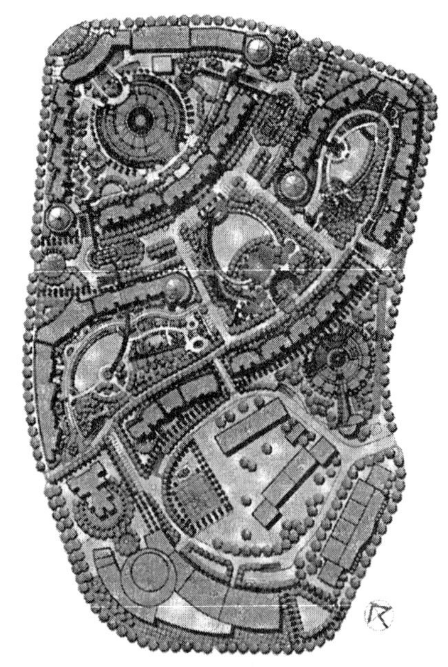

图 8-23　上海文化花园（三期）

（三）宅旁绿地

宅旁绿地是指住宅前后左右周边的绿地，它虽然面积小，功能不突出，不能像组团绿地那样具有较强的娱乐、休闲的功能，但却是居民邻里生活的重要区域，因为作为居民日常使用频率最高的地方，它自然成为邻里交往的场所。儿童宅旁嬉戏，青年、老人健身活动，绿荫品茗弈棋，邻里闲谈生活等莫不生动地发生于宅旁绿地。使众多邻里乡亲甘苦与共、休戚相关，密切了人际关系，具有浓厚的传统生活气息，使现代住宅单元楼的封闭隔离感得到较大程度的缓解，以家庭为单位的私密性和以宅间绿地为纽带的社会交往活动都得到满足和统一协调。同时，宅旁绿地是居住区绿地中的重要部分，属于居住建筑用地的一部分。在居住小区总用地中，宅旁绿地面积约占35%，其面积不计入居住小区公共绿地指标中，在居住小区用地平衡表中只反映公共绿地的面积与百分比。一般来说，宅旁绿化面积比小区公共绿地面积指标大2~3倍，人均绿地可达4~6m^2。

1. 宅旁绿地的空间构成

根据不同领域属性及使用情况，宅旁绿地可分为三部分，包括：

（1）近宅空间，有两部分：一为底层住宅小院和楼层住户阳台、屋顶花园等，一为单元门前用地，包括单元入口、入户小路、散水等。前者为用户领域，后者属单元领域。

（2）庭院空间，包括庭院绿化、各活动场地及宅旁小路等，属宅群或楼栋领域。

（3）余留空间，是上述住宅群体组合中领域模糊的消极空间。

2. 宅旁绿地的特点

（1）多功能：宅旁绿地与居民的各种日常生活密切联系。居民在这里开展各种活动，老人、儿童与青年在这里休息、邻里交往、晾晒衣物、堆放杂务等。宅间绿地结合居民家务活动，合理组织晾晒、存车等必须的设施，有益于提高居住质量，避免绿地与设施被破坏，从而直接影响居住区与城市的景观。

宅间庭院绿地也是改善生态环境，为居民直接提供清新空气和优美、舒适居住条件的重要因素，可防风、防晒、降尘、减噪，改善小气候，调节温度及杀菌等。

（2）不同的领有：领有是宅旁绿地的占有与使用的特性。领有性强弱取决于使用者的占有程度和使用时间的长短。宅间绿地大体可分三种形态：私有领有、集体领有、公共领有。

（3）宅旁绿地的季相特点：宅旁绿地以绿化为主，绿地率达90%~95%。树木花草具有较强的季节性，一年四季，不同植物有不同的季相，春花秋实、金秋色叶、气象万千。大自然的晴云、雪雨、柔风、月影，与植物的生物学特性组成生机盎然的景观，使宅旁绿地具有浓厚的时空特点，给人们生命与活力。随着社会生活的进步，物质生活水平的提高，居民对自然景观的要求与日俱增。充分发挥观赏植物的形态美、色彩美、线条美，采用观花、观果、观叶等各种乔灌木、藤本、花卉与草本植物材料，使居民能感受到强烈的季节变化。

（4）宅旁绿地的多元空间特点：随着住宅建筑的多层化空间发展，绿化向立体、空中发展，台阶式、平台式和连廊式住宅建筑的绿化形式越来越丰富多彩，大大增强了宅旁绿地的空间特性。

（5）宅旁绿地的制约性：住宅庭院绿地的面积、形体、空间性质受地形、住宅间距、住宅群形式等因素的制约。当住宅以行列式布局时，绿地为线型空间；当住宅为周边式布局时，绿地为围合空间；当住宅为散点式布置时，绿地为松散空间；当住宅为自由式布置时，庭院绿地为舒展空间；当住宅为混合式布置时，绿地为多样化空间。

3. 宅旁绿地的设计要点

（1）在居住区绿地中，分布最广，使用率最高，对居住环境质量和城市景观的影响也最明显，在规划设计中需要考虑的因素要周到齐全。

（2）应结合住宅的类型及平面特点、建筑组合形式、宅前道路等因素进行布置，创造宅旁的绿地景观，区分公共与私人空间领域。

（3）应体现住宅标准化与环境多样化的统一，依据不同的建筑布局做出宅旁及的绿地规范设计，植物的配植应依据地区的土壤及气候条件、居民的爱好以及景观变化的要求。同时也应尽力创造特色，使居民有一种认同及归属感。其中需注意，宅旁绿化是区别不同行列、不同住宅单元的识别标志，因此既要注意配置艺术的统一，又要保持各幢楼之间绿化的特色。另外，在居住区中某些角落，因面积较小，不宜开辟活动场地，可设计成封闭式装饰绿地，周围用栏杆或装饰性绿篱相围，其中铺设草坪或点缀花木以供观赏。

（4）树木栽植与建筑物、构筑物的距离要符合行业规范，见表 8–5。

树木栽植与建筑物、构筑物的距离　　表 8–5

名称	最小间距（m）	
	至乔木中心	至灌木中心
有窗建筑物外墙	3.0	1.5
无窗建筑物外墙	2.0	1.5
道路侧面外缘、挡土墙脚、陡坡	1.0	0.5
人行道	0.75	0.5
高 2m 以下的围墙	1.0	0.75
高 2m 以上的围墙	2.0	1.0
天桥的柱及架线塔、电线杆中心	2.0	不限
冷却池外缘	40.0	不限
冷却塔	高 1.5 倍	不限
体育用场地	3.0	3.0
排水明沟边缘	1.0	0.5
邮筒、路牌、车站标志	1.2	1.2
警亭	3.0	2.0
测量水准点	2.0	1.0

（四）单位专用绿地

在居住区或居住小区里，公共建筑和公用设施用地内专用的绿地，是由单位使用、管理并各按其功能需要进行布置的。这类绿地对改善居住区小气候、美化环境及丰富生活内容等方面也发挥着积极的作用，是居住区绿地的组成部分。在规划设计和建设管理中，对这些绿地的布置应考虑结合四周环境的要求。如图 8-24 所示为幼儿园的绿化布置，东侧的树木对位于其旁边的住宅起了防止西晒和阻隔噪声的作用。两侧的树木则划分了幼儿园院落与旁边住宅组团绿地的空间。

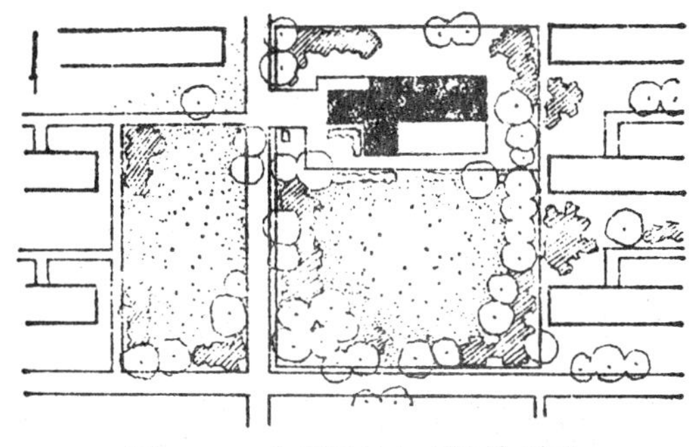

图 8-24　专用绿地与环境的关系

各种公共建筑的专用绿地要符合不同的功能要求。例如，学校内要有操场、生物实验园地、自行车棚（图 8-25）。幼儿园内，应设置活动场、游戏场、小块动植物实验场及管理杂院等（图 8-26）。

医疗机构的绿地可考虑病员候诊休息的室外园地、试验动物的饲养场地、药用植物的处理及晾晒杂院等。锅炉房要有燃料储藏及炉渣堆放的场地等。在布置时要考虑使用方便、用地紧凑，以改善环境及构成良好的建筑面貌。

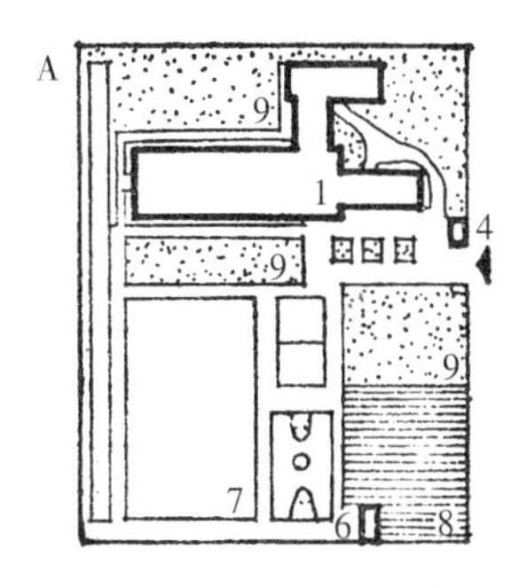

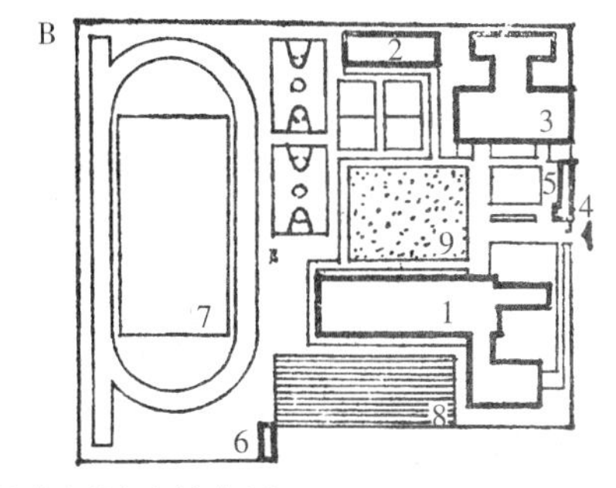

图 8-25　学校专用绿地的布置

A- 上海泗塘新村小学，用地面积 $1hm^2$；B- 上海南郊中学，用地面积 $1.45hm^2$

1- 教学楼；2- 宿舍；3- 食堂（礼堂）；4- 传达室；5- 自行车棚；6- 厕所；7- 运动场；8- 实验园地；9- 绿地

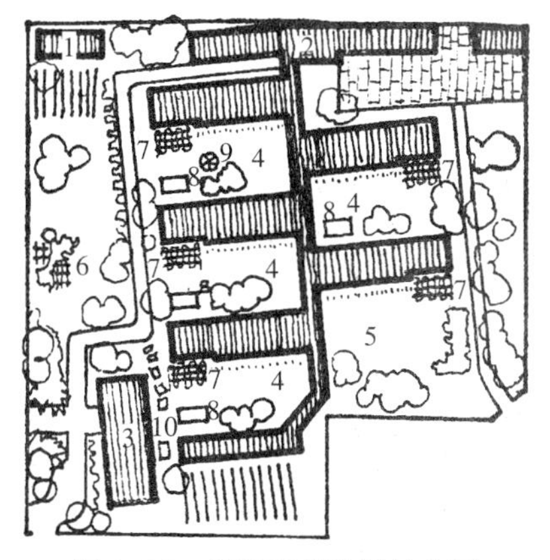

图 8-26　北京市商业局幼儿园

1- 花房；2- 附属房；3- 办公室；4- 班游戏场；5- 班游戏场兼公共游戏场；6- 葡萄架；7- 花架；8- 沙坑；9- 转椅；10- 荡椅

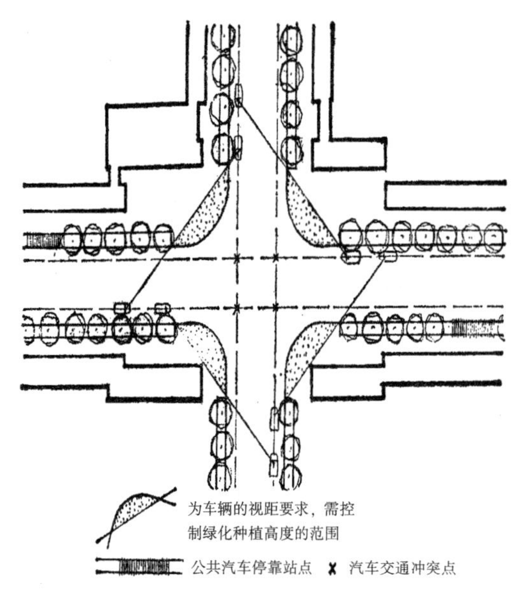

图 8-27 道路交叉口的行车视距对道路绿化的影响

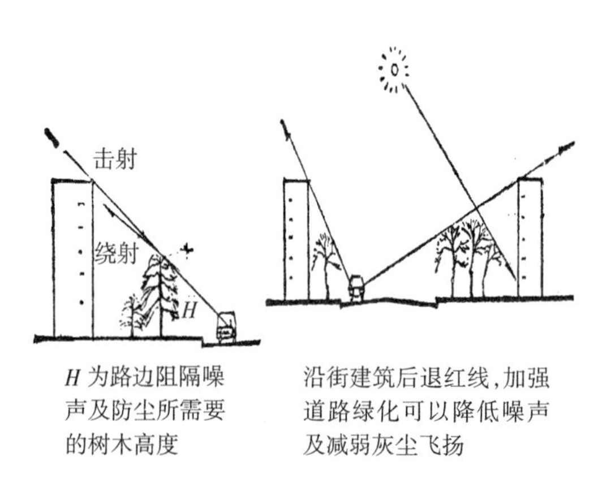

图 8-28 道路绿化有利于隔声防尘

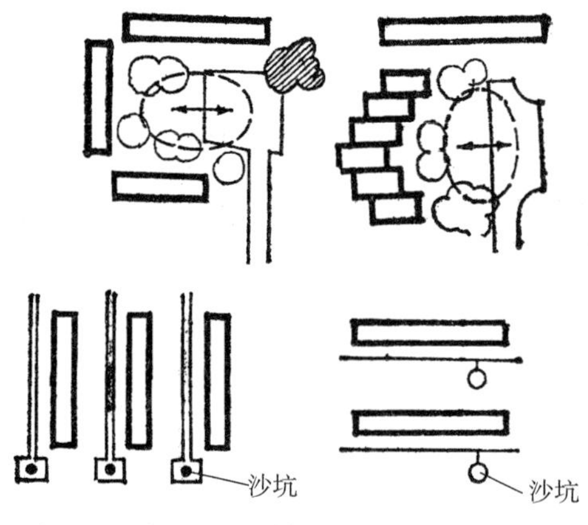

图 8-29 绿地、活动场地与回车道结合布置

（五）道路绿地

道路绿化有利于行人的遮荫，保护路基，美化街景，增加居住区植物覆盖面积，能发挥绿化多方面的作用。在居住区内根据功能要求和居住区规模的大小，道路一般可分为三级或四级。道路绿地则应按不同情况进行绿化布置。

第一级：居住区主要道路，是联系居住区内外的主要通道，有的还通行公共汽车。绿化布置时，在道路的交叉口及转弯处种植树木不应影响行驶车辆的视距（图 8-27）。

行道树要考虑行人的遮荫及不妨碍车辆的交通。道路与居住建筑之间可考虑利用绿化防尘和阻止噪声（图 8-28）。在公共汽车站的停靠点，考虑乘客候车时遮荫的要求。

第二级：居住区次级道路，是联系居住区各部分之间的道路，行驶的车辆虽然较主要道路少，但绿化布置时，仍要考虑交通的要求。但道路与居住建筑间距较近时，要注意防尘隔声。居住区道路应灵活布置，在有地形起伏的地区，道路断面可在不同的高度上。

第三级：居住小区内的主要道路，是联系住宅组团之间的道路，一般以通行非机动车和人行为主，其绿化布置与建筑的关系较密切，可丰富建筑的面貌。道路还需要满足救护、消防、运货、清除垃圾及搬运家具等车辆行驶的要求，当车道为尽端式道路时，绿化还需与回车场结合，使活动空间自然优美（图 8-29）。

第四级：住宅小路，是联系各住户或各居住单元前的小路，主要供人行，绿化布置时，道路两侧的种植宜适当后退，以便必要时急救车和搬运车等可驶近住宅。有的步行道路及交叉口可适当放宽，与休息活动场地结合（图 8-30）。路旁植树不必按行道树的方式排列种

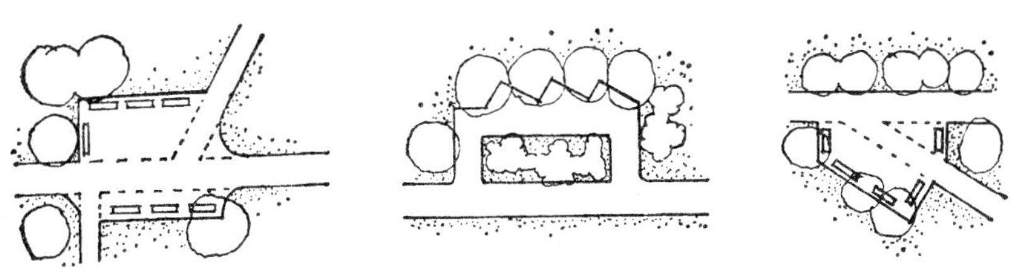

图 8-30　步行道路交叉口与休息活动场地、绿地结合布置

植，可以断续、成丛地灵活布置，与宅旁绿地、公共绿地的布置结合起来，形成一个相互关联的整体。

居住区道路绿化是空气流的通道，种植位置适宜，可导风、遮荫、影响小气候的变化，阻挡噪声及防尘，保持居住环境的安宁清洁，并有利于居民散步及户外活动。

第二节　工厂绿化

工厂绿化是创造一个适合于劳动和工作的良好环境的措施之一，工厂绿化占整个工厂用地比例的 20% 以上，因此在一些城市中占有一定的面积。工厂绿化应根据该厂的性质、行业特点以及所处环境的不同而设计，应体现现代化工厂和当代工人的风貌特色。

一、工厂绿化的特征

工厂绿化除和其他城市绿化有其相同之处外，还有很多固有的特点：

（1）工厂绿化在改善工厂环境，保护工厂周围地区免受污染，提高员工的工作效率等方面都有非常重要的作用，因此工厂绿地规划应与工厂总体规划同步进行，应保证有足够的面积，并形成系统以确保绿地防止污染，保护环境的效益得以有效地发挥。

（2）工厂绿地规划应妥善处理绿化与管线的关系。由于工厂车间四周经常有自来水管道、煤气管道、蒸汽管道等各种管线在地上、地下及高空纵横交错，给工厂的绿化造成很大的困难，而生产车间的周围，往往又是原料、半成品或废料的堆积场地，无法绿化，因此工厂绿化要求必须解决好这些矛盾。建筑密度高的可以垂直绿化、立体绿化的方式来扩大覆盖面积，丰富绿化的层次和景观。

（3）工厂绿化在使用上的特征

工厂绿地的使用对象主要是本厂工人，这无论是从人数或工作性质上来说都是相对固定的。因此，厂内绿化必须丰富多变，最大程度地满足使用者的不同感受，否则容易产生单调乏味的感觉。再加上绿地面积又小，在小面积的绿化场地上布置丰富多彩的绿化内容，是工厂绿化的一个难题。

工厂职工人员的工间休息次数较少，持续时间较短，这和城市园林绿化使用者在较长时间内使用很不一样。如何能使工厂的绿化布置在职工较短的休憩时间里，真正达到休息的目的，起到调剂身心、缓解疲劳的要求，使有限的绿化面积发挥最大的使用效率，确实较为困难，亦是工厂绿化的一个特征。但反过来说，由于使用者的职业相同，使用时间又相同，这亦给工厂的绿化设计和管理、维护工作创造了方便的条件，这又是工厂绿化特征的另一个方面了。

（4）选择适宜的树种和种植形式

由于不同的生产性质和卫生条件的工厂周围的环境条件对绿化的要求不同，在树种以及种植形式的选择上应根据具体情况作出不同的决定。如在一些有精密仪器设备的车间，对防尘、降温、美观的要求较高，宜在车间周围种植不带毛絮，对噪声、尘土有较强吸附力的植物。如在污染大的车间周围，绿化应达到防烟、防尘、防毒的作用，应选择一些对污染物有较强抗性的植物。

二、工厂绿化的种类

（一）厂前区绿化

一个工厂的厂前区是职工集散的场所，是外来宾客的首到之处。厂前区的绿化美化程度在一定意义上体现了这个工厂的形象、面貌和管理水平，是工厂绿化规划设计的重点。

厂前区系办公区和生活或文化娱乐区，总的布局形式以规则式为主，在分成若干独立的单元时与混合式相结合。适当设置一些经济、简洁，具有观赏性和实用性的园林小品，以少而精为宜。

图 8-31 所示为捷克某中型机械厂的厂前区设计。该厂位于城市郊区，厂区前为城市干道，紧靠湖畔。设计时除解决了步行、车行等交通问题外，还要很好地组合厂前区空间和利用水面。八层办公楼和一层的传达室、保卫、变电所等的入口建筑呈丁字形布置，入口处北向为厂区食堂，相互组成了厂区入口的主要建筑群。两层的保健中心处在环境幽静的绿树丛中，这种利用水面及垂直布置的对比手法，结合绿化布置，能较好地控制较大的面积，又能和大片水面取得有机联系，空间组合效果是很好的。

（二）工厂道路绿化

道路是厂区的动脉，因此道路绿化在满足工厂生产要求的同时还要保证厂内交通运输的通畅。道路两旁的绿化应本着主干道要美、支干道要荫的主导思想，充分发挥绿化的阻挡灰尘、吸收废气和减弱噪声的防护功能，结合实地环境选择遮荫、速生、观赏效果较好的高大乔木作为主树种，适当栽种一些观叶、观花类灌木、宿根或球根

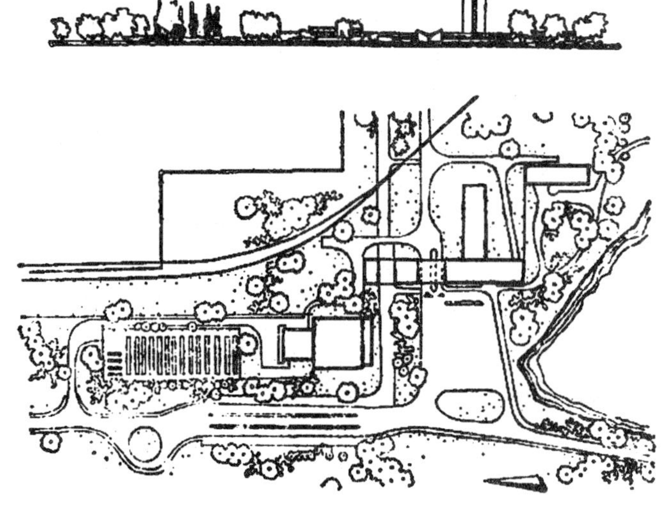

图 8-31　捷克某中型机械厂的厂前区设计

花卉及绿篱，形成具有季相变化及韵律节奏感的高、中、低复式植物结构，起到遮荫、观赏、环保等多种功能。道路绿化的作用对于厂容观瞻和广大职工身心陶冶都是至关重要的，评价一个单位的绿化效果除主要出入口之外，道路就是关键因素。如果加以适当的美化，行人在绿色世界中还可观赏到连绵不断的各种鲜花、异草，感受生机盎然的景象。

由于高密林带对污浊气流有滞留作用，因而在道路两旁不宜种植成片过密过高的林带，而以疏林草地为佳。一般在道路两侧各种一行乔木，如受条件限制只能在道路的一侧种植树木时，则尽可能种在南北向道路的西侧或东西向道路的南侧，以达到庇荫的效果。道路绿化应注意地下及地上管网的位置，相互配合使其互不干扰。为了保证行车的安全，在道路交叉点或转弯处不得种植高大树木和高于 0.7m 的灌木丛（一般在交叉口 12~14m 内），以免影响视线，妨碍安全运行。

种植乔木类树木的道路，能使人行道处在绿荫中。但当道路较长时，为了减少单调的气氛，可间植不同种类的灌木和花卉，亦可覆盖以草地，使人在行走时能获得精神调节，减少冗长的感觉。如果人行道过长，亦可在每 80~100m 左右适当布置椅子、宣传栏、雕像等建筑小品，以丰富视觉。结合地形，人行道可以布置在不同的标高，这样更显得自然、亲切。

（三）广场绿化

厂区入口处一般有或大或小的广场，作为厂内外道路衔接的枢纽，也作为职工集散的场所，对城市的面貌和工厂的外观起着重要的作用。在这里绿化不但起着分隔人货流、避免紊乱的作用，还起着调节气温、改善环境的作用。在设计时可以设置花坛水池点缀湖石，配以灌木花草，以增添活泼的气氛。如果结合厂内环境处理，利用温水或处理后的生产用水养鱼，以作为水质的鉴定等，则不但具有美化环境的作用，更具有实用的意义了。

（四）生产区周围的绿化

生产区的绿化因绿化面积的大小、车间内的生产特点不同而异。①对环境绿化有一定要求的车间。如要求防尘的车间：食品加工、精密仪器车间等，要求空气清洁，在绿化布置时应栽植茂密的乔木、灌木，地面用草皮或藤本植物覆盖使黄土不裸露，其茎叶既有吸附空气中尘粉的作用，又可固定地表尘土使其不随风飞扬，不要栽植能散发花粉、飞毛的树种。而光学精密仪器制造车间则要有足够的自然光，使车间内明亮、豁朗，这种车间应在四周铺种草皮、低矮的花木及宿根花卉，建筑的北面可植耐阴的花木，如珍珠梅、金银花，坡面可植攀缘植物，如地锦等。②对环境有污染的车间。有些工厂的车间，往往排放出大量的烟尘和粉尘，烟尘中含有有毒有害的气体，对植物的生长和发育有着不良的影响，对人体的呼吸道也有损害。这样一方面可以通过工艺措施来解决，另一方面可以通过绿化减轻危害，同时美化环境。有严重污染车间周围的绿化，其成败的关键是树种的选择。

生产区周围的绿地主要是创造一定的人为环境，以供职工恢复体力，调剂心理和生理上的疲倦。因此，绿化设计除了必须根据不同的生产性质和特征作不同的布置外，还必须对使用者作生理和心理上的分析，按不同要求进行绿化设计。例如，生产环境是处在强光和噪声大的条件下时，则休息环境应该是宁静的，光线是柔和的，色彩是淡雅的，没有刺激性的。而当生产环境是处在肃静和光线暗淡的条件下时，休息时的环境应该是热闹的，照明是充足的，而色彩亦该是浓厚的、鲜艳的。再当生产操作经常处在单个形式，且又处在安静的生产环境时则休息的场所最好能集中较多的人群，周围的气氛应该是热烈的，色彩宜是丰富多彩的。

休憩绿地在满足上述生理、心理要求的同时，还应结合地形和具体条件作适当布置。如果厂区内有小溪、河流通过，或有池塘、丘陵洼地等，都可以适当加以改造，充分利用这些有利条件。而一些不规则的边缘地带和角隅地，只要巧为经营，合理布局，都不失为良好的工余休息或装饰绿地。在休憩绿地内可适当布置椅子、散步小道、休息草坪等，以满足人们不同使用的需要。至于剧烈的体育活动所需的比赛场地，由于不适宜在短时间工间休息时的活动，故在工人生产区范围内不宜布置，但它们可以结合职工宿舍布置在工人生活区的范围内，以利职工下班后开展体育活动。

工厂休憩绿地可以结合厂前区一起布置，这样较为经济，而且效果也好。此处亦可沿生产车间四周适当布置，这样的布置有就近的优点，但要注意管网的位置。

工厂休憩绿地的大小按不同的条件而异，一般在人数较多的工厂，较大的休憩绿地建议可按每班 25% 的工人数计算，每人约为 40~60m^2。短暂时间的休憩绿地，每人可按 6~8m^2 计算。

（五）防护带绿地

工厂防护绿地的主要作用是隔离工人和居民可能受到的工厂有害气体、烟尘等污染物质的影响，降低有害物质、尘埃和噪声的传播，以保持环境的清洁。此外，对工厂亦有伪装的作用。根据当地气象条件、生产类别以及防护要求等，防护绿地的设计一般有透风式、半透风式和密闭式三种，由乔木和灌木组合而成，常采取混合布置的形式。例如，郑州国棉三厂的厂区和生活区间的防护绿带，采取了果木树混交林带，在林带内种植果树、乔木及常绿树。这样的布置方式，不但起到了保护环境卫生的目的，又有利于工厂生产、工人休息的要求，还能获得生产水果、木材的多种效果。

防护绿带的绿化设计还要注意其疏密关系的配置，使其有利于有害气体的顺利扩散，而不造成阻滞的相反作用。在设计时应结合当地的气象条件，将透风绿化布置在上风向，而将不透风的绿化布置在下风向，这样能得到较好的效果。此外，也要注意地形的起伏、山谷风向的改变等因素的综合关系，务使防护绿地能起到真正的防护作用。

防护带绿地的宽度随工业生产性质的不同和产生有害气体的种类而异，按国家卫生规范规定分为 5 级，其宽度分别为 50、100、300、500、1000m。当防护带较宽时，允许在其中布置人们短时间活动的建、构筑物，如仓库、浴室、车库等。但其允许建造的建筑面积不得超过防护带绿地面积的 10% 左右。

（六）其他绿化

除上述工厂绿化外，厂区内尚有许多零星边角地带，也可作为绿地之用。例如，厂区边缘的一些不规则地区，沿厂区围墙周围的地带，工厂的铁路线，露天堆场，煤厂和油库，水池附近以及一些堆置废土、废料之处，都可适当加以绿化，起到整洁工厂环境、美化空间的作用。这些绿化用地一般较小，适宜栽种单株乔木或灌木丛。如果面积较大，则可布置花坛，点以山石，辟以小径，充分利用不同的地形面貌，因地制宜地加以经营布置，使其能变无用为有用，起到有利休息、促进生产、美化工厂环境的作用。

三、工厂绿化布置中的特殊问题

（1）工厂绿地的土壤成分和其环境条件一般较为恶劣，对植物的生长极为不利。就绿化设计本身而言，应选择能适应不同环境条件，能抗御有害污染物质的树种，这种树种的选择范围极为狭小，经常见到的有夹竹桃、刺槐、柳、海桐、白杨、珊瑚树等少数树种，参见抗毒树种表。由于树种的单一，致使绿化栽植易于单调。为避免单调感，除注意能显示不同季节变换的特点外，还应结合不同绿地的使用要求，采取多种形式的栽植。不仅种植乔木、灌木，也种植花卉，铺以苔藓、草皮;不仅种植在园中，也可采用盆栽、水栽。在实际中，由于工厂绿化受到采光、地下埋设物、空中管线等多方面的限制，应以混合栽植的方式较为适宜。

（2）工厂前区入口处和一些主要休憩绿地是工厂绿化的重点，应结合美化设施和建筑群体组合加以统一考虑。而车间周围和道路旁边的某些空地的绿化却是工厂绿化的难点，因此在条件不允许的情况下，不能勉强绿化，而改用矿物材料加植地被苔藓等作物来铺设这些地区，结合点缀小量盆栽植物来组织空间，美化环境。

（3）对防尘要求较高的工业企业，其绿化除一般的要求外，还应起到净化空气、降低尘埃的特殊作用。在这类工厂盛行风向的上风区应设置防风绿带，厂区内的裸露土面都应覆以地被植物，以减少灰尘。树种不应选择有绒毛的种子，且易散播到空中去的树木。另外，还要及早种树，才有较好的防尘效果。

（4）工厂绿化植物的选择除上述各特殊要求外，一般在防护地带内常栽植枝叶大而密的树木，并可采用自由式或林荫道式的植树法，以构成街心绿地和绿岛。厂内休憩绿地亦可采用阔叶树隔开或单独种植在草坪上，增加装饰效果。休憩绿地宜采用自由式的布置，这样较为轻松活泼，较能满足调节身心和达到休息的目的。

（5）对于大型工厂的绿化宜采用生态种植方式加以布置。

第三节　商业区景观绿化

商业区一般位于城市或城市组团中心，是提供市民购物、餐饮、娱乐、休闲等综合服务的城市功能区。商业区是市民工作之余最重要的公共生活空间之一，因此也常常成为城市或城市组团最具标志性的空间场所，集中体现了一个城市的景观风貌和精神文化。

商业区景观绿化是供人们开展交通集散、休闲游憩、观光赏景、体验文化等行为的商业区户外自然和人工环境。

一、商业区景观绿化的特征和功能

（一）承担户外交通集散功能

商业区人流密度高，户外空间要保持交通顺畅。商业区景观绿化，承担着重要的交通和集散的功能，特别是步行交通方面。比如上海南京路步行商业街，人流量极大，首先要解决好户外交通集散功能。所以，沿着两侧的商业建筑全部是带形的硬质广场，以行进和出入商店的动态交通为主。将服务设施呈线性集中在步行街中央，承载相对静态的户外行为。

图 8-32 纽约时报广场休憩广场

图 8-33 纽约时报广场休憩台阶

图 8-34 法国香榭丽舍大街绿化

（二）完善商业区户外休闲功能

商业区一般以室内购物为主，并在室内配套餐饮、娱乐等公共服务功能。商业区景观绿化要互补性地提供人们户外休闲的功能。同时，进一步补充公共服务功能。比如，美国纽约市第五大道商业区中的纽约时报广场，广场周围人流如织，而广场上多类型的休闲座椅区连接着台阶式屋顶的广场服务建筑，为人们提供了多样的休闲空间（图 8-32、图 8-33）。

（三）美化商业区视觉景观

商业区热闹繁华，信息密集，色彩丰富。商业区景观绿化一方面要烘托这种活跃的商业氛围；另一方面，也需要通过绿化等元素，创造富有序列感的商业区公共性视觉景观。比如法国香榭丽舍大街两侧优雅的、富有韵律感的林荫树阵，在古典式商业建筑前翩翩起舞，将整条商业街塑造得雍容华贵（图 8-34）。

（四）优化商业区生态环境

商业区的建筑密度往往较高，商业区景观绿化需要在有限的户外空间中，巧妙地增加植物等自然元素，优化商业区生态环境。比如，杭州老城内的解放路、延安路等商业街，保留好原有的大树，通过种植箱、立体绿化等增加绿量，并将商业区的东西向道路和西湖滨水绿带编织在一起，让商业街充分融入自然元素，营造商业区良好的生态环境（图 8-35）。

图 8-35 杭州武林广场商业区集中绿地

图 8-36　北京前门大街商业区

图 8-37　北京前门大街商业区传统氛围

（五）提升商业区文化品位

商业区是城市中市民和游客的集聚地，是一个城市的名片。因此，商业区需要展现一个城市的特色，尤其是文化特色。商业区景观绿化是商业区展现城市特色最重要的空间载体，能为商业区画龙点睛。比如，北京前门大街汇集众多北京老字号，景观绿化通过古色古香的街家、绿化、铺装等烘托古建筑，再加上一列窄轨电车，把时光拉回到百年以前，以浓郁的传统氛围展现着北京特色（图 8-36、图 8-37）。

二、商业区景观绿化规划设计的元素

商业区景观绿化规划设计的元素主要包括场地、绿化、设施三大类。

（一）场地

商业区景观绿化中的场地元素包含交通集散性场地、交通通过性场地、观演集会性场地、休闲停留性场地等。以上海南京路商业步行街为例：交通集散性场地有步行街两端的出入口场地和各条垂直道路相交的入口场地、进入商店门前的场地等，根据人流量又分属不同级别（图 8-38）；交通通过性场地主要是沿着两侧商业建筑连续的带形硬质广场（图 8-39）；观演集会性场地是福建中路西侧的世纪广场，配有舞台和大型显示屏（图 8-40）；休闲停留性场地是步行街中央的服务设施带（图 8-41）。

场地的铺地类型包含真石材、混凝土铺块、沥青等。

此外，商业区内的建筑室外平台、建筑屋顶等户外场地也宜统筹协调。

图 8-38　上海南京路交通集散性场地——入口广场

图 8-39　上海南京路交通通过性场地

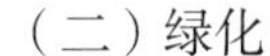

图 8-40　上海南京路观演集会性场地——世纪广场

图 8-41　上海南京路中央休闲停留性场地

（二）绿化

商业区景观绿化中的绿化元素包含集中绿地、带状绿地、可移动和立体绿化三类。以杭州延安路商业街为例，北端大型商业体环绕的武林广场即商业区集中绿地；沿着延安路两侧及垂直道路的均为带状绿地；路边的移动种植箱和路灯上的悬挂花盆即可移动和立体绿化。

绿化的植物类型包含大乔木、小乔木、灌木、地被、攀缘植物等。绿化的种植类型包含绿地、树穴、花坛、种植箱、悬挂花盆等。

此外，商业区内与建筑物有关的立体绿化宜统筹协调，包括墙面绿化、阳台绿化、屋顶绿化等。

（三）设施

商业区景观绿化中的设施元素包含休憩设施、服务设施、景观和文化设施、公用设施四类。

休憩设施包含遮荫棚架、座椅等，为游客提供户外遮阳避雨、静坐休憩的条件（图 8-42）。

服务设施包含信息咨询亭、售卖亭等，一般配备有服务人员，为游客提供信息咨询、餐饮、旅游商品及票务购买等服务（图 8-43）。

景观和文化设施包含雕塑、小品、文化信息物、夜景灯光等。为游客提供视觉观景、文化体验的享受，也感悟着城市的特色。

图 8-42　上海南京路休憩设施

图 8-43　上海南京路服务设施

公用设施包含公用电话、饮水处、无障碍设施、路灯、标识标牌、垃圾筒、广告物、配电箱等。既有完善游客使用功能的照明、环卫等设施，也有支撑商业街运行的配电箱等基础设施。

三、商业区景观绿化的规划设计的方法

商业区景观绿化的规划设计首先要从规划入手，在收集资料、现场踏勘的基础上，确定该商业区景观绿化的几个定位，即重点功能、形象风格、文化特色等。然后统筹交通、生态、视觉、文化等方面，进行总体和分区布局，进行各专项规划，并相互协调，得出相对最优方案。根据设计要素的分类，在规划设计中可采用如下方法，重点注意如下方面。

（一）场地

在规划层面明确各类场地的布局。在设计层面根据各类型场地的特征深化设计。

交通集散性场地：位于多方向人流交汇区域，需简洁实用地处理好交通集散功能。因此，场地空间要充足，主要为硬质场地，地面宜平整，视线宜通畅，标志标识宜清晰。在场地空间宽裕的情况下，可在不影响交通流线的中央区域等安排绿地和设施等。对于重要的出入口场地等，应合理设置景观和文化设施，形成商业区的标志。

交通通过性场地：往往是人流方向明确的带形空间，需明快地承载和引导人流。按人流方向安排连续的硬质场地，地面宜平整。空间序列安排，视线引导要进一步促进人流的顺畅通过。绿地、设施一般安排在人流通道的两侧。

观演集会性场地：场地周边交通通畅，便于集散。根据使用功能的需要，可按最少约 $2m^2$/ 人确定硬质场地规模，地面宜平整，视线宜通畅。场地空间充裕可以固定设置舞台及配套设施。场地空间紧凑可以考虑在节庆期间临时搭建舞台。

休闲停留性场地：安排多类型的座椅和站立空间，部分辅以林荫或其他遮阳避雨设施。配套完善的服务设施、景观和文化设施、公用设施。

（二）绿化

在规划层面明确各类绿地的布局。在设计层面根据各类型绿化的特征深化设计。

集中绿地：商业区内的集中绿地，宜注重绿地沿边的开放性，保持相对开敞的空间效果，和其他拥挤的商业空间形成对比。集中绿地内安排一定的场地和各类设施，方便游人休闲和交流。植物种植宜乔木、灌木、地被结合，或者乔木、地被结合，以提高绿量。植物品种相对丰富，从商业界面看集中绿地，形成立面效果好、层次变化丰富的植物景观。

带状绿地：一般通过行列式乔木栽植，形成整体空间的序列感和统一性，并柔化商业区的人工和硬质空间。空间充裕，乔木下部采用带形花坛，以灌木和地被搭配造景。空间紧凑，乔木下部采用树穴，形成树下硬质场地，满足大人流量的需求。

可移动和立体绿化：此类绿化附加在场地和绿地之上。比如在观演集会性场地上，没有大型活动时，通过移动式种植池增加绿化效果，举行活动时可以移走。可移动和立体绿化要便于维护。根据地域特点，南方城市可以多加使用，北方城市适当使用。

（三）设施

在规划层面明确各类设施的布局，保证各项设施合理的服务半径。在设计层面根据各类型设施的特征深化设计。

休憩设施：商业区人流大，座椅要充足，类型要丰富。宜充分利用各种条件创造座椅，比如花坛边缘、场地高差之间的台阶等。遮荫棚架等可以结合攀缘植物，遮阳避雨，并提高绿量和植物景观。

服务设施：在满足服务半径的情况下，安排于场地宽敞区域。信息咨询设施宜位于商业区出入口。售卖设施宜结合休闲停留性场地。

景观和文化设施：在研究城市特色、商业区所在区域特色的基础上，系统策划雕塑、小品、文化信息物等。重点布置在商业区出入口和休闲停留性场地上。设立图文点景和说明，除让游客有直观视觉享受之外，还可细细品读其中的内涵和城市特色。外在形式可以多变多彩，为商业街营造欢快的气氛。

公用设施：按国家规范布置功能性设施和基础设施，如标识、照明、供电、环卫、无障碍设施等。

第四节　废弃地的绿化

在城市周围地区常有一些废弃地，如垃圾场、采石用地、采矿用地和工业废弃用地。如何让其恢复自然生态，转为绿化用地，已成为现代化景观园林共同关心的问题。

一、采石场的景观利用

采石是中国自古以来延绵不断的一个生产门类，自古就有开山采石，其中有许多成为山地景观的“疤痕”。但也有些成为较好的自然景观，如绍兴东湖、广东西樵山的石燕洞、广东番禺的莲花山都是很好的开发实例。然而，还是有很多采石场留下了一片碎石渣地，如何将其改造成一种景观，是大家关注的问题。

在对绍兴柯岩风景区的环境改造中，设计者设计了“云骨”与“大佛”这两块奇石为景观主题，通过空间组织与序列的叙述铺垫，深入挖掘其“石文化”的人文内涵，营造新的艺术氛围，这即是对原环境的重组与再创造（图 8–44）。

二、矿区的生态恢复

地表采矿乃人类攫取大地资源的一种方法，其操作过程，完全暴露于地表之上，大面积地移除原有植被、土壤，常造成岩层裸露、地形水文改变等现象。再加上作业面积广、期间长，往往对当地环境、生态及景观产生重大的冲击。故矿区的复育工作有其事先规划的必要，这样，既能进行采矿，又可为土地利用之基地作准备，并避免

图 8–44　绍兴柯岩风景区

日后产生不必要的技术难题。

（一）种植方式

矿区的生态恢复主要依靠生态绿化。在立地环境较佳处，可直接播撒种子或种以树苗，而边坡地区则有以下几种方法：打椿埋枝、植生盘法、喷植法、植生带、草皮铺植法、塑料袋客土穴植法、水泥框植生法等。

混合栽植有以下几种方式：

1. 树木种子与草类、豆类种子撒播同时进行。

2. 先以草类、豆类达到覆盖后再造林。

3. 树苗的栽植与草类、豆类种子的撒播同时进行。

4. 栽植树苗后再播种草、豆类种子。

（二）德国科特布斯露天矿区的生态恢复

德国科特布斯附近方圆 4000km^2 的土地下盛产褐煤，100 多年来褐煤的开采使它失去了自然生机的环境，留下了数十座巨大的 60~100m 深的露天矿坑（图 8-45）。20 世纪 70 年代开始，矿区逐渐减少煤炭的开采，种植树木，医治地区的环境创伤，使区域成为游览、休闲的胜地，成为农业、林业和自然保护地。随着地下水位的升高，将来矿坑会形成大片湖面，但巨大的矿坑形成时间过长，为了使地区尽早恢复生气，1990 年代，这里不断邀请世界各国的艺术家以巨大的废弃矿坑为背景，塑造大地艺术的作品（图 8-46）。

不少煤炭采掘设施如传送带、大型设备甚至矿工住过的临时工棚、破旧的汽车也被保留下来，成为艺术品的一部分（图 8-47）。矿坑、废弃的设备和艺术家的大地艺术作品交融在一起，形成荒野的、浪漫的景观，每年吸引着上百万的游客。数十年后，这些大地艺术品会被淹没或是被自然风蚀，但这里将形成林木昌盛、土壤肥沃，并且拥有 45 个大湖的欧洲最大的多湖平原（图 8-48）。

图 8-45　科特布斯褐煤矿区的一个露天矿坑

图 8-46　矿坑边的大地艺术作品

图 8-47　矿坑原有的传送带保留下来，作为艺术作品

图 8-48　数十年后科特布斯褐煤矿区

三、旧厂区的利用

例一：美国西雅图煤气厂的利用

始建于1906年的西雅图煤气厂，于1970年在8hm²的旧址上建设新的公园。一般的做法是将原来的工厂设备全部拆除，把受污染的泥土挖去并运来干净的土壤，种上树木、草坪，建成如画的自然式公园，但这将花费巨大。设计师却决定尊重基地现有的东西，从已有的出发来设计公园，而不是把它从记忆中彻底抹去。工业设备经过有选择的删减，剩下的成为巨大的雕塑和工业考古的遗迹而存在。一些机器被刷上了红、黄、蓝、紫等鲜艳的颜色，一些工业设施和厂房被改建成餐饮、休息、儿童游戏等公园设施，原先被大多数人认为是丑陋的工厂保持了其历史、美学和实用的价值。工业废弃物作为公园的一部分被利用，能有效地减少建造成本，实现了资源的再利用。

图 8-49　西雅图煤气厂原状

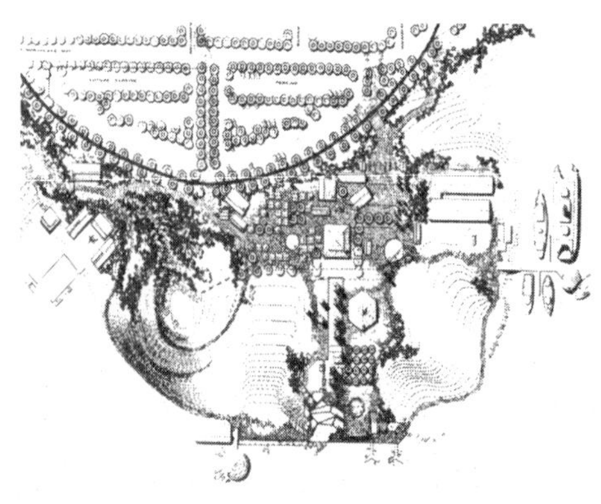
图 8-50　西雅图煤气厂公园平面图

图 8-51　广东中山岐江公园鸟瞰图

对被污染的土壤的处理是整个设计的关键所在，表层的污染严重的土壤虽被清除，但深层的石油精和二甲苯的污染却很难除去。设计师建议通过分析土壤中的污染物，引进能消化石油的酵素和其他有机物质，通过生物和化学的作用逐渐清除污染。于是土壤中添加了下水道中沉淀的污泥、草坪修剪下来的草末和其他可以做肥料的废物，它们最重要的作用是促进泥土里的细菌去消化半个多世纪积累的化学污染物。

由于土质的关系，公园中基本上是草地，而且凹凸不平，夏天会变得枯黄。万物轮回、叶枯叶荣是自然的规律，应当遵循，没有必要用花费昂贵的常年灌溉来阻止这一现象。因而，公园不仅建造成本预算极低，而且维护管理的费用也很少。这个设计在许多方面以生态主义原则为指导，不仅在环境上产生了积极的效益，而且对城市生活起到了重要作用（图 8-49、图 8-50）。

例二：广东中山岐江公园

岐江公园位于广东省中山市，总面积11hm²，其中水面积3.6hm²，原为粤中造船厂旧址。该设计体现了历史与文化的内涵，满足了市民休闲、娱乐、教育等需求，强调生态适应性和自然生态环境的维护和完善，充分利用场地条件，减少工程量，考虑了公园的经济效益（图 8-51）。

设计中提炼了一些工业化时代的符号，包括铁轨、米字形钢架、齿轮以及压轧机、切割机、牵引机等，充分反映了工业时代的特色。并且以船为主题，在公园的形式上和功能上予以充分的表达，形成独有的特色。公园不设门，为市民提供了一个可达性良好的城市空间，利用现有厂房作为市民们的茶座和餐饮场所。在植物配置上大量引用乡土树种，基调树主要有大叶榕和棕榈科植物。此外，原有水面被充分利用，形成一个完整的内部水系。在路网形式上，公园的北部采用自由、高效而简洁的工业化特征的直线，而公园的南部多为自然式、流线型道路系统。

这个公园的设计体现了景观设计师对当地文化、传统、自然和对景观设计的最基本的理解，那就是尊重足下的文化，尊重普通人的文化，歌颂野草之美。

四、垃圾堆场的生态绿化改造

固体废弃物是制约城市生态环境质量的重要方面。无害化、减量化和资源化是解决垃圾问题的关键，而实施填埋场的植被重建和生态恢复，创建优美的生态景观，避免污染物向食物链延伸，已成为城市可持续发展面临的紧迫问题。

关于垃圾堆场进行植被重建的技术，宜将垃圾处理与城市绿化相结合，构建自然、稳定和健康的植被，逐步形成野生动植物的生物多样性，促进城市的自然保育，满足居民与大自然接触的需求。

实例：上海外环线百米林带嘉定申纪港地区

在一块面积为 2.86hm^2 的地块上，原为船厂和建材堆栈，填埋渣土 50000m^3，堆成两座垃圾山。该垃圾堆场主要由建筑渣土组成，没有明显的填埋气和渗滤液，因此，垃圾山处置的重点是创造适应植物生存的环境条件。

为了满足植物生长需要，需要改良土质，改善不良的物理结构，减少毒性和增加养分。结合垃圾山覆土措施，调控垃圾山的外观形态、高程和坡度等，形成高度为 8m 的 2 个山头，有效地利用了渣土垃圾，也营造出蜿蜒起伏的地形和错落有致的生态绿地。把坡度调整到 5%~10%，增加地形的起伏感，形成较好的排水条件，避免过大的地表径流，在绿地下部平坦处，挖掘排水沟，增加排水能力，降低积水现象。通过地形的调控，形成了坡度、坡向和土层厚度的多种类型并存，斜坡、平坡和凹凸地表丰富的多样地貌。

还要覆盖种植土，创造适宜植物生长的生境。一般要先对废弃物进行固定，防止和减少雨水渗入渣土废弃物堆体内；再覆盖种植土，厚度视栽种植物种类而定，一般在 1.5m 以上。

在选择保留原有植被的基础上，引进适生的地带性植物，进行植被重建。保留部分有价值的原有植被，特别是河道原有的湿地类型，保留了水蓼、刺果毛茛、藨草等原生植物。植物选择的合理性是植被重建成功与否的关键，在对上海绿化植物适应性调查和分析的基础上，并考虑苗木来源的可行性，主要选择生长良好的地带性物种，如臭椿、女贞、无患子、香樟等植物。在群落配置上，充分考虑不同植物的生物学习性，合理构建生态位，如无患子 + 鸢尾、臭椿 + 小叶扶芳藤、紫叶李 + 红花酢浆草、垂柳 + 杞柳、鸡爪槭 + 常春藤等，并优先选择能自然更新的物种，如臭椿、女贞等。在水陆过渡带，抛弃城市绿地常用的硬质驳岸，而将其视为水体生态系统的重要组成部分，采用自然形式，形成了凤眼莲、浮萍和槐叶萍等浮水植物，藨草、柳叶菜、水芹、水蓼、刺果毛茛、芦苇等湿地植物，垂柳、杞柳等陆地植物组成的水陆植物生态序列，形成了多种植物和栖息地湿地生态系统，顺应了自然生态过程，丰富了生物多样性，也有助于水体富营养化的防治。最后要调控野草，促使地带性野花群落的形成。很多物种丰富的野花草地已经在城区消失，野花草地不仅种类丰富，也常常是蜜源植物，有利于招蜂引蝶，促进自然保育，同时，也是城市居民接触自然和认识自然的重要途径。对于垃圾堆场的生态绿化改造丰富了城市的绿化景观，为居民创造了良好的游憩、休闲和自然教育场所。

思考题

1. 居住区的规划结构和住区绿地形式的关系是怎样产生的？
2. 居住区的绿地功能由哪些方面决定？
3. 如何创造生动的住区环境景观？
4. 如何突出厂区绿化的特点？
5. 如何思考废弃地绿地发展的方向？

第九章　风景名胜区、自然保护区和森林公园规划

第一节　风景名胜区规划

一、概述

风景名胜区也称风景区，是指风景资源集中、环境优美、具有一定规模和游览条件，可供人们游览欣赏、休憩娱乐或进行科学文化活动的地域。

现代英语中的“National Park”，即“国家公园”，相当于我国的国家级风景名胜区。

中国自古以来崇尚山水、“师法自然”的优秀文化传统闻名于世界。“风景名胜”历史悠久、形式多样，它们荟萃了华夏大地壮丽山河的精华，不仅是中华民族的瑰宝，也是全人类珍贵的自然与文化遗产。1982年，以国务院公布第一批24个国家级重点风景名胜区为标志，我国正式建立了风景名胜区管理体系。1985年国务院发布了《风景名胜区管理暂行条例》，2006年国务院正式颁布实施《风景名胜区条例》。至21世纪初，我国各级风景名胜区的总面积，约占国土总面

积的 1%。其中，国家级重点风景名胜区共 177 个，从空间上基本覆盖了全国风景资源最典型、最集中、价值最高的区域。风景名胜区一般具有独特的地质地貌构造、优良的自然生态环境、优秀的历史文化积淀，具备游憩审美、教育科研、国土形象、生态保护、历史文化保护、带动地区发展等功能。

国际上，很多国家有类似的国家公园与保护区体系。与西方的国家公园体系相比较，我国风景名胜区的特点在于：地貌与生态类型多样，发展历史悠久，具有人工与自然和谐共生的历史文化优秀传统。

二、风景名胜区的类型

美国国家公园截至 1998 年 11 月发展到了 379 处。其分类以主要保护对象为划分原则，分为 20 个类别，即：国际历史地段、国家战场、国家战场公园、国家战争纪念地、国家历史地段、国家历史公园、国家湖滨、国家纪念战场、国家军事公园、国家纪念地、国家公园、国家景观大道、国家保护区、国家休闲地、国家保留地、国家河流、国家风景路、国家海滨、国家野生与风景河流、其他公园地。

我国风景名胜区的类型，可以按照用地规模与管理、景观特征原则划分，见表 9-1。

我国风景名胜区的类型　　表 9-1

分类标准	主要类型	基本特点
按规模分类	小型风景区	面积 20km^2
	中型风景区	面积 21~100km^2
	大型风景区	面积 101~500km^2
	特大型风景区	面积 500km^2 以上
按管理分类	国家级风景名胜区	自然景观和人文景观能够反映重要自然变化过程和重大历史文化发展过程，基本处于自然状态或者保持历史原貌，具有国家代表性的，可以申请设立国家级风景名胜区。国家级风景名胜区由省、自治区、直辖市人民政府提出申请，国务院建设主管部门会同国务院环境保护主管部门、林业主管部门、文物主管部门等有关部门组织论证，提出审查意见，报国务院批准公布
	省级风景名胜区	具有区域代表性的自然景观和人文景观，能够反映自然变化过程和重大历史文化发展过程，基本保持自然状态或保留历史原貌的，可以申请设立省级风景名胜区。省级风景名胜区由县级人民政府提出申请，省、自治区人民政府建设主管部门或者直辖市人民政府风景名胜区主管部门，会同其他有关部门组织论证，提出审查意见，报省、自治区、直辖市人民政府批准公布
按景观分类	山岳型	以山岳景观为主的风景名胜区。如安徽黄山、四川峨眉山、江西庐山、山东泰山等风景名胜区
	江湖型	以江河、湖泊等水体景观为主的风景区。如杭州西湖、苏州太湖等风景区
	山水结合型	山水景观相互结合的风景区。如桂林漓江、台湾日月潭、江西龙虎山等风景区
	名胜古迹型	以名胜古迹或重要纪念地为主的风景区。如西安临潼、江西井冈山等风景区
	现代工程	因现代工程建设而形成的风景区。如江西仙女湖、河北官厅等风景区

三、风景资源评价

风景资源是指能引起审美与欣赏活动，可以作为风景游览对象和风景开发利用的事物与因素的总称。风景资源是构成风景环境的基本要素，是风景区产生环境效益、社会效益、经济效益的物质基础。

风景资源评价的目的是寻觅、探察、领悟、赏析、判别、筛选、研讨各类风景资源的潜力，并给予有效、可靠、简便、恰当的评估。风景资源评价一般包括四个部分：风景资源调查；风景资源筛选与分类；景源评分与分级；评价结论。风景资源评价是风景区确定景区性质、发展对策，进行规划布局的重要依据，是风景名胜区规划的一项重要工作。

风景资源评价工作，需要遵循以下原则：

第一，扎实做好现场踏勘工作，认真研究相关文献资料，以便为风景资源评价打好基础。

第二，风景资源评价应采取定性概括与定量分析相结合、主观与客观评价相结合的方法，对风景资源进行综合评估。

第三，根据风景资源的类别及其组合特点，选择适当的评价单元和评价指标。对独特或濒危景源，宜作单独评价。

（一）风景资源分类

《风景名胜区规划规范》GB 50298—1999 的分类方法，以景观特色为主要划分原则，将风景资源划分为 2 个大类、8 个中类、74 个小类，详见表 9-2。

风景资源分类表　　表 9-2

大类	中类	小类
自然风景资源	天景	（1）日月星光；（2）虹霞蜃景；（3）风雨阴晴；（4）气候景象；（5）自然声象；（6）云雾景观；（7）冰雪霜露；（8）其他天景
	地景	（1）大尺度山地；（2）山景；（3）奇峰；（4）峡谷；（5）洞府；（6）石林石景；（7）沙景沙漠；（8）火山熔岩；（9）蚀余景观；（10）洲岛屿礁；（11）海岸景观；（12）海底地形；（13）地质珍迹；（14）其他地景
	水景	（1）泉井；（2）溪流；（3）江河；（4）湖泊；（5）潭池；（6）瀑布跌水；（7）沼泽滩涂；（8）海湾海域；（9）冰雪冰川；（10）其他水景
	生景	（1）森林；（2）草地草原；（3）古树名木；（4）珍稀生物；（5）植物生态类群；（6）动物群栖息地；（7）物候季相景观；（8）其他生物景观
人文风景资源	园景	（1）历史名园；（2）现代公园；（3）植物园；（4）动物园；（5）庭宅花园；（6）专类游园；（7）陵园墓园；（8）其他园景
	建筑	（1）风景建筑；（2）民居宗祠；（3）文娱建筑；（4）商业服务建筑；（5）宫殿衙署；（6）宗教建筑；（7）纪念建筑；（8）公交建筑；（9）工程构筑物；（10）其他建筑
	胜迹	（1）遗址遗迹；（2）摩崖题刻；（3）石窟；（4）雕塑；（5）纪念地；（6）科技工程；（7）游娱文体场地；（8）其他胜迹
	风物	（1）节假庆典；（2）民族民俗；（3）宗教礼仪；（4）神话传说；（5）民间文艺；（6）地方人物；（7）地方物产；（8）其他风物

注：摘自《风景名胜区规划规范》GB 50298—1999。

在进行风景资源调查以后，根据表 9–3，对规划区内的风景资源进行筛选归类，制作分类统计表格，计算各类风景资源的数量及比重。

（二）风景资源评价

风景资源的评价，有两种常用的方法，即定性评价和定量评价。

定性评价是比较传统的评价方法，侧重于经验概括，具有整体思维的观念，往往抓住风景资源的显著特点，采用艺术化的语言进行概括描述，例如“桂林山水甲天下”、“登泰山而小天下”、“华山天下雄”、“青城天下幽”、“武陵源的山，九寨沟的水”等。这样的评价比较形象生动，富有艺术感染力，但是，也有很大的局限性，比较突出的是缺乏严格统一的评价标准，可比性差；评价语言偏重于文学描述，主观色彩较浓，经常带有不切实际的夸大成分。

定量评价侧重于数量统计分析，一般事先提出一套评价指标（因子）体系，再根据调查结果，对于风景资源进行赋值，然后计算各风景资源的得分，根据得分的多少评出资源的等级。定量评价方法具有明确统一的评价标准，易于操作，容易普及，但是也存在着一些缺陷：定量评价把资源的质量分解为几个单项的指标（因子），比较机械呆板，容易忽视资源的整体特征。

根据以上的分析可以看到，为了科学、准确、全面地评价风景资源，必须把定性评价和定量评价相互结合，缺一不可。在实际的工作中，可以定量评价为主，同时通过定性评价，整合、修正、反馈和检验定量评价工作的成果。

风景资源评价可以采用表 9–3 中的评价指标体系。

风景资源评价指标体系 表 9–3

综合评价层	赋值	项目评价层	因子评价层
景源价值	70~80	（1）欣赏价值	①景感度；②奇特度；③完整度
		（2）科学价值	①科技值；②科普值；③科教值
		（3）历史价值	①年代值；②知名度；③人文值
		（4）保健价值	①生理值；②心理值；③应用值
		（5）游憩价值	①功利性；②舒适度；③承受力
环境水平	10~20	（1）生态特征	①种类值；②结构值；③功能值
		（2）环境质量	①要素值；②等级值；③灾变率
		（3）设施状况	①水电能源；②工程管网；③环保设施
		（4）监护管理	①监测机能；②法规配套；③机构设置
利用条件	5	（1）交通通信	①便捷性；②可靠性；③效能
		（2）食宿接待	①能力；②标准；③规模
		（3）客源市场	①分布；②结构；③消费
		（4）运营管理	①职能体系；②经济结构；③居民社会
规模范围	5	（1）面积	
		（2）体量	
		（3）空间	
		（4）容量	

在使用表 9–3 时，不同层次的风景资源评价应该选择适宜的评价层指标。当对风景区或部分较大景区进行评价时，宜选用综合评价层指标；当对景点或景群进行评价时，宜选用项目评价层指标；当对景物进行评价时，宜在因子评价层指标中选择。

在确定评价指标的权重时，须关注有利于体现评价对象的景观特征，突出特色。例如，在评价山水结合型风景区的风景资源时，应强调欣赏价值这个指标。在评价名胜古迹型的风景区时，则应加大历史价值的权重。

（三）风景资源分级

根据风景资源评价单元的特征，以及不同层次的评价指标得分和吸引力范围，把风景资源等级划分为特级、一级、二级、三级、四级。

1. 特级景源应具有珍贵、独特、世界遗产价值和意义，有世界奇迹般的吸引力。

2. 一级景源应具有名贵、罕见、国家重点保护价值和国家代表性作用，在国内外著名和有国际吸引力。

3. 二级景源应具有重要、特殊、省级重点保护价值和地方代表性作用，在省内外闻名和有省际吸引力。

4. 三级景源应具有一定价值和游线辅助作用，有市县级保护价值和相关地区的吸引力。

5. 四级景源应具有一般价值和构景作用，有本风景区或当地的吸引力。

（四）风景资源的空间分析

在对风景资源的数量、等级进行评价以后，还需要对风景资源的空间分布与组合状况进行分析，以便为后续的景区划分、游线组织等提供依据。这项工作可以结合风景资源分布与评价图来完成。主要任务是分析不同类型、不同等级的风景资源的空间分布状况，确定风景资源密集地区、风景资源类型组合丰富地区、高品位风景资源集中地区等典型区域。

（五）风景资源评价的结论

综合以上各项分析结果，对于风景区的风景资源作出总结性评价。主要是评价风景资源的分项优势、劣势、潜力状态，概括风景资源的若干项综合特征，为风景区定性、确定发展对策、规划布局提供依据。

四、风景名胜区的分区与结构

风景名胜区包含风景游赏、游览服务、科研教育、生态保护等多项功能，为了科学合理地配置各项功能和设施，首先需要对风景区进行规划分区。

规划分区的基本方法是选取一定的分区标准，按照规划对象的基本属性和主要特征进行空间分区，对于不同的分区，分别进行规划设计，实施相应的建设强度和管理制度。在规划分区中，应该突出各分区的特点，控制各分区的规模，并提出相应的规划措施；同时应注意解决好分区之间的分隔、过渡与联络关系；应尽量维护原有的自然单元、人文单元、线状单元的相对完整性。规划分区的大小、粗细、特点是随着规划深度而变化的。规划愈深则分区愈精细，分区规模愈小，各分区的特点也愈显简洁或单一，各分区之间的分隔、过渡、联络等关系的处理也趋向精细或丰富。

在风景名胜区的规划工作中，比较常用的是景区划分与功能分区这两种规划分区。

（一）景区划分

为了组织风景游赏活动，须进行景区划分。景区是风景名胜区内部相对独立的功能单元，景区的划分应当以下面的依据为指导。

1. 风景资源特点及其空间组合特征

风景资源是风景区开发建设最基础的依托，景源特点及其空间组合特征决定了各个分区的功能方向，是景区划分最基本的依据。

2. 景区之间以及景区与外部联系的便利程度

风景区的整体功能、风景区与外界的关系，应当相互整合成为综合体。各景区之间及景区与外部的联系方式，以及内外联系的便利程度，是分区的基本依据之一。

3. 风景区游览线路设计和游览活动组织的要求

风景区的风景游赏功能要通过游览线路和游览活动组织来实现，但最终也要落实到各景区。在景区划分时，应当把游览线路设计和游览活动组织的要求作为依据之一。

4. 景区景点的开发时序

在风景区的实际开发建设工作中，考虑风景资源的持续利用，应当在不同阶段有不同的开发重点，在景区划分时需要考虑景区景点的开发时序。

（二）功能分区

风景名胜区的功能分区，应该综合考虑风景名胜区的性质、规模和特点。一般来说，风景名胜区按照其功能构成可以划分为以下几个区：核心（生态）保护区、游览区、住宿接待区、休疗养区、野营区、商业服务区、文化娱乐区、行政管理区、职工生活区、居民生活区、农林生产区、农副业区等，各分区之间的关系可用图 9–1 表示。

（三）风景区的职能结构

不同的风景名胜区，具有不同的功能构成，相应地形成不同的职能结构。风景区的职能结构可概括为三种基本类型。

1. 单一型结构：在内容简单、功能单一的风景区，其构成主要是由风景游览欣赏对象组成的风景游赏系统，其结构为一个职能系统组成的单一型结构。这样的风景名胜区常常地理位置远离城市、开发时间较短、设施基础薄弱。

2. 复合型结构：在内容和功能均较丰富的风景区，其构成不仅有风景游赏对象，还有相应的旅行游览接待服务设施组成的旅游设施系统，其结构由风景游赏和旅游设施两大职能系统复合组成。

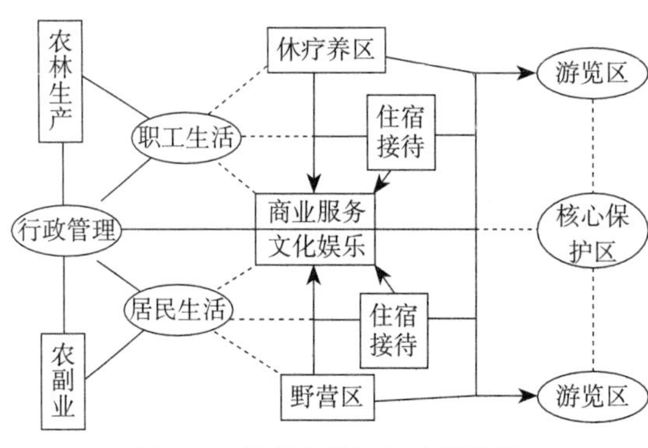

图 9–1　风景名胜区的功能结构

3. 综合型结构：在内容和功能均为复杂的风景区，其构成不仅有游赏对象、旅游设施，还有相当规模的居民生产、社会管理内容组成的居民社会系统，其结构应由风景游赏、旅游设施、居民社会三大职能系统综合组成。

风景名胜区的职能结构，涉及风景区的自我生存条件、发展动力、运营机制等关键问题，对风景名胜区的规划、实施管理和运行意义重大。对于单一型结构的风景名胜区，在规划中需要重点解决风景游憩组织和游览设施的配置布局。对于综合型结构的风景名胜区，则要特别注意协调风景游赏、居民生活、生态保护等各项功能与用地的关系；解决好游览服务设施的调整、优化与更新；发掘开发新的风景资源等。

五、风景名胜区的规划布局

风景名胜区的规划布局，是一个战略统筹过程。该过程在规划界线内，将规划对象和规划构思通过不同的规划策略和处理方式，全面系统地安排在适当位置，为规划对象的各组成要素、组成部分均能共同发挥应有的作用，创造最优整体。

风景区的规划布局形态，既反映风景区各组成要素的分区、结构、地域等整体形态规律，也影响着风景区的有序发展及其与外围环境的关系。

规划布局应遵循以下原则：

1. 正确处理规划区局部、整体、外围三层次的关系。

2. 风景区的总体空间布局与职能结构有机结合。

3. 调控布局形态对风景区有序发展的影响，为各组成要素和部分共同发挥作用创造满意条件。

4. 规划构思新颖，体现地方和自身特色。

风景名胜区的规划布局一般采用的形式有：集中型（块状）、线形（带状）、组团状（集团）、链珠形（串状）、放射形（枝状）、星座形（散点）等形态（图 9–2）。

（一）风景名胜区的人口构成

风景名胜区的人口构成如图 9–3 所示。

其中，住宿旅游人口是指在规划区内留宿一天以上的游客；当日旅游人口指当天离去的游客；直接服务人口指规划区内从事游览接待服务的职工；维护管理人口是指从事风景名胜区的环境卫生、市政公用、文化教育等工作的职工；职工抚养人口是指由职工抚养的家属及其他非劳动人口；居民是指规划区范围内未从事游览服务工作的本地居民。

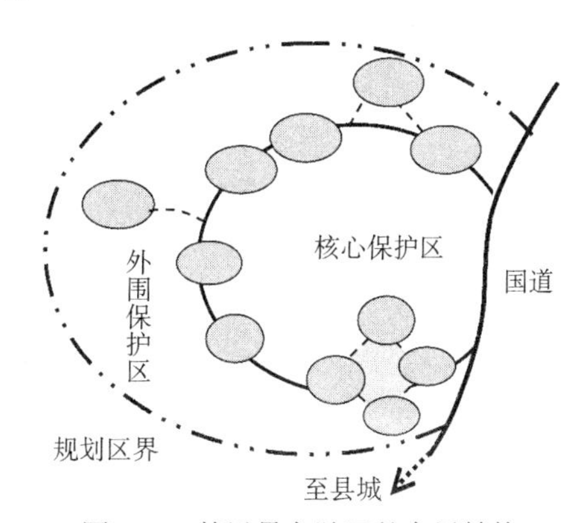

图 9–2　某风景名胜区的布局结构

（二）风景区的规模与容量

1. 当地居民

在预测当地居民的规模时，不仅要考虑到居民自身的发展，还要充分考虑到风景区整体的发展要求。根据有关规划规范，当规划地区的居民人口密度在 50~100 人 / km^2 时，就宜测定用地的居民容量；

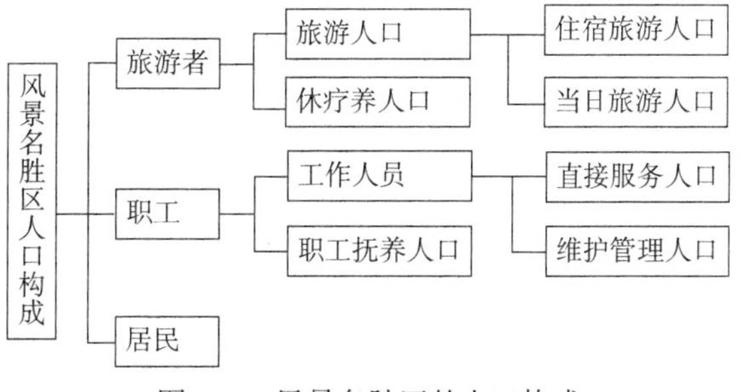

图 9–3　风景名胜区的人口构成

当规划地区的居民人口密度超过 100 人 /km^2 时，就必须测定用地的居民容量。据统计，我国大多数风景区的居民密度超过 100 人 /km^2，需测定其范围内的居民容量。

测定风景区的居民容量，关键是要考虑影响最大的要素，如居民生活所必需的淡水、用地、相关设施等。可首先测算这些要素的可能供应量，再预测居民对这些要素的需求方式与数量，然后对两列数字进行对应分析估算，可以得知当地的淡水、用地、相关设施所允许容纳的居民数量。一般在上述三类指标中取最小指标作为当地的居民容量。

风景区的居民容量是一个动态的数值，在一定的社会经济和科技发展条件下，当淡水资源与调配、土壤肥力与用地条件、相关设施与生产力发生变化时，会影响容量数值。

2. 游客

游客量的预测，需要根据统计资料，分析风景区历年的游客规模、结构、增长速率、时间和空间分布等，结合风景区发展目标、旅游市场趋向，进行市场分析和规模预测。对于新兴的风景名胜区，如果没有历年的统计资料，则可采取类比法进行预测，即选择基本条件比较类似的其他较成熟的风景名胜区，根据这些风景区的客源发展情况，进行类推预测。为了提高类比法的准确性，应选择多个类似风景区进行比较。

游客量的预测中，除了年游客总人次、高峰日游客量等主要指标以外，一个关键问题是确定床位数。床位数是影响服务设施规模的主要因素。床位数的确定一般采用下面的计算公式：

床位数 = 平均停留天数 × 年住宿人数 / 年旅游天数 × 床位利用率

在缺乏基础数据的情况下，可以采用下面的近似计算公式，作粗略估算：

床位数 = 现状高峰日住宿游人数 + 年平均增长率 × 规划年数

3. 职工

风景区的直接服务人口可根据床位数进行测算，计算公式为：

直接服务人员 = 床位数 × 直接服务人员与床位数比例

式中，直接服务人口与床位数比例一般取 1：2~1：10。

风景区的维护管理人员以及职工抚养人口的规模测算，则可以借鉴城市规划中的劳动平衡法，即把直接服务人口看做城市的“基本人口”，然后确定一定的系数，推算出维护管理人员和职工抚养人口的数量。这个系数的确定，可以通过分析历年的人口统计资料，并结合其他风景区的经验数据来获得。

六、风景游赏规划

风景游赏规划是风景区规划的主体部分。风景游赏规划通常包括景观特征分析和景象展示构思、游赏项目组织、风景结构单元组织、游线与游程安排等内容。

（一）景观特征分析和景象展示构思

风景名胜区内景观丰富多样、各具特点，需要通过景观特征分析，发掘和概括其中最具特色与价值的景观主体，并通过景象展示构思，找到展示给观赏者的最佳手段和方法。风景名胜区内一般常见的景观主题可分为以下几类。

1. 以眺望为主的景观

这类景观以登高俯视远望为主。如黄山清凉台是观日出云海的理想之处，泰山日观峰可远望东海日出景观等。

2. 以水景为主的景观

这类景观主要包括溪水、泉水、瀑布、水潭等景观主题。如黄果树瀑布的瀑景、杭州的虎跑泉、无锡的鼋头渚等。

3. 以山景为主的景观

这类景观以突出的山峰、石林、山洞等作为主要的观赏主题。如桂林独秀峰、黄山天都峰、庐山五老峰等。

4. 以植物为主的景观

这类景观以观赏富有特色的植物群落或古树名木为主题。如北京香山红叶林、黄山迎客松、无锡梅园等景观。

5. 以珍奇的自然景观为主

主要指由于古地质现象遗留的痕迹或者由于气象原因形成的独特景观。如庐山的"飞来石"（第四纪冰川搬运的巨砾）、峨眉山的"佛光"等景观。

6. 以历史古迹为主的景观

我国的风景名胜区，拥有丰富的历史文化遗存，具有重要的文化价值。如武当山金顶、龙虎山岩棺、四川都江堰等。

（二）游赏项目组织

游赏项目的组织，应遵循"因地因时因景制宜"和突出特色这两个基本原则。同时，充分考虑风景资源特点、用地条件、游客需求、技术要求和地域文化等因素，选择协调、适宜的游赏活动项目。

风景名胜区内通常开展的游赏项目见表 9-4。

风景名胜区游赏项目　　表 9-4

游赏类别	游赏项目
1. 野外游憩	①消闲散步；②郊游野游；③垂钓；④登山攀岩；⑤骑驭
2. 审美欣赏	①览胜；②摄影；③写生；④寻幽；⑤访古；⑥寄情；⑦鉴赏；⑧品评；⑨写作；⑩创作
3. 科技教育	①考察；②探胜探险；③观测研究；④科普；⑤教育；⑥采集；⑦寻根回归；⑧文博展览；⑨纪念；⑩宣传
4. 娱乐体育	①游戏娱乐；②健身；③演艺；④体育；⑤水上水下运动；⑥冰雪活动；⑦沙草场活动；⑧其他体智技能运动
5. 休养保健	①避暑避寒；②野营露营；③休养；④疗养；⑤温泉浴；⑥海水浴；⑦泥沙浴；⑧日光浴；⑨空气浴；⑩森林浴
6. 其他	①民俗节庆；②社交聚会；③宗教礼仪；④购物商贸；⑤劳作体验

（三）风景单元组织

对于风景单元的组织，我国传统的方法是选择与提炼若干个景致，作为某个风景区的典型与代表，并命名为"某某八景"、"某某十景"或"某某二十四景"等。这个方法的好处是形象生动，特色鲜明，容易产生较好的宣传效果，但是往往也缺乏科学性和合理性，不能很好地发挥实际的景观组织作用。

风景单元的组织可划分为两个层次。对于景点的组织，应包括景点的构成内容、特征、范围、容量；景点的主、次、配景和游赏序列组织；景点的设施配备；景点规划一览表等内容。对于景区的组织，主要应包括：景区的构成内容、特征、范围、容量；景区的结构布局、主景、景观多样化组织；景区的游赏活动和游线组织；景区的设施和交通组织要点等内容。

（四）游览组织与线路设计

风景资源的美，需要有人进入其中直接感受才能获得。要使游人获得良好的游览效果，需要精心进行游览组织和线路设计。

在游览组织中，不同的景象特征要选择与之相适应的游览方式。这些游赏方式可以是静赏、动观、登山、涉水、深洞，也可以是步行、乘车、坐船、骑马等，需要根据景观的特点、游人的偏好和自身条件来选择。在游览组织中，还要注意调动各种手段来突出景象高潮和主题区段的感染力，注意空间上的层层进深、穿插贯通，景象上的主次景设置、借景配景，时间速度上的景点疏密、展现节奏，景感上的明暗色彩、比拟联想，手法上的掩藏显露、呼应衬托等。

七、服务设施规划

风景名胜区的游览设施规划，须遵循以下基本原则。

1. 因地制宜原则

选择适宜的基地，安排相应的游览设施建设，尽量利用现有的设施基础，进行改建、更新或提升。

2. 相对集中与适当分散相结合

相对集中有利于提高基础设施效能、土地使用效能和旅游服务的效益；相对分散则便于游人在景区内享受到服务。

3. 与需求相适应的原则

游览设施的配备，既要满足游人的需要，也要适应景区和设施自身管理的要求，并考虑必要的弹性或利用系数，合理、协调地配备相应类型、相应级别、相应规模的游览设施。

4. 分期建设的原则

根据风景区的布局和总体发展要求，考虑投资、基础设施建设和营运的时空特点，对游览设施实行分期分批建设。

（一）游览设施的类型与分级配置

游览设施主要包括旅行、游览、饮食、住宿、购物、娱乐、保健和其他等八类相关设施。规划须依据风景区、景区、景点的性质与功能，游人规模与结构，以及用地、淡水、环境等条件，配备相应种类、级别、规模的设施项目。

游览设施要发挥应有效能，就要有相应的级配结构和合理的定位布局，并能与风景游赏和居民社会两个职能系统相互协调。根据设施内容、规模大小、等级标准的差异，通常可以组成六级旅游设施基地。其中：

1. 服务部的规模最小，其标志性特点是没有住宿设施，其他设施也比较简单，可以根据需要而灵活配置。

2. 旅游点的规模虽小，但已开始有住宿设施，其床位常控制在数十个以内，可以满足简易的游览服务需求。

3. 旅游村或度假村已有比较齐全的行、游、食、宿、购、娱、健等各项设施，其床位常以百计，可以达到规模经营，需要比较齐全的基础工程与之相配套。旅游村可以独立设置，可以三五集聚而成旅游村群，也可以依托在其他城市或村镇。

4. 旅游镇已相当于建制镇的规模，有基本健全的行、游、食、宿、购、娱、健等各类设施，其床位常在数千以内，并有比较健全的基础设施相配套，有完整的居民社会组织系统。旅游镇可以独立设置，也可以依托在其他城镇或为其中的一个镇区，如庐山的牯岭镇、衡山的南岳镇等。

5. 旅游城已相当于县城的规模，有完整的行、游、食、宿、购、娱、健等设施，其床位规模可以近万，并有基础设施相配套，所包含的居民社会组织系统完善。旅游城很少独立设置，常与县城并联或合成一体，也可以成为大城市的卫星城或相对独立的一个区。例如：漓江与阳朔，苍山洱海与大理古城等。

各级设施基地应配备的游览设施见表 9-5。

游览设施分级配备表　　表 9-5

设施类型	设施项目	服务部	旅游点	旅游村	旅游镇	旅游城	备注
旅行	1. 非机动交通	▲	▲	▲	▲	▲	步道、马道、自行车道、存车、修理
	2. 邮电通信	△	△	▲	▲	▲	话亭、邮亭、邮电所、邮电局
	3. 机动车船	×	△	△	▲	▲	车站、车场、码头、油站、道班
	4. 火车站	×	×	×	△	△	对外交通，位于风景区外缘
	5. 机场	×	×	×	×	△	对外交通，位于风景区外缘
游览	1. 导游小品	▲	▲	▲	▲	▲	标示、标志、公告牌、解说图片
	2. 休憩庇护	△	▲	▲	▲	▲	座椅桌、风雨亭、避难屋、集散点
	3. 环境卫生	△	▲	▲	▲	▲	废弃物箱、公厕、盥洗处、垃圾站
	4. 宣讲咨询	×	△	△	▲	▲	宣讲设施、模型、影视、游人中心
	5. 公安设施	×	△	△	▲	▲	派出所、公安局、消防站、巡警
饮食	1. 饮食点	▲	▲	▲	▲	▲	冷热饮料、乳品、面包、糕点、糖果
	2. 饮食店	△	▲	▲	▲	▲	包括快餐、小吃、野餐烧烤点
	3. 一般餐厅	×	△	△	▲	▲	饭馆、饭铺、食堂
	4. 中级餐厅	×	×	△	△	▲	有停车车位
	5. 高级餐厅	×	×	△	△	▲	有停车车位
住宿	1. 简易旅宿点	×	▲	▲	▲	▲	包括野营点、公用卫生间
	2. 一般旅馆	×	△	▲	▲	▲	六级旅馆、团体旅舍
	3. 中级旅馆	×	×	▲	▲	▲	四、五级旅馆
	4. 高级旅馆	×	×	△	△	▲	二、三级旅馆
	5. 豪华旅馆	×	×	△	△	△	一级旅馆

续表

设施类型	设施项目	服务部	旅游点	旅游村	旅游镇	旅游城	备注
购物	1. 小卖部、商亭	▲	▲	▲	▲	▲	
	2. 商摊集市墟场	×	△	△	▲	▲	集散有时、场地稳定
	3. 商店	×	×	△	▲	▲	包括商业买卖街、步行街
	4. 银行、金融	×	×	△	△	▲	储蓄所、银行
	5. 大型综合商场	×	×	×	△	▲	
娱乐	1. 文博展览	×	△	△	▲	▲	文化、图书、博物、科技、展览等馆
	2. 艺术表演	×	△	△	▲	▲	影剧院、音乐厅、杂技场、表演场
	3. 游戏娱乐	×	×	△	△	▲	游乐场、歌舞厅、俱乐部、活动中心
	4. 体育运动	×	×	△	△	▲	室内外各类体育运动健身竞赛场地
	5. 其他游娱文体	×	×	×	△	△	其他游娱文体台站团体训练基地
保健	1. 门诊所	△	△	▲	▲	▲	无床位、卫生站
	2. 医院	×	×	△	▲	▲	有床位
	3. 救护站	×	×	△	△	▲	无床位
	4. 休养度假	×	×	△	△	▲	有床位
	5. 疗养	×	×	△	△	▲	有床位
其他	1. 审美欣赏	▲	▲	▲	▲	▲	景观、寄情、鉴赏、小品类设施
	2. 科技教育	△	△	▲	▲	▲	观测、试验、科教、纪念设施
	3. 社会民俗	×	×	△	△	▲	民俗、节庆、乡土设施
	4. 宗教礼仪	×	×	△	△	△	宗教设施、坛庙堂祠、社交礼制设施
	5. 宜配新项目	×	×	△	△	△	演化中的德智体技能和功能设施

注：限定说明：禁止设置 ×；可以设置△；应该设置▲。

（二）游览设施的布局

游览设施的布局一般有以下几种形式。

1. 分散布局

游览设施分散布置在各个风景点附近，这样布置的好处是方便游客使用，但是不利于管理，基础设施不经济或缺乏基础设施，设施的整体经营效果不佳，且极易降低景观的品质，极易导致开发性的破坏。

2. 分片布局

即把各种等级或者各种类型的游览设施分片布置在若干特定的地段，相对集中，这样布置便于管理，但有时会造成服务区的功能呆板或配置不合理。

3. 集中布局

在风景区内或城镇边缘，集中开发建设旅游接待区。这样布置的优点很多，如服务区功能比较完善、综合接待能力强、用地效率高、便于管理等。从经营管理角度来看，这样布局是较佳的方式。但是，集中布局也有不足之处：首先，设施集中在服务基地，游客在游览过程中使用不便；另外，村镇的景观环境现状，要适应旅游的要求，整治任务艰巨。

综合以上的分析，风景区的设施布局要因地制宜，综合统筹。

八、风景名胜区生态保护与环境管理

风景名胜区具有重要的科学和生态价值。随着城市化和工业化进程的日益加快和自然生态环境冲突的加剧，风景名胜区的生态保育功能更加凸现出其重要性。风景名胜区的生态保护和环境管理是风景区规划的关键内容。

（一）分类保护

在生态保护规划中，最常用的规划和管理方法是分类保护和分级保护。分类保护是依据保护对象的种类及其属性特征，并按土地利用方式来划分出相应类别的保护区。在同一个类型的保护区内，其保护原则和措施基本一致，便于识别和管理，便于和其他规划分区相衔接。

风景保护的分类主要包括：生态保护区、自然景观保护区、史迹保护区、风景恢复区、风景游览区和发展控制区等，并应符合下述规定。

1. 生态保护区的划分与保护规定

（1）对风景区内有科学研究价值或其他保存价值的生物种群及其环境，应划出一定的空间范围作为生态保护区。

（2）在生态保护区内，可以配置必要的研究和安全防护性设施，应禁止游人进入，不得搞任何建筑设施，严禁机动交通及其设施进入。

2. 自然景观保护区的划分与保护规定

（1）对需要严格限制开发行为的特殊天然景源和景观，应划出一定的范围与空间作为自然景观保护区。

（2）在自然景观保护区内，可以配置必要的步行游览和安全防护设施，宜控制游人进入，不得安排与其无关的人为设施，严禁机动交通及其设施进入。

3. 史迹保护区的划分与保护规定

（1）在风景区内各级文物和有价值的历代史迹遗址的周围，应划出一定的范围与空间作为史迹保护区。

（2）在史迹保护区内，可以安置必要的步行游览和安全防护设施，宜控制游人进入，不得安排旅宿床位，严禁增设与其无关的人为设施，严禁机动交通及其设施进入，严禁任何不利于保护的因素进入。

4. 风景恢复区的划分与保护规定

（1）对风景区内需要重点恢复、培育、抚育、涵养、保持的对象与地区，例如森林与植被、水源与水土、浅海及水域生物、珍稀濒危生物、岩溶发育条件等，宜划出一定的范围与空间作为风景恢复区。

（2）在风景恢复区内，可以采用必要的技术措施与设施，应分别限制游人和居民活动，不得安排与其无关的项目与设施，严禁对其不利的活动。

5. 风景游览区的划分与保护规定

（1）对风景区的景物、景点、景群、景区等各级风景结构单元和风景游赏对象集中地，可以划出一定的空间范围作为风景游览区。

（2）在风景游览区内，可以进行适度的资源利用行为，适宜安排各种游览欣赏项目，应分级限制机动交通及旅游设施的配置，分级限制居民活动进入。

6. 发展控制区的划分与保护规定

（1）在风景区范围内，对上述五类保护区以外的用地与水面及其他各项用地，均应划为发展控制区。

（2）在发展控制区内，可以准许原有土地利用方式与形态，可以安排同风景区性质与容量相一致的各项旅游设施及基地，可以安排有序的生产、经营管理等设施，应分别控制各项设施的内容与规模。

（二）分级保护

在生态保护规划中，分级保护也是常用的规划和管理方法。这是以保护对象的价值和级别特征为主要依据，结合土地利用方式而划分出相应级别的保护区。在同一级别保护区内，其保护原则和措施应基本一致。风景保护的分级主要包括特级保护区、一级保护区、二级保护区和三级保护区等。其中，特别保护区也称科学保护区，相当于我国自然保护区的核心区，也类似于分类保护中的生态保护区。

1. 特级保护区的划分与保护规定

（1）风景区内的自然保护核心区以及其他不应进入游人的区域应划为特级保护区。

（2）特级保护区应以自然地形地物为分界线，其外围应有较好的缓冲条件，在区内不得搞任何建筑设施。

2. 一级保护区的划分与保护规定

（1）在一级景点和景物周围应划出一定范围与空间作为一级保护区，宜以一级景点的视域范围作为主要划分依据。

（2）一级保护区内可以安置必须的步行游赏道路和相关设施，严禁建设与风景无关的设施，不得安排旅宿床位，机动交通工具不得进入此区。

3. 二级保护区的划分与保护规定

（1）在景区范围内，以及景区范围之外的非一级景点和景物周围应划为二级保护区。

（2）二级保护区内须谨慎安排接待设施，必须限制与风景游赏无关的建设，应限制机动交通工具进入本区。

4. 三级保护区的划分与保护规定

（1）在风景区范围内，对以上各级保护区之外的地区应划为三级保护区。

（2）在三级保护区内，应有序控制各项建设与设施，并应与风景环境相协调。

分类保护和分级保护这两种方法在风景区规划中都得到广泛应用，但其侧重点和特点有所不同。分类保护强调保护对象的种类和属性特点，突出其分区和培育作用；分级保护强调保护对象的价值和级别特点，突出其分级作用。

在实际的规划工作中，应针对风景区的具体情况、保护对象的级别、风景区所在地域的条件，选择分类或分级保护方法，或者以一种为主另一种为辅结合使用，形成综合分区，使保护培育、开发利用、经营管理三者有机结合。

（三）环境容量与环境管理

1. 环境容量的概念与分类

早在 1838 年，环境容量的概念就出现于生态学领域，后被应用于人口、环境等许多领域。1971 年，里蒙（Lim）和史迪科（Stankey）提出，游憩环境容量是指某一地区在一定时间内，维持一定水准给旅游者使用，而不破坏环境和影响游客体验的利用强度。

风景区的环境容量，是与风景保护和利用有关的一些具体容量概念的总称。根据这些容量的性质，可以划分出以下几个容量类型。

（1）心理容量：游人在某一地域从事游憩活动时，在不降低活动质量的前提下，地域所能容纳的游憩活动的最大量，也称为感知容量。

（2）资源容量：在保持风景资源质量的前提下，一定时间内风景资源所能容纳的旅游活动量。

（3）生态容量：在一定的时间内，保证自然生态环境不至于退化的前提下，风景区所能容纳的旅游活动量。其大小取决于自然生态环境净化与吸收污染物的能力，以及在一定时间内每个游人产生的污染量。

（4）设施容量：一定时间、一定区域范围内，基础设施与游览服务设施的容纳能力。

（5）社会容量：当地居民社区可以承受的游人数量。这主要取决于当地社区的人口构成、宗教信仰、民情风俗、生活方式等社会人文因素。

容量不是固定的数值，而是根据条件的变化而不断变化的。其中，设施容量、社会容量、感知容量等变化较快，而资源容量、生态容量变化较慢。另外，游憩活动的特性对容量具有一定的影响，尤其是对于资源容量、生态容量具有非常关键的影响。

2. 资源容量和心理容量的测算

资源容量主要取决于基本空间标准和资源空间规模。

根据环境心理学理论，个人空间受到三个方面影响：活动性质与活动场所的特性、个人的社会经济属性、人际因素。其中，游憩活动的性质和类型是决定基本空间标准的关键。基本空间标准的制定主要来自于长期经验积累或者专项研究结果。表 9-6 所列的基本空间标准可供参考。

基本空间参考标准　　表 9-6

用地类型	允许容量和用地指标	
	（人 /hm^2）	（m^2/ 人）
（1）针叶林地	2~3	3300~5000
（2）阔叶林地	4~8	1250~2500
（3）森林公园	小于 20	大于 500
（4）疏林草地	20~25	400~500
（5）草地公园	小于 70	大于 140
（6）城镇公园	30~200	50~330
（7）专用浴场	小于 500	大于 20
（8）浴场水域	1000~2000	10~20
（9）浴场沙滩	1000~2000	5~10

按照环境心理学，个人空间的值也等于基本空间标准，即游人平均满足程度最大的值。其计算公式可以表达为：

$$C=A/A_0 \cdot T/T_0$$

式中，A——空间规模；A_0——基本空间标准；T——每日开放时间；T_0——人均每次利用时间。

在实际的规划工作中，资源容量的测算方法主要有三种：面积法、线路法、卡口法。卡口法适用于溶洞类及通往景区、景点必须对游客量具有限制因素的卡口要道；线路法适用于游人只能沿某通道游览观光的地段；游人可进入游览的面积空间，均可采取面积法。

上述三种计算方法常根据实际情况，组合使用。通常采用的计算指标和具体方法如下：

（1）线路法：以每个游人所占平均道路面积计，5~10m²/人。

（2）面积法：以每个游人所占平均游览面积计。其中：

主景景点：50~100m²/人（景点面积）；

一般景点：10~100m²/人（景点面积）；

浴场海域：10~20m²/人（海拔0~-2m以内水面）；

浴场沙滩：5~10m²/人（海拔0~+2m以内沙滩）。

（3）卡口法：实测卡口处单位时间内通过的合理游人量。单位以“人次/单位时间”表示。

3. 生态容量的测算

生态容量的测算，必须把握住生态环境中的关键因子。根据生态学的知识，在一定的生态环境中，不同的环境因子，其脆弱性不同，基于其承载力的生态环境阈值也不相同。计算每一种环境因子承载力的生态环境阈值，过于复杂。风景区内的某些关键性的局部、位置和空间联系，对维护或控制某种生态过程有着异常重要的意义。在生态容量测算中，需要抓住这些起关键作用的环境因子，计算其生态环境阈值，从而得出总体生态环境的容量值。例如，在很多山岳型的风景名胜区，水资源往往是环境中最关键、最脆弱的因子，对这类风景区的水资源的生态环境阈值进行研究，可得到相应的生态容量值。

4. 设施容量的测算

设施容量主要取决于设施的规模，在风景区中，住宿接待设施和餐饮设施等的规模，是其他服务设施配置的关键依据。

5. 风景名胜区的容量

风景名胜区的容量，由资源容量、生态容量、设施容量等各种容量中的较小数值来确定。一般而言，起决定作用的往往是资源容量和设施容量。

6. 容量方法的局限性

容量方法从根本上来说，是一个复杂的概念体系，而不是简单的应用工具。各种容量的确定涉及很多因素，而这些因素本身是不断变化的。在这样的情况下，如果局限于计算出精确的容量数字，用于规划和管理，往往难以成功。

容量的确定很大程度上依赖于各种基本空间标准的确定，需要大量的经验数据支持。而在实际应用中，还需要根据具体地域特点，进行修正调整。

容量从本质上来说，是一种极限的活动量。它包括两个方面：游人数量以及游人的活动。其中，游人活动的性质与强度对于环境的影响非常关键。即使是在游客人数相同的情况下，不同的游客行为、小组规模、游客素质、资源状况、时间和空间等因素对资源环境的影响也会有很大的区别。然而，在具体的研究与应用中，一般都把容量等同于游人数量，严重忽视了游人的活动性质与强度，从而产生误差。

（四）LAC 理论

环境容量提出了“极限”这一概念，即任何一个环境都存在一个承载力的极限。但是，这一极限并不能局限于游客数量的极限，考虑到游人的活动性质与强度千差万别，问题可以转化为环境受到影响的极限。

针对容量方法的不足，有关学者提出并发展了 LAC（Limits of Acceptable Change）理论。史迪科 1980 年提出了解决环境容量问题的三个原则：第一，首要关注点应放在控制环境影响方面，而不是控制游客人数方面。第二，应该淡化对游客人数的管理，只有在非直接的方法行不通时，再来控制游客人数。第三，准确的环境监测指标数据是必须的，这样可以避免规划的偶然性和假定性。如果允许一个地区开展旅游活动，那么资源状况下降就是不可避免的，关键是要为可容忍的环境改变设定一个极限，当一个地区的资源状况到达预先设定的极限值时，必须采取措施，以阻止进一步的环境变化。

美国国家公园管理局根据 LAC 理论的基本框架，制定了“游客体验与资源保护”技术方法（VERP—Visitor Experience and Resource Protection），在规划和管理实践中，取得了一定的成效。

九、风景名胜区的基础设施规划

风景区基础工程设施，涉及交通运输、道路桥梁、邮电通信、给水排水、电力热力、燃气燃料、防洪防火、环保环卫等多种基础工程。其中，大多数已有各自专业的国家或行业技术标准与规范。在规划中，必须严格遵照这些标准规范执行。在风景区的基础设施规划中，还要符合下面的基本原则：

1. 符合风景区保护、利用、管理的要求。

2. 合理利用地形，因地制宜地选线，同当地景观和环境相配合，同风景区的特征、功能、级别和分区相适应，不得损坏景源、景观和风景环境。

3. 要确定合理的配套工程、发展目标和布局，并进行综合协调。

4. 对需要安排的各项工程设施的选址和布局提出控制性建设要求。

5. 对于大型工程或干扰性较大的工程项目，如隧道、缆车、索道等项目，必须进行专项景观论证、生态与环境敏感性分析，并提交环境影响评价报告。

十、风景名胜区土地利用协调规划

风景名胜区土地利用协调规划的主要目的是综合协调、有效控制各种土地利用方式，一般包括三方面内容，即用地评估、现状分析、协调规划。

土地资源分析评估，主要包括对土地资源的特点、数量、质量与潜力进行综合评估或专项评估，为估计土地利用潜力、确定规划目标、平衡用地矛盾及土地开发提供依据。其中，专项评估是以某一种专项的用途或利益为出发点，例如分等评估、价值评估、因素评估等；综合评估可在专项评估的基础上进行，它是以所有可能的用途或利益为出发点，在一系列自然和人文因素方面，对用地进行可比的规划评估。一般按其可利用程度分为有利、不利和比较有利等三种地区、地段或地块，并在地形图上表示。

土地利用现状分析，是在风景名胜区的自然、社会经济条件下，对全区各类土地的不同利用方式及其结构所作的分析，包括风景、社会、经济三方面效益的分析。通过分析，总结其土地利用的变化规律及保护、利用和管理上存在的问题。

土地利用协调规划，是在土地资源评估、土地利用现状分析、土地利用策略研究的基础上，根据规划的目标与任务，对各种用地进行需求预测和反复平衡，拟定各种用地指标，编制规划方案和编绘规划图纸。规划图纸的主要内容为土地利用分区。风景名胜区的土地利用分区是控制和调整各类用地，协调各种用地矛盾，限制不适当开发利用行为，实施宏观控制管理的基本依据和手段。在土地利用协调规划中，需要遵循下列基本原则：

1. 突出风景名胜区土地利用的重点与特点，扩大风景用地。

2. 保护风景游赏地、林地、水源地和优良耕地。

3. 因地制宜地合理调整土地利用分区，发展符合风景名胜区特征的土地利用方式与结构。

风景名胜区的用地分类应按土地使用的主导性质进行划分，应符合表 9–7 的规定。

风景名胜区土地利用分类及规划限定表　　表 9–7

类别代号		用地名称	范围	规划限定
大类	中类			
甲		风景游赏用地	游览欣赏对象集中区的用地。向游人开放	▲
	甲 1	风景点建设用地	各级风景结构单元（如景物、景点、景群、园院、景区等）的用地	▲
	甲 2	风景保护用地	独立于景点以外的自然景观、史迹、生态等保护区用地	▲
	甲 3	风景恢复用地	独立于景点以外的需要重点恢复、培育、涵养和保持的对象用地	▲
	甲 4	野外游憩用地	独立于景点之外、人工设施较少的大型自然露天游憩场所	▲
	甲 5	其他观光用地	独立于上述四类用地之外的风景游赏用地。如宗教、风景林地等	△
乙		游览设施用地	直接为游人服务而又独立于景点之外的旅行游览接待服务设施用地	▲
	乙 1	旅游点建设用地	独立设置的各级旅游基地（如组、点、村、镇、城等）的用地	▲
	乙 2	游娱文体用地	独立于旅游点外的游戏娱乐、文化体育、艺术表演用地	▲
	乙 3	休养保健用地	独立设置的避暑避寒、休养、疗养、医疗、保健、康复等用地	▲
	乙 4	购物商贸用地	独立设置的商贸、金融保险、集贸市场、食宿服务等设施用地	△
	乙 5	其他游览设施用地	上述四类之外，独立设置的游览设施用地，如公共浴场等用地	△
丙		居民社会用地	间接为游人服务而又独立设置的居民社会、生产管理等用地	△
	丙 1	居民点建设用地	独立设置的各级居民点（如组、点、村、镇、城等）的用地	△
	丙 2	管理机构用地	独立设置的风景区管理机构、行政机构用地	▲
	丙 3	科技教育用地	独立地段的科技教育用地。如观测科研、广播、职教等用地	△
	丙 4	工副业生产用地	为风景区服务而独立设置的各种工副业及附属设施用地	△
	丙 5	其他居民社会用地	如殡葬设施等	○

续表

类别代号		用地名称	范围	规划限定
大类	中类			
丁		交通与工程用地	风景区自身需求的对外、内部交通通信与独立的基础工程用地	▲
	丁1	对外交通通信用地	风景区人口同外部沟通的交通用地。位于风景区外缘	▲
	丁2	内部交通通信用地	独立于风景点、旅游点、居民点之外的风景区内部联系交通	▲
	丁3	供应工程用地	独立设置的水、电、气、热等工程及其附属设施用地	△
	丁4	环境工程用地	独立设置的环保、环卫、水保、垃圾、污物处理设施用地	△
	丁5	其他工程用地	如防洪水利、消防防灾、工程施工、养护管理设施等工程用地	△
戊		林地	生长乔木、竹类、灌木、沿海红树林等林木的土地，风景林不包括在内	△
	戊1	成林地	有林地，郁闭度大于30%的林地	△
	戊2	灌木林	覆盖度大于40%的灌木林地	△
	戊3	苗圃	固定的育苗地	△
	戊4	竹林	生长竹类的林地	△
	戊5	其他林地	如迹地、未成林造林地、郁闭度小于30%的林地	○
己		园地	种植以采集果、叶、根、茎为主的集约经营的多年生作物	△
	己1	果园	种植果树的园地	△
	己2	桑园	种植桑树的园地	△
	己3	茶园	种植茶园的园地	○
	己4	胶园	种植橡胶树的园地	△
	己5	其他园地	如花圃苗圃、热作园地及其他多年生作物园地	○
庚		耕地	种植农作物的土地	○
	庚1	菜地	种植蔬菜为主的耕地	○
	庚2	水浇地	指水田菜地以外，一般年景能正常灌溉的耕地	○
	庚3	水田	种植水生作物的耕地	○
	庚4	旱地	无灌溉设施、靠降水生长作物的耕地	○
	庚5	其他耕地	如季节性、一次性使用的耕地、望天田等	○
辛		草地	生长各种草本植物为主的土地	△
	辛1	天然牧草地	用于放牧或割草的草地、花草地	○
	辛2	改良牧草地	采用灌排水、施肥、松耙、补植进行改良的草地	○
	辛3	人工牧草地	人工种植牧草的草地	○
	辛4	人工草地	人工种植铺装的草地、草坪、花草地	△
	辛5	其他草地	如荒草地、杂草地	△
壬		水域	未列入各景点或单位的水域	△
	壬1	江、河	—	△
	壬2	海域	海湾	△
	壬3	海域	海湾	△
	壬4	滩涂	包括沼泽、水中苇地	△
	壬5	其他水域用地	冰川及永久积雪地、沟渠水工建筑地	△

续表

类别代号		用地名称	范围	规划限定
大类	中类			
癸		滞留用地	非风景区需求，但滞留在风景区内的各项用地	×
	癸 1	滞留工厂仓储用地		×
	癸 2	滞留事业单位用地		×
	癸 3	滞留交通工程用地		×
	癸 4	未利用地	因各种原因尚未使用的土地	○
	癸 5	其他滞留用地		×

注：规划限定说明：应该设置▲；可以设置△；可保留不宜新置○；禁止设置 ×。

十一、风景名胜区规划的内容与成果形式

（一）风景名胜区总体规划阶段的内容

在总体规划阶段的编制，重点是体现人与自然和谐相处、区域协调发展和经济社会全面进步的要求，坚持保护优先、开发服从保护的原则，突出风景名胜资源的自然特性、文化内涵和地方特色。规划包括下列内容：

1. 风景资源评价；

2. 生态资源保护措施、重大建设项目布局、开发利用强度；

3. 风景名胜区的功能结构和空间布局；

4. 禁止开发和限制开发的范围；

5. 风景名胜区的游客容量；

6. 相关专项规划。

风景名胜区自设立之日起 2 年内需编制完成总体规划，规划期一般为 20 年。

（二）风景名胜区详细规划阶段的内容

详细规划根据核心景区和其他景区的不同要求编制，确定基础设施、旅游设施、文化设施等建设项目的选址、布局与规模，明确建设用地范围和规划设计条件，深化、落实并符合风景名胜区总体规划的各项要求。

（三）规划图纸

风景名胜区规划的图纸应清晰准确，并符合表 9–8 中的规定。

风景名胜区规划图纸要求 表 9–8

图纸资料名称	比例尺				制图选择			图纸特征	有些可与下列编号图纸合并
	风景区面积（km^2）								
	20 以下	20~100	100~500	500 以上	综合型	复合型	单一型		
1. 现状（包括综合现状图）	1 ： 5000	1 ： 10000	1 ： 25000	1 ： 50000	▲	▲	▲	标准地形图上制图	
2. 景源评价与现状分析	1 ： 5000	1 ： 10000	1 ： 25000	1 ： 50000	▲	△	△	标准地形图上制图	1

续表

图纸资料名称	比例尺				制图选择			图纸特征	有些可与下列编号图纸合并
	风景区面积（km^2）								
	20以下	20~100	100~500	500以上	综合型	复合型	单一型		
3. 规划设计总图	1 ∶ 5000	1 ∶ 10000	1 ∶ 25000	1 ∶ 50000	▲	▲	▲	标准地形图上制图	
4. 地理位置或区域分析	1 ∶ 25000	1 ∶ 50000	1 ∶ 100000	1 ∶ 200000	▲	△	△	可以简化制图	
5. 风景游赏规划	1 ∶ 5000	1 ∶ 10000	1 ∶ 25000	1 ∶ 50000	▲	▲	▲	标准地形图上制图	
6. 旅游设施配套规划	1 ∶ 5000	1 ∶ 10000	1 ∶ 25000	1 ∶ 50000	▲	▲	△	标准地形图上制图	3
7. 居民社会调控规划	1 ∶ 5000	1 ∶ 10000	1 ∶ 25000	1 ∶ 50000	▲	△	△	标准地形图上制图	3
8. 风景保护培育规划	1 ∶ 10000	1 ∶ 25000	1 ∶ 50000	1 ∶ 100000	▲	△	△	可以简化制图	3或5
9. 道路交通规划	1 ∶ 10000	1 ∶ 25000	1 ∶ 50000	1 ∶ 100000	▲	△	△	可以简化制图	3或6
10. 基础工程规划	1 ∶ 10000	1 ∶ 25000	1 ∶ 50000	1 ∶ 100000	▲	△	△	可以简化制图	3或6
11. 土地利用协调规划	1 ∶ 10000	1 ∶ 25000	1 ∶ 50000	1 ∶ 100000	▲	▲	▲	标准地形图上制图	3或7
12. 近期发展规划	1 ∶ 10000	1 ∶ 25000	1 ∶ 50000	1 ∶ 100000	▲	△	△	标准地形图上制图	3

注：说明：▲应单独出图；△可作图纸。

（四）成果形式

风景名胜区规划的成果包括风景区规划文本、规划图纸、规划说明书、基础资料汇编等四个部分。其中，风景区规划文本，是风景区规划成果的条文化表述，应简明扼要，以法规条文方式简明、清晰地表述规划内容和管理要求。

十二、风景名胜区规划编制与审批管理

（一）国家级风景名胜区规划编制与审批管理

国家级风景名胜区总体规划由省、自治区人民政府建设主管部门或直辖市人民政府风景名胜区主管部门组织编制，并由省、自治区、直辖市人民政府审查后报国务院审批。

国家级风景名胜区详细规划由省、自治区人民政府建设主管部门或直辖市人民政府风景名胜区主管部门报国务院主管部门审批。

（二）省级风景名胜区规划编制与审批管理

省级风景名胜区总体规划由省、自治区、直辖市人民政府审批，报国务院建设主管部门备案。

省级风景名胜区详细规划由省、自治区人民政府建设主管部门或者直辖市人民政府风景名胜区主管部门审批。

（三）风景名胜区规划修改的管理

经批准的风景名胜区规划不得擅自修改。

确需对风景名胜区总体规划中的风景名胜区范围、性质、保护目标、生态资源保护措施、重大建设项目布局、开发利用强度以及风景名胜区的功能结构、空间布局、游客容量进行修改的，应当报原审批机关批准；对其他内容进行修改的，应当报原审批机关备案。

详细规划确需修改的，应当报原审批机关批准。

第二节　自然保护区规划

依据《中华人民共和国自然保护区条例》（1994 年 10 月 9 日国务院令第 167 号文件），自然保护区是指对有代表性的自然生态系统、珍稀濒危野生动植物物种的天然集中分布区、有特殊意义的自然遗迹等保护对象所在的陆地、陆地水体或者海域，依法划出一定面积予以特殊保护和管理的区域。自然保护区分为国家级自然保护区和地方级自然保护区。

到 2003 年年底，我国已建成各类自然保护区近 2000 个，其中国家级 226 个。各类自然保护区总面积达 1.45 亿 hm^2，占国土面积的 14.44% 左右，初步形成了全国性的保护区网络。其中，长白山、鼎湖山、卧龙、武夷山、梵净山、锡林郭勒、博格达峰、神农架、盐城、西双版纳、天目山、茂兰、九寨沟、丰林、南麂列岛等 21 个自然保护区被联合国教科文组织列入“国际人与生物圈保护区网络”（MAB），扎龙、向海、鄱阳湖、东洞庭湖、东寨港、青海湖及香港米浦等 21 处自然保护区被列入《国际重要湿地名录》。这些自然保护区保护着我国 70% 的陆地生态系统种类、80% 的野生动物和 60% 的高等植物，也保护着约 2000 万 hm^2 的原始天然林、天然次生林和约 1200 万 hm^2 的各种典型湿地，特别是国家重点保护的珍稀濒危动植物绝大多数都与自然保护区有关。

设立自然保护区，需要符合以下的标准：

1. 典型的自然地理区域、有代表性的自然生态系统区域以及已经遭受破坏但经保护能够恢复的同类自然生态系统区域；

2. 珍稀、濒危野生动植物物种的天然集中分布区域；

3. 具有特殊保护价值的海域、海岸、岛屿、湿地、内陆水域、森林、草原和荒漠；

4. 具有重大科学文化价值的地质构造、著名溶洞、化石分布区、冰川、火山、温泉等自然遗迹。

符合上述标准、需要予以特殊保护的自然区域，经国务院或者省、自治区、直辖市人民政府批准，可设立自然保护区。

一、自然保护区的类型

按照主要保护对象，我国的自然保护区可以划分为三大类别九个类型，见表 9-9。

我国自然保护区类型划分表　　表 9-9

类别	类型	举例
自然生态系统类	森林生态系统类型	湖北神农架国家自然保护区
	草原与草甸生态系统类型	内蒙古锡林郭勒草原国家自然保护区
	荒漠生态系统类型	宁夏灵武国家自然保护区
	内陆湿地和水域生态系统类型	江西鄱阳湖国家自然保护区
	海洋和海岸生态系统类型	海南文昌国家自然保护区
野生生物类	野生动物类型	辽宁盘锦兴隆台国家自然保护区
	野生植物类型	广西防城国家自然保护区
自然遗迹类	地质遗迹类型	黑龙江五大连池自然保护区
	古生物遗迹类型	湖北郧县自然保护区

1. 自然生态系统类自然保护区

自然生态系统类自然保护区，是指以具有一定代表性、典型性和完整性的生物群落和非生物环境共同组成的生态系统作为主要保护对象的一类自然保护区，分为 5 个类型。

（1）森林生态系统类型自然保护区，是指以森林植被及其生境所形成的自然生态系统作为主要保护对象的自然保护区，代表着各种森林植被类型。如湖北神农架国家自然保护区。

（2）草原与草甸生态系统类型自然保护区，是指以草原植被及其生境所形成的自然生态系统作为主要保护对象的自然保护区，如内蒙古锡林郭勒草原国家自然保护区。

（3）荒漠生态系统类型自然保护区，是指以荒漠生物和非生物环境共同形成的自然生态系统作为主要保护对象的自然保护区，如宁夏灵武国家自然保护区。

（4）内陆湿地和水域生态系统类型自然保护区，是指以水生和陆栖生物及其生境共同形成的湿地和水域生态系统作为主要保护对象的自然保护区，如江西鄱阳湖国家自然保护区。

（5）海洋和海岸生态系统类型自然保护区，是指以海洋、海岸生物与其生境共同形成的海洋和海岸生态系统作为主要保护对象的自然保护区，如海南文昌国家自然保护区。

2. 野生生物类自然保护区

野生生物类自然保护区，是指以野生生物物种，尤其是珍稀濒危物种种群及其自然生境为主要保护对象的一类自然保护区，分为两个类型。

（1）野生动物类型自然保护区，是指以野生动物物种，特别是珍稀濒危动物和重要经济动物种种群及其自然生境作为主要保护对象的自然保护区，如四川卧龙自然保护区。

（2）野生植物类型自然保护区，是指以野生植物物种，特别是珍稀濒危植物和重要经济植物种种群及其自然生境作为主要保护对象的自然保护区。

3. 自然遗迹类自然保护区

自然遗迹类自然保护区，是指以特殊意义的地质遗迹和古生物遗迹等作为主要保护对象的一类自然保护区，分为 2 个类型。

（1）地质遗迹类型自然保护区，是指以特殊地质构造、地质剖面、奇特地质景观、珍稀矿物、奇泉、瀑布、地质灾害遗迹等作为主要保护对象的自然保护区，如黑龙江五大连池自然保护区。

（2）古生物遗迹类型生然保护区，是指以古人类、古生物化石产地和活动遗迹作为主要保护对象的自然保护区，如湖北郧县自然保护区。

二、自然保护区的等级

我国的自然保护区分为国家级、省（自治区、直辖市）级、市（自治州）级和县（自治县、旗、县级市）级共四级。其中，国家级自然保护区是指在全国或全球具有极高的科学、文化和经济价值，并经国务院批准建立的自然保护区。

国家级自然生态系统类自然保护区必须具备下列条件：

1. 其生态系统在全球或在国内所属生物气候带中具有高度的代表性和典型性；

2. 其生态系统中具有在全球稀有、在国内仅有的生物群或生境类型；

3. 其生态系统被认为在国内所属生物气候带中具有高度丰富的生物多样性；

4. 其生态系统尚未遭到人为破坏或破坏很轻，保持着良好的自然性；

5. 其生态系统完整或基本完整，保护区拥有足以维持这种完整性所需的面积，包括具备 $1000hm^2$ 以上面积的核心区和相应面积的缓冲区。

国家级野生生物类自然保护区必须具备下列条件：

1. 国家重点保护野生动、植物的集中分布区、主要栖息地和繁殖地；或国内或所属生物地理界中著名的野生生物物种多样性的集中分布区；或国家特别重要的野生经济动、植物的主要产地；或国家特别重要的驯化栽培物种其野生亲缘种的主要产地。

2. 生境维持在良好的自然状态，几乎未受到人为破坏。

3. 保护区面积要求足以维持其保护物种种群的生存和正常繁衍，并要求具备相应面积的缓冲区。

国家级自然遗迹类自然保护区必须具备下列条件：

1. 其遗迹在国内外同类自然遗迹中具有典型性和代表性；

2. 其遗迹在国际上稀有，在国内仅有；

3. 其遗迹保持良好的自然性，受人为影响很小；

4. 其遗迹保存完整，遗迹周围具有相当面积的缓冲区。

国家级自然保护区的建立，由自然保护区所在的省、自治区、直辖市人民政府或者国务院有关自然保护行政主管部门提出申请，经国家级自然保护区评审委员会评审后，由国务院环境保护行政主管部门进行协调并提出审批建议，报国务院批准。

地方级自然保护区的建立，由自然保护区所在县、自治县、市、自治州人民政府或者省、自治区、直辖市人民政府有关自然保护区行政主管部门提出申请，经地方级自然保护区评审委员会评审后，由省、自治区、直辖市人民政府环境保护行政主管部门进行协调并提出审批建议，报省、自治区、直辖市人民政府批准，并报国务院环境保护行政主管部门和国务院有关自然保护区行政主管部门备案。

跨两个以上行政区域的自然保护区的建立，由有关行政区域的人民政府协商一致后提出申请，并按照前两款规定的程序审批。

建立海上自然保护区，须经国务院批准。

三、自然保护区规划的基本理论与原则

在20世纪初，为了防止物种灭绝和生物多样性消失，维护自然生态系统的完整，人们开始建立自然保护区，以避免人类对自然的过度干扰。20世纪70年代，Diamond等学者根据岛屿生物地理学的"平衡理论"，提出了一套自然保护区规划原则，并在实践中得到了广泛应用。同时，也引起了后续的一系列争论，其中著名的是"SLOSS"辩论。20世纪80年代以来，种群生态学蓬勃发展起来，种群生存力分析方法对于自然保护区规划的理论和实践具有重要作用。

（一）基于"平衡理论"的规划原则

根据岛屿生物地理学的"平衡理论",岛屿物种的迁入速率随隔离距离增加而降低，绝灭速率随面积减小而增加，岛屿物种数是物种迁入速率与物种绝灭速率平衡的结果。相同面积的岛屿，距离物种源的距离越大，拥有的物种数越少。小岛不但物种较少，而且物种的绝灭速率也高。隔离岛屿（不存在物种迁入的岛屿）上的每个物种都有绝灭的可能。如果物种在岛屿之间能迁移和定居，尽管某个岛屿上的某一物种会暂时绝灭,但很快会从其他岛屿迁入。这样整个群岛物种的绝灭概率很低,物种可以长期存活。

根据平衡理论可以推演出，岛屿或大陆上某一区域的物种数量与面积之间存在数量关系，Diamond等学者认为，可以用下面的数学形式来表达这样的种与面积关系：

$$S=KAZ$$

式中，S表示物种数；A表示面积；K、Z均为常数。

"平衡理论"及其推演出来的种—面积关系，在岛屿生物地理学中占有重要地位，并在实践中得到应用。总体上看来，平衡理论作为一个基础性理论框架，其具体形式尚须根据实际地域、数据和条件，选择合适的模型和相应的统计标准。

从生态学角度看，自然保护区类似于岛屿，其周围被人类创造的人工环境包围，保护区内的物种受到不同程度的隔离。Diamond等学者根据"平衡理论"和种—面积关系，以保护自然保护区的最大物种多样性为目标，提出自然保护区的规划原则如下：

1. 保护区的面积越大越好。当大保护区的物种迁入速率和绝灭速率平衡时，拥有的物种更多，而且大保护区的物种绝灭速率低。

2. 尽量避免分成不相连的保护区。如果只能分成几个不相连的保护区，则最好相互靠近。大保护区物种存活概率高，且大保护区比几个小保护区（总面积之和等于该大保护区）拥有较多物种。

3. 不相连的保护区之间，最好保持等距离排列，以方便每一个保护区的物种可以在保护区之间迁移和再定居。如果在不相连的保护区之间建立生态走廊，可以方便物种在保护区间扩散，从而增加物种存活机会。

4. 保护区的形态以圆形为佳，以缩短保护区内物种的扩散距离。如果保护区太长，当局部发生种群绝灭时，物种从中间区域向边远区域扩散的速率较低，无法阻止类似于岛屿效应的局部绝灭。

（二）基于种群生存力的规划原则

上述"平衡理论"及其规划原则，首次对保护区的规划设计问题进行了比较系统的阐述，对于自然保护区的发展产生了重要影响。但是，它侧重关注于保护区的大小、保护区的形态和排列方式，而对于如何确定保护区的面积、如何保证物种和生态系统在保护区的生存力等关键问题，却没有作出明确的理论解释。

从20世纪80年代以来，种群生存力分析对于自然保护区的规划理论产生了重要影响。种群生存力分析的基本方法是用分析和模拟技术估计物种以一定概率、存活一定时间的过程。分析得出的主要结论是最小可存活种群，相应的规划原则如下：

1. 着重保护特有种、稀有种和最脆弱的物种；

2. 保护整个功能群落；

3. 保护整个生物多样性或物种的最大数量。

一般来说，最脆弱的物种通常是群落或生态系统中最大的捕食者或者最稀有的物种。在确定了最脆弱的物种以后，可以通过种群生存力分析，确定保证这些物种以较高概率存活的最小种群数量（最小可存活种群），再通过已知密度，估算维持最小种群数量所需的面积大小，这个面积是自然保护区规划中需要确定的最小面积。

四、自然保护区的结构与布局

（一）空间结构模式

按现行《中华人民共和国自然保护区条例》的规定，自然保护区可划分为核心区、缓冲区和实验区。

自然保护区内保存完好的天然状态的生态系统以及珍稀、濒危动植物的集中分布地，应当划为核心区。核心区外围可以划定一定面积的缓冲区，只准进入从事科学研究观测活动。缓冲区外围划为实验区，可以进入从事科学实验、教学实习、参观考察、旅游以及驯化、繁殖珍稀、濒危野生动植物等活动。在面积较大的自然保护区内部以及相邻保护区之间，可以设立生态走廊，以提高生态保护效果。

1984年，联合国教科文组织提出将生物圈保护区的“核心区—缓冲区”模式变为“核心区—缓冲区—过渡区”模式。这种模式主张对核心区内的生态系统和物种进行严格保护，对缓冲区的限制则比核心区少，要求在缓冲区内开展的科研和培训等活动不影响核心区内的生态系统和物种。过渡区内允许开展各种实验性经济活动，这些经济活动应当是可持续的。该结构模式与我国目前提倡采用的核心区—缓冲区—实验区模式类似。

此外，还有一些其他的类型，如“核心区—缓冲区—过渡区1/过渡区2”型、“核心区—外围缓冲区—廊道”型、“多个核心区由一个共同的缓冲区包围”型，或者多个核心区分别有不同的缓冲区，最后通过共同的过渡区和廊道联系在一起的类型等。

（二）核心区的规划布局要求

核心区应是最具保护价值或在生态进化中起到关键作用的保护地区，须通过规划确保生态系统以及珍稀、濒危动植物的天然状态，总面积（国家级）不能小于10km^2，所占面积不得低于该自然保护区总面积的1/3。界线划分不应人为割断自然生态的连续性，可尽量利用山脊、河流、道路等地形地物作为区划界线。

（三）缓冲区的规划布局要求

1. 生态缓冲

将外来影响限制在核心区之外，加强对核心区内生物的保护，是缓冲区最基本的规划要求。实践证明：缓冲区能直接或者间接地阻隔人类对自然保护区的破坏；能遏制外来植物通过人类或者动物的活动进行传播和扩散；能降低有害野生动物对自然保护区周边地区农作物的破坏程度；还能起到过滤重金属、有毒物质的作用，防止其扩散到保护区内；能扩大野生动物的栖息地，缩小保护区内外野生动物生境方面的差距。此外，缓冲区还能为动物提供迁徙通道或者临时栖息地。

2. 协调周边社区利益

在我国，规划和建设缓冲区需要特别重视社区参与。我国大多数自然保护区地处偏远的欠发达地区，缓冲区是周边居民、地方政府、自然保护区管理部门等各种利益关系容易发生冲突的地带。为了创造良好的大环境，提高生态保护效果，在确定缓冲区的位置和范围时，需要与当地社区充分沟通，听取意见，寻求理解，适当补偿居民因不能进入核心区而造成的损失，鼓励当地居民主动参与缓冲区的管理与保护，与地方的社会经济发展要求相协调。

3. 突出重点

从生态保护的要求出发，明确被保护的生态系统的类型及重要物种，对保护对象的生物学特征、保护区所在地区的生物地理学特征、社会经济特征开展研究，确定缓冲区的具体形状、宽度和面积，根本目标是将不利于自然保护区的因素隔离在自然保护区之外。

4. 因地制宜

根据生态保护要求、可利用的土地、建设成本等因素，确定最佳的缓冲区大小。如果现状土地利用矛盾较大，宜建立内部缓冲区，反之则建立外部缓冲区。

（四）区间走廊的规划布局

多个保护区如果连成网络，能促进自然保护区之间的合作。例如，巴西西部的 15 个核心区（由国家公园和自然保护区组成）借助缓冲区和过渡区而连接成为一个大的潘塔纳尔（Pantanal）生物圈保护区。

在自然保护区间建立走廊，能减少物种的绝灭概率，亚种群间的个体流能增加异质种群的平均存活时间，保护遗传多样性和阻止近交衰退。另一方面，建立生态走廊能够满足一些种群进行正常扩散和迁移的需要。

区间走廊的规划布局，除了考虑动物扩散和迁移运动的特点外，还须考虑走廊的边际效应，以及走廊本身成为一个成熟栖息地所需要的条件。关于走廊连接保护区的方式、走廊建成以后对于生物多样性的影响、走廊适宜的宽度、长度、形态、自然环境、生物群落等，这些问题还需要深入的理论研究和实践检验。

五、自然保护区规划编制的内容

（一）基本概况

依据该自然保护区科学考察资料和现有信息进行的基本描述和分析评价，资料信息不够的应予补充完善。评价应重科学依据，使结论客观、公正，内容包括：

区域自然生态 / 生物地理特征及人文社会环境状况。

自然保护区的位置、边界、面积、土地权属及自然资源、生态环境、社会经济状况。

自然保护区保护功能和主要保护对象的定位及评价。

自然保护区生态服务功能 / 社会发展功能的定位及评价。

自然保护区功能区的划分、适应性管理措施及评价。

自然保护区管理进展及评价。

（二）自然保护区保护目标

保护目标是建立该自然保护区根本目的的简明描述，是保护区永远的价值观表达与不变的追求。

（三）影响保护目标的主要制约因素

内部的自然因素：如土地沙化、生物多样性指数下降等。

内部的人为因素：如过度开发、城市化倾向等。

外部的自然因素：如区域生态系统劣变、孤岛效应等。

外部的人为因素：如公路穿越、截留水源、偷猎等。

政策、社会因素：如未受到足够重视、处境被动等。

社区/经济因素：如社区对资源依赖性大或存在污染等。

可获得资源因素：如管理运行经费少、人员缺乏培训等。

（四）规划期目标

规划期目标是该自然保护区总体规划目标的具体描述，是保护目标的阶段性目标。

1. 规划期

一般可确定为10年，并应有明确的起止年限。

2. 确定规划目标的原则

确定规划目标要紧紧围绕自然保护区保护功能和主要保护对象的保护管理需要，坚持从严控制各类开发建设活动，坚持基础设施建设简约、实用并与当地景观相协调，坚持社区参与管理和促进社区可持续发展。

3. 规划目标的内容

自然生态/主要保护对象状态目标。

人类活动干扰控制目标。

工作条件/管护设施完善目标。

科研/社区工作目标。

（五）总体规划的主要内容

管护基础设施建设规划。

工作条件/巡护工作规划。

人力资源/内部管理规划。

社区工作/宣教工作规划。

科研/监测工作规划。

生态修复规划（非必需时不得规划）。

资源合理开发利用规划。

保护区周边污染治理/生态保护建议。

（六）重点项目建设规划

重点项目为实施主要规划内容和实现规划期目标提供支持，并将作为编报自然保护区能力建设项目可行性研究报告的依据。重点项目建设规划中基础设施如房产、道路等，应以在原有基础上完善为主，尽量简约、节能、多功能；条件装备应实用高效；软件建设应给予足够重视。

重点项目可分别列出项目名称、建设内容、工作 / 工程量、投资估算及来源、执行年度等，并列表汇总。

（七）实施总体规划的保障措施

政策 / 法规需求。

资金（项目经费 / 运行经费）需求。

管理机构 / 人员编制。

部门协调 / 社区共管。

重点项目纳入国民经济和社会发展计划。

（八）效益评价

效益评价是对规划期内主要规划事项实施完成后的环境、经济和社会效益的评估和分析，如所形成的管护能力、保护区的变化及对社区发展的影响等。

（九）附录

包括自然保护区位置图、区划总图、建筑 / 构筑物分布图等。

地方自然保护区的规划编制内容可以参照上述内容要点，根据该保护区的等级、规模和特殊条件，作适当的调整。

第三节　森林公园规划

森林作为重要的自然资源，在保护国土生态环境方面具有不可替代的作用。随着社会经济的发展，陶冶情操、修身养性的森林游憩需求日益增长。

据统计，美国森林面积的 47% 左右用于木材生产，19% 用于狩猎，6% 用于生态保护，用于游憩的森林面积达到 27% 左右。日本把国土面积的 15% 划为森林公园。我国台湾省从 1982 年开始，建立了玉山、阳明山、太鲁阁和雪霸等 5 处以保育生态及自然景观为主的国家森林公园，约占台湾陆地面积的 8.4%。

20 世纪 80 年代初，为了保护森林生态环境，满足人们日益增长的森林游憩需求，我国开始建立森林公园体系。自 1982 年 9 月建立第一个森林公园——湖南省张家界国家森林公园开始，我国共建立各级森林公园 1540 处，其中国家森林公园 503 处，总面积已超过 1000 万 hm^2。我国已经初步形成了以国家森林公园为骨干，国家级、省级和县（市）级森林公园相结合的森林公园体系。

森林公园在我国由国家林业局主管。落实到土地时，有时会出现空间上、管理上与其他管理单元相互交叉或重叠，如住建部主管的风景名胜区等。遇到这种情况，规划管理的依据以高一级别的区划、规划、行政法规和管理条例为准。

一、森林公园的概念

1993 年，原林业部颁布的《森林公园管理办法》第二条规定：“本办法所称森林公园，是指森林景观优美、自然景观和人文景物集中，具有一定规模，可供人们游览、休息或进行科学、文化、教育活动的场所”。1996 年国家颁布的《森林公园总体设计规范》LY/T 5132–95，提出森林公园是“以良好的森林景观和生态环境为主体，融合自然景观与人文景观，利用森林的多种功能，以开展森林旅游为宗旨，为人们提供具有一定规模的游览、度假、休憩、保健疗养、科学教育、文化娱乐的场所”。以上这两个定义强调了森林公园的景观特征和主要功能。

1999 年发布的国家标准《中国森林公园风景资源质量等级评定》，指出森林公园是“具有一定规模和质量的森林风景资源和环境条件，可以开展森林旅游，并按法定程序申报批准的森林地域”。该定义明确了森林公园必须具备以下基本条件：

第一，是具有一定面积和界线的区域范围；

第二，以森林景观资源为背景或依托，是这一区域的特点；

第三，该区域须具有游憩价值，有一定数量和质量的自然景观或人文景观，区域内可为人们提供游憩、健身、科学研究和文化教育等活动；

第四，必须经由法定程序申报和批准。其中，国家级森林公园必须经中国森林风景资源评价委员会审议，国家林业局批准。

二、森林公园的类型

我国地域辽阔，地形地貌复杂，从南到北跨越热带、亚热带、暖温带、温带和寒温带等五个气候带，从东到西横跨平原、丘陵、台地、高原和山地等多种地貌类型，海拔高差达 8000 多 m，不同的气候、地貌和水热组合条件，孕育了极丰富的森林生态景观系统和动植物资源类型。为了便于管理经营和规划建设，可以根据等级、规模、区位、景观等基本特征，从不同角度对森林公园进行类型划分（表 9–10）。

我国森林公园的类型划分　　表 9–10

分类标准	主要类型	基本特点
按管理级别分类	国家级森林公园	森林景观特别优美，人文景物比较集中，观赏、科学、文化价值高，地理位置特殊，具有一定的区域代表性，旅游服务设施齐全，有较高的知名度，并经国家林业局批准
	省级森林公园	森林景观优美，人文景物相对集中，观赏、科学、文化价值较高，在本行政区内具有代表性，具备必要的旅游服务设施，有一定的知名度，并经省级林业行政主管部门批准
	市、县级森林公园	森林景观有特色，景点景物有一定的观赏、科学、文化价值，在当地有一定知名度，并经市、县级林业行政主管部门批准
按地貌景观分类	山岳型	以奇峰怪石等山体景观为主。如安徽黄山国家森林公园
	江湖型	以江河、湖泊等水体景观为主。如河南南湾国家森林公园
	海岸—岛屿型	以海岸、岛屿风光为主。如河北秦皇岛海滨国家森林公园
	沙漠型	以沙地、沙漠景观为主。如陕西定边沙地国家森林公园
	火山型	以火山遗迹为主。如内蒙古阿尔山国家森林公园
	冰川型	以冰川景观为特色。如四川海螺沟国家森林公园
	洞穴型	以溶洞或岩洞型景观为特色。如浙江双龙洞国家森林公园
	草原型	以草原景观为主。如河北木兰围场国家森林公园
	瀑布型	以瀑布风光为特色。如黄果树瀑布国家森林公园
	温泉型	以温泉为特色。如广西龙胜温泉国家森林公园
按经营规模分类	特大型森林公园	面积 6 万 hm^2 以上。如千岛湖森林公园
	大型森林公园	面积 2 万 ~6 万 hm^2。如黑龙江乌龙森林公园
	中型森林公园	面积 0.6 万 ~2 万 hm^2。如陕西太白森林公园
	小型森林公园	面积 0.6 万 hm^2 以下。如湖南张家界森林公园

续表

分类标准	主要类型	基本特点
按区位特征分类	城市型森林公园	位于城市的市区或其边缘的森林公园。如上海共青森林公园
	近郊型森林公园	位于城市近郊区，一般距离市中心 20km 以内。如苏州市上方山森林公园
	郊野型森林公园	位于城市远郊县区，一般距离市区 20~50km。如南京老山森林公园
	山野型森林公园	地理位置远离城市。如湖北神农架国家森林公园

三、森林公园风景资源评价

森林风景资源（forest landscape resources）是指，森林资源及其环境要素中凡能对旅游者产生吸引力，可以为旅游业所开发利用，并可产生相应的社会效益、经济效益和环境效益的各种物质和因素。

为了客观、全面、正确地反映森林公园的景观资源状况及其开发利用价值，合理确定开发利用时序，需要对森林公园进行全面翔实的风景资源调查和评价。

（一）森林公园风景资源的类型

根据森林风景资源的景观特征和赋存环境，可以划分为五个主要类型（图 9–4）。

1. 地文资源

包括典型地质构造、标准地层剖面、生物化石点、自然灾变遗迹、火山熔岩景观、蚀余景观、奇特与象形山石、沙（砾石）地、沙（砾石）滩、岛屿、洞穴及其他地文景观。

2. 水文资源

包括风景河段、漂流河段、湖泊、瀑布、泉、冰川及其他水文景观。

3. 生物资源

包括各种自然或人工栽植的森林、草原、草甸、古树名木、奇花异草等植物景观；野生或人工培育的动物及其他生物资源及景观。

4. 人文资源

包括历史古迹、古今建筑、社会风情、地方产品及其他人文景观。

5. 天象资源

包括雪景、雨景、云海、朝晖、夕阳、佛光、蜃景、极光、雾凇及其他天象景观。

（二）森林公园风景资源的质量评价（图 9–5）

森林公园风景资源质量的评价采取分层多重因子评价方法。风景资源质量主要取

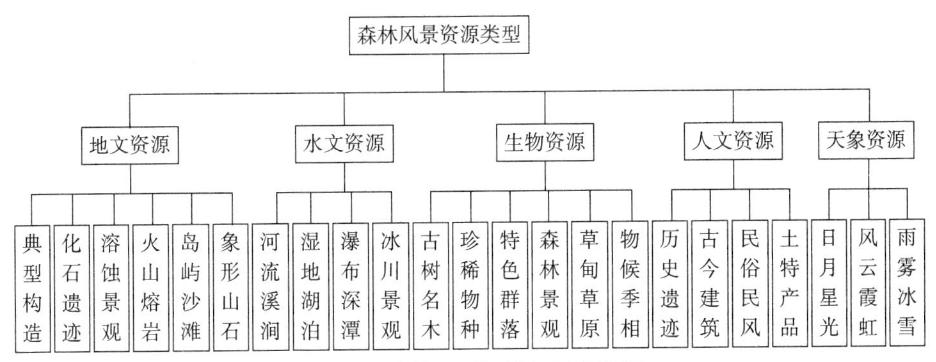

图 9–4 森林公园风景资源分类图

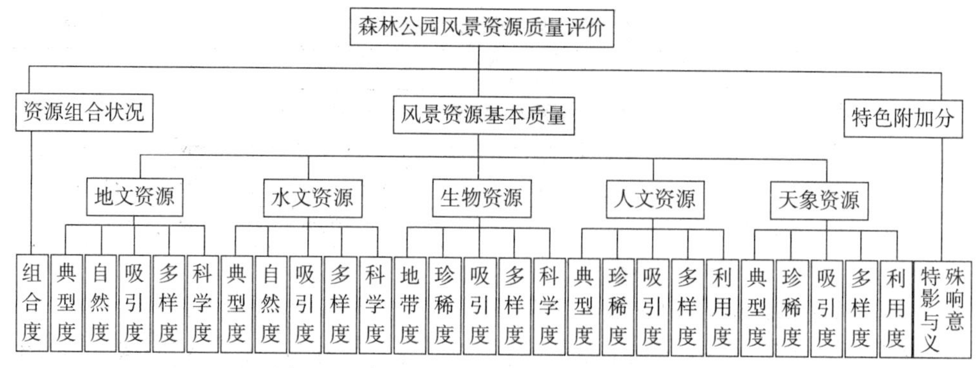

图 9–5　森林公园风景资源质量评价体系图

决于三个方面：风景资源的基本质量、资源组合状况、特色附加分。其中，风景资源的基本质量按照资源类型分别选取评价因子进行加权评分获得分数。风景资源组合状况评价则主要用资源的组合度进行测算。特色附加分按照资源的单项要素在国内外具有的重要影响或特殊意义计算分数。

森林公园风景资源质量评价的计算公式：

$$M=B+Z+T$$

式中，M——森林公园风景资源质量评价分值；

B——风景资源基本质量评分值；

Z——风景资源组合状况评分值；

T——特色附加分。

风景资源的评价因子包括如下方面。

1. 典型度

指风景资源在景观、环境等方面的典型程度。

2. 自然度

指风景资源主体及所处生态环境的保全程度。

3. 多样度

指风景资源的类别、形态、特征等方面的多样化程度。

4. 科学度

指风景资源在科普教育、科学研究等方面的价值。

5. 利用度

指风景资源开展旅游活动的难易程度和生态环境的承受能力。

6. 吸引度

指风景资源对旅游者的吸引程度。

7. 地带度

指生物资源水平地带性和垂直地带性分布的典型特征程度。

8. 珍稀度

指风景资源含有国家重点保护动植物、文物各级别的类别、数量等方面的独特程度。

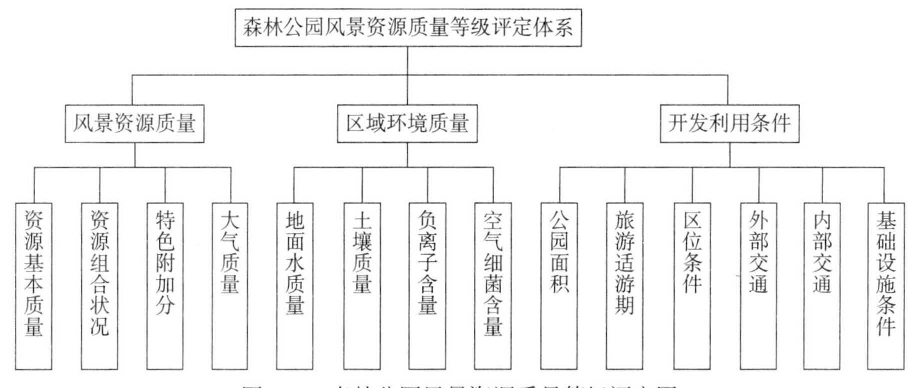

图 9-6　森林公园风景资源质量等级评定图

9. 组合度

指各风景资源类型之间的联系、补充、烘托等相互关系程度。

（三）森林公园风景资源的等级评定（图 9-6）

1. 基本公式

森林公园风景资源的等级评定根据三个方面来确定：风景资源质量、区域环境质量、旅游开发利用条件。其中，风景资源质量总分 30 分，区域环境质量和旅游开发利用条件各占 10 分，满分为 50 分。计算公式为：

$$N=M+H+L$$

式中，N——森林公园风景资源质量等级评定分值；

M——森林风景资源质量评价分值；

H——森林公园区域环境质量评价分值；

L——森林公园旅游开发利用条件评价分值。

2. 森林公园区域环境质量

森林公园区域环境质量评价的主要指标包括：大气质量、地表水质量、土壤质量、负离子含量、空气细菌含量等。其评价分值（H）计算由各项指标评分值累加获得。

3. 森林公园旅游开发利用条件

森林公园旅游开发利用条件评价指标主要包括：公园面积、旅游适游期、区位条件、外部交通、内部交通、基础设施条件。其评价得分（L）按开发利用条件各指标进行评价获得。

4. 森林公园风景资源等级评定

按照评价的总得分，森林公园风景资源质量等级划分为三级：

（1）一级为 40~50 分，符合一级的森林公园风景资源，多为资源价值和旅游价值高，难以人工再造，应加强保护，制订保全、保存和发展的具体措施。

（2）二级为 30~39 分，符合二级的森林公园风景资源，其资源价值和旅游价值较高，应当在保证其可持续发展的前提下，进行科学、合理的开发利用。

（3）三级为 20~29 分，符合三级的森林公园风景资源，在开展风景旅游活动的同时进行风景资源质量和生态环境质量的改造、改善和提高。

（4）三级以下的森林公园风景资源，应首先进行资源的质量和环境的改善。

四、环境容量和旅游规模预测

环境容量可参照本章第一节关于风景名胜区容量的阐述、要求和计算方法。

满足居民日益增长的游憩需求，发展森林旅游，是森林公园的重要功能。以德国为例，全国60多处森林公园的年旅游收入高达80亿美元，占该国旅游总收入的70%以上。在我国，从20世纪90年代以来，森林旅游人次每年保持在30%的高增长率，近年来全国森林公园每年接待游客7000多万人次，旅游综合收入上百亿元。

引导森林公园旅游的合理发展，需要充分了解客源市场的分布状况和旅游者的需求特征，结合风景资源条件，确定目标客源市场，预测游客规模，制订相应的接待策略，拟定合理的发展规模和时序，进行针对性的规划建设。

五、森林公园的功能布局

（一）基本原则

根据《森林公园总体设计规范》LY/T 5132–95，森林公园规划设计的指导思想，是以良好的森林生态环境为主体，充分利用森林资源，在已有的基础上进行科学保护、合理布局、适度开发建设，为人们提供旅游度假、休憩、疗养、科学教育、文化娱乐的场所，以开展森林旅游为宗旨，逐步提高经济效益、生态效益和社会效益。

在这个指导思想下，森林公园的规划应遵循下列基本原则：

1. 森林公园的规划建设以自然生态保护为前提，遵循开发与保护相结合的原则。在开展森林旅游的同时，重点保护好森林生态环境。

2. 森林公园建设应以资源为基础，以市场为导向，其建设规模必须与游客规模相适应。应充分利用原有设施，进行适度建设，切实注重实效。

3. 在充分分析各种功能特点及其相互关系的基础上，以游览区为核心，合理组织各种功能系统，既要突出各功能区特点，又要注意总体的协调性，使各功能区之间相互配合、协调发展，构成一个有机整体。

4. 森林公园应以森林生态环境为主体，突出景观资源特征，充分发挥自身优势，形成独特风格和地方特色。

5. 规划要有长远观点，为今后发展留有余地。建设项目的具体实施应突出重点、先易后难，可视条件安排分步实施。

（二）功能布局

森林公园的规划设计，在规模确定、容量测算、景区划分、游线设计、工程规划等方面，与风景名胜区有类同之处，可以参照风景名胜区的方法执行。

森林公园按照功能可以划分为：游览区、宿营区、游乐区、接待服务区、生态保护区、生产经营区、行政管理区、居民生活区等主要分区。这些分区的规划布局，在遵照国家颁布的相关规范准则的基础上，还应满足以下技术要求。

1. 游览区

游览区是以自然景观为对象的游览观光区域，主要用于景点、景区建设。包括森林景观、地形地貌、河流湖泊、天文气象等内容。为了避免旅游量超过环境容量，必须组织合理的游览路线，控制适宜的游人容量，这是游览区规划的关键。在规划时，应尽量减少游览区的道路密度。主要景观景点应布置在游览主线上，以便于游客在尽可能短的时间内观赏到景观精华，同时在部分人流集聚的核心景点附近，应设置一定的疏散缓冲地带。在游览区内应尽量避免建设大体量的建筑物或游乐设施。在不破坏生态环境和保证景观质量的条件下，为了方便游客及充实活动内容，可根据需要在游览区适当设置一定规模的饮食、购物、照相等服务与游艺项目。

2. 宿营区

近年来，野营已经成为森林公园中非常受欢迎的游览活动。宿营区是在森林环境中开展野营、露宿、野炊等活动的用地。

宿营地的选择应主要考虑具有良好环境和景观的场地，宜选择背风向阳的地形，视野开阔、植被良好的环境，周边最好有洁净的泉水。营地位置宜靠近管理区或旅游服务区，以方便交通和卫生设施供给。地形坡度应在10%以下。林地郁闭度在0.6~0.8为佳，其林型特征是疏密相间，既便于宿营，又适宜开展其他游览娱乐活动。

营地的组成包括营盘、车行道、步游道、停车场、卫生设备和供水系统。营地的道路可以分为外部进入道路和内部道路。外部进入道路是联系公园主干路与营区的道路，应尽量便捷。内部道路宜设计为单向环路，在环路上设小路通向各单元，以避免各单元之间相互影响。环路的直径应在60m以上，并保持足够间距。营区内应尽量减少车行道,以避免破坏植被景观。卫生设施应尽量妥善处置污水和垃圾,根据国外经验，在营地设计中，每个营盘在100m半径内设一个厕所，每个厕所供10个营盘的宿营者使用，营盘与厕所的距离不能小于15m。营地的污水应统一处置排放，每个单元设置垃圾箱，以尽量避免对环境产生污染。营地须提供方便的给水设施和烧烤、野餐需要的能源。

在营地的布置中，必须兼顾私密性和公共交往的要求。既保证各单元的相对独立性，减少外界干扰，又要为旅游者提供公共交往和开展群体活动的场所。

3. 游乐区

对于距城市50km之内的近郊森林公园，为弥补景观不足、吸引游客，在条件允许的情况下，需建设大型游乐与体育活动项目时，应单独划分游乐区。游乐区的设置应尽量避免破坏自然环境和景观，拟建的游乐设施应从活动性质、设施规模、建筑体量、色彩、噪声等方面进行慎重考核和妥善安排。各项设施之间必须保持合理的间距。部分游乐设施，如射击场和狩猎场等，必须相对独立布置。

4. 旅游服务区

旅游服务区是森林公园内相对集中建设宾馆、饭店、购物、娱乐、医疗等接待服务项目及其配套设施的地区。各类旅游设施应严格按照规划确定的接待规模进行建设，并与邻近城镇的规划协调，充分利用城镇的服务设施。在规划建设中，应尽量避免出现大型服务设施。

5. 生态保护区

生态保护区是以涵养水源、保持水土、维护公园生态环境为主要功能的区域。生态保护区内应保持原生的自然生态环境，禁止建设人工游乐设施和旅游服务设施，严格限制游客进入此区域的时间、地点和人次。森林公园的保护区可以考虑与科普考察区相结合，以发挥森林公园的科学教育功能。

6. 管理区

管理区是行政管理建设用地，主要建设项目为办公楼、仓库、车库、停车场等。

管理区的用地选择应该充分考虑管理的内容和服务半径。一般来说，中心管理区设置在公园入口处比较合理，在一些面积较大的森林公园，也可以考虑与旅游服务区结合布置。

六、国家级森林公园总体规划的内容与成果要求

国家级森林公园总体规划是建设经营和监督管理国家级森林公园的重要依据。行业标准《国家级森林公园总体规划规范》LY/T 2005-2012 规定了国家级森林公园总体规划及其修编的内容要求，省级和市（县）级森林公园总体规划的编制和修编可参照本标准执行，具体如下。

（一）原则要求

1. 宏观层面的协调。国家级森林公园总体规划的任务是处理好资源保护与利用的关系，与国土规划、区域规划、城市总体规划、土地利用总体规划、林地保护利用规划等相互协调。

2. 功能分区以生态保育为重点。国家级森林公园划分为核心景观区、一般游憩区、管理服务区和生态保育区。其中，核心景观区是指拥有特别珍贵的森林风景资源，必须进行严格保护的区域。在核心景观区，除了必要的保护、解说、游览、休憩和安全、环卫、景区管护站等设施以外，规划建设住宿、餐饮、购物、娱乐等设施；生态保育区是指在规划期内以生态保护修复为主，基本不进行开发建设、不对游客开放的区域。

3. 落实各专项规划的编制。国家级森林公园总体规划需确定保护规划、森林景观规划、生态文化建设规划、森林生态旅游与服务设施规划及基础工程规划等五部分专项规划。其中，保护规划又包括重要森林风景资源保护、环境保护、灾害预防与控制等内容。

国家级森林公园总体规划成果由规划文本、相关图件和附件三部分组成。

（二）规划文本

1. 基本情况

包括自然地理条件、社会经济条件、历史沿革及森林公园建设与旅游现状。

2. 生态环境及森林风景资源

包括生态环境评价、森林风景资源调查与评价。

3. 森林公园发展条件分析

包括森林公园发展的优势与劣势、森林公园发展面临的机遇与挑战。

4. 总则

包括规划指导思想、规划原则、规划依据及规划分期。

5. 总体布局与发展战略

包括森林公园的性质与范围、森林公园的主题定位、森林公园的功能分区、分区建设项目及景点规划、发展战略、主题定位与营销策划。

6. 容量估算及客源市场分析与预测

包括容量估算、客源市场分析与预测。

7. 植被与森林景观规划

包括规划原则、植被规划、森林景观规划及风景林经营管理规划。

8. 资源与环境保护规划

包括规划原则、重点森林风景资源保护、森林植物和野生动物保护及环境保护。

9. 生态文化建设规划

包括规划原则、生态文化建设重点和布局、生态文化设施规划、解说系统规划。

10. 森林生态旅游与服务设施规划

包括森林生态旅游产品定位、游憩项目策划、旅游服务设施规划、游线组织规划。

11. 基础工程规划

包括道路交通规划、给水排水工程规划、供电规划、供热规划、通信、网络、广播电视工程规划及旅游安全保障系统与设施规划。

12. 防灾及应急管理规划

包括灾害历史、森林防火及病虫害防治规划、其他灾害防治、监测及应急预案。

13. 土地利用规划

包括土地利用现状分析、土地利用规划原则、土地利用规划。

14. 社区发展规划

包括居民点分布现状分析、社区发展规划原则、社区发展规划。

15. 环境影响评价

包括环境质量现状、建设项目对环境的影响评估、采取对策措施及环境影响评价结论与建议。

16. 投资估算

包括估算依据、投资估算及资金筹措。

17. 效益评估

包括生态效益评估、社会效益评估及经济效益评估。

18. 分期建设规划

包括近期建设目标及重点建设工程，中远期建设目标及重点建设工程。

19. 实施保障措施

（三）规划图纸

1. 图纸规格

根据森林公园的规模、开发要求确定合理的图纸比例尺，一般为 1 ∶ 10000 ～ 1 ∶ 50000。

2. 基本图纸

（1）区位图（对外关系图）；

（2）土地利用现状图；

（3）森林风景资源分布图；

（4）客源市场分析图；

（5）功能分区图；

（6）土地利用规划图；

（7）景区景点分布图；

（8）植物景观规划图（林相改造图）；

（9）游憩项目策划图；

（10）游览线路组织图；
（11）服务设施规划图；
（12）道路交通规划图；
（13）给水排水工程规划图；
（14）供电供热规划图；
（15）通信、网络、广播电视工程规划图；
（16）环卫设施规划图；
（17）近期建设项目布局图。

思考题

1. 风景名胜区、自然保护区、森林公园的共同点是什么？不同点是什么？
2. 在风景名胜区规划工作中，景区划分的依据是什么？
3. 省级风景名胜区的总体规划、详细规划由什么机关审批？
4. 在实施国家级风景名胜区总体规划的过程中发生内容调整，应符合哪些管理要求？
5. 直辖市的国家级风景名胜区详细规划的调整，需要什么机关批准？
6. 什么是 LAC？它用于自然保护区合适吗？
7. 国家级森林公园总体规划中涉及哪些规划图纸？图纸比例多少为宜？
8. 什么是缓冲区？其规划要点是什么？
9. 在森林公园内游客发生意外事故，可以获得赔偿吗？为什么？
10. 自然保护区内发生雷击起火，这是自然生态过程的一部分，是否应施行人工扑救？为什么？

第十章　计算机辅助城市园林绿地规划与设计

第一节　计算机技术在城市园林绿地规划与设计中的应用

随着计算机软件和硬件行业的快速发展，计算机技术在工程设计中的使用日益广泛，并已取得人工设计所无法比拟的巨大效益。在城市园林绿地规划与设计领域，计算机技术的应用也日益受到重视，主要包括计算机辅助设计和地理信息系统两大类技术。

计算机辅助设计（Computer Aided Design，以下简称 CAD）是利用计算机硬、软件系统辅助人们对产品或工程进行总体设计、绘图、工程分析与技术文档管理等设计活动的总称，是一项综合性技术。CAD 的图形编辑功能较强，具有较强的排版和制图能力。借助计算机在大容量的数据存储、快速精确的运算和虚拟表现等方面的优势，CAD 技术能够为城市园林绿地规划与设计方案提供一个随时修改和展示的空间，解决了手工制图中图纸修改困难、表达不直观等难题，其技术优势主要表现在以下方面。

1. 工作效率的提高：据美国有关资料统计，采用 CAD 技术可节约设计工时 1/3 左右，修改工作量可减少约 80%。

2. 分工合作的便利：在城市园林绿地规划与设计中，项目组成员间的有效合作是非常关键的。CAD 技术可以通过精确、即时的信息传递和共享来为个人之间、行业之间的合作提供种种便利。

3. 方案表达力加强：与传统的徒手绘图相比，CAD 绘图更为精确，景物的色彩和质地更为丰富，并可多角度、真实地模拟景观的立体效果，因而更富于感染力和说服力。

一些 CAD 系统已经扩展为可以支持地图设计，但管理和分析大型的地理数据库的工具仍很有限，因此其方案分析能力还非常有限。

而地理信息系统（Geographic Information System，以下简称 GIS）是以地理空间数据库为基础，在计算机软硬件的支持下，运用系统工程和信息科学的理论，科学管理和综合分析具有空间内涵的地理数据，以提供管理、决策等所需信息的技术系统。作为综合获取、存储、分析和管理地理空间数据的一种技术系统，GIS 是以测绘测量为基础，以数据库作为数据储存和使用的数据源，以计算机编程为平台的全球空间分析即时技术，更强调解决空间问题。相较于偏向于制图和表达的 CAD 技术，GIS 的核心功能是空间分析，其数据属性更为丰富、空间对象之间的拓扑关系更强、数据更海量，在空间数据采集、属性数据编辑、空间数据库管理方面独具优势，可以高效、高质量地完成城市园林绿地的现状测评、规划设计方案的研究分析以及绿地建设的跟踪管理。二者相辅相成，可全面辅助城市园林绿地规划与设计中从园林绿地现状测评、规划设计研究分析、规划设计方案表现至绿地建设跟踪管理等各个环节的工作。

一、园林绿地现状测评

科学地进行城市园林绿地规划设计的基本前提，就是要尽可能准确地掌握规划区内绿地的空间分布状况与植被属性等基础资料。传统的绿地规划普查采用人力实地测算，如需描述整个城市的绿化状况，则耗费人力大、工作效率低、工作周期长且精度不易保证。GIS 与遥感（Remote Sensing，简称 RS）相结合，可实现覆盖范围广、速度快、能够提供真实情况的资源调查和监控，在城市绿地覆盖调查和现状评价方面具有明显的先进性。

遥感是指使用某种遥感器，不直接接触被研究的目标，感测目标的特征信息（一般是电磁波的反射辐射或发射辐射），经过传输、处理，从中提取人们所需的研究信息的过程。遥感技术具有深测范围大、资料新颖、成图迅速、收集资料不受地形限制等特点，是获取批量数据快速、高效的现代技术手段。RS 和 GIS 的结合，在数据获取、分析处理方面具有突出的优势；采用遥感分析与地面普查相结合的方法，运用计算机和 GIS 技术对城市的各类绿地进行全面调查和评价研究，能大大提高成果精度和工作效率，同时节约大量的人力、物力和时间。通过判读最新拍摄的航片或卫片，可迅速提取城市绿地的空间分布信息；通过外业调绘、转标，可实现分类绿地的量算统计，获得城市园林绿地的各项指标和统计数据，以确切评估城市绿化的现状水平。

RS 和 GIS 辅助城市园林绿地测评的技术流程图如图 10-1 所示。运用 RS 和 GIS 技术可以快速准确地获取城市的绿地现状信息，并可对数据进行有效的管理和使用，为后面的动态规划和管理奠定基础，并提高了园林绿地规划设计的科学性。在应用过程中，需注意以下几个方面。

（一）遥感数据源的选择

遥感数据源的选择需要综合考虑数据的时间和类型。由于自然现象有一定的周期性，在各个季节植物的生长情况不同，遥感数据也就相应地存在差别，所以确定合适时间段的像片对提取数据的效率和精度至关重要。为了保证绿地信息的实时性并把握其变化趋势，须利用不同时间段的像片进行互相参照，以求得出绿地的变化动态及其他相关信息。而且，不同传感器不同波段的像片其分辨率是不相同的，选择合适类型和波段的像片是保证城市绿地现状调查精度的一个重要前提。遥感数据通常可分为卫星遥感影像和航空遥感影像两大类。相比较而言，航空遥感是近距离空地探测，其分辨率较高、获取信息比较方便，能获得精度较高的信息，可以进行单独或某项特定目的的采集工作，但费用也相应较高；而卫片获取信息快，时效性较好，费用比较低，但是图像的分辨率较低，且需要进行正射影像的加工制作。因此，长期以来航空遥感对城市绿地规划的作用较大。但随着卫星探测技术的提升，高分辨率遥感数据越来越多地被用于提取城市绿地信息。快鸟卫星于 2001 年 10 月发射成功，是目前世界上商业卫星中分辨率最高、性能较优的一颗卫星，其全色波段分辨率为 0.61m，彩色多光谱分辨率为 2.44m，幅宽为 16.5km，是城市绿地提取的主要数据源。其详细参数指标如表 10–1 所示。

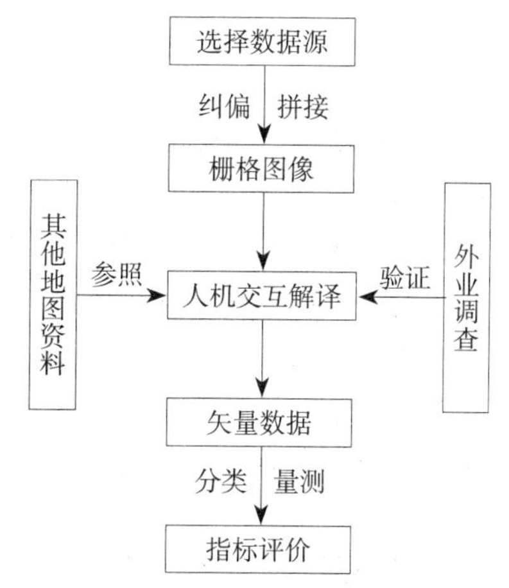

图 10–1　RS 和 GIS 辅助城市园林绿地测评的技术流程图

快鸟卫星传感器波长参数指标　　　　表 10–1

传感器	全波段	多光谱
分辨率	0.61m（星下点）	2.44m（星下点）
波长	450~900nm	蓝：450~520nm
		绿：520~600nm
		红：630~690nm
		近红外：760~900nm

资料来源：伊云忠等

（二）遥感影像的人机交互解译

为了提高工作效率，可以利用专业的图像处理软件如 ERDAS、ENVI 等对纠正后的遥感正射像片进行判读解译，提取城市绿地的专题信息。为确保解译结果的准确性，图像判读需结合外业进行检验。通常可选择局部作为试验区域，首先确定每一类绿地的图像特征，以便准确地进行分类提取。分类的种子特征可利用现有的理论和像片参数通过初步比较得出合理的分类种子特征。对分类结果进行相关性分析，合并属于同一类的区域。接下来对分类结果进行实地野外检验性调查，根据其结果对分类参数进行纠正改进，确定专家分类的模型，进行分类提取。对其他同一区域相同条件下的像片使用此分类模型即可快速地完成信息提取的工作。

（三）园林绿地指标的量测

在遥感影像的分类解译完成后，可将各项专题信息转化成矢量信息，通过图形数据的编辑为每项专题追加属性，并对数据进行拓扑处理，自动计算面积，并汇总统计出城市园林绿地的总面积和各专类绿地的面积，生成评价指标。评价一个城市的绿地系统通常采用二维指标，比如人均公共绿地面积、城市绿化覆盖率和城市绿地率等。但在评价不同植物种类及其空间结构的绿地功能，特别是在系统分析园林绿化的综合效益时，还需要测算三维绿量指标。利用 RS 和 GIS 技术，可通过彩红外航片判读和测定树种、覆盖面积、株数、结构类型等特征数据和平面量，结合实测样本植物的冠高、冠径、冠下高的数据，得出回归模型，进而计算出绿量。

二、规划设计研究分析

城市园林绿地的规划设计应注重方案的科学性与合理性，这必须通过大量的分析工作来达成。由于城市园林绿地规划和设计的对象尺度存在差异，规划分析和设计分析的侧重点也会有所不同：规划分析通常重在考察宏观的地形地貌、地理空间、生态系统格局、用地布局等，以实现合理的空间布局；而设计分析则重在场地和微气候条件，主要涉及土方估算及日照、风等微气候条件分析等，以尽可能减少工程量和资源消耗为目的。借助于 GIS 强大的空间分析功能、CAD 不断开发的场地分析功能，以及二者之间良好的数据交换能力，城市园林绿地规划设计的各种研究分析工作均可方便地达成。

利用 GIS 生成的空间数据库，可实现三个层面的规划研究分析：首先是基本空间信息的量算，如绿地位置、面积、周长、质心、形状系数;其次是景观格局的指数计算，如破碎度、分维数、多样性指数等；最后是应用空间数据库进行绿地功能服务、热岛效应、污染源扩散等空间分析（图 10–2），以及结合其他空间统计数据进行更为复杂的社会服务、生态过程的研究与分析（图 10–3）。

CAD 的高精度图形数据则为详细的场地设计分析提供了一个便利的平台。一些通行的矢量绘图软件自身就带有一些基本的场地分析功能。如 AutoCAD、3DS 等可按照基地的经纬度计算不同季节、时间的日照角度，进行基本的日照分析；Autodesk Civil 3D 可以根据原始地形和改造地形生成体量曲面，通过土方平衡的自动计算和设计高程的相应调整来实现填挖平衡。基于这些通行软件平台，利用这些矢量绘图软件生成的平面设计或数字模型文档，针对各种场地的实际情况和复杂的分析要求，还开发了大量的专类分析软件，便于进行快速、简便、准确的分析（图 10–4）。其中，有些分析软件可以脱离开这些绘图软件平台独立运行，有些则需要嵌入到这些绘图软件中完成分析运行。

三、规划设计方案表现

CAD 技术强大的图形编辑功能为城市园林绿地规划设计的方案表现提供了极大的便利。城市园林绿地的规划设计方案通常以图纸形式表现，一般包括各类分析图、二维效果图（平、立、剖面表现图）和三维效果图（轴测、透视）。此外，为了更为直观地进行方案展示，凸显方案的特色和亮点，有时还需要对方案进行多媒体演示。

分析图是针对方案本身展开分析，以反映、强化设计者的立意与构思，综合体现

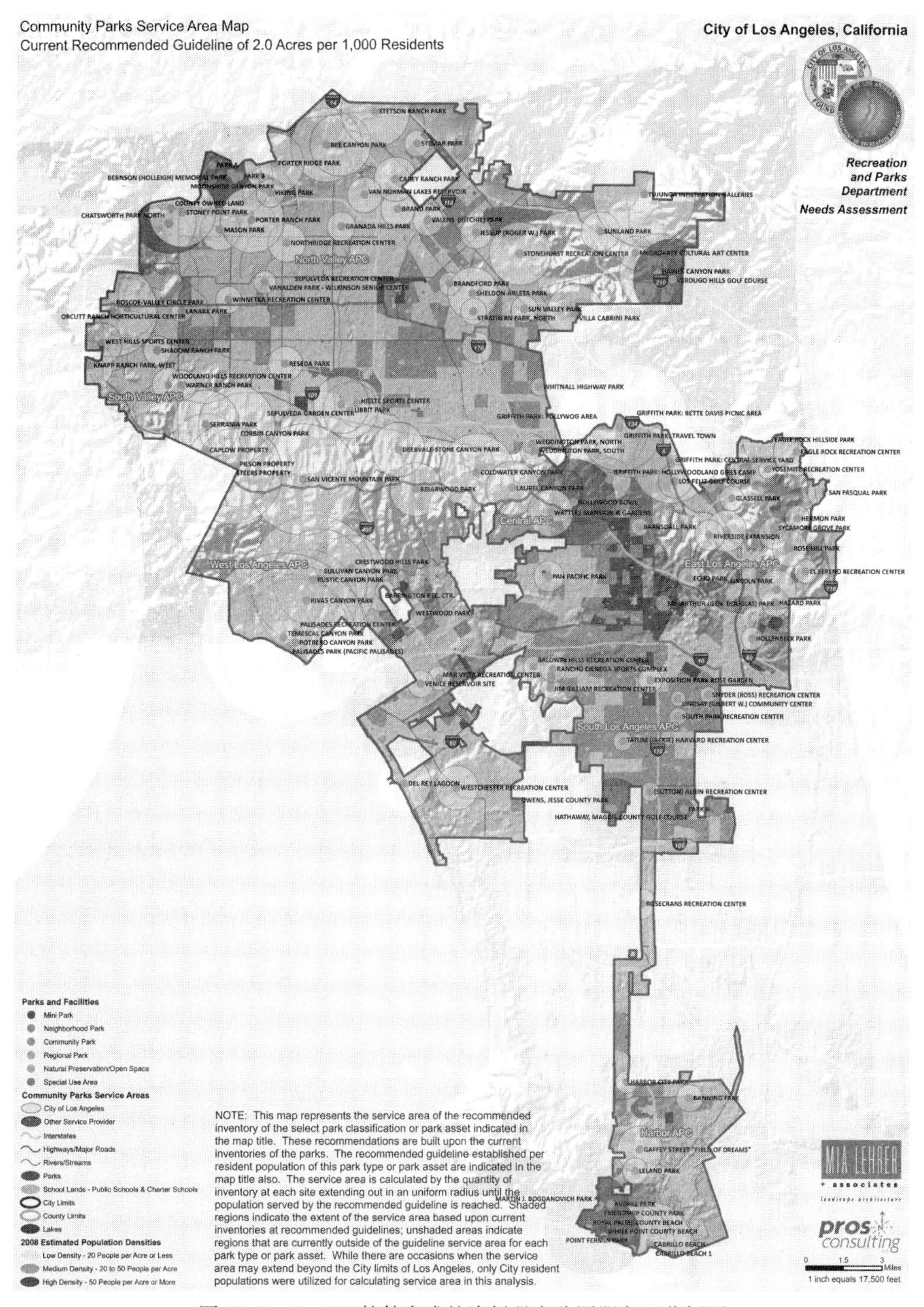

图 10-2　ArcGIS 软件完成的洛杉矶市公园服务区分析图

（资料来源：洛杉矶市游憩与公园管理局（Los Angeles City Department of Recreation and Parks））

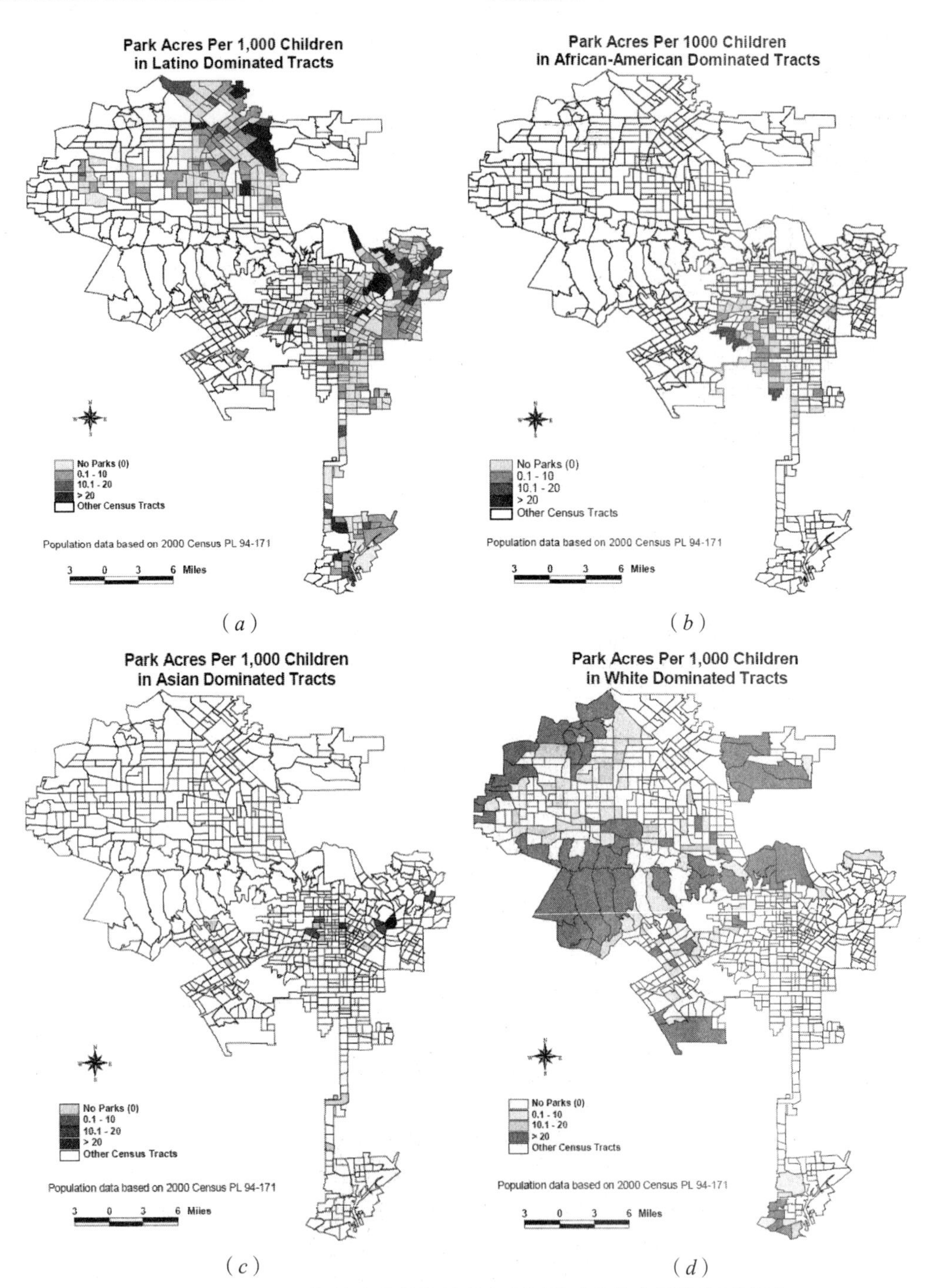

图 10–3　ArcGIS 软件完成的洛杉矶市公园绿地种族公平性分析示例
（资料来源：Wolch J. 等，2002）

规划设计方案的优点与特色，如功能结构分析、交通组织分析、景观结构分析、绿地结构分析等。一般是在 AutoCAD 等矢量制图软件绘制的平面方案基础上，加入分析元素，并利用 Photoshop 等图形处理软件进行后期处理制作，以灰化处理方案底图，突出图面上的分析符号，从而充分反映分析意图（图 10–5）。

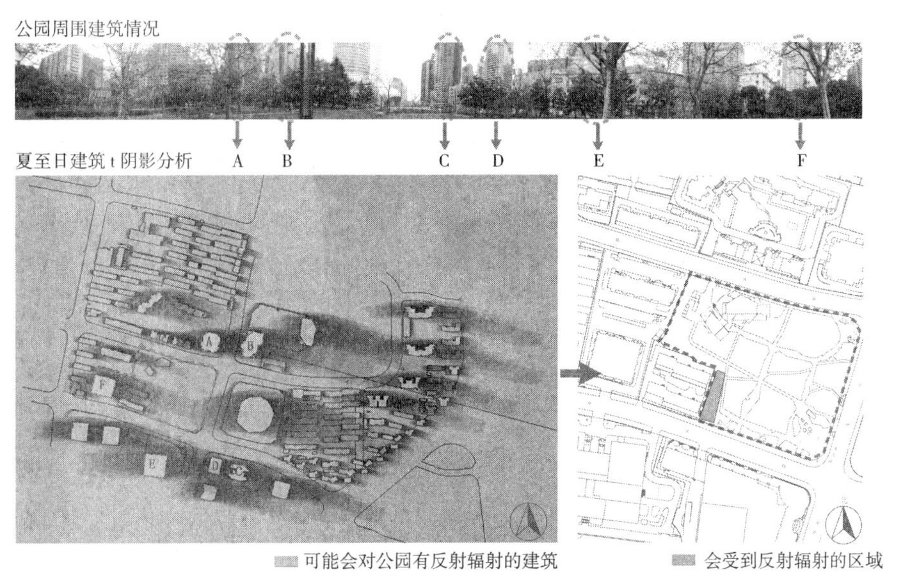

图 10-4　Ecotect 软件完成的公园受周边建筑日照反射影响的分析示例
（资料来源：武文博绘制）

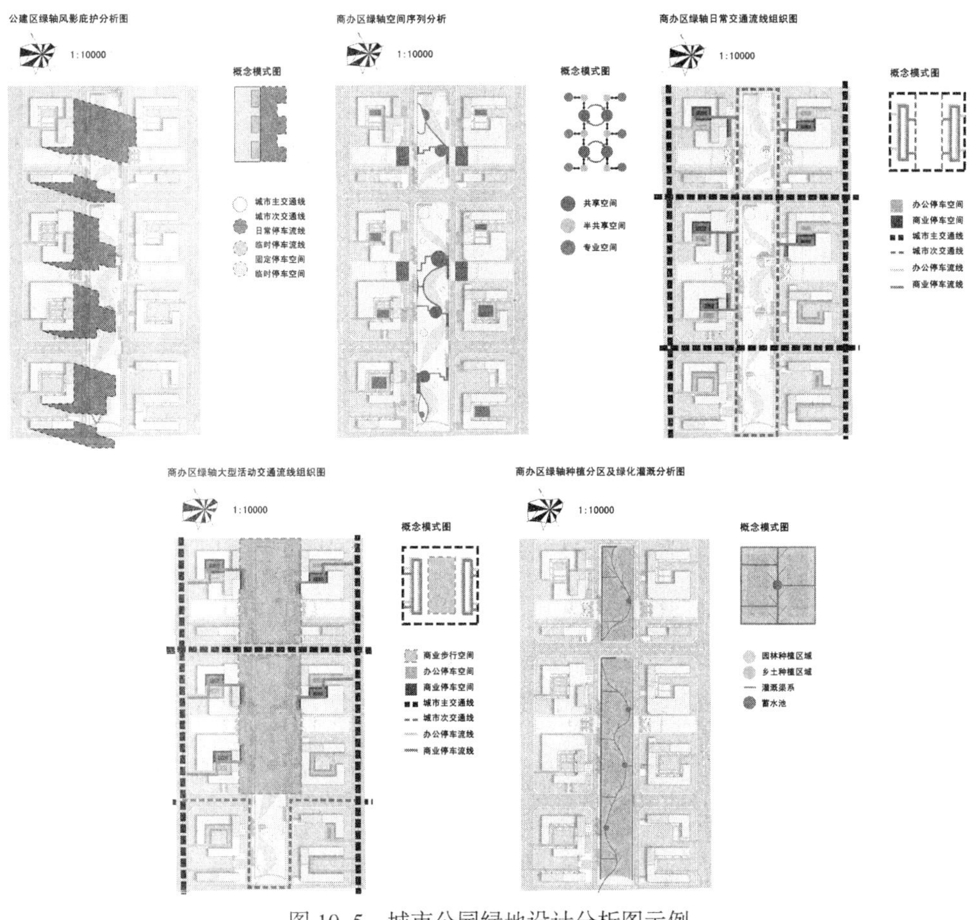

图 10-5　城市公园绿地设计分析图示例
（资料来源：云翃绘制）

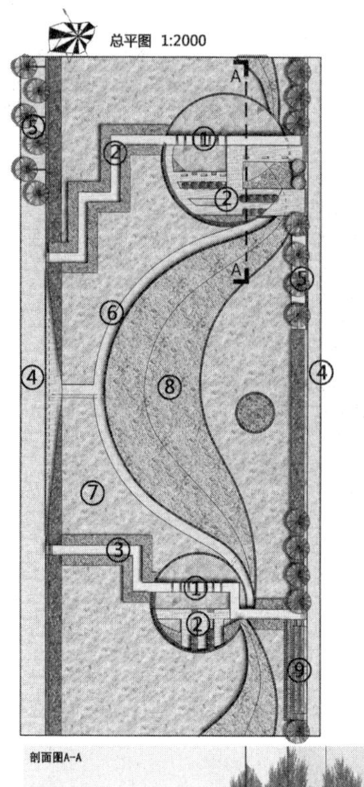

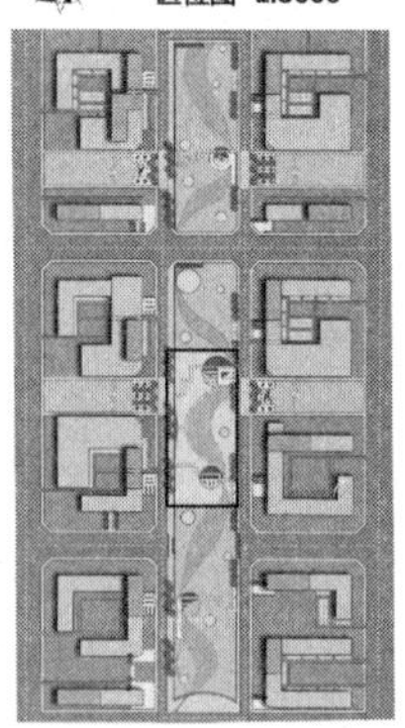

图例：
1. 跌水汀步
2. 休憩木平台
3. 东西向穿行步道
4. 步行道
5. 灌溉渠景观化休憩区
6. 种植区游步道
7. 乡土植被种植区
8. 园林植被种植区
9. 种植小品

图 10-6 城市公园绿地设计二维效果图示例
（资料来源：云翃绘制）

图 10-7 城市公园绿地设计三维效果图示例
（资料来源：云翃绘制）

二维效果图是在 CAD 制图软件绘制的线条图的基础上进行色彩渲染得到的。为避免过于平淡的单纯色彩渲染效果，便于借助一些现有的图形素材来生成材质，并产生丰富的质感和肌理表现，通常的制作方法是将二维线条图形通过虚拟打印转换成光栅图像文件，到 Photoshop 等图形处理软件中进行色彩渲染和材质填充（图 10-6）。

三维效果图须基于规划设计方案的实体或虚拟模型来制作。对于要求制作实体模型的项目，可在制作完成方案的实体模型后，选取适当的角度拍摄模型的数码照片，再使用 Photoshop 等图形处理软件对照片进行处理加工。而在通常情况下，利用虚拟模型制作三维效果图则更为经济、快捷、简便，利用 CAD 软件建立三维模型并进行渲染表现（图 10-7），建模后还可以通过视角、灯光、材质等的设置更改迅速实现局部透视、全景鸟瞰、夜景等多种效果表现和方案的修改推敲，因此使用得更多一些。

四、绿地建设跟踪管理

城市园林绿地系统的数字化管理是“数字城市”与“数字林业”的一个重要组成部分，它充分应用RS和GPS技术，快捷、高效地获取城市绿地的空间信息，结合人工调查获得的部分属性信息，以GIS为平台对其进行有效管理，可方便地对城市园林绿地系统信息进行浏览与查询，实现对城市园林绿地系统的实时监控，进而为城市园林绿化决策者提供决策支持，对于优化城市绿地的时空分布，实现城市园林绿化决策的科学化、智能化、数字化均具有十分重要的现实意义。

在城市绿地专题数据库的建立过程中，须遵循的原则主要是保证标准统一数据的共享和更新的方便。可以采用ESRI的地理信息系统软件ArcGIS来进行专题数据的建库工作（图10-8）。ArcGIS具有强大的空间数据处理功能，可以方便地管理和链接属性数据，且它与遥感图像处理软件ERDAS间有很强的兼容性。绿地属性项的添加也可以采用其他的商业数据库管理软件如FOXPRO等将属性表先建立起来，然后采用属性表链接的方法为数据库中的图形空间数据赋值。另外，在ArcGIS中还可采用其二次开发宏语言AML编程来进行批处理或者交互式处理，应用它对空间数据进行编辑和更新操作，建立拓扑关系，作分类统计，计算各自的面积及其覆盖率等。

目前，公众越来越关注城市园林绿地系统的规划与管理。有效地应用地理信息系统技术为公众参与提供便利，是城市园林绿地系统数字化管理的一个重要目标。通过空间数据库的数据组织框架（Data frame），可以达到有效管理多元、海量空间数据的目的，以便于向公众进行数据分发。例如，通过书签功能（Bookmark）对“热点”地区或地物类进行标识，可以提高浏览指定区域空间信息的效率。

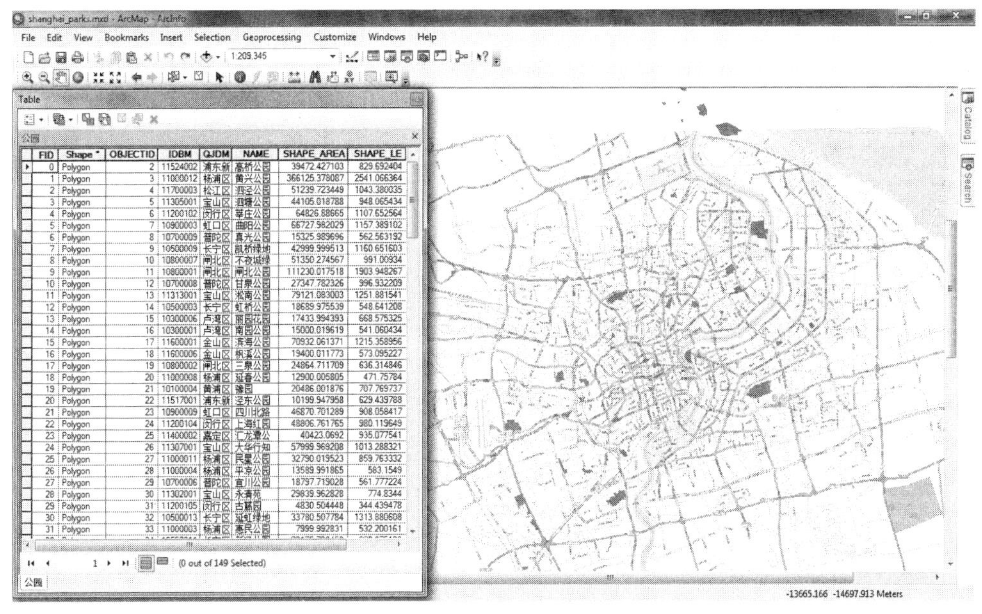

图10-8 上海公园绿地管理数据库

第二节　当前常用软件及其功能比较

当前城市园林绿地规划与设计中常用的计算机辅助软件一般可分为二维绘图软件、三维建模软件、分析和决策辅助软件，以及效果表现及演示软件四大类。

一、二维绘图软件

二维绘图软件以绘制精确的平面图形见长，可用于绘制城市园林绿地规划与设计的平、立、剖面图和施工图。在城市园林绿地规划与设计中，目前主流的二维绘图软件是 AutoCAD 以及在其基础上进行二次开发所形成的各种矢量图形制作软件。

AutoCAD 是美国 Autodesk 公司系列 CAD 软件中的平台产品，是目前世界上应用最广的 CAD 软件，具有较强的绘图、编辑、标注、输出、共享以及方便用户的二次开发功能，也具有一定的三维造型功能，在诸多二维绘图软件中占据主流地位。

二、三维建模软件

三维建模软件以方便准确地创建三维模型见长，可用于构建建筑、地形等三维景观模型。在城市园林绿地规划与设计中，目前常用的三维建模软件有 AutoCAD/3D Studio MAX、SketchUp 等，此外 3D Landscape 等专业软件也有应用。

AutoCAD 和 3D Studio MAX 都是美国 Autodesk 公司名下的产品，二者遵循的是类似的三维建模原理，可以精确地构建各种三维几何造型和地形模型。相比之下，AutoCAD 以模型的精确性见长，而 3D Studio MAX 的三维特效造型能力更为强大，可塑造各种不规则变形的三维图形对象，并可调用 Tree Storm、Speed Tree、Forest Pro 等多种植物制作插件。

SketchUp 是美国著名的建筑设计软件开发商 Atlast Software 公司最新推出的一套建筑草图设计工具，是目前市面上为数不多的直接面向设计过程的设计工具，可以迅速地建构、显示、编辑三维建筑模型，并可利用组件库中提供的植物库实现园林景观的快速表现。由于是草图设计工具，这一软件的主要缺点是精确性不够。

3D Landscape 则是 FastTrak 公司推出的一款专门的园林设计软件，适用于庭院、广场、公共绿地等场地设计项目。该软件由设计（Designer）和指南（How to Guide）两部分组成，用户可以在操作帮助及设计辅助教程的帮助下，通过选用各种园林素材并随意修改其位置、形状、大小等表现出各种造型，并能方便有效地进行地形设计、定额预算和报表生成，使用极为方便。该软件的主要缺陷是必须以英制尺寸进行设计、在二维材质的基础上模拟成的三维视图不够精细、文件格式与其他软件不兼容等，因此在推广使用上有相当的局限性。

三、分析和决策辅助软件

分析和决策辅助软件以空间信息的采集、调用和数据的分析、计算功能见长，可完成各种现状情况或方案效果的分析和比较。在城市园林绿地规划与设计中，目前大量的规划分析工作主要借助地理信息系统（GIS）软件来完成；此外，针对场地项目的一些分析工作主要基于三维建模软件的一些分析功能以及侧重专项分析功能的一些功能型软件来完成。

目前，主流的GIS软件以世界上最大的GIS软件厂商、美国环境系统研究所（ESRI）的ArcGIS系列产品为代表，其主要的桌面产品包括ArcEditor、ArcView和ArcInfo。其中，ArcEditor是GIS数据使用和编辑的平台，主要用于创建和维护地理信息；ArcView是个强有力的GIS工具包，主要用于复杂数据的使用、地图的显示和分析；ArcInfo则是ArcGIS桌面产品中的一个全功能的旗舰产品，包含复杂的GIS功能和丰富的空间处理工具，是一个完整的GIS数据创建、更新、查询、制图和分析系统。在城市园林绿地规划与设计中，常常利用ArcView或ArcInfo来进行景观单元识别、土地利用适宜性叠加分析等工作。

对于场地设计而言，三维建模软件中的一些功能则可被利用来进行各种建成效果的分析。如利用AutoCAD、3D Studio MAX和SketchUp的渲染功能可以通过设定项目的地理位置和时间获得实时的日照阴影效果，推敲场地的布局调整；而利用Landscape 3D的地形设计和定额预算功能可以对工程建设的土方量、耗材量以及后期运营的用水量、耗电量等都进行先期了解，通过方案的调整使之合理化。此外，利用这些软件创建的三维模型或基于这些软件平台进行专项分析功能的再开发，一些分析功能相对更为突出的软件也有很好的应用表现。如Ecotect可直接导入SketchUp、Autodesk等建模软件创建的文件，通过朝向、辐射、遮挡、景观可视度等交互式分析检验城市绿地各个阶段设计方案的合理性；基于AutoCAD平台开发的Autodesk Civil 3D则基于三维动态工程模型的工作模式，可快速完成园林绿地规划设计方案的坡度、坡向、高程等地形分析和土方分析，并实现自动土方平衡。

四、效果表现及演示软件

效果表现及演示软件有静态和动态、平面与三维等类型区分，可完成各种平面渲染图、透视表现图和三维实景动画等的制作。当前，在城市园林绿地规划与设计中，效果表现既可使用3D Studio MAX等三维建模软件，也可使用Photoshop等平面图形制作软件。

三维建模软件一般都带有渲染和动画合成功能。其中，3D Studio MAX是全球销量最好的三维建模、动画和渲染软件，拥有丰富的材质、贴图、灯光和合成器，既可进行静帧画面的渲染，也可制作路径动画模拟多角度的视景效果。相比之下，3D Studio MAX较AutoCAD具有更丰富的材质、色彩和特效表现力，较SketchUp和Landscape 3D则具有更精细的渲染效果。

Photoshop是Adobe公司开发的平面设计软件，作为电脑美术界的核心后处理软件，是平面图像处理领域的行业权威和标准，支持多种文件格式输入输出。在城市园林绿地规划与设计中，Photoshop主要用于平面渲染图和透视表现图的后期制作，在3D Studio MAX、AutoCAD和SketchUp中生成的线条图和渲染图都可以在Photoshop中进一步加工，借助其图像缩放、剪辑、镶拼与色彩及亮度调整、滤镜处理等多种功能，进行细腻的色彩、材质表现，并添加乔木、灌木、草坪、人物和车辆等配景。

五、软件综合比较

表10–2是对城市园林绿地规划与设计当前常用软件的综合比较。

城市园林绿地规划与设计常用软件比较一览表　　表 10-2

软件名称	类型	功能评价				工作文件格式	可接受 / 转换的主要文件格式
		二维绘图	三维建模	分析决策	效果表现		
AutoCAD	矢量	★★★	★★☆	★☆☆	★☆☆	DWG	DWF、DXB、DXF、JPG、TIF、TGA、3DS、PDF、PNG、EPS、WMF 等
3D Studio MAX	矢量	☆☆☆	★★★	★★☆	★★★	MAX	CHR、3DS、PRJ、SHP、DWG、DXF、IGES 等
SketchUp/Google SketchUp	矢量	★☆☆	★★☆	★★☆	★★☆	SKP	DWG、DXF、3DS、DEM、DDF、BMP、JPG、PNG、TIF、TGA 等
ArcView/ArcInfo	矢量	★☆☆	★☆☆	★★☆	★☆☆	MXD（ArcMap）、MXT（ArcMap 临时文件）	APR、AVL、PMF、Shapefiles、Coverages、Geodatabase、DXF、DWG、DGN、TIN、DBF、GRID、IMG、TIFF 等 40 多种数据格式
Photoshop	非矢量	☆☆☆	☆☆☆	☆☆☆	★★☆	PSD	BMP、GIF、EPS、JPG、PCX、PDF、PNG、TGA、TIF 等

资料来源：骆天庆，2008

可见，当前在城市园林绿地规划与设计中，尽管可以利用的软件名目繁多，但基本都是多行业通用的软件，针对专业特征的专用软件通用性不强，并且能够与项目过程全面结合的全功能软件仍然欠缺。因此，在具体项目的规划设计实践中，往往需要借助多个软件的功能互补来达成，这就带来了如何有效选择软件的问题。通常情况下，在选用软件时，必须充分考虑软件功能与使用功能的匹配性，以及图形文件交换的便捷可靠。功能强大、兼容性好、配套完整的软件应首先选用。

在众多的 CAD 软件中，由于 AutoCAD 在世界范围各行各业的广泛应用，它的数据文件格式已经成为一种事实上的 CAD 技术标准；并且，作为 Autodesk 公司系列 CAD 软件的统一平台，可以充分利用该公司其他软件的功能来弥补其部分功能的不足。因此，AutoCAD 一直是城市园林绿地规划与设计中最为通用的 CAD 软件。

在 GIS 软件中，ESRI 公司的 ArcGIS 系列产品占据了世界 GIS 市场的极大份额。由于全球几乎所有的 GIS 软件都支持 ArcGIS 的数据格式，我国各级测绘部门发布的 GIS 数据都是采用 ArcGIS 的格式，其数据格式已经成为事实上的 GIS 数据标准。因此，ArcGIS 也是城市园林绿地规划与设计中最常用的 GIS 软件。

CAD 数据与 ArcGIS 数据的相互转换通常主要依赖 ArcGIS 系列软件产品所提供的多种转换工具来实现：如可以在 ArcView 3.x 中加载 CAD Reader Extension 这一内嵌的集成模块，将 CAD 对象集导出为 Shape 文件；可以通过 DXF 文件实现 CAD 数据与 ArcInfo 数据的互相转换；也可以使用 ArcToolbox 中的 CAD 到 Geodatabase 的转换工具来转换 CAD 数据到新的 Geodatabase 要素类中；等等。但是在这些转换过程中，由于 CAD 软件和专业 GIS 软件的固有差别，会导致真几何图形和精度的丢失，当 GIS 数据转移到 CAD 以执行进一步的设计任务时，通常无法支持所需的工程精确性和准确性；并且，由于 CAD 数据缺乏拓扑和完整的属性信息，经常需要经过组织和处理后才能在 GIS 应用程序中使用。为进一步便利两类数据间的无缝衔接，Autodesk 公司近年来开发了 Autodesk Map 3D 软件，以集成 CAD 与 GIS 两类软件，既可以通过输入 / 输出数据来实现 CAD 数据和 GIS 数据的交换，还可以借助 Autodesk 的 FDO 数据访问技术无缝地直接访问多种空间 / 非空间的数据库和文件格式，更为方便地实现了对 CAD 与 GIS 信息的综合利用。

第三节　计算机辅助城市园林绿地规划与设计的发展评述

综观 CAD 和 GIS 技术从产生至今近半个世纪的发展过程，计算机技术的发展以及与实际应用领域的互动始终是其发展的根本动力。随着计算机软硬件技术水平的不断提升，随着 CAD 和 GIS 技术在各个行业应用经验的不断积累，应用软件不断更新换代，新软件也层出不穷。因此，对于专业教学和学习而言，在选用软件时必须密切关注软件行业的现实动态，并具有前瞻的眼光。

当前 CAD 技术的发展主要以 CAD 系统的集成化、智能化、可视化、标准化和网络化为方向。

（1）集成化：CAD 系统的集成化即系统功能的集成化，最直接的表现就是通过不同软件间的借鉴和合并，使得同一软件的功能日益全面。

（2）智能化：智能化是通过提升软件操作的便捷性和加强软件对设计的辅助性，使 CAD 软件成为真正的“傻瓜型”软件、成为用户的一个更聪明的助手。为此，CAD 软件的开发重点已从第一代的二维绘图软件、第二代的三维设计软件[❶]转向第三代的功能导向型软件[❷]。

（3）可视化：为用户提供便利的人机交互环境，不仅是设计形状的直观表现，而且是多媒体演示的跟进。

（4）标准化：CAD 系统的标准化是通过建立 CAD 基础平台，最大限度地实现各 CAD 企业的技术信息共享并进行有效的管理，以避免不同的 CAD 系统产生的数据文件会采用不同的数据格式、甚至各个 CAD 系统中数据元素的类型也不尽相同的状况。

（5）网络化：网络化的 CAD 系统可以在网络环境中由多人、异地进行产品的定义与建模、产品的分析与设计、产品的数据管理和数据交换等，是实现协同设计的重要手段。

GIS 技术的未来发展则同样呈现出系统集成化、数据标准化、平台网络化和应用社会化的趋势。其中，平台网络化使 GIS 可实现网上发布、浏览、下载等，基于 Web 的 GIS 查询和分析意味着 GIS 的工作平台将逐步从单机转入网络工作环境，GIS 的应用范围将随着上述技术的发展不断扩大，最终走入千家万户。

---

❶　三维设计软件是通过参数化设计方法达成三维设计模式，即通过设置各种功能参数（如性能、尺寸等）来直接设计生成三维模型，并自动生成二维工程图。这类软件的探索是从 1988 年开始的。

❷　功能导向型软件是通过数字化的工程知识库来指导 CAD 系统自动生成三维模型和二维工程图，从而可大大简化设计过程，并可在设计的早期阶段就通过虚拟仿真、可视化等方式来指导设计。

为了抢占行业发展的先机，分别领衔 CAD 和 GIS 技术的 Autodesk 公司和 ESRI 公司都已开始致力于 CAD 和 GIS 集成软件的开发。Autodesk 公司已推出的 Autodesk Map 3D 软件，就结合了 CAD 准确的数据输入、精确的设计和编辑工具以及 GIS 数据管理和分析，集成了成熟的 CAD 环境、GIS 基本功能（多用户编辑、多边形叠加和分析、拓扑、专题图绘制等）以及 Oracle® Spatial 数据库，并集成了来自不同 CAD 和 GIS 供应商的数据源，以使用户能够在 CAD 和 GIS 系统间来回移植或传递数据而不会冒丢失数据的风险，从而能够在项目的整个生命周期帮助专业人员更加高效地交换数据和进行协作。ESRI 公司正在研发的地理设计（GeoDesign）系统，则采用了一种全新的、以二维城市基础数据和建模规则为基础的、用建模规则驱动数据库自动生成城市的三维模型，进而通过改变模型参数来修改完善规划设计方案的城市三维建模模式，试图达成 GIS 数据库对规划设计的过程辅助。可以预见，在不久的将来，CAD 和 GIS 技术将会从不同的出发点走向融合，从而为城市园林绿地规划与设计提供更为成熟、便利的技术辅助。

思考题

1. 计算机技术可以怎样辅助绿地规划?
2. 在绿地规划中，CAD 技术与 GIS 技术应如何配套使用?
3. 请简述计算机辅助绿地规划的未来发展前景。

附录一　城乡用地分类

——引自《城市用地分类与规划建设用地标准》GB 50137—2011

一、城乡用地分类和代码

类别代码			类别名称	内容
大类	中类	小类		
H			建设用地	包括城乡居民点建设用地、区域交通设施用地、区域公用设施用地、特殊用地、采矿用地及其他建设用地等
	H1		城乡居民点建设用地	城市、镇、乡、村庄建设用地
		H11	城市建设用地	城市内的居住用地、公共管理与公共服务设施用地、商业服务业设施用地、工业用地、物流仓储用地、道路与交通设施用地、公用设施用地、绿地与广场用地
		H12	镇建设用地	镇人民政府驻地的建设用地
		H13	乡建设用地	乡人民政府驻地的建设用地
		H14	村庄建设用地	农村居民点的建设用地
	H2		区域交通设施用地	铁路、公路、港口、机场和管道运输等区域交通运输及其附属设施用地，不包括城市建设用地范围内的铁路客货运站、公路长途客货运站以及港口客运码头
		H21	铁路用地	铁路编组站、线路等用地
		H22	公路用地	国道、省道、县道和乡道用地及附属设施用地
		H23	港口用地	海港和河港的陆域部分，包括码头作业区、辅助生产区等用地
		H24	机场用地	民用及军民合用的机场用地，包括飞行区、航站区等用地，不包括净空控制范围用地
		H25	管道运输用地	运输煤炭、石油和天然气等地面管道运输用地，地下管道运输规定的地面控制范围内的用地应按其地面实际用途归类
	H3		区域公用设施用地	为区域服务的公用设施用地，包括区域性能源设施、水工设施、通信设施、广播电视设施、殡葬设施、环卫设施、排水设施等用地
	H4		特殊用地	特殊性质的用地
		H41	军事用地	专门用于军事目的的设施用地，不包括部队家属生活区和军民共用设施等用地
		H42	安保用地	监狱、拘留所、劳改场所和安全保卫设施等用地，不包括公安局用地
	H5		采矿用地	采矿、采石、采沙、盐田、砖瓦窑等地面生产用地及尾矿堆放地
	H9		其他建设用地	除以上之外的建设用地，包括边境口岸和风景名胜区、森林公园等的管理及服务设施等用地
E			非建设用地	水域、农林用地及其他非建设用地等
	E1		水域	河流、湖泊、水库、坑塘、沟渠、滩涂、冰川及永久积雪
		E11	自然水域	河流、湖泊、滩涂、冰川及永久积雪
		E12	水库	人工拦截汇集而成的总库容不小于 10 万 m^3 的水库正常蓄水位岸线所围成的水面
		E13	坑塘沟渠	蓄水量小于 10 万 m^3 的坑塘水面和人工修建用于引、排、灌的渠道
	E2		农林用地	耕地、园地、林地、牧草地、设施农用地、田坎、农村道路等用地
	E9		其他非建设用地	空闲地、盐碱地、沼泽地、沙地、裸地、不用于畜牧业的草地等用地

二、城市建设用地分类和代码

类别代码			类别名称	内容
大类	中类	小类		
R			居住用地	住宅和相应服务设施的用地
	R1		一类居住用地	设施齐全、环境良好，以低层住宅为主的用地
		R11	住宅用地	住宅建筑用地及其附属道路、停车场、小游园等用地
		R12	服务设施用地	居住小区及小区级以下的幼托、文化、体育、商业、卫生服务、养老助残、公用设施等用地，不包括中小学用地
	R2		二类居住用地	设施较齐全、环境良好，以多、中、高层住宅为主的用地
		R21	住宅用地	住宅建筑用地（含保障性住宅用地）及其附属道路、停车场、小游园等用地
		R22	服务设施用地	居住小区及小区级以下的幼托、文化、体育、商业、卫生服务、养老助残、公用设施等用地，不包括中小学用地
	R3		三类居住用地	设施较欠缺、环境较差，以需要加以改造的简陋住宅为主的用地，包括危房、棚户区、临时住宅等用地
		R31	住宅用地	住宅建筑用地及其附属道路、停车场、小游园等用地
		R32	服务设施用地	居住小区及小区级以下的幼托、文化、体育、商业、卫生服务、养老助残、公用设施等用地，不包括中小学用地
A			公共管理与公共服务设施用地	行政、文化、教育、体育、卫生等机构和设施的用地，不包括居住用地中的服务设施用地
	A1		行政办公用地	党政机关、社会团体、事业单位等办公机构及其相关设施用地
	A2		文化设施用地	图书、展览等公共文化活动设施用地
		A21	图书展览用地	公共图书馆、博物馆、档案馆、科技馆、纪念馆、美术馆和展览馆、会展中心等设施用地
		A22	文化活动用地	综合文化活动中心、文化馆、青少年宫、儿童活动中心、老年活动中心等设施用地
	A3		教育科研用地	高等院校、中等专业学校、中学、小学、科研事业单位及其附属设施用地，包括为学校配建的独立地段的学生生活用地
		A31	高等院校用地	大学、学院、专科学校、研究生院、电视大学、党校、干部学校及其附属设施用地，包括军事院校用地
		A32	中等专业学校用地	中等专业学校、技工学校、职业学校等用地，不包括附属于普通中学内的职业高中用地
		A33	中小学用地	中学、小学用地
		A34	特殊教育用地	聋、哑、盲人学校及工读学校等用地
		A35	科研用地	科研事业单位用地
	A4		体育用地	体育场馆和体育训练基地等用地，不包括学校等机构专用的体育设施用地
		A41	体育场馆用地	室内外体育运动用地，包括体育场馆、游泳场馆、各类球场及其附属的业余体校等用地
		A42	体育训练用地	为体育运动专设的训练基地用地
	A5		医疗卫生用地	医疗、保健、卫生、防疫、康复和急救设施等用地
		A51	医院用地	综合医院、专科医院、社区卫生服务中心等用地
		A52	卫生防疫用地	卫生防疫站、专科防治所、检验中心和动物检疫站等用地
		A53	特殊医疗用地	对环境有特殊要求的传染病、精神病等专科医院用地
		A59	其他医疗卫生用地	急救中心、血库等用地

续表

类别代码			类别名称	内容
大类	中类	小类		
A	A6		社会福利用地	为社会提供福利和慈善服务的设施及其附属设施用地，包括福利院、养老院、孤儿院等用地
	A7		文物古迹用地	具有保护价值的古遗址、古墓葬、古建筑、石窟寺、近代代表性建筑、革命纪念建筑等用地，不包括已作其他用途的文物古迹用地
	A8		外事用地	外国驻华使馆、领事馆、国际机构及其生活设施等用地
	A9		宗教设施用地	宗教活动场所用地
B			商业服务业设施用地	商业、商务、娱乐康体等设施用地，不包括居住用地中的服务设施用地
	B1		商业用地	商业及餐饮、旅馆等服务业用地
		B11	零售商业用地	以零售功能为主的商铺、商场、超市、市场等用地
		B12	批发市场用地	以批发功能为主的市场用地
		B13	餐饮用地	饭店、餐厅、酒吧等用地
		B14	旅馆用地	宾馆、旅馆、招待所、服务型公寓、度假村等用地
	B2		商务用地	金融保险、艺术传媒、技术服务等综合性办公用地
		B21	金融保险用地	银行、证券期货交易所、保险公司等用地
		B22	艺术传媒用地	文艺团体、影视制作、广告传媒等用地
		B29	其他商务设施用地	贸易、设计、咨询等技术服务办公用地
	B3		娱乐康体用地	娱乐、康体等设施用地
		B31	娱乐用地	剧院、音乐厅、电影院、歌舞厅、网吧以及绿地率小于65%的大型游乐等设施用地
		B32	康体用地	赛马场、高尔夫、溜冰场、跳伞场、摩托车场、射击场，以及通用航空、水上运动的陆域部分等用地
	B4		公用设施营业网点用地	零售加油、加气、电信、邮政等公用设施营业网点用地
		B41	加油加气站用地	零售加油、加气、充电站等用地
		B49	其他公用设施营业网点用地	独立地段的电信、邮政、供水、燃气、供电、供热等其他公用设施营业网点用地
	B9		其他服务设施用地	业余学校、民营培训机构、私人诊所、殡葬、宠物医院、汽车维修站等其他服务设施用地
M			工业用地	工矿企业的生产车间、库房及其附属设施用地，包括专用铁路、码头和附属道路、停车场等用地，不包括露天矿用地
	M1		一类工业用地	对居住和公共环境基本无干扰、污染和安全隐患的工业用地
	M2		二类工业用地	对居住和公共环境有一定干扰、污染和安全隐患的工业用地
	M3		三类工业用地	对居住和公共环境有严重干扰、污染和安全隐患的工业用地
W			物流仓储用地	物资储备、中转、配送等用地，包括附属道路、停车场以及货运公司车队的站场等用地
	W1		一类物流仓储用地	对居住和公共环境基本无干扰、污染和安全隐患的物流仓储用地
	W2		二类物流仓储用地	对居住和公共环境有一定干扰、污染和安全隐患的物流仓储用地
	W3		三类物流仓储用地	易燃、易爆和剧毒等危险品的专用物流仓储用地

续表

类别代码			类别名称	内容
大类	中类	小类		
S			道路与交通设施用地	城市道路、交通设施等用地，不包括居住用地、工业用地等内部的道路、停车场等用地
	S1		城市道路用地	快速路、主干路、次干路和支路等用地，包括其交叉口用地
	S2		城市轨道交通用地	独立地段的城市轨道交通地面以上部分的线路、站点用地
	S3		交通枢纽用地	铁路客货运站、公路长途客运站、港口客运码头、公交枢纽及其附属设施用地
	S4		交通场站用地	交通服务设施用地，不包括交通指挥中心、交通队用地
		S41	公共交通场站用地	城市轨道交通车辆基地及附属设施，公共汽（电）车首末站、停车场（库）、保养场，出租汽车场站设施等用地，以及轮渡、缆车、索道等的地面部分及其附属设施用地
		S42	社会停车场用地	独立地段的公共停车场和停车库用地，不包括其他各类用地配建的停车场和停车库用地
	S9		其他交通设施用地	除以上之外的交通设施用地，包括教练场等用地
U			公用设施用地	供应、环境、安全等设施用地
	U1		供应设施用地	供水、供电、供燃气和供热等设施用地
		U11	供水用地	城市取水设施、自来水厂、再生水厂、加压泵站、高位水池等设施用地
		U12	供电用地	变电站、开闭所、变配电所等设施用地，不包括电厂用地。高压走廊下规定的控制范围内的用地应按其地面实际用途归类
		U13	供燃气用地	分输站、门站、储气站、加气母站、液化石油气储配站、灌瓶站和地面输气管廊等设施用地，不包括制气厂用地
		U14	供热用地	集中供热锅炉房、热力站、换热站和地面输热管廊等设施用地
		U15	通信用地	邮政中心局、邮政支局、邮件处理中心、电信局、移动基站、微波站等设施用地
		U16	广播电视用地	广播电视的发射、传输和监测设施用地，包括无线电收信区、发信区以及广播电视发射台、转播台、差转台、监测站等设施用地
	U2		环境设施用地	雨水、污水、固体废物处理等环境保护设施及其附属设施用地
		U21	排水用地	雨水泵站、污水泵站、污水处理、污泥处理厂等设施及其附属的构筑物用地，不包括排水河渠用地
		U22	环卫用地	生活垃圾、医疗垃圾、危险废物处理（置），以及垃圾转运、公厕、车辆清洗、环卫车辆停放修理等设施用地
	U3		安全设施用地	消防、防洪等保卫城市安全的公用设施及其附属设施用地
		U31	消防用地	消防站、消防通信及指挥训练中心等设施用地
		U32	防洪用地	防洪堤、防洪枢纽、排洪沟渠等设施用地
	U9		其他公用设施用地	除以上之外的公用设施用地，包括施工、养护、维修等设施用地
G			绿地与广场用地	公园绿地、防护绿地、广场等公共开放空间用地
	G1		公园绿地	向公众开放，以游憩为主要功能，兼具生态、美化、防灾等作用的绿地
	G2		防护绿地	具有卫生、隔离和安全防护功能的绿地
	G3		广场用地	以游憩、纪念、集会和避险等功能为主的城市公共活动场地

附录二　城市绿地分类

——引自《城市绿地分类标准》CJJ/T 85—2002

一、城市绿地分类

类别代码			类别名称	内容与范围	备注
大类	中类	小类			
G1			公园绿地	向公众开放，以游憩为主要功能，兼具生态、美化、防灾等作用的绿地	
	G11		综合公园	内容丰富，有相应设施，适合于公众开展各类户外活动的规模较大的绿地	
		G111	全市性公园	为全市居民服务，活动内容丰富、设施完善的绿地	
		G112	区域性公园	为市区内一定区域的居民服务，具有较丰富的活动内容和设施完善的绿地	
	G12		社区公园	为一定居住用地范围内的居民服务，具有一定活动内容和设施的集中绿地	不包括居住组团绿地
		G121	居住区公园	服务于一个居住区的居民，具有一定活动内容和设施，为居住区配套建设的集中绿地	服务半径：0.5~1.0km
		G122	小区游园	为一个居住小区的居民服务、配套建设的集中绿地	服务半径：0.3~0.5km
	G13		专类公园	具有特定内容或形式，有一定游憩设施的绿地	
		G131	儿童公园	单独设置，为少年儿童提供游戏及开展科普、文体活动，有安全、完善设施的绿地	
		G132	动物园	在人工饲养条件下，移地保护野生动物，供观赏、普及科学知识，进行科学研究和动物繁育，并具有良好设施的绿地	
		G133	植物园	进行植物科学研究和引种驯化，并供观赏、游憩及开展科普活动的绿地	
		G134	历史名园	历史悠久，知名度高，体现传统造园艺术并被审定为文物保护单位的园林	
		G135	风景名胜公园	位于城市建设用地范围内，以文物古迹、风景名胜点（区）为主形成的具有城市公园功能的绿地	
		G136	游乐公园	具有大型游乐设施，单独设置，生态环境较好的绿地	绿化占地比例应大于等于65%
		G137	其他专类公园	除以上各种专类公园外具有特定主题内容的绿地。包括雕塑园、盆景园、体育公园、纪念性公园等	绿化占地比例应大于等于65%
	G14		带状公园	沿城市道路、城墙、水滨等，有一定游憩设施的狭长形绿地	
	G15		街旁绿地	位于城市道路用地之外，相对独立成片的绿地，包括街道广场绿地、小型沿街绿化用地等	绿化占地比例应大于等于65%
G2			生产绿地	为城市绿化提供苗木、花草、种子的苗圃、花圃、草圃等圃地	
G3			防护绿地	城市中具有卫生、隔离和安全防护功能的绿地。包括卫生隔离带、道路防护绿地、城市高压走廊绿带、防风林、城市组团隔离带等	

续表

类别代码			类别名称	内容与范围	备注
大类	中类	小类			
G4			附属绿地	城市建设用地中绿地之外各类用地中的附属绿化用地。包括居住用地、公共设施用地、工业用地、仓储用地、对外交通用地、道路广场用地、市政设施用地和特殊用地中的绿地	
	G41		居住绿地	城市居住用地内社区公园以外的绿地，包括组团绿地、宅旁绿地、配套公建绿地、小区道路绿地等	
	G42		公共设施绿地	公共设施用地内的绿地	
	G43		工业绿地	工业用地内的绿地	
	G44		仓储绿地	仓储用地内的绿地	
	G45		对外交通绿地	对外交通用地内的绿地	
	G46		道路绿地	道路广场用地内的绿地，包括行道树绿带、分车绿带、交通岛绿地、交通广场和停车场绿地等	
	G47		市政设施绿地	市政公用设施用地内的绿地	
	G48		特殊绿地	特殊用地内的绿地	
G5			其他绿地	对城市生态环境质量、居民休闲生活、城市景观和生物多样性保护有直接影响的绿地。包括风景名胜区、水源保护区、郊野公园、森林公园、自然保护区、风景林地、城市绿化隔离带、野生动植物园、湿地、垃圾填埋场恢复绿地等	

二、城市绿地统计表

序号	类别代码	类别名称	绿地面积（hm^2）		绿地率（%）（绿地占城市建设用地比例）		人均绿地面积（m^2/人）		绿地占城市总体规划用地比例（%）	
			现状	规划	现状	规划	现状	规划	现状	规划
1	G1	公园绿地								
2	G2	生产绿地								
3	G3	防护绿地								
小计										
4	G4	附属绿地								
中计										
5	G5	其他绿地								
合计										

备注：______年现状城市建设用地______hm^2，现状人口______万人；
______年规划城市建设用地______hm^2，规划人口______万人；
______年城市总体规划用地______hm^2。

参考文献

[1] 李铮生 . 艺术观 · 功能观 · 环境观——近代中国建筑、城市规划、园林的发展和争论 [J]. 城市规划汇刊，1984（12）.

[2] 李铮生 . 园林 · 园林学科 · 园林教育 [J]. 中国园林，1983（5）.

[3] （日）针之谷钟吉 . 西方造园变迁史——从伊甸园到天然公园 [M]. 邹洪灿，译 . 北京：中国建筑工业出版社，1991.

[4] 陶楠，金云峰 . 欧美研究园林史方法论探讨 [C]// 中国风景园林学会 2013 年会论文集（上册）. 北京：中国建筑工业出版社，2013.

[5] 金云峰，范炜 . 多重构图——埃斯特别墅园林的空间设计 [J]. 中国园林，2012（6）：48-53.

[6] 范炜，金云峰 . 视错觉构图：沃克斯 – 勒 – 维贡府邸轴线分析 [C]// 中国风景园林学会 2012 年会论文集（上册）. 北京：中国建筑工业出版社，2012.

[7] 金云峰，黄玫 . 园林发展特征浅析——以法式园林的兴衰为例 [J]. 福建农林大学学报（哲学社会科学版），2005，8（1）：27-30.

[8] 陶楠，金云峰 ."废墟"原型的表征——探究英国自然风景园林中的浪漫主义审美的内涵 [C]// 中国风景园林学会 2012 年会论文集（下册）. 北京：中国建筑工业出版社，2012.

[9] 杨丹，金云峰 . 园林"精神家园"研究初探 [C]// 中国风景园林学会 2012 年会论文集（上册）. 北京：中国建筑工业出版社，2012.

[10] 吴人韦 . 国外城市绿地的发展历程 [J]. 城市规划，1998，22（6）：39-43.

[11] 吴人韦 . 城市绿地的分类 [J]. 中国园林，1999（6）：59-62.

[12] 李敏 . 城市绿地系统与人居环境规划 [M]. 北京：中国建筑工业出版社，1999.

[13] 许浩 . 国外城市绿地系统规划 [M]. 北京：中国建筑工业出版社，2003.

[14] 贾建中 . 城市绿地规划设计 [M]. 北京：中国林业出版社，2001.

[15] 张庆费，乔平，杨文悦 . 伦敦绿地发展特征分析 [J]. 中国园林，2003（10）：55-58.

[16] 上海市规土局 . 上海市中心城公共绿地规划（2002-2020）[EB/OL]，2002.http：//www.shgtj.gov.cn.

[17] 中华人民共和国住房和城乡建设部 . 国家园林城市标准（建城 [2010]125 号）[Z]，2010.

[18] 中华人民共和国住房和城乡建设部 . 城市绿线管理办法（中华人民共和国建设部令第 112 号）[Z]，2002.

[19] 中华人民共和国住房和城乡建设部 . 城市绿地系统规划编制纲要（试行）（建城 [2002]240 号）[Z]，2002.

[20] 金云峰，徐毅 . 建构"生态园林城市"的结构体系 [J]. 昆明理工大学学报（理工版），2006（6）：121-126.

[21] 金云峰，周聪惠 .《城乡规划法》颁布对我国绿地系统规划编制的影响 [J]. 城市规划学刊，2009（5）：49-56.

[22] 周煦，金云峰 . 绿地系统的规划目标及指标研究 [C]// 中国风景园林学会 2012 年会论文集（下册）. 北京：中国建筑工业出版社，2012.

[23] 金云峰，张悦文 . 紧凑理念下的绿地空间效能优化研究 [C]// 中国风景园林学会 2013 年会论文集（上册）. 北京：中国建筑工业出版社，2013.
[24] 金云峰，周聪惠 . 城市绿地系统规划要素组织架构研究 [J]. 城市规划学刊，2013（3）：86–92.
[25] 刘佳微，金云峰 . 城市绿地系统规划编制——保育子系统研究 [C]// 中国风景园林学会 2012 年会论文集（上册）. 北京：中国建筑工业出版社，2012.
[26] 王连，金云峰 . 城市绿地系统规划编制——游憩子系统规划研究 [C]// 中国风景园林学会 2013 年会论文集（下册）. 北京：中国建筑工业出版社，2013.
[27] 李晨，金云峰 . 城市绿地系统规划编制——防护子系统规划研究 [C]// 中国风景园林学会 2013 年会论文集（上册）. 北京：中国建筑工业出版社，2013.
[28] 朱隽歆，金云峰 . 城市绿地系统规划编制——景观子系统规划研究 [C]// 中国风景园林学会 2013 年会论文集（下册）. 北京：中国建筑工业出版社，2013.
[29] 夏雯，金云峰 . 基于城市用地分类新标准的城市绿地系统规划编制研究 [C]// 中国风景园林学会 2012 年会论文集（下册）. 北京：中国建筑工业出版社，2012.
[30] 金云峰，俞为妍 . 城市与乡村绿地协调与规划研究 [C]// 中国风景园林学会 2012 年会论文集（上册）. 北京：中国建筑工业出版社，2012.
[31] 俞为妍 ."城乡"绿地规划若干要素的探讨 [C]// 中国风景园林学会 2013 年会论文集（下册）. 北京：中国建筑工业出版社，2013.
[32] 中国植被编辑委员会 . 中国植被 [M]. 北京：科学出版社，1980.
[33] 王秉洛 . 城市绿地系统生物多样性保护的特点和任务 [J]. 中国园林，1998（1）：4–7.
[34] 中国环境保护局 . 中国生物多样性国情研究报告 [M]. 北京：中国环境科学出版社，1998.
[35] 李敏 . 现代城市绿地系统规划 [M]. 北京：中国建筑工业出版社，2002.
[36] 王和祥 . 增加生物多样性是建设生态园林的必由之路 [J]. 中国园林，1999（5）：77–78.
[37] 吴人韦 . 培育生物多样性——城市绿地系统规划专题研究之一 [J]. 中国园林，1998（4）：4–6.
[38] 张庆费 . 城市绿地系统生物多样性保护的策略探讨 [J]. 城市环境与城市生态，1999（6）：36–39.
[39] 张庆费 . 城市生态绿化的概念和建设原则初探 [J]. 中国园林，2001（4）：34–36.
[40] 陈灵芝，马克平 . 生物多样性科学：原理与实践 [M]. 上海：上海科学技术出版社，2001.
[41] 刘管平 . 园林建筑设计 [M]. 北京：中国建筑工业出版社，1986.
[42] 吴为廉 . 景园建筑工程规划与设计 [M]. 上海：同济大学出版社，1996.
[43] 陈从周 . 中国园林鉴赏辞典 [M]. 上海：华东师范大学出版社，2001.
[44]（美）兰德尔·怀特希德著 . 室外景观照明 [M]. 王爱英，李伟，译 . 天津：天津大学出版社，2002.
[45] 王向荣，林菁 . 西方现代景观建筑的理论与实践 [M]. 北京：中国建筑工业出版社，1999.
[46] 同济大学建筑系园林教研室 . 公园规划与建筑图集 [M]. 北京：中国建筑工业出版社，1986.
[47] 李敏 . 中国现代公园 [M]. 北京：中国建筑工业出版社，1992.
[48]（瑞士）J·皮亚杰著 . 发生认识论原理 [M]. 王宪钿，译 . 北京：商务印书馆，1985.
[49]（美）阿尔伯特·J·拉特利奇著 . 大众行为与公园设计 [M]. 王求是，高峰，译 . 北京：中国建筑工业出版社，1990.
[50] 张国强，贾建中 . 风景规划——风景名胜区规划规范实施手册 [M]. 北京：中国建筑工业出版社，2003.
[51] 李道增 . 环境行为学概论 [M]. 北京：清华大学出版社，1999.

[52] 上海市绿化管理局 . 上海园林绿地佳作：著名设计院（所）风景园林与景观规划设计经典 [M]. 北京：中国林业出版社，2004.
[53] 彭一刚 . 中国古典园林分析 [M]. 北京：中国建筑工业出版社，1986.
[54] 孙帅 . 玛莎・舒瓦茨作品选登（六）——HUD 广场改建 [J]. 风景园林，2009（6）：104–105.
[55] 冯荭 . 园林美学 [M]. 北京：气象出版社，2007.
[56] 祁颖 . 旅游景观美学 [M]. 北京：中国林业出版社，北京大学出版社，2009.
[57] 董操 . 美育基础 [M]. 济南：山东人民出版社，1989.
[58] 周维权 . 中国古典园林史 [M]. 北京：清华大学出版社，1990.
[59] 李德华 . 城市规划原理 [M]. 北京：中国建筑工业出版社，2001.
[60] 周武忠 . 寻求伊甸园——中西古典园林艺术比较 [M]. 南京：东南大学出版社，2001.
[61] （日）小形研三，高原荣重著 . 园林设计——造园意匠论 [M]. 索靖之，译 . 北京：中国建筑工业出版社，1989.
[62] 大百科全书编写组 . 中国大百科全书（建筑、园林、城市规划）[M]. 北京：中国大百科全书出版社，1986.
[63] 邓述平 . 居住区规划设计资料集 [M]. 北京：中国建筑工业出版社，1996.
[64] 金涛 . 居住区建筑景观设计与营造 [M]. 北京：中国城市出版社，2003.
[65] 封云等 . 公园绿地建筑规划 [M]. 北京：中国林业出版社，1999.
[66] 金云峰，项淑萍 . 有机设计——基于自然原型的风景园林设计方法 [C]// 中国风景园林学会 2009 年会论文集 . 北京：中国建筑工业出版社，2009.
[67] 金云峰，项淑萍 . 类推设计——基于历史原型的风景园林设计方法 [C]// 中国风景园林学会 2009 年会论文集 . 北京：中国建筑工业出版社，2009.
[68] 金云峰，项淑萍 . 乡土设计——基于地域原型的景观设计方法 [C]// 陈植造园思想国际研讨会论文集 . 北京：中国林业出版社，2009.
[69] 金云峰，项淑萍 . 大地艺术设计——基于艺术原型的景观设计方法 [J]. 上海园林科技，2009，30（4）：46–49.
[70] 金云峰，项淑萍 . 基于原型的设计 [C]// 中国风景园林学会 2010 年会论文集（上册）. 北京：中国建筑工业出版社，2010.
[71] 金云峰，项淑萍 . 原型激活历史——风景园林中的历史性空间设计 [J]. 中国园林，2012（2）：53–57.
[72] 金云峰，俞为妍 . 基于景观原型的设计方法——以浮山“第一情山”为例的情感空间塑造 [J]. 华中建筑，2012（10）：92–95.
[73] 张新然，金云峰，周晓霞等 . 基于景观原型的设计方法——以清远市大燕湖片区城市设计为例 [C]// 中国风景园林学会 2013 年会论文集（下册）. 北京：中国建筑工业出版社，2013.
[74] 周晓霞，金云峰，夏雯等 . 基于景观原型的设计方法——集体潜意识影响下的海宁市新塘河景观设计 [C]// 中国风景园林学会 2013 年会论文集（下册）. 北京：中国建筑工业出版社，2013.
[75] 夏南凯，金云峰 . 园林设计方案 [M]. 合肥：安徽美术出版社，2003.
[76] 金云峰，周晓霞 . 上海近现代公园的海派特征 [J]. 园林，2007（11）：34–36.
[77] 汪妍，金云峰 . 公园绿地设计中的地域特色、城市文化、场所精神 [C]// 中国风景园林学

会 2013 年会论文集（下册）. 北京：中国林业出版社，2013.
[78] 金云峰，周宁 . 苏州寒山寺名胜区规划刍议 [J]. 时代建筑，1988（1）：18-21.
[79] 金云峰，简圣贤 . 泪珠公园——不一样的城市住区景观 [J]. 风景园林，2011（5）：30-35.
[80] 金云峰，黄玫 . 我国城市动物园规划中物种多样性的实施途径 [J]. 中国园林，2005，21（12）：27-30.
[81] 杜伊，金云峰 . 植物园建立生态机制及其设计表达研究 [C]// 中国风景园林学会 2013 年会论文集（下册）. 北京：中国城市出版社，2013.
[82] 金云峰，周煦 . 城市层面绿道系统规划模式探讨 [J]. 现代城市研究，2011（3）：33-37.
[83] 金云峰，周聪惠 . 绿道规划理论实践及其在我国城市规划整合中的对策研究 [J]. 现代城市研究，2012（3）：4-12.
[84] 金云峰，徐振 . 苏州河滨水景观研究 [J]. 城市规划汇刊，2004（2）：76-80.
[85] 朱黎霞 . 社区公园规划设计研究 [D]. 上海：同济大学，2007.
[86] 倪春 . 儿童游乐环境的基础性研究 [D]. 上海：同济大学，2003.
[87] 黄玫 . 动物园规划设计研究 [D]. 上海：同济大学，2005.
[88] 俞庆生 . 植物园规划设计研究 [D]. 上海：同济大学，2007.
[89] 丁峰 . 街旁绿地规划设计研究 [D]. 上海：同济大学，2007.
[90] 吴家骅 . 景观形态学 [M]. 北京：中国建筑工业出版社，1999.
[91] 梁雪，肖连望 . 城市空间设计 [M]. 天津：天津大学出版社，2000.
[92] 同济大学建筑与城市规划学院 . 建筑弦柱：冯纪忠论稿 [M]. 上海：上海科学技术出版社，2003.
[93] 刘滨谊 . 现代景观规划设计 [M]. 南京：东南大学出版社，1999.
[94] （英）劳森著 . 空间的语言 [M]. 杨青娟，译 . 北京：中国建筑工业出版社，2003.
[95] 中国城市规划设计研究院 . 中国新园林 [M]. 北京：中国林业出版社，1985.
[96] 上海市绿化管理局 . 上海园林绿地佳作 [M]. 北京：中国林业出版社，2004.
[97] 周在春，朱祥明 . 上海园林景观设计精选 [M]. 上海：同济大学出版社，1999.
[98] 俞孔坚，庞伟 . 足下文化与野草之美 [M]. 北京：中国建筑工业出版社，2003.
[99] （丹麦）拉斯姆森著 . 建筑体验 [M]. 刘亚芬译 . 北京：知识产权出版社，2003.
[100] 童寯 . 江南园林志 [M]. 北京：中国建筑工业出版社，1987.
[101] 夏世昌 . 园林述要 [M]. 广州：华南理工大学出版社，1995.
[102] 夏义民 . 室外环境规划设计 [D]. 重庆：重庆建筑工程学院，1988.
[103] 程绪珂 . 绿化与自然资本 [C]// 中国风景园林学会 . 第三届中国国际园林花卉博览会论文集 . 中国风景园林学会，2001：2.
[104] （美）麦克哈格 . 设计结合自然 [M]. 芮经纬，译 . 北京：中国建筑工业出版社，1992.
[105] 宋朝枢 . 城市绿色肾肺工程与可持续发展 [J]. 上海园林科技，2004.
[106] 张庆费，夏檑，乔平，等 . 垃圾堆场改造成生态公园绿地的绿化技术研究 [J]. 上海建设科技，2003（3）：40-42.
[107] 中国人与生物圈国家委员会 . 自然保护区与生态旅游 [M]. 北京：中国科学技术出版社，1998.
[108] 蔡晴，姚糖 . 遗产地的景观再生——评绍兴柯岩风景区规划及景点设计 [J]. 规划师，2004（9）.
[109] 王宝华 . 对工厂企业绿地规划的看法 [J]. 风景园林汇刊，2000，8.
[110] 陈明松 . 城市园林绿化事业的性质、地位和作用 [C]// 首届全国园林经济与管理学术讨论

资料选编，1987.
[111] 杨赉丽 . 城市园林绿地规划设计 [M]. 北京：中国林业出版社，1995.
[112] 谢凝高 . 中国的名山大川 [M]. 北京：商务印书馆，1997.
[113] 谢凝高 . 国家风景名胜区功能的发展及其保护利用 [J]. 中国园林，2002（4）.
[114] 仇保兴 . 风景名胜资源保护和利用的若干问题 [J]. 中国园林，2002（6）.
[115] 贾建中 . 新时期风景区规划中的若干问题 [J]. 中国园林，2001（4）.
[116] 朱观海 . 风景名胜区认识及开发误区辨析 [J]. 中国园林，2003（2）：61–64.
[117] 杨锐 . 美国国家公园规划体系评述 [J]. 中国园林，2003（1）.
[118] 柳尚华 . 美国的国家公园系统及其管理 [J]. 中国园林，1999（1）：46–47.
[119] 李景奇，秦小平 . 美国国家公园系统与中国风景名胜区比较研究 [J]. 中国园林，1999（3）.
[120] 楚义芳 . 旅游的空间组织研究 [D]. 天津：南开大学，1989.
[121] 周公宁 . 风景区旅游规模预测与旅游设施规模的控制 [J]. 建筑学报，1993（5）.
[122] 杨锐 . 风景区环境容量初探——建立风景区环境容量概念体系 [J]. 城市规划汇刊，1996（6）.
[123] 全华 . 武陵源风景名胜区旅游生态环境演变趋势与阈值分析 [J]. 生态学报，2003（5）.
[124] 杨锐 .LAC 理论：解决风景区资源保护与旅游利用矛盾的新思路 [J]. 中国园林，2003（3）.
[125] 汪翼飞，金云峰 . 风景名胜区总体规划编制——土地利用协调规划研究 [C]// 中国风景园林学会 2013 年会论文集（上册）. 北京：中国建筑工业出版社，2013.
[126] 沙洲，金云峰，罗贤吉 . 风景名胜区详细规划编制——控制方法及要素研究 [C]// 中国风景园林学会 2013 年会论文集（上册）. 北京：中国建筑工业出版社，2013.
[127] 中国森林公园风景资源质量等级评定 GB/T 18005—1999[S]，1999.
[128] 国家森林公园管理办公室 . 森林公园管理办法 [S]，1994.
[129] 杨赉丽 . 城市园林垆邸规划设计 [M]. 北京：中国林业出版社，1995.
[130] 胡涌，张启翔 . 森林公园一些基本理论问题的探讨——兼谈自然保护区、风景名胜区及森林公园的关系 [J]. 北京林业大学学报，1998，20（3）：49–57.
[131] 陈戈，夏正楷，俞晖 . 森林公园的概念、类型与功能 [J]. 林业资源管理，2001（3）.
[132] 吴楚材 . 森林旅游资源的分级 [J]. 中南林学院学报，2003（2）.
[133] 吴章文 . 森林旅游资源特征和分类 [J]. 中南林学院学报，2003（2）.
[134] 林振华 . 森林公园道路网规划设计方法探讨 [J]. 福建林业科技，1996（2）.
[135] 高翅 . 森林公园刍议 [J]. 中国园林，1997，13（6）：7–8.
[136] 蒋厚镇，张富华 . 台湾省的国家森林公园 [J]. 世界林业研究，1999（3）.
[137] 国务院 . 中华人民共和国自然保护区条例 [S]，1994.
[138] 国家环境保护总局 . 国家级自然保护区评审标准 [S]，1999.
[139] 国家环境保护总局 . 国家级自然保护区总体规划大纲 [S]，2002.
[140] 许学工，Paul F.J.Eagles，张茵 . 加拿大的自然保护区管理 [M]. 北京：北京大学出版社，2000.
[141] 许学工 . 加拿大自然保护区规划的启迪 [J]. 生物多样性，2001（3）.
[142] 王献溥，崔国发 . 自然保护区建设与管理 [J]. 北京：化学工业出版社，2003.
[143] 李义明，李典谟 . 自然保护区设计的主要原理和方法 [J]. 生物多样性，1996，4（1）：32–40.
[144] 李义明，李典谟 . 种群生存力分析研究进展和趋势 [J]. 生物多样性，1994，2（1）：1–10.
[145] 于广志，蒋志刚 . 自然保护区的缓冲区：模式、功能及规划原则 [J]. 生物多样性，2003，11（3）：256–261.

[146] 陈利顶，傅伯杰，刘雪华．自然保护区景观结构设计与物种保护——以卧龙自然保护区为例[J]. 自然资源学报，2000，15（2）.
[147] 冯采芹，蒋筱荻，詹国英．中外园林绿地图集[M]. 北京：中国林业出版社，1992.
[148]（日）仙田满著．儿童游戏环境设计[M]. 侯锦雄，林珏，译．台北：田园城市文化事业有限公司，1996.
[149] 周念丽，张春霞．学前儿童发展心理学[M]. 上海：华东师范大学出版社，1999.
[150] 汪开英，张火法，陆建定．根据动物行为学理论合理设计畜禽舍[J]. 家畜生态，2003.
[151] 郭文利．动物园展馆设计中常遇到的几个问题[J]. 世界动物园科技信息，2003（8）.
[152] 张涛．笼舍环境丰富化[J]. 世界动物园科技信息，2004（10）.
[153] 于泽英．世界动物园与水族馆协会（WAZA）道德规范[J]. 世界动物园科技信息，2003.
[154] 余树勋．植物园规划与设计[M]. 天津：天津大学出版社，2000.
[155] 保继刚，钟新民，刘德龄．发展中国家旅游规划与管理[M]. 北京：中国旅游出版社，2003.
[156] 李江敏．文化旅游开发[M]. 北京：科学出版社，2000.
[157] 李嘉乐．园林绿化小百科[M]. 北京：中国建筑工业出版社，1999.
[158] 骆雅仪．郊野情报——生态篇[M]. 香港：天地图书，2003.
[159] 张骁鸣．香港郊野公园的发展与管理[J]. 规划师，2004（10）：90-94.
[160] 欧阳志云，李伟峰，Juergen Paulussen. 大城市绿化控制带的结构与生态功能[J]. 城市规划，2004（4）：46-49.
[161] 陈萃，杨际明．生生不息——香港郊野公园[J]. 广东园林，2003（4）：42-44.
[162] 香港渔农自然护理署郊野公园及海岸公园管理局．香港郊野公园[M]. 香港：天地图书，2000.
[163] 城市绿地分类标准 CJJ/T 85-2002[S]，2002.
[164] 园林基本术语标准 CJJ/T 91-2002[S]，2002.
[165] 城市用地分类与规划建设用地标准 GB 50137-2011[S]，2011.
[166] 国务院．风景名胜区条例[S]，2006.
[167] 风景名胜区规划规范 GB 50298-1999[S]，1999.
[168] 国家级森林公园总体规划规范 LY/T 2005-2012[S]，2012.
[169] 骆天庆．计算机辅助园林设计[M]. 北京：中国建筑工业出版社，2008.
[170] 张红，魏振荣.GIS 和 RS 技术在城市绿地规划中的应用方式与效果[J]. 西部林业科学，2005（4）：120-123.
[171] 徐文辉，赵维娅，鲍沁星.RS 与 GIS 在城市绿地系统规划中的应用[J]. 人民长江，2008（14）：26-28.
[172] 伊云忠，张立福．遥感技术在城市绿地调查中的应用研究[J]. 今日科苑，2009（10）：276-277.
[173] 董仁才，赵景柱，邓红兵，等.3S 技术在城市绿地系统中的应用探讨——以园林绿地信息采集与管理中的应用为例[J]. 林业资源管理，2006（2）：83-87.
[174] Wolch J.，Wilson J.P.，Fehrenbach J.Parks and Park Funding in Los Angeles：An Equity Mapping Analysis[EB/OL]，2002.http：//www.usc.edu/dept/geography/ESPE.
[175] 姜军泽.CAD 的发展及应用[J]. 重工科技，2003（1）：55-57.
[176] 张会玲.GIS 技术应用及未来发展趋势[J]. 信息系统工程，2012（4）：98-99.